教育部高等学校电工电子基础课程教学指导分委员会推荐教材

"十三五"江苏省高等学校重点教材

（编号：2016-2-016）

数字电路与系统

第2版

○ 李文渊　主编

○ 李文渊　安良　高翔　陈立全　王蓉　编

中国教育出版传媒集团

高等教育出版社·北京

内容简介

本书是“十三五”江苏省高等学校重点教材。第1版出版以来，经过了几年的教学应用，作者根据教学实践以及技术发展的需要，在教学中对内容进行了调整与修改，使其更加适合当前的教学要求。

全书分为12章，按照数字逻辑基础、组合逻辑电路的分析与设计、组合逻辑电路模块、Verilog HDL 硬件描述语言、时序逻辑电路的分析与设计、时序逻辑电路模块、半导体存储器与可编程逻辑器件、数模与模数转换、数字系统设计的顺序，由浅入深地对数字电路与系统进行了全面详细的介绍。本书注重介绍电路的描述方法、数字电路的分析方法和设计方法，书中引入了大量的工程应用实例，加深读者对相关内容的理解。增加部分重难点视频二维码资源，供读者扫码观看。

本书与东南大学“电路与电子线路基础”（电路、电子线路两部分）、“信号与线性系统”内容相衔接，构成完整的电路基础理论课程。教材编写中注重基本概念和基本方法，注重基本理论和实际应用相结合。本书与国家精品在线开放课程“数字电路与系统”相配套，可登录中国大学 MOOC 观看。

本书可作为普通高等学校电子信息类、电气类、自动化类和计算机类等专业本科生“数字电子技术”“数字逻辑电路”“数字电路与系统”课程的教材，也可作为相关领域工程技术人员的参考资料。

图书在版编目（CIP）数据

数字电路与系统 / 李文渊主编；李文渊等编 . 2版 . -- 北京 ：高等教育出版社，2024. 8（2025. 5重印）.
ISBN 978-7-04-062713-8

Ⅰ. TN79

中国国家版本馆 CIP 数据核字第 2024JG2756 号

Shuzi Dianlu yu Xitong

策划编辑 平庆庆　责任编辑 平庆庆　封面设计 张申申 王 洋　版式设计 明 艳
责任绘图 邓 超　责任校对 高 歌　责任印制 张益豪

出版发行	高等教育出版社	网　　址	http://www.hep.edu.cn
社　　址	北京市西城区德外大街4号		http://www.hep.com.cn
邮政编码	100120	网上订购	http://www.hepmall.com.cn
印　　刷	唐山嘉德印刷有限公司		http://www.hepmall.com
开　　本	787mm×1092mm　1/16		http://www.hepmall.cn
印　　张	32	版　　次	2017年5月第1版
字　　数	730千字		2024年8月第2版
购书热线	010-58581118	印　　次	2025年5月第2次印刷
咨询电话	400-810-0598	定　　价	66.00元

本书如有缺页、倒页、脱页等质量问题，请到所购图书销售部门联系调换

物 料 号　62713-00

第 2 版前言

本书是在2017年5月出版的《数字电路与系统》的基础上，经过6年多的教学应用与实践，并结合作者多年的教学实践经验与众多使用本教材的师生给出的宝贵经验和建议进行修订的。修订后教材最大的变化在于将Verilog HDL硬件描述语言放在了组合逻辑电路之后、时序逻辑电路之前。这样，读者在了解了组合逻辑电路的分析与设计之后，能够进一步采用硬件描述语言对电路进行描述，并采用计算机软件对电路进行分析、设计与仿真。在之后章节的例题中增加了硬件描述语言的描述，以强化读者对计算机辅助电路的分析与设计。

本书的另一个变化在于强化了与各关联课程之间知识的衔接。(1) 本书的主要内容是计算机原理、计算机体系结构等课程的硬件基础，因此在内容修订过程中，详细介绍了计算机中常用的三态门、传输门、缓冲器等电路，并介绍了锁存器和触发器与存储器之间的关系，以及数据选择器、寄存器、ALU设计等。这样，在计算机原理、计算机组成原理或者计算机体系结构中所用到的硬件知识，均包含在本书中。(2) 本书与模拟电子电路密切相关，尤其是在具体电路结构以及应用上，尽可能与模拟电路关联起来，例如CMOS反相器与反相放大器的关联、PN结与晶体管的开关特性、模拟开关等，方便读者理解模拟电路和数字电路之间的工作原理。(3) 本书与数字集成电路密切相关，介绍了CMOS逻辑电路的结构，以及CMOS锁存器、触发器，读者可以很方便地将门电路和触发器组成的电路转换为由晶体管实现。(4) 本书也与数模混合集成电路密切相关，详细介绍了DAC原理和相关方案、ADC原理和方案。(5) 有关内容与信号与系统关联，如两门课中都有电路的状态方程和输出方程，都涉及采样以及连续信号和离散信号等。

本次修订的主要内容包括如下几点：(1) 较为详细地介绍了校验码与纠错码，编码的码距和检错、纠错能力的关系，海明码的原理，生成矩阵和奇偶检验矩阵(监督矩阵)等；(2) 集成逻辑电路基础，介绍了CMOS逻辑电路的晶体管级电路结构以及实现方案，使读者对于目前主流集成电路工艺的电路结构有较好的理解，方便读者熟悉数字集成电路有关内容；(3) 加强了电子设计自动化(EDA)的内容，与实验课相结合，逻辑电路的分析、设计和仿真能够在计算机上完成。在此基础上可以运用相关软件，如Quartus Ⅱ、ModelSim、SPICE、Synopsys、Cadence，或者华大九天集成电路设计软件等，学习并完成电路(硬件描述语言、网表乃至电路原理图)的综合、仿真等，采用CPLD或者FPGA验证，甚至制作专用芯片；(4) 由于半导体存储器和可编程逻辑器件均属于大规模集成电路，本次修订将其合并成一章；(5) 为了方便读者理解，本次修订增加了较多的例题，更好地说明电路的分析方法和设计方法，加强读者对基本概念和基本方法的理解。

全书分为 12 章。第 1 章首先介绍数字信号与模拟信号、数字系统等相关概念，为数字电路与系统的理论基础；第 2 章介绍数制和码制；第 3 章为布尔代数的基本知识和逻辑函数，以及逻辑函数的表示方法；第 4 章介绍了一些常用的逻辑器件，尤其是 CMOS 逻辑电路的晶体管构成，为数字集成电路的基础；第 5 章至第 6 章重点介绍组合逻辑电路的分析和设计方法，以及常用的组合逻辑功能模块；第 7 章介绍 Verilog HDL 硬件描述语言，并给出一些组合逻辑电路和时序逻辑电路模块的 Verilog HDL 语言描述；第 8 章至第 9 章介绍时序逻辑电路和常用的时序逻辑电路模块；第 10 章介绍了半导体存储器和可编程逻辑器件，包括随机存取存储器和只读存储器、简单可编程逻辑器件（PAL、GAL）、复杂可编程逻辑器件（CPLD）以及现场可编程门阵列（FPGA）等；第 11 章介绍了数模混合电路，包括数模转换器和模数转换器的工作原理、常用电路方案等；第 12 章介绍了数字系统的设计方法，并用简单的实例说明采用自上而下的设计方法设计数字系统的过程和实现方法。

本书内容设计为 64 学时的课程教学，安排在“电路基础”课程之后，可以与“电子电路基础”课程并行教学，也可以安排在“电子电路基础”课程之前或者之后教学。本书的编写，考虑了不同高校和专业对内容的不同要求，因此，在使用过程中，可按照相应的要求进行调整。如果作为 48 学时的“数字电路基础”课程教材，可不讲授第 7 章、第 11 章、第 12 章的内容。如果作为 56 学时的“数字逻辑电路基础”课程，可以不讲授第 7 章、第 12 章的内容。

电子科技大学姜书艳教授精心审阅了全书，提出了许多宝贵的意见和有益的建议，在此表示衷心的感谢！

在本书修订过程中，课程团队的老师们共同研究制定了修订原则，具体修订由李文渊主持完成，安良、高翔、陈立全、王蓉等老师参与了具体的修订工作，并得到了许正彬、潘怡瑾老师的协助。胡庆生教授对 Verilog HDL 的相关内容进行了指导与审核。在修订过程中，东南大学教务处、信息科学与工程学院、电子科学与工程学院、吴健雄学院给予了大力的支持。作者在多年的教学过程中，与同学们的交流和讨论，给本次修订工作带来很多的启发。中国大学 MOOC 学员的反馈，对本次修订提供了有益的帮助。高等教育出版社的各位编辑对本书的编辑和校对做了大量的工作。教育部高等学校电工电子基础课程教学指导分委员会对本书修订给予了指导和大力支持。在此，编者对关心和帮助过本书修订工作的老师、同学致以诚挚的谢意。

虽然本书在第 1 版的基础上经历了 6 年多的教学实践，但限于作者水平，教材可能仍然存在疏漏和错误之处，敬请专家和读者批评指正。编者邮箱：lwy555@ seu. edu. cn。

作者
2024 年 4 月于东南大学

第1版前言

东南大学试点开设“计算机结构与逻辑设计”课程已经30多年,该课程作为电类专业的公共技术基础平台课程也已经20年,作者在教学过程中取得了很多经验和成果。

2007年开始,东南大学每年选拔部分优秀高中毕业生组建“高等理工实验班”,尝试新的人才培养模式。电子信息学科是东南大学的优势学科,学校在“高等理工实验班”实施了电子信息基础课程的教学改革,并设置了“数字逻辑基础”课程。

我们经过几年的教学实践,在教学团队总结经验,并与学生交流教学内容的基础上,编写了《数字电路与系统》教材,并在信息工程专业进行教学试验,对课程内容进行了调整充实。

“数字电路与系统”是电类各专业一门重要的专业基础课程,尤其是电子信息类、电气类和自动化类等专业,它为进一步学习相关专业课程,如“数字信号处理”、“大规模数字集成电路设计”、“微机原理”和“微机接口与技术”等准备必要的基本知识,也是“通信原理”、“电子技术”和“自动控制原理”、“数字信号处理”乃至“电力电子技术”等专业课程的基础。在内容编排方面,作者希望本书教学内容适应电子技术的发展,为学生在就业后能够尽快适应科研工作奠定基础,这也是编写本教材的目的之一。

“数字电路与系统”课程与“电路基础”“电子电路基础”“信号与系统”“电磁场与电磁波”“计算机组织与结构”“微机系统与接口”等课程构成了电子信息类专业基础课。我们将“数字电路与系统”课程内容与“电子电路基础”等课程内容进行了分工,相关电路、晶体管等内容归于“电子电路基础”,因此本课程尽可能少地涉及电平等具体电参数。

对于本课程的内容,国内众多高校做过很多有益的探索研究。我们的教学团队在多年的教学科研工作中,对教学内容也做了多次的调整,以适应电子技术的发展。首先是电子设计自动化(EDA),使得电路的设计能够在计算机上完成。这要求学生能够使用EDA工具设计电路,在计算机上利用仿真软件对设计的电路仿真,进一步虚拟测试和调试电路。现有很多的软件,如Quartus Ⅱ、ModelSim、SPICE,更专业的如Synopsys和Cadence,这些软件可以完成电路(硬件描述语言、网表乃至电原理图)的综合、仿真等,读者可进一步采用FPGA进行验证或者制作专用芯片。FPGA和CPLD的发展,对数字电路课程的内容也提出了新的要求,用硬件描述语言VHDL或者Verilog HDL,可以由FPGA或者CPLD实现数字电路,因此,在教学中我们加强了 CPLD 和 FPGA 的相关内容以及硬件描述语言的教学。

本书是为高等学校电子信息类、电气类、自动化类等相关专业编写的教材。全书分为 15 章。第 1 章首先介绍数字信号与模拟信号、数字系统等相关概念,为讲述数字电路与系统奠定理论基础;第 2 章介绍数制和码制,这也是数字系统与计算机中信息的表示形式;第 3 章讲述布尔代数的基本知识和逻辑函数,以及逻辑函数的表示方法;第 4 章介绍集成逻辑电路基础,说明数字信号在电路中的实现,同时,介绍一些常用的逻辑器件;第 5 章、第 6 章介绍组合逻辑电路与常用的组合逻辑模块,说明组合逻辑电路的分析方法和设计方法,以及常用的组合逻辑电路模块应用;第 7 章至第 9 章介绍触发器,时序逻辑电路的特点、时序逻辑电路的描述方法和分析方法、同步时序逻辑电路的设计方法等,并介绍计算机和数字系统中常用的时序逻辑电路模块,包括寄存器、移位寄存器、计数器、序列信号发生器等,以及这些器件的应用;第 10 章介绍计算机系统中使用的半导体存储器,主要包括随机存取存储器和只读存储器,并介绍 RAM 和 ROM 的基本单元构成、电路结构与工作原理、存储器容量的扩展;第 11 章主要介绍可编程阵列逻辑(PAL)、通用阵列逻辑(GAL)、复杂可编程逻辑器件(CPLD)以及现场可编程门阵列(FPGA)等几种可编程逻辑器件;第 12 章介绍数字与模拟之间的接口器件、数模转换器和模数转换器的工作原理、实现方法;第 13 章介绍数字系统的设计,采用算法状态机(algorithmic state machine,ASM)图作为常用的设计工具,自上而下的设计方法,并列举简单的实例说明数字系统的设计过程和实现方法;第 14 章至第 15 章介绍硬件描述语言与数字系统的语言描述、逻辑综合、仿真实现等,从而为数字系统的 EDA 方法实现奠定基础。

教学中,我们设计 64 学时的课程教学,安排本课程在“电子电路基础”课程之前,与“电路基础”在时间上并行教学。课程只涉及逻辑电路、逻辑电平的高低,因此第 4 章的内容在电子电路基础中讲授。如果作为“数字电路基础”课程,可安排 48 学时,不讲授第 4 章、第 10 章、第 13 章、第 14 章、第 15 章的内容。如果安排在“模拟电子线路”之后教学,第 4 章的内容可适当讲解。

本书的编写,考虑了不同高校和专业对内容的不同要求,因此,在使用过程中,可按照相应的要求进行调整。例如,针对不考虑采用中小规模器件设计电路的专业,逻辑函数的化简可以弱化。采用可编程逻辑阵列器件、FPGA 或者 CPLD 等大规模集成器件设计电路时,所采用的器件中包含了足够的逻辑门,资源足够多,因此不需要化简。而采用小规模门电路设计电路,或者设计专用集成电路时,减少门的数量就意味着降低成本,因此逻辑函数的化简才有意义。

在教学中,我们还对下列内容做了相应的调整,供参考:

(1) 触发器。由于半导体主流工艺是 CMOS 工艺,大多采用的是主从结构的边沿 D 触发器,如果从集成电路的角度,仅仅讲述 CMOS 触发器就足够了。但是为了照顾到采用触发器等中规模器件设计电路,那么讲解基本 R-S 触发器、钟控

锁存器和边沿 D 触发器，就可以满足应用。

(2) 中规模集成逻辑电路。以前应用得比较多，需要花较多的时间讲解，但是目前中规模集成电路的应用在减少，因此可以适当压缩课时。

(3) 时序逻辑电路。在经典的内容中需要详细讲解同步时序逻辑电路的设计方法，实际上，在工作中很少使用这种方法设计时序电路。很多教材经典的例题“序列检测器的设计”除了为了讲述设计方法，几乎没有具体的设计会采用这种方法。多数情况下，我们可以借鉴现成的电路，将其用到自己的电路中，而且往往采用硬件描述语言的方法实现设计。

我们需要更加注重基本概念和基本方法，这是本课程乃至后续课程的基础。

(4) 我们在对经典数字电路课程某些内容弱化的同时，需要将新的技术内容充实到课程中，其中，比较重要的一个内容是硬件描述语言 VHDL 或者 Veirlog HDL。使用硬件描述语言设计数字电路与系统的方法，是目前数字电路设计的基本方法。这要求课程介绍如何用硬件描述语言编写数字电路与系统，如何综合得到网表，进一步变成硬件。

(5) 对于数字系统的设计，我们常常讲解的是采用 ASM 图的方法设计控制器，很多例题采用的是交通信号灯的设计。事实上，真正的交通信号灯不是这样做的。ASM 图的设计方法虽然有其合理性，但是并不是万能的。

(6) 采用自顶向下(top-down)的设计方法设计数字系统，无论是控制器设计，还是采用硬件描述语言设计，都是很重要的方法。在某些情况下，还可以采用自底向上的设计方法。

(7) 使用本教材教学，我们配合开设了实验教学，将理论教学与实验教学相结合，由理论课教师同时指导安排实验。实验教学验证理论教学的内容，并与理论教学相配合。

(8) 实验仪器采用东南大学自行设计的口袋实验室，每位学生一个。口袋实验室通过 USB 接口与计算机相连，完成电源、信号发生器、万用表、示波器、逻辑分析仪等功能；这样，学生可以在任何有电源的地方做实验，但最终实验的考核需要在实验室进行。口袋实验室使学生除了会仿真，也会使用示波器、万用表、电源、信号发生器、逻辑分析仪等实验仪器。

本书由李文渊主编并统稿，安良编写了第 1 章、第 10 章、第 11 章、李文渊编写了第 2 章、第 4 章、第 5 章、第 6 章、第 7 章、第 8 章、第 9 章、高翔编写了第 3 章、第 12 章、第 13 章、陈立全编写了第 14 章、第 15 章。

在本书的编写过程中，王志功教授对本书的内容编排、课程的体系结构给予悉心指导和大力帮助，孟桥教授对教材的内容给予很多有益的指导和建议，胡庆生教授对第 14 章、第 15 章的内容进行了审核，东南大学教务处、信息科学与工程学院、吴健雄学院给予大力的支持，编者在此表示衷心的感谢。

感谢教育部高等学校电子电气基础课程教学指导分委员会对本书编写的关心和大力支持，感谢高等教育出版社为本书出版所做的大量工作。

国家精品课程负责人、北京交通大学侯建军教授精心审阅了全书，提出了许多宝贵的意见和有益的建议，谨在此表示衷心的感谢！

在本书编写过程中，还得到了黄清、仲雪飞、杨兰兰老师的热情帮助，在此一并致谢。

虽然本书从2012年开始，经历了6轮教学实践，作者对书中的内容、文字做了多次修改，但限于作者水平，教材的内容、课程设计以及文字都有待进一步完善，敬请专家和读者提出宝贵意见。编者邮箱：lwy555@seu.edu.cn。

李文渊

2016年6月于南京

目 录

第 11 章 数模与模数转换

第 12 章　数字系统设计

参考文献

第1章

绪论

数字电子技术的诞生和发展与电子计算机技术的发展密不可分。在数字电子技术诞生的初期，其应用主要局限于电子计算机系统。如今，数字电子技术进入到国民经济的各个行业中。除了计算机以外，电视、通信系统、雷达、导航、医疗器械、工业控制及形形色色的消费电子产品，都广泛采用了数字电路系统。几十年来，从早期的电子管，经历了晶体管、小规模集成电路，到现在的大规模、超大规模集成电路，数字电路系统的集成度不断提高，性能持续提升，便携式计算机、智能移动电话、平板电脑、数码相机这些数字产品已经成为人们生活不可缺少的一部分。本章主要介绍数字电路系统的基本概念、典型数字系统的基本结构和工作方式。

1.1 模拟信号与数字信号

自然界中大多数物理量都是模拟(analog)量,它们的共同点是在一定范围内有着随时间连续变化的数值,例如语音、温度、大气压等。人们对自然界的物理量进行感知时,通常采用的方法是使用一定形式的传感器(或换能器)将待感知的物理量转换为电信号,如果得到的电信号在时间和幅度上也都是连续的,这样的信号称为模拟信号。例如,图 1.1 所示某地的大气压就是一个模拟信号,其在时间和数值上都是连续的,数值的变化范围在 964 百帕至 968 百帕之间。

自然界中除了模拟量外,还有另外一些物理量在时间和幅度上是离散的。某一个时间点上,它们的幅度只是有限集合中的某一个取值。这样的物理量称为数字(digital)量。相应地,把表征数字量的信号称为数字信号。在幅度的有限个取值的集合中,数值的大小是单位量的整数倍。例如,原子内部的电子数、人的心率都只能是正整数。除了自然界的数字信号,人们也能人为地制造出数字信号。例如上述的大气压曲线,假如每隔半小时使用气压表对大气压进行测量,并用一组数字代码对测量值进行表示,就可以得到如图 1.2 所示的数字化的大气压信号。

进一步学习可以知道,图 1.2 所示的信号还不是数字信号,需要进一步对测量得到的信号进行量化取整数。

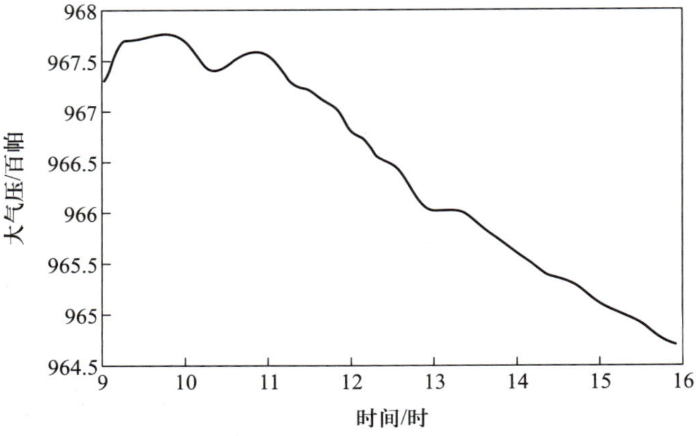

图 1.1　某地的大气压

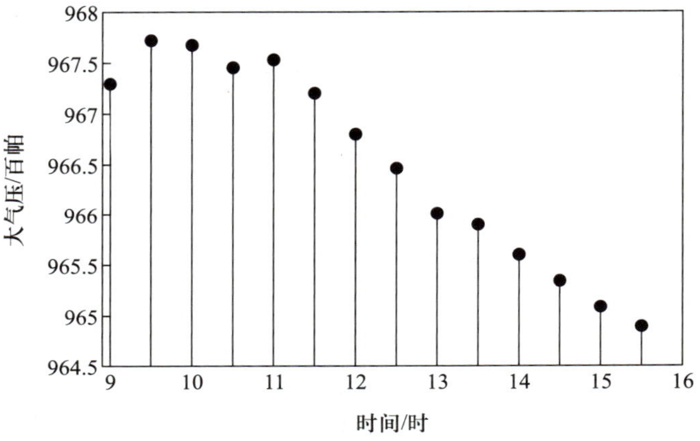

图 1.2　数字化的大气压信号

人为制造数字信号的过程，称为模数转换，也就是将模拟量用数字来表示。这个过程通常需要对模拟信号采样，采样的结果是由模拟信号得到在时间上离散的、在幅度值上连续的采样信号；然后再对采样信号进行处理，使其在幅度值上保持一段时间不变；采样信号的幅度需要转换成最少数值单位的整数倍，称为量化；也就是在事先选取了量化单位之后，对采样信号的幅度进行数字化，使其成为量化单位的整数倍。这样转换之后，就得到了在时间上和数值上都是离散的数字量，对数字量进行编码，变成用 **0**、**1** 表示的信号，就是所需要的数字信号。由转换过程可以知道，采样使信号在时间上不再连续，幅度的量化是有误差的，如果采样点足够多，量化单位足够小，数字信号就能够较好地代表模拟信号。后面将专门讨论模数转换和数模转换。

1.2 数字脉冲信号

如果从示波器上观察数字信号的波形，它是由交替出现的高电平和低电平组成的。图 1.3(a)所示为单个正向脉冲，它表示信号由低电平上升为高电平，稳定一段时间后，再由高电平下降为低电平；图 1.3(b)所示为单个负向脉冲，它表示信号由高电平下降为低电平，稳定一段时间后，再由低电平上升为高电平。因此，数字信号的波形也可以看作由一系列的脉冲信号组成。

通常大家习惯于使用有十个数码的十进制数，而大部分电子计算机使用二进制数。这是因为，当采用电压代表数值的时候，表示两种电压的电路比表示十种电压的电路要简单得多。通常用高电平表示 **1**，用低电平表示 **0**，在电路的实现上很方便。本课程中的数字电路就是使用两种电路状态代表二进制变量 **1** 和 **0**。布尔(Geoge Boole)发明了针对二进制变量进行逻辑运算的系统，称为布尔逻辑(Boolean logic)。布尔逻辑变量取值只有两种：真、假，对应的可以用 **1**、**0** 表示。一位二进制数可以表示两种不同的状态，用多位二进制数就可以表达更多的状态。在逻辑设计中通常只关注 **0** 和 **1**，忽略变量的物理表示，也就是说，**0** 和 **1** 具体如何表达，用多高的电平，可以不关注，这也称为数字抽象。但是，在具体的电路实现中，必须关注实现逻辑的具体电路参数。

前面说过，数字信号是用 **0**、**1** 表示的信号，在逻辑电路中，数字信号的表示方式是用二值逻辑表示的，数字脉冲信号则是由逻辑电平描述的数字信号，或者称为数字波形。用 **0**、**1** 组成的二进制数可以表述数量的大小，两个二进制数的数值运算，称为算术运算。用 **1**、**0** 也可以表示两种不同的状态，例如电路中开关的通、断，电流的有、无，电平的高、低等。两种不同的状态的关系通常称为二值逻辑或者数字逻辑。用逻辑电平描述数字波形通常不给出具体的电压值和时间轴，仅仅标出高、低电平或者 **1**、**0**。

图 1.3 所示的理想脉冲信号有前沿和后沿两个边沿。对于正向脉冲来说，脉冲前沿称为“上升沿”，后沿称为“下降沿”。图 1.3 所示的脉冲信号在上升沿和下降沿处，高、低电平的转换是不需要时间的，因此称为“理想脉冲”。但是，在实际电路中这样的理想脉冲是不存在的。图 1.4 所示为非理想脉冲信号。

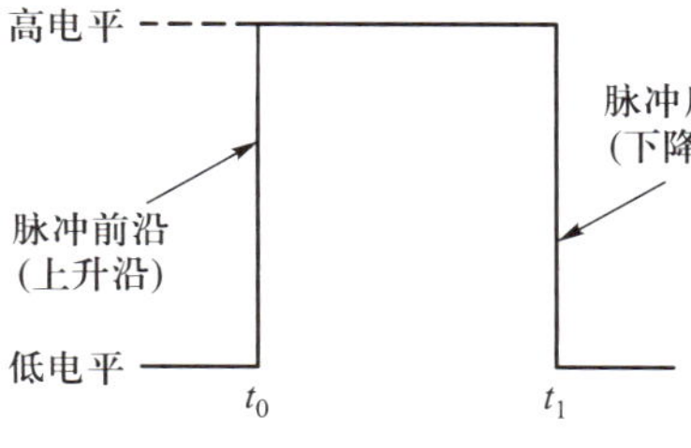

(a) 单个正向脉冲

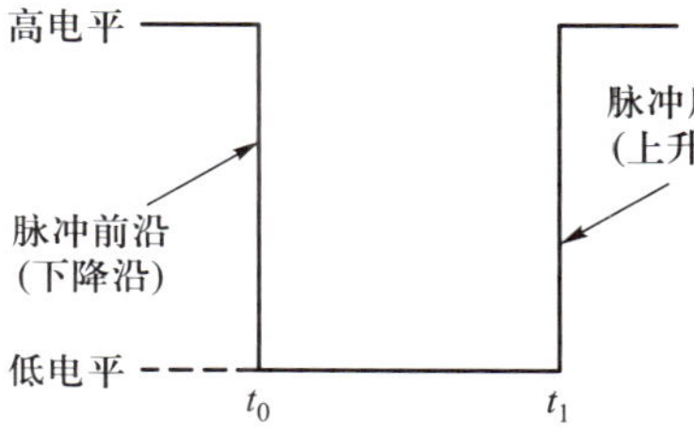

(b) 单个负向脉冲

图 1.3 理想脉冲信号

这里给出关于数字脉冲参数的几个定义。如图 1.4 所示，一个脉冲从低电平转换为高电平的时间称为上升时间 t_r，与之对应，一个脉冲从高电平转换为低电平的时间称为下降时间 t_f。在实际电路中，设高电平幅度为 V_m，一般把上升沿从 $0.1V_m$ 上升到 $0.9V_m$ 所需要的时间定义为 t_r，把下降沿从 $0.9V_m$ 下降到 $0.1V_m$ 所需要的时间定义为 t_f。从脉冲前沿到达 $0.5V_m$ 起，到脉冲后沿到达 $0.5V_m$ 为止的时间定义为脉冲宽度。

绝大部分数字系统中的数字波形是由周期或者非周期的脉冲序列构成的。所谓周期脉冲序列是指序列中某个脉冲波形以一固定的时间间隔 T 重复出现，T 也称为脉冲信号的周期，频率 f 表示单位时间内脉冲重复的次数；非周期脉冲序列中的各个脉冲宽度、脉冲之间的间隔都是随机的。这两类脉冲序列如图 1.5 所示。

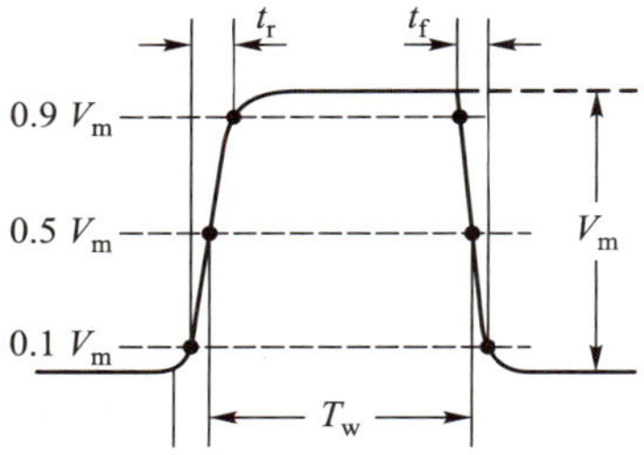

图 1.4　非理想脉冲信号

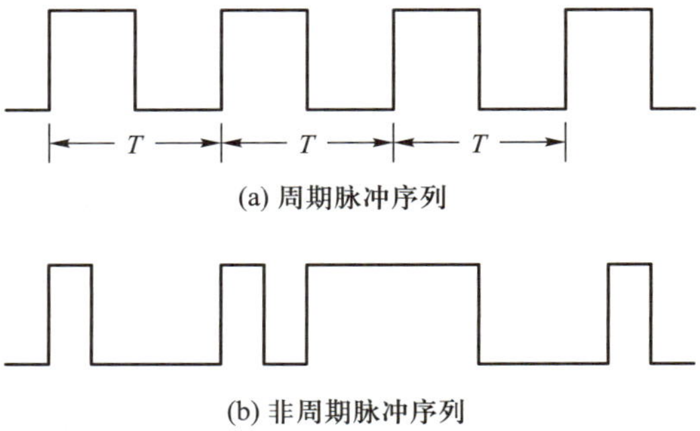

图 1.5　周期脉冲序列和非周期脉冲序列

关于脉冲的另一个重要参数是占空比，通常用脉冲宽度和脉冲周期的比值来表示。占空比为 50%的波形称为方波，也就是 **0**、**1** 交替出现且持续的时长相同。

在这里还需要说明，数字波形对数字信号的表示，有两种方法，一是信号为 **0** 没有脉冲，信号为 **1** 有脉冲；另一种是信号为 **0** 用低电平表示，信号为 **1** 用高电平表示，这两种信号也称为归零信号和非归零信号，如图 1.6 所示，图 1.6(b)所示波形为非归零信号，图 1.6(c)所示波形为归零信号。通常用到的是非归零信号。

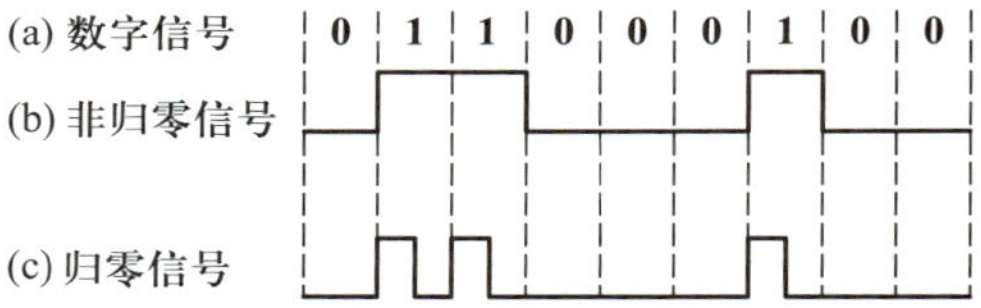

图 1.6　数字波形对数字信号的表示方法

1.3　模拟电路与数字电路

模拟电路中的各个环节均处理的是模拟信号。典型的模拟电路有信号调理电路(包括信号滤波、放大等电路)、功率放大电路、振荡电路、稳压电路等。图 1.7 所示为公共广播系统示意图，这是一个典型的模拟电路系统。播音员的说话声音是模拟信号，麦克风将说话声转换为电压模拟信号(也称为音频信号)，音频信号经过功率放大器放大后，变成幅度更大的音频信号，该信号驱动扬声器后成为音量更大的声音，达到了广播的目的。这个过程中，麦克风、功率放大器以及扬声器均为模拟电路,它们的输入和输出信号都是模拟信号。

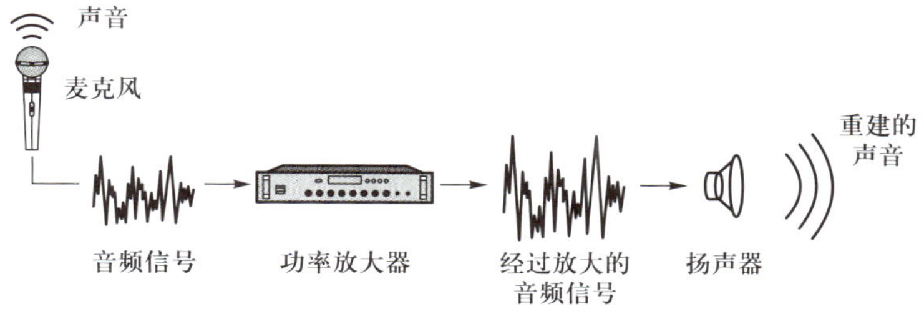

图 1.7 公共广播系统示意图

图 1.7 所示的公共广播系统有一个缺点,那就是声音经过麦克风转换后得到的模拟电信号通常是比较微弱的,很容易受到电压不稳定、元器件之间的耦合和非线性等因素的干扰,可靠性较差。因此,由全模拟电路构成的系统现在已经很少看到了。此外,由于模拟电路的功耗较大、数值计算能力较弱等,数字电路便应运而生。

与模拟电路相对应,数字电路处理的是各种数字信号。数字信号通常都是用数码的形式给出的,这组数码不仅可以表示数值的大小,也可以表示不同的事物或事物的不同状态。在数字电路中,数码的不同可用电平的高低来表示。只要在处理过程中,不发生电平之间的混淆,就能够保证处理结果的正确性,因此数字电路具有良好的抗干扰性能。与模拟电路相比,数字电路还具有集成度高、功耗低、计算能力强、易于存储等优点。

数字电路的发展与模拟电路一样,经历了由电子管、晶体管到集成电路等几个时代。但其发展比模拟电路发展得更快。从 20 世纪 60 年代开始,数字集成器件以双极型工艺制成了小规模逻辑器件,随后发展到中规模逻辑器件;20 世纪 70 年代末,微处理器的出现,使数字集成电路的性能产生质的飞跃。数字集成器件所用的材料以硅材料为主,在高速电路中,也使用化合物半导体材料,例如砷化镓等。

数字电路的研究内容包括数字脉冲电路和数字逻辑电路。前者主要研究脉冲的产生、变换和测量;后者主要研究用数字信号对数字量进行算术运算和逻辑运算。本书主要介绍数字逻辑电路的分析和设计方法。

1.4 逻辑设计

逻辑设计是将逻辑命题用逻辑函数来表达,逻辑函数的描述分为多种方法,如真值表、逻辑函数表达式、逻辑图,卡诺图等。逻辑设计的根本目的在于构建所需要的系统。逻辑设计的初期,是采用手工的方法进行设计的,利用得到的真值表或者逻辑函数,手工画出原理图和逻辑符号。现在,软件工具是逻辑设计的重要部分,可以采用硬件描述语言(HDL)对逻辑电路或者数字系统进行描述,然后进行电路模拟和逻辑综合。通常这样的软件称为 EAD(电子设计自动化)工具。

对于逻辑设计需要关注以下问题:

- 数字电路具有模拟特性，因此在逻辑设计的时候，需要考虑其模拟特性；
- 好的设计工具，能够减轻逻辑设计工作量，但是并不能保证得到一个好的设计；
- 随时做好设计文档很重要，便于对设计的理解；
- 学会使用标准功能器件对于逻辑设计很重要；
- 有限状态机设计与程序设计类似，要按照设计步骤进行；
- 设计中需要考虑可测性、可制造性以及低实现成本。

逻辑设计是用于解决工程问题的，其中的大部分工作是实现构想。而构想是解决问题的关键，它是利用设计者的洞察力，创造出新的方法，解决工程实际问题。这反映了设计者对于实际问题的理解。除此之外，设计者还需要具备电路的调试能力，能够正确地测试、调试所设计实现的电路，能够解决电路产生的问题。

1.5 逻辑器件

最基本的逻辑器件是门电路。一般来说，门电路有一个或者多个输入，有一个输出。输出是当前输入值的函数。**与**门、**或**门、**非**门是最重要的三类逻辑门，用这三种门可以实现所有的逻辑。在第 3 章 3.3.3 节逻辑运算的完备集中可以知道，除了这三种门是逻辑运算的完备集外，{**与**、**非**}，{**或**、**非**}等也是逻辑运算的完备集。

触发器是基本的时序逻辑单元器件，包含触发器的数字电路通常是时序逻辑电路，这类电路的输出不仅取决于当前的输入，还跟电路所处的状态有关（也就是说，还取决于过去的输入）。因此，时序逻辑电路具有记忆功能。

1.6 集成电路

采用一定的加工工艺，将电路所需要的晶体管、电阻、电容以及电感等元件，以及元件之间的连线，制作在一块半导体基片上，然后封装在一个管壳内，称为集成电路。制造集成电路的基片称为晶圆（wafer），晶圆的直径通常有 4 英寸①、5 英寸、6 英寸、8 英寸、12 英寸等，一个晶圆上可以制作成千上万个集成电路，这些集成电路都有焊点（pad）与外面的封装引脚相连（bonding，称为键合）。经过测试后，合格的产品就会将芯片的焊点和封装的引脚相连，封装在管壳内，做成一块块的集成电路芯片。

早期的数字集成电路，通常按照一个集成电路内包含的逻辑门的个数，分为大规模集成电路、中规模集成电路、小规模集成电路。小规模集成电路通常是指包含 1～20 个逻辑门的

① 1 英寸≈2.54 cm

集成电路，通常是门电路或者触发器。在实验室中能够看到双列直插式封装(dual inline-pin package，DIP)的小规模集成电路(SSI IC)。在图 1.8 中，给出了几种双列直插式封装的集成电路示意图。

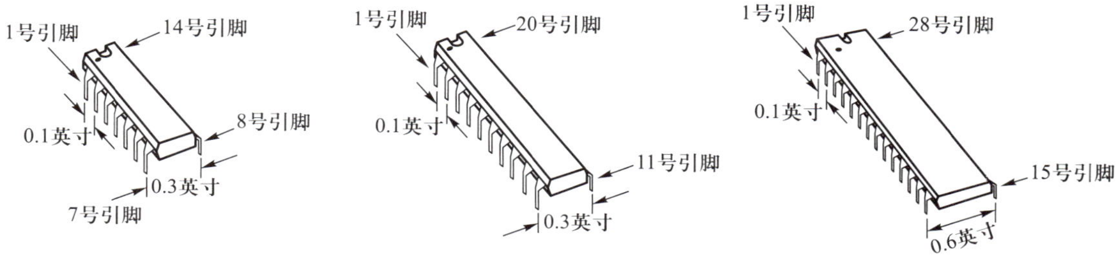

(a) 14个引脚　　(b) 20个引脚　　(c) 28个引脚

图 1.8　双列直插式封装的集成电路示意图

集成电路的顶视图中，半圆形缺口在左方，从下到上围绕集成电路引脚逆时针方向，左下角为第一个引脚，左上角为最后一个引脚。如果没有半圆形缺口，则会有凹圆点，从凹圆点开始逆时针方向，为集成电路引脚从小到大的引脚号码。同一列引脚，两个相邻引脚之间的距离为 0.1 英寸，两列引脚之间的距离如 8～24 个引脚的常为 0.3 英寸，24、28、32、36、40 个引脚的常为 0.6 英寸。图 1.9 给出了常用的几种 74 系列小规模集成电路(SSI IC)引脚图。通常设计人员要实现一个逻辑电路时，才会使用芯片的引脚图，而在数字电路的原理图中，不需要引脚图，仅仅需要门电路符号图。

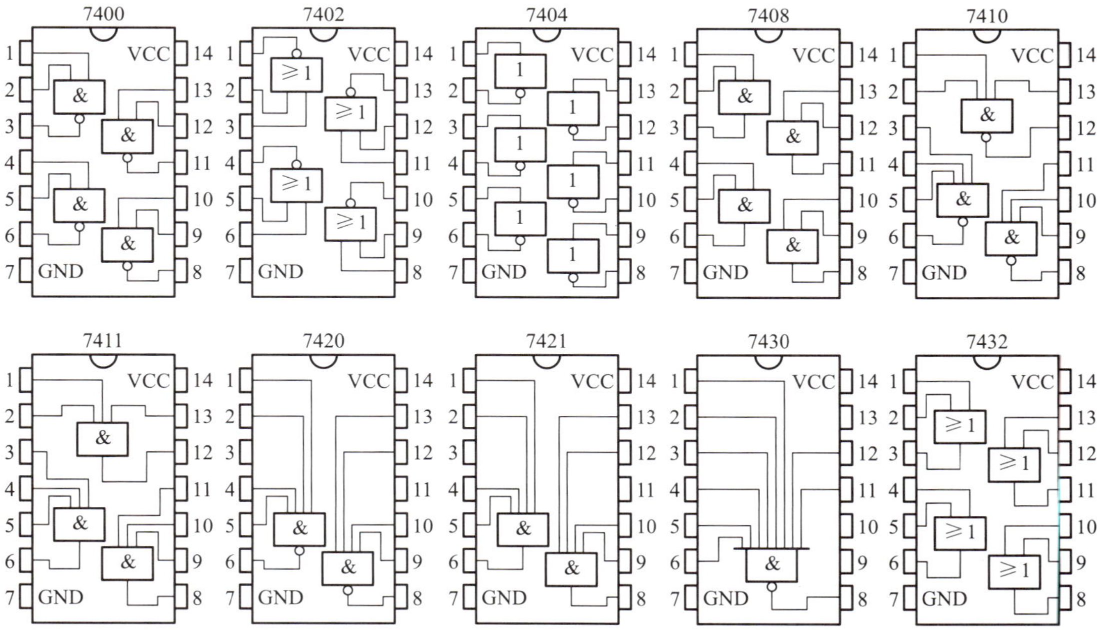

图 1.9　常用的几种 74 系列小规模集成电路引脚图

目前，除了实验之外，已经很少使用小规模集成电路了，通常使用可编程逻辑器件代替。更大规模的集成电路称为中规模集成电路(mediun-scale integration，MSI)，通常包含 20~200 个逻辑门。MSI 通常是一些逻辑功能模块，如编码器、译码器、计数器、寄存器等。这些模块目前单独使用得也很少，但是在大规模集成电路(large-scale integration, LSI)内部会常常得到应用。大规模集成电路通常是包含 200 至几百万甚至更多个逻辑门的电路，一般小型存储器、微处理器、可编程逻辑器件等属于大规模集成电路。除了大规模集成电路，还有超大规模集成电路(VLSI)以及系统芯片(SoC)等，通常用包含的晶体管个数来衡量。现在的微处理器包含几百亿个晶体管。

1.7 可编程逻辑器件

现在有很多的器件允许通过编程来设置其集成电路，因此如果发现存在错误，可以不更换器件及重新连线，就可以修改错误。这种器件称为可编程逻辑器件。可编程逻辑阵列(programmable logic array, PLA)是最早出现的可编程逻辑器件。PLA 包含用户可编程的**与**门和**或**门两级阵列结构，可以很方便地将逻辑用**与**、**或**的结构实现。可编程阵列逻辑(programmable array logic, PAL)对 PLA 进行了修改，仅有**与**阵列可编程，而**或**阵列是固定的，这样降低了制造成本。对 PAL 的输出进行修改完善，得到了 GAL，这些统称为简单 PLD(SPLD)。集成电路技术的不断发展，又在 SPLD 的基础上，将多个 SPLD 以及互连结构做在一个芯片上，除了每个 PLD 可以编程外，在芯片上 PLD 之间的互连也可以编程，从而使电路的功能更加强大，这样的可编程逻辑器件称为 CPLD(复杂可编程逻辑阵列)，其结构示意图如图 1.10 所示，它是通过增加逻辑功能块和功能块之间的互连结构，扩展芯片的集成规模。

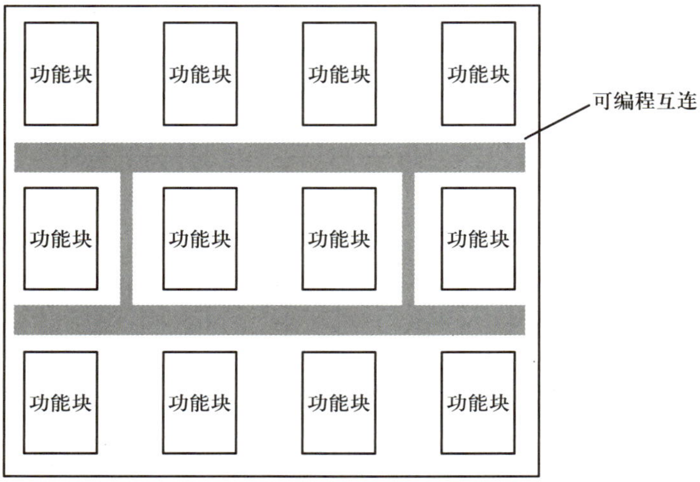

图 1.10 CPLD 结构示意图

与 CPLD 发展的同时,其他芯片商家采用了另外的方法扩展可编程逻辑器件的规模,就是现场可编程门阵列(field-programmable gate array,FPGA)。FPGA 中包含更多的逻辑功能块,但是其逻辑功能块相对简单,功能块之间提供可编程的分布式互连结构,其结构示意图如图 1.11 所示,可以看出其与 CPLD 的不同。

这两种可编程逻辑器件芯片各有特点,都得到了广泛的应用。基于可编程逻辑器件设计产品,在设计中可以使用 HDL,常用的如 VHDL 和 Verilog HDL。利用硬件描述语言以及与其配套的软件工具,对设计进行综合,得到相应的网表,然后下载到 CPLD 或者 FPGA,以实现相应的设计。

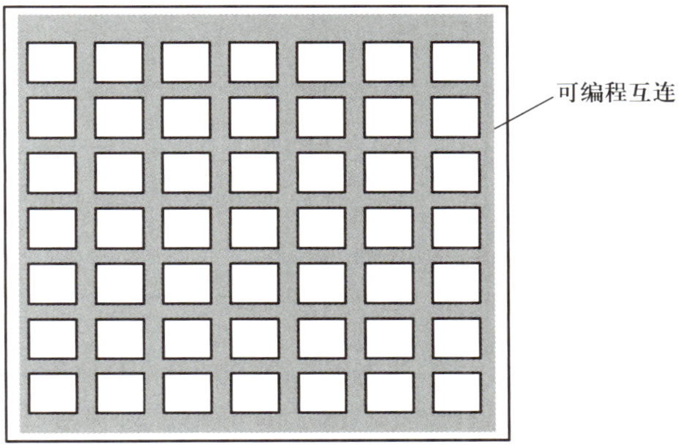

图 1.11 FPGA 结构示意图

1.8 数字系统简介

数字系统没有严格、统一的定义。一般认为,数字系统是一个能对数字信号进行加工、传递和存储的实体,它由实现各种功能的数字逻辑电路相互连接而成。数字系统一般有控制器和处理器。本节将以电子计算机和数字信号处理器(digital signal processor,DSP)为例,介绍数字系统的基本结构。

1.8.1 电子计算机

电子计算机是最为典型的数字系统,数字技术的发展推动了计算机技术的进步,而计算机技术的进步也促进了数字技术的前进。1946 年 2 月,第一台电子计算机 ENIAC 在美国宾夕法尼亚大学问世,这台计算机是以电子管为基本元件的,共使用了 18 000 多个电子管,每秒进行 5 000 次加法运算,功耗高达 150 kW。随着数字电子技术的发展,电子计算机的集成度不断提高,经历了晶体管计算机、集成电路计算机、大规模和超大规模集成电路计算机等发展阶段,目前的计算机微处理器集成了数十亿甚至几百亿个晶体管,每秒可完成约 10^{11} 次浮点数运算。

电子计算机问世后的 70 多年来，虽然其性能有了巨大的发展，但计算机的基本结构并没很大的变化，电子计算机的基本结构是著名的冯·诺依曼体系结构。根据冯·诺依曼体系结构构成的计算机，必须具有五大功能：(1) 把需要的程序和数据送至计算机中；(2) 必须具有长期记忆程序、数据、中间结果及最终运算结果的能力；(3) 能够完成各种算术、逻辑运算和数据传送等数据加工处理的能力；(4) 能够根据需要控制程序走向，并能根据指令控制机器的各部件协调操作；(5) 能够按照要求将处理结果输出给用户。为了完成上述功能，计算机必须具备五大基本组成部件，包括：输入数据和程序的输入设备、记忆程序和数据的存储器、完成数据加工处理的运算器、控制程序执行的控制器、输出处理结果的输出设备。冯·诺依曼计算机的基本结构如图 1.12 所示。

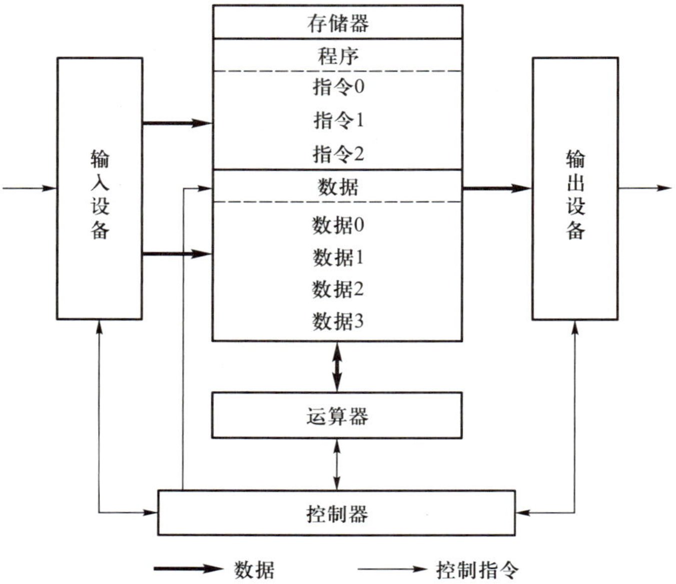

图 1.12　冯·诺依曼计算机的基本结构

冯·诺依曼计算机的运行过程为：通过输入设备将使用者提供的数据和程序存入存储器；按程序的安排将数据从存储器中取出，送到运算器中处理，然后将处理结果送入存储器；最后，将处理的结果从存储器中取出，通过输出设备报告使用或者完成控制任务。在现在的微型计算机中，运算器和控制器都已集成在同一个芯片中，称为中央处理单元(CPU)。

1.8.2　数字信号处理器

数字信号处理器(digital signal processor, DSP)是一种特别适合进行数字信号处理运算的微处理器，其主要应用是实时快速地实现各种数字信号处理算法。

数字信号处理一般需要较大的运算量和较高的运算速度，为了提高数据吞吐量，在数字信号处理器中大多采用哈佛体系结构。图 1.13 所示为哈佛体系结构，与冯·诺依曼体系结构相比，哈佛体系结构有两个明显的特点：使用两个独立的存储器模块，分别存储指令和数据,每个存储模块都不允许指令和数据并存;使用两条独立的总线,分别作为 CPU 与每个存储器之间的专用通信路径,而这两条总线之间毫无关联。

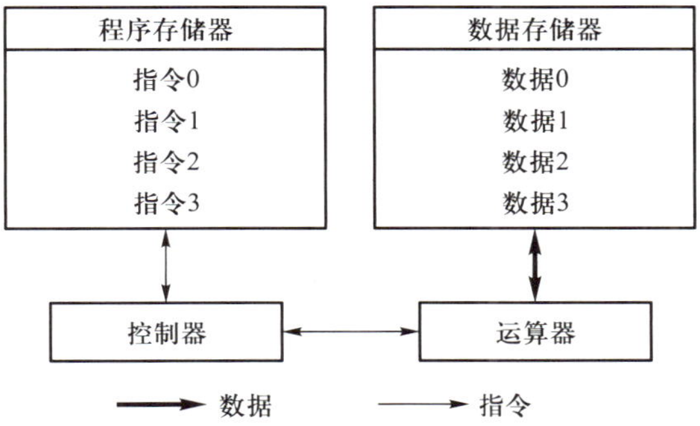

图 1.13 哈佛体系结构

这种分离的程序总线和数据总线可允许在一个机器周期内同时获得指令字(来自程序存储器)和操作数(来自数据存储器),从而提高了执行速度和数据的吞吐率。又由于程序和数据存储在两个分开的物理空间中,取指令和执行指令能完全重叠。

本章小结

本章主要介绍了数字电路系统的一些基本概念。数字电路系统区别于模拟电路系统的根本在于其处理的信号为数字信号,而模拟电路系统在各个环节处理的信号均为模拟信号。在实际应用中,模拟电路和数字电路都是一个完整系统必备的部分。

数字信号以数字脉冲序列的形式传递信息。本书只给出数字脉冲的脉冲宽度、脉冲周期、占空比、上升时间、下降时间等基本参数,关于脉冲波形的产生和整形问题不在本书的讨论范围之内,读者可参考有关数字电子技术教材。

本章还简单介绍了与数字电路与系统密切关联的逻辑设计、逻辑器件、集成电路,以及可编程逻辑器件等内容。

最后介绍了两种典型的数字系统,即电子计算机和数字信号处理器。针对不同的应用场合和目的,前者采用了冯·诺依曼体系结构,后者采用了哈佛体系结构,两者的主要区别在于存储器的结构有所不同。

习 题

- **1.1** 请说明什么是模拟量,什么是数字量,两者有什么区别。

- **1.2**　请举例说明模拟系统、数字系统以及既有模拟部分又有数字部分的系统。
- **1.3**　与模拟电路相比，数字电路有什么优点？
- **1.4**　如题 1.4 图所示的周期脉冲序列，其周期、频率和占空比各是多少？

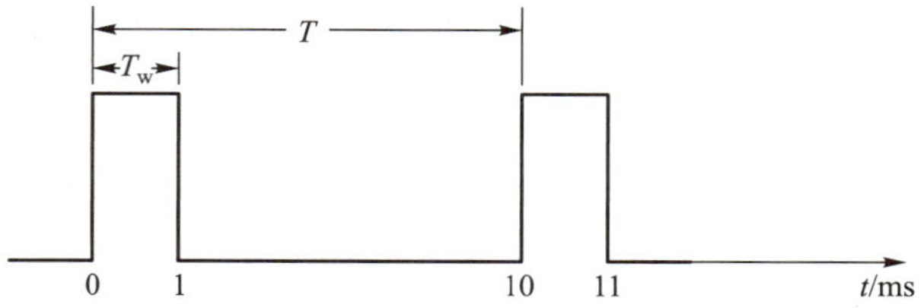

题 1.4 图

- **1.5**　一个脉冲波形的脉宽是 25 μs，周期是 150 μs，试求脉冲的频率和占空比。
- **1.6**　如题 1.6 图所示的脉冲，指出其上升时间、下降时间、脉宽和幅度各是多少。

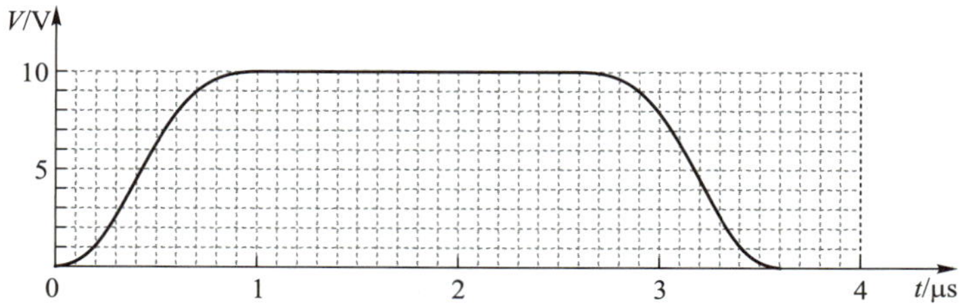

题 1.6 图

- **1.7**　解释下列缩写词：HDL，SoC，DIP，PLA，PAL，PLD，CPLD，FPGA，DSP。
- **1.8**　说明 CPLD 和 FPGA 两种芯片在结构上的区别。
- **1.9**　电子计算机的发展大致经历了哪几个阶段？
- **1.10**　冯·诺依曼体系结构的计算机由哪几个部分组成？它们分别完成什么样的功能？
- **1.11**　哈佛体系结构和冯·诺依曼体系结构的主要区别是什么？
- **1.12**　简述冯·诺依曼体系结构的计算机的工作过程。

第2章

数制与码制

本章介绍数字系统和计算机中使用的数制和码制，同时介绍机器数的运算。计算机中使用的是二进制数，在计算机中二进制数要表示为机器数：原码、反码和补码。为了简化二进制书写，计算机中还会使用八进制和十六进制。计算机中数和其他信息如文字符号等是用码表示的。除此之外，本章还介绍了在信息传输中经常用到的检错码和纠错码，以便于大家理解后面章节介绍的检错、纠错电路。

2.1 数　制

数制就是计数进位制，它规定了数码处于不同位置所代表的数值。日常生活中常用的数制有多种，如十进制、十二进制、十六进制、六十进制等。在数字电路和计算机中，用二进制数进行数据运算和处理，这是因为二进制数只有 **0**、**1** 两个数码，电路实现容易，只需要用电路中两个不同的状态来代表数字 **0** 和 **1**。例如，在电路中可以用电压的高低、电流的有无、电子开关的导通和断开来代表二进制数的 **1**、**0**。使用二进制进行运算也很简单，同样会使电路实现方便。在计算机的硬件实现中，虽然使用的是二进制，但计算机中常用的还有十进制、八进制和十六进制等。这是为了与日常生活中使用的数据一致，或者便于书写和阅读。

2.1.1 十进制

十进制，就是我们日常生活中最常用的数制，它包含十个不同的数码：0、1、2、3、4、5、6、7、8、9，在计数时满十进一、借一当十。数码处于不同的位置时，所代表的数值是不同的。例如 666 的数值，虽然三个数码是一样的，但是代表数值分别为：最高位的数码 6 代表数值 600，中间的数码 6 代表数值 60，最低位的数码 6 代表数值 6。在十进制中 10 的整幂次方如 100、10、1、0.1 等称为十进制的权，表示数的数码的集合称为基，基的大小也就是数码集合的大小称为基数，因此 10 称为十进制的基数。类似于上述对数的表示方法叫作计数法。

对于任意一个十进制数 N，都可以按权位展开为

$$
\begin{aligned}
(N)_{10} &= a_{n-1}a_{n-2}\cdots a_1a_0a_{-1}a_{-2}\cdots a_{-m} \\
&= a_{n-1}\times 10^{n-1}+a_{n-2}\times 10^{n-2}+\cdots+a_1\times 10^1+a_0\times 10^0+a_{-1}\times 10^{-1}+a_{-2}\times 10^{-2}+\cdots+a_{-m}\times 10^{-m} \\
&= \sum_{i=-m}^{n-1} a_i\times 10^i \qquad (2-1)
\end{aligned}
$$

式中，n、m 为正整数，n 表示整数部分的数位，m 表示小数部分的数位。

例如，十进制数 123.45 可以表示为

$$123.45=1\times 100+2\times 10+3\times 1+4\times 0.1+5\times 0.01$$

这种展开方法，对于任意进制数，都是适用的。

2.1.2　*R* 进制

类似于十进制数，R 进制数包含 0、1、2、…、$R-1$ 共 R 个不同的数码，R 进制计数是满 R 进一、借一当 R，其基数是 R，R 的整幂次方称为 R 进制数的权。

对于任意一个 R 进制的数 N，用计数法可以表示为

$$
\begin{aligned}
(N)_R &= a_{n-1}a_{n-2}\cdots a_1a_0a_{-1}a_{-2}\cdots a_{-m} \\
&= a_{n-1}\times R^{n-1}+a_{n-2}\times R^{n-2}+\cdots+a_1\times R^1+a_0\times R^0+a_{-1}\times R^{-1}+a_{-2}\times R^{-2}+\cdots+a_{-m}\times R^{-m} \\
&= \sum_{i=-m}^{n-1} a_i\times R^i \qquad (2-2)
\end{aligned}
$$

2.1.3　二进制

二进制数只有 **0**、**1** 两个数码，计数是逢二进一、借一当二。二进制的基数是 2，权值是 2 的整数次幂。对于二进制数，按照权位展开，可表示为

$$
\begin{aligned}
(N)_2 &= a_{n-1}a_{n-2}\cdots a_1a_0a_{-1}a_{-2}\cdots a_{-m} \\
&= a_{n-1}\times 2^{n-1}+a_{n-2}\times 2^{n-2}+\cdots+a_1\times 2^1+a_0\times 2^0+a_{-1}\times 2^{-1}+a_{-2}\times 2^{-2}+\cdots+a_{-m}\times 2^{-m} \\
&= \sum_{i=-m}^{n-1} a_i\times 2^i \qquad (2-3)
\end{aligned}
$$

a_i 取 **0** 或者 **1**，m、n 取正整数。

例如，二进制数 **11011.11** 可以展开为

$$(\mathbf{11011.11})_2=1\times 2^4+1\times 2^3+0\times 2^2+1\times 2^1+1\times 2^0+1\times 2^{-1}+1\times 2^{-2}$$

2.1.4　八进制和十六进制

如上所述，八进制数有 0、1、2、3、4、5、6、7 八个数码，计数方式是逢八进一，借一当八，八进制数的基数是 8，因此对于八进制数，可以表示为

$$(N)_8 = a_{n-1}a_{n-2}\cdots a_1a_0a_{-1}a_{-2}\cdots a_{-m}$$
$$= a_{n-1}\times 8^{n-1} + a_{n-2}\times 8^{n-2} + \cdots + a_1\times 8^1 + a_0\times 8^0 + a_{-1}\times 8^{-1} + a_{-2}\times 8^{-2} + \cdots + a_{-m}\times 8^{-m}$$
$$= \sum_{i=-m}^{n-1} a_i \times 8^i \quad (2-4)$$

十六进制数有 0、1、2、3、4、5、6、7、8、9、A、B、C、D、E、F 十六个数码，其中六个字母符号表示十进制的 10～15。对于任意一个十六进制的数 N，可以表示为

$$(N)_{16} = a_{n-1}a_{n-2}\cdots a_1a_0a_{-1}a_{-2}\cdots a_{-m}$$
$$= a_{n-1}\times 16^{n-1} + a_{n-2}\times 16^{n-2} + \cdots + a_1\times 16^1 + a_0\times 16^0 + a_{-1}\times 16^{-1} + a_{-2}\times 16^{-2} + \cdots + a_{-m}\times 16^{-m} \quad (2-5)$$

表 2.1 给出了十进制、二进制、八进制、十六进制的对应关系。

表 2.1　十进制、二进制、八进制、十六进制的对应关系

十进制	二进制	八进制	十六进制
0	**0**	0	0
1	**1**	1	1
2	**10**	2	2
3	**11**	3	3
4	**100**	4	4
5	**101**	5	5
6	**110**	6	6
7	**111**	7	7
8	**1000**	10	8
9	**1001**	11	9
10	**1010**	12	A
11	**1011**	13	B
12	**1100**	14	C
13	**1101**	15	D
14	**1110**	16	E
15	**1111**	17	F
16	**10000**	20	10

2.2　算术运算

我们小时候都学过算术运算，首先是一位数的加法，没有进位；然后是一位数相加，产生进位；再进一步，就是两个一位数的加法运算。这样，从 0+0=0 一直到 9+9=18，可以总结成

表 2.2(a)。

乘法运算就是著名的九九表(乘法表),列于表 2.2(b)。一位数的乘法用九九表就可以求出来,对于多位数的乘法,可以分解为乘法运算和加法运算。

表 2.2　十进制数运算表

(a) 加　法　表

+	0	1	2	3	4	5	6	7	8	9
0	0	1	2	3	4	5	6	7	8	9
1	1	2	3	4	5	6	7	8	9	10
2	2	3	4	5	6	7	8	9	10	11
3	3	4	5	6	7	8	9	10	11	12
4	4	5	6	7	8	9	10	11	12	13
5	5	6	7	8	9	10	11	12	13	14
6	6	7	8	9	10	11	12	13	14	15
7	7	8	9	10	11	12	13	14	15	16
8	8	9	10	11	12	13	14	15	16	17
9	9	10	11	12	13	14	15	16	17	18

(b) 乘　法　表

×	0	1	2	3	4	5	6	7	8	9
0	0	0	0	0	0	0	0	0	0	0
1	0	1	2	3	4	5	6	7	8	9
2	0	2	4	6	8	10	12	14	16	18
3	0	3	6	9	12	15	18	21	24	27
4	0	4	8	12	16	20	24	28	32	36
5	0	5	10	15	20	25	30	35	40	45
6	0	6	12	18	24	30	36	42	48	54
7	0	7	14	21	28	35	42	49	56	63
8	0	8	16	24	32	40	48	56	64	72
9	0	9	18	27	36	45	54	63	72	81

减法运算,把前面的加法表换个方向,就可以进行一位数的减法运算。

除法运算,是乘法运算的反过程。整数的除法法则:从被除数的商位起,先看除数有几位,再用除数试除被除数的前几位,如果它比除数小,再试除多一位数;除到被除数的哪一位,就在那一位上面写上商;被除数的前几位减去商和除数的乘积,得到余下的数。每次除后余下的数必须比除数小。然后将余下的数后面添加上被除数前几位数后面的一位,再试除……直到求出商和余数。

对于任意进制数，同样首先要知道该进制数的一位数加法和乘法表，这样就可以采用与十进制数相同的方法，进行加、减、乘、除算术运算。下面讨论二进制数、八进制数和十六进制数的加、减、乘、除算术运算。

2.2.1 二进制数的算术运算

1. 加法

首先给出一位二进制数加法表和乘法表，如表 2.3 所示。

表 2.3 二进制数加法表和乘法表

(a) 加 法 表

+	0	1
0	**0**	**1**
1	**1**	**10**

(b) 乘 法 表

×	0	1
0	**0**	**0**
1	**0**	**1**

可以看出，相对于十进制来说，二进制数加法表和乘法表非常简单，因为二进制数只有两个数码：**0** 和 **1**，所以二进制数的算术运算也很简单。需要注意的一点是，**1+1** 的和是 **0**，进位是 **1**；进位位在多位二进制数运算中，要加到高一位的数值中。下面举例说明。

例 2.1 计算两个二进制数 **111101** 和 **110111** 的和。

解：

进位：	**1 1 1 1 1 1**
被加数：	**1 1 1 1 0 1**
加数：	+ **1 1 0 1 1 1**
和：	**1 1 0 1 0 0**

得到的结果是 **110100**，另外有进位 **1**。（或者 **1110100**）

换算成十进制数，61+55=116；上面的二进制数计算结果，因为有进位，代表 64，和为 52，因此结果是正确的。

在上面的二进制数算式中，存在 **1+1+1** 的情况，可以看作：

1+1+1＝(**1+1**)+**1**＝(**10**)+(**01**)＝**11**，也就是和及进位都是 **1**。

2. 减法

减法可以看成加法的逆运算。从表 2.3(a)中总结减法的规则为

1 − 0 = 1

1 − 1 = 0

0 − 0 = 0

0 − 1 = 1　这里有个借位

最后一行代表 **0** 减去 **1**，需要从高一位借 **1**，从高一位借来的 **1**，在本位就是 **10**（也就是借 1 当 2，因为二进制中没有数字 2，所以表示为 **10**）。举例说明多位二进制数的减法。

例 2.2　计算二进制数 **1001101** 减去 **10111**。

解：

列号	6	5	4	3	2	1	0
借位		**1**			**10**		
借位	**0**	~~**10**~~	**10**	**0**	~~**0**~~	**10**	
被减数	~~**1**~~	~~**0**~~	~~**0**~~	~~**1**~~	~~**1**~~	~~**0**~~	**1**
减数	−		**1**	**0**	**1**	**1**	**1**
差		**1**	**1**	**0**	**1**	**1**	**0**

本例中，1 列的两个数相减，需要借位，是从 2 列借来的，在 1 列中当作 **10**，导致 2 列变为 **0**（**1** 被借走了）；当 2 列的两个数相减时，因为 2 列的被减数为 **0**（**1** 被借走了），就需要从 3 列借位，在 2 列当 **10**（表示在第一行的借位）；3 列相减不需要借位；4 列相减时，因为 5 列被减数为 **0**，所以要从 6 列被减数中借，这样 6 列被减数变为 **0**，5 列被减数为 **10**；4 列要从 5 列借，导致 5 列变为 **1**（表示在第一行的借位），4 列为 **10**。

在例题的运算中，用线划掉的数字代表已经被代替，这样，在一列中，用没划掉的数字，减去被减数，就得到了差。

3. 乘法和除法

二进制数的乘法与十进制数的乘法方法是一样的，但是运算起来更简单，如表 2.3(b)所示。但进行加运算时必须更加谨慎，以免出错，举例如下。

例 2.3　计算 **10111** 乘以 **1010**。

解：

			1	**0**	**1**	**1**	**1**
×				**1**	**0**	**1**	**0**
			0	**0**	**0**	**0**	**0**
		1	**0**	**1**	**1**	**1**	
	0	**0**	**0**	**0**	**0**		
1	**0**	**1**	**1**	**1**			
1	**1**	**1**	**0**	**0**	**1**	**1**	**0**

从上面的计算可以看出，二进制数乘法运算与十进制数乘法运算形式一样，注意每位乘数乘得的结果，在做加法时对应的位置。

二进制数的除法运算与十进制数的除法运算形式也是一样的，由于只有两个数字，所以求商更容易。同样,用一个例题说明除法运算。

例 2.4 计算 **1110111** 除以 **1001**。

解:

```
              1 1 0 1
         ┌──────────────
 1 0 0 1 │ 1 1 1 0 1 1 1
           1 0 0 1
           ───────
             1 0 1 1
             1 0 0 1
             ───────
                 1 0 1 1
                 1 0 0 1
                 ───────
                     1 0
```

结果为商:**1101**,余数:**10**。

2.2.2 八进制数的算术运算

八进制数加法表和乘法表见表 2.4。这样,就可以按照与十进制数或者二进制数运算相同的步骤,进行八进制数的运算。对于八进制数的加、减、乘、除运算,分别用一个例子来说明。

例 2.5 计算下列八进制数的算式。

(1) 4163+7520

(2) 6204−5173

(3) 4167×2503

(4) 4163÷25

解: 按照运算规则,分别进行运算,算式如下。

(1) 4163+7520

```
    1   1
      4 1 6 3
+     7 5 2 0
─────────────
    1 3 7 0 3
```

（2）6204−5173

```
      1 10          （注："10"代表八进制的"8"）
    6  2  0  4
 −  5  1  7  3
 ─────────────
    1  0  1  1
```

（3）4167×2503

```
              4  1  6  7
           ×  2  5  0  3
           ─────────────
           1  4  5  4  5
     2  5  1  2  3  0
  1  0  3  5  6
  ──────────────────────
  1  3  1  0  5  0  4  5
```

（4）4163÷25

```
              1  4  7
         ┌───────────
  2  5   │ 4  1  6  3
           2  5
         ──────
           1  4  6
           1  2  4
           ───────
              2  2  3
              2  2  3
              ───────
                    0
```

表 2.4　八进制数加法表和乘法表

（a）加　法　表

+	0	1	2	3	4	5	6	7
0	0	1	2	3	4	5	6	7
1	1	2	3	4	5	6	7	10
2	2	3	4	5	6	7	10	11
3	3	4	5	6	7	10	11	12
4	4	5	6	7	10	11	12	13
5	5	6	7	10	11	12	13	14
6	6	7	10	11	12	13	14	15
7	7	10	11	12	13	14	15	16

(b) 乘 法 表

×	0	1	2	3	4	5	6	7
0	0	0	0	0	0	0	0	0
1	0	1	2	3	4	5	6	7
2	0	2	4	6	10	12	14	16
3	0	3	6	11	14	17	22	25
4	0	4	10	14	20	24	30	34
5	0	5	12	17	24	31	36	43
6	0	6	14	22	30	36	44	52
7	0	7	16	25	34	43	52	61

2.2.3 十六进制数的算术运算

十六进制数的加法表和乘法表比前面介绍的数制要复杂,因为有十六个数字,见表 2.5。

表 2.5 十六进制数加法表和乘法表

(a) 加 法 表

+	0	1	2	3	4	5	6	7	8	9	A	B	C	D	E	F
0	0	1	2	3	4	5	6	7	8	9	A	B	C	D	E	F
1	1	2	3	4	5	6	7	8	9	A	B	C	D	E	F	10
2	2	3	4	5	6	7	8	9	A	B	C	D	E	F	10	11
3	3	4	5	6	7	8	9	A	B	C	D	E	F	10	11	12
4	4	5	6	7	8	9	A	B	C	D	E	F	10	11	12	13
5	5	6	7	8	9	A	B	C	D	E	F	10	11	12	13	14
6	6	7	8	9	A	B	C	D	E	F	10	11	12	13	14	15
7	7	8	9	A	B	C	D	E	F	10	11	12	13	14	15	16
8	8	9	A	B	C	D	E	F	10	11	12	13	14	15	16	17
9	9	A	B	C	D	E	F	10	11	12	13	14	15	16	17	18
A	A	B	C	D	E	F	10	11	12	13	14	15	16	17	18	19
B	B	C	D	E	F	10	11	12	13	14	15	16	17	18	19	1A
C	C	D	E	F	10	11	12	13	14	15	16	17	18	19	1A	1B
D	D	E	F	10	11	12	13	14	15	16	17	18	19	1A	1B	1C
E	E	F	10	11	12	13	14	15	16	17	18	19	1A	1B	1C	1D
F	F	10	11	12	13	14	15	16	17	18	19	1A	1B	1C	1D	1E

(b) 乘　法　表

×	0	1	2	3	4	5	6	7	8	9	A	B	C	D	E	F
0	0	0	0	0	0	0	0	0	0	0	0	0	0	0	0	0
1	0	1	2	3	4	5	6	7	8	9	A	B	C	D	E	F
2	0	2	4	6	8	A	C	E	10	12	14	16	18	1A	1C	1E
3	0	3	6	9	C	F	12	15	18	1B	1E	21	24	27	2A	2D
4	0	4	8	C	10	14	18	1C	20	24	28	2C	30	34	38	3C
5	0	5	A	F	14	19	1E	23	28	2D	32	37	3C	41	46	4B
6	0	6	C	12	18	1E	24	2A	30	36	3C	42	48	4E	54	5A
7	0	7	E	15	1C	23	2A	31	38	3F	46	4D	54	5B	62	69
8	0	8	10	18	20	28	30	38	40	48	50	58	60	68	70	78
9	0	9	12	1B	24	2D	36	3F	48	51	5A	63	6C	75	7E	87
A	0	A	14	1E	28	32	3C	46	50	5A	64	6E	78	82	8C	96
B	0	B	16	21	2C	37	42	4D	58	63	6E	79	84	8F	9A	A5
C	0	C	18	24	30	3C	48	54	60	6C	78	84	90	9C	A8	B4
D	0	D	1A	27	34	41	4E	5B	68	75	82	8F	9C	A9	B6	C3
E	0	E	1C	2A	38	46	54	62	70	7E	8C	9A	A8	B6	C4	D2
F	0	F	1E	2D	3C	4B	5A	69	78	87	96	A5	B4	C3	D2	E1

同样可以按照前面讲过的数制的运算方法，完成十六进制数的运算。在这里，针对加、减、乘、除各举一个例子说明其运算。

例 2.6　计算下列十六进制数的算式。

(1) 2A58+71D0

(2) 9F1B−4A36

(3) 5C2A×71D0

(4) 27FCA÷3E

解： 分别列式计算如下。

(1) 2A58+71D0

$$
\begin{array}{r}
1 \\
2\ A\ 5\ 8 \\
+\ 7\ 1\ D\ 0 \\
\hline
9\ C\ 2\ 8
\end{array}
$$

（2）9F1B−4A36

```
          E  11        （注：“11”代表十进制的“17”）
       9  F  1  B
    −  4  A  3  6
    -------------
       5  4  E  5
```

（3）5C2A×71D0

```
          5 C 2 A
        × 7 1 D 0
  ---------------
      4 A E 2 2 0
    5 C 2 A
  2 8 5 2 6
  ---------------
  2 8 F 9 6 C 2 0
```

（4）27FCA÷3E

```
          A 5 1
      ----------
  3 E | 2 7 F C A
        2 6 C
        -----
          1 3 C
          1 3 6
          -----
              6 A
              3 E
              ---
              2 C
```

2.3 数制之间的转换

无论是计算机编程还是数字系统设计，经常需要将一个数制的数字转换成另一个数制的相同大小的数字，这就需要知道数制之间数的转换方法。对于任意进制数，可用 R 来代表其基数，R 大于等于 2。本节先介绍 R 进制数转换为十进制数的方法，再介绍十进制数转换为二进制数的方法，最后介绍二进制数、八进制数和十六进制数之间的转换规律。

2.3.1　*R* 进制数转换为十进制数

人们习惯于使用十进制数，如果将 *R* 进制数转换为十进制数，只要按照 *R* 进制数的权位展开，再按照十进制的运算规则，将其各位数值相加就可以得到对应的十进制数。例如：

$(\mathbf{11010.101})_2=16+8+2+0.5+0.125=(26.625)_{10}$

$(351.25)_8=3\times8^2+5\times8^1+1\times8^0+2\times8^{-1}+5\times8^{-2}=192+40+1+0.25+0.078\ 125=(233.328\ 125)_{10}$

2.3.2　十进制数转换为二进制数

若要将一个十进制数转换为二进制数，需要将十进制数分为整数部分和小数部分分别转换。整数部分通过除以 2 取余数，逆序排列得到二进制整数部分；小数部分通过乘以 2 取整数，顺序排列得到二进制小数部分。用例 2.7 来说明这样转换的原因。

例 2.7　将 $(58.625)_{10}$ 转换为二进制数。

解： 将 $(58.625)_{10}$ 分成 $(58)_{10}$ 和 $(0.625)_{10}$

$$\begin{aligned}(58)_{10}&=(a_{n-1}a_{n-2}a_{n-3}\cdots a_0)_2=a_{n-1}\times2^{n-1}+a_{n-2}\times2^{n-2}+\cdots+a_0\times2^0\\&=2(a_{n-1}\times2^{n-2}+a_{n-2}\times2^{n-3}+\cdots+a_1)+a_0\end{aligned}$$

$$(29)_{10}=(a_{n-1}\times2^{n-2}+a_{n-2}\times2^{n-3}+\cdots+a_1)+\frac{a_0}{2}$$

得 $a_0=\mathbf{0}$

$$\left(14+\frac{1}{2}\right)_{10}=(a_{n-1}\times2^{n-3}+a_{n-2}\times2^{n-4}+\cdots+a_2)+\frac{a_1}{2}$$

得 $a_1=\mathbf{1}$

依次类推，得到 $(58)_{10}=(\mathbf{111010})_2$

$$(0.625)_{10}=a_{-1}\times2^{-1}+a_{-2}\times2^{-2}+\cdots+a_{-m}\times2^{-m}$$

$$(1.25)_{10}=a_{-1}+(a_{-2}\times2^{-1}+\cdots+a_{-m}\times2^{-m+1})$$

得到 $a_{-1}=\mathbf{1}$

$$(0.5)_{10}=a_{-2}+(a_{-3}\times2^{-1}+\cdots+a_{-m}\times2^{-m+2})$$

得到 $a_{-2}=\mathbf{0}$

$$(1.0)_{10}=a_{-3}+(a_{-4}\times2^{-1}+\cdots+a_{-m}\times2^{-m+2})$$

得到 $a_{-3}=\mathbf{1}$

由此，得到 $(0.625)_{10}=(\mathbf{0.101})_2$

由此可见，十进制数转换为二进制数所采用的方法，是通过对十进制数的表示方法推导而来的。十进制数转换为二进制数时，对整数部分每次除以 2，求余数，然后逆序排列余数即可。

例 2.8　将十进制数 57 转换成二进制数。

解：

2 | 57		余数
2 | 28	……	**1**
2 | 14	……	**0**
2 | 7	……	**0**
2 | 3	……	**1**
2 | 1	……	**1**
0	……	**1**

得到的二进制数为 **111001**。

十进制小数部分，每次乘以 2，取整，整数顺序排列，得到二进制小数部分。

例如十进制数 0.6875 转换为二进制数：

$$0.6875\times2=\underline{1}.375$$

$$0.375\times2=\underline{0}.75$$

$$0.75\times2=\underline{1}.5$$

$$0.5\times2=\underline{1}.0$$

得到二进制数为 **0.1011**。

2.3.3　二进制数与八进制数、十六进制数之间的相互转换

1. 二进制数转换为八进制数

一个 1 位的八进制数，可以用 3 位的二进制数表示，也就是说，1 位八进制数与 3 位二进制数是一一对应的，如表 2.6 所示。

表 2.6　八进制数码表

二进制数	八进制数	二进制数	八进制数
000	0	**100**	4
001	1	**101**	5
010	2	**110**	6
011	3	**111**	7

因此，由二进制整数转换为八进制数的方法就是将它从右向左每 3 位作为一个单元，用对应的八进制数字代表即可。例如二进制数 **1001100101** 按上述方法变换得到的八进制数为 1145。

同理，对于二进制小数，应从左向右每 3 位转换为 1 位八进制数，得到八进制小数部分，例如二进制数 **0.1101** 转换为八进制数为 0.64。

2. 二进制数转换为十六进制数

1 位十六进制数，可以用 4 位二进制数代表，而且是一一对应的，如表 2.7 所示。

表 2.7　十六进制数码表

二进制数	十六进制数	二进制数	十六进制数
0000	0	**1000**	8
0001	1	**1001**	9
0010	2	**1010**	A
0011	3	**1011**	B
0100	4	**1100**	C
0101	5	**1101**	D
0110	6	**1110**	E
0111	7	**1111**	F

由二进制整数转换为十六进制数的方法就是将二进制整数从低位到高位将每 4 位二进制数分为一组，并用等值的十六进制数进行代换即可得到对应的十六进制的整数。例如将二进制整数 **1001100101** 按上述方法转换得到的十六进制数为 265。

同理，对于二进制小数，应从左向右每 4 位分别转换为一个十六进制数，就可以得到十六进制小数，例如二进制数 **0.11011**，转换为十六进制数为 0.D8。

例 2.9　将二进制数 **10101111.0001011011** 转换为八进制数和十六进制数。

解：对应如下。

二进制：　**010 101 111 . 000 101 101 100**

八进制：　2　5　7　.　0　5　5　4

二进制：　**1010 1111 . 0001 0110 1100**

十六进制：A　F　.　1　6　C

3. 八进制数转换成二进制数

由八进制数转换为二进制数，只要将八进制数的各位分别用对应的 3 位二进制数代入即可。

例 2.10　将八进制数 756.025 转换成二进制数。

解：八进制数 7、5、6、0、2、5 对应的二进制数分别为 **111**、**101**、**110**、**000**、**010**、**101**，所以转换结果为 $(756.025)_8=(\mathbf{111101110.000010101})_2$

4. 十六进制数转换成二进制数

将十六进制数的每一位用等值 4 位二进制数代替，就得到对应的二进制数。

例 2.11 将十六进制数 2FDA0.1E 转换为二进制数。

解： 十六进制数的 2、F、D、A、0、1、E 分别对应 4 位二进制数：**0010**、**1111**、**1101**、**1010**、**0000**、**0001**、**1110**，因此，$(2FDA0.1E)_{16}=(\mathbf{101111110110100000.0001111})_2$

5. 八进制数与十六进制数之间的转换

八进制数与十六进制数之间的转换，借助于二进制数。我们知道，1 位八进制数与 3 位二进制数一一对应，1 位十六进制数与 4 位二进制数一一对应。因此，当需要将八进制数转换为十六进制数时，可以先将八进制数转换为二进制数，然后再将二进制数转换为十六进制数；同样，当需要将十六进制数转换为八进制数时，先将十六进制数转换为二进制数，再将二进制数转换为八进制数。

微视频 2-1 数制间的转换

2.4 计算机中数的表示方法

我们平时用的数，直接用“+”表示正值，用“-”表示负值。计算机中普遍采用二进制码，数值部分可以正常地表示，但是符号无法在机器中直接表示，因此需要将“+”和“-”数值化，通常用 **0** 代表“+”，用 **1** 代表“-”，这种数值化了的二进制数称为机器数。

机器数通常有 3 种表示方法：原码、补码和反码。

2.4.1 原码及其运算

原码的格式为

s	m

其中，s 为符号位，m 为有效数值，也称为尾数。

原码又称“符号+数值”，对于正数，符号位是 **0**，对于负数，符号位是 **1**，余下的各位表示该数的绝对值。

例如，如果符号数的位长为 8，那么，$N_1=+\mathbf{10010}$，$[N_1]_{原}=\mathbf{00010010}$；$N_2=-\mathbf{10010}$，$[N_2]_{原}=\mathbf{10010010}$。

对于真值为 0 的数有两种表示形式，即“正零”$[+0]=\mathbf{00\cdots0}$ 和“负零”$[-0]=\mathbf{10\cdots0}$。

原码的运算如下。

(1) 符号位不参与运算，单独处理。

(2) 设 A、B 表示绝对值：

同号数相加或异号数相减，运算规则为绝对值相加，取被加（减）数的符号，包含如下几种情况：

$$(+A)+(+B)=A+B \tag{2-6}$$

$$(-A)+(-B)=-(A+B) \tag{2-7}$$

$$(+A)-(-B)=A+B \tag{2-8}$$

$$(-A)-(+B)=-(A+B) \tag{2-9}$$

同号数相减或者异号数相加，运算规则为绝对值相减，取绝对值较大值的符号。包含如下几种情况：

$$(+A)-(+B)、(-A)-(-B)$$

$$(+A)+(-B)、(-A)+(+B)$$

例 2.12　假设计算机字长 5 位，$N_1=\mathbf{-0011}$，$N_2=\mathbf{1011}$。求$[N_1+N_2]_{原}$和$[N_1-N_2]_{原}$。

解：$[N_1]_{原}=\mathbf{10011}$，$[N_2]_{原}=\mathbf{01011}$

求$[N_1+N_2]_{原}$，绝对值相减，有

$$\begin{array}{r} \mathbf{1011} \\ -\quad \mathbf{0011} \\ \hline \mathbf{1000} \end{array}$$

结果取 N_2 的符号，即　　$[N_1+N_2]_{原}=\mathbf{01000}$

真值为　　$N_1+N_2=\mathbf{1000}$

求$[N_1-N_2]_{原}$，绝对值相加，有

$$\begin{array}{r} \mathbf{0011} \\ +\quad \mathbf{1011} \\ \hline \mathbf{1110} \end{array}$$

结果取 N_1 的符号，即　　$[N_1-N_2]_{原}=\mathbf{11110}$

其真值为　　$N_1-N_2=\mathbf{-1110}$

2.4.2　补码及其运算

大多数计算机采用补码系统，以简化整数运算的硬件电路。典型的是将减法运算变成加法运算。$A-B$ 可以写成 $A+(-B)$，而$-B$ 就可以用 B 的补码来代表。为了说明补码的概念，先介绍补数。

在某个模为 $M(\bmod M)$的系统中，一个数与其模的整数倍相加减时，其值不变，即

$$A=A\pm N\times M \tag{2-10}$$

其中 N 为自然数。

在模为 M 的系统中有两个数 A 和 A'，如果它们的和为 M，则称 A 为 A'关于模 M 的补数，也可简称为 M 的补数。同样 A'也为 A 的补数，即 A 与 A'互为补数。也就是 $A=M-A'$，$A'=M-A$。

利用补数的概念，可以将加法和减法统一起来：

$$
\begin{aligned}
A - B &= A - B + M \pmod{M} \\
&= A + (M - B) \\
&= A + B' \qquad (2-11)
\end{aligned}
$$

可以看到，在模为 M 的系统中，A 减 B 的值即为 A 与 B 关于 M 的补数的和。补数的表达是没有符号位的。

计算机中的二进制数，需要考虑数的符号位，前面介绍的原码，最高位是符号位。补码的最高位同样也是符号位，这是补码与补数的区别。

若不考虑符号位，n 位数字系统的模为 2^{n-1}。如果 n 为 8，就可以计算二进制的补码，如十进制数-13，其原码为 **10001101**。列出竖式计算 $M-A$：

$$
\begin{array}{r}
\mathbf{10000000} \\
-\ \mathbf{00001101} \\
\hline
\mathbf{01110011}
\end{array}
$$

最后，再加上符号位 **1**，即得到了-13 的补码 **11110011**。

若考虑符号位，系统的模为 2^n，同样计算-13 的补码，列出竖式计算 $M-A$：

$$
\begin{array}{r}
\mathbf{100000000} \\
-\ \mathbf{10001101} \\
\hline
\mathbf{01110011}
\end{array}
$$

最后，再加上符号位 **1**，得到-13 的补码 **11110011**。

由上面的例子可以看到，在二进制中对于负数，其补码就是符号位不变，其他各位数取反，再加 **1**；而对于正数，其补码不变，和原码一样。

这里有一个特殊情况，即 **0** 的补码，它只有一种补码形式，假设 **0** 是一个 8 位的数，第一位为符号位，则 **0** 的补码为 **00000000**。

用上面二进制补码的概念，可以很容易在机器中实现加法运算。其步骤是，将 2 个数都变成补码然后运算，得到的结果仍然是一个补码。减法运算类似，不同的是要改变一下符号位。

这样，在计算机中处理加、减运算，只需要加法器和求补电路就可以了。因此，本节着重讨论补码运算。

n 位的计算机采用补码系统来表示一个数的时候，其符号位占用一位，其余位代表数值。计算机采用补码系统能够表达的数值范围为 N

$$
-2^{n-1} \leqslant N \leqslant 2^{n-1}-1 \qquad (2-12)
$$

其中 $2^{n-1}-1=(\mathbf{011\cdots1})_2$，表示最大的二进制数；$-2^{n-1}=(\mathbf{100\cdots0})_2$ 代表最小的二进制数。

如果运算结果超出了这个范围,称为溢出,运算的结果就不是有效的正确结果,计算机会及时发出报警信号,提醒产生了溢出,计算结果无效。

补码系统中的加法,有三种数值相加的情况:两个数都为正数:$A=B+C$;两个数为一正一负:$A=B-C$;两个数都是负数:$A=-B-C$,在这里我们设定 B 和 C 都大于 0。B 和 C 都为负数或者其中之一为负数的情况,也均包含在这三种情况中了。

1. $A=B+C$

第一种情况非常简单,因为相加的两个数都是正数,所以结果也一定是正数,是否采用补码系统,对这种情况没有影响,因此也不需要多讨论。唯一要注意的是相加得到的和是否大于 $2^{n-1}-1$,如果大于 $2^{n-1}-1$,就产生了溢出。是否产生溢出很容易识别,因为一旦溢出,和的符号位就是 **1**。

极端的情况下,两个相加的数都是最大的正数 $2^{n-1}-1$,相加后结果为 2^n-2,小于 2^n,因此不可能从符号位向更高位有进位。n 位符号数的正数最大值是 $2^{n-1}-1$,因此和大于等于 2^{n-1} 就一定产生了溢出,和大于等于 2^{n-1} 代表和是一个负数。

举例说明两个正数相加。

例 2.13 在 5 位二进制系统中,用二进制补码完成十进制数的加法运算。

(1) 9+5

解: **01001+00101=01110**,符号位为 **0**,没有产生溢出,结果代表十进制数 14,正确。

(2) 12+8

解: **01100+01000=10100**,符号位为 **1**,产生溢出,结果代表十进制数-12,错误。

2. $A=B-C$

第二种情况,因为两个数都是正数,所以相减后的绝对值一定小于两个数中的一个,也就不可能产生溢出。

计算机中两个数的计算变为 $A=B+(-C)=B+[C]_{补}$

那么,$A=B+2^n-C=2^n+(B-C)$,这就存在两种情况:

$B\geqslant C$,结果产生了进位,只要将进位舍去,计算结果就是正确的;

$B<C$,也就是$(B-C)<0$,$A=2^n+(B-C)=[B-C]_{补}$,这种情况不可能产生进位。

同样,举例说明。

例 2.14 在 8 位二进制系统中,用二进制补码完成十进制数的算式。

(1) 72-13

解: 72 补码为 **01001000**,-13 补码为 **11110011**

$$
\begin{array}{r}
\mathbf{0\ 1\ 0\ 0\ 1\ 0\ 0\ 0} \\
+\quad \mathbf{1\ 1\ 1\ 1\ 0\ 0\ 1\ 1} \\
\hline
\mathbf{1\ 0\ 0\ 1\ 1\ 1\ 0\ 1\ 1}
\end{array}
$$

发现“溢出”**1**,舍去,得到结果为 **00111011**,代表十进制数的 59。

(2) 13-72

解: 13 补码为 **00001101**,-72 补码为 **10111000**

$$
\begin{array}{r}
\mathbf{0\ 0\ 0\ 0\ 1\ 1\ 0\ 1} \\
+\ \mathbf{1\ 0\ 1\ 1\ 1\ 0\ 0\ 0} \\
\hline
\mathbf{1\ 1\ 0\ 0\ 0\ 1\ 0\ 1}
\end{array}
$$

得到的是补码，结果代表十进制数的-59，是正确的。

3. $A=-B-C$

第三种情况，$A=[-B]_{补}+[-C]_{补}=2^n-B+2^n-C$，跟两个正数相加一样，这种情况有可能产生溢出，也就是出现 $A<-2^{n-1}$ 的情况。如果产生溢出，结果的符号位会产生错误，变为 **0**，代表正数；如果符号位是正确的，那么代表计算结果也是正确的，将符号位相加产生的进位舍去就可以了。

用两个例子说明。

例 2.15 在 5 位二进制系统中，用二进制补码完成十进制数的算式。

(1) -8-5

解： -8 补码为 **11000**，-5 补码为 **11011**

$$
\begin{array}{r}
\mathbf{1\ 1\ 0\ 0\ 0} \\
+\ \ \mathbf{1\ 1\ 0\ 1\ 1} \\
\hline
\mathbf{1\ 1\ 0\ 0\ 1\ 1}
\end{array}
$$

符号位与两个数的符号一致，代表计算结果正确，进位舍弃，结果为十进制数的-13。

(2) -13-5

解： -13 的补码为 **10011**，-5 的补码为 **11011**

$$
\begin{array}{r}
\mathbf{1\ 0\ 0\ 1\ 1} \\
+\ \ \mathbf{1\ 1\ 0\ 1\ 1} \\
\hline
\mathbf{1\ 0\ 1\ 1\ 1\ 0}
\end{array}
$$

符号位与两个数的符号不一致，代表溢出，计算得到的结果是错的。

对于补码的运算，不难证明有如下加、减法规则：

$$[N_1+N_2]_{补}=[N_1]_{补}+[N_2]_{补} \tag{2-13}$$

$$[N_1-N_2]_{补}=[N_1]_{补}+[-N_2]_{补} \tag{2-14}$$

例 2.16 对于 5 位机器，$N_1=-\mathbf{0011}$，$N_2=\mathbf{1011}$，求 $[N_1+N_2]_{补}$ 和 $[N_1-N_2]_{补}$。

解： $[N_1]_{补}=\mathbf{11101}$，$[N_2]_{补}=\mathbf{01011}$，$[-N_2]_{补}=\mathbf{10101}$

$[N_1+N_2]_{补}=\mathbf{11101+01011=01000}$

$$
\begin{array}{r}
\mathbf{1\ \ 1\ \ 1\ \ 0\ \ 1} \\
+\ \ \mathbf{0\ \ 1\ \ 0\ \ 1\ \ 1} \\
\hline
\text{舍弃} \longrightarrow \boxed{\mathbf{1}}\ \ \mathbf{0\ \ 1\ \ 0\ \ 0\ \ 0}
\end{array}
$$

真值为 $N_1+N_2=\mathbf{1000}$

$[N_1-N_2]_{补}=\mathbf{11101+10101}$

$$\begin{array}{rcccccc}
 & & \mathbf{1} & \mathbf{1} & \mathbf{1} & \mathbf{0} & \mathbf{1} \\
 & + & \mathbf{1} & \mathbf{0} & \mathbf{1} & \mathbf{0} & \mathbf{1} \\
\hline
\text{舍弃} \longrightarrow & \boxed{\mathbf{1}} & \mathbf{1} & \mathbf{0} & \mathbf{0} & \mathbf{1} & \mathbf{0}
\end{array}$$

真值为 $N_1-N_2=\mathbf{-1110}$

2.4.3　反码及其运算

反码也叫基数减 **1** 补码，对于二进制数，也称为 **1** 的补码。二进制的反码模为 2^n-1，对于 8 位二进制数而言，其模为 **11111111**。其余的处理方法与补码（2 的补码）相同。用反码求得的运算结果，如果符号位向更高位有进位，那么运算结果还要加 **1**。

对于正数，其反码表示与原码表示相同；对于负数，符号位不变，仍然为 **1**，其余各位取反。例如：

$$N_1=+\mathbf{10011},\ [N_1]_{反}=\mathbf{010011}$$

$$N_2=-\mathbf{01010},\ [N_2]_{反}=\mathbf{110101}$$

真值 **0** 的反码也有 2 种：

$$[+0]_{反}=\mathbf{000\cdots00},\quad [-0]_{反}=\mathbf{111\cdots111}$$

对于反码的运算，遵循如下的规则：

$$[N_1+N_2]_{反}=[N_1]_{反}+[N_2]_{反} \tag{2-15}$$

$$[N_1-N_2]_{反}=[N_1]_{反}+[-N_2]_{反} \tag{2-16}$$

例 2.17　$N_1=\mathbf{-0011}$，$N_2=\mathbf{1011}$，求 $[N_1+N_2]_{反}$ 和 $[N_1-N_2]_{反}$。

解：

$$[N_1]_{反}=\mathbf{11100},\quad [N_2]_{反}=\mathbf{01011},\quad [-N_2]_{反}=\mathbf{10100}$$

$$[N_1+N_2]_{反}=\mathbf{11100}+\mathbf{01011}=\mathbf{01000}$$

$$\begin{array}{cccccc}
 & \mathbf{1} & \mathbf{1} & \mathbf{1} & \mathbf{0} & \mathbf{0} \\
+ & \mathbf{0} & \mathbf{1} & \mathbf{0} & \mathbf{1} & \mathbf{1} \\
\hline
\boxed{\mathbf{1}} & \mathbf{0} & \mathbf{0} & \mathbf{1} & \mathbf{1} & \mathbf{1} \\
+ & & & & & \mathbf{1} \\
\hline
 & \mathbf{0} & \mathbf{1} & \mathbf{0} & \mathbf{0} & \mathbf{0}
\end{array}$$

符号位有进位，因此还要加 **1**

真值为 $N_1+N_2=\mathbf{1000}$

$[N_1-N_2]_{反}=\mathbf{11100+10100}$

$$
\begin{array}{r}
11100 \\
+\quad 10100 \\
\hline
\boxed{1}\,10000 \\
+\qquad\quad 1 \\
\hline
10001
\end{array}
$$

符号位有进位，因此还要加 **1**

真值为 $N_1-N_2=-\mathbf{1110}$

微视频 2-2 计算机中数的表示方法

2.5 计算机中的码

2.5.1 码的概念

码是一种用来表示信息的方法，这种方法有一定的规则。在日常生活中随处可见码的应用，比如学号、班级、代表商品的条形码等。

计算机及其他的一些数字系统中，有着更为复杂的码制，这些码用于数据的存储、数据的处理以及各种信息之间的交换。我们介绍几种常见的码。

2.5.2 数值编码

数值编码是用来处理或者存储数值的。按照小数点位置的固定与否分为定点数和浮点数。定点数即小数点位置固定不变的数，小数点一般可固定在任何位置，但通常固定在数值部分的最高位之前或最低位之后，前者表示纯小数，后者表示纯整数；浮点数就是数的科学表示法，包含阶符、阶码、数符和尾数。浮点数表示的数字范围更大，常用于大型计算机中。

1. 定点数

定点数通常用于表示带符号整数，或者带符号纯小数。其格式分别如下。

定点整数格式：

$n-1$	$n-2$	$n-3$	…	2	1	0

最高位 $n-1$ 代表符号位，后面各位是数值位，小数点在数值位之后。

定点纯小数的格式：

0	1	2	…	$n-3$	$n-2$	$n-1$

最高位 0 同样代表符号位，小数点在符号位之后、数值位 $1\sim n-1$ 之前。

根据格式说明,如果有一个二进制 8 位定点二进制数码 **01101010** 是补码表示的,就可以根据它是定点整数还是定点小数,确定它代表的数值。

如果是定点整数,最高位为 **0**,也就是符号位为 **0**,代表正数,小数点在数值位之后,它代表的数值为正整数 **1101010**;如果是定点小数,符号位同样代表的是正数,小数点在数值位之前,因此代表 **0.1101010**。

同样,对于定点补码二进制数码 **11101010**,它代表的数值含义是整数代表 **-0010110**,小数代表 **-0.0010110**。

2. 浮点数

前面说过,浮点数就是数的科学表示法,浮点数 $N=M\times2^E$ 的格式:

S_M	指数 E	尾数 M

S_M 代表浮点数的尾数符号,指数 E 是定点整数,尾数 M 一般是纯小数定点数。这是典型的单精度浮点数的格式。

除此之外,还有一种扩展精度的浮点数格式:

S_M	指数 E	尾数 M(高位)	尾数 M(低位)

浮点数往往用于大型计算机中,在这里不多讨论。

2.5.3 字符码和其他码

字母字符编码和数字字符编码是常用的编码,它有很多种编码方式,其中的几种典型编码为 BCD 码、格雷码、ASCII 码和汉字编码等。

1. BCD 码

计算机使用的是二进制数,但是人们最习惯使用的数是十进制数。一种方法是将十进制的数码在计算机中以二进制的形式表示,称为 BCD(binary coded decimal)码,即用若干位二进制码表示一位十进制数。

十进制的数码一共有 10 个,至少要用 4 位二进制码表示,原则上可以对每个十进制数码任意指定一组二进制代码,通常采用的有 8421 码,即按 4 位二进制数的自然顺序,取前 10 个数依次表示十进制的 0~9。

8421BCD 码是一种有权码,每位有固定的权,从高到低依次为 8、4、2、1。例如 8421BCD 码:**0111** = 0×8+1×4+1×2+1×1 = 7,因此 8421BCD 码 **0111** 代表十进制 7。

2421BCD 码是另一种有权码,4 个码元对应的权分别为 2、4、2、1。

余 3BCD 码是一种无权码,由 8421 码加 3 构成。这样做的好处是在二进制的表示中每个数都有 3 的差。

循环码也是一种无权码,它有多种形式,共同特点是任意相邻的两个代码之间仅有一位不同。循环码常用在计数器中,以防止多计数或少计数。常用的 BCD 码如表 2.8 所示。

表 2.8　常用的 BCD 码

十进制数 N	8421BCD 码	余 3BCD 码	2421BCD 码	循环码
0	**0 0 0 0**	**0 0 1 1**	**0 0 0 0**	**0 0 0 0**
1	**0 0 0 1**	**0 1 0 0**	**0 0 0 1**	**0 0 0 1**
2	**0 0 1 0**	**0 1 0 1**	**0 0 1 0**	**0 0 1 1**
3	**0 0 1 1**	**0 1 1 0**	**0 0 1 1**	**0 0 1 0**
4	**0 1 0 0**	**0 1 1 1**	**0 1 0 0**	**0 1 1 0**
5	**0 1 0 1**	**1 0 0 0**	**1 0 1 1**	**0 1 1 1**
6	**0 1 1 0**	**1 0 0 1**	**1 1 0 0**	**0 1 0 1**
7	**0 1 1 1**	**1 0 1 0**	**1 1 0 1**	**0 1 0 0**
8	**1 0 0 0**	**1 0 1 1**	**1 1 1 0**	**1 1 0 0**
9	**1 0 0 1**	**1 1 0 0**	**1 1 1 1**	**1 0 0 0**

用 BCD 码表示十进制数时，只要将十进制数的每个数码分别用对应的 BCD 码组带入即可。例如，用 8421BCD 码表示十进制数 365，只要将 3、6、5 对应的 8421BCD 码 **0011**、**0110**、**0101** 代入得 **001101100101**，就是转换的结果。

需要特别注意的是，用 BCD 码表示的数，从形式上看与普通二进制码没有区别，但是它们的各位之间不存在“逢二进一”的进位关系，因而不能按二进制运算法则进行运算。

两个 BCD 码相加时，每一位的大小不能超过 9，对于 BCD 码的全加，低位有可能进位，因此就不能超过 9+9+1=19，其中结果的 1 是十位，也就是进位。由于在计算机中，是按照二进制的规则对两个 BCD 码进行相加的，结果在 0~19 范围内，用二进制表示就是 **00000** 到 **10011**。但是对于 BCD 码，应该是 **00000** 到 **11001**（进位和本位的结果）。因此，当两个 BCD 码相加得到的二进制数值不大于 9 也就是 **1001** 时，相对应的加法结果是正确的；当相加得到的二进制数值大于 9（十进制）也就是 **1010** 以上时，就不存在这种 BCD 码或者出现错误的结果。这时，需要将结果再加 6，也就是 **0110**，会产生一个进位，并将本位的结果调整为正确的值。这是因为 BCD 码中 4 位二进制数最高有效位的进位与十进制数的进位相差 16-10=6，所以，通过对结果加 6，可以将 BCD 码相加的结果调整为正确的十进制数和进位位。

例 2.18　用 3 位 8421BCD 码计算两个十进制数加法：448+489。

解： 十进制加法　　　　　　　　448+489=937

按照 BCD 加法，有

最低位 8+9=17　**1000+1001=10001**，调整 **10001+0110=10111**（最高位为进位）

次低位 4+8=12　**0100+1000=1100**，调整 **1100+0110=10010**，再加低位向本位进位，结果为 **10011**（最高位为进位）

最高位 4+4=8　**0100+0100=1000**，再加低位向本位进位，**1000+1=1001**

最终结果为 **1001 0011 0111**，也就是 937。

2. 格雷码

格雷码是典型的循环码。任意两个位置上靠在一起的码都相邻，也就是只有一个 **1** 的变化。十进制数 0～15 的格雷码如表 2.9 所示。

表 2.9　十进制数 0～15 的格雷码

十进制数	二进制码	格雷码	十进制数	二进制码	格雷码
0	**0000**	**0000**	8	**1000**	**1100**
1	**0001**	**0001**	9	**1001**	**1101**
2	**0010**	**0011**	10	**1010**	**1111**
3	**0011**	**0010**	11	**1011**	**1110**
4	**0100**	**0110**	12	**1100**	**1010**
5	**0101**	**0111**	13	**1101**	**1011**
6	**0110**	**0101**	14	**1110**	**1001**
7	**0111**	**0100**	15	**1111**	**1000**

3. ASCII 码

ASCII 码即美国标准信息交换码，由美国国家标准局制定，是目前计算机中用得最广泛的字符集及其编码。一个 ASCII 码由 8 位二进制码组成，其中，用于表达字符的二进制码有 7 位，可以表示 128 个字符。

第 0～32 号及 127 号是控制字符或通信专用字符，第 33～126 号是字符。其中第 47～57 号为 0～9 十个阿拉伯数字，第 65～90 号为 26 个大写英文字母，第 97～122 号为 26 个小写英文字母，其余为一些标点符号和运算符号。

这里字符 0，1，…，9 与数字 0，1，…，9 是不同的。表 2.10 就是 ASCII 编码表。

表 2.10　ASCII 编码表

$b_3b_2b_1b_0$	$b_6b_5b_4$							
	000	**001**	**010**	**011**	**100**	**101**	**110**	**111**
0000	NUL	DLE	SP	0	@	P	、	p
0001	SOH	DC1	!	1	A	Q	a	q
0010	STX	DC2	“	2	B	R	b	r
0011	ETX	DC3	#	3	C	S	c	s
0100	EOT	DC4	$	4	D	T	d	t
0101	ENQ	NAK	%	5	E	U	e	u
0110	ACK	SYN	&	6	F	V	f	v
0111	BEL	ETB	´	7	G	W	g	w

续表

$b_3b_2b_1b_0$	$b_6b_5b_4$							
	000	**001**	**010**	**011**	**100**	**101**	**110**	**111**
1000	RS	CAN	(	8	H	X	h	x
1001	HT	EM	)	9	I	Y	i	y
1010	LF	SUB	*	:	J	Z	j	z
1011	VT	ESC	+	;	K	[	k	{
1100	FF	FS	,(Comma)	<	L	\	l	|
1101	CR	QS	-	=	M	]	m	}
1110	SO	RS	★	>	N	↑	n	~
1111	SI	US	/	?	O	←	o	DEL

4. 汉字编码

我国颁布的国家标准《信息交换用汉字编码字符集基本集》(GB2312-80),通常称为国标码,它规定了汉字信息交换的基本图形字符及其二进制编码,适用于一般汉字处理、汉字通信等系统之间的信息交换。

在计算机中,每个汉字都需要一个特定的码组表示,且相互不能重复。因为汉字量很大,所以这个标准只包含最常用的数千个汉字。汉字编码标准采用两个字节表示一个汉字。

国标(基本集)中汉字有 6 763 个,其中按拼音排序的有 3 755 个,按部首排序的有 3 008 个,此外还包括一般符号 202 个,序号 60 个,数字 22 个,拉丁字母 26 个,汉语拼音符号 26 个,汉语注音字母 37 个等,共 7 445 个图形字符。表 2.11 给出了部分国标码,在表 2.11 中,纵坐标(7 位)是第一字节,横坐标是第二字节,两个字节合起来就是表中相应位置上汉字的编码。

例如,纵坐标十六进制 31(**0110001**),横坐标十六进制 23(**0100011**)位置的汉字"保"的编码就是 3 123(十六进制)。代码的纵坐标和横坐标分别被分成 94 个区和 94 个位,每个图形字符也可用区码和位码来表示,如汉字"保"的区号为 17,位号为 03,因此汉字"保"可用 1703(十进制)表示,称为区位码。国标码和区位码是我国规定的计算机内部使用的图形字符编码,是一种内部码。至于用键盘或其他方式(如光笔、手写、语音等)将汉字输入到计算机的汉字编码(通常称为汉字的输入编码),不受此限制。

表 2.11 国标码(汉字部分)示意

字节1 \ 字节2	区 \ 位	21	22	23	24	25	26	27	28		79	7A	7B	7C	7D	7E
		1	2	3	4	5	6	7	8		89	90	91	92	93	94
21	1															
	…	(非	汉	字	图	形	符	号)		…						
2F	15															

续表

字节1 \ 字节2	区 \ 位	21	22	23	24	25	26	27	28		79	7A	7B	7C	7D	7E
		1	2	3	4	5	6	7	8		89	90	91	92	93	94
30	16	啊	阿	埃	挨	哎	唉	哀	皑		谤	苞	胞	包	褒	剥
31	17	薄	雹	保	堡	饱	宝	抱	报		冰	柄	丙	秉	饼	炳
32	18	病	并	玻	菠	播	拨	钵	波		铲	产	阐	颤	昌	猖
33	19	场	尝	常	长	偿	肠	厂	敞		踌	锄	雏	滁	除	楚
34	20	础	储	矗	搐	触	处	揣	川		殆	代	贷	袋	待	逮
	…		(	一	级	汉	字	)		…						
57	55	住	注	祝	驻	抓	爪	拽	专		座	(	空	白	)	
58	56	亍		兀	丐	廿	卅	丕						攸		
	…		(	二	级	汉	字	)		…						
77	87	鳌			鳏			鳔	鳕		鼯				鼾	
78	88															
	…		(	空	白	区	)									
7E	94															

2.5.4　检错码和纠错码

在数据传送中,经常会发生数据错误。为了能够判别数据在传输过程中是否发生了错误,需要对传输的数据检错。检错可以采用检错码。同样,为了对数据传送中出现错误的数据进行纠正,就需要纠错码。传输的数据通常是二进制数据,数据中的错误出现在其中的一位或者几位。这些错误是由多种原因引起的,如硬件的错误、干扰(噪声)或者一些突发事件。信息可以通过某种编码方式来达到检错和纠错的目的。

在介绍具体的检错码和纠错码之前,先说明两个概念:码重 w、码距 d。如果 I,J 分别代表两个 n 位的二进制信息码,I 的码重 $w(I)$ 就定义为 I 中的二进制信息为 **1** 的个数。I 和 J 之间的码距 $d(I,J)$,等于 I 与 J 对应的信息位不相同的个数。

例 2.19　如果 $I=\mathbf{11101100}$,$J=\mathbf{11000100}$,求出 I 和 J 的码重,并求出其码距。

解:检查 I,J 中 **1** 的个数,可以得到

$w(I)=5,w(J)=3$

按位比较两个码,其不相同的位标记如下:

$$\begin{array}{cccccccc} \mathbf{1} & \mathbf{1} & \boxed{\mathbf{1}} & \mathbf{0} & \boxed{\mathbf{1}} & \mathbf{1} & \mathbf{0} & \mathbf{0} \\ \mathbf{1} & \mathbf{1} & \boxed{\mathbf{0}} & \mathbf{0} & \boxed{\mathbf{0}} & \mathbf{1} & \mathbf{0} & \mathbf{0} \end{array}$$

由此可见,I 和 J 有 2 个位是不同的,因此 I、J 之间的码距 $d(I,J)=2$。

检错码和纠错码的一般性质：

如果编码中的任意两个码的码距都大于等于 d_{min}，则称该编码具有最小码距 d_{min}。检错和纠错的能力受到最小码距的影响。如图 2.1 所示，图中用 V 代表有效编码，E 代表发生错误的编码。

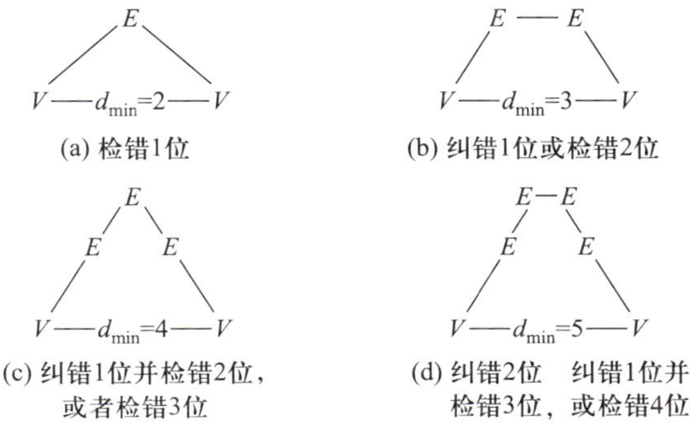

图 2.1 检错纠错位数与最小码距之间的关系

在图 2.1 中，用线段连接的两个编码之间仅有一位二进制码是不同的。对于给定的 d_{min}，从一个有效码变化到另一个有效码，至少需要发生 d_{min} 个码元的改变。如果码元改变小于 d_{min} 个，就会产生一个可检测的非有效编码。如果该非有效编码离某一个有效编码最近，就能够推导出其原来的编码，因此也就可以纠错。

编码的码距和检错、纠错能力的关系如下：

如果要能检测出 s 个错误位，最小码距必须满足

$$d_{min} \geqslant s+1 \tag{2-17}$$

如果要能纠正 t 个错误位，最小码距必须满足

$$d_{min} \geqslant 2t+1 \tag{2-18}$$

如果编码能对 t 个错误位纠错，并且还能检测出 s 个错误位，编码的最小码距必须满足

$$d_{min} \geqslant t+s+1 \tag{2-19}$$

其中，s 必须大于等于 t。

从式(2-17)中可以看出，如果 $s=1$，也就是要能够对一位错误进行检错，要求最小码距为 2；如果要能够对一位错误进行纠错，即 $t=1$，根据式(2-18)，最小码距要为 3；如果既能够对单个错误纠错，还能够对 2 个错误检错，即 $s=2,t=1$，根据式(2-19)，则最小码距为 4。在图 2.1 中给出了几种检错纠错的情况。

1. 奇偶校验码

奇偶校验码由信息位和校验位(冗余部分)两部分组成。校验位的取值可使整个校验码中的 **1** 的个数按事先的规定成为奇数或偶数。

奇偶校验码根据接收到的信息中 **1** 的奇偶性，可发现奇偶校验码在传输中是否出现奇数个位的错误。因为在数据传输中，出现一位数码错误的概率非常大，所以这种方法虽然有其局限性，但是简单易行，实现的代价也低。

奇偶校验码不能发现偶数位的错误。如

1	**0**	**1**	**1**	**0**	**1**	**0**
1	**0**	**1**	**1**	**0**	**0**	**1**

这种情况下传输数据的奇偶性没有发生改变,奇偶校验显示无错误。另外奇偶校验也无法知道是哪一位错了。

采用奇偶校验的信息传输系统,需要在信息传送之前产生校验码和在接收端收到信息之后校验两个步骤,才能完成奇偶校验。

一个信息传输系统中的信息位长度是固定的,信息位由多个二进制数码构成。校验位一般是 1 位的二进制码,校验位的取值是根据信息中 **1** 的个数以及采用奇校验还是偶校验来确定。如果信息位中 **1** 的个数是奇数:采用奇校验,校验位就取 **0**;采用偶校验,校验位就取 **1**。也就是说,要满足信息位和校验位构成的校验码中 **1** 的个数的奇偶性与奇校验还是偶校验一致。

假如采用偶校验对 ASCII 码的传输检错。在 7 位 ASCII 码发送时,根据编码的内容,产生 1 个校验位,校验位连同 7 位 ASCII 码共 8 位二进制数据一起传送到接收端。在接收端检验接收的 8 个数据位是否为偶数个 **1**,如果是,则认为传输正确,否则传输有错,需要重新传送。

2. 5 位代码中包含两个 **1** 的十进制数编码

5 位代码中包含两个 1 的十进制数编码是用 5 位二进制数码代表 1 位十进制数的编码,具有检错的功能。5 位代码中的 2 位值为 **1**,另外 3 位值为 **0**。如果验证发现 5 位中不是 2 位为 **1**,那就表示有错误。十进制 0~9 的编码如表 2.12 所示。

表 2.12　5 位代码中包含两个 1 的十进制数编码表

数字	5 位代码包含两个 **1** 的十进制数编码	数字	5 位代码包含两个 **1** 的十进制数编码
0	**00011**	5	**01010**
1	**00101**	6	**10010**
2	**01001**	7	**01100**
3	**10001**	8	**10100**
4	**00110**	9	**11000**

3. 海明码

海明码属于纠错码,由理查德·海明(Richard Hamming)在 1950 年发明,是简单奇偶校验码的扩展,它采用了多个奇偶校验位或监督位。首先把信息分成多个小组,每个信息位至少存在于两个小组中,由 1 个监督位监督一个小组。

一个长度为 m 的信息,需要增加 k 个冗余位,构成一个 $n=m+k$ 位的码,然后用 k 个校验关系式产生 k 个校正因子,来检测和纠正错误。

为了能够纠正 1 位的错误,信息数据长度和冗余位(也就是校验位)的位数必须满足公式

$$2^k \geqslant m+k+1 \quad (2-20)$$

其中，m 是信息位的长度，k 是海明码校验位的个数。

根据这个公式，可以得到表 2.13。

1 位纠错码（single－error－correcting，SEC）对于 1 位码的错误能够检错和纠错。1 位纠错/2 位检错码（single－error－correcting/double－error－detecting，SEC/DED）可以对 1 位错误检错和纠错，并且能够检错 2 位但不能纠错。

表 2.13 海明码信息长度 m 与冗余位长度 k 之间的关系

m	k（最小）
1	2
2～4	3
5～11	4
12～26	5
27～57	6
58～120	7

海明码利用校验公式对信息进行交叉校验，利用校验公式的特性可以直接定位出错信息的位置。因为二进制信息中数据的取值只有两种状态 **0** 和 **1**，因此只要知道出错的位置，对出错位置的数据取反就可以达到纠正的目的。

例如，在信息接收端接收了一串二进制数据 **101011**，经过海明码计算后得到的数字是 3，说明信息中的第 3 位数据出现了错误，纠正时只需要把第 3 位的 **1** 取反变成 **0** 即可，纠正后的二进制数据是 **100011**。

用式（2−20）确定的海明码虽然可以实现数据的纠错，但是只能实现 1 位信息的纠错。如果信息中有多个位同时出现了错误，就必须使用更加复杂的海明公式。海明码的检错纠错能力和最小码距有关。

在这里只讨论两种情况：① 能够检测 1 位数据错误且能够纠正 1 位数据错误的情况；② 能够检测 2 位数据错误并能纠正 1 位错误的情况。

（1）检测 1 位数据错误并能纠错 1 位的海明码

由前面的公式可以知道，海明码的检错和纠错能力取决于其所使用的校验位的数量，以及校验监督位如何监督信息位。最小码距 d_{min} 等于码字中最小码重的非零码字的码重。也就是说，d_{min} 就等于 **1** 的个数最少的码字中 **1** 的个数。假如信息为 4 位，表 2.14 给出了两种海明码编码，用于说明海明码的性质。

表 2.14 海明码编码表

信息（$i_3i_2i_1i_0$）	1 位检错纠错的海明码（$i_3i_2i_1i_0c_2c_1c_0$）	纠错 1 位并能检错 2 位的海明码（$i_3i_2i_1i_0c_3c_2c_1c_0$）
0000	**0000000**	**00000000**
0001	**0001011**	**00011011**
0010	**0010101**	**00101101**
0011	**0011110**	**00110110**

续表

信息($i_3i_2i_1i_0$)	1 位检错纠错的海明码 ($i_3i_2i_1i_0c_2c_1c_0$)	纠错 1 位并能检错 2 位的海明码 ($i_3i_2i_1i_0c_3c_2c_1c_0$)
0100	**0100110**	**01001110**
0101	**0101101**	**01010101**
0110	**0110011**	**01100011**
0111	**0111000**	**01111000**
1000	**1000111**	**10000111**
1001	**1001100**	**10011100**
1010	**1010010**	**10101010**
1011	**1011001**	**10110001**
1100	**1100001**	**11001001**
1101	**1101010**	**11010010**
1110	**1110100**	**11100100**
1111	**1111111**	**11111111**

由表 2.14 可以看出,1 位检错纠错海明码的最小码距为 3。因此 1 位检错纠错海明码可以纠正码字中 1 位的错误,但不能检测出码字中 2 位的错误。假如表中的码字 **0100110** 最左边的位发生了错误,就是产生了错误码字 **1100110**。表 2.15 给出了每个有效码字和错误码字之间的**异或**值和码距。

表 2.15　码字发生错误的结果

有效码字	错误码字	异或值	码距
0000000	**1100110**	**1100110**	4
0001011	**1100110**	**1101101**	5
0010101	**1100110**	**1110011**	5
0011110	**1100110**	**1111000**	4
0100110	**1100110**	**1000000**	1
0101101	**1100110**	**1001011**	4
0110011	**1100110**	**1010101**	4
0111000	**1100110**	**1011110**	5
1000111	**1100110**	**0100001**	2
1001100	**1100110**	**0101010**	3
1010010	**1100110**	**0110100**	3

续表

有效码字	错误码字	异或值	码距
1011001	**1100110**	**0111111**	6
1100001	**1100110**	**0000111**	3
1101010	**1100110**	**0001100**	2
1110100	**1100110**	**0010010**	2
1111111	**1100110**	**0011001**	3

可以看出,发生错误的有效码字与错误码字的码距为 1。这说明其他有效码字如果发生了 1 位错误,不会产生这个错误码字。因此,对错误码字 **1100110** 的检错就等同于纠错,因为产生 1 位错误的唯一可能的码字是 **0100110**,其最左边的位发生了错误。

由此,根据码字和每个有效码字之间的**异或**值,就可以知道检错和纠错的方法。码距为 0 表示有效匹配,也就是说传输的码字是正确的;码距为 1 表示传输的码字中有 1 位错误;码距为 2 或者更大,表示产生多位错误。这种方法在理论上是可行的,但是,如果码字的数量很多,需要一一求出其**异或**值,再进行判别,花费的代价太大,就不实用了。

从表 2.15 还可以看出,有多个有效码字与错误码字的码距为 2。因此,其中的多个有效码字发生了 2 位错误,就能够产生与发生 1 位错误码字相同的错误码字。这说明使用这种代码无法检测到 2 位错误。如果要能够有 1 位纠错能力,同时还能够对 2 位检错,最小码距需要为 4。

码字的校验位,定义为能够对信息小组提供偶校验,对于 4 位信息,信息小组和相应的校验位如下:

$$\begin{array}{ccccc} c_2 & \vdots & i_3 & i_2 & i_1 \\ c_1 & \vdots & i_3 & i_2 & i_0 \\ c_0 & \vdots & i_3 & i_1 & i_0 \end{array}$$

可以用生成矩阵 $\boldsymbol{G}$ 表示,矩阵 $\boldsymbol{G}$ 的每一列对应于码字中的 1 位。

$$\boldsymbol{G}=\begin{bmatrix} \mathbf{1} & \mathbf{0} & \mathbf{0} & \mathbf{0} & \mathbf{1} & \mathbf{1} & \mathbf{1} \\ \mathbf{0} & \mathbf{1} & \mathbf{0} & \mathbf{0} & \mathbf{1} & \mathbf{1} & \mathbf{0} \\ \mathbf{0} & \mathbf{0} & \mathbf{1} & \mathbf{0} & \mathbf{1} & \mathbf{0} & \mathbf{1} \\ \mathbf{0} & \mathbf{0} & \mathbf{0} & \mathbf{1} & \mathbf{0} & \mathbf{1} & \mathbf{1} \end{bmatrix}=\begin{bmatrix} \mathbf{1} & \mathbf{0} & \mathbf{0} & \mathbf{0} & p_{11} & p_{12} & p_{13} \\ \mathbf{0} & \mathbf{1} & \mathbf{0} & \mathbf{0} & p_{21} & p_{22} & p_{23} \\ \mathbf{0} & \mathbf{0} & \mathbf{1} & \mathbf{0} & p_{31} & p_{32} & p_{33} \\ \mathbf{0} & \mathbf{0} & \mathbf{0} & \mathbf{1} & p_{41} & p_{42} & p_{43} \end{bmatrix} \tag{2-21}$$

$$i_3 \quad i_2 \quad i_1 \quad i_0 \quad c_2 \quad c_1 \quad c_0$$

码字 C 是对信息 i 的编码,就可以用生成矩阵表示为

$$\boldsymbol{C}=i\boldsymbol{G} \tag{2-22}$$

译码可以用矩阵 $\boldsymbol{H}$ 表示,称为奇偶校验矩阵。矩阵 $\boldsymbol{H}$ 可以用矩阵 $\boldsymbol{G}$ 推导出来。

$$\boldsymbol{H}=\begin{bmatrix} p_{11} & p_{21} & p_{31} & p_{41} & \mathbf{1} & \mathbf{0} & \mathbf{0} \\ p_{12} & p_{22} & p_{32} & p_{42} & \mathbf{0} & \mathbf{1} & \mathbf{0} \\ p_{13} & p_{23} & p_{33} & p_{43} & \mathbf{0} & \mathbf{0} & \mathbf{1} \end{bmatrix}=\begin{bmatrix} \mathbf{1} & \mathbf{1} & \mathbf{1} & \mathbf{0} & \mathbf{1} & \mathbf{0} & \mathbf{0} \\ \mathbf{1} & \mathbf{1} & \mathbf{0} & \mathbf{1} & \mathbf{0} & \mathbf{1} & \mathbf{0} \\ \mathbf{1} & \mathbf{0} & \mathbf{1} & \mathbf{1} & \mathbf{0} & \mathbf{0} & \mathbf{1} \end{bmatrix} \tag{2-23}$$

如果 n 元码字 c 是生成矩阵 $\boldsymbol{G}$ 的码字，则有

$$\boldsymbol{H}c^{\mathrm{T}}=0 \tag{2-24}$$

如果码字 c 产生了错误 e，用 d 表示错误的码字，则

$$d=c+e \tag{2-25}$$

注意，这里的加是按位对二进制数的加，也就是按位进行**异或**运算。

译码首先要计算 d 的错误标志码 s，以确定码字是否存在错误。如果不存在错误，则译码只要删除校验位，留下信息位就完成了。如果发现存在可纠正的错误，则需要先纠错，然后再移除校验位。如果发现存在不可纠正的错误，则给出错误信号，终止译码。

用矩阵 $\boldsymbol{H}$ 计算 d 的错误标志码方法如下：

$$\begin{aligned} s&=\boldsymbol{H}d^{\mathrm{T}}\\ &=\boldsymbol{H}(c+e)^{\mathrm{T}}\\ &=\boldsymbol{H}c^{\mathrm{T}}+\boldsymbol{H}e^{\mathrm{T}}\\ &=0+\boldsymbol{H}e^{\mathrm{T}}\\ &=\boldsymbol{H}e^{\mathrm{T}} \end{aligned} \tag{2-26}$$

表 2.16 给出了式(2-23)矩阵 $\boldsymbol{H}$ 的错误标志码。

表 2.16 错误 e 和错误标志码

错误 e	错误标志码	意义
0000000	**000**	没有错误
0000001	**001**	c_0 错误
0000010	**010**	c_1 错误
0000100	**011**	c_2 错误
0001000	**100**	i_0 错误
0010000	**101**	i_1 错误
0100000	**110**	i_2 错误
1000000	**111**	i_3 错误

(2) 纠错 1 位并能检测 2 位数据错误的海明码

纠错 1 位并能检错 2 位的海明码的最小码距为 4，因为没有非零码字的码重小于 4，因此纠错 1 位并能检错 2 位的海明码能够纠错 1 位并且能够检错 2 位，其生成矩阵和奇偶校验矩阵如下：

$$\boldsymbol{G}=\begin{bmatrix} 1&0&0&0&0&1&1&1\\ 0&1&0&0&1&1&1&0\\ 0&0&1&0&1&1&0&1\\ 0&0&0&1&1&0&1&1 \end{bmatrix} \tag{2-27}$$

$$\boldsymbol{H}=\begin{bmatrix} 0 & 1 & 1 & 1 & 1 & 0 & 0 & 0 \\ 1 & 1 & 1 & 0 & 0 & 1 & 0 & 0 \\ 1 & 1 & 0 & 1 & 0 & 0 & 1 & 0 \\ 1 & 0 & 1 & 1 & 0 & 0 & 0 & 1 \end{bmatrix} \tag{2-28}$$

公式(2-28)矩阵 $\boldsymbol{H}$ 中的每一列都是奇数个 **1**。这种海明码称为奇列重码，具有多个优点，如纠错 1 位、检错 2 位及检错其他多种错误的能力，可以用价格低、编码和译码速度快的电路实现，因此，奇列重码在实际中经常使用。

通过指定矩阵 $\boldsymbol{H}$ 设计海明码非常容易。对于任意正整数 $m\geqslant 3$，由 m 个校验位和 k 个信息位构成的 1 位纠错码(SEC)属性如下：

- 码长：$n=2^m-1$
- 信息位数：$k=2^m-m-1$
- 校验位数：$n-k=m$
- 最小码距：$d_{\min}=3$

这种代码的矩阵 $\boldsymbol{H}$ 是一个 $n\times m$ 矩阵，包含所有非零二进制 m 元作为列。式(2-23)中的矩阵就是 $m=3$ 矩阵的一个实例。可以对列重新排序来得到 $m=3$ 的其他矩阵 $\boldsymbol{H}$。

当 $m=4$ 时，就可以生成码长为 15 位其中 11 位是信息位的海明码。这一海明码的一个矩阵 $\boldsymbol{H}$ 如下：

$$\boldsymbol{H}=\begin{bmatrix} 1 & 1 & 1 & 1 & 0 & 1 & 1 & 1 & 0 & 0 & 0 & 1 & 0 & 0 & 0 \\ 1 & 1 & 1 & 0 & 1 & 1 & 0 & 0 & 1 & 1 & 0 & 0 & 1 & 0 & 0 \\ 1 & 1 & 0 & 1 & 1 & 0 & 1 & 0 & 0 & 1 & 1 & 0 & 0 & 1 & 0 \\ 1 & 0 & 1 & 1 & 1 & 0 & 0 & 1 & 1 & 0 & 1 & 0 & 0 & 0 & 1 \end{bmatrix} \tag{2-29}$$

可以从海明码的矩阵 $\boldsymbol{H}$ 中删除任意 L 列，生成的另一个海明码具有以下性质：

- 码长：$n=2^m-L-1$
- 信息位数：$k=2^m-m-L-1$
- 校验位数：$n-k=m$
- 最小码距：$d_{\min}\geqslant 3$

利用这些性质可以设计出具有需要的纠错和检错性能的海明码，并且码长更恰当。

例 2.20 设计 5 位信息($k=5$)编码的海明码。

解：假如 $m=3$，$k=2^3-3-1=4$，小于 5，因此需要 $m=4$。然而，对于 $m=4$，$k=2^4-4-1=11$，大于 5。式(2-29)中码长 15 位，其中 11 位是信息位的海明码的矩阵 $\boldsymbol{H}$，删除 6 列就可以得到 9 位码长其中有 5 位是信息码的海明码矩阵 $\boldsymbol{H}$。

$$\boldsymbol{H}=\begin{bmatrix} 1 & 1 & 1 & 1 & 0 & 1 & 0 & 0 & 0 \\ 1 & 1 & 1 & 0 & 1 & 0 & 1 & 0 & 0 \\ 1 & 1 & 0 & 1 & 1 & 0 & 0 & 1 & 0 \\ 1 & 0 & 1 & 1 & 1 & 0 & 0 & 0 & 1 \end{bmatrix} \tag{2-30}$$

相应的生成矩阵为

微视频 2-3
计算机中的码

$$G=\begin{bmatrix}1&0&0&0&0&1&1&1&1\\0&1&0&0&0&1&1&1&0\\0&0&1&0&0&1&1&0&1\\0&0&0&1&0&1&0&1&1\\0&0&0&0&1&0&1&1&1\end{bmatrix} \tag{2-31}$$

本章小结

数字电路和计算机中，信息是采用二进制来表示的。对于数字信息，通常使用二进制数来表示，为了书写方便，有时会用到八进制和十六进制；对于非数字信息，也是用二进制数来表示。采用二进制是由于二进制有两个数码 **0** 和 **1**，用电路实现比较方便，可以用电压的高低、电流的有无或者电子开关的通断来表示 **0** 和 **1**。数字和编码是两个概念，数字是用来表示数值大小的量，可以比较其大小，也可以进行算术运算。而码在这里虽然也用二进制数来代表，但是没有大小之分，也不能进行算术运算。码通常用来表示特定的含义。

在计算机中表示十进制数字的编码通常有 8421BCD 码、2421BCD 码等，也包含 5 位代码中包含两个 1 的十进制数编码。而对于字符通常采用 ASCII 码，汉字则采用国标码。

计算机中的机器数通常有三种形式：原码、反码和补码。在算术运算中常采用补码的形式。

在信息传输中为了检错和纠错，需要采用检错码和纠错码，在本章介绍了奇偶校验码和海明码。

习　题

• **2.1**　将下列二进制数转换为十进制数。

(1) **1011.101**　　(2) **1110111.01**

(3) **1010.11**　　(4) **1010010.101**

• **2.2**　将下列十进制数转换为二进制数。

(1) 52.75　　(2) 11.125

(3) 127.25　　(4) 75.32

• **2.3**　计算下列两个二进制数 A、B 的 $A+B$，$A-B$，$A\times B$，$A\div B$ 值。

(1) $A=$**10101**　$B=$**1001**　　(2) $A=$**1010101**　$B=$**101000**

(3) $A=$**101**　$B=$**1010**　　(4) $A=$**1011.101**　$B=$**100.01**

• **2.4**　将下列二进制数转换为八进制数。

(1) **10110.01** (2) **1110101.01**

(3) **11010.011** (4) **10100.0101**

- **2.5** 将下列八进制数转换为二进制数。

(1) 76.23 (2) 11.12

(3) 160.15 (4) 34.75

- **2.6** 将下列二进制数转换为十六进制数。

(1) **10101.011** (2) **11100101.101**

(3) **110010.1101** (4) **101001.10101**

- **2.7** 将下列十六进制数转换为二进制数。

(1) 1F3.2 (2) BA02.35

(3) E369.FE (4) 1C8.01

- **2.8** 将下列八进制数转换为十六进制数。

(1) 126.2 (2) 6301.35

(3) 1361.76 (4) 526.02

- **2.9** 将下列十六进制数转换为八进制数。

(1) 2F7.3A (2) AB2.05

(3) F328.106 (4) 1C8.EF

- **2.10** 写出下列二进制数的 8 位原码。

(1) **10101** (2) **-10101**

(3) **-1101** (4) **101101**

(5) **0**

- **2.11** 写出下列二进制数的 8 位反码。

(1) **10111** (2) **-10101**

(3) **-1001** (4) **111111**

(5) **0**

- **2.12** 写出下列二进制数的 8 位补码,并将补码进行符号扩展求得 16 位的补码。

(1) **101011** (2) **-101001**

(3) **-111111** (4) **111111**

(5) **0**

- **2.13** 写出下列二进制原码对应的反码和补码。

(1) **10101011** (2) **00100011**

(3) **11111111** (4) **00000000**

- **2.14** 写出下列二进制反码对应的原码和补码。

(1) **10101001** (2) **01101011**

(3) **11111111** (4) **00000000**

- **2.15** 写出下列二进制补码对应的原码和反码。

(1) **10101011** (2) **01001010**

（3）**11111111**　　（4）**00000000**

- **2.16**　计算下列两个无符号数相减的结果，并用十进制表示结果。

（1）**010101−001101**　　（2）**010001−011010**

（3）**111010−000101**　　（4）**101010−100101**

- **2.17**　计算下列两个补码相减的结果，并用十进制表示结果（减法变成加法运算）。

（1）**110010−110101**　　（2）**100100−011010**

（3）**011011−001111**　　（4）**011111−100011**

- **2.18**　假设字长 8 位，用二进制补码计算下列两个数的 $A+B$，$A-B$，$-A+B$，$-A-B$，并用十进制数验证，如果结果出现异常，解释原因。

（1）$A=$**1010100**　$B=$**1011**　　（2）$A=$**1110100**　$B=$**101111**

（3）$A=$**1101010**　$B=$**0101110**　　（4）$A=$**1000000**　$B=$**0111101**

- **2.19**　16 位的计算机采用二进制补码运算，求出下列十进制数的运算结果。

（1）13820+2726　　（2）13850−2925

（3）2675−16550　　（4）−13350−2836

- **2.20**　计算下列两个反码相减的结果，并用十进制表示结果（减法变成加法运算）。

（1）**110011−110110**　　（2）**100110−011000**

（3）**011010−011110**　　（4）**011111−100011**

- **2.21**　用 8421BCD 码表示下列各数。

（1）751　　（2）122

（3）946　　（4）512

- **2.22**　用余 3BCD 码表示下列各数。

（1）763　　（2）139

（3）896　　（4）502

- **2.23**　将下列 8421BCD 码表示的数还原成十进制数。

（1）**10010111**　　（2）**0101100111**

（3）**11101111001**　　（4）**10100000010**

- **2.24**　将下列余 3BCD 码表示的数还原成十进制数。

（1）**10111001000**　　（2）**101000110110**

（3）**10000101**　　（4）**101110111**

- **2.25**　实现下列无符号数的减法，其中减数采用十的补数表示。如果结果为负，求其十的补数，并在其前加上一个负号。验证答案的正确性。

（1）7137−3068　　（2）153−2102

（3）2898−7792　　（4）1352−870

- **2.26**　求出信息数据 $B_4B_3B_2B_1$ 为 **0101** 的海明码，要求偶校验。
- **2.27**　求出信息数据 $B_7B_6B_5B_4B_3B_2B_1$ 为 **1001011** 的海明码，假设为偶校验。
- **2.28**　海明码为 **10110010011**，如果在数据传输中发生了一位错误，变成 **10010010011**，试对该数据进行纠错。

第3章 逻辑函数及其简化

逻辑代数(logic algebra)由英国数学家乔治·布尔(George Boole)于1854年创建，是用来描述客观事物逻辑关系的代数系统，也称布尔代数(Boolean algebra)。1938年克劳德·艾尔伍德·香农(Claude Elwood Shannon)将布尔代数应用到开关和继电器网络的分析和设计中，因此又称为开关代数。今天，逻辑代数已经成为分析和设计数字电路与系统的重要数学基础，数字系统中的各种问题可以抽象为逻辑函数，其变量存储和逻辑运算可以由相应的数字逻辑电路实现。本章主要介绍逻辑代数的基本知识，介绍逻辑函数及其描述方法和逻辑函数的简化。

3.1 基本逻辑运算

逻辑代数是用来处理命题之间的逻辑关系的代数系统。在逻辑代数中，命题可以表示为逻辑变量，命题之间的逻辑关系由逻辑函数表示，逻辑函数则由逻辑变量经过逻辑运算产生。在逻辑代数中，有**非**(NOT)、**与**(AND)、**或**(OR)三种基本逻辑运算，下面将分别给出逻辑代数的基本逻辑运算法则。

3.1.1 逻辑代数的二值逻辑

考虑到数字电路与系统是用来处理二进制信息的硬件系统，因此，本章只研究逻辑代数中的二值逻辑，即二元布尔代数，用来建立数字逻辑电路的数学模型。二值逻辑是指任何逻辑命题只有真(true)和假(false)两个可能取值，非真即假，非假即真。在二值逻辑中，判断一件事情或一个命题是“对”的还是“错”的，或者说是“成立”还是“不成立”，判断的结果是二值的，没有“似是而非”的模糊空间。相应地，在数字电路或计算机里面进行的是二进制逻辑运算。

在逻辑代数中，命题可以由相应的字符或字符串表示，称为逻辑变量。与普通代数不同的是，逻辑变量只有两个离散的取值，称为逻辑真值(truth)，用数字**1**和**0**表示，其中**1**代表逻辑真，**0**代表逻辑假。逻辑变量满足如下二值逻辑的公理：

$$\text{若 } A \neq \mathbf{1},\quad \text{则 } A = \mathbf{0} \tag{3-1a}$$

$$\text{若 } A \neq \mathbf{0},\quad \text{则 } A = \mathbf{1} \tag{3-1b}$$

其中逻辑 **0** 和逻辑 **1** 称为逻辑常量。特别需要注意的是，普通代数中的二进制数 **0** 和 **1** 是用来表示数量大小的，而逻辑代数中的二值逻辑常量 **0** 和常量 **1**，是用来表示命题的真(true)或假(false)两个对立的逻辑状态。因此，逻辑 **0** 和逻辑 **1** 只是两个抽象的符号，本身没有数值意义，并不具有二进制数的性质，没有大小、正负之分。逻辑值可以用来表示命题的是与否、命题的真与假、开关的通和断、指示灯的亮和灭、电平的高和低等这类只有两种取值的逻辑状态。逻辑代数有自己的逻辑运算规则，尽管逻辑代数一些运算借用了普通代数的运算符号，而且形式上也有些类似，但却具有完全不同的含义。

3.1.2　逻辑非和非运算

逻辑**非**是表示逻辑否定，即当某一事件的前提条件不成立时，其事件却为真，或者前提条件成立时，其事件却为假。这样前提和结论相反的逻辑关系称为逻辑**非**，相应的运算称为**非**运算。图 3.1 所示是逻辑**非**的一个电路实例，电源通过限流电阻向灯泡供电，开关 S 则是灯泡 P 的旁路开关。当开关断开时，则灯 P 亮，而当开关 S 接通时，则灯 P 灭，其**非**逻辑电路状态表如表 3.1 所示。**非**逻辑是对前提的否定，即结论与前提相反，实例电路中命题“灯泡点亮”就是对命题“开关接通”的否定。

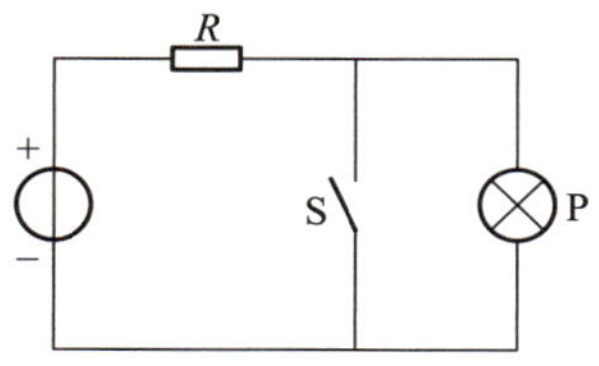

图 3.1　逻辑非电路实例

表 3.1　非逻辑电路状态表

开关 S	灯 P
断	亮
通	灭

设逻辑函数 P 表示灯的状态，逻辑变量 S 表示开关状态，如果采用二值逻辑 **0** 和 **1** 表示上述电路状态，逻辑函数 P 定义灯亮时为 **1**，灯灭时为 **0**，逻辑变量 S 定义开关接通时为 **1**，开关断开时为 **0**，则逻辑函数 P 与变量 S 的函数关系真值表如表 3.2 所示，其逻辑**非**函数表达式为

$$P = f(S) = \overline{S} \tag{3-2}$$

式中，字母 S 上方的短划线“-”表示**非**运算，亦可以用符号“ ′ ”表示**非**运算，符号$\overline{S}$读作“S **非**”。$\overline{S}$的含义就是取值与 S 的值相反，通常将 S 称为原变量，将$\overline{S}$称为反变量。根据表 3.2 中**非**运算的定义，可以得到如下**非**逻辑公理：

$$\overline{\mathbf{0}} = \mathbf{1} \tag{3-3a}$$

$$\overline{\mathbf{1}} = \mathbf{0} \tag{3-3b}$$

由上述公理，可以推出如下**非**运算规则：

$$\overline{\overline{A}} = A \tag{3-4}$$

式中的$\overline{\overline{A}}$可读作“A **非非**”或“A **非**的**非**”，这表明**非**运算具有“否定之否定等于肯定”的双重否定律。

实现逻辑**非**的运算称为**非**运算或者求反运算，实现逻辑**非**的电路称为**非**门(NOT gate)或反相器(inverter)，其逻辑符号如图 3.2 所示。图 3.2 中给出了两种逻辑门符号，其中图 3.2(a)是符合美国 MIL-STD-806B 的逻辑**非**门符号，为欧美书刊文和 EDA 软件所广泛采用，图中三角形运算符号的左侧是输入信号，右侧输出端小圆圈表示**非**运算；图 3.2(b)是符合我国国标 GB4728.12-2008 的逻辑**非**门符号，也是国际电工委员会在 IEC617-12 中推荐使用的标准符号，图中方框表示逻辑电路，方框左侧是输入信号，右侧是输出信号，方框内所标符号称为限定符，用来表征该电路的基本功能，此处的“1”表示当输入为 **1** 时，电路的输出为 **1**，方框的输出端的小圆圈为反相符号，逻辑信号经过小圆圈后，其逻辑值将取反，如果去掉小圆圈，则是没有**非**功能的逻辑缓冲器的符号，表示 $P=A$。

表 3.2 非逻辑真值表

输入 S	输出 $P=\overline{S}$
0	**1**
1	**0**

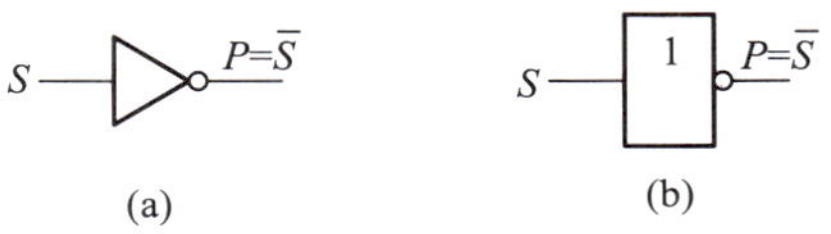

图 3.2 逻辑非运算(非门)符号

3.1.3 逻辑乘和与运算

与运算表示的逻辑关系为：当所有的条件都为真，结果才为真。如图 3.3 所示的逻辑乘实例电路中，电源通过两个串联开关向灯泡供电，只有前提条件“开关 S_A 接通”和“开关 S_B 接通”都为真时，命题“灯亮”才为真。**与**逻辑电路状态表如表 3.3 所示。逻辑乘表明只有当所有前提条件均具备时，结论命题才为真。

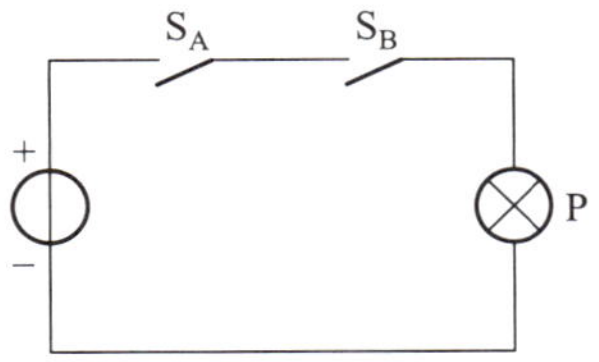

图 3.3 与逻辑电路实例

表 3.3 与逻辑电路状态表

开关		灯
S_A	S_B	P
断	断	灭
断	通	灭
通	断	灭
通	通	亮

设逻辑函数 P 表示灯的状态，逻辑变量 A 和 B 分别表示开关 S_A 和 S_B 的状态，采用二值逻辑 **0** 和 **1** 表示上述电路状态，逻辑函数 P 仍然定义灯亮时为 **1**，灯灭时为 **0**，逻辑变量 A、B 定义开关接通时为 **1**，开关断开时为 **0**，可以得到如表 3.4 所示的逻辑变量 P 与 A、B 的函数

关系真值表。

表 3.4　与逻辑真值表

输入		输出
A	B	$P=A\cdot B$
0	**0**	**0**
0	**1**	**0**
1	**0**	**0**
1	**1**	**1**

逻辑代数中将逻辑乘定义为逻辑乘法,也称为逻辑**与**,并用乘号表示,对于图 3.3 所示电路,其函数表达式为

$$P = A \cdot B \tag{3-5a}$$

$$P = A \times B \tag{3-5b}$$

式中,**与**运算 $A\cdot B$ 或 $A\times B$ 读作“A **与** B”,在不致混淆的场合下,A 和 B 的逻辑乘符号可以省略,**与**运算也可以表示为 AB,**与**运算有时还可以写成 $A\wedge B$。

$$P = AB \tag{3-5c}$$

根据表 3.4 与逻辑真值表中**与**运算的定义,可以得到如下**与**逻辑的公理:

$$\mathbf{0}\cdot\mathbf{0}=\mathbf{0} \tag{3-6a}$$

$$\mathbf{0}\cdot\mathbf{1}=\mathbf{0} \tag{3-6b}$$

$$\mathbf{1}\cdot\mathbf{0}=\mathbf{0} \tag{3-6c}$$

$$\mathbf{1}\cdot\mathbf{1}=\mathbf{1} \tag{3-6d}$$

根据这些公理,可以推出如下**与**逻辑的运算规则:

$$A\cdot\mathbf{0}=\mathbf{0} \tag{3-7a}$$

$$A\cdot\mathbf{1}=A \tag{3-7b}$$

$$\mathbf{1}\cdot A=A \tag{3-7c}$$

$$A\cdot\overline{A}=\mathbf{0} \tag{3-7d}$$

$$A\cdot A=A \tag{3-7e}$$

上述逻辑代数的**与**运算规则与普通代数中的乘法规则具有类似的性质,但需要注意的是与二进制数不同,逻辑值 **0** 和 **1** 没有大小之分。

实现**与**逻辑的电路称为**与**门(AND gate),其逻辑符号如图 3.4 所示,图中也给出了两种逻辑门符号,其中图 3.4(a)是符合美国 MIL-STD-806B 的逻辑**与**门符号;图 3.4(b)的**与**门符号采用国标 GB4728.12-85,其所示符号中的限定符号为 &,它表明该电路输出为 **1** 的条件是所有的输入皆为 **1**。

在实际逻辑电路设计应用中,**与**门可以有两个以上的多输入变量进行**与**运算,例如三变

量逻辑函数 $P=A\cdot B\cdot C$,根据**与**运算的公理规则,只有 A、B 和 C 三个变量均为真时,函数 P 才为真。三变量与逻辑真值表见表 3.5,其逻辑符号如图 3.5 所示。

表 3.5　三变量与逻辑真值表

输入			输出
A	B	C	$P=A\cdot B\cdot C$
0	**0**	**0**	**0**
0	**0**	**1**	**0**
0	**1**	**0**	**0**
0	**1**	**1**	**0**
1	**0**	**0**	**0**
1	**0**	**1**	**0**
1	**1**	**0**	**0**
1	**1**	**1**	**1**

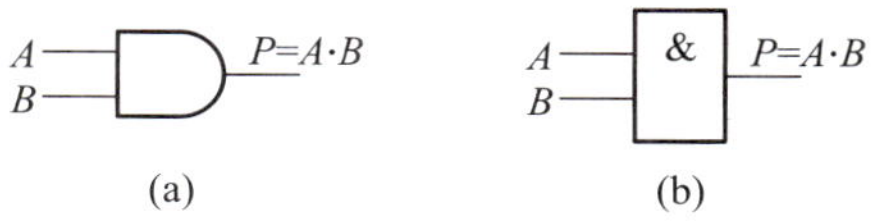

图 3.4　与逻辑运算(与门)符号

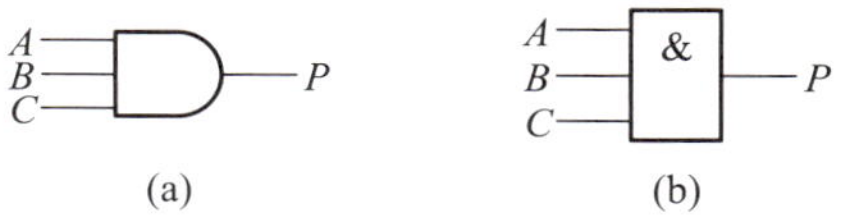

图 3.5　三输入与门逻辑符号

3.1.4　逻辑加和或运算

或运算表示的逻辑关系为:一个或一个以上条件成立时,结论为真。图 3.6 所示的并联开关电路是逻辑加的一个实例。逻辑加表明,只需要一个前提条件满足,结论命题就为真。电路实例中开关 S_A 接通,或者开关 S_B 接通,或者两个开关同时接通,灯均亮。显然只要前提条件"开关 S_A 接通"或者"开关 S_B 接通"为真,结论"灯亮"就为真,其状态表如表 3.6 所示。

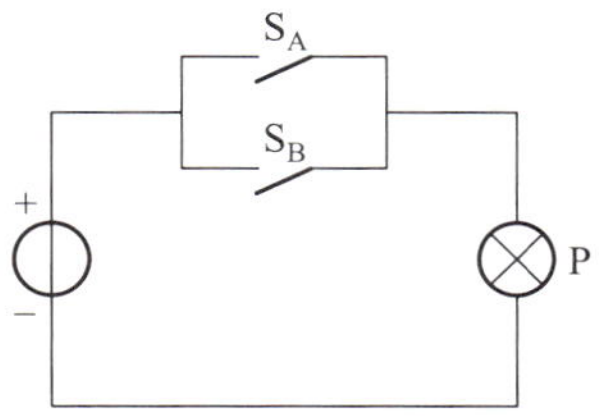

图 3.6　逻辑加电路实例

表 3.6　逻辑加电路状态表

开关		灯
S_A	S_B	P
断	断	灭
断	通	亮
通	断	亮
通	通	亮

设逻辑函数 P 表示灯的状态,逻辑变量 A 和 B 分别表示开关 S_A 和 S_B 的状态,采用二值逻辑 **0** 和 **1** 表示上述电路状态,逻辑函数 P 仍然定义灯亮时为 **1**,灯灭时为 **0**,逻辑变量 A、B 定义开关接通时为 **1**,开关断开时为 **0**,同样,按照表 3.6 的逻辑加电路状态表,可以得到表 3.7 所示的逻辑加真值表。

逻辑代数中将逻辑加定义为逻辑加法,也称为逻辑**或**,并用加号表示。对于图 3.6 所示

电路,可以写出其逻辑表达式为

$$P = A + B \tag{3-8}$$

式中,**或**运算还可以写成 $A \vee B$,读作"A **或** B"。根据表 3.7 所示的逻辑加真值表,可以推出逻辑**或**的公理:

$$\mathbf{0} + \mathbf{0} = \mathbf{0} \tag{3-9a}$$

$$\mathbf{1} + \mathbf{0} = \mathbf{1} \tag{3-9b}$$

$$\mathbf{0} + \mathbf{1} = \mathbf{1} \tag{3-9c}$$

$$\mathbf{1} + \mathbf{1} = \mathbf{1} \tag{3-9d}$$

由上述公理可以推出下列**或**逻辑运算法则:

$$A + \mathbf{0} = A \tag{3-10a}$$

$$A + \mathbf{1} = \mathbf{1} \tag{3-10b}$$

$$A + A = A \tag{3-10c}$$

$$A + \overline{A} = \mathbf{1} \tag{3-10d}$$

上式表明,虽然**或**逻辑又称为逻辑加法,但是逻辑加法与普通代数加法有本质的不同,这是因为逻辑代数中 **1** 和 **0** 不是二进制数,而是代表逻辑真与假,并没有大小之分。

实现**或**逻辑的电路称为**或**门(OR gate),其逻辑符号如图 3.7 所示,图中给出了两种逻辑门符号,其中图 3.7(a)是符合美国 MIL-STD-806B 的逻辑**或**门符号;图 3.7(b)的**或**门符号采用国标 GB4728.12-2008,其所示符号中的限定符号≥1,表明了**或**逻辑的特点是当输入信号中有一个或一个以上为 **1** 时,输出为 **1**。

表 3.7　逻辑加真值表

输入		输出
A	B	$P=A+B$
0	**0**	**0**
0	**1**	**1**
1	**0**	**1**
1	**1**	**1**

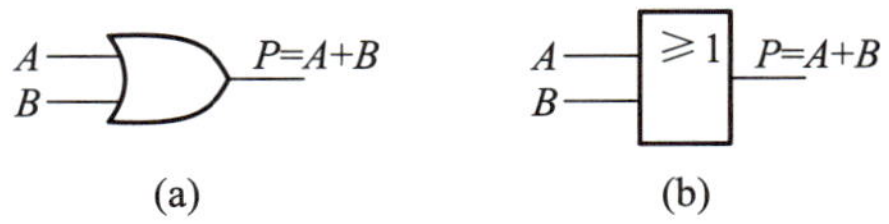

图 3.7　逻辑加运算(或门)符号

在实际逻辑电路设计应用中,**或**门也可以有两个以上的多输入变量进行**或**运算,例如三变量逻辑函数 $P=A+B+C$,根据**或**运算的公理规则,A、B 和 C 三个变量中至少有一个为真时,函数 P 便为真。三变量**或**运算真值表见表 3.8,其运算符号如图 3.8 所示。

表 3.8 三变量或逻辑真值表

输入			输出
A	B	C	$P=A+B+C$
0	**0**	**0**	**0**
0	**0**	**1**	**1**
0	**1**	**0**	**1**
0	**1**	**1**	**1**
1	**0**	**0**	**1**
1	**0**	**1**	**1**
1	**1**	**0**	**1**
1	**1**	**1**	**1**

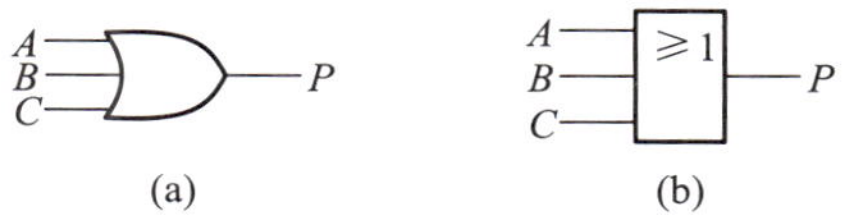

图 3.8 多变量或运算、多输入或门

3.1.5 逻辑运算的优先级

前述三种基本逻辑运算如果在逻辑运算式中同时出现，**非**运算拥有最高优先级，**与**运算次之，其优先级由高到低为：**非**运算、**与**运算、**或**运算。

例如，在函数 $F=A+\overline{B}C$ 中，首先计算$\overline{B}$，然后进行**与**运算求出 $G=\overline{B}C$，最后用**或**运算求出 $F=A+G$，其中 G 为中间变量。

若需要更改运算次序，可以通过加括号实现。例如，函数 $F=(A+\overline{B})C$ 中，计算次序为**非**运算$\overline{B}$，然后**或**运算 $G=A+\overline{B}$，最后完成**与**运算 $F=GC$。

3.2 复合逻辑运算

在基本逻辑运算的基础上，通过多种基本逻辑运算的组合，可以定义**与非**、**或非**、**与或非**、**异或**和**同或**等逻辑运算，称为复合逻辑运算。

3.2.1 与非门

与非门(NAND gate)是由**与**运算和**非**运算组成的复合逻辑运算，其逻辑表达式为

$$F=\overline{A\cdot B} \tag{3-11}$$

对于**与非门**，只有当输入全为 **1** 时，输出 $F=\mathbf{0}$，表 3.9 给出其真值表。

与非门可以由一个**与**门串联一个**非**门实现，如图3.9(a)所示，**与非**门的逻辑符号分别如

图 3.9(b)和图3.9(c)所示。

表 3.9　与非门真值表

输入		输出
A	B	$F=\overline{A\cdot B}$
0	**0**	**1**
0	**1**	**1**
1	**0**	**1**
1	**1**	**0**

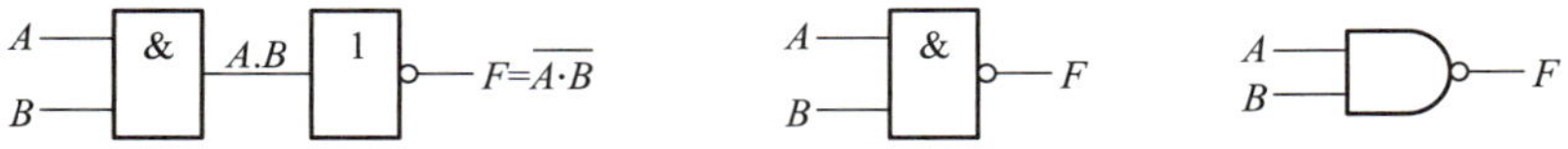

(a) 与非门内部逻辑　(b) 国标符号　(c) IEEE标准符号

图 3.9　与非逻辑图

3.2.2　或非门

或非门(NOR gate)是由**或**运算和**非**运算组成的复合逻辑运算，其逻辑表达式为

$$F=\overline{A+B} \tag{3-12}$$

只有当输入全为 **0** 时，或非门的输出 $F=\mathbf{1}$，表 3.10 给出其真值表。

或非门可以由一个**或**门串联一个**非**门实现，如图 3.10(a)所示，**或非**门的逻辑符号分别如图 3.10(b)和图 3.10(c)所示。

表 3.10　或非门真值表

输入		输出
A	B	$F=\overline{A+B}$
0	**0**	**1**
0	**1**	**0**
1	**0**	**0**
1	**1**	**0**

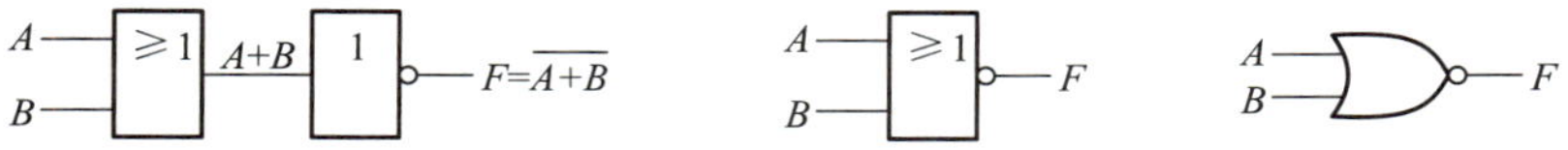

(a) 或非门内部逻辑　(b) 国标符号　(c) IEEE标准符号

图 3.10　或非逻辑图

3.2.3 异或门

异或门(XOR gate)也是一个常见的复合逻辑运算。当两个输入变量不同时,**异或**门输出为**1**;当两个输入变量相同时,**异或**门输出为**0**。其真值表如表3.11所示。

表 3.11 异或门真值表

输入		输出
A	B	$F=A\oplus B$
0	**0**	**0**
0	**1**	**1**
1	**0**	**1**
1	**1**	**0**

异或门的运算符为"⊕",根据真值表,其逻辑表达式为

$$F=A\oplus B=\overline{A}B+A\overline{B} \quad (3-13)$$

根据式(3-13),**异或**门功能可由图3.11(a)所示内部逻辑实现,**异或**门的逻辑符号分别如图3.11(b)和图3.11(c)所示。**异或**门国标符号中的定性符号"=1"表示当两个输入变量中有一个**1**时,**异或**门输出为**1**。如果多个逻辑变量输入时,例如$F=A\oplus B\oplus C$,则当输入变量中有奇数个**1**时,**异或**门输出为**1**。

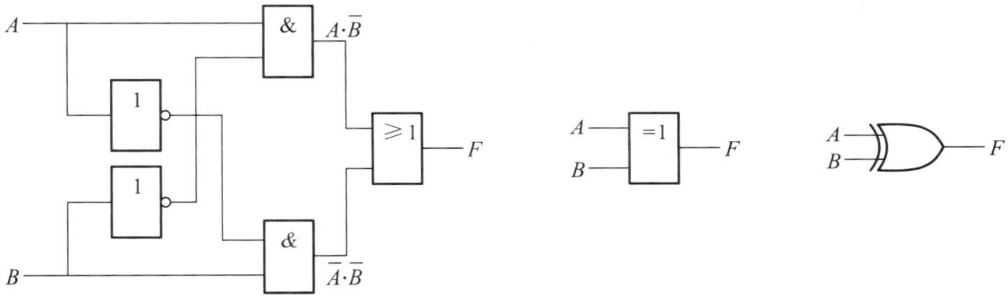

(a) 异或门内部逻辑　(b) 国标符号　(c) IEEE标准符号

图 3.11 **异或**逻辑图

3.2.4 异或非门(同或门)

异或非门(XNOR gate)可以看成是**异或**门的**非**运算,即当两个输入变量相同时,**异或非**门输出为**1**,当两个输入变量不同时,**异或非**门输出为**0**,所以**异或非**门又称为**同或**门,其真值表如表3.12所示。

表 3.12 异或非门真值表

输入		输出
A	B	$F=\overline{A\oplus B}$
0	**0**	**1**
0	**1**	**0**
1	**0**	**0**
1	**1**	**1**

同或门的运算符为"⊙",根据真值表,其逻辑表达式:

$$F=A\odot B=\overline{A\oplus B}=AB+\overline{A}\,\overline{B} \quad (3-14)$$

根据式(3−14),**同或门(异或非门)**的功能可由图 3.12(a)所示内部逻辑实现,**同或门(异或非门)**的逻辑符号分别如图 3.12(b)和图 3.12(c)所示。**同或门**国标符号中的定性符号“=”表示输入相同时,**同或门**输出为 **1**。

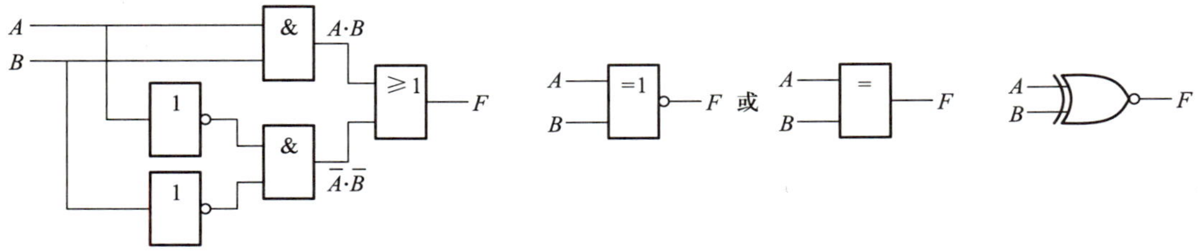

(a) 同或门内部逻辑　　(b) 国标符号　　(c) IEEE标准符号

图 3.12　同或逻辑图

3.2.5　其他复合门

除了以上几种常用复合逻辑运算,还可以利用基本逻辑运算组成各种复合逻辑电路,例如**与或门逻辑**,其逻辑表达式如下:

$$F = AB + CD \tag{3-15}$$

其真值表由表 3.13 给出。

表 3.13　与或门真值表

输入				中间变量		输出
A	B	C	D	AB	CD	$F=AB+CD$
0	0	0	0	0	0	0
0	0	0	1	0	0	0
0	0	1	0	0	0	0
0	0	1	1	0	1	1
0	1	0	0	0	0	0
0	1	0	1	0	0	0
0	1	1	0	0	0	0
0	1	1	1	0	1	1
1	0	0	0	0	0	0
1	0	0	1	0	0	0
1	0	1	0	0	0	0
1	0	1	1	0	1	1
1	1	0	0	1	0	1

续表

输入				中间变量		输出
A	B	C	D	AB	CD	$F=AB+CD$
1	1	0	1	1	0	1
1	1	1	0	1	0	1
1	1	1	1	1	1	1

与或门可以由两个**与**门和一个**或**门组合实现，如图 3.13(a)所示，**与或**门的复合逻辑符号如图 3.13(b)所示。

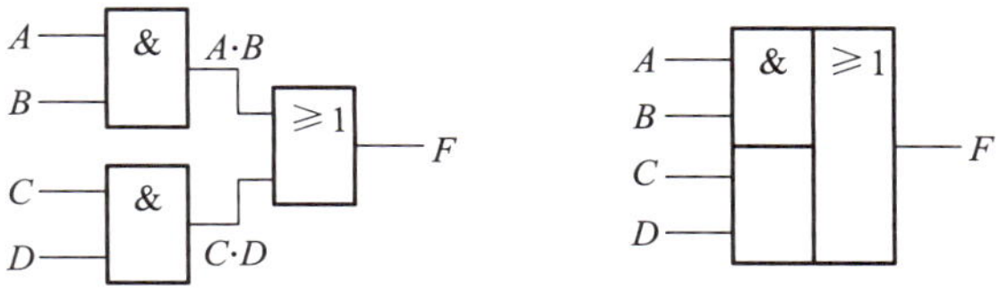

(a) 与或门内部逻辑　　(b) 与或门复合逻辑符号

图 3.13　与或门逻辑图

同理，可以得到**与或非**门逻辑，其逻辑表达式如下：

$$F=\overline{AB+CD} \tag{3-16}$$

与或非门可以由两个**与**门和一个**或**门组合，再串联一个**非**门实现，如图 3.14(a)所示，**与或非**门的复合逻辑符号如图 3.14(b)所示。

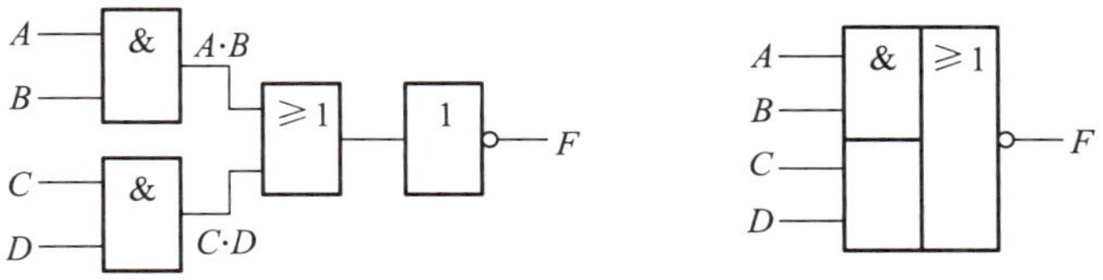

(a) 与或非门内部逻辑　　(b) 与或非门复合逻辑符号

图 3.14　与或非门逻辑图

3.3　逻辑代数的基本定律

3.3.1　逻辑等式的证明

由前述的逻辑代数的基本运算和公理规则可以推导出逻辑代数的一些基本定律，逻辑代数定律的正确性可以通过穷举法加以证明，也就是分别列出方程两边逻辑表达式的真值表。

例 3.1　证明反演律$\overline{A \cdot B}=\overline{A}+\overline{B}$成立。

设有逻辑函数 $F=A \cdot B$ 和 $G=\overline{A}+\overline{B}$，根据三种基本运算的定义和公理规则，分别得到表 3.14(a)、(b)所示真值表。

上述真值表证明了逻辑函数$\overline{F}=G$，则有如下反演定律：

$$\overline{A \cdot B}=\overline{A}+\overline{B} \tag{3-17a}$$

同理可证

$$\overline{A+B}=\overline{A} \cdot \overline{B} \tag{3-17b}$$

成立，以上反演律也称为摩根定律。

表 3.14　反演律的证明

(a) 函数 F 的真值表

输入		输出	输出
A	B	$F=A \cdot B$	$\overline{F}=\overline{A \cdot B}$
0	**0**	**0**	**1**
0	**1**	**0**	**1**
1	**0**	**0**	**1**
1	**1**	**1**	**0**

(b) 函数 G 的真值表

输入		输出
$\overline{A}$	$\overline{B}$	$G=\overline{A}+\overline{B}$
1	**1**	**1**
1	**0**	**1**
0	**1**	**1**
0	**0**	**0**

3.3.2　常用的基本定理

在介绍基本逻辑运算时，已经推导出了一些常用的基本定理，现归纳整理如表 3.15 所示，表中逻辑代数定律的正确性可以通过穷举法加以证明。

表 3.15　逻辑代数的基本定律

交换律	$A \cdot B=B \cdot A$	$A+B=B+A$
结合律	$A \cdot (B \cdot C)=(A \cdot B) \cdot C$	$A+(B+C)=(A+B)+C$
分配律	$A \cdot (B+C)=A \cdot B+A \cdot C$	$A+(B \cdot C)=(A+B)(A+C)$
吸收律	$A \cdot (A+B)=A$	$A+A \cdot B=A$
控制律	$A \cdot \mathbf{0}=\mathbf{0}$	$A+\mathbf{1}=\mathbf{1}$
自等律	$A \cdot \mathbf{1}=A$	$A+\mathbf{0}=A$
重叠律	$A \cdot A=A$	$A+A=A$
互补律	$A \cdot \overline{A}=\mathbf{0}$	$A+\overline{A}=\mathbf{1}$
双重否定律	$\overline{\overline{A}}=A$	$\overline{\overline{A}}=A$
反演律	$\overline{A \cdot B}=\overline{A}+\overline{B}$	$\overline{A+B}=\overline{A} \cdot \overline{B}$

3.3.3 逻辑运算的完备集

一个代数系统,如果仅用它所定义的运算中的某一组运算就能实现所有的运算,则这一组运算是完备的,称为完备集。根据逻辑代数系统的定义,任何复杂的逻辑运算都是由**与**、**或**、**非**三种基本逻辑运算组合运用实现的,所以运算集合{**与**,**或**,**非**}是完备集。

运用反演律可使两个变量的**与**运算化转换成两个反变量的**或非**运算,

$$A \cdot B = \overline{\overline{A \cdot B}} = \overline{\overline{A} + \overline{B}} \tag{3-18}$$

由式(3-18)可知,**与**运算可以由**或**运算和**非**运算替代实现,因此,在逻辑代数中运算集合{**或**,**非**}也是完备集。

同理,两个变量的**或**运算也可借反演律转换成两个反变量的**与非**运算,有

$$A + B = \overline{\overline{A + B}} = \overline{\overline{A} \cdot \overline{B}} \tag{3-19}$$

由式(3-19)可知,**或**运算同样可以由**与**运算和**非**运算替代实现,因此,运算集合{**与**,**非**}也是完备集。

但是,**非**运算无法由**与**运算和**或**运算代替,所以运算集合{**与**,**或**}不是完备集。

3.4 逻辑代数的基本规则

逻辑代数的基本规则有代换规则、对偶规则和反演规则。

3.4.1 代换规则

代换规则(replacement):任何含有变量 X 的逻辑等式,若将所有出现变量 X 的地方都用另一逻辑表达式 Y 代换,则等式仍然成立。使用代换规则时,要将等式两边所有出现被替代变量 X 的地方均代入同一表达式,否则等式不成立。

有了代换规则,可以将表 3.15 的基本定律中的变量用某一函数代入,扩展逻辑代数基本定律的应用。

例 3.2 证明反演律推论等式 $\overline{A+B+C}=\overline{A} \cdot \overline{B} \cdot \overline{C}$ 成立。

根据反演律有如下等式

$$\overline{A + B} = \overline{A} \cdot \overline{B}$$

设函数 $G=B+C$,将等式中的变量 B 置换成函数 G,则得到新等式

$$\overline{A + (B + C)} = \overline{A} \cdot \overline{(B + C)}$$

再运用反演律，则

$$\overline{A + B + C} = \overline{A} \cdot \overline{B + C} = \overline{A} \cdot \overline{B} \cdot \overline{C}$$

所以

$$\overline{A + B + C} = \overline{A} \cdot \overline{B} \cdot \overline{C}$$

得证。

例 3.3　证明吸收律推论等式 $A+ABC=A$ 成立。

根据吸收律有

$$A + AB = A$$

设 $G=BC$，用函数 G 替换变量 B，代入公式两边则有

$$A + ABC = A$$

得证。

3.4.2　对偶规则

对偶规则(dual)：对任一逻辑函数 $F=f(X_1,X_2,\cdots,X_n)$，只要对它的表达式中所有的逻辑常量 **1** 与 **0** 对换、逻辑符号+与 · 对换，并保持原函数变量之间的运算顺序不变，得到的新函数就是原函数 F 的对偶函数 F^*。原函数所具有的一切性质，其对偶函数同样具备。若两个函数 F 和 G 相等，即 $F=G$，则它们的对偶函数也相等，即 $F^*=G^*$。

观察表 3.15 的逻辑代数常用定律，可以发现表中左、右两列的公式在形式上是一一对应的，只要把左边公式中的 **1** 与 **0**、+与 · 互相对换，就与右边的公式完全一致了，这说明两边的逻辑函数相互对偶。这样，对于表中的公式，只要证明其中一半正确，就可以推得另一半也是正确的。这个关系对任何逻辑函数都适用。需要注意的是，对偶函数与原函数是一个完全不同的函数，只是形式上对偶。

例 3.4　证明反演律推论 $\overline{A \cdot B \cdot C}=\overline{A}+\overline{B}+\overline{C}$ 等式成立。

根据反演律推论有

$$\overline{A + B + C} = \overline{A} \cdot \overline{B} \cdot \overline{C}$$

则有函数 $F = \overline{A + B + C}$ 的对偶函数

$$F^* = \overline{A \cdot B \cdot C}$$

且有函数 $G = \overline{A} \cdot \overline{B} \cdot \overline{C}$ 的对偶函数

$$G^* = \overline{A} + \overline{B} + \overline{C}$$

根据对偶规则得到新等式 $F^*=G^*$，则

$$\overline{A \cdot B \cdot C} = \overline{A} + \overline{B} + \overline{C}$$

得证。

应用对偶规则时应注意：

（1）必须对所有的逻辑常量、逻辑符号进行变换；

（2）必须保持原函数变量之间的运算顺序，必要时可使用括号以保证运算顺序不变。

例 3.5 求函数 $F=AB+\overline{C}D$ 的对偶函数。

由于运算符号优先级的原因，原函数中 AB 和 $\overline{C}D$ 的**与**运算在先，而 AB 和 $\overline{C}D$ 之间的**或**运算在后。在其对偶式 F^* 中若要保持原来运算顺序保持不变，则必须增加括号来改变运算符号原有的优先级，其对偶函数为

$$F^* = (A + B)(\overline{C} + D)$$

例 3.6 证明吸收律推论等式 $A\cdot(A+B+C)=A$ 成立。

根据吸收律推论有

$$A + ABC = A$$

则有函数 $F=A+ABC$ 的对偶函数

$$F^* = A\cdot(A + B + C)$$

且有函数 $G = A$ 的对偶函数

$$G^* = A$$

根据对偶规则得到新等式 $F^*=G^*$，则

$$A\cdot(A + B + C) = A$$

得证。

3.4.3 反演规则

反演规则（invert）：对任何逻辑函数 $F=f(X_1,X_2,\cdots,X_n)$，只要将表达式中所有的逻辑常量 **0** 与 **1** 对换，逻辑符号+与·对换，逻辑变量 X_i 与 $\overline{X_i}$ 之间互换，并保持原函数变量之间的运算顺序不变，得到的新逻辑表达式就是原函数 F 的反函数 $\overline{F}$。用反演规则将函数变化后得到的函数，实际上不是一个新的函数，是原函数的反函数。

反演规则也称求反规则或求补规则，反演规则是反演律的推广，反演规则主要用来求取逻辑函数的反函数。

例 3.7 求逻辑函数 $F=(A\cdot\overline{B}+C)\cdot D$ 的反函数 $\overline{F}$。

根据反演规则直接得到反函数

$$\overline{F} = (\overline{A} + B)\cdot\overline{C} + \overline{D}$$

使用反演律证明如下

$$\overline{F} = \overline{(A\cdot\overline{B} + C)\cdot D}$$

$$= \overline{A\cdot\overline{B} + C} + \overline{D}$$

$$= \overline{A \cdot \overline{B}} \cdot \overline{C} + \overline{D}$$

$$= (\overline{A} + B) \cdot \overline{C} + \overline{D}$$

得证。

在应用反演规则时应注意：

（1）必须对所有的逻辑常量、逻辑符号和逻辑变量变换。

（2）必须保持原函数变量之间的运算顺序，必要时可添加括号以保证运算顺序不变。

（3）注意区分**非**运算和反变量。在反演时，X_i 与 $\overline{X}_i$ 之间的互换只对逻辑变量与反变量有效，而**非**运算须保留（也就是仅对变量变换）。

例 3.8　求逻辑函数 $F=\overline{A \cdot B}+\overline{C}(D+A)$ 的反函数 $\overline{F}$。

$\overline{A \cdot B}$ 属于**非**运算，不是反变量，因而在反演时，**非**号须保留，而变量取反，该函数的反函数正确答案是

$$\overline{F} = \overline{\overline{A} + \overline{B}}(C + \overline{D} \cdot \overline{A})$$

而不是错误的 $(A+B)(C+\overline{D} \cdot \overline{A})$。或者可以将 $G=A \cdot B$ 看作一个整体变量，则有

$$F = \overline{G} + \overline{C}(D + A)$$

利用代入规则可以得到

$$\overline{F} = G(C + \overline{D} \cdot \overline{A})$$

$$= A \cdot B \cdot (C + \overline{D} \cdot \overline{A})$$

初学者往往把函数的对偶函数 F^* 和反函数 $\overline{F}$ 相混淆，其实这两个函数是两种完全不同的概念，主要区别有两点：

（1）两者的演化规则不一样，反演规则中逻辑变量需要原变量与反变量的互换；而对偶规则不需要；

（2）函数的逻辑意义不一样，反演规则中，反函数 $\overline{F}$ 是原函数 F 的补，符合互补律 $F+\overline{F}=\mathbf{1}$；而对偶规则中，原函数 F 和对偶函数 F^* 是两个相互独立的函数，只是形式上对偶。

微视频 3-1
逻辑代数的基本规则

3.5　逻辑代数的常用公式

运用上述定律和规则可以推出若干公式，这些公式与三种基本运算、基本定律、三条规则共同构成了本书使用的逻辑代数系统。运用这些常用公式、基本定律以及基本规则可以将逻辑表达式简化。

3.5.1 并项公式

如果逻辑表达式中有两个**与**项,它们的一个因子相同,另一个因子互补,就可以将两项合并成一项,并消去那个互补的因子,并项公式如下:

$$AB + \overline{A}B = B \tag{3-20a}$$

证明:

$$\begin{aligned} AB + \overline{A}B &= (A + \overline{A})B && \text{(分配律)} \\ &= \mathbf{1} \cdot B && \text{(互补律)} \\ &= B && \text{(自等律)} \end{aligned}$$

应用代换规则,将公式中变量 B 用**与**项 BC 替换,则有推论

$$ABC + \overline{A}BC = BC \tag{3-20b}$$

在逻辑函数中,如果逻辑表达式中的两个**与**项,除了一个变量因子互补外,其余的变量因子都相同,则称这两个**与**项是“相邻”(逻辑相邻)的。相邻两项可以合并成一项,并消去互补的因子,这是进行逻辑简化时最常用的公式之一。

根据对偶规则,则有推论

$$(A + B) \cdot (\overline{A} + B) = B \tag{3-20c}$$

同理,这两个**或**项也是逻辑相邻的。

3.5.2 消冗余因子公式

在逻辑表达式中,如果**与**项的一个因子恰好与另一个**与**项互补,则该因子是冗余的,可以消去,消除冗余因子公式如下:

$$A + \overline{A}B = A + B \tag{3-21a}$$

证明:

$$\begin{aligned} A + \overline{A}B &= (A + \overline{A}) \cdot (A + B) && \text{(分配律)} \\ &= \mathbf{1} \cdot (A + B) && \text{(互补律)} \\ &= A + B && \text{(自等律)} \end{aligned}$$

应用代换规则,将公式中变量 B 用**与**项 BC 替换,则有推论

$$A + \overline{A}BC = A + BC \tag{3-21b}$$

根据对偶规则,还有推论

$$A \cdot (\overline{A} + B) = A \cdot B \tag{3-21c}$$

3.5.3 消冗余项公式

在逻辑表达式中,如果两个**与**项有一个因子互补,而第三个**与**项恰好是这两个**与**项中不

互补的全体因子的乘积，则第三项是冗余的，可以消去，消冗余项公式如下：

$$AB+\overline{A}C+BC=AB+\overline{A}C \tag{3-22a}$$

证明：

$$\begin{aligned} AB+\overline{A}C+BC &= AB+\overline{A}C+(A+\overline{A})BC && \text{（互补律）} \\ &= AB+\overline{A}C+ABC+\overline{A}BC && \text{（分配律）} \\ &= AB(\mathbf{1}+C)+\overline{A}C(\mathbf{1}+B) && \text{（结合律、分配律）} \\ &= AB+\overline{A}C && \text{（控制律）} \end{aligned}$$

推论：

$$AB+\overline{A}C+BCD=AB+\overline{A}C \tag{3-22b}$$

根据对偶规则，有

$$(A+B)(\overline{A}+C)(B+C)=(A+B)(\overline{A}+C) \tag{3-22c}$$

3.6　逻辑函数及其描述方法

在逻辑代数中，任何对 n 个逻辑变量 $x_1,x_2,\cdots,x_n$ 进行有限次逻辑运算的逻辑表达式，称为 n 变量的逻辑函数（简称函数），记作 $F=f(x_1,x_2,\cdots,x_n)$，常用的描述方法有如下几种。

3.6.1　逻辑函数表达式

例 3.9　三人表决器。

逻辑关系定义：首先，有三名裁判参与表决，每人一票赞同或反对，没有弃权票；其次，必须符合少数服从多数原则，没有否决票，即三名裁判中，有两名或两名以上裁判认可，方可判定成功通过，否则判定失败。用字母 A、B、C 分别代表三名裁判的意见，同意为 **1**，否定为 **0**；F 为裁判结果，$F=\mathbf{1}$ 表示成功，$F=\mathbf{0}$ 表示失败，那么，F 与 A、B、C 之间的逻辑关系可以用逻辑函数 $F=f(A,B,C)$ 表示，函数的定义域和值域都只有 **1** 和 **0**，是一种二值函数，即分别表示同意与否定，成功或失败。三人表决器的逻辑函数表达式为

$$F=f(A,B,C)=AB\overline{C}+\overline{A}BC+A\overline{B}C+ABC \tag{3-23}$$

其中，**与**项 $AB\overline{C}$代表“裁判 A 与裁判 B 同意且裁判 C 不同意”，**与**项$\overline{A}BC$ 和 $A\overline{B}C$ 分别表示另两种有两名裁判同意一名裁判不同意的情况，**与**项 ABC 表示三名裁判都同意，这四种情况中的任何一种都可使得函数的判定结果为 **1**。

考虑到只要其中两名裁判同意，判决就能通过，则三人表决器逻辑函数可以简化成逻辑表达式

$$F=f(A,B,C)=AB+BC+AC+ABC \tag{3-24}$$

其中，**与**项 AB 代表“裁判 A 与裁判 B 同意”，**与**项 BC 代表“裁判 B 与裁判 C 同意”，**与**项 AC 表示“裁判 B 与裁判 C 同意”的情况，以及**与**项 ABC 表示三名裁判都同意，上述表达式依然满足三人表决器逻辑定义。

逻辑函数还可以进一步简化成**与或**式

$$F = AB + BC + AC \tag{3-25}$$

还可以简化成**或与**式

$$F = (A + B)(B + C)(A + C) \tag{3-26}$$

通过反演定律，简化成**与或非**式

$$F = \overline{\overline{F}} = \overline{\overline{A}\,\overline{B} + \overline{B}\,\overline{C} + \overline{A}\,\overline{C}} \tag{3-27}$$

即“不是两个以上裁判不同意”。

此外，根据逻辑代数的公理和定理还可以将表达式转化成其他的表达形式。可见逻辑表达式不具有唯一性。

3.6.2 逻辑图

每个逻辑表达式都可以用逻辑符号连接成的逻辑图表示，式(3-24)、式(3-26)和式(3-27)的逻辑函数分别对应于图 3.15 中的(a)、(b)和(c)的逻辑图。

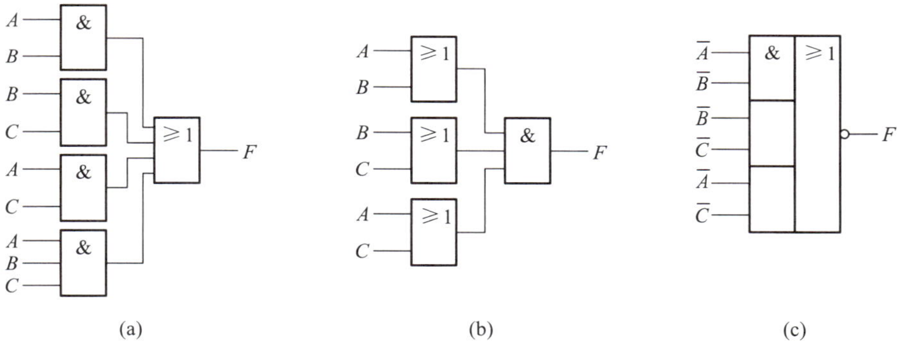

图 3.15 三人表决器逻辑图

图 3.15 中几种不同形式的表决器逻辑图，虽然形式各不相同，实际上所描述的却是同一个逻辑功能。逻辑表达式描述逻辑函数没有唯一性，而只凭借逻辑图，也难以直接判定逻辑函数是否相等。

3.6.3 真值表

每个逻辑函数都对应有一张真值表(truth table)，如表 3.16 所示。真值表的左边是输入自变量的取值组合，每一行对应于一个逻辑变量的乘积项(**与**项)，真值表输入变量的取值组合通常按二进制顺序排列，真值表右边则是在每一种输入组合时的函数输出值 f_i，其中 i 是相应输入组合的二进制序号。若函数有 3 个自变量，每个变量有 2 种取值可能，则共有 $2^3=8$ 种可能的组合，因此真值表共有 8 行，也就是说真值表穷举了函数的所有情况，因此描述逻辑函数的真值表具有唯一性。

对上例可以列出如表 3.17 所示的三人表决器真值表。

表 3.16　3 变量真值表

对应与项	输入			输出
	A	B	C	F
$\bar{A}\,\bar{B}\,\bar{C}$	0	0	0	f_0
$\bar{A}\,\bar{B}C$	0	0	1	f_1
$\bar{A}B\,\bar{C}$	0	1	0	f_2
$\bar{A}BC$	0	1	1	f_3
$A\,\bar{B}\,\bar{C}$	1	0	0	f_4
$A\,\bar{B}C$	1	0	1	f_5
$AB\,\bar{C}$	1	1	0	f_6
ABC	1	1	1	f_7

表 3.17　三人表决器真值表

输入			输出
A	B	C	F
0	0	0	0
0	0	1	0
0	1	0	0
0	1	1	1
1	0	0	0
1	0	1	1
1	1	0	1
1	1	1	1

3.6.4　卡诺图

如果将函数自变量的取值组合（二进制数）看成是函数值的坐标，则在真值表中，坐标是按一维方式排列的。如果将 3 变量逻辑函数的坐标分成（AB、C）两维，并按水平和垂直两个方向排列，就得到图 3.16（a）所示卡诺图（Karnaugh map），或者用二进制数表示坐标，如图 3.16（b）所示，其中两变量坐标按循环码（**00**，**01**，**11**，**10**）次序排列。卡诺图每个方格对应一个输入**与**项，共有 $2^3=8$ 种可能的组合，因此 3 变量卡诺图共有 8 个方格，函数值按坐标的位置逐个填入。

	$\bar{C}$	C
$\bar{A}\bar{B}$	$\bar{A}\cdot\bar{B}\cdot\bar{C}$	$\bar{A}\cdot\bar{B}\cdot C$
$\bar{A}B$	$\bar{A}\cdot B\cdot\bar{C}$	$\bar{A}\cdot B\cdot C$
AB	$A\cdot B\cdot\bar{C}$	$A\cdot B\cdot C$
$A\bar{B}$	$A\cdot\bar{B}\cdot\bar{C}$	$A\cdot\bar{B}\cdot C$

(a)

AB \ C	**0**	**1**
00	$\bar{A}\cdot\bar{B}\cdot\bar{C}$	$\bar{A}\cdot\bar{B}\cdot C$
01	$\bar{A}\cdot B\cdot\bar{C}$	$\bar{A}\cdot B\cdot C$
11	$A\cdot B\cdot\bar{C}$	$A\cdot B\cdot C$
10	$A\cdot\bar{B}\cdot\bar{C}$	$A\cdot\bar{B}\cdot C$

(b)

图 3.16　3 变量卡诺图

4 变量的卡诺图如图 3.17 所示。

	$\bar{C}\bar{D}$	$\bar{C}D$	CD	$C\bar{D}$
$\bar{A}\bar{B}$	$\bar{A}\bar{B}\bar{C}\bar{D}$	$\bar{A}\bar{B}\bar{C}D$	$\bar{A}\bar{B}CD$	$\bar{A}\bar{B}C\bar{D}$
$\bar{A}B$	$\bar{A}B\bar{C}\bar{D}$	$\bar{A}B\bar{C}D$	$\bar{A}BCD$	$\bar{A}BC\bar{D}$
AB	$AB\bar{C}\bar{D}$	$AB\bar{C}D$	$ABCD$	$ABC\bar{D}$
$A\bar{B}$	$A\bar{B}\bar{C}\bar{D}$	$A\bar{B}\bar{C}D$	$A\bar{B}CD$	$A\bar{B}C\bar{D}$

(a)

AB \ CD	**00**	**01**	**11**	**10**
00	$\bar{A}\bar{B}\bar{C}\bar{D}$	$\bar{A}\bar{B}\bar{C}D$	$\bar{A}\bar{B}CD$	$\bar{A}\bar{B}C\bar{D}$
01	$\bar{A}B\bar{C}\bar{D}$	$\bar{A}B\bar{C}D$	$\bar{A}BCD$	$\bar{A}BC\bar{D}$
11	$AB\bar{C}\bar{D}$	$AB\bar{C}D$	$ABCD$	$ABC\bar{D}$
10	$A\bar{B}\bar{C}\bar{D}$	$A\bar{B}\bar{C}D$	$A\bar{B}CD$	$A\bar{B}C\bar{D}$

(b)

图 3.17　4 变量卡诺图

卡诺图由于坐标采用循环码编排，所以图上任何相邻的两个小方块对应的最小项逻辑相邻，图上每行、每列两端的两个最小项也是逻辑相邻的。如果将 3 变量逻辑函数的坐标分成（A、BC）两组或（AB、C）两组，图 3.18 就是上例三人表决器所对应的卡诺图。由于卡诺图也穷举了所有变量组合，所以卡诺图描述逻辑函数也具有唯一性。如图 3.18 所示，通常函数等于 **1** 的方块内填 **1**，而函数等于 **0** 的方块内不填。

A \ BC	**00**	**01**	**11**	**10**
0			**1**	
1		**1**	**1**	**1**

AB \ C	**0**	**1**
00		
01		**1**
11	**1**	**1**
10		**1**

图 3.18　三人表决器的卡诺图

3.6.5 标准表达式

上述几种逻辑函数描述方式中，真值表和卡诺图对于每个函数是唯一的，所以判断两个函数是否相等，只要看其真值表或卡诺图是否相同。而逻辑表达式和逻辑图描述逻辑函数没有唯一性，难以直接判定逻辑函数是否相等，逻辑函数常常描述为**与或**表达式和**或与**表达式。

逻辑变量之间只进行**与**运算（逻辑乘）的表达式称为**与**项（积项），例如 AB、ABC，由**与**项（积项）之间进行**或**运算（逻辑加）而得到的函数表达式称为**与-或**（AND-OR）表达式，亦称为积之和（sum of product）表达式，例如 $F=ABC+DE$。

逻辑变量之间只进行**或**运算（逻辑加）组成的表达式称为**或**项（和项），例如 $A+B$、$A+B+C$，由**或**项（和项）之间进行**与**运算（逻辑乘），而得到的函数表达式称为**或-与**（OR-AND）表达式，亦称为和之积（product of sum）表达式，例如 $F=(A+B+C)(D+E)$。

1. 最小项和标准**与-或**表达式

真值表和卡诺图用穷举法描述了逻辑函数,其中真值表中一行(或卡诺图中一块)代表着一个**与**项,通常将这种**与**项称为函数的最小项(minterm),每一个最小项由变量的原变量或反变量组成,由于只有一种输入组合才能使其真值为 **1**,所以称为最小项。最小项可以用符号 m_i 表示,其下标 i 就是真值表中对应行的二进制变量坐标或卡诺图对应块的坐标。例如,一个 3 变量逻辑函数,共有 $2^3=8$ 个最小项,其最小项对应关系如表 3.18 所示。

表 3.18　3 变量函数的最小项

变量坐标			最小项	最小项符号	函数值 F
0	**0**	**0**	$\overline{A}\cdot\overline{B}\cdot\overline{C}$	m_0	f_0
0	**0**	**1**	$\overline{A}\cdot\overline{B}\cdot C$	m_1	f_1
0	**1**	**0**	$\overline{A}\cdot B\cdot\overline{C}$	m_2	f_2
0	**1**	**1**	$\overline{A}\cdot B\cdot C$	m_3	f_3
1	**0**	**0**	$A\cdot\overline{B}\cdot\overline{C}$	m_4	f_4
1	**0**	**1**	$A\cdot\overline{B}\cdot C$	m_5	f_5
1	**1**	**0**	$A\cdot B\cdot\overline{C}$	m_6	f_6
1	**1**	**1**	$A\cdot B\cdot C$	m_7	f_7

3 变量逻辑函数最小项与卡诺图对应关系如图 3.19(a)所示,4 变量逻辑函数的最小项与卡诺图的对应关系如图 3.19(b)所示。

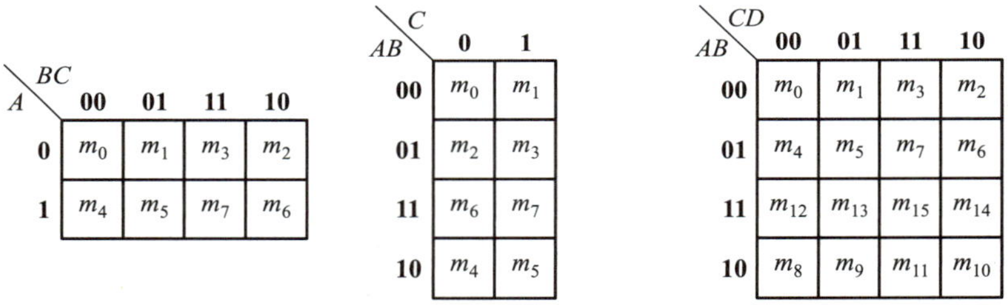

(a) 3变量卡诺图　　(b) 4变量卡诺图

图 3.19　最小项与卡诺图关系

任何一个逻辑函数都可以表示为最小项与对应函数值的乘积之和,由于该式穷举了所有可能的输入组合,因而也具有唯一性,称为逻辑函数的标准**与-或**表达式。

标准**与-或**表达式中的每个**与**项都包含所有的输入变量,对应于真值表的一行或卡诺图的一格。

n 变量函数有 2^n 个最小项,每个最小项是 n 个变量构成的**与**项,每个变量在**与**项中以原变量或者反变量出现一次。函数 F 的标准**与-或**表达式就是这些最小项与对应函数值乘积

的总和，即

$$F=\sum_{0}^{2^n-1} f_i \cdot m_i \tag{3-28}$$

例 3.10 写出例 3.9 中三人表决器的标准**与-或**表达式。

根据表 3.17 所示三人表决器真值表，函数必定处于 8 种最小项之一，分别对应 **0** 或者 **1** 的输出，因此三人表决器函数可以用标准**与-或**式表示为

$$F=\mathbf{0}\cdot\overline{A}\,\overline{B}\,\overline{C}+\mathbf{0}\cdot\overline{A}\,\overline{B}C+\mathbf{0}\cdot\overline{A}B\overline{C}+\mathbf{1}\cdot\overline{A}BC+\mathbf{0}\cdot A\overline{B}\,\overline{C}+\mathbf{1}\cdot A\overline{B}C+\mathbf{1}\cdot AB\overline{C}+\mathbf{1}\cdot ABC \tag{3-29a}$$

$$F=\overline{A}BC+A\overline{B}C+AB\overline{C}+ABC \tag{3-29b}$$

使用最小项符号后，三人表决器逻辑函数可以表示为

$$\begin{aligned}F&=\mathbf{0}\cdot m_0+\mathbf{0}\cdot m_1+\mathbf{0}\cdot m_2+\mathbf{1}\cdot m_3+\mathbf{0}\cdot m_4+\mathbf{1}\cdot m_5+\mathbf{1}\cdot m_6+\mathbf{1}\cdot m_7\\&=m_3+m_5+m_6+m_7\end{aligned} \tag{3-30a}$$

简写为

$$F=\sum m(3,5,6,7) \tag{3-30b}$$

这是由真值表直接得到的，穷举了所有可能的输入组合，因而也具有了唯一性。

2. 最大项和标准**或-与**表达式

求一个函数 F 的反函数就是将其真值表各行所对应的函数值 f_i 取反，即反函数 $\overline{F}$ 的真值表各行所对应的函数值为$\overline{f_i}$，所以对应于式(3-28)所示函数的标准表达式，可以写出反函数$\overline{F}$的表达式为

$$\overline{F}=\sum_{0}^{2^n-1} \overline{f_i} \cdot m_i \tag{3-31}$$

则根据双重反演定律

$$\begin{aligned}F=\overline{\overline{F}}&=\overline{\sum_{0}^{2^n-1} \overline{f_i} \cdot m_i}\\&=\prod_{0}^{2^n-1}(\overline{\overline{f_i}}+\overline{m_i})\\&=\prod_{0}^{2^n-1}(f_i+M_i)\end{aligned} \tag{3-32}$$

式中的 $M_i=\overline{m_i}$ 是一个**或**项。

M_i 称为最大项(maxterm)，n 变量逻辑函数的最大项，是由 n 个变量组成的**或**项，每个变量在**或**项中出现一次且只出现一次。对于任一最大项，只有一组输入变量组合能使该最大项真值为 **0**，而其余各种输入取值均使该最大项真值为 **1**，因此称之为最大项。式(3-32)表明，一个逻辑函数可以表示为若干最大项的乘积，与最小项之和表达式一样，最大项之积表达式也是唯一的，所以也称为标准**或-与**表达式，最大项与真值表对应关系

如表 3.19 所示。

表 3.19　3 变量函数的最大项

变量坐标			最大项	最大项符号	函数 F
0	**0**	**0**	$A+B+C$	M_0	f_0
0	**0**	**1**	$A+B+\overline{C}$	M_1	f_1
0	**1**	**0**	$A+\overline{B}+C$	M_2	f_2
0	**1**	**1**	$A+\overline{B}+\overline{C}$	M_3	f_3
1	**0**	**0**	$\overline{A}+B+C$	M_4	f_4
1	**0**	**1**	$\overline{A}+B+\overline{C}$	M_5	f_5
1	**1**	**0**	$\overline{A}+\overline{B}+C$	M_6	f_6
1	**1**	**1**	$\overline{A}+\overline{B}+\overline{C}$	M_7	f_7

最大项可以对最小项取反得到，例如：$M_1=\overline{m_1}=\overline{\overline{A}\,\overline{B}\,C}=A+B+\overline{C}$，亦可以根据变量坐标直接求取。需要特别注意的是：二进制行坐标为 **0** 的输入变量取原变量，行坐标为 **1** 的输入变量取反变量，然后相加得到最大项，如表 3.19 所示。

例 3.11　根据表 3.17 所示真值表，三人表决器函数的最大项标准**或-与**表达式如下：

$$F=(\mathbf{0}+A+B+C)(\mathbf{0}+A+B+\overline{C})(\mathbf{0}+A+\overline{B}+C)(\mathbf{1}+A+\overline{B}+\overline{C})$$
$$(\mathbf{0}+\overline{A}+B+C)(\mathbf{1}+\overline{A}+B+\overline{C})(\mathbf{1}+\overline{A}+\overline{B}+C)(\mathbf{1}+\overline{A}+\overline{B}+\overline{C}) \qquad (3-33a)$$

$$F=(A+B+C)(A+B+\overline{C})(A+\overline{B}+C)(\overline{A}+B+C) \qquad (3-33b)$$

该式是由真值表直接推出的，穷举了所有可能的输入组合，因而也具有了唯一性。

采用最大项符号 M_i，三人表决器函数可以有如下形式：

$$F=(\mathbf{0}+M_0)(\mathbf{0}+M_1)(\mathbf{0}+M_2)(\mathbf{1}+M_3)(\mathbf{0}+M_4)(\mathbf{1}+M_5)(\mathbf{1}+M_6)(\mathbf{1}+M_7)$$
$$=M_0\cdot M_1\cdot M_2\cdot M_4 \qquad (3-34a)$$

也可写为

$$F=\prod M(0,1,2,4) \qquad (3-34b)$$

微视频 3-2 逻辑函数及其描述方法

除了可以利用逻辑函数的反函数的标准**与-或**表达式并取反的方法，求出函数的标准**或-与**表达式，还可以根据函数的真值表或卡诺图，直接写出其标准**或-与**表达式：找出函数真值表或卡诺图中所有等于 **0** 的行或者项，根据坐标求得对应的最大项，然后将这些最大项相与。

3.7 逻辑函数的简化

3.7.1 逻辑简化的意义和标准

一个逻辑函数可以有多种表达式，因而有多种逻辑电路与之对应，它们繁简不一，不同的逻辑电路实现形式所用的门电路的个数不同，每个门电路的输入变量数不同，造成所消耗的集成电路资源不同。因此，如果逻辑表达式简单，其实现时使用的元器件就少，整个电路的功耗也相应减小，如果简化后减少了级数，则信号从输入到输出的总延时得以减少，还可以提高整个电路的工作速度。

采用门电路实现逻辑函数时，逻辑函数的简化将会减少所使用门的个数，从而减少了器件使用的个数；设计集成电路时，简化的逻辑电路减少了电路所采用的器件（晶体管、电阻、电容、连线等）个数，从而减少了芯片的面积。在这两个方面，逻辑简化具有一定的意义。而对于采用中规模集成电路或者大规模集成电路实现逻辑电路时，简化的意义并不明显，有时候甚至是多余的。

逻辑函数简化的标准有多种，以逻辑函数**与-或**式为例，要求简化的**与-或**表达式中，**与**项最少且每项的变量数最少，该标准对应于逻辑电路就是所用门的个数最少，且每个门的输入端最少。

3.7.2 公式法简化

用于逻辑简化的公式是本章前面介绍的常用公式，以及吸收律、重叠律、控制律、自等律等基本定理。

例 3.12 将逻辑表达式 $F=ABC+A\overline{B}\,\overline{C}+AB\overline{C}+A\overline{B}C$ 化为最简**与-或**式。

$$F = ABC + A\overline{B}\,\overline{C} + AB\overline{C} + A\overline{B}C$$

$$= AB(C+\overline{C}) + A\overline{B}(\overline{C}+C) \qquad \text{（交换律，结合律）}$$

$$= AB + A\overline{B} \qquad \text{（互补律）}$$

$$= A \qquad \text{（并项公式）}$$

例 3.13 简化逻辑函数 $f(A,B,C,D)=\overline{A}\,\overline{C}\,\overline{D}+\overline{B}\,\overline{C}\,\overline{D}+A\overline{B}D+\overline{B}CD$，求最简**与-或**式。

$$f(A,B,C,D) = \overline{A}\,\overline{C}\,\overline{D} + \overline{B}\,\overline{C}\,\overline{D} + A\overline{B}D + \overline{B}CD$$

$$= \overline{A}\,\overline{C}\,\overline{D} + \overline{B}\,\overline{C}\,\overline{D} + A\overline{B}D + A\overline{B}\,\overline{C} + \overline{B}CD \qquad \text{（反用消冗余项公式）}$$

$$= (\overline{A}\,\overline{C}\,\overline{D} + \overline{B}\,\overline{C}\,\overline{D} + A\overline{B}\,\overline{C}) + (A\overline{B}D + A\overline{B}\,\overline{C} + \overline{B}CD) \qquad \text{（重新组合）}$$

$$= (\overline{A}\,\overline{C}\,\overline{D} + A\,\overline{B}\,\overline{C}) + (A\,\overline{B}\,\overline{C} + \overline{B}CD) \qquad (消冗余项公式)$$

$$= \overline{A}\,\overline{C}\,\overline{D} + A\,\overline{B}\,\overline{C} + \overline{B}CD \qquad (重叠律)$$

从上面两个例子可以看出，利用公式法简化逻辑函数需要对公式使用比较熟练，并掌握一定技巧，而且结果是否最简有时不易判别，例如例 3.13，逻辑表达式看起来似乎已经无法简化，但如果反用消冗余项公式，增加冗余项才能重新发现简化规律。借鉴此简化思路，不如将表达式化成最小项之和表达式，然后利用并项公式重新简化，总能求得最后结果。

例 3.14　用另一种方法简化逻辑函数 $f(A,B,C,D)=\overline{A}\,\overline{C}\,\overline{D}+\overline{B}\,\overline{C}\,\overline{D}+A\,\overline{B}D+\overline{B}CD$，求最简**与-或**式。

$$f(A,B,C,D) = \overline{A}\,\overline{C}\,\overline{D} + \overline{B}\,\overline{C}\,\overline{D} + A\,\overline{B}D + \overline{B}CD$$

$$= \overline{A}\,\overline{B}\,\overline{C}\,\overline{D} + \overline{A}B\,\overline{C}\,\overline{D} + A\,\overline{B}\,\overline{C}\,\overline{D} + \overline{A}\,\overline{B}\,\overline{C}\,\overline{D} +$$

$$A\,\overline{B}\,\overline{C}D + A\,\overline{B}CD + A\,\overline{B}CD + \overline{A}\,\overline{B}CD \qquad (展成最小项)$$

$$= \overline{A}\,\overline{B}\,\overline{C}\,\overline{D} + \overline{A}B\,\overline{C}\,\overline{D} + A\,\overline{B}\,\overline{C}\,\overline{D} + A\,\overline{B}\,\overline{C}D + A\,\overline{B}CD + \overline{A}\,\overline{B}CD \qquad (整理)$$

$$= \overline{A}\,\overline{C}\,\overline{D} + A\,\overline{B}\,\overline{C} + \overline{B}CD \qquad (并项公式)$$

并项公式的基本精神是两个相邻项可以合并为一项，消去一个互补的变量。

用最小项之和表达式和并项公式可以简化逻辑函数。对应于卡诺图，在卡诺图中逻辑上相邻的最小项在几何位置上相邻，因此在卡诺图上可以非常方便地合并逻辑相邻项。

3.7.3　卡诺图法简化

1. 简化为最简**与-或**式

卡诺图由于坐标采用循环码编排，所以图上任何相邻的两个小方块对应的最小项逻辑相邻，图上每行、每列两端的两个最小项也是逻辑相邻的。相邻两个最小项的合并项在图上用一个圈表示，卡诺图中的每个圈代表一个**与**项，对应于电路的一个**与**门，最小项是变量数最多的**与**项。每合并一次，变量便减少一个，因此，圈子越大对应**与**项的变量越少。

例如，图 3.20 中 m_6 与 m_2 的合并项对应的**与**项为 $B\,\overline{C}$；同理，m_3 和 m_7 也可以合并为**与**项 BC，而 $B\,\overline{C}$ 与 BC 又是相邻的，还可以继续合并为 B。

于是可以得如下卡诺图合并规律：

（1）相邻 2 块（包括每行的两端，每列的两端）可以合并，消去一个互补的变量；

（2）相邻 4 块（包括相邻两行的两端，相邻两列的两端，卡诺图的四角）可以合并，消去两个互补的变量；

（3）相邻 8 块（包括 4 变量卡诺图中上下两行，左右两列）可以合并，消去 3 个互补的变量；

（4）依次类推，2^k 个最小项相邻（$k=1,2,3\cdots$），则它们可合并为一项，消去 k 个互补的变量。

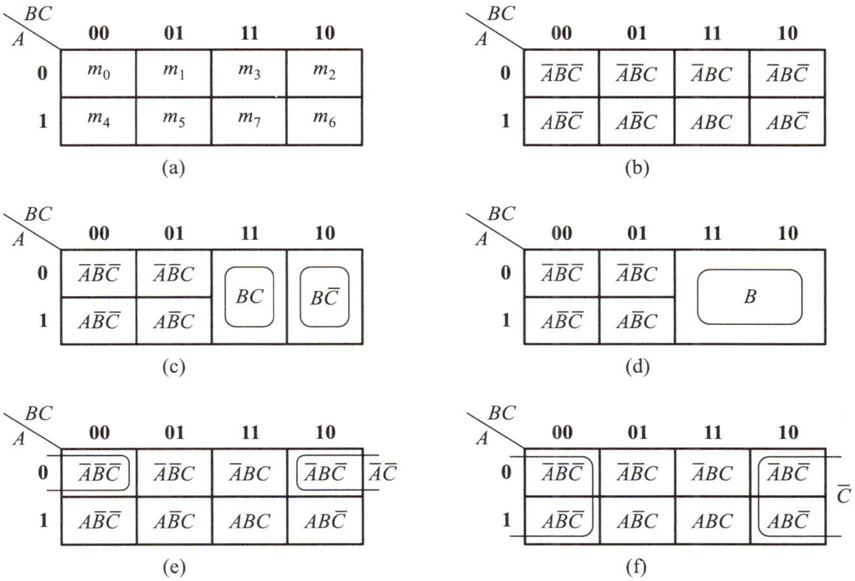

图 3.20 卡诺图合并示意图

对于逻辑函数最简**与**-**或**式,要求式中**与**项个数最少且每个**与**项的变量数最少,该标准对应于逻辑电路就是所用的门最少,且每个门的输入端最少。

由此可以得到用卡诺图化简逻辑函数的原则:

(1) 可以合并在一起的最小项的个数是 2^n 个;

(2) 卡诺图中圈的个数越少越简;

(3) 卡诺图中圈内的最小项越多(圈越大)越简;

(4) 每个圈子中都要有一个没有被圈过的最小项;

(5) 在合并最小项时,应首先考虑那些只有一个合并可能的最小项,当这些最小项都被圈选过以后,再对那些剩余的最小项按上述原则圈并。

例 3.15 简化逻辑函数 $F=f(A,B,C,D)=\sum m(0,1,2,4,5,7,9,12)$,求最简**与**-**或**式。

(1) 作出函数的卡诺图,如图 3.21(a)所示;

(2) 在卡诺图上依次圈出(m_0,m_2)、(m_5,m_7)、(m_1,m_9)、(m_4,m_{12});

(3) 分别得到**与**项 $\bar{A}\,\bar{B}\,\bar{D}$、$\bar{A}BD$、$B\,\bar{C}\,\bar{D}$ 和$\bar{B}\,\bar{C}D$;

(4) 在卡诺图上圈出卡诺圈(m_0、m_1、m_4、m_5)得到**与**项 $\bar{A}\,\bar{C}$;

(5) 检查发现**与**项 $\bar{A}\,\bar{C}$ 是冗余的,卡诺圈所包含的 4 个最小项已被其他的圈都圈过;

(6) 将卡诺圈对应的**与**项相加,得到最简**与**-**或**式

$$F=\bar{A}\,\bar{B}\,\bar{D}+\bar{A}BD+B\,\bar{C}\,\bar{D}+\bar{B}\,\bar{C}D$$

在卡诺图化简过程中,卡诺圈并非越大越好,如图 3.21(b)所示卡诺圈(m_0、m_1、m_4、m_5)虽然最大,但其所包含的 4 个最小项已被其他的圈都圈过了,因而所对应项 $\bar{A}\,\bar{C}$ 是冗余的。

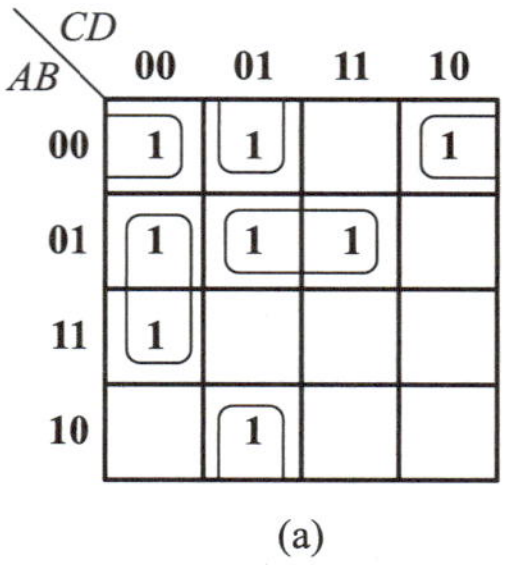

图 3.21　例 3.15 卡诺图

例 3.16　简化逻辑函数 $F=f(A,B,C,D)=\sum m(0,3,4,6,7,9,12,14,15)$，求最简**与-或**式。

(1) 函数的卡诺图，如图 3.22(a)所示；

(2) 先圈出单独最小项(m_9)，得到**与**项 $A\overline{B}\,\overline{C}D$；

(3) 圈出只有一个合并可能的(m_0, m_4)和(m_3, m_7)，分别得到**与**项 $\overline{A}\,\overline{C}\,\overline{D}$ 和$\overline{A}CD$；

(4) 最后圈出(m_4, m_6, m_{12}, m_{14})以及(m_6, m_7, m_{14}, m_{15})，分别得到**与**项 $B\overline{D}$和 BC；

(5) 得到最简**与-或**式

$$F(A,B,C,D)=BC+B\overline{D}+\overline{A}\,\overline{C}\,\overline{D}+\overline{A}CD+A\overline{B}\,\overline{C}D$$

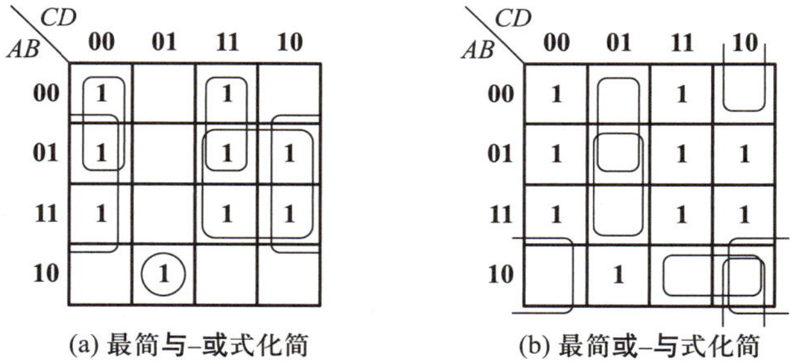

(a) 最简与–或式化简　　(b) 最简或–与式化简

图 3.22　例 3.16、例 3.17 卡诺图

2. 化简为最简**或-与**式

若要求取逻辑函数最简**或-与**式，则必须在卡诺图上圈出最大项，而最大项对应于卡诺图上真值为 **0** 的方格。卡诺图由于坐标采用循环码编排，相邻两个最大项的合并也遵循类似的卡诺图合并规律。相邻两个最大项的合并项在图上用一个圈表示，卡诺图中的每个圈代表一个**或**项，对应于电路的一个**或**门，每合并一次，**或**项变量便减少一个，因此，圈子越大对应**或**项的变量越少。

对于逻辑函数最简**或-与**式，要求式中**或**项最少且每个**或**项的变量数最少，该标准对应于逻辑电路就是所用的门最少，且每个门的输入端最少。由此可以得到卡诺图简化的原则为：

(1) 能够合并在一起的最大项个数是 2^n 个;

(2) 圈的个数越少越简;

(3) 圈内的最大项越多(圈越大)越简;

(4) 每个圈中都有一个没有被圈过的最大项;

(5) 在圈并最大项时,首先考虑那些只有一个合并可能的最大项,当这些最大项都被圈选过以后,再对那些剩余的最大项按上述原则圈并。

例 3.17 简化逻辑函数 $F=f(A,B,C,D)=\sum m(0,3,4,6,7,9,12,14,15)$,求最简**或-与**式。

(1) 先作出函数的卡诺图,如图 3.22(b)所示;

(2) 在卡诺图上依次圈出只有一个合并可能的最大项;

(3) 合并(M_1,M_5)得到**或**项($A+C+\overline{D}$);

(4) 合并(M_2,M_{10})得到**或**项($B+\overline{C}+D$);

(5) 合并(M_{13},M_5)得到**或**项($\overline{B}+C+\overline{D}$);

(6) 合并(M_8,M_{10})得到**或**项($\overline{A}+B+D$);

(7) 以及合并(M_{11},M_{10})得到**或**项($\overline{A}+B+\overline{C}$);

(8) 此时所有最大项已被合并,再将对应的**或**项相**与**,得到最简**或-与**式

$$F(A,B,C,D)=(A+C+\overline{D})(B+\overline{C}+D)(\overline{B}+C+\overline{D})(\overline{A}+B+D)(\overline{A}+B+\overline{C})$$

3. 非完全定义逻辑函数的简化

上面所列的逻辑函数真值表的每一行都是有定义的,亦即逻辑变量的所有可能的取值组合都会出现,通常称这样的函数为完全定义逻辑函数。但实际中,受到应用背景或约束条件的影响,经常会有某些逻辑变量的组合不能或不会出现,输入组合所对应的函数输出就不需要进行定义,这种逻辑函数称之为非完全定义的逻辑函数。

例如,函数 F 代表对 1 位十进制数“四舍五入”的进位信号,若这个十进制数用 NBCD 码表示(注意:1 位十进制 NBCD 码包含 4 位二进制数位),便可做出该函数的真值表如表 3.20 所示。

由于十进制运算中只有 0~9 共 10 个数码,所以函数只有前 10 行有定义,A~F(10~15)这 6 个数码不会出现,即该函数中后 6 个码组无定义,在真值表和卡诺图上填×(也有填-、d 或 Φ),此函数的标准**与-或**式为

$$F=\sum m(5,6,7,8,9)+\sum d(10,11,12,13,14,15)$$

表 3.20 十进制 NBCD 码四舍五入真值表

B_8	B_4	B_2	B_1	F
0	0	0	0	0
0	0	0	1	0
0	0	1	0	0

续表

B_8	B_4	B_2	B_1	F
0	**0**	**1**	**1**	**0**
0	**1**	**0**	**0**	**0**
0	**1**	**0**	**1**	**1**
0	**1**	**1**	**0**	**1**
0	**1**	**1**	**1**	**1**
1	**0**	**0**	**0**	**1**
1	**0**	**0**	**1**	**1**
1	**0**	**1**	**0**	×
1	**0**	**1**	**1**	×
1	**1**	**0**	**0**	×
1	**1**	**0**	**1**	×
1	**1**	**1**	**0**	×
1	**1**	**1**	**1**	×

相应的标准**或-与**式为

$$F = \prod M(0,1,2,3,4) \cdot \prod d(10,11,12,13,14,15)$$

因为这 6 个码组不会出现，函数在这 6 行（块）无论填 **0** 还是填 **1**，对有定义的部分都没有影响，所以这 6 行（块）对应的最小项常称为无关项（don't cares），如图 3.23（a）所示。因此，为了方便简化逻辑，这些无关项可任意定义为 **1** 或 **0**，划入卡诺圈的无关项定义为 **1**，未划入卡诺圈的无关项定义为 **0**，可以消去更多变量，如图 3.23（b）所示。在本例中，对于四舍五入函数，经过简化得到如下最简**与-或**式和约束条件：

$$\begin{cases} F = B_8 + B_4B_2 + B_4B_1 \\ B_8B_4 + B_8B_2 = \mathbf{0} \end{cases}$$

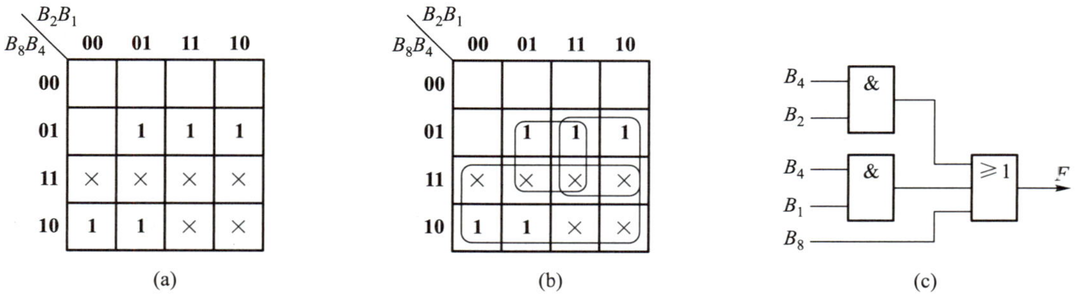

图 3.23　四舍五入函数的卡诺图与逻辑图

这种非完全定义的逻辑函数，在普通逻辑表达式中，是靠加约束条件的方法来描述的。表达式和约束条件二者联立方才完整。在有些应用场合，输入变量的约束条件需要由限制电路形式实现，而另一些应用场合，约束条件体现为输入信号的自我特性，便不需要特殊的限制电路。在本例的逻辑图中，因为约束条件来自十进制数的定义，输入信号已经符合约束条件，那么，此约束条件便不需要特殊处理，如图 3.23(c)所示。

微视频 3-3
逻辑函数卡诺图法简化

本章小结

逻辑函数的建立、表示和逻辑函数的简化是逻辑函数分析和设计的基础，它的数学工具就是逻辑代数。同一个逻辑函数可由真值表、逻辑函数表达式、卡诺图、逻辑图四种不同形式来表示，其中真值表和卡诺图的表示方法是唯一的，逻辑函数的标准表达式也是唯一的。

逻辑函数简化的标准有多种，以逻辑函数**与-或**式为例，要求简化的**与-或**式中，**与**项最少且每项的变量数最少。本章介绍了两类逻辑函数的简化方法，一是公式法简化，即应用逻辑代数的定律及常用公式，将逻辑函数简化成最简**与-或**式；二是卡诺图法简化，卡诺图法简化是一种几何方法，它的依据是构图的相邻性及逻辑代数的互补律，只要按照卡诺图法简化步骤及画包围圈的规则进行，就能方便地得到输入、输出变量之间的最简**与-或**表达式。

习 题

- **3.1** 写出下述逻辑问题的真值表，并写出逻辑表达式。

(1) 有 3 个输入信号 A、B、C，当 3 个输入信号中不多于一个输入为 **1** 时，输出信号 F 为 **1**，其余情况下，输出 F 为 **0**；

(2) 有 3 个输入信号 A、B、C，当 3 个输入信号中有偶数个输入为 **1** 时，输出信号 F 为 **1**，其余情况下，输出 F 为 **0**。

- **3.2** 根据下列文字叙述建立真值表。

(1) 设有 3 变量逻辑函数 $F=f(A,B,C)$，当 A,B,C 中有奇数个 **1** 时，$F=\mathbf{1}$，否则 $F=\mathbf{0}$。

(2) 设有两个二进制数 $X=x_1x_2$ 和 $Y=y_1y_2$，若 $X>Y$，则 $F_1=\mathbf{1}$；若 $X=Y$，则 $F_2=\mathbf{1}$；若 $X<Y$，则 $F_3=\mathbf{1}$。

(3) 1 位二进制减法电路，其输入为被减数 A、减数 B 和低位的借位 BI，输出为差 Δ 和向高位的借位 BO。

- **3.3** 列举 2 个**与**逻辑的实例，并写出真值表。
- **3.4** 列举 2 个**或**逻辑的实例，并写出真值表。
- **3.5** 列举 2 个**非**逻辑的实例，并写出真值表。

- **3.6**　用原变量表示常开开关，反变量表示常闭开关，Y 表示灯泡状态，Y 为 **1** 表示灯亮，Y 为 **0** 表示灯灭，画出与下列表达式对应的开关电路。

（1）$Y=A+BC$

（2）$Y=A+B\bar{C}$

（3）$Y=A+\overline{BC}$

（4）$Y=\overline{A+BC}$

（5）$Y=(A+BC)[D+B(A+\bar{C})]$

（6）$Y=(\overline{A+BC})[D+B(A+\bar{C})]$

- **3.7**　用列真值表的方法证明下列等式。

（1）$\overline{ABC}=\bar{A}+\bar{B}+\bar{C}$

（2）$\bar{A}B+A\bar{B}=(\bar{A}+\bar{B})(A+B)$

（3）$\bar{A}B+AC+BC=\bar{A}B+AC$

（4）$\bar{A}B+AC+BCD=\bar{A}B+AC$

（5）$\overline{AB+\bar{A}B}=\bar{A}\cdot\bar{B}+A\bar{B}$

（6）$\overline{ABC+\bar{A}BC+\bar{A}\bar{B}C}=\bar{A}\bar{B}\bar{C}+A\bar{B}\bar{C}+A\bar{B}C+\bar{A}B\bar{C}+AB\bar{C}$

- **3.8**　用逻辑代数的公理或定理证明下列等式。

（1）$AB+\bar{A}C+\bar{B}C=AB+C$

（2）$A+B+\bar{A}\bar{B}C=A+B+C$

（3）$\overline{\bar{A}C+\bar{A}D+BC+CD}=CD+A\bar{C}+AB\bar{D}$

（4）$ABC+\bar{A}\cdot\bar{B}\cdot\bar{C}=\overline{\bar{A}B+\bar{B}C+\bar{C}A}$

（5）$AB+BC+AC=(A+B)(B+C)(C+A)$

（6）$A(\bar{C}+\bar{D})+BC+\bar{B}D=A+BC+\bar{B}D$

（7）$\bar{A}\bar{B}+B+\bar{A}C=\bar{A}+B$

（8）$B\bar{C}+A\bar{B}C+BCD+A\bar{B}\bar{C}\bar{D}+\bar{A}BC\bar{D}+A\bar{B}\bar{C}+ABC=B+A$

- **3.9**　写出下列等式的对偶等式。

（1）$\bar{A}+\bar{B}+\bar{C}+ABC=\mathbf{1}$

（2）$\overline{\bar{A}+\bar{B}+\bar{C}}=ABC$

（3）$A+\bar{A}\bar{B}=A+\bar{B}$

（4）$A\bar{B}+\bar{A}C+\bar{B}C=A\bar{B}+\bar{A}C$

（5）$A+B+\bar{A}\bar{B}C=A+B+C$

(6) $AB+BC+AC=(A+B)(B+C)(C+A)$

3.10 直接写出下列各函数的反函数表达式及对偶函数表达式。

(1) $F=(A+B)(B+C)(C+D)$

(2) $F=\overline{A}BC+B\,\overline{C}\,\overline{D}+B\,\overline{C}+D$

(3) $F=[(A\,\overline{C}+B)D+BE]C$

(4) $F=\overline{A+\overline{BC}+\overline{B}C+\overline{A}}$

(5) $F=[\overline{A}(C+B)][A\,\overline{C}D+(\overline{C}+B)D]$

(6) $F=\overline{AB}+CD+\overline{AD}+\overline{\overline{B}+\overline{A}E+\overline{D+E}}$

3.11 写出下列各式的最小项表达式。

(1) $F=A\,\overline{C}+\overline{A}C+BC$

(2) $F=A\,\overline{B}+\overline{A}B+BCD$

(3) $F=ABC+ABCD+A\,\overline{D}$

(4) $F=ABC+ACD+B\,\overline{D}+\overline{A}C$

(5) $F=(C+\overline{A}B)[(\overline{A}+B)\cdot C+A]$

(6) $F=\overline{\overline{\overline{AC}+B}+CD}+\overline{A}\,\overline{D}+\overline{\overline{C}+\overline{B}}$

3.12 写出下列各式的最大项表达式。

(1) $F=A\,\overline{C}+\overline{A}C+BC$

(2) $F=A\,\overline{B}+\overline{A}B+BCD$

(3) $F=ABC+ABCD+A\,\overline{D}$

(4) $F=ABC+ACD+B\,\overline{D}+\overline{A}C$

(5) $F=(C+\overline{A}B)[(\overline{A}+B)\cdot C+A]$

(6) $F=\overline{\overline{\overline{AC}+B}+CD}+\overline{A}\,\overline{D}+\overline{\overline{C}+\overline{B}}$

3.13 已知下列逻辑函数 F 的标准表达式,求其反函数的标准表达式。

(1) $F=f(A,B,C)=\overline{A}\,\overline{B}\,\overline{C}+\overline{A}B\,\overline{C}+\overline{A}BC+A\,\overline{B}C$;

(2) $F=f(A,B,C)=\sum m(0,3,4,7)$;

(3) $F=f(A,B,C,D)=\overline{A}\,\overline{B}\,\overline{C}D+\overline{A}B\,\overline{C}\,\overline{D}+\overline{A}BCD+A\,\overline{B}C\,\overline{D}+A\,\overline{B}CD$;

(4) $F=f(A,B,C,D)=\sum m(0,1,2,6,7,8,10,14,15)$;

(5) $F=f(A,B,C)=(\overline{A}+\overline{B}+\overline{C})(\overline{A}+B+\overline{C})(A+\overline{B}+C)$;

(6) $F=f(A,B,C)=\prod M(1,3,4,7)$;

(7) $F=f(A,B,C,D)=\sum m(0,1,3,7,8,9,13)+\sum d(5,11,15)$;

(8) $F=f(A,B,C,D)=\prod M(0,1,6,11)*\prod d(3,14,15)$;

• **3.14**　做下列函数的卡诺图。

(1) $Y=\overline{B+\bar{A}\cdot\bar{C}}$

(2) $Y=(A+BC)[D+B(A+\bar{C})]$

(3) $Y=(\bar{B}+A)(B+C+D)(\bar{A}+\bar{C})$

(4) $Y=\sum m(1,3,4,7)$;

(5) $Y=\sum m(0,1,2,3,4,9,14,15)$

(6) $Y=\sum m(0,1,2,10,11,12,13)+\sum d(3,14,15)$

(7) $Y=f(A,B,C)=\prod M(0,2,4,6)$;

(8) $Y=f(A,B,C,D)=\prod M(0,1,6,12,13) * \prod d(3,14,15)$;

• **3.15**　已知原函数的卡诺图,求其反函数的卡诺图,可以将原函数的卡诺图中 **1** 变为 **0**,**0** 变为 **1**。用此方法写出题 3.14 中各函数的反函数。

• **3.16**　将 3.2 题中各函数用卡诺图表示。

• **3.17**　将 3.2 题中各函数写成标准**与-或**表达式。

• **3.18**　将 3.2 题中各函数写成标准**或-与**表达式。

• **3.19**　两个逻辑函数的**与**、**或**、**异或**运算,可以通过将它们的卡诺图中对应的最小项,分别作**与**、**或**、**异或**运算来实现。用下列两个函数的**与**、**或**、**异或**运算,验证该运算方法正确。

$$F_1 = AB + \bar{A}C + \bar{B}D$$

$$F_2 = A\,\overline{BCD} + BCD + \bar{B}C$$

• **3.20**　用公式法简化下列逻辑函数。

(1) $F=A+AC+BC+\bar{A}\bar{B}C$

(2) $F=AC+AB+\bar{B}C+\bar{A}B\bar{C}$

(3) $F=AB\bar{C}+\bar{A}CD+AC$

(4) $F=A\bar{C}\bar{D}+\bar{B}D+A\bar{B}+\bar{A}C+\bar{B}C$

(5) $F=(C+AB)(A\bar{B}+B)(C+\bar{A})$

(6) $F=(\bar{A}+B)(\bar{A}+B+C)(A+C)(B+C+D)$

(7) $F=\overline{A\bar{C}+\bar{B}\bar{C}}+B(\overline{\bar{A}C+A\bar{C}})$

(8) $F=\overline{A\bar{C}+\bar{B}\bar{C}}\times B(\overline{\bar{A}C+A\bar{C}})$

• **3.21**　用卡诺图法简化下列各函数,写出函数的最简**与-或**表达式。

(1) $F=\bar{A}\bar{B}C+A\bar{C}D+\bar{A}\bar{C}+BC$

(2) $F=\bar{A}C+\bar{C}D+BC+AD$

(3) $F=(A+B)(B+C)(\bar{A}+C)(A+B+C)$

(4) $F=(\bar{A}+B)(\bar{A}+B+C)(A+C)(A+C+D)$

(5) $F=\sum m(0,2,6,7)$

(6) $F=f(A,B,C,D)=\sum m(0,2,5,7,9,10)+\sum d(1,4,8,12,15)$

(7) $F=f(A,B,C,D)=\prod M(2,4,6,13,15)$

(8) $F=f(A,B,C,D)=\prod M(0,2,5,7,9,10)*\prod d(1,4,8,12,15)$

- **3.22** 用卡诺图法简化 3.21 题中各函数,写出函数的最简**或-与**表达式。
- **3.23** 用卡诺图法简化 3.21 题中各函数,写出函数的最简**与-或非**表达式。

第 4 章

集成逻辑电路基础

数字集成电路按照制造工艺大致分为几类：双极型集成电路、互补金属氧化物半导体集成电路（CMOS 工艺）、BiCMOS 工艺、砷化镓工艺、磷化铟工艺等。本章主要介绍双极型数字集成电路中常用的晶体管-晶体管逻辑电路（TTL 电路）和 CMOS 电路。

集成电路是将电路制作在晶圆上，也就是将构成电路的晶体管、电阻、电容、连线等元器件做在一块半导体材料上，构成一个完整的电路。数字集成电路从制造工艺上看，分为双极型集成电路和 MOS 集成电路。双极型集成电路，例如 TTL、ECL、HTL、I^2L 等，其共同点是两种载流子（空穴和自由电子）参与导电；MOS 集成电路的特点是只有一种载流子导电。

数字集成电路按照芯片上集成的门的个数，可以分为小规模集成电路（small scale integration，SSI），器件集成了 20 个以下门；中规模集成电路（medium scale integration，MSI），器件集成了 20～100 个门；大规模集成电路（large scale integration，LSI），器件集成了 100～1 000 个门；超大规模集成电路（very large scale integration，VLSI），集成了 1 000 个以上门。现在发展到一个系统集成在一个芯片上，也就是片上系统（system on a chip，SOC），这种片上系统往往不仅包含了数字电路，还包含了模拟电路。在这里主要介绍 TTL 电路和 CMOS 电路。

4.1 晶体管的开关特性

4.1.1 PN 结

（1）原理

简单地说，在一块单晶半导体中，一部分掺有受主杂质的是 P 型半导体，另一部分掺有施主杂质的是 N 型半导体，P 型半导体和 N 型半导体的交界面附近的过渡区称为 PN 结。

在 P 型半导体中有许多带正电荷的空穴和带负电荷的电离杂质。在电场的作用下，空穴是可以移动的，而电离杂质（离子）是固定不动的。N 型半导体中有许多可运动的带负电荷电子和固定的正离子。在杂质半导体中，正负电荷数是相等的，它们的作用相互抵消，因此保持电中性。

P 型半导体和 N 型半导体结合后，在它们的交界处就出现了电子和空穴的浓度差，N 型区内的电子多、空穴少，P 型区内的空穴多、电子少，这样电子和空穴会从浓度高的地方向浓度低的地方扩散，因此，有些电子从 N 型区向 P 型区扩散，也有一些空穴要从 P 型区向 N 型区扩散。

电子和空穴带有相反的电荷，它们在扩散过程中要产生复合，结果使 P 区和 N 区中原来的电中性被破坏。P 区失去空穴留下带负电的离子，N 区失去电子留下带正电的离子。这些离子因物质结构的关系，不能移动，所以称为空间电荷，它们集中在 P 区和 N 区的交界面附近，形成了一个很薄的空间电荷区，这就是所谓的 PN 结，如图 4.1(a)所示。

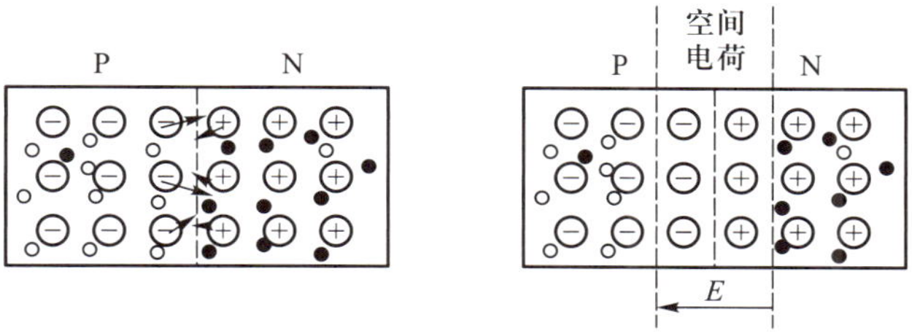

(a) PN结　　(b) 空间电荷区

图 4.1　PN 结示意图

空间电荷区又称为耗尽层，如图 4.1(b)所示。在这个区域内，多数载流子已扩散到对方并复合掉了，或者说消耗殆尽了。

在空间电荷区，由于正负电荷之间的相互作用，在空间电荷区中形成一个电场，其方向从带正电的 N 区指向带负电的 P 区，该电场是由载流子扩散后在半导体内部形成的，故称为内电场，如图 4.2 所示。因为内电场的方向与电子的扩散方向相同，与空穴的扩散方向相反，所以它阻止了载流子的进一步扩散。

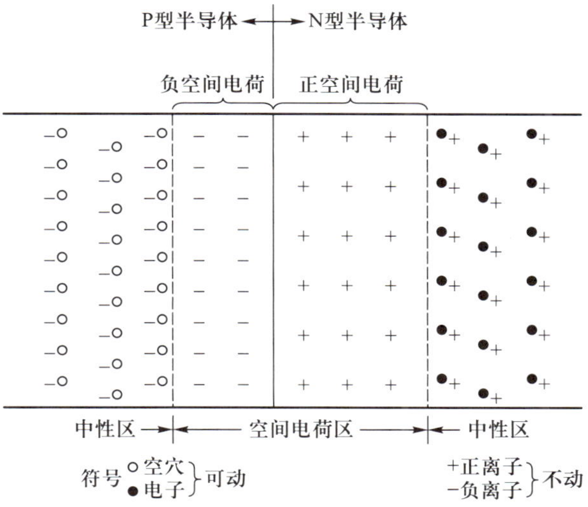

图 4.2　空间电荷区内电场

内电场是由多子的扩散运动引起的，伴随着它的建立，将带来两种影响。一是内电场将阻碍多子的扩散，二是 P 区和 N 区的少子一旦接近 PN 结，便在内电场的作用下漂移到对方，使空间电荷区变窄。

因此，扩散运动使空间电荷区加宽，内电场增强，有利于少子的漂移而不利于多子的扩散；漂移运动使空间电荷区变窄，内电场减弱，有利于多子的扩散而不利于少子的漂移。当扩散运动和漂移运动达到动态平衡时，交界面形成稳定的空间电荷区，即 PN 结处于动态平衡。

综上所述，PN 结中存在着两种载流子的运动。一种是多子克服电场阻力的扩散运动；另一种是少子在内电场的作用下产生的漂移运动。因此，只有当扩散运动与漂移运动达到动态平衡时，空间电荷区的宽度和内建电场才能相对稳定。由于两种运动产生的电流方向相反，所以在无外电场或其他因素激励时，PN 结中无宏观电流。

(2) 单向导电性

外加正向电压(正偏)，也就是电源正极接 P 区，负极接 N 区，外电场的方向与内电场方向相反。在外电场作用下，多子将向 PN 结移动，结果使空间电荷区变窄，内电场被削弱，有利于多子的扩散而不利于少子的漂移，扩散运动起主要作用。结果，P 区的多子空穴将源源不断地流向 N 区，而 N 区的多子自由电子亦不断流向 P 区，这两股载流子的流动就形成了 PN 结的正向电流。

外加反向电压(反偏)，也就是电源正极接 N 区，负极接 P 区，外电场的方向与内电场方向相同。在外电场作用下，多子将背离 PN 结移动，结果使空间电荷区变宽，内电场被增强，有利于少子的漂移而不利于多子的扩散，漂移运动起主要作用。漂移运动产生的漂移电流的方向与正向电流相反，称为反向电流。因少子浓度很低，反向电流远小于正向电流。当温度一定时，少子浓度一定，反向电流几乎不随外加电压而变化，故称为反向饱和电流。

PN 结加正向电压时，可以有较大的正向扩散电流，即呈现低电阻，称为 PN 结导通；PN 结加反向电压时，只有很小的反向漂移电流，即呈现高电阻，称为 PN 结截止。这就是 PN 结的单向导电性。

4.1.2 二极管的开关特性

双极型二极管的开关特性实际上源于其单向导电性，是对其伏安特性的近似，通过控制二极管两端的电压可以控制流过电流与否，实现开关功能。

二极管实际上是一个封装的 PN 结，因此，若不计封装中很小的引线电阻和寄生电容，则二极管的伏安特性与 PN 结完全相同。

PN 结伏安特性的表达式为

$$i_D = I_S(e^{\frac{qv}{kT}} - 1) = I_S(e^{\frac{v}{V_T}} - 1) \tag{4-1}$$

其中：i_D 为二极管 PN 结电流；I_S 为二极管的反向饱和电流；k 为玻耳兹曼常数；T 为热力学温度；q 为电子电荷量；v 为二极管 PN 结所加端电压；$V_T = kT/q$ 为热电压，常温下(即 $T = 300$ K

时），$V_T \approx 26\ \mathrm{mV}$。

当 PN 结正向偏置（$v>0$）且 $v \gg V_T$ 时，i_D 可近似表示为

$$i_D = I_S e^{\frac{v}{V_T}} \tag{4-2}$$

即 PN 结正向电流随正向电压按指数规律变化。

另外，$v>0$ 时，若 $v<V_{th}$，V_{th} 是二极管的开启电压，i_D 增加缓慢且数值较小，仍可视二极管为截止；若 $v \geqslant V_{th}$，i_D 显著增加，二极管为导通。

当 PN 结反向偏置（$v<0$）且 $|v| \gg V_T$ 时，i_D 可近似表示为 $i_D=-I_S$，几乎保持恒定，不随电压变化，而因反向电流很小，二极管为截止。

当反向电压的数值超过某一特定数值（V_{break}）之后，反向电流急剧增加，二极管击穿。

二极管的伏安特性如图 4.3 所示。

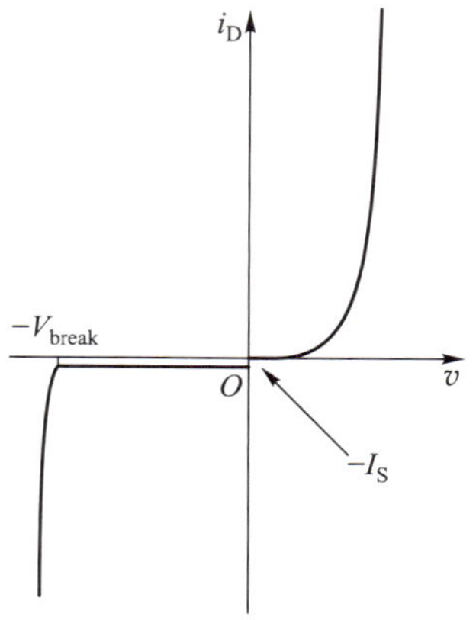

图 4.3　二极管的伏安特性

考虑未击穿（即 $v>-V_{break}$）时二极管电压与电流的关系，可以近似地抽象出二极管理想模型，如图 4.4（a）所示，即所加电压为正则导通，所加电压为负则截止。若考虑阈值，则如图 4.4（b）所示。两幅图都直观地表明了二极管的单向导电性。

通常使用的二极管常为硅二极管，其开启电压为 0.5～0.7 V；而对于锗二极管，开启电压为 0.2～0.3 V。值得注意的是，二极管导通后，其上电压将几乎保持在开启电压不变，这就是二极管的钳位效应。

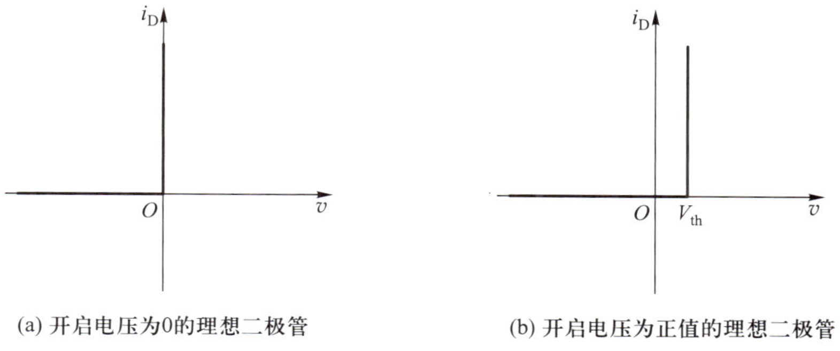

图 4.4　二极管理想模型

从二极管的伏安特性可以看出：

（1）二极管是一种非线性元件，它的正向特性和反向特性都是非线性的。

（2）二极管具有单向导电性能，即 PN 结正向导通时电阻很小，反向截止时电阻很大。

（3）正向导通时，二极管的正向压降很小，一般情况下，硅管的正向压降约为 0.7 V，锗管的正向压降约为 0.3 V。

（4）硅二极管与锗二极管的主要区别在于，锗管的正向电流比硅管上升得快，正向压降

较小。但锗管的反向电流比硅管的反向电流大得多，所以锗管受温度的影响比较明显。

4.1.3　BJT 的开关特性

1. 晶体管的三种工作状态

晶体管是电流放大器件，有三个极，分别叫作集电极 C、基极 B、发射极 E。晶体管分为 NPN 和 PNP 两种类型。晶体管有三种工作状态，其特性曲线如图 4.5 所示。放大状态时 BE 结正偏、BC 结反偏；截止状态时 BE 结反偏、BC 结反偏。饱和状态时 BE 结正偏，BC 结趋向 0 偏或正偏。

晶体管的放大作用就是：集电极电流受基极电流的控制（假设电源能够提供给集电极足够大的电流），基极电流很小的变化会引起集电极电流很大的变化，且满足一定的比例关系：集电极电流的变化量是基极电流变化量的 β 倍，即电流变化被放大了 β 倍，所以把 β 叫作晶体管的放大倍数。

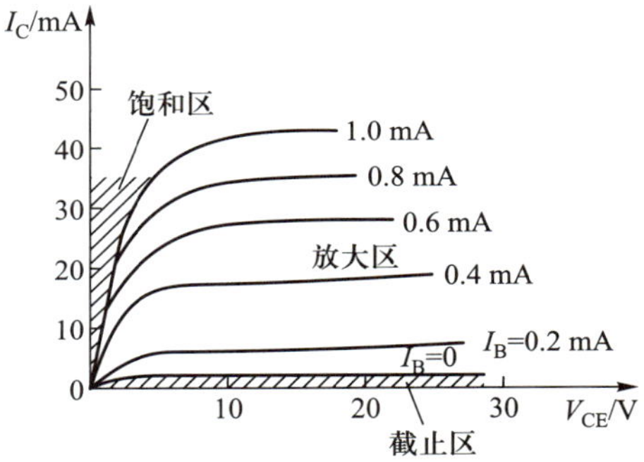

图 4.5　晶体管特性曲线

如果将一个变化的小信号加到基极跟发射极之间，就会引起基极电流 I_B 的变化，导致 I_C 很大的变化。如果集电极电流 I_C 是流过一个电阻 R 的，那么根据电压计算公式 $V=R\times I$ 可以算得，该电阻上电压也会发生很大的变化。将电阻上的电压取出来，就得到了放大后的电压信号。

晶体管在实际的放大电路中使用时，还需要加合适的偏置电路。一个原因是晶体管 BE 结的非线性（相当于一个二极管），基极电流必须在输入电压大到一定程度（对于硅管，常取 0.7 V）后才能产生。当基极与发射极之间的电压小于 0.7 V 时，基极电流就可以认为是 0。但实际中要放大的信号往往远小于 0.7 V，如果不加偏置的话，这么小的信号就不足以引起基极电流的改变（因为小于 0.7 V 时，基极电流都是 0）。如果事先在晶体管的基极上加上一个合适的电流（调整基极偏置电阻），那么当一个小信号跟这个偏置电流叠加在一起时，小信号就会导致基极电流的变化，而基极电流的变化，就会被放大并在集电极上输出。

另一个原因就是输出信号范围的要求，如果没有加偏置，那么只有对那些增加的信号放大，而对减小的信号无效（因为没有偏置时集电极电流为 0，不能再减小了）。而加上偏置，事先让集电极有一定的电流，当输入的基极电流变小时，集电极电流就可以减小；当输入的基极电流增大时，集电极电流就增大。这样减小的信号和增大的信号都可以被放大。

晶体管的饱和状态：因为受到电阻 R_C 的限制（R_C 是固定值，那么最大电流为 V/R_C，其中 V 为电源电压），集电极电流是不能无限增加下去的。当基极电流的增大，不能使集电极电流继续增大时，晶体管就进入了饱和状态。

一般判断晶体管是否饱和的准则是：$I_B\times\beta>I_C$ 是否成立。进入饱和状态之后，晶体管的集电极跟发射极之间的电压将很小，可以理解为一个开关闭合了。

总之，当基极电流为 0 时，晶体管集电极电流为 0，晶体管截止，相当于开关断开；当基极电流很大，以至于晶体管饱和时，相当于开关闭合。如果晶体管工作在截止和饱和状态，那么这样的晶体管就叫作开关管。

如果将电阻 R_C 换成一个灯泡，那么当基极电流为 0 时，集电极电流为 0，灯泡灭。当基极电流比较大时(大于流过灯泡的电流除以晶体管的放大倍数 β)，晶体管就饱和，相当于开关闭合，灯泡亮。

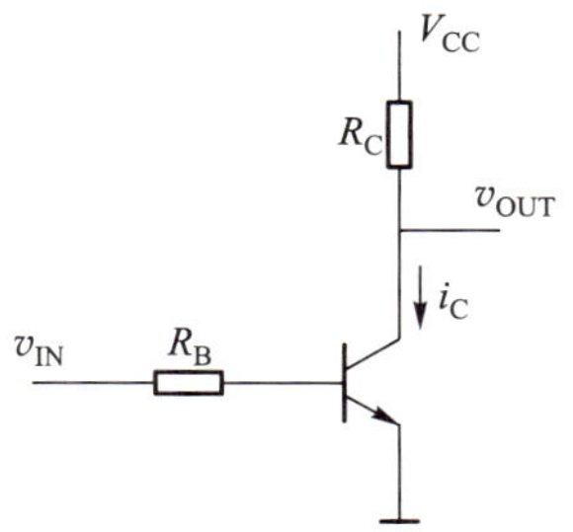

图 4.6 NPN 型 BJT 构成的开关电路

NPN 型 BJT 构成的开关电路如图 4.6 所示。

当输入为低电平，即 $v_{IN}=V_{IL}=0$ 时，基极与发射极之间零偏，与集电极之间反偏，此时 BJT 管自集电极向下看几乎没有电流，相当于开关断开，晶体管截止。因此 $i_C\approx 0$，

$$v_{OUT}=V_{CC}-i_C R_C\approx V_{CC} \tag{4-3}$$

输出为高电平。

当输入为高电平，即 $v_{IN}=V_{IH}=5\text{ V}$ 时，假设

$$R_B=\frac{V_{IH}-V_{BEQ}}{V_{CC}}\cdot\beta R_C \tag{4-4}$$

则基极与发射极正偏，并且

$$i_B=\frac{V_{CC}}{\beta R_C} \tag{4-5}$$

$$i_C\approx\beta i_B=\frac{V_{CC}}{R_C} \tag{4-6}$$

从而 $v_{OUT}\approx 0$。

这时，流过晶体管的电流 i_C 最大。若基极电流继续增加，电流 i_C 基本不变化，晶体管饱和。

晶体管进入饱和区后，集电极与发射极间会存在一个基本不变的饱和压降 $v_{CES}\approx 0.3\text{ V}$，由于其数值很小，相当于开关闭合。

2. 开关时间

BJT 的开关时间包括开通时间和关断时间，是晶体管在饱和状态与截止状态之间切换所致。开通时间 t_{on} 包括上升时间 t_r 与延迟时间 t_d，关断时间 t_{off} 包括存储时间 t_s 和下降时间 t_f。为了说明晶体管的开关时间，在图 4.6 所示电路的输入端加一数字脉冲信号，如图 4.7(a)所示，电路集电极电流 i_C 和输出电压 v_{OUT} 的响应波形如图 4.7(b)和图 4.7(c)所示。容易看出，输入信号到上升沿时，i_C 延迟了一小段时间 t_d 才做出反应，接着用了 t_r 的时间上升，总用时为 t_{on}；输入信号到下降沿时，i_C 保持了 t_s 时间，后又经 t_f 时间下降，总用时 t_{off}。这一过程中，输出电压 v_{OUT} 的变化与 i_C 是同时且反相的。

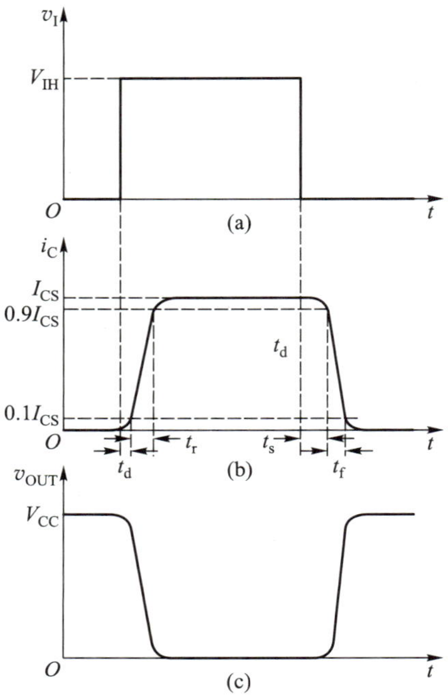

图 4.7　开关晶体管的输入电压和输出电流、电压波形

显而易见，开关时间限制了 BJT 开关的速度。BJT 开关应用的场合速度越高，就要求开关时间越短。要缩短 BJT 的开关时间，可以减小基区宽度，缩短载流子渡越时间，或者减小发射结、集电结面积，从而减小极间寄生电容，提高速度。另外，适当选择基极正、反偏电流以及临界饱和电流，也可利于 BJT 状态的切换，改善动态特性，提高速度。

4.1.4　MOSFET 的开关特性

MOS(metal-oxide-semiconductor)晶体管，也就是 MOS 场效应晶体管(MOS field effect transistor，MOSFET)，分为增强型(enhancement MOS，EMOS)和耗尽型(depletion MOS，DMOS)两类，每一类又有 P 沟道和 N 沟道两种，它们的工作原理基本一致。MOS 晶体管由一种载流子导电，也称为单极型晶体管。它属于电压控制型半导体器件，具有输入电阻高、噪声小、功耗低、动态范围大、易于集成、没有二次击穿现象、安全工作区域宽等优点。其特点是：场效应管是电压控制器件，通过 v_{GS} 来控制 i_D；输入端电流极小，因此它的输入电阻很大；一种载流子导电，因此它的温度稳定性较好；组成的放大电路的电压放大系数要小于双极型晶体管组成放大电路的电压放大系数。由于 MOS 晶体管的工作原理基本相同，在这里仅说明 N 沟道增强型 MOS 管的原理。

1. N 沟道增强型 MOS 管的原理

N 沟道增强型 MOS 管结构示意图如图 4.8 所示，图 4.9 是电路符号。

MOS 管有 4 个电极：源极 S、漏极 D、栅极 G 和衬底 B。两个 PN 结：源极与衬底形成的

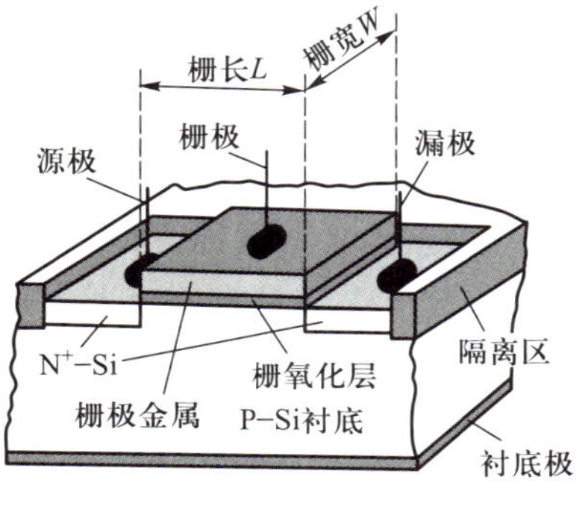

(a) 立体示意图

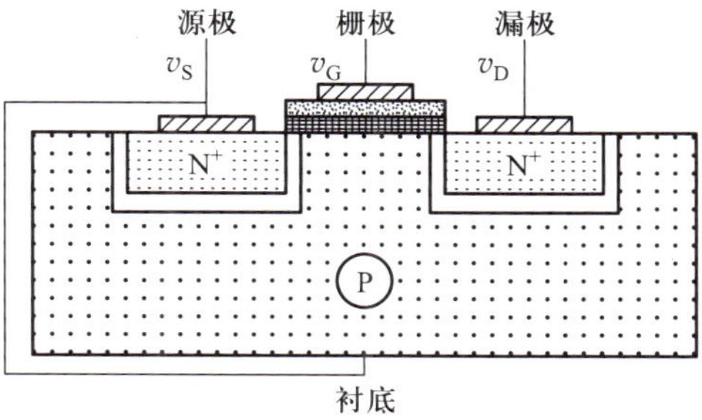

(b) 剖面示意图

图 4.8　N 沟道增强型 MOS 管

PN 结，漏极与衬底形成的 PN 结。通常源极与衬底连在一起，漏极和源极之间加正的电压。在栅极电压的作用下，漏区 N^+ 和源区 N^+ 之间形成导电沟道，在漏极电压的作用下，源区电子沿着导电沟道进入漏区，形成漏极流向源极的电流。改变栅极电压值，可以控制导电沟道的导电能力，使漏极电流发生改变。也就是说，要使 N 沟道 MOSFET 工作，在 G、S 之间要加正电压 v_{GS} 及在 D、S 之间加正电压 v_{DS}，产生正向工作电流 i_D。改变 v_{GS} 的电压值可控制工作电流 i_D。

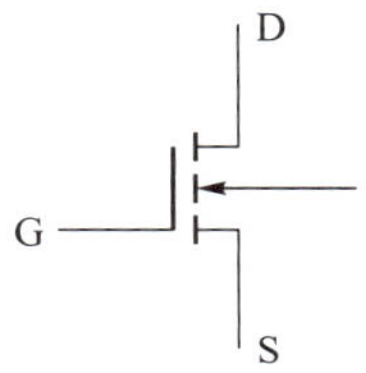

图 4.9　N 沟道增强型 MOS 管电路符号

当在 NMOS 的栅上施加正电压 v_{GS} 时，栅上的正电荷在 P 型衬底上感应出等量的负电荷，随着 v_{GS} 的增加，衬底中接近硅-二氧化硅界面表面处的负电荷也越多，其变化过程如图 4.10 所示，说明如下。

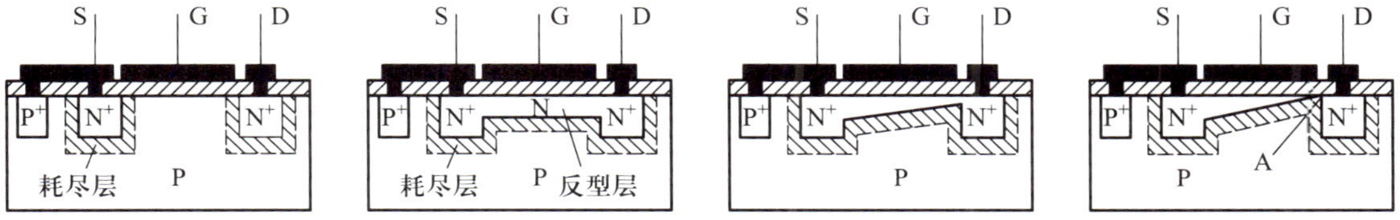

(a) $v_{GS}=v_{DS}=0$　(b) $v_{GS}>V_T$，$v_{DS}=0$　(c) $v_{GS}>V_T$，$v_{DS}>0$　(d) $v_{GS}>V_T$，$v_{DS}=v_{GS}-V_T$

图 4.10　N 沟道增强型 MOS 管工作示意图

（1）当 v_{GS} 比较小（几乎为 0）时，栅上的正电荷还不能使硅-二氧化硅界面处积累可运动的电子电荷，这是因为衬底是 P 型半导体材料，其中的多数载流子是正电荷空穴，栅上的正电荷首先驱赶表面的空穴，使表面正电荷耗尽，形成带固定负电荷的耗尽层。因为 v_{GS} 电压很低，感应出来的负电荷较少，被 P 型衬底中的空穴中和，所以在这种情况时，源区和漏区被空间电荷区隔断，漏极和源极之间没有电流 i_D。如图 4.10（a）所示。

（2）当 v_{GS} 增加到一定值时，其感应的负电荷把源极和漏极分离的 N^+ 区沟通，形成 N 沟道，如图 4.10（b）所示。这个临界电压称为开启电压（或称阈值电压、门限电压），用符号 V_T 表示。一般规定在 $i_D=10\ \mu A$ 时的 v_{GS} 作为 V_T。

（3）当 v_{GS} 继续增大，负电荷增加，导电沟道扩大，电阻降低，$v_{DS}>0$，如图 4.10(c) 所示。i_D 随之增加，并且呈较好的线性关系，如图 4.11 所示，称为转换特性曲线。因此在一定范围内，可以认为改变 v_{GS}，可以控制漏源之间的电阻，达到控制 i_D 的作用。

（4）当 v_{GS} 一定（大于 V_T），v_{DS} 由小增大

沟道形成以后，由于正电压 v_{DS} 的作用，源区电子沿着沟道运动到漏区，形成漏极电流 i_D。i_D 通过沟道形成自漏极到源极的电位差，栅极和衬底之间构成的平板电容器上的电压就会沿着沟道发生变化，近源极端电压最大，为 v_{GS}，相应沟道也最深。离开源极向漏极靠近，电压就越来越小，沟道也越来越浅，直到近漏极端，电压最小，值为

$$v_{GD} = v_{GS} - v_{DS} \tag{4-7}$$

随着 v_{DS} 增大，相应的 v_{GD} 减小，近漏极端沟道深度继续变小。当 $v_{GD}=V_T$，也就是当 $v_{GS}-v_{DS}=V_T$，即

$$v_{DS} = v_{GS} - V_T \tag{4-8}$$

反型层消失，沟道在 A 点被夹断，如图 4.10(d) 所示。v_{DS} 再增大，i_D 几乎不变。MOS 管的输出特性曲线如图 4.12 所示。

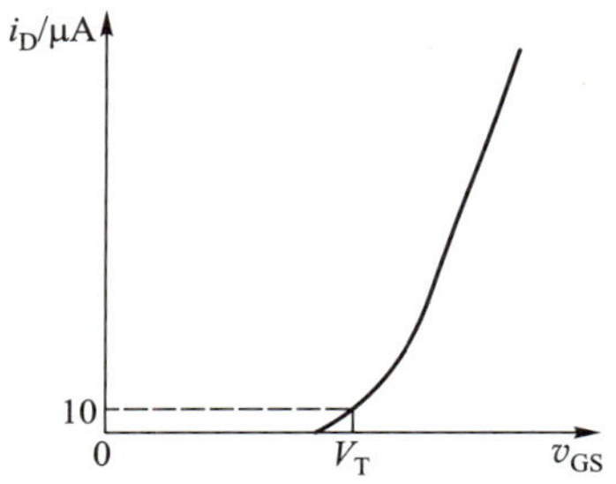

图 4.11　N 沟道增强型 MOS 管转换特性

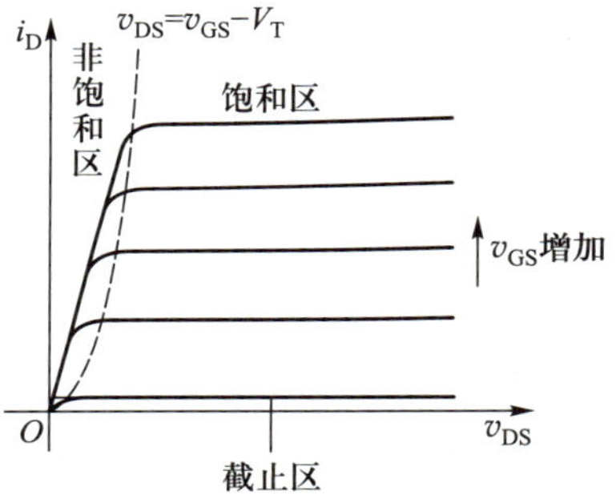

图 4.12　MOS 管的输出特性曲线

2. MOS 管的开关特性

当 MOS 管截止时，漏极和源极之间的内阻 R_{off} 非常大，在截止状态下的等效电路可用断开的开关代替。MOS 管在导通状态下的内阻 R_{on} 约在 1 kΩ 以内，而且与 v_{GS} 的数值有关。当 $v_I=V_{IL}$ 时，$v_{GS}=V_{IL}<V_T$，MOS 管处于截止状态，$i_D=0$，输出 $v_O=V_{OH}=V_{DD}$，相当于开关断开状态；当 $v_I=V_{IH}$ 时，$v_{GS}=V_{IH}>V_T$，MOS 管处于导通状态，合理选择 V_{DD} 和 R_D，使 i_D 足够大，输出 $v_O=V_{OL}=V_{DD}-i_DR_D$，为得到足够低的 V_{OL}，要求 R_D 很大，在实际电路中，常用另一个 MOS 管来做负载，这相当于开关接通状态。

MOS 管作为开关元件，工作在截止或导通两种状态，如图 4.13 所示。由于 MOS 管是电压控制元件，所以主要由栅源电压 v_{GS} 决定其工作状态，总结如下。

$v_{GS}<V_T$：MOS 管工作在截止区，漏源电流 i_D 基本为 0，输出电压 $v_{DS}\approx V_{DD}$，MOS 管处于“断开”状态。

$v_{GS}>V_T$：MOS 管工作在导通区，漏源电流 $i_D=V_{DD}/(R_D+r_{DS})$。其中，r_{DS} 为 MOS 管导通时

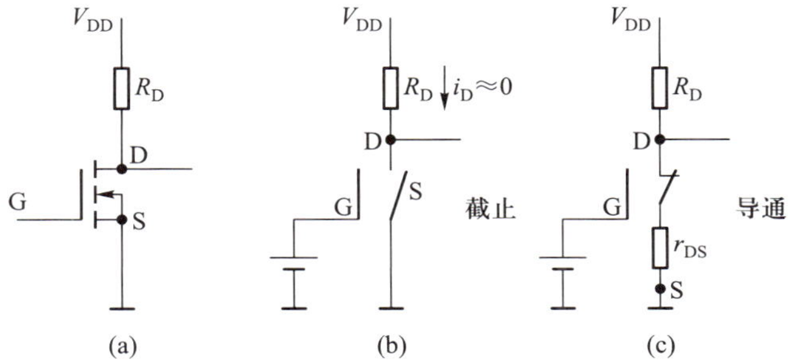

图 4.13 MOS 管开关及其两种工作状态

的漏源电阻。输出电压 $v_{DS}=V_{DD}\cdot r_{DS}/(R_D+r_{DS})$，如果 $r_{DS} \ll R_D$，则 $v_{DS}\approx 0$，MOS 管处于“接通”状态。

MOS 管在导通与截止两种状态发生转换时同样存在过渡过程，但其动态特性主要取决于与电路有关的杂散电容充、放电所需的时间，而 MOS 管本身导通和截止时电荷积累和消散的时间是很短的。图 4.14 分别给出了一个 NMOS 管组成的电路及其动态特性示意图。

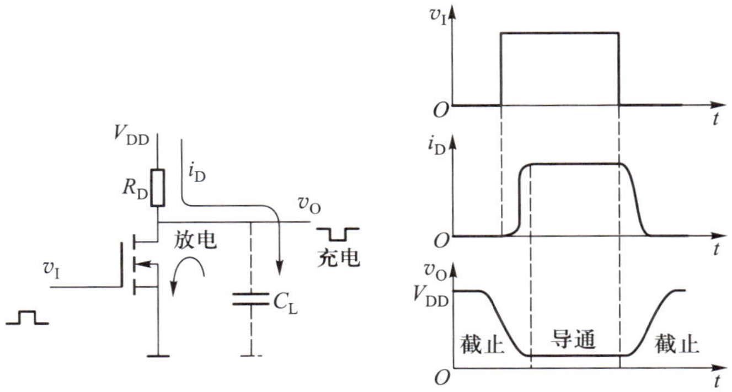

图 4.14 NMOS 管组成的电路及其动态特性

当输入电压 v_I 由高变低，MOS 管由导通状态转换为截止状态时，电源 V_{DD} 通过 R_D 向杂散电容 C_L 充电，充电时间常数 $\tau_1=R_DC_L$。所以，输出电压 v_O 要通过一定延时才由低电平变为高电平；当输入电压 v_I 由低变高，MOS 管由截止状态转换为导通状态时，杂散电容 C_L 上的电荷通过 r_{DS} 进行放电，其放电时间常数 $\tau_2\approx r_{DS}C_L$。可见，输出电压 v_O 也要经过一定延时才能转变成低电平。但因为 r_{DS} 比 R_D 小得多，所以，由截止到导通的转换时间比由导通到截止的转换时间要短。

由于 MOS 管导通时的漏源电阻 r_{DS} 比双极型晶体管的饱和电阻 r_{CES} 要大得多，漏极外接电阻 R_D 也比双极型晶体管集电极电阻 R_C 大，所以，MOS 管的充、放电时间较长，使 MOS 管的开关速度比双极型晶体管的开关速度低。不过，在 CMOS 电路中，充电电路和放电电路都是低阻电路，其充、放电过程都比较快，因此 CMOS 电路有较高的开关速度。

MOS 管分为 N 沟道与 P 沟道两大类，P 沟道硅 MOS 场效应晶体管在 N 型硅衬底上有两个P+区，分别叫作源极和漏极，两极之间不导通，栅极上加有足够的负电压（源极接地）时，栅极下的 N 型硅表面呈现 P 型反型层，成为连接源极和漏极的沟道。

PMOS 的工作原理与 NMOS 相类似。因为 PMOS 是 N 型硅衬底，其中的多数载流子是电子，少数载流子是空穴，源漏区的掺杂类型是 P 型，所以，PMOS 的工作条件是在栅上相对于源极施加负电压，亦即在 PMOS 的栅上施加的是负电荷电子，而在衬底感应的是可运动的正电荷空穴和带固定正电荷的耗尽层，衬底中感应的正电荷数量就等于 PMOS 栅上的负电荷的数量。当达到强反型时，在相对于源端为负的漏源电压的作用下，源端的正电荷空穴经过导通的 P 型沟道到达漏端，形成从源到漏的源漏电流。同样地，v_{GS}越负（绝对值越大），沟道的导通电阻越小，电流的数值越大。P 沟道 MOS 晶体管及其转换特性如图 4.15 所示。

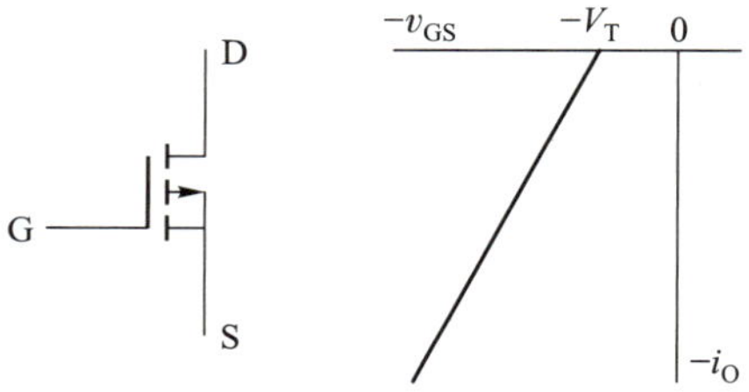

图 4.15　P 沟道 MOS 晶体管及其转换特性

P 沟道 MOS 晶体管的空穴迁移率低，因而在 MOS 晶体管的几何尺寸和工作电压绝对值相等的情况下，PMOS 晶体管的跨导小于 NMOS 晶体管。PMOS 因逻辑摆幅大，充电和放电过程长，加之器件跨导小，所以工作速度更低。

值得注意的是，PMOS 的 v_{GS}和 V_T 都是负值。

4.1.5　MOS 模拟开关

利用 MOS 管的开关特性，可以构成开关。

1. 单沟道模拟开关

单沟道模拟开关是采用一种沟道的 MOS 管构成的开关，电路如图 4.16 所示是 NMOS 开关。

通常在 MOS 管的栅极加控制开关通断的信号 V_C，源极接输入信号 v_I，漏极输出 v_O。对于在模拟电路中的应用，这类开关有一个严重的缺点：为了保证管子工作在大信号状态，栅源电压V_C-v_I 在 V_C 为高时，须高于饱和区与线性区交界电压 $v_{GS(L)}$，在 V_C 为低时需低于阈值电压 V_T，这就限制了模拟信号的最大值不得超过 $V_T-v_{GS(L)}$，最小值不得低于 V_L-V_T，即限制了模拟信号的变化范围，否则 MOS 管将进入饱和区，开关等效电阻随漏源电压变化而变化，不利于信号传输。

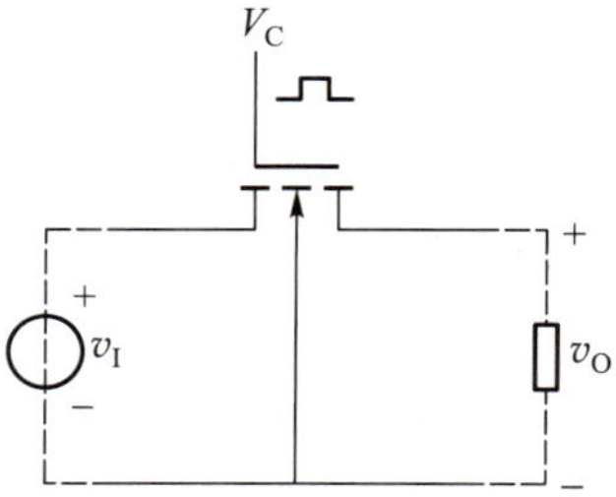

图 4.16　NMOS 开关

传输数字信号时，这类电路比较适用，数字电路的容限允许高、低电平在一定范围内变化,因此电路完全可以工作在饱和区,只需控制信号的高电平 V_H 比输入信号的高电平 V_{IH} 高一个阈值电压 V_T 即可正常工作。

2. CMOS 双向模拟开关

CMOS 双向模拟开关又叫 CMOS 传输门,是对于单沟道模拟开关的改进。单沟道模拟开关在使用时为避免电阻变化而对模拟信号的变化范围有相当大的限制,为应用于变化范围较大的模拟信号,可以同时使用 N 沟道 MOS 管与 P 沟道 MOS 管作为开关。具体接法如图 4.17 所示,将两管源、漏交叉相连,栅极加相反的控制信号,使得两管电源电压极性与电流方向均相反,组成互补结构。制造时应使两管参数完全对称,如使开启电压绝对值相同,进入线性电阻区时的栅源电压绝对值与线性电阻值相同。

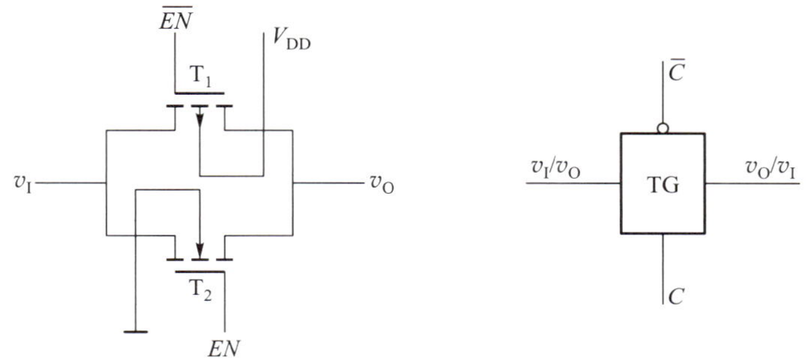

(a) 原理图　　(b) 逻辑符号

图 4.17　CMOS 双向模拟开关

下面分析此类开关的工作特性。假设两管开启电压 $|V_{GS(th)}|=2$ V,进入线性区的栅源电压 $|v_{GS}|=3$ V,控制信号的两个值为 0 和 5 V,同时输入电压 v_I 在 0~5 V 范围内变化。首先,当 $EN=0$、$\overline{EN}=5$ V 时,两管均截止,开关断开。然后考虑 $EN=5$ V、$\overline{EN}=0$ 时的情形,此时若 $v_I\leqslant 2$ V,则 T_1 管导通并工作于线性区,T_2 管截止;若 $v_I\geqslant 3$ V,则 T_1 管截止,T_2 管导通并工作于线性区;若 2 V<v_I<3 V,则 T_1、T_2 管均导通并工作于饱和区,此时开关的开启电阻相当于两管饱和区电阻并联,电阻值略大于线性区电阻,总电阻起伏不大,电阻特性较理想。

4.1.6　数字传输门

传输门是一种由 1~2 个 MOS 管组成的开关。它们的结构与前节介绍的模拟开关相同,但主要用于传输数字信号,即 V_{DD} 和地两种电平。图 4.18(a)和(b)分别为传输门逻辑图和 NMOS 传输门电路。NMOS 传输门的栅极加控制电压 V_{ctrl},输出一般驱动电容负载 C_L。当 V_{ctrl} 信号为低电平(零)时,传输门不通,*OUT* 保持不变;当 V_{ctrl} 信号为高电平(V_{DD})时,传输门导通,*OUT* 接收来自 *IN* 的数据信号。此时,又分为两种情况。若传输 **0** 逻辑,即 *IN* 电平为地,则电容 C_L 通过传输门向 *IN* 放电,直到 $OUT=IN=\mathbf{0}$(若 *OUT* 原为 **0**,则保持);若传输 **1** 逻辑,即 *IN* 电平为 V_{DD},则 *IN* 通过传输门向 C_L 充电,*OUT* 上升。但当 *OUT* 上升到 $V_{DD}-V_{GS(th)}$ 时,传输门关断,充电停止(若 OUT 原为 **1**,则保持)。因此,用 NMOS 传输门传输逻辑信号时，传输 **0** 逻辑是理想的，而传输 **1** 逻辑无法达到 V_{DD}，这称之为电平蜕化。同理，用 PMOS 传输门传输逻辑信号时，传输 **1** 逻辑是理想的，而传输 **0** 逻辑非理想，存在电平蜕化。鉴于 NMOS 和 PMOS 传输门优缺点互补，因此可采用图 4.18(c)所示的 CMOS 传输门电路。该传输门结构与 CMOS 模拟开关相同，当 V_{ctrl} 信号高时，两 MOS 管均导通，*OUT* 接收来自 *IN* 的数据信号；反之，传输门关断。输出电平是零或 V_{DD}，不存在电平蜕化。

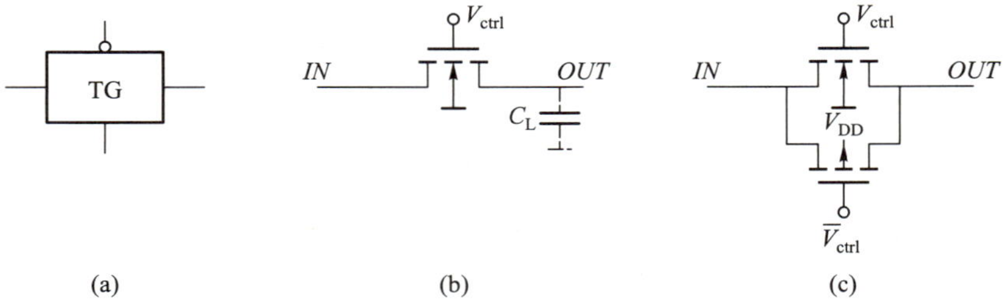

图 4.18　(a) 传输门逻辑图(b) NMOS 传输门电路(c) CMOS 传输门电路

4.2　逻辑门电路

用以实现逻辑运算的电路常被称为逻辑门电路。逻辑门电路与逻辑运算联系紧密，基本的逻辑运算有**与**、**或**、**非**运算，由这三种基本运算可复合出四种常用复合逻辑运算，即**与非**、**或非**、**异或**与**同或**；相应的，常用的逻辑门电路也主要分为以上七种，如图 4.19 所示。

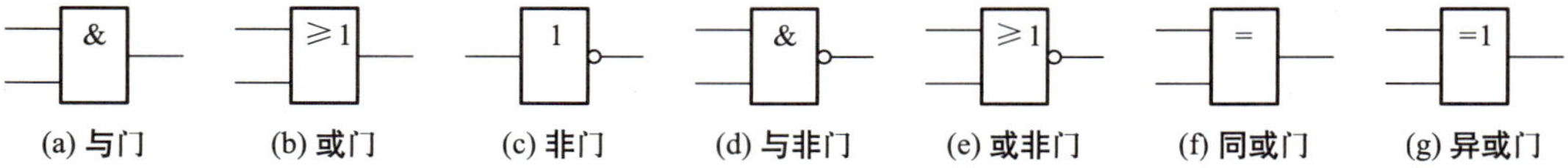

图 4.19　常用的逻辑门

4.2.1　三种基本逻辑门

1. **与**门

简言之，**与**门就是实现**与**运算的门电路。**与**门常包含不少于 2 个的输入端和 1 个输出端，逻辑表达式为 $F=A \cdot B$。其特点为：当且仅当输入都为 **1** 时(这里指的是正逻辑，后面如果不是特别说明，均为正逻辑)，输出才为 **1**；否则输出为 **0**，即所谓“有低出低”。

2. **或**门

完成**或**运算的门电路简称为**或**门，它同样常包含不少于 2 个输入端和 1 个输出端，逻辑表达式为 $F=A+B$。其特点为：当且仅当输入均为 **0** 时，输出才为 **0**；否则输出为 **1**，即所谓“有高出高”。

3. **非门**

完成**非**运算的门电路即为**非**门，通常又称之为反相器。它仅包含 1 个输入和 1 个输出，逻辑表达式为 $F=\overline{A}$，即输出值是对输入值取反。

4.2.2 复合型逻辑门

1. **与非门**

将**与**门和**非**门级联即可合成**与非**门，它表示对输入逻辑信号先进行**与**运算后取**非**。其输入和输出个数和**与**门相似，逻辑表达式为 $F=\overline{A \cdot B}$。仿照对**与**门的分析可知道其特点：当且仅当输入均为 **1** 时，输出才为 **0**；否则输出为 **1**。

2. **或非门**

同样，可以将**或**门和**非**门级联构成**或非**门，它表示对输入逻辑信号先进行**或**运算后取**非**。其输入和输出个数与**或**门相似，逻辑表达式为 $F=\overline{A+B}$。分析可知：当且仅当输入均为 **0** 时，输出才为 **1**；否则输出为 **0**。

3. **同或门**

同或门是一个 2 输入 1 输出的门电路，其逻辑功能为判断输入的逻辑信号是否相同（即电平相同），若相同，则输出 **1**；若不同，则输出 **0**。**同或**运算的逻辑符号是⊙，其逻辑表达式为 $F=A\odot B=AB+\overline{A}\,\overline{B}$。

4. **异或门**

异或门也是一个 2 输入 1 输出的门电路，其逻辑功能为判断输入的逻辑信号是否相异（电平高低不同），若相异，则输出 **1**；若相同，则输出 **0**。**异或**运算的逻辑符号是⊕，其逻辑表达式为 $F=A\oplus B=\overline{A}B+A\overline{B}$。

4.3 晶体管-晶体管逻辑门电路

晶体管-晶体管逻辑门电路，也就是常说的 TTL 门电路，是由双极型晶体管组成的门电路。TTL 门电路包括**与**、**或**、**非**等多种主要逻辑门电路及其逻辑组合。在这里给出简要的介绍。

4.3.1 简单的门电路

1. **二极管与门**

二极管和电阻可以构成简单的**与**门，如图 4.20 所示，**与**门的两个输入端为 A 和 B，输出为 F。假设输入的高、低电平分别为+3 V 和 0 V，二极管可以看成一个开关，理想情况下正向导通时，其电阻为 0；反向截止时，其电阻为无穷大，相当于电路开路。在不同的输入情况下，电路的工作情况如下：

当 A 和 B 输入都是 0 V 时，二极管 D_1 和 D_2 导通，在二极管上的电压降为 0 V，这样，在输出 F 端的输出电压就是 0 V。

当 A 输入为 0 V，B 输入为+3 V 时，二极管 D_1 导通，F 输出为 0 V，二极管 D_2 截止。

当 A 输入为+3 V，B 输入为 0 V 时，由于电路的 A、B 输入对称，可知 F 输出为 0 V，二极管 D_1 截止。

当 A 和 B 输入都是+3 V 时，二极管 D_1 和 D_2 导通，F 输出为+3 V。

根据上面的分析，可以得到电路输入输出的关系，如表 4.1 所示。

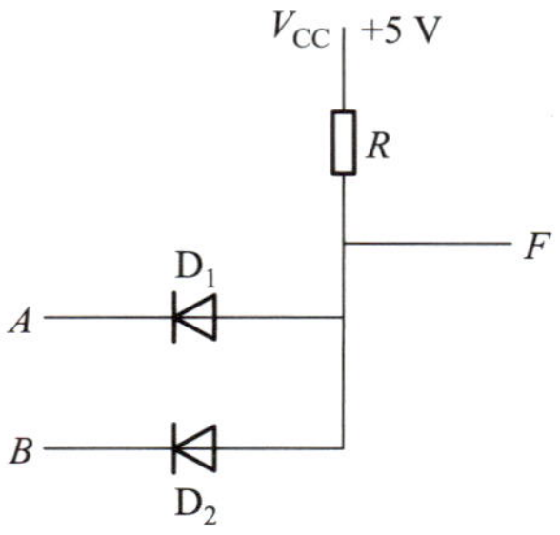

图 4.20　二极管与门

表 4.1　二极管与门输入输出关系

输入		输出
A	B	F
0 V	0 V	0 V
0 V	+3 V	0 V
+3 V	0 V	0 V
+3 V	+3 V	+3 V

如果二极管导通电阻不为 0，导通压降为 0.7 V（对于硅二极管为+0.7 V，锗二极管为+0.3 V），反向电阻无穷大，那么上述电路的输入输出关系如表 4.2 所示，它更接近于实际情况。

如果按照逻辑关系表示，假如输入 0 V 为逻辑 **0**，输入+3 V 为逻辑 **1**，输出 0 V 或者 0.7 V 为输出逻辑 **0**，输出+3 V 或者+3.7 V 为输出逻辑 **1**，那么上述两个表的逻辑的逻辑关系表如表 4.3 所示。

由该逻辑关系表可以看出，电路的逻辑关系为逻辑**与**，因此电路为二极管**与**门。

表 4.2　硅二极管与门输入输出关系

输入		输出
A	B	F
0 V	0 V	0.7 V
0 V	+3 V	0.7 V
+3 V	0 V	0.7 V
+3 V	+3 V	+3.7 V

表 4.3　二极管与门输入输出逻辑关系

输入		输出
A	B	F
0	**0**	**0**
0	**1**	**0**
1	**0**	**0**
1	**1**	**1**

2. 二极管**或**门

如图 4.21 所示，与前述分析相类似，该电路也是一个 2 输入 1 输出的逻辑电路。其中，

A、B 为输入变量，其电平值有 0 V 和 3 V 两种；F 是输出变量。

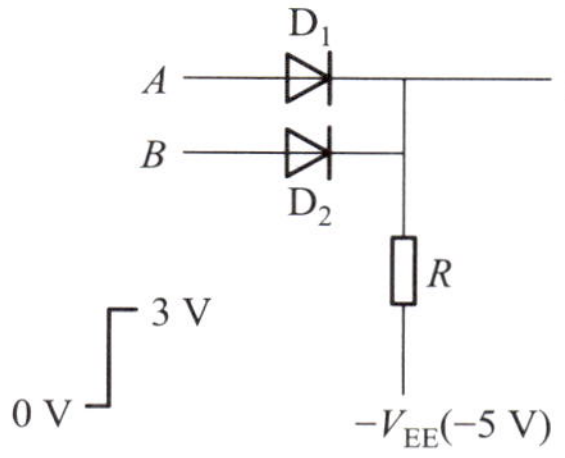

图 4.21　二极管**或**门

若 A、B 均为 0 V，二极管 D_1、D_2 导通，二极管两端电压钳位在 0.7 V，故输出端 F 的电压为−0.7 V。

若 A、B 中有一个为 0 V，一个为 3 V，则输入 0 V 的支路二极管截止，输入 3 V 的支路二极管导通，从而输出 F 为 3 V−0.7 V＝2.3 V。

若 A、B 输入均为 3 V，D_1、D_2 两个二极管同时导通，同样由于钳位作用，F 的电平应为 3 V−0.7 V＝2.3 V。

A、B 输入电平中，0 V 为低电平 **0**，3 V 为高电平 **1**；F 输出的电平中，−0.7 V 为低电平 **0**，2.3 V为高电平 **1**，据此容易得出逻辑表达式 $F=A+B$，这说明该电路是一个**或**门电路。其输入输出关系如表 4.4 所示。

如果输入 0 V 为逻辑 **0**，输入 3 V 为逻辑 **1**，输出−0.7 V 为输出逻辑 **0**，输出 2.3 V 为输出逻辑 **1**，那么输入输出的逻辑关系如表 4.5 所示。

表 4.4　二极管**或**门输入输出电平

输入		输出
A	B	F
0 V	0 V	−0.7 V
0 V	3 V	2.3 V
3 V	0 V	2.3 V
3 V	3 V	2.3 V

表 4.5　二极管**或**门输入输出逻辑关系

输入		输出
A	B	F
0	**0**	**0**
0	**1**	**1**
1	**0**	**1**
1	**1**	**1**

3. BJT 反相器（非门）

BJT 反相器的一种电路结构如图 4.22 所示。电路中的负电源 V_{BB}与电阻 R_2 的作用在于当输入为低电平时将晶体管基极降至负电位，保证晶体管截止；V_{CL}与二极管 D_{CL}对输出进行钳位，提高**非**门开关速度。我们假设输入电压数值为 0 V 和 3 V，则当输入为 0 V 时，晶体管 T 截止，D_{CL}导通，输出电平被钳位在 3.7 V（假设二极管 D_{CL}导通电压是 0.7 V）；当输入为 3 V 时，晶体管 T 导通，D_{CL}截止，输出电平约为 0 V（忽略 T 管集射极间的饱和压降）。

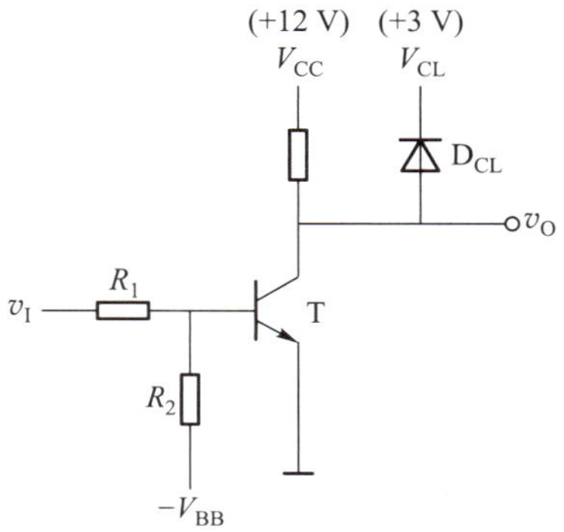

图 4.22　BJT 反相器的电路结构

非门输入输出电平如表 4.6 所示。

假如输入 0 V 为逻辑 **0** 输入，输入+3 V 为逻辑 **1** 输入，输出 0 V 为逻辑 **0** 输出，输出 3.7 V 为逻辑 **1** 输出，那么，其逻辑关系如表 4.7 所示。

表 4.6　非门输入输出电平

输入(v_I)	输出(v_O)
0 V	3.7 V
+3 V	0 V

表 4.7　非门输入输出逻辑关系

输入	输出
0	**1**
1	**0**

通过分析显而易见,输入与输出电平相反,满足“**非**”逻辑,故称之为 BJT **非**门。

4.3.2　TTL 门

1. TTL **与非**门

TTL **与非**门原理图如图 4.23 所示。

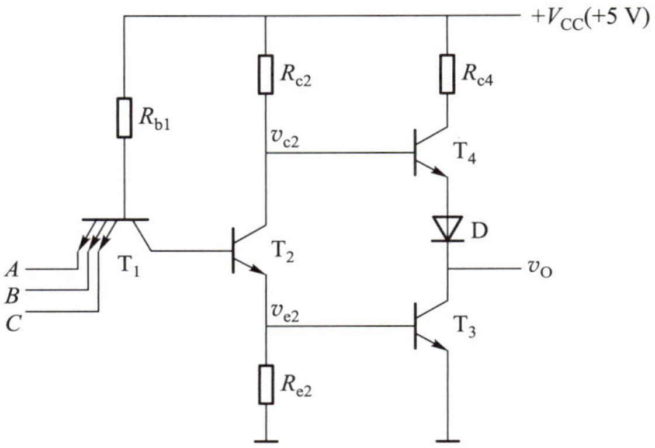

图 4.23　TTL 与非门原理图

电路由三部分组成:多发射极晶体管 T_1 和基极电阻 R_{b1} 构成电路的输入级,实现逻辑**与**的功能;晶体管 T_2 和 R_{c2}、R_{e2} 组成中间级,晶体管 T_2 集电极和发射极输出两个反相的信号,分别送到 T_4、T_3 的基极;R_{c4}、T_4、D、T_3 组成输出级。

当输入 A、B、C 全为高电平 3.6 V 时,电路工作情况如图 4.24 所示:晶体管 T_2、T_3 导通,T_1 基极电压为 2.1 V(假如每个 PN 结导通电压都是 0.7 V),T_1 发射结因为反偏而截止。集电结正偏。由于 T_3 导通,输出为低电平,约为 0.3 V。此时 $v_{b3}=v_{e2}=0.7$ V,$v_{c2}=0.7\ V+0.3\ V=1$ V,作用于 T_4 基极,使 T_4 和二极管 D 都截止。因此输入全为高电平时,输出为低电平。

当输入 A、B、C 其中一个或者全部为 0.3 V 低电平时,如图 4.25 所示,T_1 发射结导通,T_1 基极电位为 1 V。晶体管 T_2、T_3 截止,T_2 集电极电压为 5 V,作用于 T_4 基极,使 T_4、D 都导通,因此输出为:$v_O=5\ V-0.7\ V-0.7\ V=3.6$ V。这样,当输入有低电平时,输出为高电平,因此实现了**与非**逻辑。

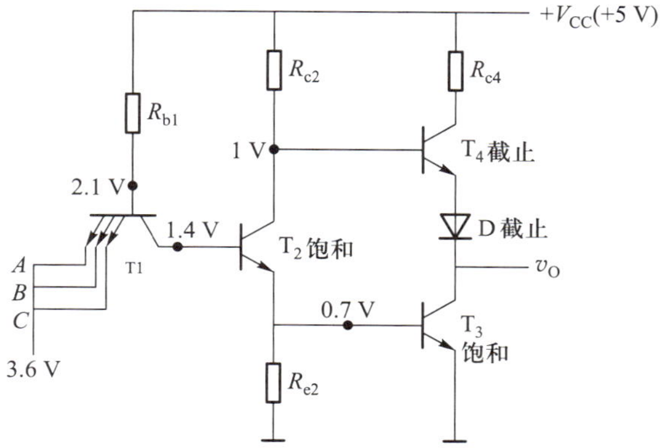

图 4.24　*A*、*B*、*C* 全为高电平时工作情况

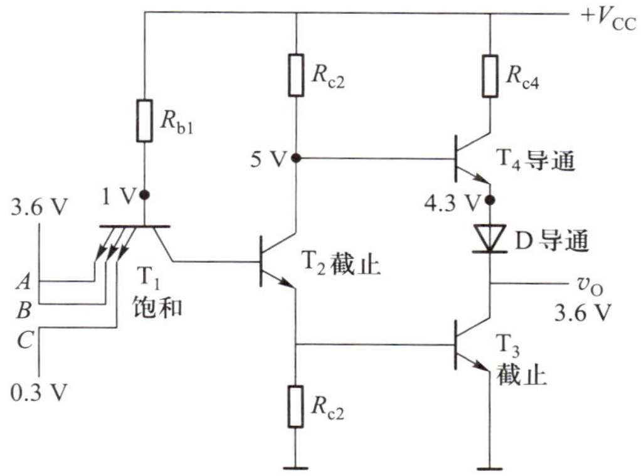

图 4.25　*A*=*B*=3.6 V,*C*=0.3 V 时工作情况

由上面的分析,可以得到输入输出电压关系如表 4.8 所示。

如果低电平为逻辑 **0**,高电平为逻辑 **1**,那么输入输出的逻辑关系如表 4.9 所示。

表 4.8　TTL 与非门输入输出电压关系

输入			输出
A	*B*	*C*	v_O
0.3 V	0.3 V	0.3 V	3.6 V
0.3 V	0.3 V	3.6 V	3.6 V
0.3 V	3.6 V	0.3 V	3.6 V
0.3 V	3.6 V	3.6 V	3.6 V
3.6 V	0.3 V	0.3 V	3.6 V
3.6 V	0.3 V	3.6 V	3.6 V
3.6 V	3.6 V	0.3 V	3.6 V
3.6 V	3.6 V	3.6 V	0.3 V

表 4.9　TTL 与非门输入输出的逻辑关系

输入			输出
A	*B*	*C*	v_O
0	**0**	**0**	**1**
0	**0**	**1**	**1**
0	**1**	**0**	**1**
0	**1**	**1**	**1**
1	**0**	**0**	**1**
1	**0**	**1**	**1**
1	**1**	**0**	**1**
1	**1**	**1**	**0**

2. TTL **或非**门

两输入 TTL **或非**门电路如图 4.26 所示。图中 T_{1A}、T_{2A}、R_{1A}与 T_{1B}、T_{2B}、R_{1B}电路相同。

若 A、B 两端输入均为低电平，那么 T_{2A}、T_{2B}截止，T_3 截止，T_4 导通，输出为高电平；

若 A、B 两端中至少一端输入为高电平，那么 T_{2A}、T_{2B}至少有一个导通，T_3 导通，T_4 截止，输出为低电平。其输入输出逻辑关系如表 4.10 所示。

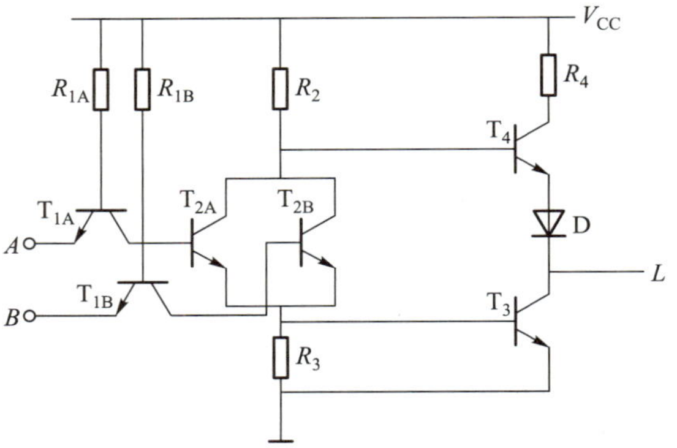

图 4.26　两输入 TTL **或非**门电路

表 4.10　TTL **或非**门输入输出逻辑关系

输入		输出
A	B	L
0	**0**	**1**
0	**1**	**0**
1	**0**	**0**
1	**1**	**0**

由分析可知，其逻辑功能为**或非**。

4.3.3　TTL 门的主要参数

数字集成门电路的主要技术指标包括逻辑电平、功耗、工作速度、抗干扰能力和驱动能力等，其中很多指标可以从电路的电压传输特性曲线上表现出来。

1. 传输特性

以**非**门为例，说明 TTL 电路的电压传输特性。TTL **非**门的电压传输特性曲线如图 4.27 所示。电压传输特性曲线描述了输入电压从 0 V 到高电平时输出电压的变化情况。

从电压传输特性曲线图上，可以知道电路的工作分为 3 个区：关门区、转换区和开门区。当输入电压处于关门区的时候，电路输出为高电平 V_H；当输入电压工作处于开门区的时候，输出电压为低电平 V_L；当输入电压处于关门区和开门区之间的时候，输出电压在高电平和低电平之间，这个工作区称为转换区。

输出高电平电压 V_{OH}的理论值为 3.6 V，产品规定输出高电压的最小值 $V_{OH(min)}$ = 2.4 V，即大于 2.4 V 的输出电压就可称为输出高电压 V_{OH}；输出低电平电压 V_{OL}的理论值为 0.3 V，产品规定输出低电压的最大值 $V_{OL(max)}$ = 0.4 V，即小于 0.4 V 的输出电压就可称为输出低电压 V_{OL}。

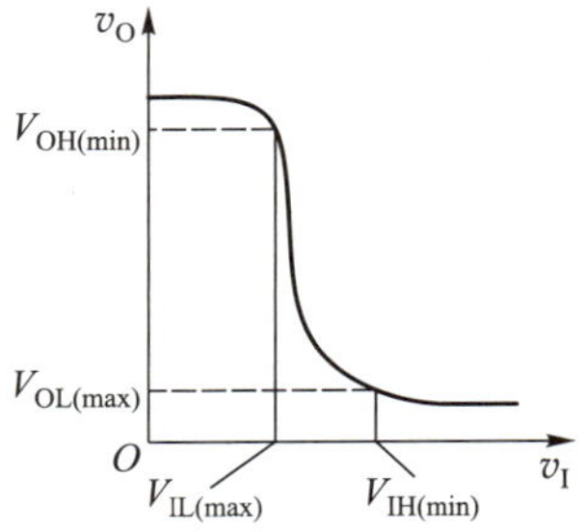

图 4.27　TTL **非**门的电压传输特性曲线

在电压传输特性曲线上，标注了输出高电平下限 $V_{OH(min)}$，输出低电平上限 $V_{OL(max)}$，输入低电平上限 $V_{IL(max)}$和输入高电平下限 $V_{IH(min)}$。

关门电压 V_{OFF} 是指输出电压下降到 $V_{OH(min)}$ 时对应的输入电压。显然只要 $v_I<V_{OFF}$，v_O 就是高电压，所以 V_{OFF} 就是输入低电压的最大值，在产品手册中常称为输入低电平电压，用 $V_{IL(max)}$ 表示。一般 $V_{IL(max)}$（V_{OFF}）大约为 1.3 V，产品规定 $V_{IL(max)}=0.8$ V。

开门电平电压 V_{ON} 是指输出电压下降到 $V_{OL(max)}$ 时对应的输入电压。显然只要 $v_I>V_{ON}$，v_O 就是低电压，所以 V_{ON} 就是输入高电压的最小值，在产品手册中常称为输入高电压，用 $V_{IH(min)}$ 表示。$V_{IH(min)}$（V_{ON}）略大于 1.3 V，产品规定 $V_{IH(min)}=2$ V。

阈值电压 V_{th} 是决定电路截止和导通的分界线，也是决定输出高、低电压的分界线。V_{th} 的值在 V_{OFF} 与 V_{ON} 之间，而 V_{OFF} 与 V_{ON} 的实际值又差别不大，所以，近似为 $V_{th}\approx V_{OFF}\approx V_{ON}$。$V_{th}$ 是一个很重要的参数，常把它作为决定**与非**门工作状态的关键值，即 $v_I<V_{th}$，**与非**门开门，输出低电平；$v_I>V_{th}$，**与非**门关门，输出高电平。V_{th} 的值为 1.3~1.4 V。

2. 抗干扰能力

TTL 门电路的输出高、低电平不是一个值，而是一个范围。它的输入高、低电平也有一个范围，也就是它的输入信号允许一定的容差，称为噪声容限。通常用噪声容限来表征电路的抗干扰能力。

在图 4.28 中若前一个门输出为低电压，则后一个门输入也为低电压。如果由于某种干扰，使后一个门的输入低电压高于了前一个门输出低电压的最大值 $V_{OL(max)}$，从电压传输特性曲线上看，只要这个值不大于 $V_{IL(max)}$ 也就是 V_{OFF}，第二个门的输出电压就会仍大于 $V_{OH(min)}$，逻辑关系仍是正确的。因此在输入低电压时，把关门电压 $V_{IL(max)}$ 也就是 V_{OFF} 与 $V_{OL(max)}$ 之差称为低电平噪声容限，用 V_{NL} 来表示，即低电平噪声容限 $V_{NL}=V_{OFF}-V_{OL(max)}=V_{IL(max)}-V_{OL(max)}$。

若前一个门输出为高电压，则后一个门输入也为高电压。如果由于某种干扰，使后一个门的输入电压低于了前一个门输出高电压的最小值 $V_{OH(min)}$，从电压传输特性曲线上看，只要这个值不小于 $V_{IH(min)}$，也就是 V_{ON}，后一个门的输出电压仍小于 $V_{OL(max)}$，逻辑关系是正确的。因此在输入高电压时，把 $V_{OH(min)}$ 与开门电压 V_{ON} 也就是 $V_{IH(min)}$ 之差称为高电平噪声容限，用 V_{NH} 来表示，即高电平噪声容限 $V_{NH}=V_{OH(min)}-V_{ON}=V_{OH(min)}-V_{IH(min)}$。

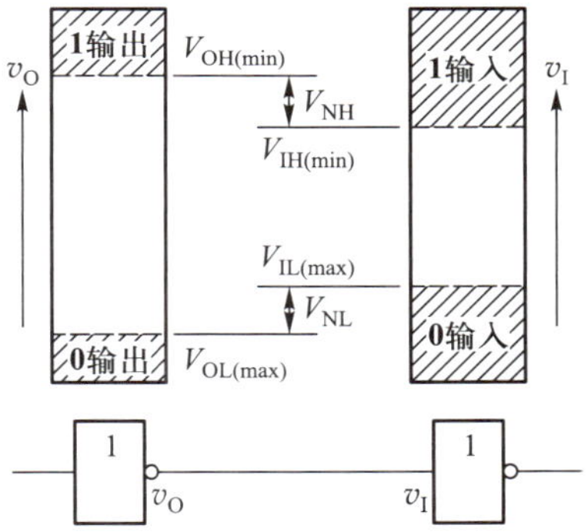

图 4.28　噪声容限示意图

噪声容限表示门电路的抗干扰能力。显然，噪声容限越大，电路的抗干扰能力越强。从这里我们可以看出，数字逻辑中的 **0** 和 **1** 是允许有一定的容差的，这是数字电路的一个突出的特点。

3. 功耗

功耗是指电路在工作时单位时间所消耗的能量。TTL 门的功耗分为静态功耗和动态功耗。静态功耗通常是指 TTL 门不带负载时的功耗，对于**非**门，有两种情况：一种是输出低电平时的功耗，另外一种是输出高电平时的功耗。这两种情况的功耗显然是不一样的。所谓动态功耗是指 TTL 门输出电平由低到高或者由高到低变化时，所产生的功耗，显然，动态功耗随着工作频率的增加而加大。当 TTL 门高速工作时，动态功耗占主要地位。

4. 传输延迟特性

门的传输延迟是用输出波形相对于输入波形的延迟时间来衡量的，用 t_{pd} 表示。如图 4.29 所示是**与非**门的传输延迟示意图，输入电压波形上升到最高幅度值的 50%到输出电压下降到最高幅度值的 50%的时间延迟，称为输出从高电平到低电平的传输延迟时间 t_{pHL}；从输入电压下降到最高幅度值的 50%到输出电压上升到最高幅度值的 50%，称为输出从低电平到高电平的传输延迟时间 t_{pLH}；传输延时是用平均传输延迟时间来表示的，也就是 $t_{pd}=(t_{pHL}+t_{pLH})/2$，TTL **与非**门的平均传输延迟时间大约是 10 ns。

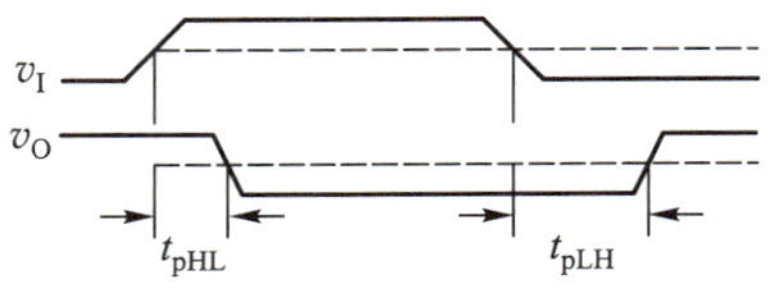

图 4.29　门的传输延迟

TTL 门电路的平均传输延迟时间，是衡量门电路开关速度的动态参数，根据 t_{pd} 的不同，TTL 集成电路分为中速 TTL 电路和高速 TTL 电路。

5. TTL **与非**门的负载能力

在数字系统中，门电路的输出端一般都要与其他门电路的输入端相连，一个门电路最多允许驱动同类门的个数称为扇出系数，这个指标在中小规模集成电路的系统中很重要，而在大规模集成电路的系统中，一个集成电路很少接比较多的负载门，因此较少使用这个指标。

TTL **与非**门如图 4.23 所示，它的负载能力往往是根据所驱动门的输入端对电流的要求来估算的，TTL **与非**门输出有高电平和低电平两种情况，因此负载分为两种情况：

（1）灌电流负载：当驱动门输出低电平时，驱动门的 T_4、D 截止，T_3 导通。这时有电流从负载门的输入端灌入驱动门的 T_3 管，“灌电流”由此得名。灌电流的来源是负载门的输入低电平电流。显然，负载门的个数增加，灌电流增大，即驱动门的 T_3 管集电极电流增加。当集电极电流增加到使 T_3 脱离饱和时，输出的低电平升高，且输出低电平不得高于 $V_{OL(max)}$。因此，把输出低电平时允许灌入输出端的电流定义为输出低电平电流 I_{OL}，这是门电路的一个参数，产品规定$I_{OL}=16$ mA。

（2）拉电流负载：当驱动门输出高电平时，驱动门的 T_4、D 导通，T_3 截止。这时有电流从驱动门的 T_4、D 拉出而流至负载门的输入端，“拉电流”由此得名。由于拉电流是驱动门 T_4 的发射极电流，同时又是负载门的输入高电平电流，所以负载门的个数增加，拉电流增大，即驱动门的 T_4 管发射极电流增加，R_{c4}上的压降增加。当发射极电流增加到一定的数值时，T_4 进入饱和，输出的高电平降低，且输出高电平不得低于 $V_{OH(min)}$。因此，把输出高电平时允许拉出输出端的电流定义为输出高电平电流 I_{OH}，这也是门电路的一个参数，产品规定 $I_{OH}=0.4$ mA。

4.3.4　改进的 TTL 门

1. 肖特基 TTL 门电路

TTL 门的传输延时主要受到晶体管开关时间的影响，影响晶体管的开关时间的主要因素是晶体管由饱和状态变换为截止状态所需要的关断时间。晶体管的饱和深度越深，关闭时间越长。为了减少晶体管的开关时间，将 TTL 门电路进行改进，如图 4.30(a)所示，这种电路叫作抗饱和电路，是由肖特基势垒二极管的钳位作用实现抗饱和的。其逻辑符号如图 4.30(b)所示。

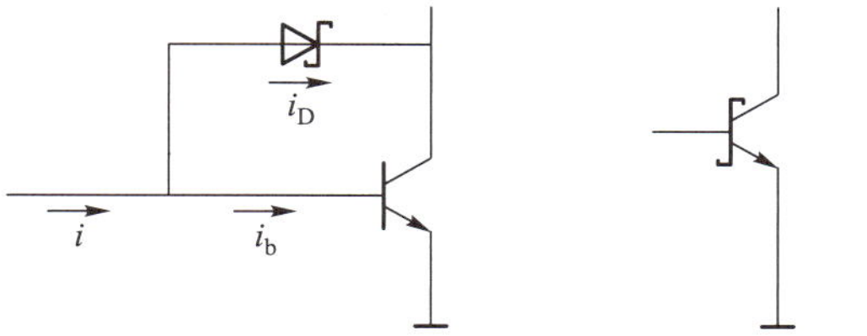

(a) 肖特基势垒二极管的钳位实现抗饱和　　(b) 逻辑符号

图 4.30　抗饱和电路

肖特基势垒二极管导通电压较低，将其连接在 BJT 的基极与集电极之间，当基极电流增大使 BJT 有进入饱和区的趋势时，肖特基二极管导通，将电流引向集电极，从而维持一个很小的基极集电极电压，限制了 BJT 进入过饱和的趋势，大大缩短了电路的开关时间。

图 4.31 是肖特基 TTL **与非**门的电路结构图。其中晶体管 T_4 工作在深饱和区。各路电阻阻值较小，可使开关时间减小；晶体管 T_4、T_5 组成的复合管电流增益很高，输出电阻很小，减小了对负载电容的充电时间；输入端加二极管 D_A、D_B，可减小门电路之间引线的杂散信号，同时防止反向过冲。

根据前面的类似分析，可以写出该电路的逻辑关系如表 4.11 所示。

表 4.11　肖特基 TTL 与非门逻辑关系

输入		输出
A	*B*	*L*
0	**0**	**1**
0	**1**	**1**
1	**0**	**1**
1	**1**	**0**

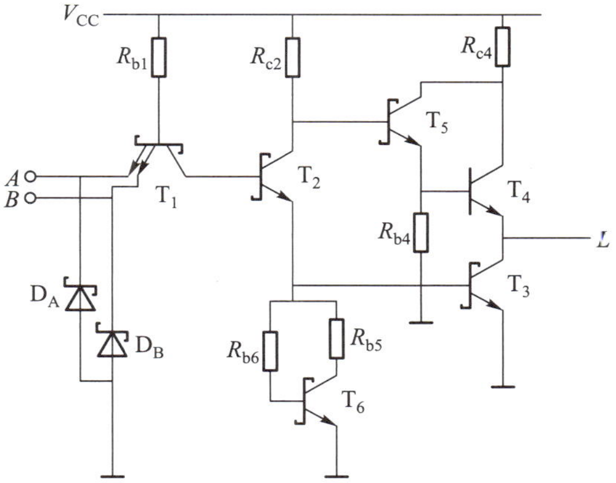

图 4.31　肖特基 TTL 与非门的电路结构图

2. 集电极开路门

集电极开路门，也称为 OC 门(open collector)，是指 TTL 门电路输出级 BJT 的集电极开路，如图 4.32 所示。集电极开路门的优势在于它可以承受较高电压与较大电流。需要注意，集电极开路门在使用时需要接上拉电阻。

图 4.33 是集电极开路的**与非**门，当 T_3 管饱和时，输出低电平，大约为 0.3 V；当 T_3 管截止时，由外接电源通过上拉电阻输出高电平。因此，OC 门必须外接电源和上拉电阻，才能提供高电平输出。其逻辑符号如图 4.33(b)所示。

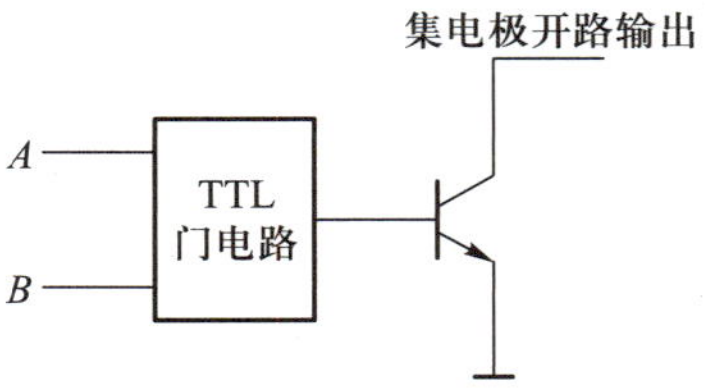

图 4.32　集电极开路门

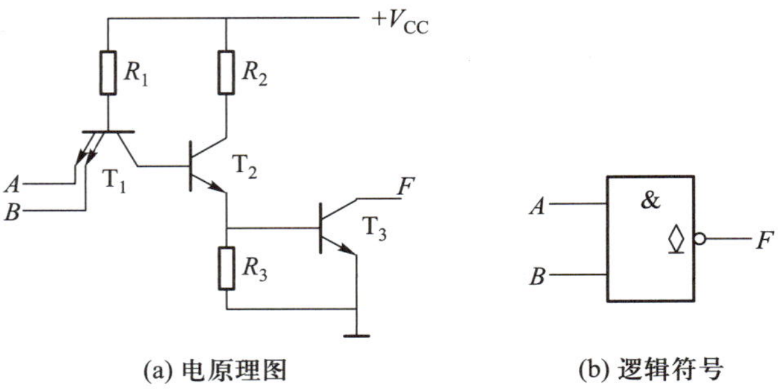

图 4.33　集电极开路与非门

输出 F 接上拉电阻 R_L 到外接电源时，F 输出的逻辑关系如表 4.12 所示。

表 4.12　集电极开路与非门逻辑关系

输入		输出
A	B	F
0	**0**	**1**
0	**1**	**1**
1	**0**	**1**
1	**1**	**0**

OC 门可以将其输出端连接起来，实现**线与**的功能，如图 4.34 所示，其中 OC 门 G_1 和 G_2 输出端 Y_1 和 Y_2 连接在一起，再接上拉电阻和外接电源$+V_{CC}$。电路完成的功能如下：

$$Y = Y_1 \cdot Y_2 = \overline{AB} \cdot \overline{CD} = \overline{AB + CD}$$

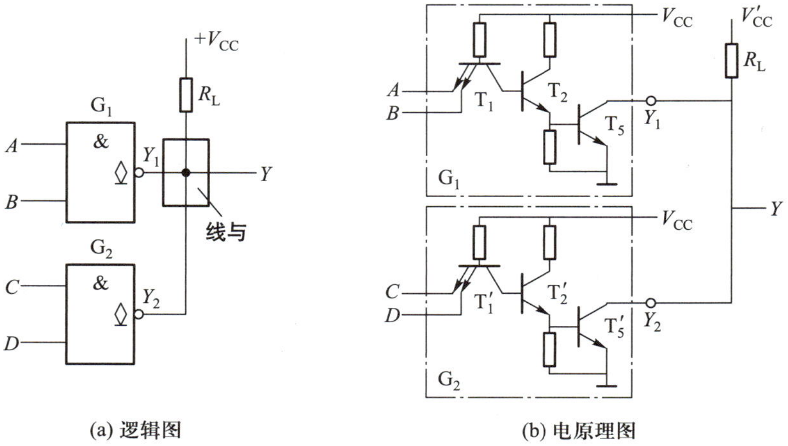

图 4.34　OC 门线与

OC 门还可以实现电平转换，如图 4.35 所示。利用 OC 门的外接电源电压，可以使 OC 门输出的高电平为+15 V，低电平为 0.3 V，完成电平从输入的高、低电平分别为+3.6 V 和 0 V 到+15 V 和 0 V 的变换。

3. TTL 三态门

TTL 门通常有两种状态，逻辑 **0** 和逻辑 **1**，这两种状态都是低阻输出的。三态逻辑（three state logic）是指除了上述两种状态的输出之外，还有高阻态的输出，也就是输出端的阻抗非常大。

TTL 三态门电路是在普通门电路的基础上，通过增加控制端和控制电路构成的。图 4.36 所示为三态输出**与非**门电路，其中 T_5、T_6、T_7 构成使能控制电路。

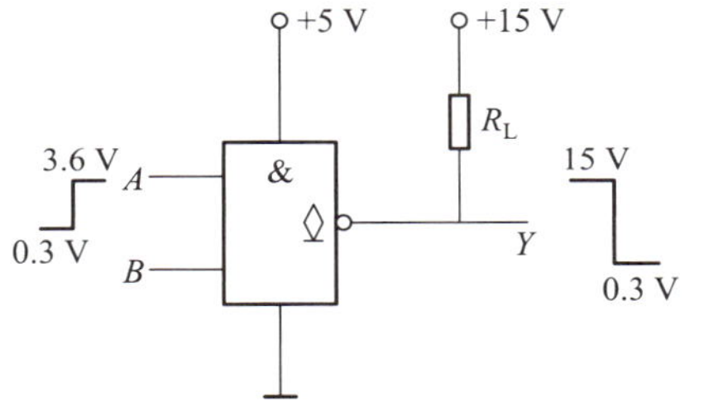

图 4.35 OC 门实现电平转换

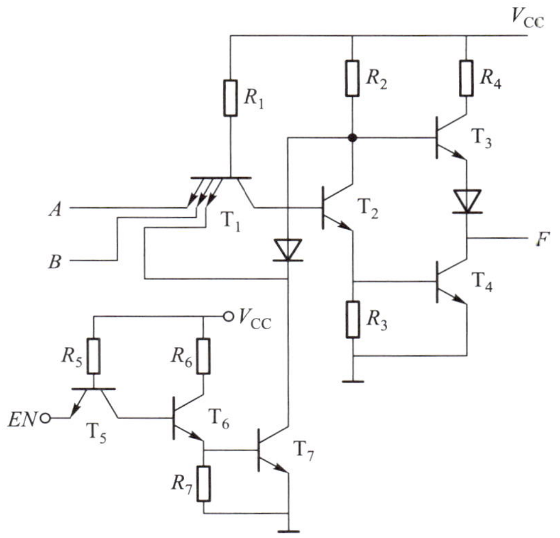

图 4.36 TTL 三态输出与非门

当使能输入 $EN=\mathbf{0}$ 时，电平为 0.3 V，T_5 倒置放大，T_7 截止，与 T_7 集电极相连的二极管以及与该二极管相连的 T_1 发射结也是截止的，电路的逻辑功能跟正常的 TTL 电路一样，是一个两输入**与非**门，其工作情况在之前的 TTL **与非**门中已经分析过了。

当 $EN=\mathbf{1}$ 时，电平为 3.6 V，T_6、T_7 饱和导通，T_7 集电极为低电平 0.3 V，经 T_1 使 T_2 管的基极为低电平，因此 T_2、T_4 截止。T_7 集电极为低电平也会因为二极管的作用，使 T_3 基极为 0.3 V+0.7 V，低电平，T_3 和下面的二极管也截止。这样，使输出处于都截止的晶体管 T_3、T_4 之间，相当于悬空。因此，无论输入端 A、B 的值是高还是低，电路都处于高阻态。三态**与非**门的逻辑功能表如表 4.13 所示。

表 4.13 三态与非门逻辑功能表

输入			输出
EN	A	B	F
1	×	×	高阻态
0	**0**	**0**	**1**
0	**0**	**1**	**1**
0	**1**	**0**	**1**
0	**1**	**1**	**0**

三态门的逻辑符号如图 4.37 所示，其中图 4.37(a)为两输入三态**与非**门逻辑符号，使能端低电平有效；图 4.37(b)为两输入三态**与非**门，使能端高电平有效；图 4.37(c)为三态**非**门逻辑符号，使能端低电平有效，有时候也表示为图 4.37(d)的形式。

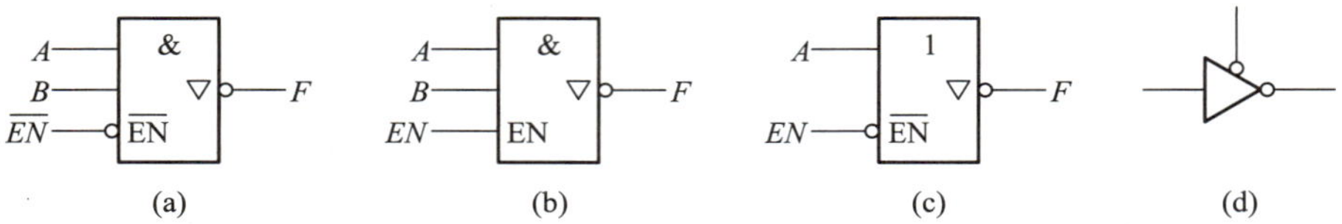

图 4.37　三态门的逻辑符号

三态门的主要应用是在计算机或者控制系统中用作总线。总线允许多个器件连接在一起，但是，某一个时刻只允许一个器件数据使用总线。这就要求不使用总线的器件虽然也连在总线上，但是不能影响正在使用总线器件的工作。例如，n 个器件都连在总线上，如图 4.38(a)所示，某一个时刻，只能允许一个三态门使用总线，其他的三态门必须处于高阻态。假设 n 为 8，即有 8 个门，而且是从上到下轮流工作，那么 8 个门的使能端 EN 波形就是依次为高，如图 4.38(b)所示。这样就可以把各个门的输出信号轮流传送到总线上。

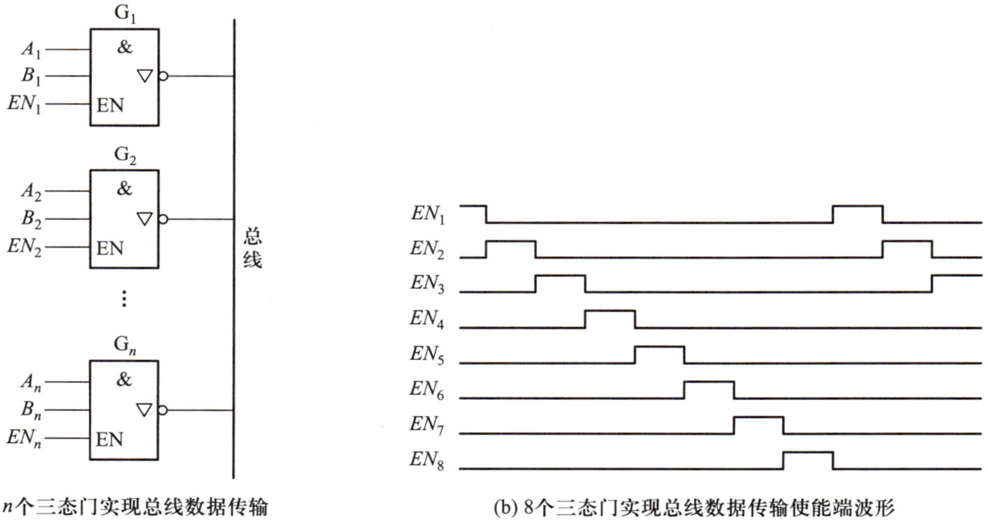

(a) n个三态门实现总线数据传输　　(b) 8个三态门实现总线数据传输使能端波形

图 4.38　用三态门实现总线数据传输

利用三态门可以实现数据的双向传输。三态门实现数据的双向传输的电路如图 4.39 所示，其中门 G_1 和 G_2 为三态**非**门，门 G_1 高电平有效，门 G_2 低电平有效。当使能端 $EN=\mathbf{1}$ 时，数据 D_0 经 G_1 反相送到数据总线，这时门 G_2 为高阻态；当使能端 $EN=\mathbf{0}$ 时，门 G_1 为高阻态，数据总线中的 D_1 由门 G_2 反相后输出。

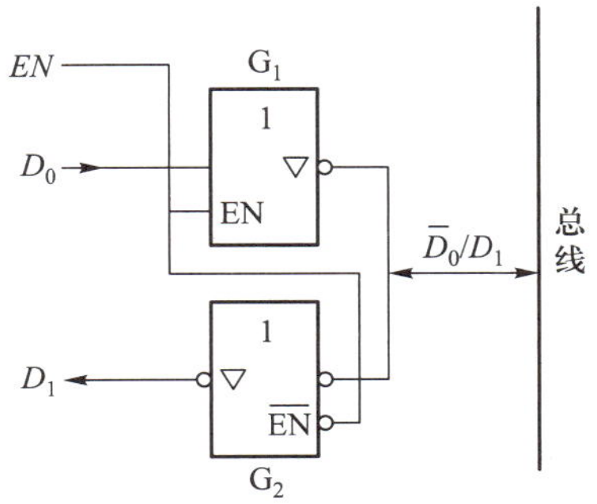

图 4.39 利用三态门实现数据双向传输

4.4 CMOS 逻辑电路

CMOS 逻辑门有静态电路和动态电路，在这里仅介绍静态电路。

传统 CMOS 逻辑门电路均可用 N 沟道场效应管网络和 P 沟道场效应管网络构成，其中 N 沟道网络接于输出和地之间，并实现输入和输出信号的反相；而 P 沟道网络接于输出和电源 V_{DD}之间。两种网络共输入、共输出，且每种网络中场效应管数量等于输入信号的个数，如图 4.40 所示。N 沟道管串联，实现多个信号的**与**功能；N 沟道管并联，实现多个信号的**或**功能。P 沟道管的逻辑安排与 N 沟道管的逻辑安排是对偶的，如 N 沟道管是两个串联，则 P 沟道管必定是两个并联。反之，如 N 沟道管是两个并联，则 P 沟道管必定是两个串联。

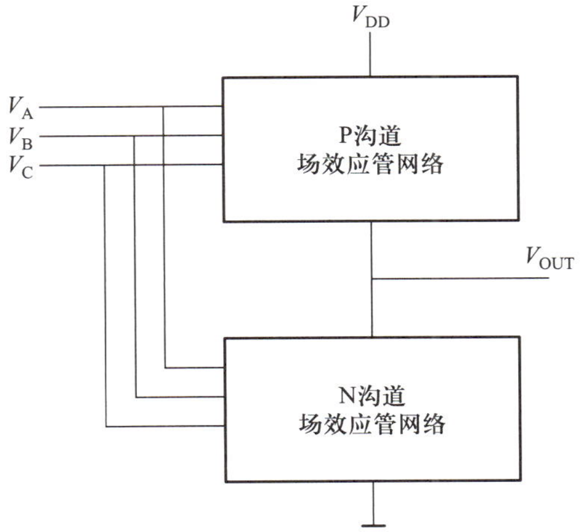

图 4.40 由 P 沟道、N 沟道场效应管构成传统 CMOS 逻辑门电路

4.4.1　CMOS 反相器

CMOS 反相器由一个增强型 PMOS 管和一个增强型 NMOS 管串联组成，如图 4.41 所示。通常 PMOS 作为负载管，NMOS 作为输入管。在两种逻辑状态中，两个晶体管中总有一个是截止的，这样可以大幅降低功耗，工作速率也得到了提高。

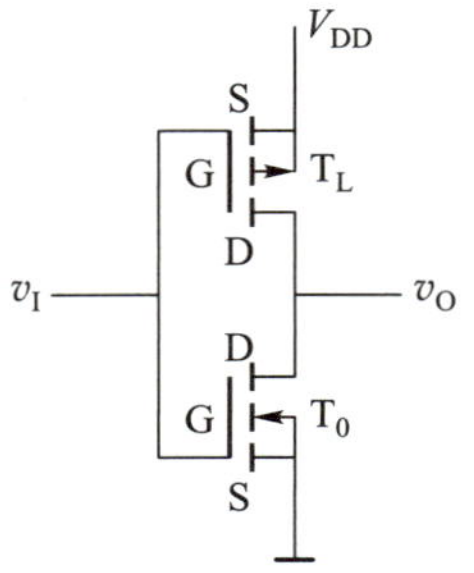

图 4.41　CMOS 反相器

1. CMOS 反相器的工作原理

两个 MOS 管的开启电压 $V_{GS(th)P}<0$，$V_{GS(th)N}>0$，通常为了保证正常工作，要求 $V_{DD}>|V_{GS(th)P}|+V_{GS(th)N}$。若输入 v_I 为低电平，则负载管导通，输入管截止，输出电压接近 V_{DD}。若输入 v_I 为高电平，则输入管导通，负载管截止，输出电压接近 0 V。

由此可知，基本 CMOS 反相器近似于一理想的逻辑单元，其输出电压接近于 0 V 或 V_{DD}，而功耗几乎为零。

综上所述，当 v_I 为低电平时 v_O 为高电平；v_I 为高电平时 v_O 为低电平，电路实现了**非**逻辑运算，是反相器。

2. CMOS 反相器的电压传输特性

通常 PMOS 和 NMOS 参数的绝对值是相等的，在这种情况下，CMOS 反相器的传输特性曲线如图 4.42(a)所示，电源电流特性曲线如图 4.42(b)所示，曲线可分为五个工作区。

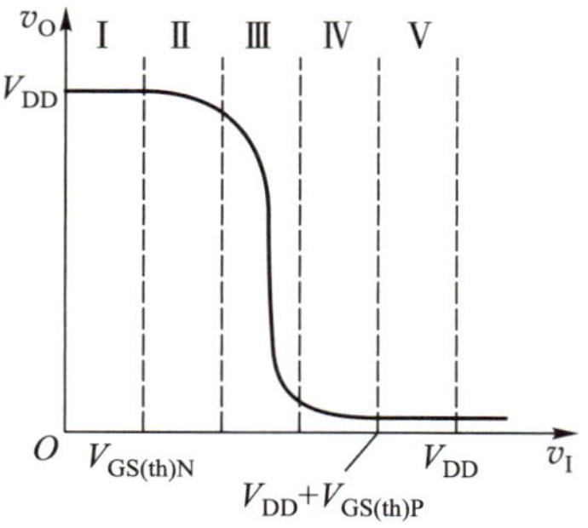

(a) CMOS反相器的传输特性曲线

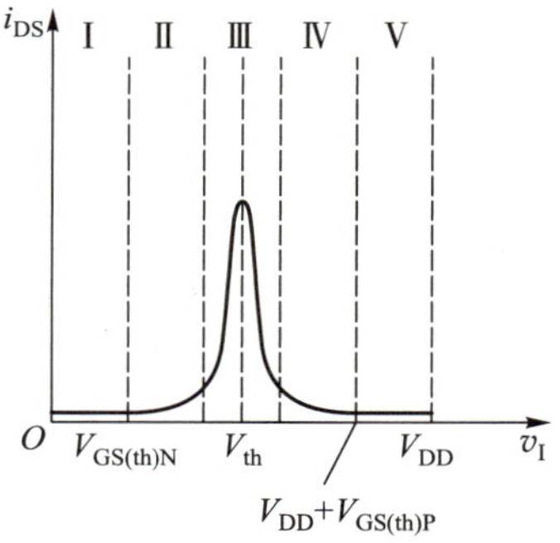

(b) CMOS反相器的电源电流曲线

图 4.42　CMOS 反相器特性曲线

(1) Ⅰ区：输入电压 $v_I \geqslant 0$，而且 $v_I<V_{GS(th)N}$，输入管截止，故 $v_O=V_{DD}$，电源电流 i_{DD} 几乎为 0，处于稳定关态；

(2) Ⅱ区：输入电压 $v_I>V_{GS(th)N}$，而且 $v_I<V_{DD}/2$，两个晶体管都导通，电源电流 i_{DD} 随着输入电压 v_I 的增大而增大，输出电压 v_O 随着输入电压 v_I 的增大而减小；

(3) Ⅲ区：输入电压 v_I 在 $V_{DD}/2$ 附近，PMOS 和 NMOS 均处于饱和状态，特性曲线急剧变化，当 $v_I=V_{DD}/2$ 时，电源电流 i_{DD} 达到最大；

(4) Ⅳ区：输入电压 $v_I > V_{DD}/2$，而且 $v_I \leq V_{DD} - |V_{GS(th)P}|$，两个晶体管都导通，电源电流 i_{DD} 随着输入电压 v_I 的增加而减小，输出电压 v_O 随着输入电压 v_I 的增加而逐渐减小；

(5) Ⅴ区：负载管截止，输入管处于非饱和状态，所以 $v_O \approx 0$ V，电源电流几乎为 0，处于稳定的开态。

3. CMOS 反相器特点

(1) 静态功耗很低。在稳定时，CMOS 反相器工作在工作区Ⅰ和工作区Ⅴ，总有一个 MOS 管处于截止状态，流过的电流为极小的漏电流。

(2) 抗干扰能力较强。由于其阈值电平近似为 $0.5V_{DD}$，输入信号变化时，过渡变化陡峭，所以低电平噪声容限和高电平噪声容限近似相等，且随电源电压升高，抗干扰能力增强。

(3) 输入阻抗高，带负载能力强。

4. CMOS 反相器工作速度

CMOS 反相器在电容负载情况下，它的开通时间与关闭时间是相等的，这是因为电路具有互补对称的性质。图 4.43 表示当 $v_I = 0$ V 时，NMOS 截止，PMOS 导通，由 V_{DD} 通过 PMOS 向负载电容 C_L 充电。由于 CMOS 反相器中，两管的 g_m 值均设计得较大，其导通电阻较小，充电回路的时间常数较小。

同样方法，也可分析电容 C_L 的放电过程。CMOS 反相器的平均传输延迟时间约为 10 ns。

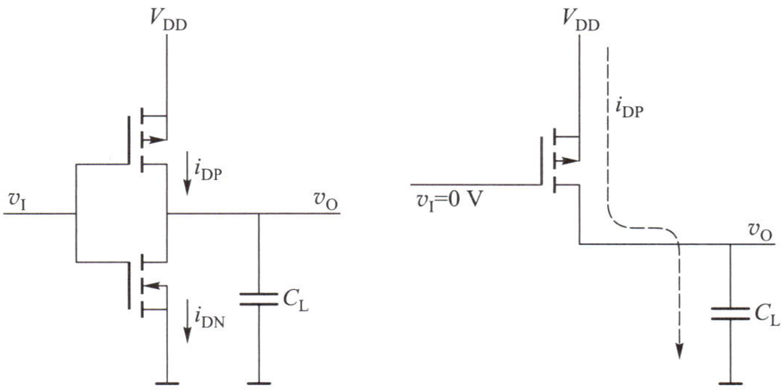

图 4.43　CMOS 反相器 NMOS 截止，PMOS 导通，向负载电容 C_L 充电

4.4.2　CMOS 逻辑门

1. 与非门

图 4.44 是 2 输入端 CMOS **与非**门电路，其中包括两个串联的 N 沟道增强型 MOS 管和两个并联的 P 沟道增强型 MOS 管。每个输入端连到一个 N 沟道和一个 P 沟道 MOS 管的栅极。当输入端 A、B 中只要有一个为低电平时，就会使与它相连的 NMOS 管截止，与它相连的 PMOS 管导通，输出为高电平；仅当 A、B 全为高电平时，才会使两个串联的 NMOS 管都导通，

使两个并联的 PMOS 管都截止，输出为低电平。

因此，电路具有**与非**的逻辑功能，即 $F=\overline{A \cdot B}$。

n 个输入端的**与非**门必须有 n 个 NMOS 管串联和 n 个 PMOS 管并联。

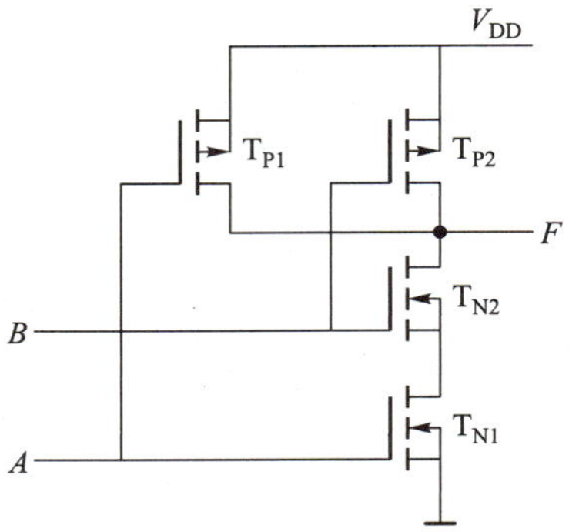

图 4.44　2 输入端 CMOS 与非门电路

2. 或非门

图 4.45 是 2 输入端 CMOS **或非**门电路。其中包括两个并联的 N 沟道增强型 MOS 管和两个串联的 P 沟道增强型 MOS 管。

当输入端 A、B 中只要有一个为高电平时，就会使与它相连的 NMOS 管导通，与它相连的 PMOS 管截止，输出为低电平；仅当 A、B 全为低电平时，两个并联 NMOS 管都截止，两个串联的 PMOS 管都导通，输出为高电平。

因此，这种电路具有**或非**的逻辑功能，其逻辑表达式为 $F=\overline{A+B}$。

显然，n 个输入端的**或非**门必须有 n 个 NMOS 管并联和 n 个 PMOS 管串联。

比较 CMOS **与非**门和**或非**门可知，**与非**门的工作管是彼此串联的，其输出电压随管子个数的增加而增加；**或非**门则相反，工作管彼此并联，对输出电压不致有明显的影响。因而**或非**门用得较多。

3. 与或非门

从 2 输入端 CMOS **与非**门和 2 输入端 CMOS **或非**门电路可以看出，电路中的 NMOS 管并联连接时，PMOS 管就是串联连接的，反之亦然。在**与非**门和**或非**门的基础上，很容易就可以看出图 4.46 所示的电路是 A、B 相**与**，再跟 C **或**，然后再取反的**与或非**门电路。

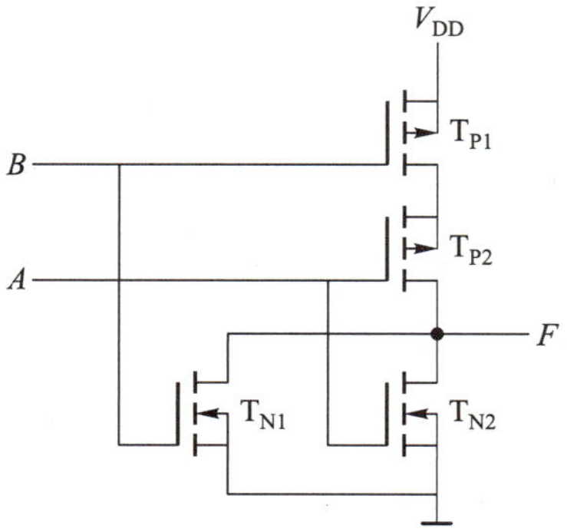

图 4.45　2 输入端 CMOS 或非门电路

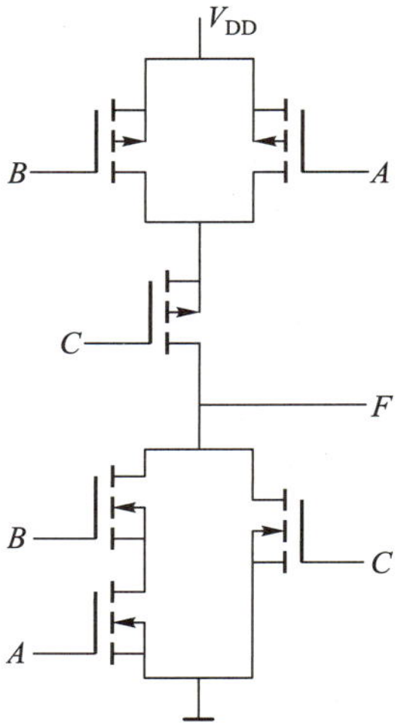

图 4.46　CMOS 与或非门电路

4. **异或**门

图 4.47 为 CMOS **异或**门电路。它由一级**或非**门和一级**与或非**门组成。**或非**门的输出 $X=\overline{A+B}$。而**与或非**门的输出 F 即为输入 A、B 的**异或**。推导如下：

$$F=\overline{A\cdot B+X}=\overline{A\cdot B+\overline{A+B}}$$

$$=\overline{A\cdot B+\overline{A}\cdot\overline{B}}=A\oplus B$$

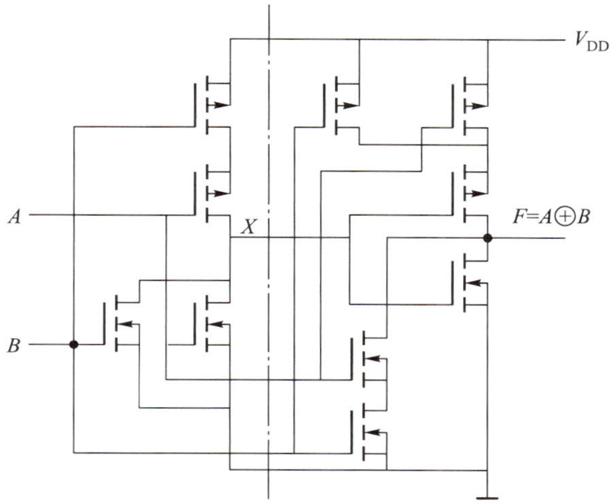

图 4.47 CMOS **异或**门电路

在**异或**门的后面增加一级反相器就构成**同或**门，具有$\overline{F}=A\cdot B+\overline{A}\cdot\overline{B}$的功能，**异或**门和**同或**门的逻辑符号如图 4.48 所示。

(a) **异或**门　(b) **同或**门

图 4.48 逻辑符号

4.4.3 CMOS 三态门

三态门，就是具有高电平、低电平和高阻抗三种输出状态的门电路。在 TTL 门电路中已经讨论过三态门的功能。用 CMOS 也可以构成三态门，其电路结构和逻辑符号如图 4.49 所示。

除此之外，CMOS 三态门电路结构可以用图 4.50 所示的两种形式构成缓冲器，其电路符号也一并给出。

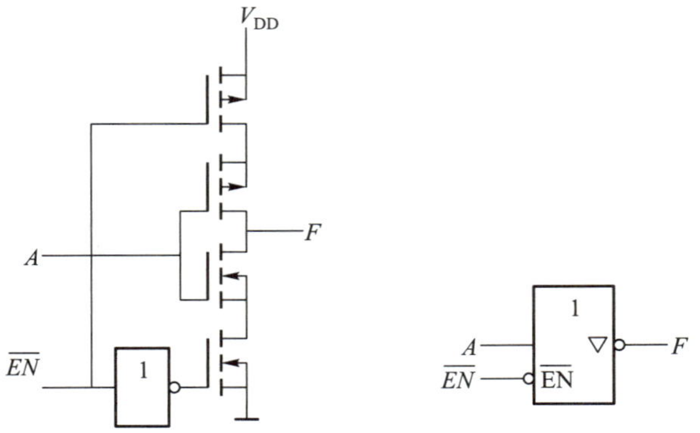

(a) 逻辑图　　(b) 逻辑符号

图 4.49　低电平控制的三态反相器

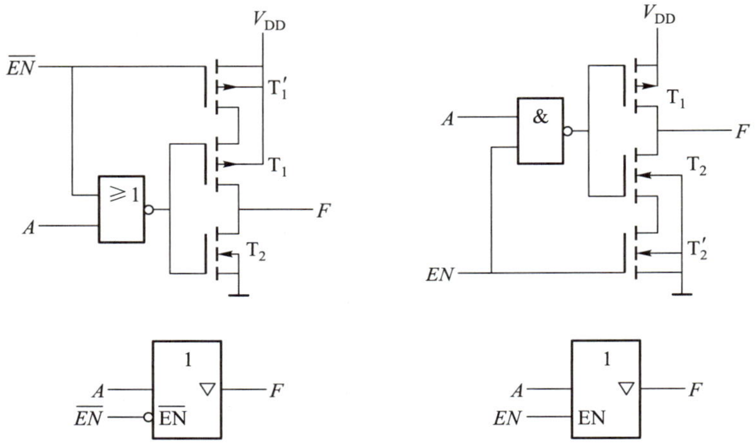

(a) 用或非门控制　　(b) 用与非门控制

图 4.50　CMOS 三态门构成缓冲器

4.4.4　CMOS 传输门构成逻辑电路

采用 CMOS 传输门可以构成各种组合逻辑功能电路。如图 4.51(a)所示为由 CMOS 传输门构成的 2 选 1 数据选择器电路。当 $S=\mathbf{0}$ 时，TG_1 通，TG_2 断，$F=P_0$；当 $S=\mathbf{1}$ 时，TG_1 断，TG_2 通，$F=P_1$，功能表总结如图 4.51(b)所示。

图 4.52 为用传输门构成的**异或**门电路。当 $B=\mathbf{1}$ 时，$F=\overline{A}$；$B=\mathbf{0}$ 时，$F=A$。F 与 A、B 的输入关系总结如表 4.14 所示。因此，该电路实现了 $F=A\oplus B$。

锁存器是最简单的数字存储单元，其存储方式是使用两个交叉耦合的反相器。两个交叉耦合反相器有两种稳态：A 输出 **1**，B 输出 **0** 或 A 输出 **0**，B 输出 **1**。这两种状态分别称为存储 **1** 信号和 **0** 信号。锁存器用传输门实现数据写入，如图 4.53 所示。当 CLK 信号高时，传输门 X2

使耦合反相器的环路断开，而打开的传输门 X1 连接输入和反相器 A 实现数据写入。当 *CLK* 变低，写入结束，A 与 B 反相器耦合实现数据锁存。具体实现电路如图 4.54 所示。

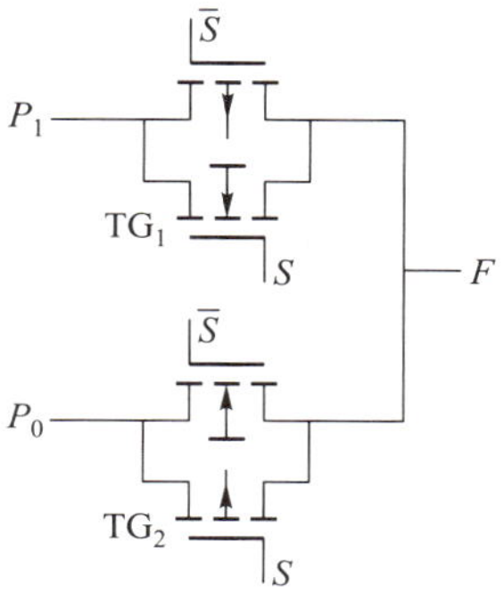

(a) 电路

S	F
0	P_0
1	P_1

(b) 功能表

图 4.51 2 选 1 数据选择器

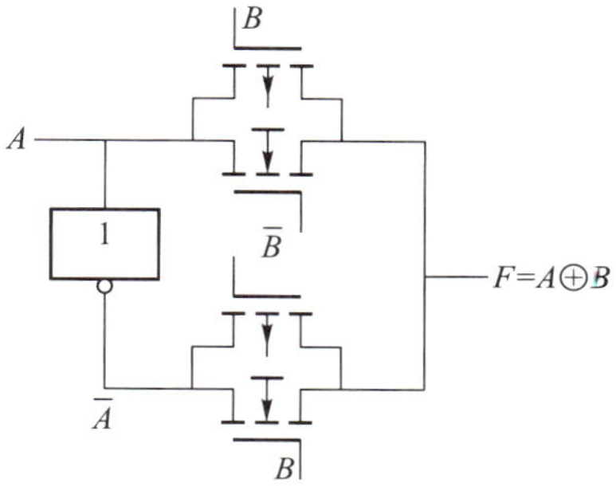

图 4.52 用传输门构成的**异或**门电路

表 4.14 **异或**门的功能表

A	B	F
0	**0**	**0**
0	**1**	**1**
1	**0**	**1**
1	**1**	**0**

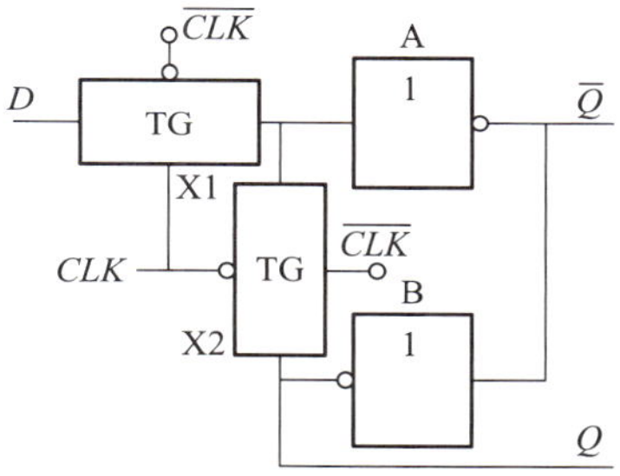

图 4.53 锁存器结构图

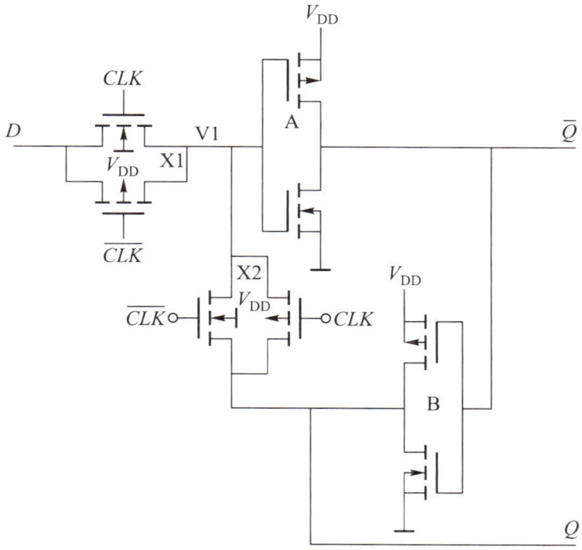

图 4.54 锁存器实现电路

4.5　伪 NMOS 逻辑电路

伪 NMOS 逻辑电路由一个实现逻辑功能的 NMOS 下拉网络和一个简单的负载器件组成，而这个负载器件可以用接地偏置的 PMOS，如图 4.55(a)所示。它的逻辑组合依赖输出到地之间的 NMOS 管连接方式，如图 4.55(b)所示。该结构显著优点是减少了晶体管数目(由 CMOS 逻辑门的 $2N$ 减少为 $N+1$)，且电路速度优于 CMOS 逻辑门。但它降低了稳定性和增加了额外的功耗，当下拉网络导通时，存在 V_{DD}和 GND 之间的直接电流通路会引起静态功耗。

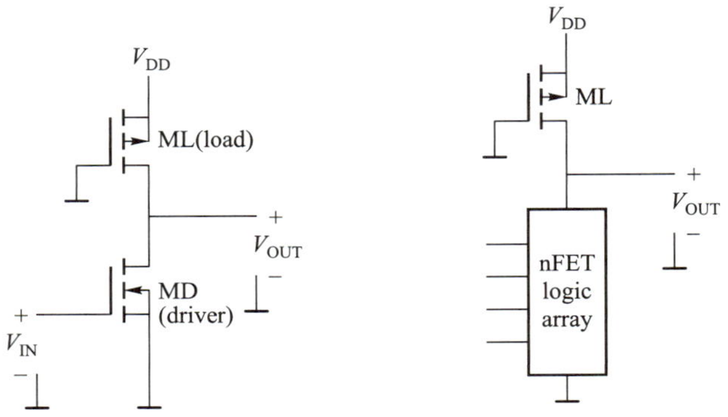

(a) 反相器　　(b) 复合逻辑门

图 4.55　伪 NMOS 逻辑电路

图 4.56 是 3 输入伪 NMOS 逻辑**或非**门。V_A、V_B、V_C三个输入信号中任何一个为高时，均可将 V_{OUT}拉低到地；V_A、V_B、V_C全为低时，V_{OUT}由 PMOS 管上拉为高电平。因此实现了**或非**功能。而图 4.57 则可以实现 2 输入伪 NMOS **与非**门，V_A和 V_B全为高时，V_{OUT}输出低；V_A、V_B只要一个为低，V_{OUT}输出为高，实现**与非**功能。

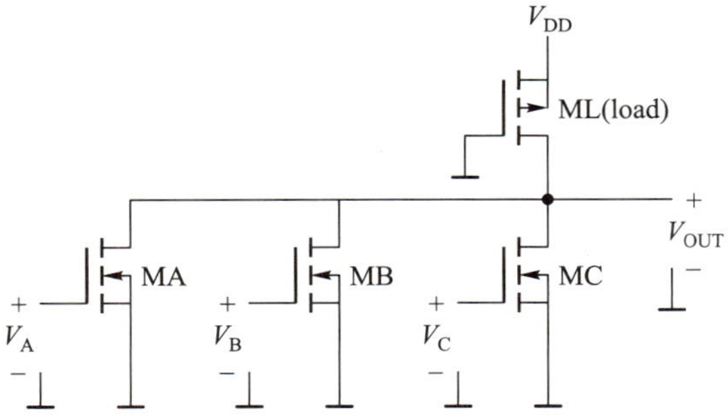

图 4.56　3 输入伪 NMOS 或非门

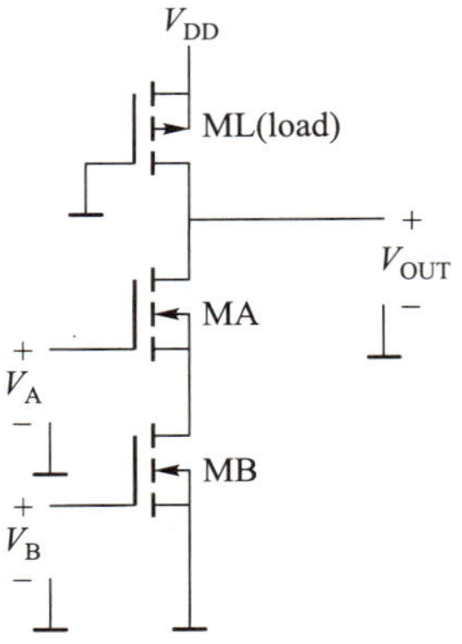

图 4.57　2 输入伪 NMOS 与非门

4.6 其他常用的门电路

4.6.1 BI-CMOS 门

在集成电路发展日新月异的今天,模拟电路和数字电路以及相应的接口等构成的系统采用兼容技术可以集成在同一个芯片上。要完成具有系统功能的电路,仅靠一种集成电路工艺难以满足要求。

CMOS 集成电路具有功耗低、集成度高和抗干扰能力强等特点,但是其工作电流小,驱动能力差,负载电容对其速度的影响大;而双极型工艺的器件工作电流大,负载电容对其速度的影响小,但是功耗大,集成度低。将双极型器件和 CMOS 器件制作在同一个芯片上的 BI-COMS电路,可以利用两种工艺的优点,发挥各自优势,设计制造高性能的系统芯片。

1. BI-CMOS 反相器

图 4.58 是含基本下拉电阻的简单 BI-CMOS 反相器电路,它由两个 MOS 管、两个 NPN 型双极型晶体管和大的负载电容组成。

互补的 PMOS 和 NMOS 晶体管 MP 和 MN 为双极型晶体管提供基极电流,在存在大电容的情况下,双极型晶体管 T_1 能有效地上拉输出电压,而 T_2 则能下拉输出电压。根据输入的逻辑电平,MP 或者 MN 在稳定状态下可以导通,保证了两个双极型晶体管工作在互补推挽方式。两个电阻用来释放截止模式下双极型晶体管的基区电荷。

图 4.59 是典型的传统 BI-CMOS 反相器电路,它对图 4.58 进行了改进:为了减少转换期间双极型晶体管的截止时间,采用两个最小尺寸的 NMOS 管 MB1、MB2 代替电阻提供基级放电路径,这是广泛应用的 BI-CMOS 反相器结构。

当输入电压很低接近于 0 时,NMOS 管 MN 和 MB1 都截止,PMOS 管 MP 和 NMOS 管 MB2 导通,双极型晶体管 T_2 基级电压为 0,双极型输出下拉晶体管 T_2 截止, T_1 和 T_2 都不导电,所以输出为高电平;

当输入电压增大到足够大的时候,也就是逻辑高电平,PMOS 管 MP 截止,NMOS 管 MN 和 MB1 导通。T_1 基极电流为 0,上拉晶体管 T_1 截止,MB1 释放 T_1 多余的基区少数载流子电荷。NMOS 管 MN 工作在饱和区,提供下拉晶体管 T_2 的基极电流。输出端输出低电平。

2. BI-CMOS 与非门

图 4.60 是 BI-CMOS 与非门电路图,双极型上拉管 T_1 的基极由两个并联的 PMOS 管驱动,当一个或者两个输入为逻辑低电平时,上拉管导通,输出逻辑高电平;双极型下拉管 T_2 由输出和基极之间的两个 NMOS 管驱动,只有两个输入都是逻辑高电平时,下拉管才会导通,输出逻辑低电平。截止状态时 T_1 的基极电荷通过两个串联的 NMOS 管泄放,而 T_2 基极电荷利用一个 NMOS 管泄放。

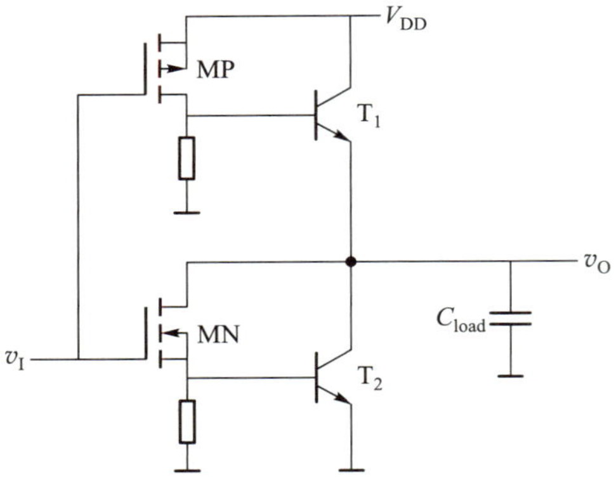

图 4.58　简单 BI-CMOS 反相器电路

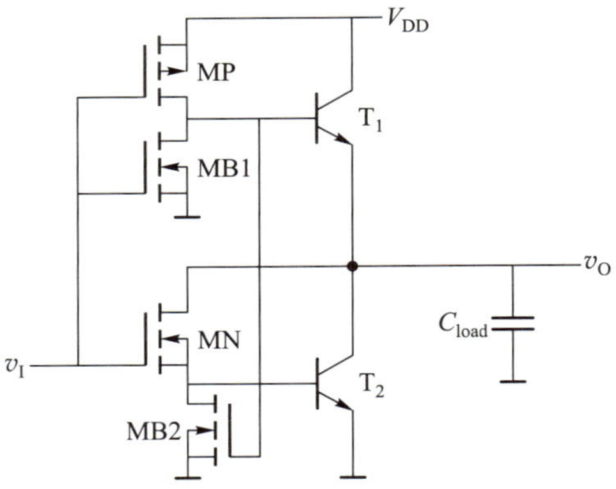

图 4.59　BI-CMOS 反相器电路

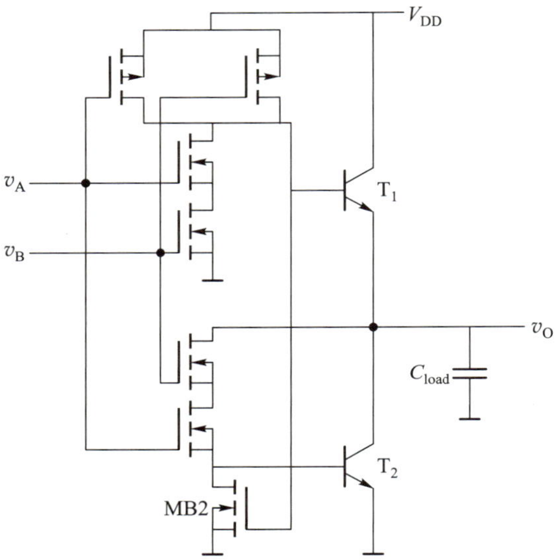

图 4.60　BI-CMOS 与非门电路图

3. BI-CMOS **或非门**

图 4.61 是 BI-CMOS **或非门**电路图，双极型上拉管 T_1 的基极由两个串联的 PMOS 管驱动，只有两个输入都为逻辑低电平时，上拉管导通，输出逻辑高电平；双极型下拉管 T_2 的基极由两个并联的 NMOS 管驱动，当一个或者两个输入逻辑高电平时，下拉管才会导通，输出逻辑低电平。上拉管基极电荷由并接在基极和地之间的两个最小尺寸的 NMOS 管泄放，当两个输入都是低电平时，只有一个 NMOS 管 MB2 用于泄放 T_2 的基极电荷。

4.6.2　超高速 CMOS 电路

超高速的逻辑电路常采用源极耦合 FET 逻辑 SCFL(source coupled FET logic)。SCFL 反

相器/缓冲器电路原理图如图 4.62 所示。

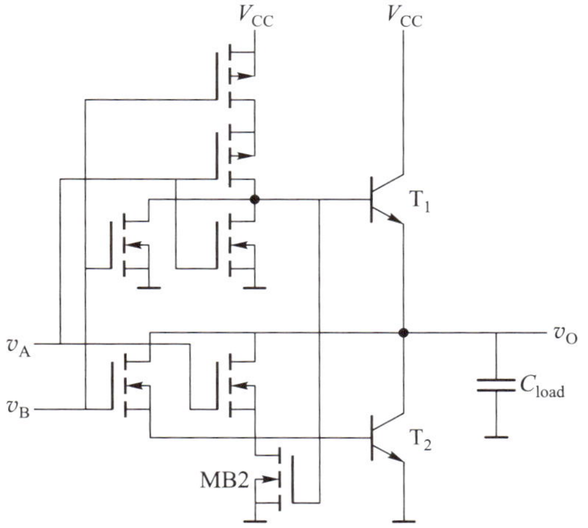

图 4.61 BI-CMOS 或非门电路图

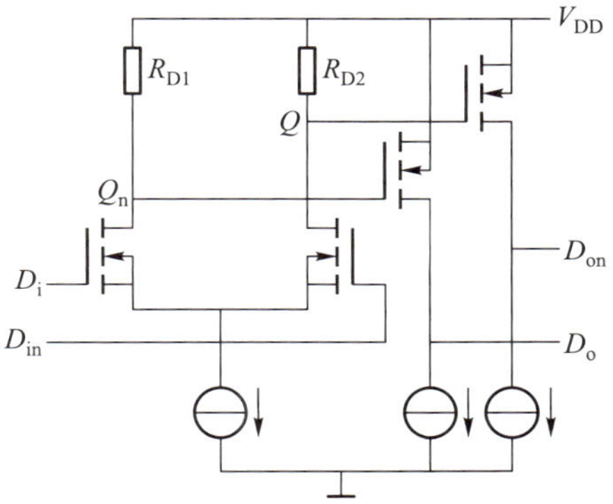

图 4.62 SCFL 反相器/缓冲器电路原理图

SCFL 电路是双端输入、双端输出的电路，对于图 4.62 的反相器/缓冲器电路，如差分输入 D_i 高于 D_{in}，则 Q_n 的电压低于 Q，因此 D_o 低于 D_{on}，也就是 D_i 高，D_o 低，是个反相器；如果输出 D_o 和 D_{on} 定义换一下，就变成了缓冲器电路，因此电路称为反相器/缓冲器电路。

利用这种电路结构，可以构成相应的逻辑电路，例如图 4.63 是一个 SCFL 或非门/或门电路原理图。

实际上，一个基本的 SCFL 单元电路如图 4.64 所示，输入为 A、B、C，输出为 F。其逻辑关系为 $F=AC+B\overline{C}$，如果把 A、B 视为两个数据，C 为选择端，那么这就是一个 2 选 1 的数据选择器，也称为 2∶1 复接器。

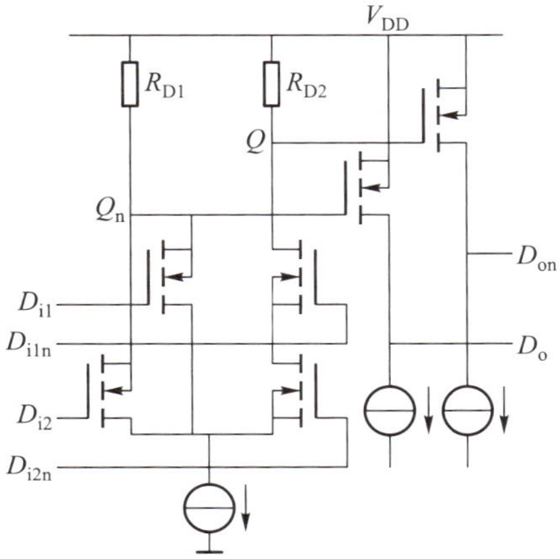

图 4.63 SCFL 或非门/或门电路原理图

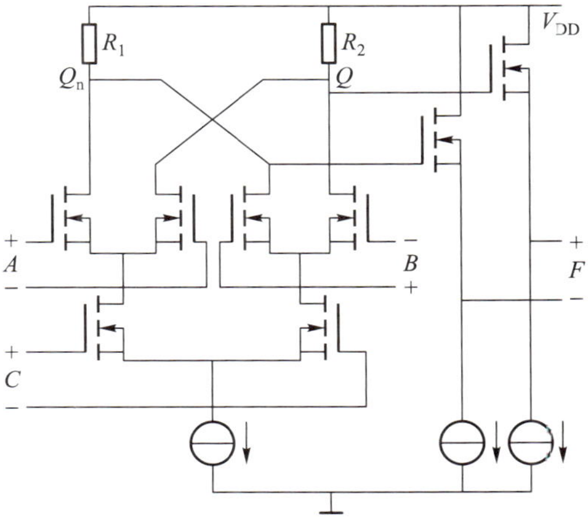

图 4.64 基本的 SCFL 单元电路

本章小结

本章介绍了 TTL 电路和 CMOS 电路两种常用的数字集成电路基础。双极型逻辑门电路的关键是 PN 结、二极管的开关特性、晶体管的开关特性，本章介绍了用二极管、晶体管构成常见的门电路和逻辑单元电路，说明了常见的电路结构和主要性能参数，并介绍了三态门和总线概念，以及目前大规模集成电路的主流工艺关键器件 CMOSFET 原理，MOS 开关、CMOS 门电路等主要器件的原理和符号。

习题

- **4.1** 解释 PN 结工作原理。
- **4.2** 解释二极管的开关特性。
- **4.3** 说明 NPN 型硅 BJT 作为开关管工作的原理。
- **4.4** 什么是 MOSFET 的阈值电压？
- **4.5** 简述增强型 NMOS 管从截止到导通再到饱和的工作过程。
- **4.6** 某增强型 MOSFET 的阈值电压 $V_T=3\ V$，V_{GS}最小为多少管子开始导通？
- **4.7** MOS 单沟道开关能否输入输出互换？CMOS 模拟双向开关呢？
- **4.8** 能否用二极管构成三输入**与**门？画出电路原理图。
- **4.9** 画出用二极管构成三输入**或**门的电路原理图。
- **4.10** 画出 CMOS 三输入**与非**门电路原理图。
- **4.11** 画出 CMOS 三输入**或非**门电路原理图。
- **4.12** 画出 CMOS 构成$\overline{AB+CD}$电路原理图。
- **4.13** 写出题 4.13 图所示电路的输出 F 函数表达式。

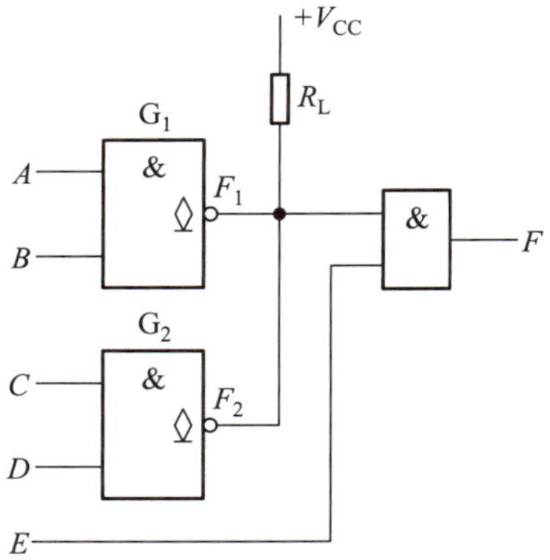

题 4.13 图

- **4.14** 如题 4.14 图所示电路，如果要实现 D 输出等于 B 信号的**非**，A 如何取值？如果要求 C 信号是 D 信号的**非**，A 如何取值？
- **4.15** 题 4.15 图所示总线，n 个三态门的输出接到了数据传输总线，A_1B_1、A_2B_2、…、A_nB_n 是输入的数据，EN_1、EN_2、…、EN_n 为片选信号。数据正常传送到数据总线上，片选信号如何控制？

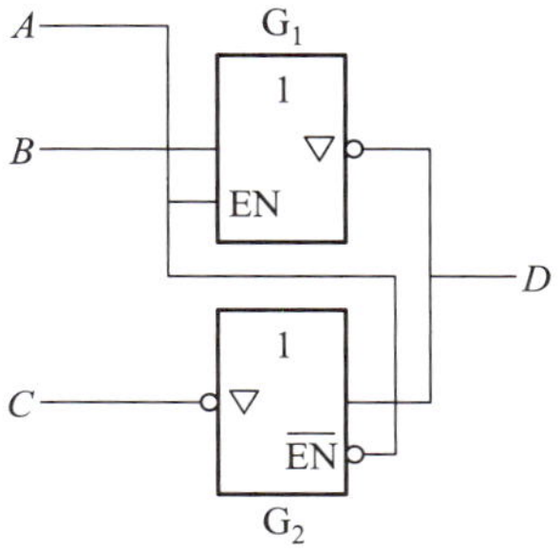

题 4.14 图

● **4.16** 分析题 4.16 图所示电路,写出其逻辑函数表达式。

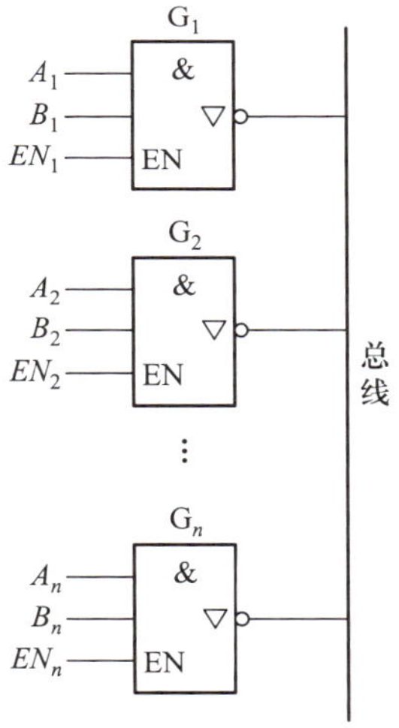

题 4.15 图

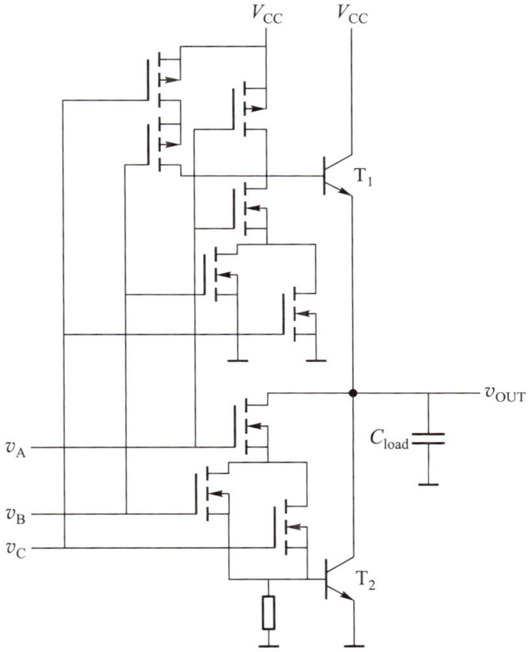

题 4.16 图

第5章

组合逻辑电路的分析与设计

数字逻辑电路分为两类：组合逻辑电路和时序逻辑电路。本章介绍组合逻辑电路的特点、组合逻辑电路的分析方法和采用门电路设计组合逻辑电路的方法。说明组合逻辑电路中的竞争与冒险的产生原因，在电路中是否存在冒险的判断方法，以及消除冒险的方法。

5.1 组合逻辑电路的特点

数字逻辑电路可以分为两类：组合逻辑电路和时序逻辑电路。组合逻辑电路可以完成一定的逻辑功能，也可作为数字系统的组成部分。组合逻辑电路的特点是电路在任意时刻的输出都是由当前时刻的输入信号决定的。因此，从输入输出信号的关系上看，组合逻辑电路的输出信号，仅仅取决于电路当前的输入。

根据组合逻辑电路的这个特点，可以通过在输入端施加不同的输入信号组合，从其输出结果上判断其是否为组合逻辑电路。如果输入端施加了所有的输入信号变量取值组合的随机序列，在输出端没有测试到同一种输入信号组合产生不相同的输出情况，那么这个电路就是组合逻辑电路。

从电路的构成上看，组合逻辑电路中不包含记忆器件，输出和输入之间也没有反馈路径。

组合逻辑电路的框图如图5.1所示，$X_1 \sim X_n$ 为 n 个输入信号变量，$Y_1 \sim Y_m$ 为 m 个输出信号，输出是输入信号的函数。n 个输入信号的变量，共有 2^n 种输入组合。对于每一种输入组合，只有一个输出值与其相对应。把每个输入组合和它对应的输出值列成表，就是前面所说的真值表。因此，组合逻辑电路，可以用真值表来描述。当然，也可以用前面所说的逻辑函

图 5.1　组合逻辑电路框图

数进行描述，其他的组合逻辑电路描述方法还有卡诺图、逻辑图、输入输出波形图以及硬件描述语言等。用文字也可以对组合逻辑电路的逻辑关系进行描述。

5.2 组合逻辑电路的分析

分析组合逻辑电路的目的是了解组合逻辑电路的功能，也就是根据给出的逻辑图，找到逻辑图所对应的逻辑函数表达式，列出其真值表，从而理解电路的功能用途。因此，组合逻辑电路的分析，就是利用逻辑代数理论找出给定的逻辑电路的输出与输入之间的逻辑关系，从而得到组合逻辑电路的功能。

对于组合逻辑电路，首先说明其描述方法，也就是组合逻辑电路的功能表达方法。如前所述，组合逻辑电路的描述方法有：组合逻辑电路的函数表达式、真值表、逻辑图和输入输出波形图，当然还可以用文字或者硬件描述语言描述其逻辑关系。

因此，对于组合逻辑电路的分析，也就是写出组合逻辑电路的逻辑函数表达式、真值表或者输入输出波形图，进而理解电路的功能。由此，可以总结得到组合逻辑电路的分析步骤：

（1）将组合逻辑电路的逻辑图中每个门的输出，用不同的符号标记。

（2）求出每个门的输出逻辑表达式。

（3）将各个门的输出表达式代入组合逻辑电路输出的表达式中，并进行化简，求出电路的输出表达式，也就是输出仅仅是输入变量的函数。

（4）写出真值表。

当然，也可以从逻辑电路的输入端开始，根据逻辑器件的功能，逐级推导出输出端的逻辑函数表达式，根据输出函数表达式，写出其真值表，进而概括出其逻辑功能；或者从组合逻辑电路的输入端开始，施加输入变量的所有取值组合，求出电路的真值表，由真值表写出逻辑函数表达式，进而总结出电路的逻辑功能。组合逻辑电路的分析步骤如图 5.2 所示。

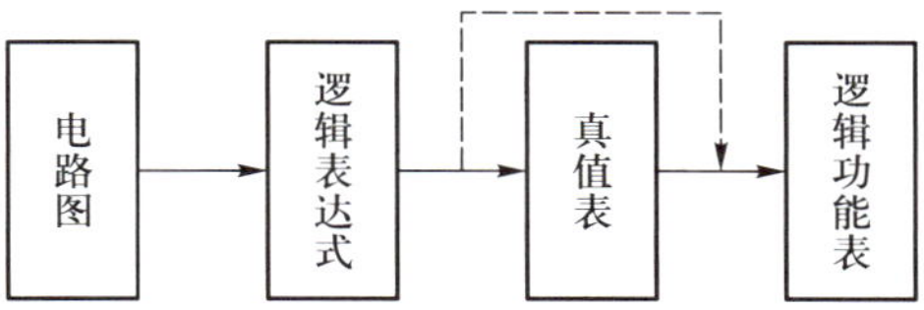

图 5.2　组合逻辑电路的分析步骤

下面举例说明组合逻辑电路的分析方法。

例 5.1　分析图 5.3 所示电路。

解：从电路图知道，电路由**与非**门构成，没有反馈回路和延时、存储器件，因此是一个组合逻辑电路。

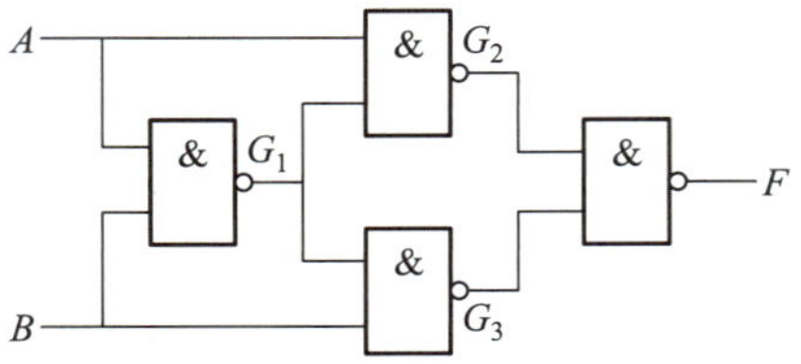

图 5.3　例 5.1 逻辑电路图

按照组合逻辑电路的分析步骤作如下分析：

从输入端开始，根据器件的功能，逐级写出电路的表达式

$$G_1 = \overline{A \cdot B}$$

$$G_2 = \overline{A \cdot G_1}$$

$$G_3 = \overline{B \cdot G_1}$$

$$F = \overline{G_2 \cdot G_3}$$

然后将 G_2、G_3 带入到 F 表达式中，再将 G_1 代入，化简整理后得到

$$F = A\overline{B} + \overline{A}B$$

由此逻辑函数表达式，可以做出函数的真值表，如表 5.1 所示。

表 5.1　例 5.1 真值表

A	B	F
0	**0**	**0**
0	**1**	**1**
1	**0**	**1**
1	**1**	**0**

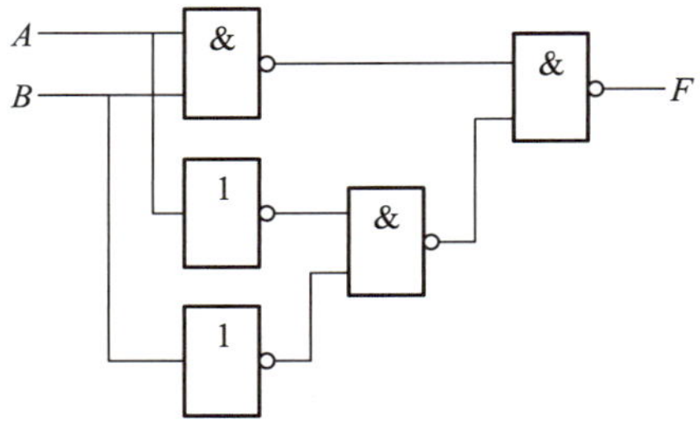

图 5.4　例 5.2 逻辑电路图

可以总结电路的逻辑功能是完成 A，B 两个信号的**异或**运算。

例 5.2　分析图 5.4 所示电路。

解：从电路逻辑图可以判断该电路是组合逻辑电路，因为电路中没有存储器件、反馈回路和延时单元。为了方便分析，图 5.4 中没有标注输出的那些门，也加上输出符号，如图 5.5 所示。

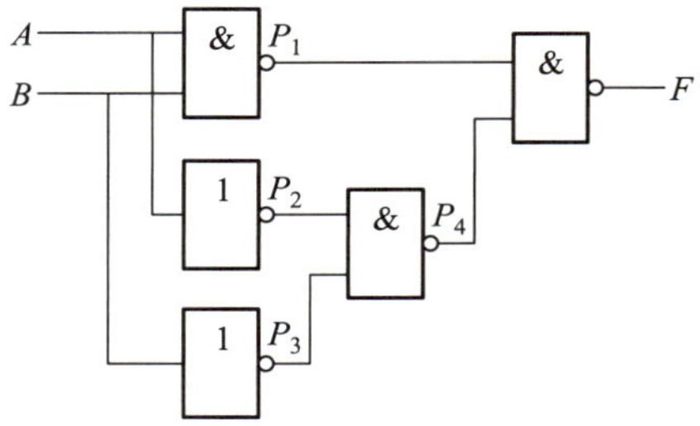

图 5.5　加上输出符号的逻辑电路图

由这个图，写出每个门的输出表达式

$$P_1 = \overline{A \cdot B}$$

$$P_2 = \overline{A}$$

$$P_3 = \overline{B}$$

$$P_4 = \overline{P_2 \cdot P_3}$$

$$F = \overline{P_1 \cdot P_4}$$

将 P_1, P_2, P_3, P_4 代入到 F 的逻辑函数表达式中，得到 F 仅仅是输入变量 A、B 的函数，并化简得到

$$F = \overline{\overline{A \cdot B} \cdot \overline{\overline{A} \cdot \overline{B}}} = \overline{\overline{A \cdot B}} + \overline{\overline{\overline{A} \cdot \overline{B}}} = A \cdot B + \overline{A} \cdot \overline{B}$$

由表达式，列出其真值表如表 5.2 所示。

表 5.2　例 5.2 真值表

A	B	F
0	**0**	**1**
0	**1**	**0**
1	**0**	**0**
1	**1**	**1**

由真值表可知，逻辑电路功能是完成 A、B 两个信号的**同或**运算。

两个逻辑变量的**异或**运算和**同或**运算互为反函数，因此，这个例题的功能，可以由上个例题的输出取反得到。由此可以理解，一个逻辑函数可以用多个逻辑电路图描述，也可以用不同的门电路，构成相同功能的逻辑函数。

组合逻辑电路的分析，也可以采用从逻辑电路图直接得到真值表的方法。如果组合逻辑电路有 n 个输入变量，那么就有 2^n 个输入的取值组合。其分析方法如下：(1) 画出真值表，表格的左侧列出输入变量，右侧列出函数；(2) 将输入变量的 2^n 个取值组合按照其二进制数值从 0 到 2^n-1 的顺序排列填在真值表的左侧对应的变量下方，真值表的右侧列出对应函数取值的空格；(3) 根据输入变量的取值组合，在逻辑电路图上推得函数的输出值，列在真值表相应的空格中；(4) 按照顺序改变变量的取值组合，逐步推出所有输入变量取值组合对应的函数输出值，填到真值表相应的空格中，得到完整的真值表。

例 5.3　分析图 5.6 所示电路。

解：(1) 先列一张表，在这个逻辑图中有三个逻辑变量，因此这张表有 8 行，分别与二进制数 **000～111** 对应。

(2) 把逻辑图中没有给予变量符号的门输出，赋予逻辑符号，如图 5.7 所示。

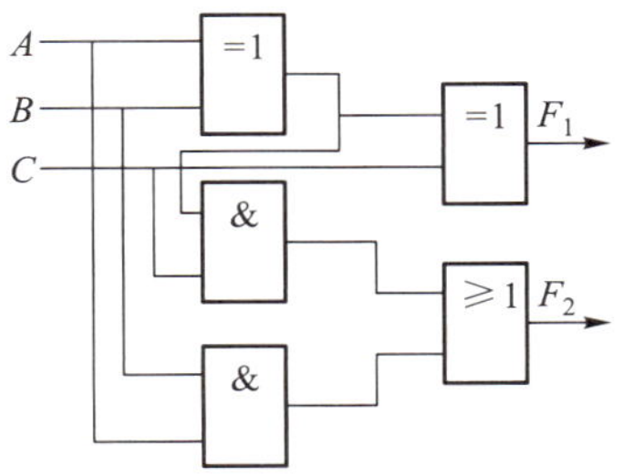

图 5.6　例 5.3 逻辑电路图

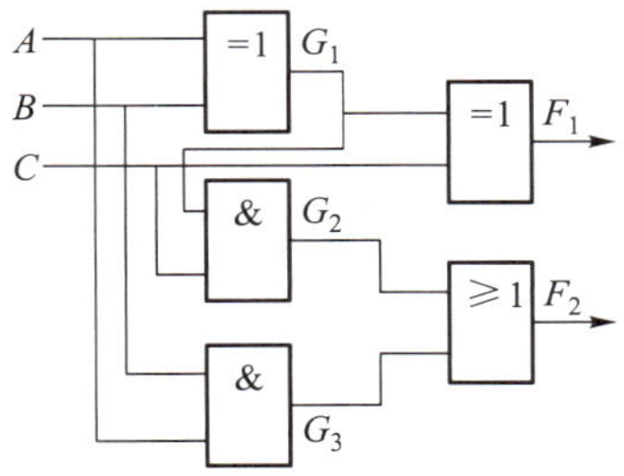

图 5.7　标注了所有门输出的逻辑图

(3) 把(1)中列出的表格，添加所有的门输出，并把由电路输入变量能直接求出的门输出，在表中列出其值，如表 5.3 所示。

表 5.3　不完整的真值表

A	B	C	G_1	G_2	G_3	F_1	F_2
0	0	0	0		0		
0	0	1	0		0		
0	1	0	1		0		
0	1	1	1		0		
1	0	0	1		0		
1	0	1	1		0		
1	1	0	0		1		
1	1	1	0		1		

（4）根据（3）中得到的门输出，逐步推出所有的门输出，列于表 5.4 中。

表 5.4　所有门输出的真值表

A	B	C	G_1	G_2	G_3	F_1	F_2
0	0	0	0	0	0	0	0
0	0	1	0	0	0	1	0
0	1	0	1	0	0	1	0
0	1	1	1	1	0	0	1
1	0	0	1	0	0	1	0
1	0	1	1	1	0	0	1
1	1	0	0	0	1	0	1
1	1	1	0	0	1	1	1

这个例题，实际上是一个 1 位的二进制数全加器电路。两个 1 位的二进制数 A、B 相加，C 为更低位向本位的进位；F_1 为 A 和 B 相加的和，因为是全加，还加上了进位 C，因此 F_1 是全加器的和，F_2 则为进位输出。

对于 1 位二进制的全加器，实际上是在进行多位二进制数加法的时候，两个多位二进制数中间的某一位相加的结果，其输入有三个变量：两个本位的二进制位，低 1 位相加产生的向本位的进位；其输出有两个：相加得到的和以及向更高 1 位的进位。全加器的逻辑符号如图 5.8 所示。

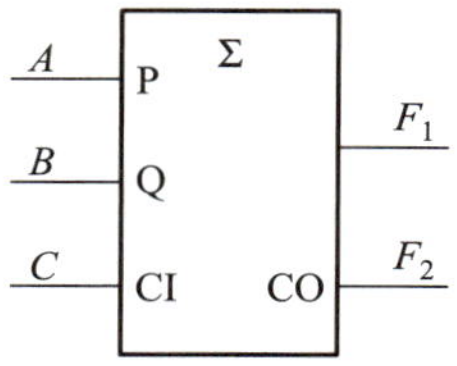

图 5.8　一位全加器逻辑符号

其中一个特例，就是两个二进制数的最低位相加，这时候仅仅需要考虑这两个最低位的相加，而没有更低位向本位的进位，因此，只有两个输入变量：加数和被加数。当然，它的输出也有两个：和以及向更高位的进位。

对于这个例题,同样可以采用前面的方法分析。

$$G_1 = A \oplus B$$
$$G_2 = G_1 \cdot C$$
$$G_3 = A \cdot B$$
$$F_1 = G_1 \oplus C$$
$$F_2 = G_2 + G_3$$

将 G_1 代入 F_1,得到

$$F_1 = A \oplus B \oplus C$$

将 G_1 代入 G_2,再将 G_2、G_3 代入 F_2,得到 F_2 表达式,化简得到

$$F_2 = \overline{A}BC + A\overline{B}C + AB$$

列真值表如表 5.5 所示。

表 5.5 一位全加器真值表

A	B	C	F_1	F_2
0	0	0	0	0
0	0	1	1	0
0	1	0	1	0
0	1	1	0	1
1	0	0	1	0
1	0	1	0	1
1	1	0	0	1
1	1	1	1	1

由逻辑电路图直接求真值表的分析方法,对于输入变量数 n 较多的情况,需要 2^n 次读逻辑电路图求逻辑值。

微视频 5-1 组合逻辑电路的分析方法

5.3 组合逻辑电路的最小化设计

组合逻辑电路的设计过程与分析过程正好相反。需要从正确理解要设计的逻辑问题入手,确定哪些作为输入变量,哪些作为输出变量,并给其赋予相应的符号,然后列出输入和输出之间关系的真值表,从真值表求出函数的逻辑表达式,根据采用的门电路类型对表达式进行相应的变换,最后画出逻辑图并验证设计的正确性。组合逻辑电路的设计,可以选择小规模集成电路的逻辑门来实现,也可以采用功能模块来设计实现,还可以用硬件描述语言描述电路,选择大规模集成的可编程逻辑器件芯片,实现设计的电路。在这里介绍采用门电路设计组合逻辑电路的方法。

对于组合逻辑电路的设计,正确地理解需要设计的电路功能是至关重要的一步。此外,对输出函数要进行必要的简化和变换。

所谓最小化设计,就是电路设计中所使用的门电路种类数最少、电路中门的个数最少以及电路中的连线最少。

因此,对于组合逻辑电路的设计,其步骤为

(1) 根据问题的描述,正确理解电路的功能,确定输入变量和输出函数的个数,并给每个输入变量和输出函数赋予符号。

(2) 根据电路的功能描述,列出输入变量和输出函数之间关系的真值表。

(3) 由真值表,对函数进行必要的化简,得到适当的逻辑函数表达式。

（4）根据逻辑函数表达式，进行必要的变换，画出电路的逻辑图，并验证所设计电路的正确性。

举例说明组合逻辑电路的设计方法。

例 5.4　试用**与非**门设计三人表决器电路。

解：三人表决器，是由三个人判定某个事件是否成立的电路，例如举重比赛时三个裁判判定试举是否成功，其中两个以上判定试举成功，那么就认为运动员试举成功。

假如三个人判定分别用变量 A、B、C 代表，用 **0** 代表某位裁判给出的判断是否定的，也就是事件不成立；用 **1** 代表给出的判断是肯定；用 F 代表三个人表决的结果，**0** 代表事件不成立，**1** 代表事件成立，那么可以列出三人表决器的真值表如表 5.6 所示。

由真值表，可以画出 F 的卡诺图如图 5.9 所示。

表 5.6　三人表决器真值表

A	B	C	F
0	0	0	0
0	0	1	0
0	1	0	0
0	1	1	1
1	0	0	0
1	0	1	1
1	1	0	1
1	1	1	1

C \ AB	00	01	11	10
0			1	
1		1	1	1

图 5.9　三人表决器输出 F 的卡诺图

求出逻辑函数表达式，由于采用**与非**门，因此应该写成最简**与或**式，然后可以方便地变化成两级**与非-与非**结构

$$F = AB + BC + AC$$

变换成两级**与非-与非**结构　　$F = \overline{\overline{AB} \cdot \overline{BC} \cdot \overline{AC}}$

用**与非**门实现的逻辑电路图如图 5.10 所示。

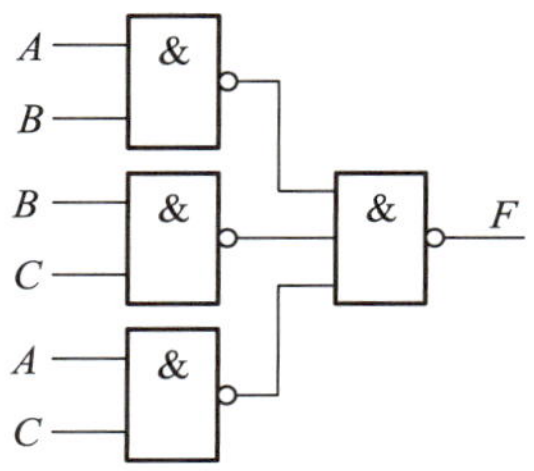

图 5.10　三人表决器逻辑电路图

在组合逻辑电路的设计中，输入到底采用什么变量来代表，输出函数是什么，很重要，需要认真分析逻辑设计的要求，准确理解所要实现的逻辑功能，从而完成逻辑电路的设计。举例说明。

例 5.5　试用**与非**门设计一根据人类四种基本血型判断输血和受血是否相符的电路。

解：人类的四种基本血型为：A、B、AB、O。

输血的血型必须符合的原则是：O 型血可以输给任意血型的人；AB 型血只能输给 AB 型；A 型血能输给 A 型和 AB 型；B 型血能输给 B 型和 AB 型。

受血的血型必须符合的原则是：O 型血只能接受 O 型血；AB 型能接受所有血型；A 型血只能接受 A 型或 O 型血；B 型血只能接受 B 型或 O 型血。

这个题目功能虽然能够理解了，但是设计看起来还是比较复杂，输入变量到底该如何选择，输出是什么，这是关键。输入若是输血血型和受血血型，输出则为是否相符，理解到这一步，题目就不难解答了。

输入血型和输出血型都有四种，如果每一种血型用一个变量表示，那么，就应该有 8 个输入变量。如果这样来选择输入变量，这个题目设计起来就会很复杂，函数的真值表列出来也会很麻烦。

实际上，四种血型用两个变量就能表示出来，也就是对其进行编码。

A：**00**　　B：**01**　　AB：**10**　　O：**11**

由此可以将输血规则表变换为真值表，如表 5.7 所示。

表 5.7　输血规则表(a)真值表(b)

(a)

输血	受血	结果
A	A	正确
A	B	错误
A	AB	正确
A	O	错误
B	A	错误
B	B	正确
B	AB	正确
B	O	错误
AB	A	错误
AB	B	错误
AB	AB	正确
AB	O	错误
O	A	正确
O	B	正确
O	AB	正确
O	O	正确

(b)

输血		受血		结果
0	**0**	**0**	**0**	**1**
0	**0**	**0**	**1**	**0**
0	**0**	**1**	**0**	**1**
0	**0**	**1**	**1**	**0**
0	**1**	**0**	**0**	**0**
0	**1**	**0**	**1**	**1**
0	**1**	**1**	**0**	**1**
0	**1**	**1**	**1**	**0**
1	**0**	**0**	**0**	**0**
1	**0**	**0**	**1**	**0**
1	**0**	**1**	**0**	**1**
1	**0**	**1**	**1**	**0**
1	**1**	**0**	**0**	**1**
1	**1**	**0**	**1**	**1**
1	**1**	**1**	**0**	**1**
1	**1**	**1**	**1**	**1**

输血血型分别用两个变量 M、N 表示，受血血型分别用两个变量 K、H 表示，输出结果用 F 表示。

由真值表，做出卡诺图，如图 5.11 所示。

因此，可以得到最简**与或**表达式，并转换为**与非-与非**结构

$$F = K\overline{H} + MN + \overline{K}HN + \overline{M}\,\overline{N}\,\overline{H} = \overline{\overline{K\overline{H}} \cdot \overline{MN} \cdot \overline{\overline{K}HN} \cdot \overline{\overline{M}\,\overline{N}\,\overline{H}}}$$

用**与非**门实现，逻辑图如图 5.12 所示。

KH \ MN	00	01	11	10
00	1	0	1	0
01	0	1	1	0
11	0	0	1	0
10	1	1	1	1

图 5.11　判断输血受血是否符合规则的卡诺图

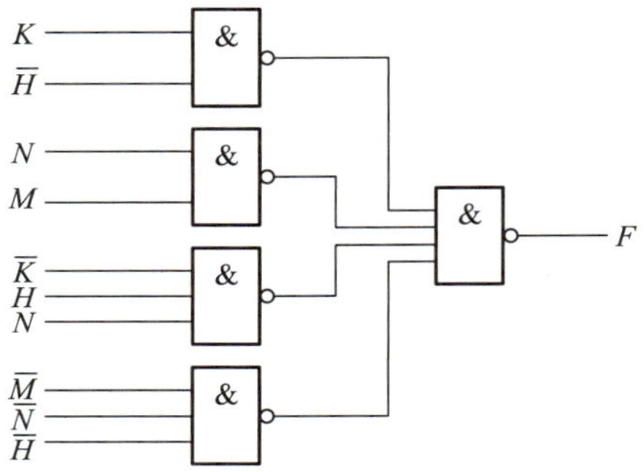

图 5.12　判断输血受血是否相符的逻辑电路

对于包含有无关项的组合逻辑电路，设计方法跟前面一致，但是，需要明确的是，一旦给出了化简后的逻辑函数表达式，其所表示的电路跟原来电路的描述就不是一个概念，只不过，化简后的逻辑函数表达式能够覆盖原来的电路描述的功能。无关项在化简后的表达式中已经不再是无关项，而是赋予了相应的逻辑值，只是这个逻辑值没有意义。举例说明。

例 5.6　在输入信号 A、B、C、D 的作用下，产生输出信号 F，波形如图 5.13 所示。试用**与非**门设计完成该功能的组合逻辑电路。

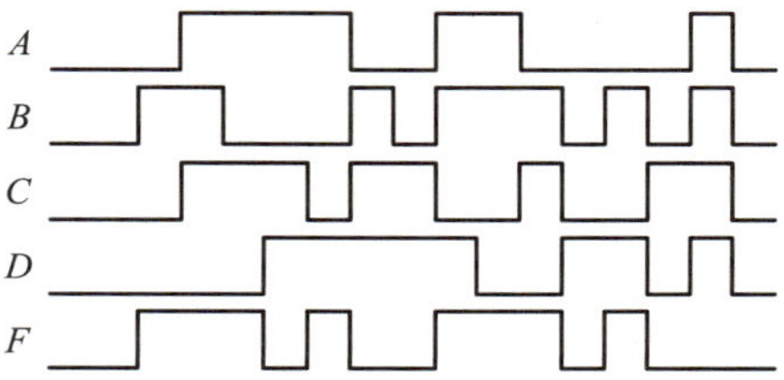

图 5.13　例 5.6 输入输出波形图

解：题目给出了输入输出关系，根据波形，我们可以找出输入输出的真值表，将其列出来，如表 5.8 所示。

表 5.8 例 5.6 真值表

输入				输出
A	B	C	D	F
0	**0**	**0**	**0**	**0**
0	**0**	**0**	**1**	**0**
0	**0**	**1**	**0**	**0**
0	**0**	**1**	**1**	**0**
0	**1**	**0**	**0**	**1**
0	**1**	**0**	**1**	**1**
0	**1**	**1**	**0**	**1**
0	**1**	**1**	**1**	**0**
1	**0**	**0**	**0**	×
1	**0**	**0**	**1**	**1**
1	**0**	**1**	**0**	**1**
1	**0**	**1**	**1**	**0**
1	**1**	**0**	**0**	**1**
1	**1**	**0**	**1**	**1**
1	**1**	**1**	**0**	**1**
1	**1**	**1**	**1**	**0**

在输入输出关系的波形中，对应 ABCD = **1000**，没有给出描述，也就是说，这个取值组合没有输入的可能，因此其输出值也就无关紧要，用×代表，即为任意项。

用卡诺图化简得到

$$F = A\overline{C} + A\overline{D} + B\overline{C} + B\overline{D} = \overline{\overline{A\overline{CD}} \cdot \overline{B\overline{CD}}}$$

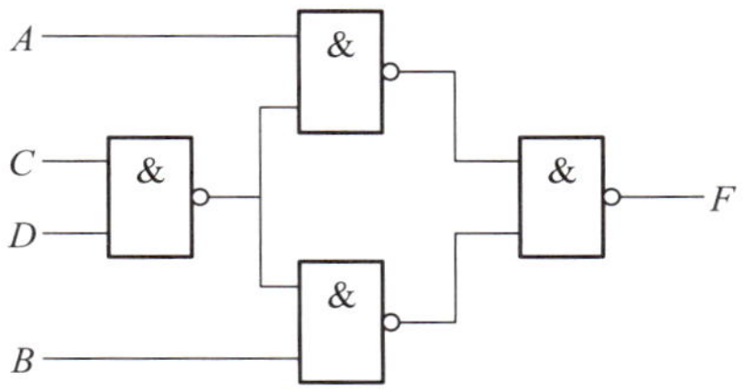

图 5.14 例 5.6 逻辑图

由表达式可以做出逻辑图如图 5.14 所示。

在这个题目中，任意项当成了 **1** 来处理，因此所得到的逻辑函数表达式或者逻辑图，跟原来的输入输出关系波形所描述的逻辑功能不一致。在原始的描述中不存在 $ABCD$ = **1000** 这一项，除此之外，设计的逻辑电路跟原始描述的输入输出关系是一致的。因此，设计的电路覆盖了原始描述的输入输出关系。这也就是说，对于存在任意项的逻辑函数，设计完成后对任意项已经规定了其输出值，在这一点上是跟原来函数有区别的，但是不影响对原始描述的覆盖。

对于有多个输出的组合逻辑电路设计，不是追求每个输出函数都是最简表达式，这样并不一定节省器件，而是要根据多个电路输出的表达式结果进行观察化简，让其输出中的某些项相同，达到使用的器件数最少的目的。

例 5.7　用**与非**门实现两个输出函数 $F_1=B\overline{C}+BD$，$F_2=BC+B\overline{D}$。

解：如果按照通常的设计方法，这两个表达式都是最简表达式，用**与非**门实现的逻辑图如图 5.15 所示。

如果把函数的表达式改为 $F_1=B\overline{C}+BCD$，$F_2=BCD+B\overline{D}$，那么，这个多输出函数的逻辑图如图 5.16 所示。可以看出它比采用最简表达式少使用了一个**与非**门。

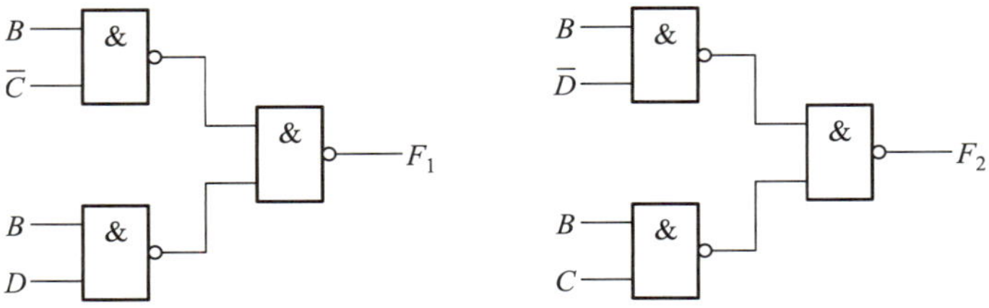

图 5.15　采用最简表达式实现例 5.7 多输出函数逻辑图

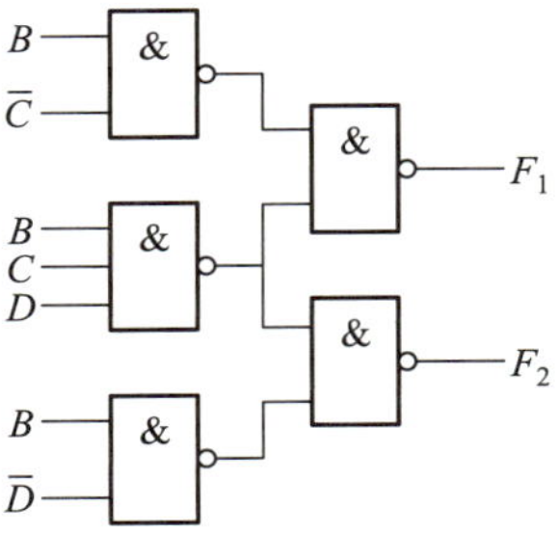

图 5.16　采用最少与非门实现例 5.7 多输出函数逻辑图

微视频 5-2
组合逻辑电路的最小化设计

5.4　组合逻辑电路的竞争和险象

通常，对于组合逻辑电路的分析与设计，都是针对理想情况下进行的，也就是假设电路没有延时。实际上，信号从电路的输入端输入，到电路的输出端输出，都会需要一定的时间。这是因为信号经过电路中的导线、逻辑门的传输，需要一定的响应时间，信号的变化也就会存在一定的过渡时间。

信号从输入端经过不同的路径到达输出端，延迟也会不一样，例如，输入信号从一条路径经过 2 个**与非**门到达输出端，而从另一条路径要经过 4 个**与非**门才能到达输出端，如果每个**与非**门的延迟时间大致相等，那么该信号通过两条路径到达输出端的时间就不一样。即使两条路径经过相同数量的门，由于各个门的延迟也是各不一样，也会产生不一致的延迟。另外，多个信号变化时，会存在各个信号变化有先后快慢的区别。考虑到这些实际情况，我们在前面对逻辑电路的分析和设计，就有可能出现在信号变化的瞬间，电路的输出与分析或者设计的结果不一样，造成电路工作不正常。

组合逻辑电路中，输入信号的变化传输到电路的各级逻辑门，到达的时间有先后，也就是存在时差，称为竞争。也就是说，一个门的多个输入端信号到达的时间有先后快慢之分，这是因为信号通过不同的路径来到门的输入端，这种时差现象就是竞争。

当输入信号变化时，由于存在竞争，在输出端产生错误，出现了瞬时的干扰脉冲现象，称为险象。有时候，后续电路对这种瞬时出现的干扰脉冲敏感，会导致电路功能错误，就需要采取措施消除险象。

竞争不一定会产生险象，当输入信号传输到各级逻辑门时存在竞争，如果在输出端不出现瞬时的干扰脉冲，就不会产生险象。但是产生险象，就一定存在竞争。

从严格的意义上讲，险象的产生，就是因为电路存在延迟。这种延迟或者是因为电路器件延迟，或者是多个信号应该同时变化，而没有同时发生变化，其本质上也是信号延迟所致。

下面用具体电路说明竞争险象。

如图 5.17 所示电路，其逻辑功能为 $F=A+\overline{A}$。因此，无论 A 为 **0** 还是为 **1**，电路的 F 输出总是 **1**。同样，如果不考虑电路的延时，无论 A 由 **0** 变为 **1**，还是由 **1** 变为 **0**，电路的 F 输出也总是为 **1**。

但是，如果**非**门存在延时，A 信号经过两条路径到达**或**门，在**或**门输入端就存在竞争。

当 A 由 **0** 变为 **1** 时，两条路径虽然存在竞争，但是，在输出端不会出现险象。这是因为，在**或**门的两个输入信号 A 和 $\overline{A}$，由于**非**门的延迟，A 信号先从 **0** 变为 **1**，而 $\overline{A}$ 从 **1** 变成 **0** 要滞后于 A 的变化，A 和 $\overline{A}$ 在一个瞬时取值相同，都为 **1**，其他时间 A 和 $\overline{A}$ 取值相反，在电路的输出端就不会产生险象。

当 A 由 **1** 变为 **0** 时，会产生险象。因为 A 信号先从 **1** 变为 **0**，然后才是 $\overline{A}$ 从 **0** 变成 **1**，也就是 $\overline{A}$ 的变化比 A 的变化晚，A 和 $\overline{A}$ 有一个瞬时取值相同，都为 **0**，造成**或**门的输出瞬时为 **0**，出现了从 **1** 变为 **0** 然后变成 **1** 的瞬时负脉冲，也就是产生了险象。其他时间 A 和 $\overline{A}$ 取值相反，在电路的输出端输出 **1**。

如图 5.18 所示波形，虽然 A 变化都会产生竞争，但是只有在 **1** 变为 **0** 时，产生险象。

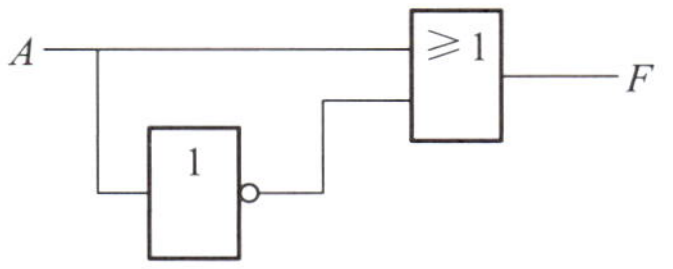

图 5.17　A 经过两条路径影响输出 F

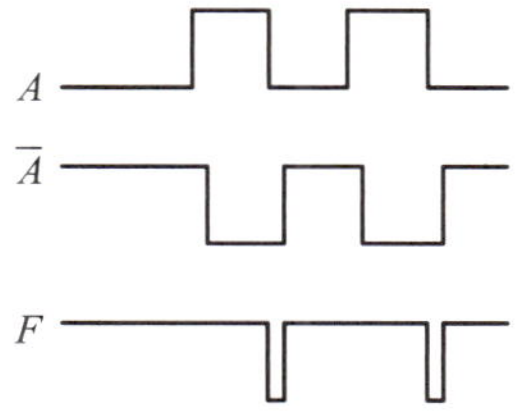

图 5.18　A 经过两条路径影响输出 F 产生竞争险象

而对于图 5.19 所示**与**门，输出 $F=AB$，因此当 AB 取值 **01** 或者 **10** 时，输出 F 都应为 **0**。但是，当 AB 由 **01** 变为 **10** 时，由于两个信号变化不可能同时完成，如果 A 先于 B 变化，就会产生干扰脉冲，也就是会出现险象。如果 A 滞后于 B 变化，就不会产生险象。

实际上，两输入**与**门和图 5.17 的两输入**或**门类似，在图 5.17 中，A 信号经过**非**门送到了**或**门的一个输入端，在两输入**与**门的电路中，B 信号也可以理解为是 A 信号经过**非**门送来的，那么其产生险象的问题就如图 5.17 中的类似，只不过，A 由 **0** 变为 **1** 产生险象，而且险象是从 **0** 到 **1** 再到 **0** 的正脉冲。图 5.20(a)就是描述了这种情况。

对于图 5.20(b)，可以理解为 A 信号是由 B 信号经过一个**非**门送来的，也就是 B 超前于 A 变化，在 B 由 **1** 变为 **0** 时是不会产生险象的。

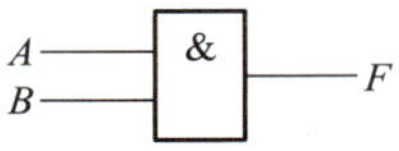

图 5.19　与门电路

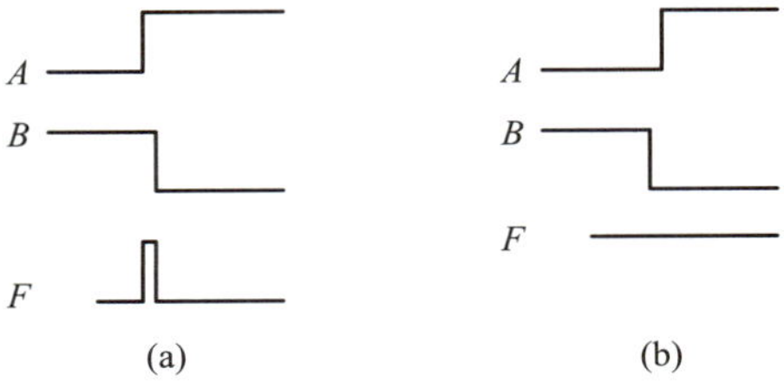

图 5.20　与门电路中变量变化次序对险象的影响

前面描述的情况，属于组合逻辑电路在输入信号变化前后，稳定的输出值相同，而仅仅在转换瞬间有险象。这种险象称为静态险象。

静态险象分为静态 **0** 险象和静态 **1** 险象。如果输入信号变化前后，电路稳定的输出为 **1**，而在转换瞬间出现 **0** 的毛刺(干扰序列为 **1-0-1**)，这种险象称为静态 **0** 险象，例如图 5.18 中的险象就是 **0** 险象；反之，如果在输入信号变换前后，电路稳定输出为 **0**，而只是在转换瞬间出现 **1** 毛刺(干扰序列为 **0-1-0**)，这种险象称为静态 **1** 险象，如图 5.20 所示。

在组合逻辑电路中，如果输入信号变换前后稳定输出值不一致，也就是说，因为输入发生了变化，输出应该由 **1** 变为 **0**，或者由 **0** 变为 **1**。在这种情况下，不会产生静态险象。但是，有可能在最终稳定输出之前，输出发生短暂的反复，即输出序列出现 **1→0→1→0**，或者 **0→1→0→1**，这种险象称为动态险象。电路的动态险象，一般是由电路前级产生了静态险象所引起的，而且动态险象只有在多级电路中才可能会发生，在两级**与或**电路或者**或与**电路中不会产生动态险象。如果消除了电路的静态险象，也就不会产生动态险象，因此，在这里仅仅讨论组合逻辑电路的静态险象。

组合逻辑电路在输入信号发生变化时，产生静态险象的原因有两种，一种是当有两个或者两个以上输入信号发生变化时，由于可能经历的路径不同，所产生的险象称为功能险象(函数险象)。功能险象是逻辑函数本身所固有的。另一种是当输入信号只有一个发生变化，或者虽然有多个信号发生变化，但是没有发生功能险象的可能，由于门的延迟不同，产生了静态险象，称为逻辑险象。前面两个例子，都是逻辑险象。

5.4.1　功能险象的判断方法

首先看功能险象。分析图 5.21 所示电路，当输入 ABC 分别由 **001** 变为 **111** 和由 **010** 变为 **100** 电路的险象。

由电路图，可以得到逻辑函数表达式 $F=AB+\overline{A}C$，画出电路的卡诺图如图 5.22 所示。

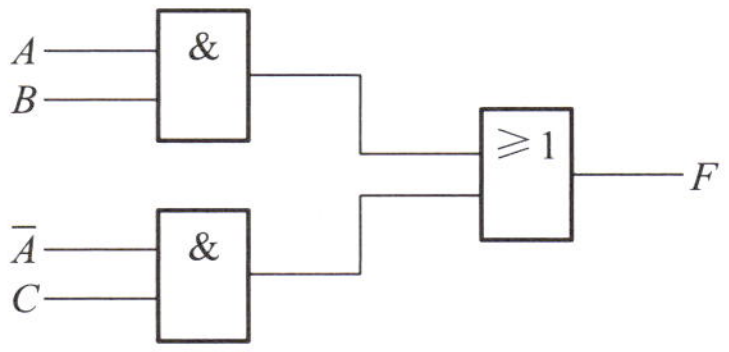

图 5.21　产生功能险象的逻辑电路

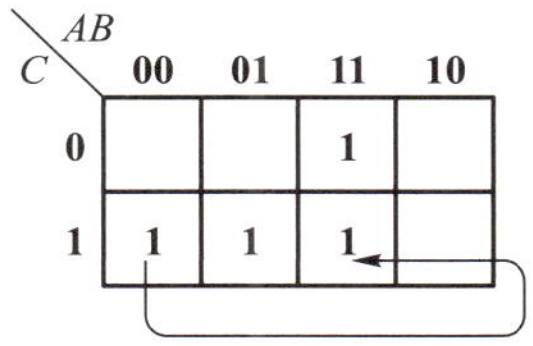

图 5.22　产生功能 0 险象在卡诺图中变量变化的路径

当输入信号 *ABC* 从 **001** 变为 **111** 时,变化前后输出的稳定值是一样的,都为 **1**。

信号 *A*、*B* 发生了变化,这两个信号不可能同一时刻发生变化,因此就会有两个变化的途径:其一是 **001-011-111**,也就是 *B* 先于 *A* 发生变化,由于输入信号为 **011** 时,输出值也为 **1**,所以不会产生险象。

另一变化路径 **001-101-111**,也就是 *A* 先于 *B* 发生变化,由于中间状态输入值为 **101**,其对应的输出值为 **0**,所以会出现 **1-0-1** 的毛刺,也就是出现 **0** 险象,这种险象就是功能险象。

当输入信号 *ABC* 从 **010** 变为 **100** 时,变化前后输出的稳定值是一样的,都为 **0**。同样信号*A*、*B*都发生了变化,这两个信号也不可能同一时刻发生变化。

因此有两个变化的途径:其一是 **010-000-100**,也就是 *B* 先于 *A* 发生变化,由于输入信号为 **000** 时,输出值也为 **0**,所以不会产生险象。

另一变化路径 **010-110-100**,也就是 *A* 先于 *B* 发生变化,由于中间状态输入值为 **110**,其对应的输出值为 **1**,所以会出现 **0-1-0** 的毛刺,也就是出现 **1** 险象,这种险象也是功能险象。

判断一个组合逻辑电路是否会发生功能险象,可以从逻辑函数的表达式或者卡诺图来进行判断。

用逻辑函数表达式判断功能险象的方法如下:

在由 *N* 个输入变量的组合逻辑电路中,当有 *P* 个变量发生变化时($P>1$),在输入变量变化前后,稳定的函数输出值相同,由 $N-P$ 个不变的输入变量组成的乘积项,既不是逻辑函数表达式中的乘积项,也不是逻辑函数表达式的多余项,就有发生功能险象的可能。

用卡诺图判断功能险象的方法如下:

在由 *N* 个输入变量的组合逻辑电路中,当有 *P* 个变量发生变化时($P>1$),在输入变量变化前后,稳定的函数输出值相同,由 $N-P$ 个不变的输入变量组成的乘积项所包含的 2^P 个最小项方格中,既有 **0**,也有 **1**,就有发生功能险象的可能。

这样,*P* 个变量发生变化时,产生静态功能险象的条件归纳为

(1) *P* 个变量变化前后,函数输出值相同。

(2) *P* 必须大于 1,如果 *P* 为 1,则不会发生功能险象。

(3) $N-P$ 个不变的变量不是逻辑函数表达式的乘积项或者多余项(采用逻辑函数表达式判断);或者 $N-P$ 个不变的变量组成的乘积项对应的最小项方格中,既有 **0** 也有 **1**(卡诺图法判断)。

5.4.2　逻辑险象的判断方法

前面已经介绍了逻辑险象的概念：当输入信号只有一个发生变化时，产生了静态险象；或者虽然有多个信号发生变化，但是没有发生功能险象的可能，而由于门的延迟不同，产生了静态险象。

可以这样来判断是否有可能产生静态逻辑险象：$P(P\geqslant 1)$个变量发生变化时，如果已经判断出不会产生功能险象（P 为 1 一定不会产生功能险象），但是在逻辑函数表达式中，没有包含$N-P$个不变变量组成的乘积项，就会有逻辑险象的可能。

下面举例说明组合逻辑电路险象的判断。

例 5.8　分析图 5.23 所示组合逻辑电路，当输入信号 $ABCD$ 发生如下变化时，判断是否会产生功能险象和逻辑险象。（1）**0100-1101**　（2）**0111-1110**　（3）**1001-1011**

从逻辑图可以看出，组合逻辑电路的函数表达式为

$$F = A\,\overline{C} + B\,\overline{D} + CD$$

做出其卡诺图，如图 5.24 所示。

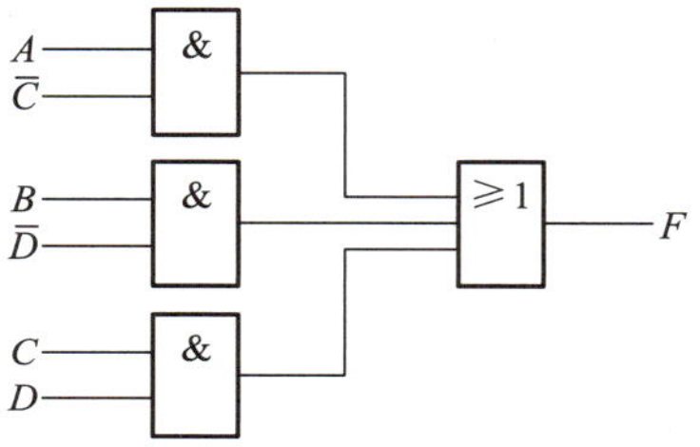

图 5.23　例 5.8 逻辑电路图

CD \ AB	00	01	11	10
00		1	1	1
01		0	1	1
11	1	1	1	1
10		1	1	

图 5.24　例 5.8 卡诺图

（1）当输入发生 **0100-1101** 变化时，可以看出，有两个变量发生了变化，首先看其是否可能存在功能险象。

用卡诺图法：两个不变的变量 BC 为 **10**，四个最小项为 4，5，12，13，其中最小项 5 的取值为 **0**，其他三个取值为 **1**，这样，两个不变的变量 $B\,\overline{C}$组成的最小项取值中，既有 **0** 也有 **1**，因此存在功能险象的可能。既然存在功能险象，也就不会发生逻辑险象。

实际上，当变量 $ABCD$ 的变化路径为 **0100-0101-1101** 时，存在静态 **0** 险象，另一条变化路径 **0100-1100-1101** 不会产生静态险象。

再从逻辑函数表达式上看，两个不变的变量组成的乘积项为 $B\,\overline{C}$，既不是逻辑函数表达式中的乘积项，也不是逻辑函数表达式中的多余项，因此存在功能险象的可能。

（2）当输入发生 **0111-1110** 变化时，也有两个变量发生了变化，即 A、D 发生了变化，而 BC 一直为 **11** 没有变化。BC 为 **11** 包含的四个最小项为 6，7，14，15，取值都为 **1**，因此不会发生静态功能险象。再看其是否会发生逻辑险象，两个不变的变量组成的乘积项 BC，没有包

含在逻辑函数表达式中,因此有逻辑险象的可能。

用逻辑函数表达式也可以判断不会产生功能险象,因为两个不变的变量组成的乘积项 BC 是逻辑函数表达式中的多余项,因此不会发生功能险象。

(3)当输入发生 **1001–1011** 变化时,只有一个变量发生了变化,而且变化前后函数值都为 **1**,因此不会产生功能险象;但是,因为不变的变量组成的乘积项 $A\overline{B}D$,在函数表达式中没有包含,因此有产生逻辑险象的可能。实际上,前者逻辑值为 **1** 的原因是第一个**与**门值为 **1**,其他**与**门值为 **0**;变化后函数逻辑值为 **1**,是因为第三个**与**门值为 **1**,其他两个**与**门值为 **0**;因为这两个**与**门的延迟不同,就可能产生静态 **0** 险象,属于逻辑险象。

再来看输入变量如果从 **1001** 变为 **1101** 时的情况,它也只有一个变量发生了变化,因此不会产生功能险象。三个不变的变量组成的乘积项 $A\overline{C}D$,包含在逻辑函数表达式中,因此也不会发生逻辑险象。

5.4.3 险象的消除方法

功能险象是由电路的逻辑功能决定的,不能通过修改逻辑设计的方法消除。通常可以采用选通输出的方法避开险象。

功能险象,发生在输入信号变化的瞬间,而在稳定的输出时电路工作是正常的。因此,可以采用选通脉冲,避开输入信号发生变化的瞬间进行输出。也就是说,选通脉冲是让电路变化达到稳定后,再输出。这样就选取了没有险象的稳定输出时间段,从而可以消除功能险象,这种方法对于逻辑险象同样适用。

采用选通脉冲的方法消除险象,对于选通脉冲有相应的要求。选通脉冲加到电路的位置和极性,可以采用下述方法确定:

假设逻辑函数为 F,选通脉冲为 CP,加选通脉冲后逻辑函数变为 K,那么,$K=F\cdot CP$。

对于两级**与非**门实现的逻辑函数,实际上也就是**与或**式,$K=(A\cdot B+C\cdot D)\cdot CP=AB\cdot CP+CD\cdot CP$,这两种电路选通脉冲的加入位置和极性是一样的,就是在第一级的**与**门或者**与非**门加入正极性脉冲,如图 5.25 所示。这样在所加的选通脉冲为高电平期间输出信号有效,而在选通脉冲为低电平期间,输入信号 A、B、C、D 可以变化,在输入信号稳定之后,再使选通脉冲变为高电平。

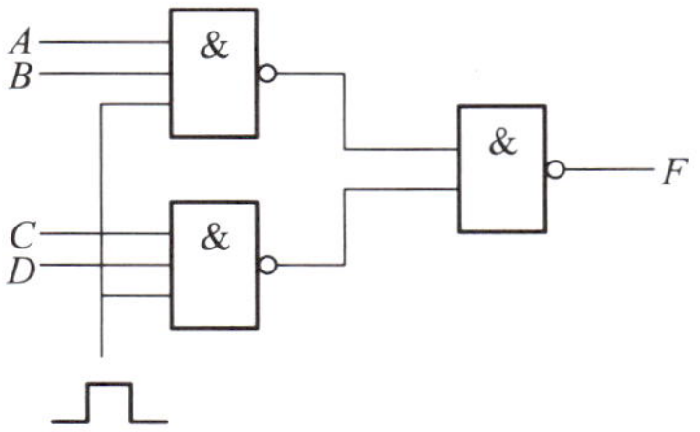

(a) 两级与非逻辑

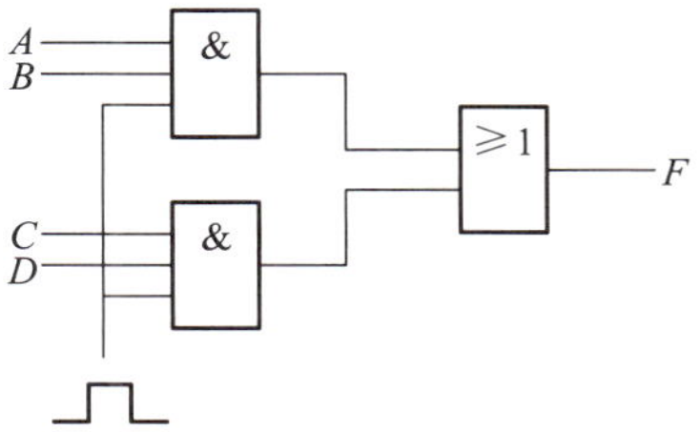

(b) 与或逻辑

图 5.25 **与或**逻辑或者两级**与非**逻辑的选通脉冲极性和加入位置

对于**或与**式函数 $F=(A+B)(C+D)$，$K=F\cdot CP=(A+B)(C+D)CP=\overline{\overline{A+B}+\overline{C+D}+\overline{CP}}$，选通脉冲有两种加入方式，如图 5.26 所示，选通脉冲位置不同，极性也不一样。

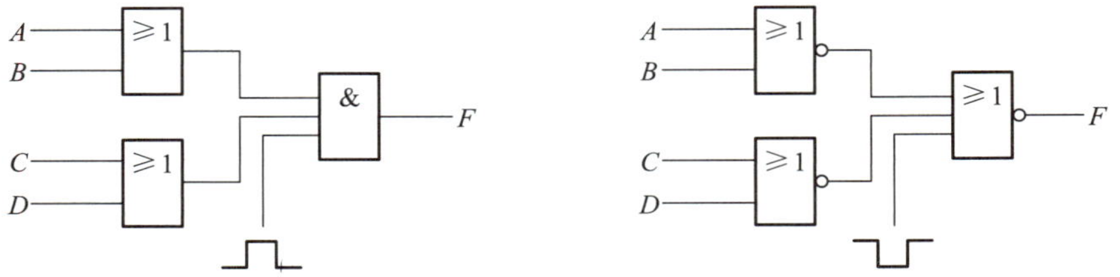

(a) **或与**逻辑　　(b) 两级**或非**逻辑

图 5.26　或与逻辑或者两级**或非**逻辑的选通脉冲极性和加入位置

对于**与或非**式，$F=\overline{AB+CD}$，$K=\overline{AB+CD}\cdot CP=\overline{AB+CD+\overline{CP}}$，本质上所加选通脉冲没有区别。如图 5.27 所示。

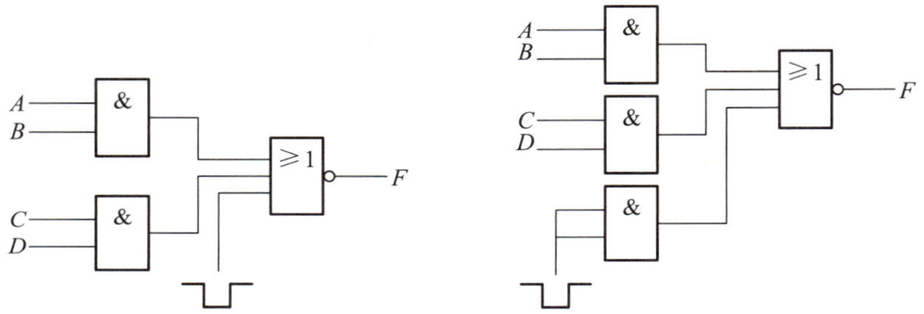

(a) **与或非**逻辑1　　(b) **与或非**逻辑2

图 5.27　与或非逻辑的选通脉冲极性和加入位置

电路中加了选通脉冲（也称为取样脉冲），组合逻辑电路的输出就不再是电位信号，而变成了脉冲信号。当有输出脉冲时，表示组合逻辑电路输出为 **1**，没有输出脉冲时，表示组合逻辑电路输出为 **0**。

对于逻辑险象，除了采用选通脉冲的方法消除险象外，还可以通过修改逻辑设计来实现。之所以会产生逻辑险象，是因为逻辑函数表达式中没有包含由不变变量组成的乘积项。因此，可以在逻辑函数表达式中增加所有的多余项。也就是，逻辑函数表达式不是最简表达式，而是由全部的主要项构成。例如在前面所讲的例 5.8，如图 5.23 所示，如果把逻辑函数表达式 $F=A\overline{C}+B\overline{D}+CD$ 变为 $F=A\overline{C}+B\overline{D}+CD+AB+BC+AD$，也就是增加主要项 AB，BC，AD，将这些多余项加到逻辑函数表达式中，使电路变成图 5.28 所示电路，就可以消除逻辑险象。但是这种方法不会消除功能险象。

为了消除功能险象以及逻辑险象，在对输出波形边沿要求不高的情况下，可以在输出端增加一个小电容，滤除险象的毛刺信号，如图 5.28 中虚线所示电容。但是，对于高速电路，增加小的电容，会降低电路的工作速度，因此不宜采用这种办法。在高速电路中，只能采用选通的方式消除险象。

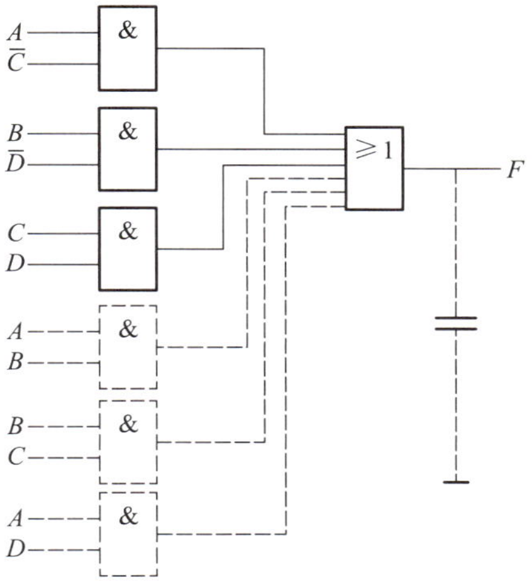

图 5.28　采用增加冗余项的方法消除逻辑冒险

微视频 5-3 组合逻辑电路的竞争和险象

本章小结

组合逻辑电路是常见的逻辑电路，组合逻辑电路的特点从输入输出关系上看，是电路的输出仅仅与电路在该时刻的输入有关，而与电路过去时刻的输入和输出无关。从电路结构上看，组合逻辑电路没有反馈回路。

对于组合逻辑电路的描述，通常有真值表、逻辑函数表达式、卡诺图、输入输出波形图、逻辑图等。组合逻辑电路的分析方法就是对给定的逻辑图，求出其逻辑表达式和真值表，总结得到其逻辑功能；采用门电路设计组合逻辑电路的方法是根据逻辑描述，求出真值表，进而得到逻辑表达式，经过适当的逻辑变换，得到逻辑图。本章还讲述了组合逻辑电路中的竞争与险象产生的原因，以及产生险象的判断方法和消除险象的方法。

习　题

- **5.1**　分析题 5.1 图所示电路，写出真值表和逻辑函数表达式。

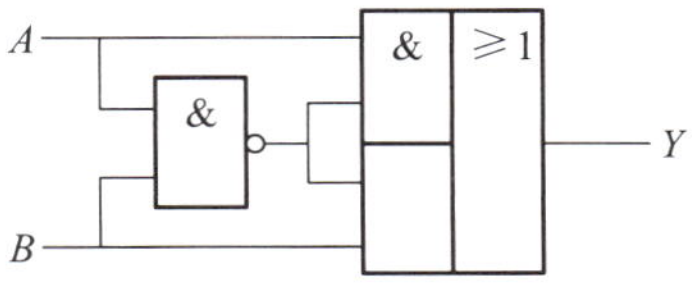

(a)

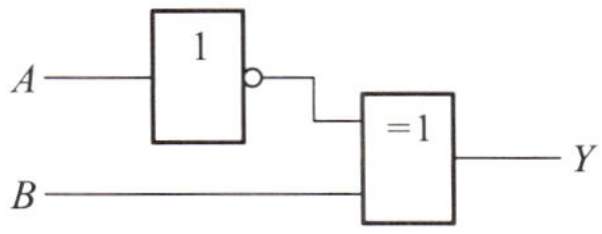

(b)

题 5.1 图

- **5.2**　分析题 5.2 图所示电路的逻辑功能，写出逻辑函数表达式和真值表。

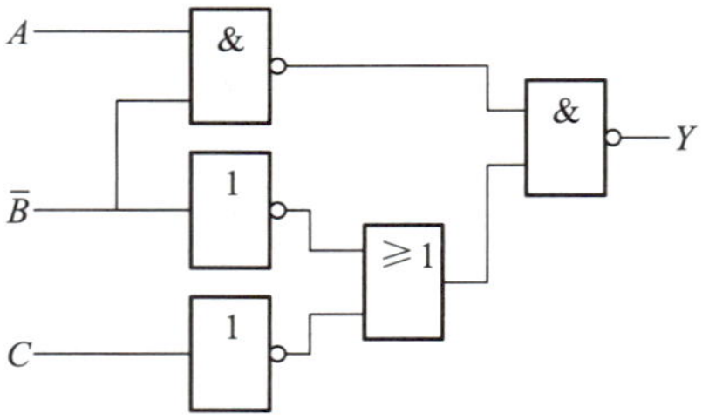

题 5.2 图

- **5.3**　写出题 5.3 图所示两个电路的逻辑表达式和真值表。

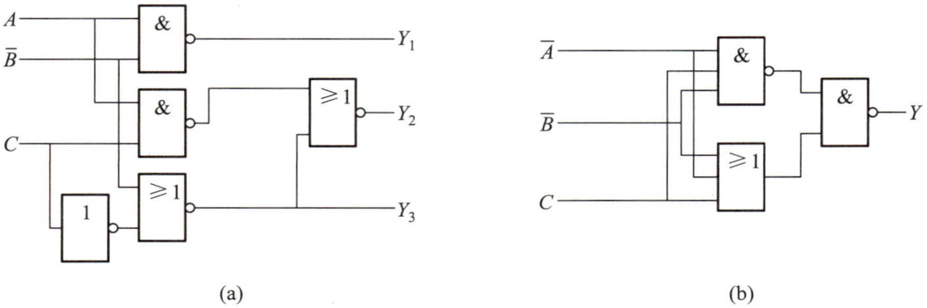

题 5.3 图

- **5.4**　用真值表、卡诺图和逻辑图（**与或**）表示逻辑函数 $L=A\overline{B}+B\overline{C}+C\overline{A}$。
- **5.5**　分析题 5.5 图所示组合逻辑电路，写出**与或**逻辑表达式，列出其真值表。

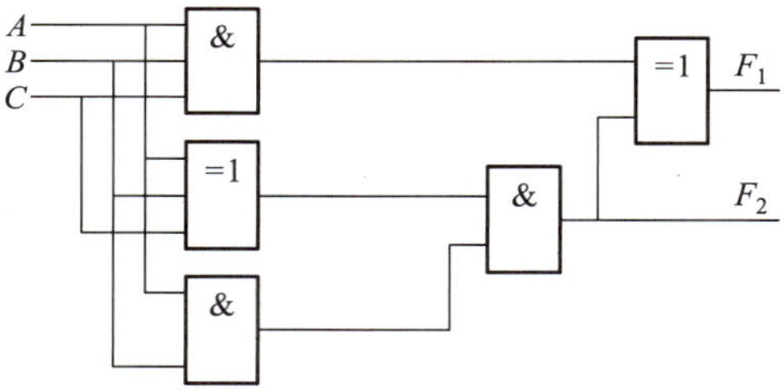

题 5.5 图

- **5.6**　逻辑电路如题 5.6 图所示，写出其逻辑表达式和真值表。

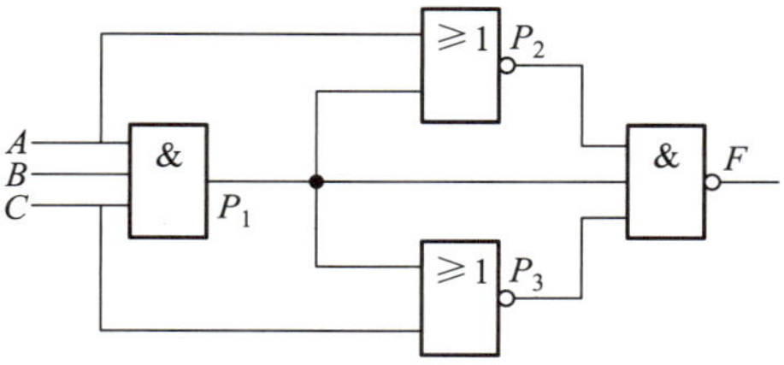

题 5.6 图

- **5.7** 试分析题 5.7 图所示的逻辑电路，写出逻辑表达式和真值表。

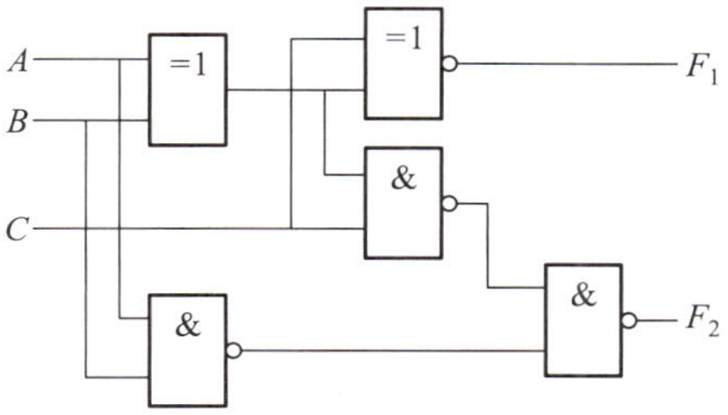

题 5.7 图

- **5.8** 试分析题 5.8 图所示的逻辑电路，写出逻辑表达式和真值表。
- **5.9** 写出题 5.9 图所示电路的逻辑表达式和真值表。

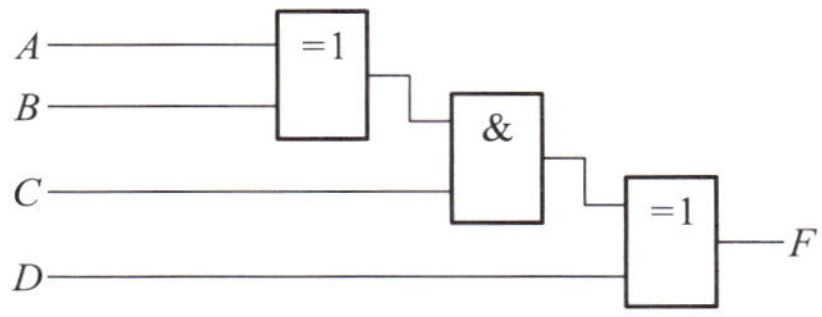

题 5.8 图

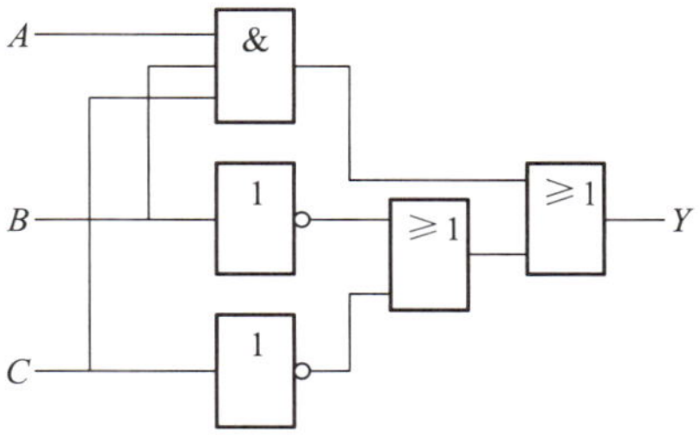

题 5.9 图

- **5.10** A、B 是两个 1 位的二进制数，设计比较 A、B 大小或者相等的逻辑电路。写出真值表和逻辑表达式，并画出逻辑图。
- **5.11** 用**与非门**实现函数 F，写出真值表并画出逻辑图。

$$F=\overline{\bar{A}\,\bar{B}CD+AB\bar{C}D+A\bar{B}\,\bar{C}D+A\bar{B}C\,\bar{D}}$$

- **5.12** 用**或非门**实现函数 F，并画出逻辑图。

$$F=A\,\bar{B}C\,\bar{D}+\bar{A}BC\,\bar{D}+A\,\bar{B}\,\bar{C}D+\bar{A}B\,\bar{C}D$$

- **5.13** 写出题 5.13 图所示电路输出信号的逻辑表达式，并采用最少的**与非门**实现该函数。

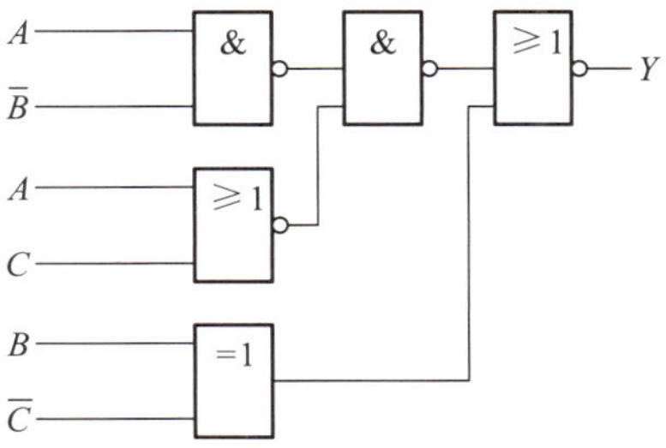

题 5.13 图

• **5.14**　试分别用 2 输入**与非**门和**或非**门实现下列逻辑函数，写出相应的表达式，画出逻辑图。

（1）$Z_1=A\cdot\overline{B}$

（2）$Z_2=\overline{A+B}$

（3）$Z_3=\overline{A}\oplus B$

• **5.15**　逻辑函数的最小项表达式为 $F=\sum m(2,4,8,10,11,12,14)$，完成下列设计：

（1）采用**与或非**门实现；

（2）采用**与非**门实现。

• **5.16**　设计逻辑电路实现：两个 2 位二进制数相等时输出为 **1**，不等时输出 **0**。

• **5.17**　设计一个代码转换电路，输入为 4 位循环码，输出为 4 位二进制代码。

• **5.18**　用**与非**门设计判奇电路：3 个输入有奇数个 **1** 时输出 **1**，否则输出 **0**。

• **5.19**　设计判断 4 位二进制数 $A_3A_2A_1A_0$ 大于十的逻辑电路，当其大于等于十时，输出 **1**，否则输出 **0**。

• **5.20**　设计 1 位二进制全减器逻辑电路，写出真值表、卡诺图以及逻辑表达式，画出逻辑图。

• **5.21**　设计一个多功能逻辑电路，该电路有两个数据输入端 A 和 B，两个控制端 C_1 和 C_2，一个输出端 Y。其功能要求为：当 $C_1C_2=\mathbf{00}$ 时，$Y=\mathbf{1}$；当 $C_1C_2=\mathbf{01}$ 时，$Y=B$；当 $C_1C_2=\mathbf{10}$ 时，$Y=A+\overline{B}$；当 $C_1C_2=\mathbf{11}$ 时，$Y=A$。

• **5.22**　用**与非**门设计报警逻辑电路：设备中有四个传感器 A、B、C、D，如果传感器 A 输出为 **1**，同时 B、C、D 中至少有两个输出也为 **1**，表示设备工作状态正常，否则工作异常，发出报警。

• **5.23**　题 5.23 图所示为一用水容器示意图，图中阴影表示水，A、B、C 电极被水浸没时会有高电平信号输出，试用**与非**门构成的电路来实现下述控制逻辑：水面在 A、B 间，为正常状态，点亮绿灯 G；水面在 B、C 间或在 A 以上为警戒状态，点亮黄灯 Y；水面在 C 以下为缺水状态，点亮红灯 R。

• **5.24**　设计一判断人类输血和受血是否匹配的电路。人类有四种基本血型 A，B，O，AB，输血和受血的规则是：A 型血可以输给 A 型血和 AB 型血的病人，B 型血可以输给 B 型血和 AB 型血的病人，O 型血可以输给所有血型病人，AB 型血只能输给 AB 型血的病人。

• **5.25**　判别逻辑函数 $Y=A\overline{B}+\overline{A}C+B\overline{C}$ 是否存在险象。如果存在险象，是哪种险象？

• **5.26**　判别题 5.26 图所示组合逻辑电路是否存在险象，在什么情况下会产生险象。

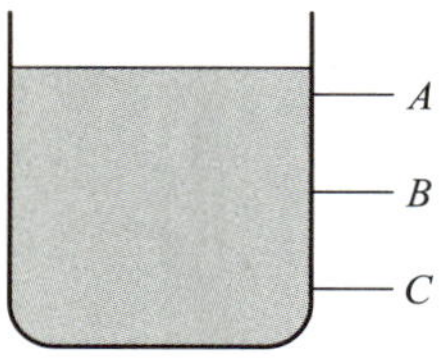

题 5.23 图

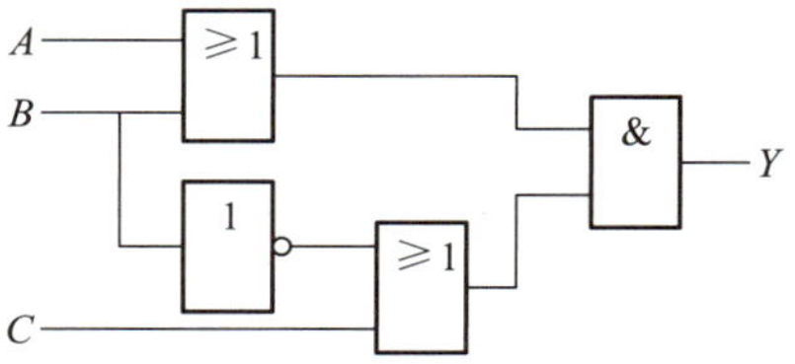

题 5.26 图

• **5.27** 试分析逻辑函数 $Y=\overline{A}\,\overline{B}D+B\overline{D}+\overline{A}B\overline{C}+A\overline{B}\,\overline{C}$，当输入变量 A、B、C、D 分别发生 **0110→1100**，**1111→1010**，**0011→0110** 变化时，是否存在功能险象。

• **5.28** 分析题 5.28 图所示电路，指出电路什么情况下会发生逻辑险象，用改变逻辑设计的方式消除险象。

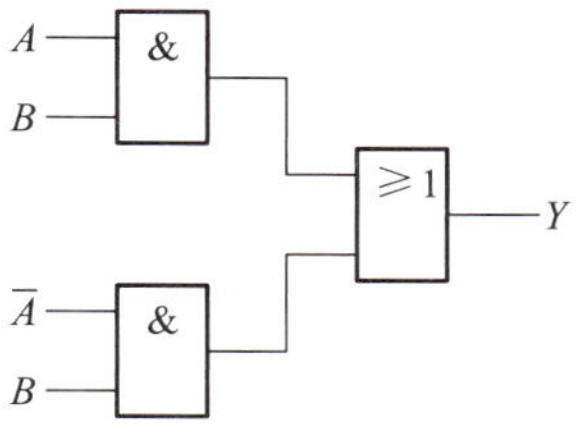

题 5.28 图

• **5.29** 已知 $Y(A,B,C,D)=\sum m(0,3,7,8,9,10,11,12,13)+\sum d(1,2,4)$，求 Y 的无逻辑险象的**与或**式。

• **5.30** 某一组合电路如题 5.30 图所示，输入变量（A，B，D）的取值不可能发生（**0**，**1**，**0**）的输入组合。分析它的竞争险象，如果存在逻辑险象，则通过修改电路来消除险象。

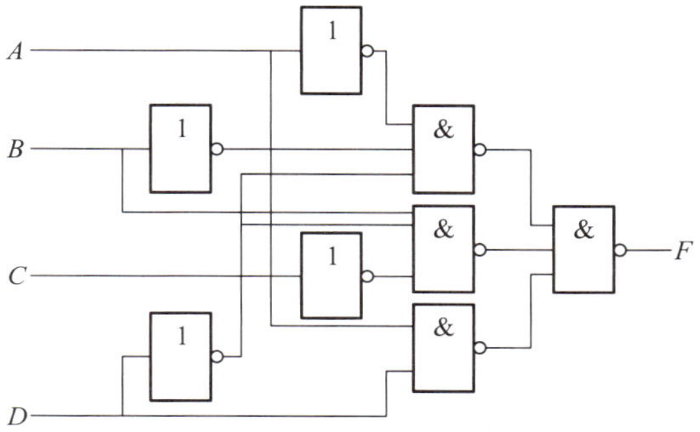

题 5.30 图

• **5.31** 有人总结判断险象的方法如下：观察逻辑函数表达式中的变量，若变量只有原变量，或只有反变量，则该变量不存在多传输路径的情况，信号的变化不会产生险象。如果逻辑函数表达式中某变量既有原变量，又有反变量，则该信号存在不同的传输路径，因延迟时间不同，会产生险象。请判断这种方法是否适用于所有的险象，如果不是，说明原因。

• **5.32** 另一种判断险象方法如下：将变量的各种取值组合代入逻辑函数表达式，并且禁止使用互补律。若最终得到 $A+\overline{A}$ 或 $A\cdot\overline{A}$ 形式，会产生险象。例如，对于逻辑函数表达式 $F=A\cdot C+B\cdot\overline{C}$，将变量 AB 的取值组合 **00**、**01**、**10** 和 **11** 分别代入函数 F，得到的结果是 **0**、$\overline{C}$、C 和 $C+\overline{C}$。由此可见，当变量 $AB=$ **11** 时，会产生险象。增加冗余项 $A\cdot B$ 后，即可消除险象。请判断该方法适用于哪种险象。

第6章 常用的组合逻辑功能器件

本章介绍常用的组合逻辑功能器件，主要包括编码器、译码器、数值比较器、数据选择器、数据分配器、奇偶校验与产生电路、算术运算电路等，以及这些器件的应用。 在学习这些内容时，要结合组合逻辑电路的分析和设计，以及之前的逻辑代数的内容，熟悉功能部件的应用。

在数字系统中，有些组合逻辑电路是经常使用的，因此把这些组合逻辑电路集成中小规模逻辑部件，以方便应用。虽然这些中小规模集成电路现在已经很少单独使用了，但是，在计算机系统、数字系统等大规模电路中，会经常使用这些单元电路模块和概念。常用的组合逻辑功能部件有编码器、译码器、数值比较器、数据选择器、数据分配器、奇偶校验与产生电路、算术运算电路等。下面介绍这些组合逻辑部件的电路结构、工作原理和使用方法。

6.1 编码器

在数字系统中，为了处理信号方便，经常将某个信号指定一组代码，这就是编码。因此，编码器的功能是将其输入的信号转换为对应的二进制数码，用代码来代表相应的输入信号。这样，相应的代码就具有了一定的含义。具有编码功能的逻辑电路就是通常所说的编码器。它有多个输入和多个输出，通常在一个时刻只有一个输入信号会被转换为二进制代码。

6.1.1 4线-2线编码器

对于信号为高电平有效的编码器，也就是在输入信号为高电平时进行编码。这样，编码器的多个输入信号中，只能有一个信号为高电平。例如实现一个4线-2线编码器，可以列出其功能表如表6.1所示。

表 6.1 4 线-2 线编码器功能表

输入				输出	
I_0	I_1	I_2	I_3	Y_1	Y_0
1	**0**	**0**	**0**	**0**	**0**
0	**1**	**0**	**0**	**0**	**1**
0	**0**	**1**	**0**	**1**	**0**
0	**0**	**0**	**1**	**1**	**1**

其逻辑符号如图 6.1 所示。

对于这个编码器,存在一个问题:当没有输入信号时,输出应该是什么?如果输出 **00** 显然不合适,因为 **00** 代表了 I_0 的编码。可以这样更改:设定一个输出端 F_{GS},当有输入信号,编码器正常工作,F_{GS}输出为 **1**;没有输入信号,也就是不编码,F_{GS}为 **0**,这时 Y_1Y_0 的输出也就不代表是对输入信号的编码了。

按照上述修改之后,编码器的真值表增加了一列输出 F_{GS}。观察表 6.1,可以得到 4 线-2 线编码器的逻辑函数表达式 $Y_1=I_3+I_2$,$Y_0=I_1+I_3$,$F_{GS}=I_3+I_2+I_1+I_0$。

由此可以做出逻辑图如图 6.2 所示。

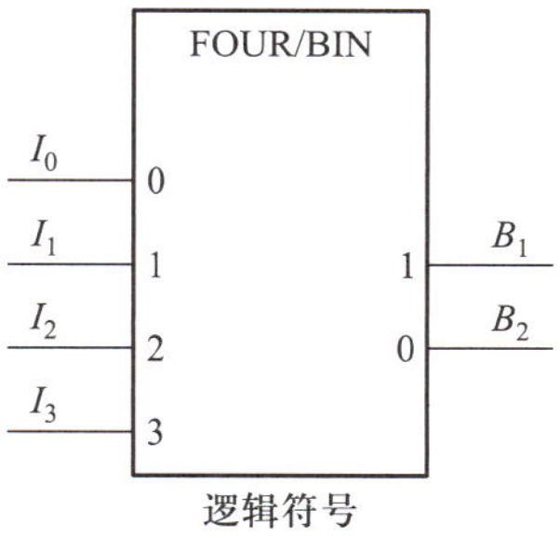

图 6.1 4 线-2 线编码器逻辑符号

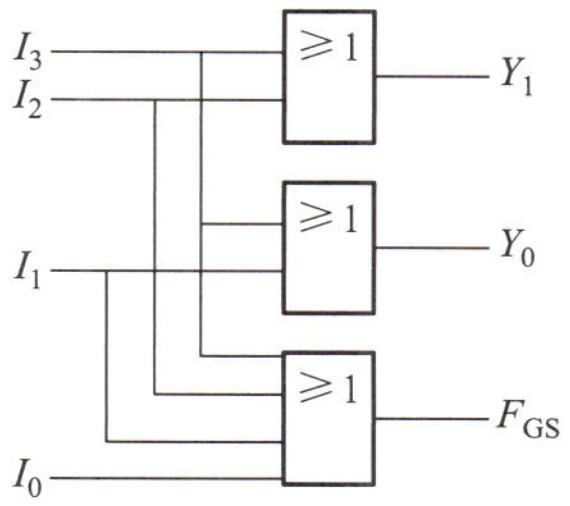

图 6.2 4 线-2 线编码器逻辑图

6.1.2 优先编码器

上面的编码器还存在一个问题,刚开始就已经说明了:只允许一个输入信号有效。为了扩展其应用,可以允许多个输入信号有效。但是,因为一个时刻只能对其中的一个输入信号进行编码,所以需要对输入信号设定优先级,在某一时刻只对优先级最高的输入信号进行编码,这就是优先编码器。

对上面的编码器功能表进行修改,使其成为优先编码器,功能表如表 6.2 所示。

表 6.2　4 线-2 线优先编码器功能表

输入				输出		
I_0	I_1	I_2	I_3	Y_1	Y_0	F_{GS}
0	0	0	0	0	0	0
1	0	0	0	0	0	1
×	1	0	0	0	1	1
×	×	1	0	1	0	1
×	×	×	1	1	1	1

这样,4 线-2 线优先编码器的输入信号仍然是高电平有效,其中 I_3 优先级最高,I_2 次之,I_0 优先级最低。

由功能表可以看出:$Y_1 = I_3 + \bar{I}_3 I_2$,$Y_0 = I_3 + \bar{I}_2 I_1$,$F_{GS} = I_3 + I_2 + I_1 + I_0$,其逻辑图如图 6.3 所示。逻辑符号如图 6.4 所示。

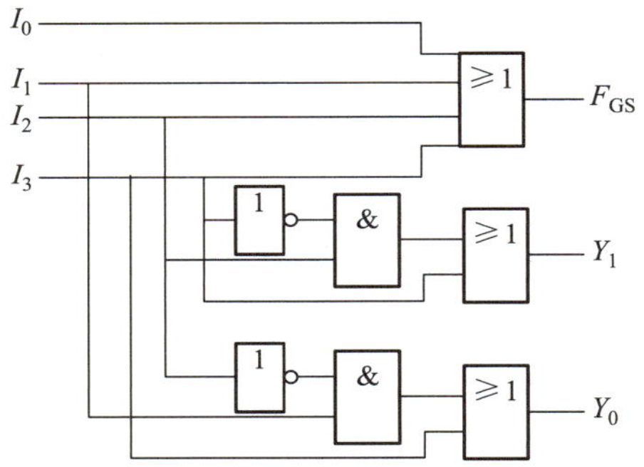

图 6.3　4 线-2 线优先编码器逻辑图

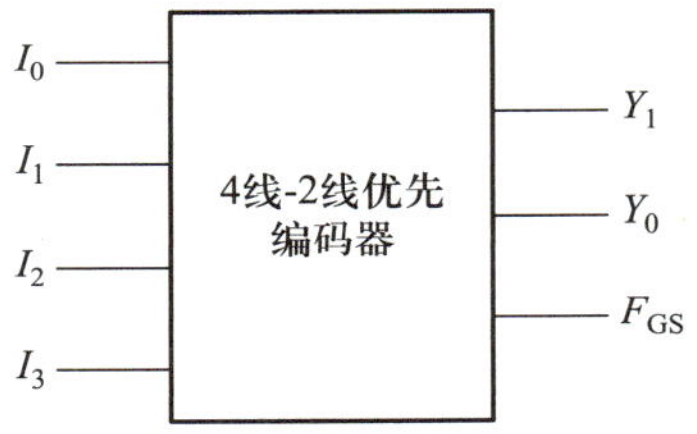

图 6.4　4 线-2 线优先编码器逻辑符号

6.1.3　集成优先编码器

常用的集成优先编码器有 8 线-3 线优先编码器 74148 和 10 线-4 线优先编码器 74147,都有 TTL 和 CMOS 产品。CMOS 产品的型号为 74HC148 和 74HC147,其逻辑功能与 74148 和 74147 是一样的,但是电性能参数不同。

74148 优先编码器是 8 线输入,3 线输出,$\bar{I}_0 \sim \bar{I}_7$ 为 8 个输入,$\bar{Y}_0$,$\bar{Y}_1$ 和 $\bar{Y}_2$ 为 3 位二进制码输出。74148 输入和输出有效的逻辑电平都是低电平,因此输入、输出在符号上方加划线表示。输入中,下标标号越大的,优先级越高。74148 逻辑图如图 6.5 所示。

在逻辑图中,输入使能端$\overline{EN}$控制编码器是否工作,当使能端$\overline{EN}$为高电平时,编码器所有的输出端为高电平,该编码器不工作。只有当使能端$\overline{EN}$为低电平时,编码器才能完成编码的

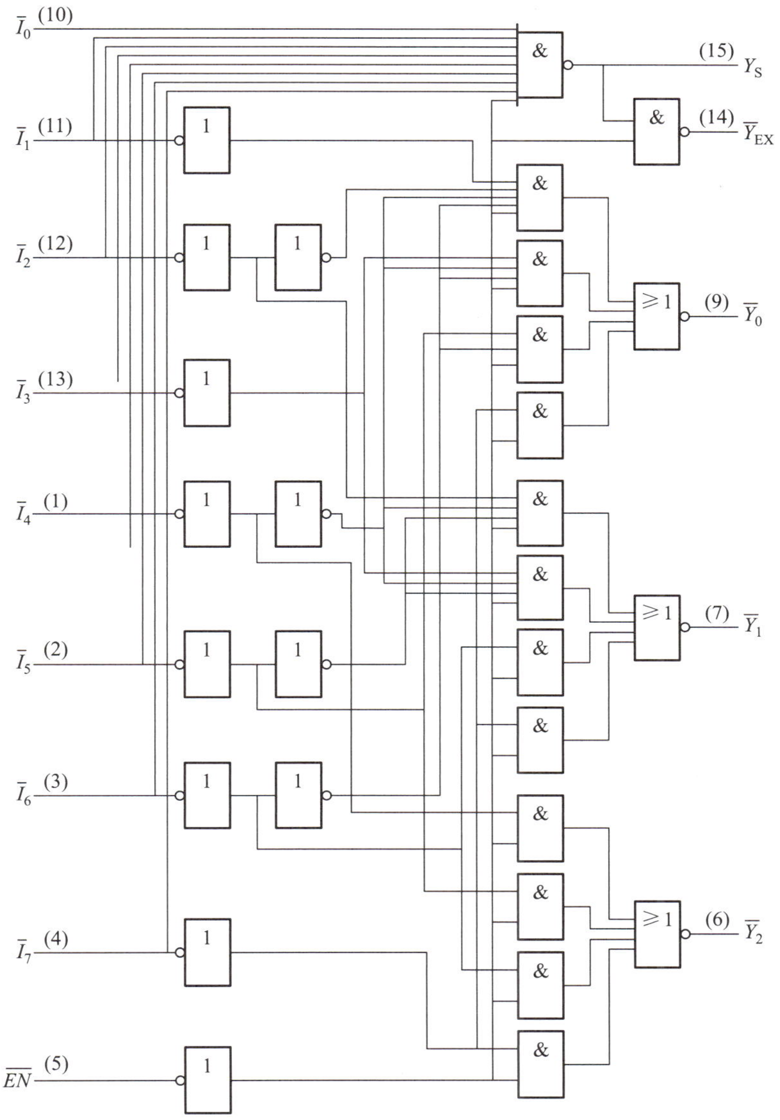

图 6.5 74148 逻辑图

功能。在下面的分析中，暂时不考虑电路使能端$\overline{EN}$的作用，也就是假设使能端$\overline{EN}$为低电平。

由逻辑图可以得到输出函数表达式（下面的表达式为了公式书写方便将 $\bar{\bar{I}}_0$ 用 I_0 代替，其余类似）：

$$\overline{Y}_2 = \overline{I_4 + I_5 + I_6 + I_7} \tag{6-1}$$

$$\overline{Y}_1 = \overline{I_2\overline{I}_4\overline{I}_5 + I_3\overline{I}_4\overline{I}_5 + I_6 + I_7} \tag{6-2}$$

$$\overline{Y}_0=\overline{I_1\overline{I}_2\overline{I}_4\overline{I}_6+I_3\overline{I}_4\overline{I}_6+I_5\overline{I}_6+I_7} \tag{6-3}$$

$$\overline{Y}_{EX}=\overline{I}_1\overline{I}_2\overline{I}_3\overline{I}_4\overline{I}_5\overline{I}_6\overline{I}_7 \tag{6-4}$$

$$Y_S=\overline{\overline{I}_1\overline{I}_2\overline{I}_3\overline{I}_4\overline{I}_5\overline{I}_6\overline{I}_7} \tag{6-5}$$

由逻辑函数表达式，可以得到 8 线-3 线优先编码器功能表如表 6.3 所示。

表 6.3　8 线-3 线优先编码器功能表

输入									输出				
$\overline{EN}$	$\overline{I}_0$	$\overline{I}_1$	$\overline{I}_2$	$\overline{I}_3$	$\overline{I}_4$	$\overline{I}_5$	$\overline{I}_6$	$\overline{I}_7$	$\overline{Y}_2$	$\overline{Y}_1$	$\overline{Y}_0$	Y_S	$\overline{Y}_{EX}$
H	X	X	X	X	X	X	X	X	H	H	H	H	H
L	H	H	H	H	H	H	H	H	H	H	H	L	H
L	X	X	X	X	X	X	X	L	L	L	L	H	L
L	X	X	X	X	X	X	L	H	L	L	H	H	L
L	X	X	X	X	X	L	H	H	L	H	L	H	L
L	X	X	X	X	L	H	H	H	L	H	H	H	L
L	X	X	X	L	H	H	H	H	H	L	L	H	L
L	X	X	L	H	H	H	H	H	H	L	H	H	L
L	X	L	H	H	H	H	H	H	H	H	L	H	L
L	L	H	H	H	H	H	H	H	H	H	H	H	L

因此，当输入使能端为低电平时，74148 实现 8 线-3 线优先编码器的功能。

电路中还包括两个附加的输出端，其中 Y_S 为选通输出端，当它为 **0** 时，代表没有有效的输入信号，也就是输出不代表编码；当它为 **1** 时，代表有效的输入信号，三个输出是有效的编码信号；$\overline{Y}_{EX}$ 为扩展端，可以用来扩展编码器。

可以利用这两个附加的输出端，扩展 74148。如图 6.6 所示，用两片 74148 构成 16 线-4 线优先编码器电路。

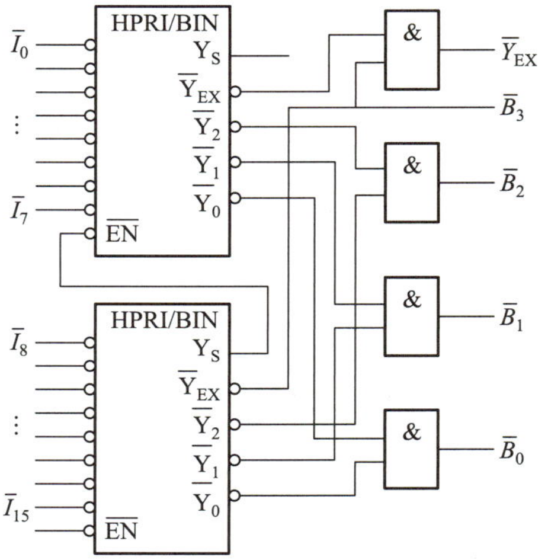

图 6.6　两片 74148 构成 16 线-4 线优先编码器

从逻辑图可以看出，当下面一片 $\overline{EN}=\mathbf{1}$ 时，其 $Y_S=\mathbf{1}$，Y_S 与上面一片的 $\overline{EN}$ 相连，因此上面一片 $\overline{EN}$ 也为 **1**，使输出端 4 个编码信号 $\overline{B}_3\ \overline{B}_2\ \overline{B}_1\ \overline{B}_0=$

1111,两个芯片的扩展端$\overline{Y}_{EX}$为**1**,相**与**构成的总的扩展端$\overline{Y}_{EX}$也为**1**,表示整个电路的代码输出端输出的全为**1**,表示是**非**编码输出;

当下面一片$\overline{EN}=\mathbf{0}$,高位片(下面的一片)允许编码,如果$\overline{I}_{15}\sim\overline{I}_8$输入全为高电平,就是高位片没有需要编码的信号,那么高位片的$Y_S=\mathbf{0}$,送到上面的一片(低位片)的$\overline{EN}$端,允许低位片编码。这时高位片编码输出全为**1**,下面的三个**与**门输出就取决于低位片的输出,最高位编码输出等于高位片的扩展端输出,总等于**1**,所以总的输出为**1000~1111**之间;

当高位片$\overline{EN}=\mathbf{0}$,输入编码信号$\overline{I}_{15}\sim I_8$有低电平时,表示高位片有信号需要编码,高位片$Y_S=\mathbf{1}$,送到低位片$\overline{EN}$端,使低位片输出编码信号全为**1**,而且$\overline{Y}_{EX}$也为**1**,不影响高位片的输出。这时候高位片的扩展端输出为**0**,因此编码在**0000~0111**之间;

这样整个电路实现了16线-4线优先编码。

优先编码器允许同时有多个输入信号有效,但是仅仅会对优先级最高的那个信号进行编码。

除了这种用n位二进制码对2^n个信号进行编码的编码器之外,还有二-十进制编码器。也就是用BCD码对10个输入信号进行编码的逻辑电路。显然,这种电路有10个输入信号,4个输出信号,也称为10线-4线编码器,集成的10线-4线优先编码器是74147,其功能表如表6.4所示。

表6.4 10线-4线优先编码器74147功能表

	输入									输出			
N	$\overline{I}_1$	$\overline{I}_2$	$\overline{I}_3$	$\overline{I}_4$	$\overline{I}_5$	$\overline{I}_6$	$\overline{I}_7$	$\overline{I}_8$	$\overline{I}_9$	$\overline{Y}_3$	$\overline{Y}_2$	$\overline{Y}_1$	$\overline{Y}_0$
0	**1**	**1**	**1**	**1**	**1**	**1**	**1**	**1**	**1**	**1**	**1**	**1**	**1**
1	**0**	**1**	**1**	**1**	**1**	**1**	**1**	**1**	**1**	**1**	**1**	**1**	**0**
2	×	**0**	**1**	**1**	**1**	**1**	**1**	**1**	**1**	**1**	**1**	**0**	**1**
3	×	×	**0**	**1**	**1**	**1**	**1**	**1**	**1**	**1**	**1**	**0**	**0**
4	×	×	×	**0**	**1**	**1**	**1**	**1**	**1**	**1**	**0**	**1**	**1**
5	×	×	×	×	**0**	**1**	**1**	**1**	**1**	**1**	**0**	**1**	**0**
6	×	×	×	×	×	**0**	**1**	**1**	**1**	**1**	**0**	**0**	**1**
7	×	×	×	×	×	×	**0**	**1**	**1**	**1**	**0**	**0**	**0**
8	×	×	×	×	×	×	×	**0**	**1**	**0**	**1**	**1**	**1**
9	×	×	×	×	×	×	×	×	**0**	**0**	**1**	**1**	**0**

74147的逻辑符号如图6.7所示。

从74147功能表和逻辑符号中可以看出,这种优先编码器没有信号**0**输入线,对于信号**0**的编码,是利用当其他输入都没有输入信号时,也就认为是输入了**0**信号。就是功能表中输入全为**1**的那一行,认为是信号**0**的输入,其编码输出也就是全为**1**。在这种编码

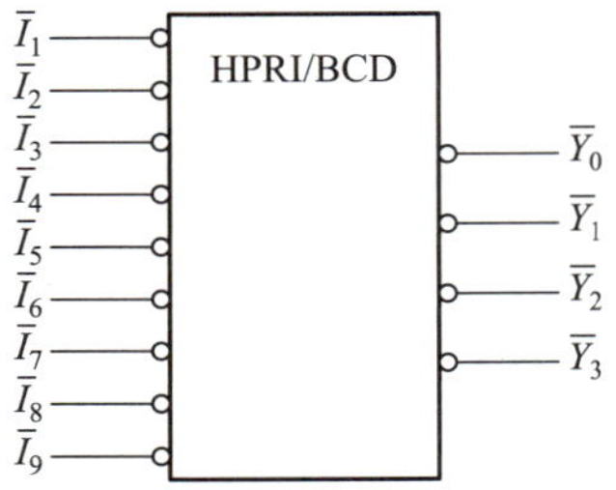

图 6.7　74147 的逻辑符号

器中，输入信号是低电平有效，输出是反码形式的 8421BCD 码。

如果要用 74147 构成具有编码标志的 8421BCD 码编码器，其编码标志可以用全部输入送到**与非**门，**与非**门的输出就可以作为编码标志，输出为 **1** 表示有编码信号，输出为 **0** 表示没有编码信号输入。

6.2　译　码　器

译码是编码的逆过程，也就是将具有特定含义的二进制编码还原成它原来的信号。具有这种译码功能的逻辑电路叫译码器。因此，译码器是一种多输入多输出的逻辑电路。译码器分为两种类型：将一系列代码转换成与其一一对应的信号，这种译码器就是地址译码器，用于计算机中，对存储器单元地址译码，也就是将一个存储器的地址代码，转换成一个有效的选通信号，从而选中对应的存储单元，以便对存储单元进行读写操作；另外一种是将一种代码转换成另一种代码，也称为代码变换器。

常用的译码器有二进制译码器、二-十进制译码器和显示译码器等。一般译码器也有使能端，使能输入有效才能允许译码器实现正常的译码功能，否则，译码器将不译码，而输出一个特殊的码。

6.2.1　二进制译码器

将二进制代码转换为对应的输出信号，这种逻辑电路称为二进制译码器。由于 n 位二进制代码对应于 2^n 个信号，所以，这种译码器是有 n 个输入和 2^n 个输出的组合逻辑电路，如图 6.8 所示，其中输入端为 $X_0 \sim X_{n-1}$ n 个输入信号（n 位代码），输出为 $Y_0 \sim Y_{2^n-1}$ 有效电平信号。对应于一个输入代码，输出端有唯一的一个输出端输出有效电平，其余输出端输出无效电平。

常用的二进制译码器有 2 线-4 线译码器、3 线-8 线译码器和 4 线-16 线译码器。图 6.9 为 2 线-4 线译码器的逻辑图。

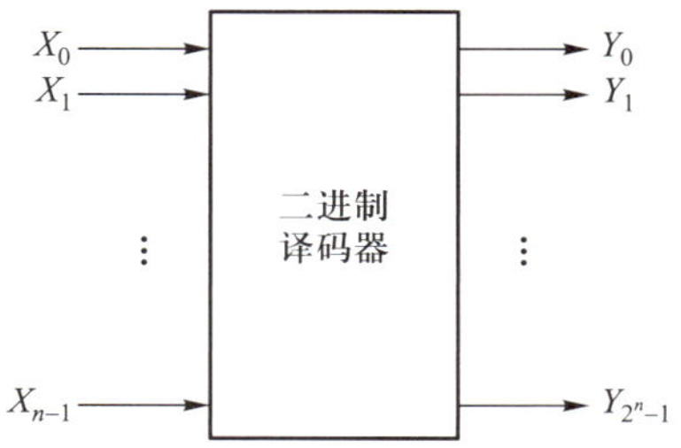

图 6.8 二进制译码器框图

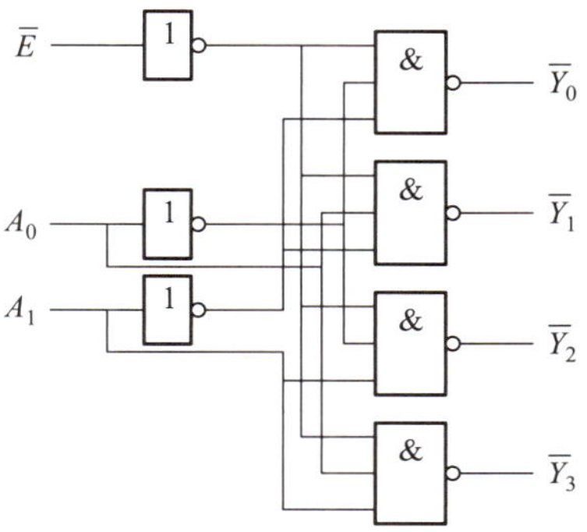

图 6.9 2 线-4 线译码器的逻辑图

由逻辑图,可以得到逻辑函数表达式

$$\overline{Y}_0 = \overline{\overline{\overline{E}} \cdot \overline{A}_0 \cdot \overline{A}_1} \qquad \overline{Y}_1 = \overline{\overline{\overline{E}} \cdot A_0 \cdot \overline{A}_1}$$
$$\overline{Y}_2 = \overline{\overline{\overline{E}} \cdot \overline{A}_0 \cdot A_1} \qquad \overline{Y}_3 = \overline{\overline{\overline{E}} \cdot A_0 \cdot A_1} \tag{6-6}$$

由此可以得到真值表如表 6.5 所示。

表 6.5 2 线-4 线译码器真值表

输入			输出			
$\overline{E}$	A_1	A_0	$\overline{Y}_0$	$\overline{Y}_1$	$\overline{Y}_2$	$\overline{Y}_3$
1	×	×	1	1	1	1
0	0	0	0	1	1	1
0	0	1	1	0	1	1
0	1	0	1	1	0	1
0	1	1	1	1	1	0

由真值表可以看出,如果不考虑使能端 $\overline{E}$ 的作用,那么,电路的输出是两个输入变量的四个最小项的非。因此,这种译码器有时候也称为最小项发生器,其逻辑符号如图 6.10 所示。

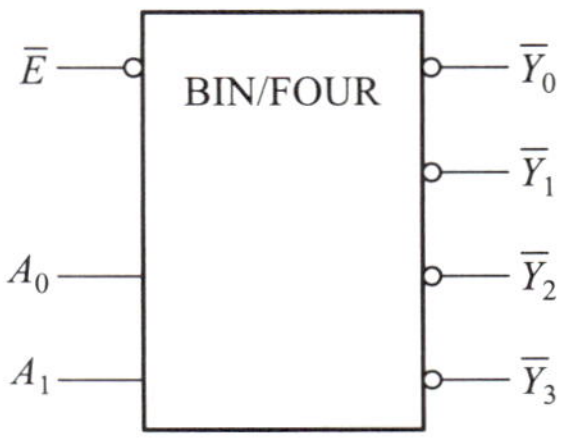

图 6.10 2 线-4 线译码器逻辑符号

实际上,集成电路 74139 就是这种 2 线-4 线译码器,它是在一个芯片中集成了两个这样的译码器。74139 的逻辑图如图 6.11 所示,图 6.12 是 74139 的引脚图,表 6.6 是功能表。

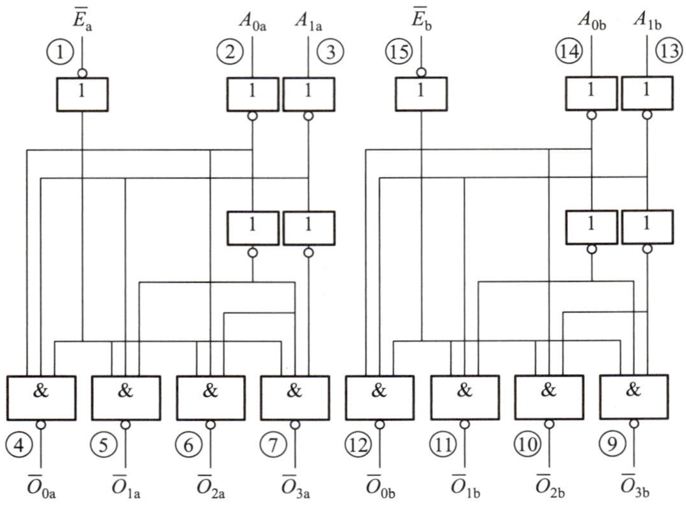

图 6.11　74139 逻辑图

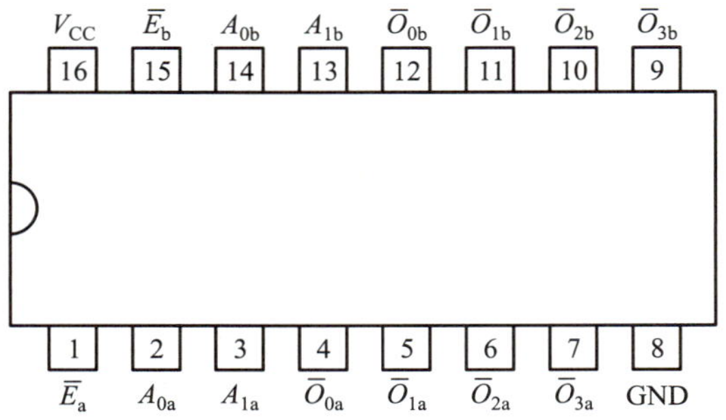

图 6.12　74139 引脚图

表 6.6　74139 功能表

输入			输出			
$\overline{E}$	A_0	A_1	$\overline{O}_0$	$\overline{O}_1$	$\overline{O}_2$	$\overline{O}_3$
H	X	X	H	H	H	H
L	L	L	L	H	H	H
L	H	L	H	L	H	H
L	L	H	H	H	L	H
L	H	H	H	H	H	L

除了双 2 线-4 线译码器 74139 外，集成中规模译码器还有 74138，它是一个 3 线-8 线译码器，其逻辑图如图 6.13(a)所示，其逻辑符号如图 6.13(b)所示。

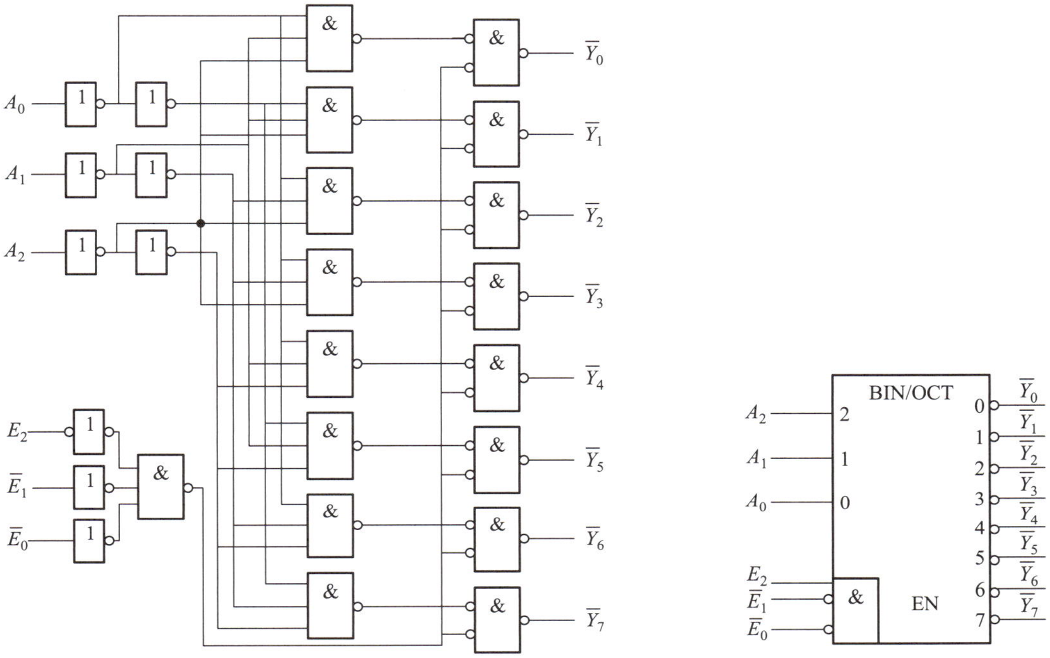

(a) 逻辑图　　(b) 逻辑符号

图 6.13　74138 逻辑图(a)和逻辑符号(b)

对于这个逻辑图的分析，如果暂时先不考虑使能端，那么其输出逻辑函数表达式为

$$\overline{Y}_0=\overline{\overline{A}_0\cdot\overline{A}_1\cdot\overline{A}_2}$$

$$\overline{Y}_1=\overline{A_0\cdot\overline{A}_1\cdot\overline{A}_2}$$

$$\overline{Y}_2=\overline{\overline{A}_0\cdot A_1\cdot\overline{A}_2}$$

$$\overline{Y}_3=\overline{A_0\cdot A_1\cdot\overline{A}_2}$$

$$\overline{Y}_4=\overline{\overline{A}_0\cdot\overline{A}_1\cdot A_2}$$

$$\overline{Y}_5=\overline{A_0\cdot\overline{A}_1\cdot A_2}$$

$$\overline{Y}_6=\overline{\overline{A}_0\cdot A_1\cdot A_2}$$

$$\overline{Y}_7=\overline{A_0\cdot A_1\cdot A_2}\qquad(6-7)$$

由表达式可以看出，8 个输出是三个输入变量的最小项的**非**。

再考虑三个使能端的作用，可以推得其功能表如表 6.7。功能表实际上是简化了的真值表，从图中我们可以看出，对于输出相同的行，在功能表中总结为一行，同时将其输入条件简化。

表 6.7 3 线-8 线译码器 74138 功能表

输入						输出							
E_2	$\overline{E}_1$	$\overline{E}_0$	A_2	A_1	A_0	$\overline{Y}_0$	$\overline{Y}_1$	$\overline{Y}_2$	$\overline{Y}_3$	$\overline{Y}_4$	$\overline{Y}_5$	$\overline{Y}_6$	$\overline{Y}_7$
X	H	X	X	X	X	H	H	H	H	H	H	H	H
X	X	H	X	X	X	H	H	H	H	H	H	H	H
L	X	X	X	X	X	H	H	H	H	H	H	H	H
H	L	L	L	L	L	L	H	H	H	H	H	H	H
H	L	L	L	L	H	H	L	H	H	H	H	H	H
H	L	L	L	H	L	H	H	L	H	H	H	H	H
H	L	L	L	H	H	H	H	H	L	H	H	H	H
H	L	L	H	L	L	H	H	H	H	L	H	H	H
H	L	L	H	L	H	H	H	H	H	H	L	H	H
H	L	L	H	H	L	H	H	H	H	H	H	L	H
H	L	L	H	H	H	H	H	H	H	H	H	H	L

注：H 表示高电平，L 表示低电平，X 表示任意电平。

根据 74138 或者 74139 这种最小项发生器的特点，可以用译码器设计相应的组合逻辑电路。由于译码器产生了所有的最小项的**非**，所以，对于组合逻辑函数，用译码器实现非常方便，举例说明。

例 6.1 用 74138 实现函数 $F(A,B,C)=\sum m(0,1,2,4,7)$

解： 这个函数只有三个变量，74138 也有三个地址端，因此将变量 A、B、C 分别接到三个地址端，就可以产生 A、B、C 三变量的最小项的**非**，再将 0,1,2,4,7 号最小项的**非**求**与非**就可以得到该逻辑函数，如图 6.14 所示。

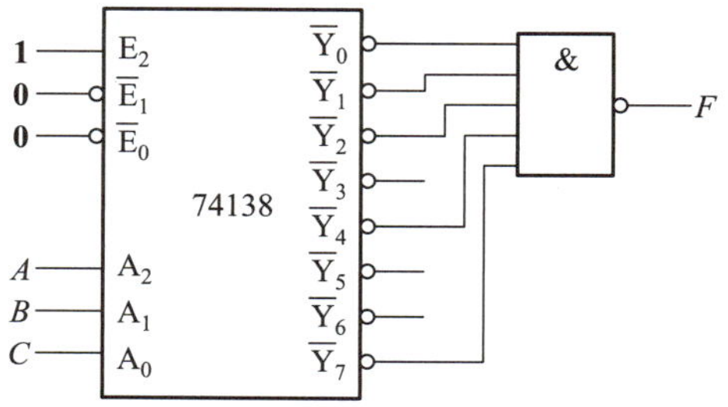

图 6.14 例 6.1 逻辑图

当然，对于多输出的函数，由于译码器产生了所有的最小项的非，因此，函数增加一个输出，只要再增加一个**与非**门就可以完成，因此采用译码器实现多输出函数非常方便。

利用译码器的使能端，可以将多个译码器连接起来，实现译码器容量的扩展。例如，两片 74138 连接起来，可以构成 4 线-16 线译码器，如图 6.15 所示。

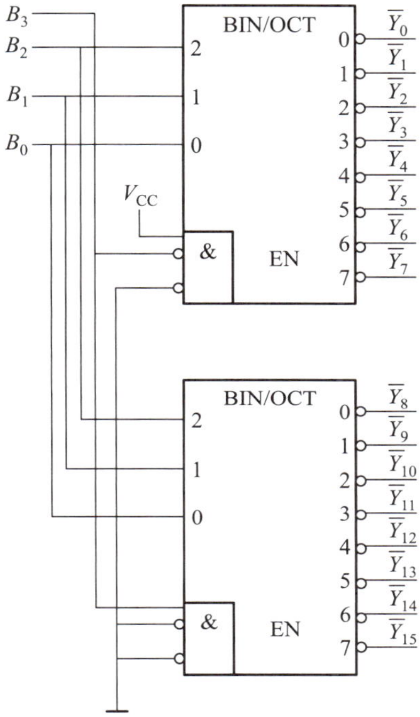

图 6.15 两片 74138 构成 4 线-16 线译码器

6.2.2 二-十进制译码器

二-十进制译码器的输入是 8421BCD 码，输出是十个高低电平信号，低电平有效。因此，其输入端有 4 个，输出端有 10 个。中规模集成二-十进制译码器是 7442，其逻辑图如图 6.16 所示，功能表见表 6.8。当输入 $A_3A_2A_1A_0$ = **0000～1001** 时，输出 $\overline{Y}_0 \sim \overline{Y}_9$ 与输入端的数字相对应，有一低电平输出；输入 $A_3A_2A_1A_0$ = **1010～1111**（伪码）时无对应输出，输出端 $\overline{Y}_0 \sim \overline{Y}_9$ 全为高电平。

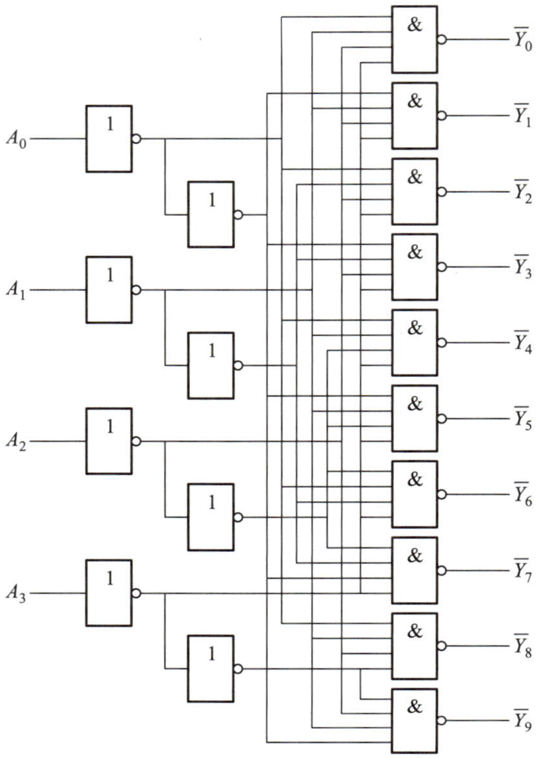

图 6.16　二-十进制译码器 7442 逻辑图

表 6.8　二-十进制译码器 7442 功能表

序号	输入				输出									
	A_3	A_2	A_1	A_0	$\overline{Y}_0$	$\overline{Y}_1$	$\overline{Y}_2$	$\overline{Y}_3$	$\overline{Y}_4$	$\overline{Y}_5$	$\overline{Y}_6$	$\overline{Y}_7$	$\overline{Y}_8$	$\overline{Y}_9$
0	**0**	**0**	**0**	**0**	**0**	**1**	**1**	**1**	**1**	**1**	**1**	**1**	**1**	**1**
1	**0**	**0**	**0**	**1**	**1**	**0**	**1**	**1**	**1**	**1**	**1**	**1**	**1**	**1**
2	**0**	**0**	**1**	**0**	**1**	**1**	**0**	**1**	**1**	**1**	**1**	**1**	**1**	**1**
3	**0**	**0**	**1**	**1**	**1**	**1**	**1**	**0**	**1**	**1**	**1**	**1**	**1**	**1**
4	**0**	**1**	**0**	**0**	**1**	**1**	**1**	**1**	**0**	**1**	**1**	**1**	**1**	**1**
5	**0**	**1**	**0**	**1**	**1**	**1**	**1**	**1**	**1**	**0**	**1**	**1**	**1**	**1**
6	**0**	**1**	**1**	**0**	**1**	**1**	**1**	**1**	**1**	**1**	**0**	**1**	**1**	**1**
7	**0**	**1**	**1**	**1**	**1**	**1**	**1**	**1**	**1**	**1**	**1**	**0**	**1**	**1**
8	**1**	**0**	**0**	**0**	**1**	**1**	**1**	**1**	**1**	**1**	**1**	**1**	**0**	**1**
9	**1**	**0**	**0**	**1**	**1**	**1**	**1**	**1**	**1**	**1**	**1**	**1**	**1**	**0**

续表

序号	输入				输出									
	A_3	A_2	A_1	A_0	$\overline{Y}_0$	$\overline{Y}_1$	$\overline{Y}_2$	$\overline{Y}_3$	$\overline{Y}_4$	$\overline{Y}_5$	$\overline{Y}_6$	$\overline{Y}_7$	$\overline{Y}_8$	$\overline{Y}_9$
伪码	1	0	1	0	1	1	1	1	1	1	1	1	1	1
	1	0	1	1	1	1	1	1	1	1	1	1	1	1
	1	1	0	0	1	1	1	1	1	1	1	1	1	1
	1	1	0	1	1	1	1	1	1	1	1	1	1	1
	1	1	1	0	1	1	1	1	1	1	1	1	1	1
	1	1	1	1	1	1	1	1	1	1	1	1	1	1

6.2.3 显示译码器

在数字系统中，常常需要将运算结果用人们习惯的十进制数显示出来，这就要用到显示译码器。显示器件常用的是七段显示器件，如图 6.17 所示。

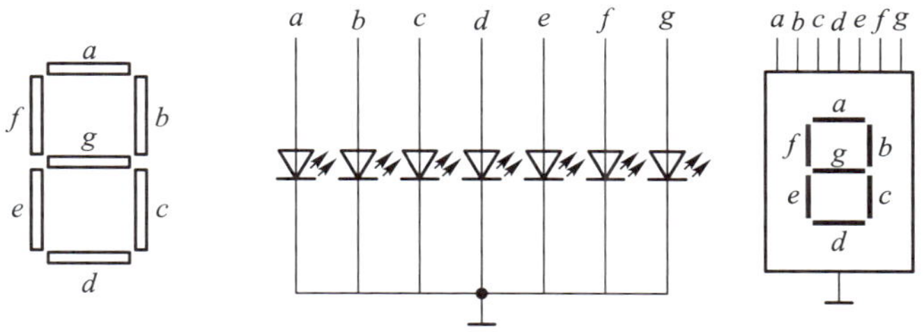

图 6.17 七段显示器件

七段显示器件的每个线段都是一个发光二极管，点亮相应的线段，代表一定的十进制数字，例如，七段全部点亮表示十进制数 8，a、b、g、e、d 点亮代表十进制数 2 等。发光二极管的连接分为：共阴极连接，如 BS201；共阳极连接，如 BS211。图 6.17 是共阴极连接的七段显示器件。

显示译码器的输入常常是需要显示的二-十进制代码，输出是译码结果，用来驱动七段字符显示器显示正确的数字。

7448 七段显示译码器输出是高电平有效，使用时可以直接驱动共阴极的七段发光显示器件。它的逻辑图如图 6.18 所示，其中 A_3、A_2、A_1、A_0 是 BCD 码输入信号，$Y_a \sim Y_g$ 是译码输出。7448 功能表如表 6.9 所示。

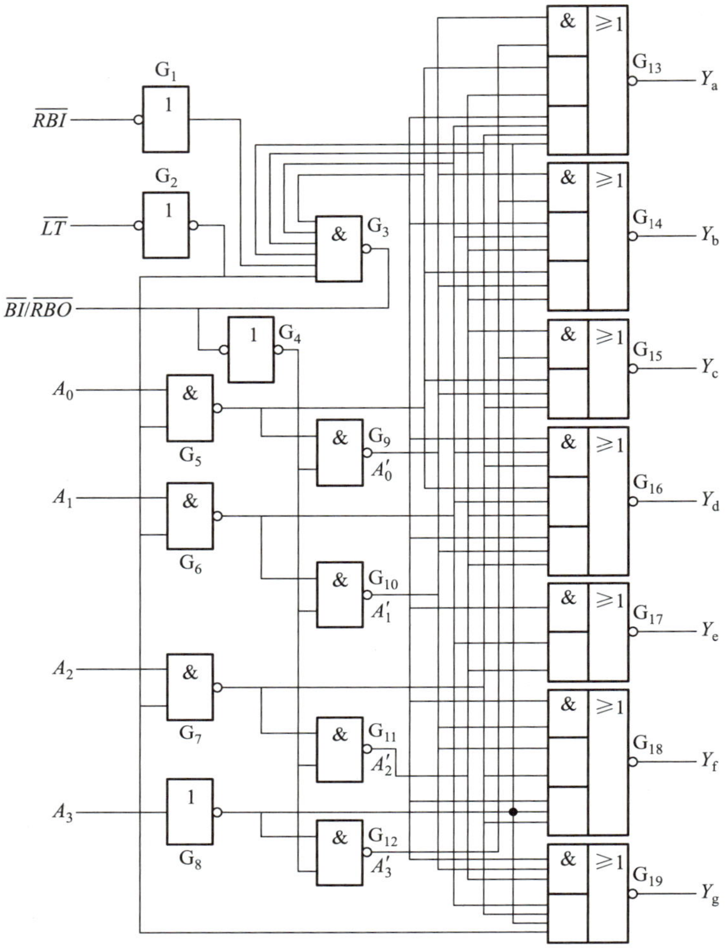

图 6.18　BCD 七段显示译码器 7448 的逻辑图

表 6.9　7448 功能表

十进制数或功能	输入						$\overline{BI}/\overline{RBO}$	输出						
	$\overline{LT}$	$\overline{RBI}$	A_3	A_2	A_1	A_0		a	b	c	d	e	f	g
0	**1**	**1**	**0**	**0**	**0**	**0**	**1**	**1**	**1**	**1**	**1**	**1**	**1**	**0**
1	**1**	×	**0**	**0**	**0**	**1**	**1**	**0**	**1**	**1**	**0**	**0**	**0**	**0**
2	**1**	×	**0**	**0**	**1**	**0**	**1**	**1**	**1**	**0**	**1**	**1**	**0**	**1**
3	**1**	×	**0**	**0**	**1**	**1**	**1**	**1**	**1**	**1**	**1**	**0**	**0**	**1**
4	**1**	×	**0**	**1**	**0**	**0**	**1**	**0**	**1**	**1**	**0**	**0**	**1**	**1**
5	**1**	×	**0**	**1**	**0**	**1**	**1**	**1**	**0**	**1**	**1**	**0**	**1**	**1**

续表

十进制数或功能	输入						$\overline{BI}/\overline{RBO}$	输出						
	$\overline{LT}$	$\overline{RBI}$	A_3	A_2	A_1	A_0		a	b	c	d	e	f	g
6	**1**	×	**0**	**1**	**1**	**0**	**1**	**0**	**0**	**1**	**1**	**1**	**1**	**1**
7	**1**	×	**0**	**1**	**1**	**1**	**1**	**1**	**1**	**1**	**0**	**0**	**0**	**0**
8	**1**	×	**1**	**0**	**0**	**0**	**1**	**1**	**1**	**1**	**1**	**1**	**1**	**1**
9	**1**	×	**1**	**0**	**0**	**1**	**1**	**1**	**1**	**1**	**1**	**0**	**1**	**1**
10	**1**	×	**1**	**0**	**1**	**0**	**1**	**0**	**0**	**0**	**1**	**1**	**0**	**1**
11	**1**	×	**1**	**0**	**1**	**1**	**1**	**0**	**0**	**1**	**1**	**0**	**0**	**1**
12	**1**	×	**1**	**1**	**0**	**0**	**1**	**0**	**1**	**0**	**0**	**0**	**1**	**1**
13	**1**	×	**1**	**1**	**0**	**1**	**1**	**1**	**0**	**0**	**1**	**0**	**1**	**1**
14	**1**	×	**1**	**1**	**1**	**0**	**1**	**0**	**0**	**0**	**1**	**1**	**1**	**1**
15	**1**	×	**1**	**1**	**1**	**1**	**1**	**0**	**0**	**0**	**0**	**0**	**0**	**0**
消隐	×	×	×	×	×	×	**0**	**0**	**0**	**0**	**0**	**0**	**0**	**0**
动态灭零	**1**	**0**	**0**	**0**	**0**	**0**	**0**	**0**	**0**	**0**	**0**	**0**	**0**	**0**
灯测试	**0**	×	×	×	×	×	**1**	**1**	**1**	**1**	**1**	**1**	**1**	**1**

除了 BCD 码输入端外,它还有 3 个辅助控制端,说明如下:

试灯输入信号$\overline{LT}$:当该信号有效即低电平,且$\overline{RBO}$为高电平时,不论其他输入如何,$a \sim g$ 七段全为 **1**。这个端用于测试 7448 自身的输出以及显示器件是否正常;

动态灭零输入信号$\overline{RBI}$:当$\overline{LT}$为 **1**,$\overline{RBI}$为 **0** 时,如果输入代码 $A_3A_2A_1A_0$ = **0000**,输出 $a \sim g$ 均为 **0**,也就不显示与 BCD 码输入相对应的 **0** 字符,因此称为灭 **0**。但是其他数码会正常显示;

熄灭信号输入/动态灭零输出信号$\overline{BI}/\overline{RBO}$:这是一个特殊的控制端,既可以作为输入,也可以作为输出。当作为输入端使用时,且其输入为 **0**,无论其他输入端输入什么值,输出 $a \sim g$ 都为 **0**,不显示字形;当作为输出端使用时,它受控于$\overline{LT}$端和$\overline{RBI}$端:① $\overline{LT}$ = **1**,$\overline{RBI}$ = **0** 时,如果输入 $A_3A_2A_1A_0$ = **0000**,那么$\overline{RBO}$输出为 **0**;② $\overline{LT}$ = **0** 或者$\overline{LT}$ = **1**,$\overline{RBI}$ = **1**,那么$\overline{RBO}$输出为 **1**。这一端主要用于显示多位数字时,多个译码器之间的连接,对多个显示器件灭 **0**。

7448 与显示器件的连接,如图 6.19 所示,是与共阴极显示器件 BS201A 的连接。1 kΩ 的上拉电阻为显示器件提供电流,改变电阻的大小可调整显示器件的亮度。与 7448 功能相同的还有 CD4511,但 CD4511 自身有上拉电阻,使用时不用再接上拉电阻。这两种器件都是驱动共阴极显示器的。另一种显示译码器 7447 则是用于共阳极七段显示器。

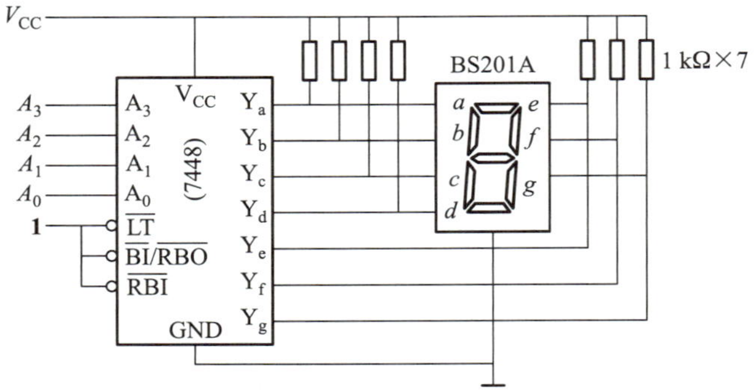

图 6.19　7448 与共阴极显示器件 BS201 的连接

例 6.2　译码器和七段显示译码器连接电路如图 6.20 所示，当两个显示译码器输入 8421BCD 码时，分析显示器显示的数字范围。

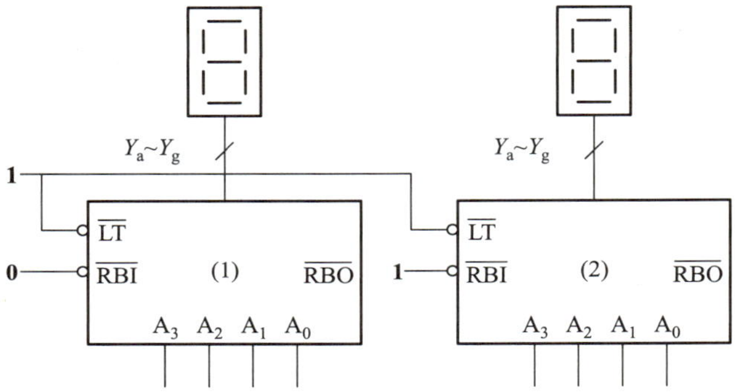

图 6.20　例 6.2 逻辑图

解：两片显示译码器 7448 电路中的 $\overline{LT}$ 都为 **1**；(1) 中 $\overline{RBI}$ = **0**，因此当输入代码 **0000** 时，满足灭 **0** 条件；(2) 中 $\overline{RBI}$ = **1**，所以当输入代码 **0000** 时仍正常显示；对于其他的输入数码，两片都能正常显示数码。因此，(1) 显示的数码范围为 1～9，(2) 显示的数码范围为 0～9。

通常，多片 7448 用于驱动显示多个七段显示器时，可以将最高位的那片 $\overline{RBI}$ = **0**，后面的低位片依次连接到其高一位片的 $\overline{RBO}$。如果图 6.20 的两片这样来连接，请大家分析其显示的特点。

微视频 6-1
译码器

6.3　数据选择器

数据选择器是能够从一组输入的数据中，选择出所需要的一个数据，并将其输出到唯一的数据通道上。因此，它相当于一个多路到一路的开关。

常用的中规模集成数据选择器有双4选1,8选1和16选1等。数据选择器在数据通信中应用广泛,是将低速多路并行信号转换为一路高速信号,以便于数据的高速传输。

6.3.1 2选1数据选择器的设计

对于从2路数据中选择其中的一路,送到输出通道上,按照组合逻辑电路的设计,可以列出其真值表,如表6.10所示。

表6.10 2选1数据选择器的真值表

选择端 S	数据 B	数据 A	输出 F
0	**0**	**0**	**0**
0	**0**	**1**	**1**
0	**1**	**0**	**0**
0	**1**	**1**	**1**
1	**0**	**0**	**0**
1	**0**	**1**	**0**
1	**1**	**0**	**1**
1	**1**	**1**	**1**

由真值表,可以得到输出 F 的逻辑函数表达式为

$$F = \overline{S} \cdot A + S \cdot B \tag{6-8}$$

画出其逻辑图如图6.21所示。

由此可见,当选择端 S 为 **0** 时,输出端输出的是 A,当选择端 S 为 **1** 时,输出端输出的是 B,这样就用 S 端作为选择信号,在其控制下,输出相应的数据。

之前曾经介绍过三态门,用三态缓冲器也可以实现2选1电路,如图6.22所示。

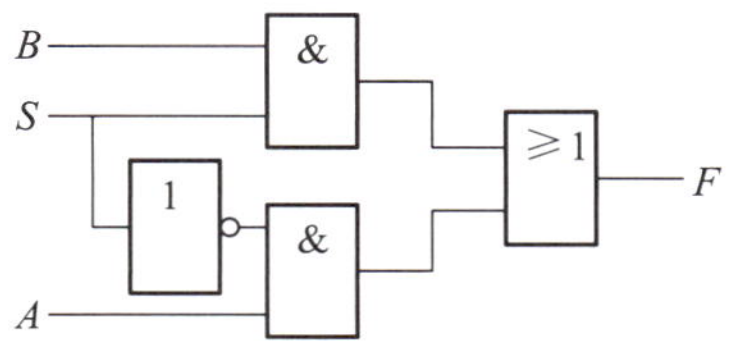

图6.21 2选1数据选择器逻辑图

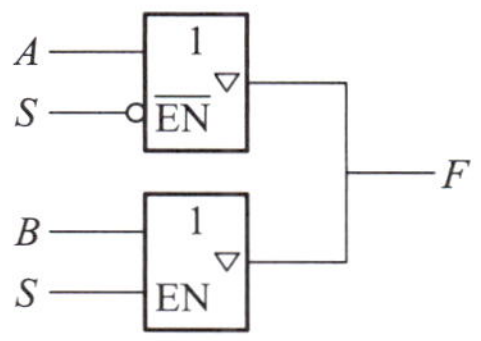

图6.22 用三态门构成2选1数据选择器

6.3.2 双4选1数据选择器

双4选1数据选择器74153集成了两个相同功能的4选1,共用控制信号 A_1、A_0,也称为

地址端,使用了两个使能端。其逻辑符号如图 6.23 所示。

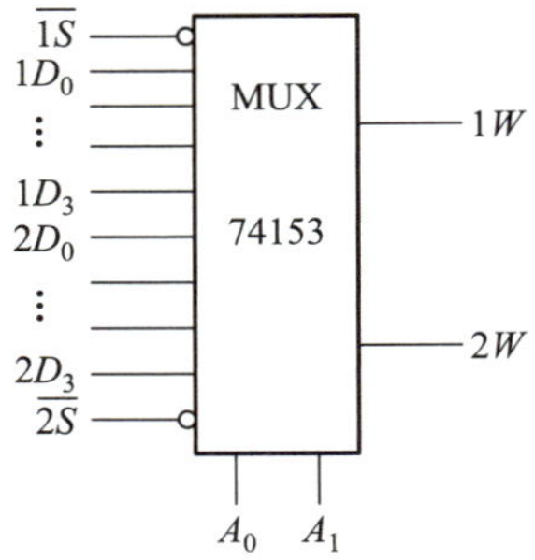

图 6.23　74153 逻辑符号

数据选择器 74153 的逻辑图如图 6.24 所示。分析其中的一半电路,也就是一个 4 选 1 数据选择器,另一个功能相同。

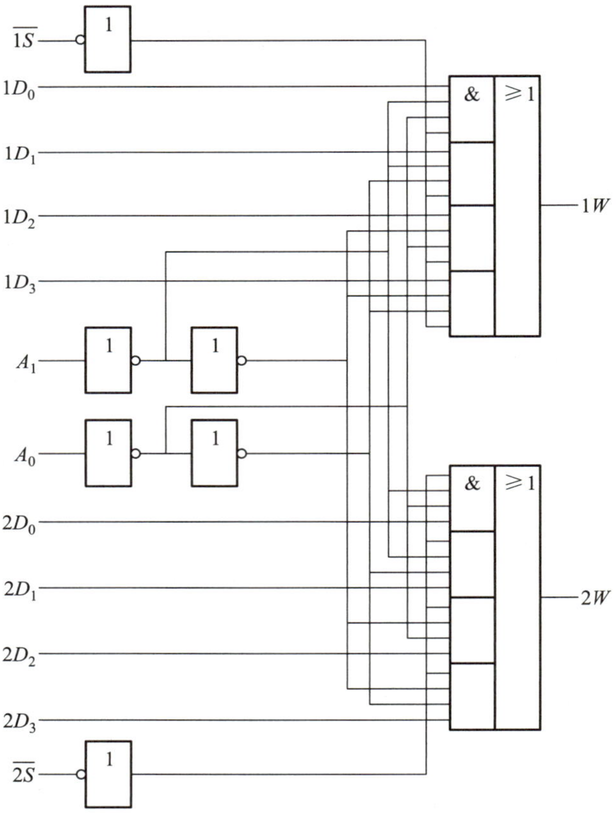

图 6.24　74153 逻辑图

先不考虑使能端的作用，为了方便，数据输入用 $D_0 \sim D_3$ 表示，输出用 W 表示为

$$W = \overline{A}_0 \cdot \overline{A}_1 D_0 + A_0 \cdot \overline{A}_1 \cdot D_1 + \overline{A}_0 \cdot A_1 \cdot D_2 + A_0 \cdot A_1 \cdot D_3 \quad (6-9)$$

如果把 A_1、A_0 作为控制信号，可以根据逻辑函数表达式，得到其功能表见表 6.11，功能表说明了使能端的作用。

表 6.11　74153 功能表

$\overline{S}$	A_1	A_0	W
1	×	×	0
0	0	0	D_0
0	0	1	D_1
0	1	0	D_2
0	1	1	D_3

6.3.3　8 选 1 数据选择器

除了双 4 选 1 数据选择器外，为了方便应用，还有集成中规模数据选择器 74151，它是一个 8 选 1 数据选择器，其逻辑符号如图 6.25 所示。

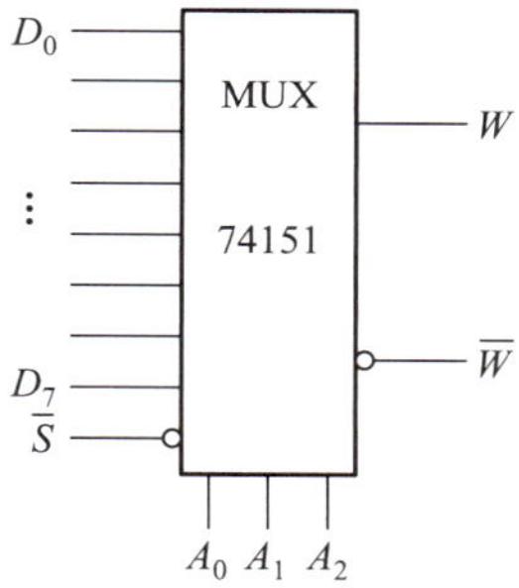

图 6.25　74151 逻辑符号

74151 逻辑图如图 6.26 所示。

分析 8 选 1 的逻辑图。首先假如 $\overline{S}=\mathbf{0}$，这样可以由逻辑图得到逻辑函数表达式：

$$\begin{aligned} W = &\overline{A}_2 \cdot \overline{A}_1 \cdot \overline{A}_0 \cdot D_0 + \overline{A}_2 \cdot \overline{A}_1 \cdot A_0 D_1 + \overline{A}_2 \cdot A_1 \cdot \overline{A}_0 \cdot D_2 + \overline{A}_2 \cdot A_1 \cdot A_0 \cdot D_3 + \\ &A_2 \cdot \overline{A}_1 \cdot \overline{A}_0 \cdot D_4 + A_2 \cdot \overline{A}_1 \cdot A_0 \cdot D_5 + A_2 \cdot A_1 \cdot \overline{A}_0 \cdot D_6 + \\ &A_2 \cdot A_1 \cdot A_0 \cdot D_7 \end{aligned} \quad (6-10)$$

由此可以得到 8 选 1 数据选择器 74151 的功能表见表 6.12。

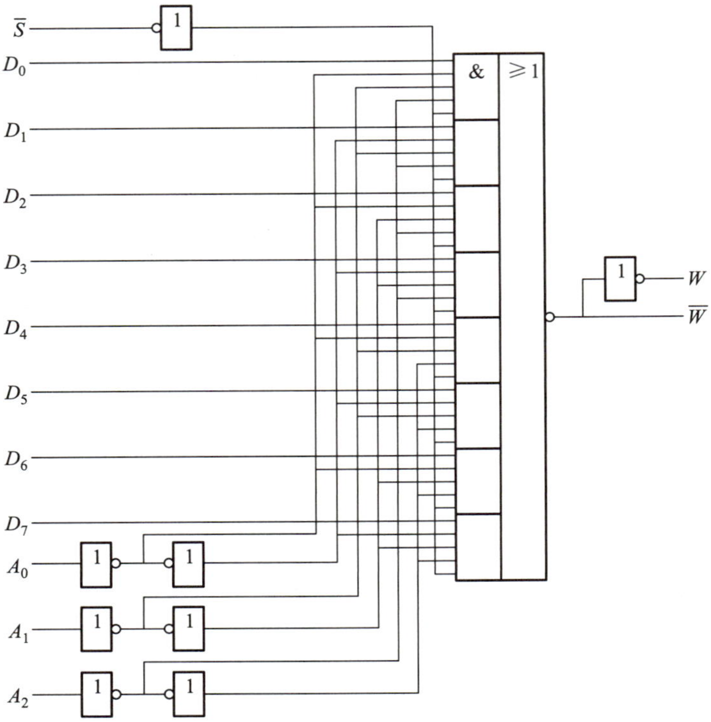

图 6.26　集成中规模数据选择器 74151 逻辑图

表 6.12　8 选 1 数据选择器功能表

使能端	地址端			输出
$\overline{S}$	A_2	A_1	A_0	W
1	×	×	×	**0**
0	**0**	**0**	**0**	D_0
0	**0**	**0**	**1**	D_1
0	**0**	**1**	**0**	D_2
0	**0**	**1**	**1**	D_3
0	**1**	**0**	**0**	D_4
0	**1**	**0**	**1**	D_5
0	**1**	**1**	**0**	D_6
0	**1**	**1**	**1**	D_7

数据选择器除了能够选择相应的数据输出外，根据其功能，还可以实现数据的并行到串行转换，也就是将多路并行低速数据转换为一路高速数据。

如图 6.27 所示，假如要将 4 路低速数据转换成 1 路高速数据，那么在 4 选 1 数据选择器中,4 路低速数据加在数据端 $D_0 \sim D_3$,在一个虚线周期内,如图 6.27 所示,数据选择器分别选择 $D_0 \sim D_3$ 输出,形成最下面一行的高速数据,因此这个高速数据实际上是比低速数据快了 4 倍。这就要求数据选择端的选择数据速度必须高于低速数据的 4 倍,这样才能完成低速数据到高速数据的转换。

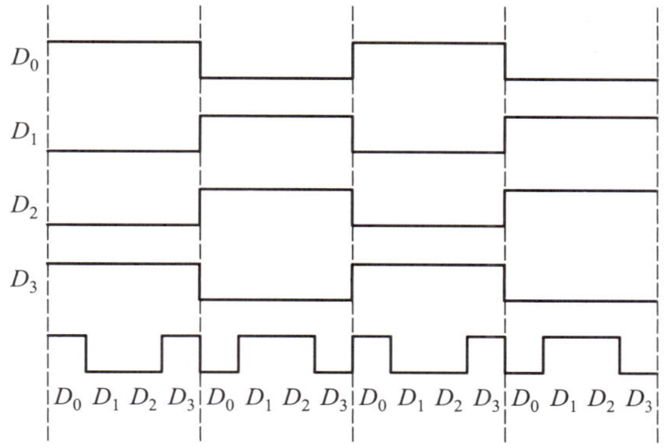

图 6.27　4 路低速数据转换成 1 路高速数据

在实际中,可以采用两位二进制计数器对脉冲进行计数,计数器的 Q_1、Q_0 接到数据选择器的地址端 A_1、A_0,那么,随着计数脉冲的输入,数据选择器的并行数据 $D_3 \sim D_0$ 就轮流地送到数据选择器的输出端,实现了并行数据到串行数据的转换。

对于 8 选 1 数据选择器 74151,当使能端为 **0** 时,数据选择器的逻辑函数表达式,可以写成

$$W = \sum_{i=0}^{7} m_i \cdot D_i \tag{6-11}$$

其中 m_i 是 A_2、A_1、A_0 三个变量所构成的最小项。显然,$D_i = \mathbf{1}$ 时其相应的最小项 m_i 就在**与或**式中出现,当 $D_i = \mathbf{0}$ 时,对应的最小项就不出现。

这样,数据选择器就可以很方便地构成逻辑函数发生器,也就是采用数据选择器可以实现组合逻辑函数。

从数据选择器的逻辑函数表达式可知,如果要实现的逻辑函数变量数等于数据选择器地址端数量,那么,用一个数据选择器就可以实现逻辑函数。也就是说,n 个地址端的数据选择器,可以很方便地实现 n 变量的任意函数。只要将数据选择器的地址端与要实现的逻辑函数相应的变量相连接;数据选择器的数据输入端,则按照所要实现逻辑函数的该最小项为 **1** 或者 **0**,接 **1** 或者 **0**。

当要实现的逻辑函数变量数小于数据选择器的地址端数量时,只要将数据选择器相应的地址端不用(接 **0** 或者 **1**),就可以实现逻辑函数。

当逻辑函数变量数多于地址端的情况下,可以采用两种方法,一种方法是采用多片数据选择器进行扩展,增加数据选择器的地址端数量,使其与逻辑函数的变量数相同。另一种方法是采用降维卡诺图的方法,降低逻辑函数的卡诺图维数,使其卡诺图中的维数与数据选择器地址端的数量一致。举例来分别说明上述采用数据选择器实现逻辑函数的方法。

例 6.3　用 8 选 1 数据选择器 74151 实现函数 $F(A,B,C)=\sum m(3,5,6,7)$

解：由于数据选择器地址端数等于要实现的函数的变量数，因此，只要将数据选择器 74151 的 A_2、A_1、A_0 分别接 A、B、C，数据输入端 D_3、D_5、D_6、D_7 接 **1**，其他数据输入端接 **0**，就实现了这个逻辑函数，如图 6.28 所示。在这里需要注意，地址端的顺序一定要与变量顺序相对应，否则就与函数最小项号码不一致，导致错误的逻辑。

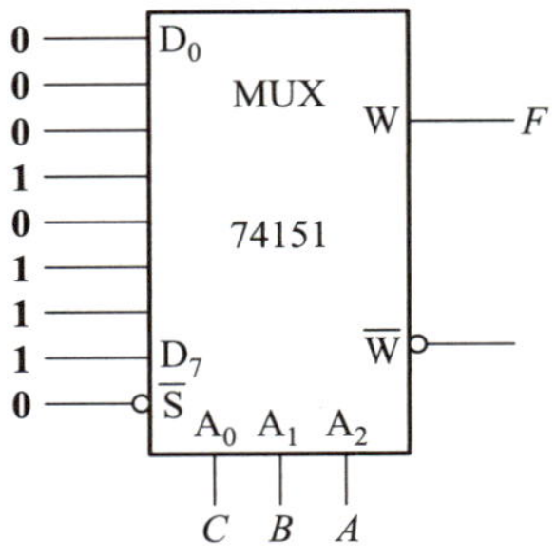

图 6.28　例 6.3 逻辑图

当逻辑函数的变量数多于数据选择器的地址端数量时，如上所述，可以采用扩展数据选择器的方法，使数据选择器的地址端数量增加到与逻辑函数变量数一样多；或者将逻辑函数降维，使其变量数减少，与数据选择器的地址端数量一致。

例 6.4　用 8 选 1 数据选择器 74151 实现函数

$$F(A,B,C,D)=\sum m(1,5,6,7,9,11,12,13,14)$$

这个函数的变量数是 4 个，而 74151 数据选择器的地址端只有 3 个，因此，可以采用两片 74151 构成 16 选 1，这样地址数就跟变量数一样，还可以采用降维卡诺图的方法实现，分别做出解答。

解 1：两片 74151 扩展为 16 选 1 的方法。

先将两个 8 选 1 扩展成 16 选 1，然后将最小项对应的数据端接 **1**，其他接 **0** 即可，如图 6.29 所示。

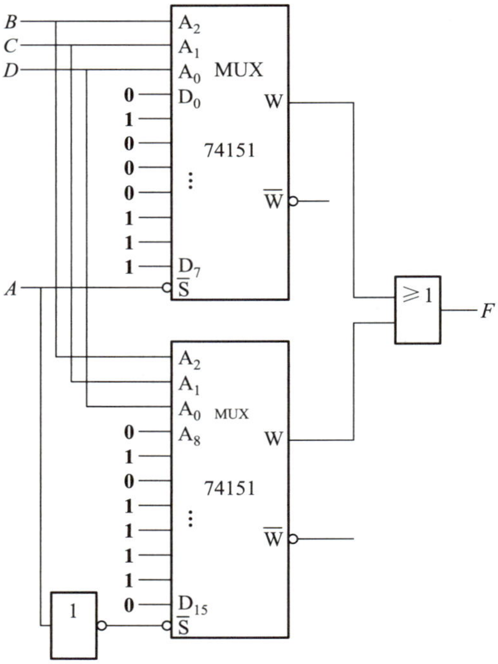

图 6.29　用扩展的方法实现例 6.4 函数

解 2：如果仅仅使用一片 74151 数据选择器，则先将要实现的函数卡诺图降维，降维的方法是，如果我们要消去卡诺图中的某一维 X，原卡诺图和新卡诺图的关系为：原卡诺图中，当 $X=\mathbf{0}$ 时，卡诺图中方格的取值为 M，当 $X=\mathbf{1}$ 时，原卡诺图中方格的取值为 N，那么在新的卡诺图对应的方格中，填上 $\overline{X}\cdot M+X\cdot N$。

先做出逻辑函数的卡诺图，如图 6.30 所示。

例如，图 6.30 的卡诺图中，我们降 D，新的卡诺图如图 6.31 所示。

再进一步降 C，卡诺图变为图 6.32。

CD \ AB	00	01	11	10
00	0	0	1	0
01	1	1	1	1
11	0	1	0	1
10	0	1	1	0

图 6.30　例 6.4 卡诺图

C \ AB	00	01	11	10
0	D	D	1	D
1	0	1	$\overline{D}$	D

图 6.31　例 6.4 降 D 卡诺图

AB	00	01	11	10
	$\overline{C}D$	$C+D$	$\overline{C}+\overline{D}$	D

图 6.32　例 6.4 降 D 后再降 C 卡诺图

从上面的降维可知，降维卡诺图对原来表达的函数是没有改变的，只是将卡诺图的维数降低，将降去的变量移进卡诺图中，使卡诺图中原来的常量，变成了表达式。

对于这个例题，采用降维卡诺图的方法，如果对 D 降维，就是上面第一次降维的卡诺图，其对应实现函数的逻辑图如图 6.33 所示。

可以看出，采用数据选择器实现逻辑函数，对于组合逻辑函数，不需要进行化简。

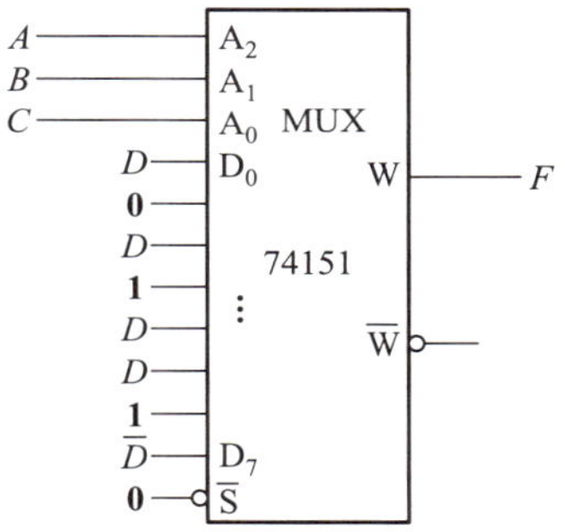

图 6.33　采用降维的方法实现例 6.4 的逻辑图

微视频 6-2
数据选择器

6.4　数据分配器

数据分配器与数据选择器的功能相反，是将输入来的一个数据送到若干个数据通道中的一个。这相当于一个输入对应多个输出的开关，由控制端也就是地址端决定这一路数据送到哪个输出通道。因此，逻辑上就是一个数据连接到若干个**与**门。所有的**与**门的其中一个输入端连接到一起，与输入数据相连。**与**门的其他输入端与控制码相连，用于控制**与**门的输出。这样，数据分配器的功能实际上与带有使能端的译码器功能一致。

用 1-4 路数据分配器说明。数据输入 D，数据输出 $Y_0\sim Y_3$，控制信号 A_1、A_0，也称为地址信号，这样数据分配器的功能表如表 6.13 所示。

表 6.13　1-4 路数据分配器功能表

A_1	A_0	Y_3	Y_2	Y_1	Y_0
0	0	0	0	0	D
0	1	0	0	D	0
1	0	0	D	0	0
1	1	D	0	0	0

由此,可以得到其逻辑函数表达式

$$Y_0 = D \cdot \overline{A}_1 \cdot \overline{A}_0 \qquad Y_1 = D \cdot \overline{A}_1 \cdot A_0 \qquad Y_2 = D \cdot A_1 \cdot \overline{A}_0 \qquad Y_3 = D \cdot A_1 \cdot A_0 \tag{6-12}$$

逻辑图如图 6.34 所示。

回顾一下 74138 译码器,当不考虑使能端时,其逻辑表达式如式(6-7),重写该式:

$$\overline{Y}_0 = \overline{\overline{A}_0 \cdot \overline{A}_1 \cdot \overline{A}_2}$$

$$\overline{Y}_1 = \overline{A_0 \cdot \overline{A}_1 \cdot \overline{A}_2}$$

$$\overline{Y}_2 = \overline{\overline{A}_0 \cdot A_1 \cdot \overline{A}_2}$$

$$\overline{Y}_3 = \overline{A_0 \cdot A_1 \cdot \overline{A}_2}$$

$$\overline{Y}_4 = \overline{\overline{A}_0 \cdot \overline{A}_1 \cdot A_2}$$

$$\overline{Y}_5 = \overline{A_0 \cdot \overline{A}_1 \cdot A_2}$$

$$\overline{Y}_6 = \overline{\overline{A}_0 \cdot A_1 \cdot A_2}$$

$$\overline{Y}_7 = \overline{A_0 \cdot A_1 \cdot A_2}$$

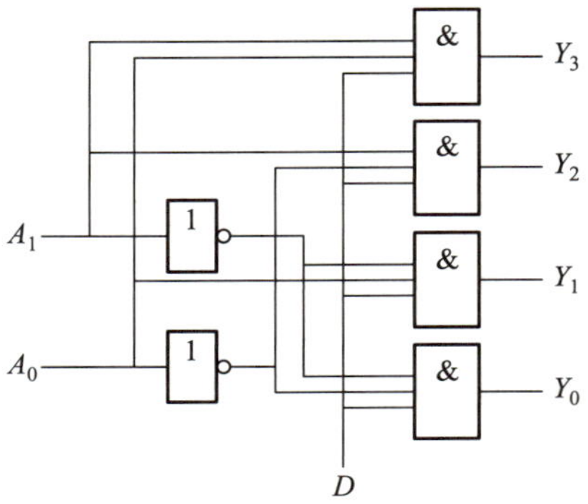

图 6.34　1-4 路数据分配器逻辑图

也就是所有最小项的反。如果把其中的一个低电平有效的使能端作为数据输入,那么,也就构成了一个 1-8 路数据分配器,这样,把 74138 看成数据分配器,重新写一下 74138 功能表如表 6.14 所示。

表 6.14 74138 译码器作为数据分配器的功能表

输入						输出							
E_3	$\overline{E}_2$	$\overline{E}_1$	A_2	A_1	A_0	$\overline{Y}_0$	$\overline{Y}_1$	$\overline{Y}_2$	$\overline{Y}_3$	$\overline{Y}_4$	$\overline{Y}_5$	$\overline{Y}_6$	$\overline{Y}_7$
0	**0**	×	×	×	×	**1**	**1**	**1**	**1**	**1**	**1**	**1**	**1**
1	**0**	D	**0**	**0**	**0**	D	**1**	**1**	**1**	**1**	**1**	**1**	**1**
1	**0**	D	**0**	**0**	**1**	**1**	D	**1**	**1**	**1**	**1**	**1**	**1**
1	**0**	D	**0**	**1**	**0**	**1**	**1**	D	**1**	**1**	**1**	**1**	**1**
1	**0**	D	**0**	**1**	**1**	**1**	**1**	**1**	D	**1**	**1**	**1**	**1**
1	**0**	D	**1**	**0**	**0**	**1**	**1**	**1**	**1**	D	**1**	**1**	**1**
1	**0**	D	**1**	**0**	**1**	**1**	**1**	**1**	**1**	**1**	D	**1**	**1**
1	**0**	D	**1**	**1**	**0**	**1**	**1**	**1**	**1**	**1**	**1**	D	**1**
1	**0**	D	**1**	**1**	**1**	**1**	**1**	**1**	**1**	**1**	**1**	**1**	D

74138 作为数据分配器时的连接图如图 6.35 所示。要把数据 D 送到某个输出端，只需要将地址输入接相应的电平就可以了。这里，74138 的地址端实际上就是输出控制端。除了能将数据分配到相应的通道上去之外，还可以利用它产生多路单脉冲节拍：将图 6.35 中的数据 D 接 **0**，地址输入端从 **000** 按照二进制码的顺序变化到 **111**，就会在输出端轮流送出单个低脉冲节拍信号，这可用于分时数据传送系统。

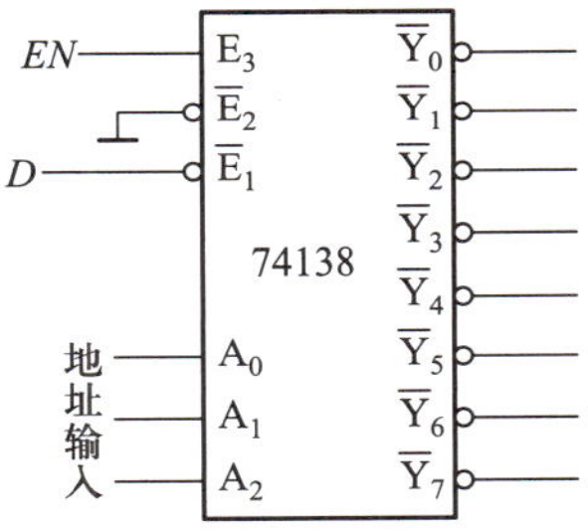

图 6.35 74138 作为数据分配器

6.5 数值比较器

数字系统尤其是计算机中，经常需要比较两个数值的大小。数值比较器就是能够对两个数值 A 和 B 比较大小的逻辑电路，比较的结果是 $A>B$，或者 $A<B$，或者 $A=B$。

对于 1 位的二进制数值，因为二进制数值只有 **0** 和 **1** 两个数字，因此其真值表很容易得到，见表 6.15。

表 6.15 1 位二进制数值比较器真值表

A	B	$F_{A>B}$	$F_{A=B}$	$F_{A<B}$
0	**0**	**0**	**1**	**0**
0	**1**	**0**	**0**	**1**
1	**0**	**1**	**0**	**0**
1	**1**	**0**	**1**	**0**

由真值表，可以写出逻辑表达式

$$F_{A>B}=A\overline{B} \tag{6-13}$$

$$F_{A=B}=\overline{A}\cdot\overline{B}+AB \tag{6-14}$$

$$F_{A<B}=\overline{A}B \tag{6-15}$$

由表达式画出的逻辑电路如图 6.36 所示。

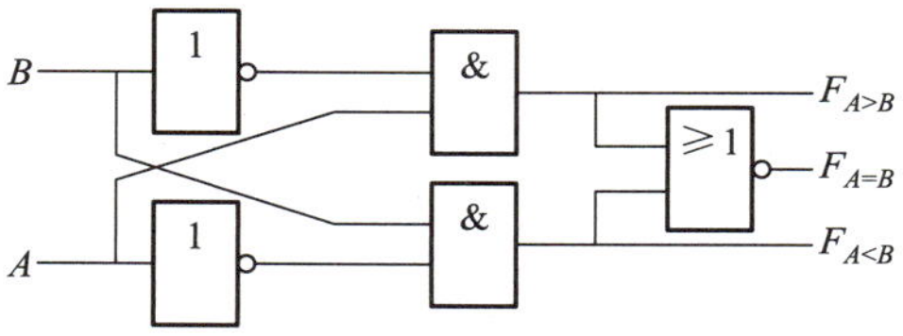

图 6.36　1 位二进制数值比较器逻辑图

2 位的数值比较器，有 4 个输入变量，也可以按照上面的方法设计。但是，对于更多位的数值比较器，由于变量数的增加，列真值表很麻烦，用这种设计方法会很困难。这就需要考虑多位数值比较器的工作情况，找出其规律，避免列繁琐的真值表，直接写出比较结果的函数表达式，以简化设计方法。

按照两个数比较大小的方法，当比较两个数的大小的时候，总是先比较其最高位，如果最高位不一样，就可以知道这两个数的大小，只有最高位相等，两个数的大小才取决于次高位，以此类推。这样，可以按照这种比较方法，得到两个 n 位二进制数的大小比较逻辑表达式

$$F_{A>B}=A_n\overline{B}_n+(A_n\odot B_n)A_{n-1}\overline{B}_{n-1}+\cdots+(A_n\odot B_n)(A_{n-1}\odot B_{n-1})\cdots(A_1\odot B_1)A_0\overline{B}_0 \tag{6-16}$$

$$F_{A=B}=(A_n\odot B_n)(A_{n-1}\odot B_{n-1})\cdots(A_1\odot B_1)(A_0\odot B_0) \tag{6-17}$$

$$F_{A<B}=\overline{A}_nB_n+(A_n\odot B_n)\overline{A}_{n-1}B_{n-1}+\cdots+(A_n\odot B_n)(A_{n-1}\odot B_{n-1})\cdots(A_1\odot B_1)\overline{A}_0B_0 \tag{6-18}$$

根据逻辑表达式，就可以构建多位的数值比较器电路。集成的中规模 4 位数值比较器 7485 的逻辑电路就是按照这种方法构建的。

中规模 4 位数值比较器 7485 的逻辑图和引脚排列图如图 6.37 和图 6.38 所示。

按照逻辑图，可以求出各个门的表达式：

$$P_0=A_0\odot B_0 \tag{6-19}$$

$$P_1=A_1\odot B_1 \tag{6-20}$$

$$P_2=A_2\odot B_2 \tag{6-21}$$

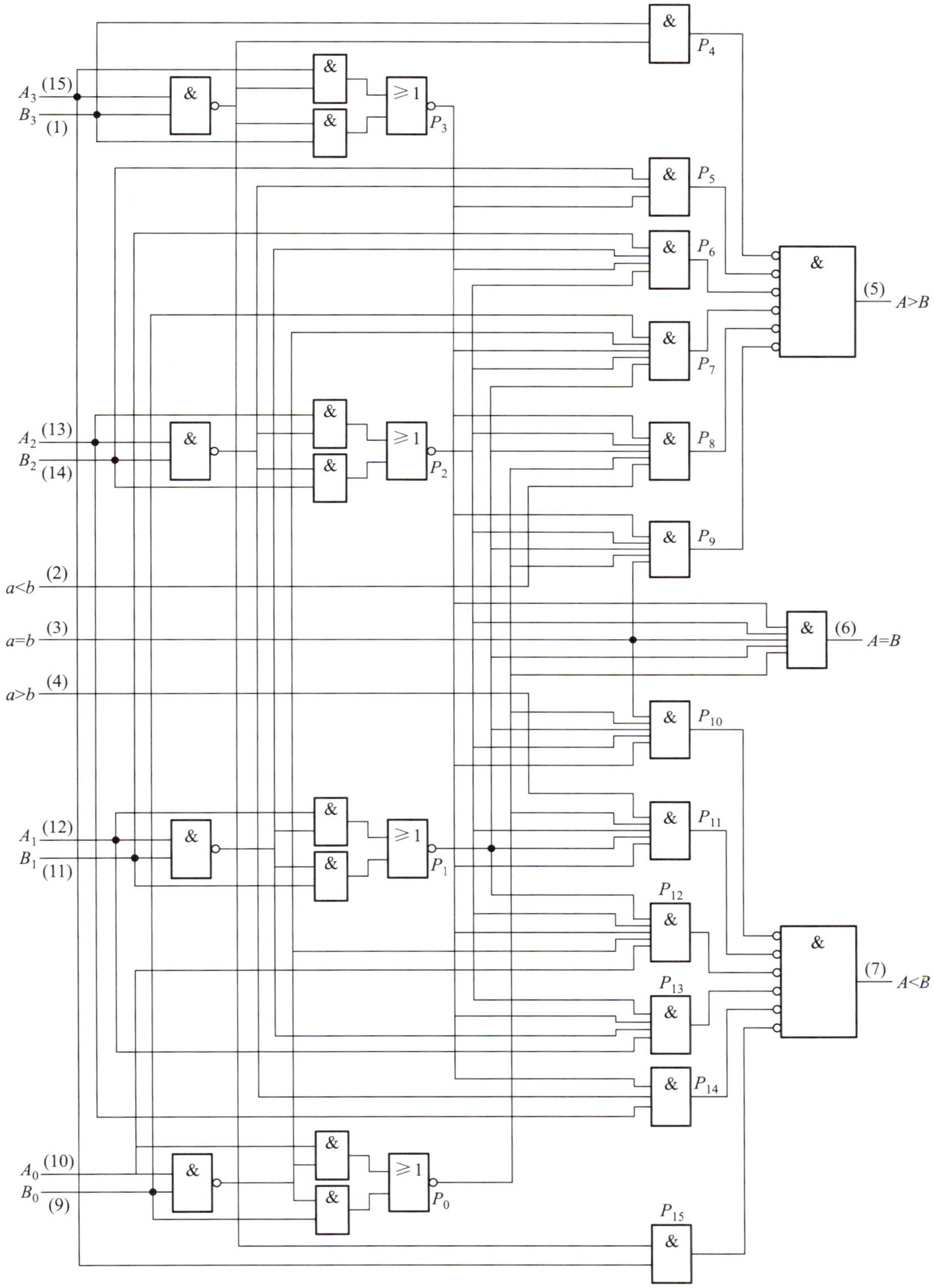

图 6.37　中规模 4 位数值比较器 7485 的逻辑图

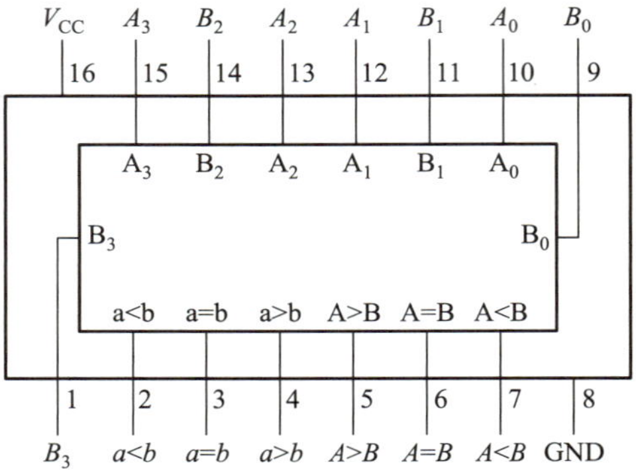

图 6.38　中规模 4 位数值比较器 7485 的引脚排列图

$$P_3 = A_3 \odot B_3 \tag{6-22}$$

$$P_4 = B_3 \cdot \overline{A_3 B_3} = \overline{A}_3 \cdot B_3 \tag{6-23}$$

$$P_5 = \overline{A}_2 \cdot B_2(A_3 \odot B_3) \tag{6-24}$$

$$P_6 = \overline{A}_1 \cdot B_1(A_3 \odot B_3)(A_2 \odot B_2) \tag{6-25}$$

$$P_7 = \overline{A}_0 \cdot B_0(A_3 \odot B_3)(A_2 \odot B_2)\ A_1 \odot B_1 \tag{6-26}$$

$$P_8 = P_3 \cdot P_2 \cdot P_1 \cdot P_0 \cdot (a < b) \tag{6-27}$$

$$P_9 = P_0 \cdot P_1 \cdot P_2 \cdot P_3 \cdot (a = b) \tag{6-28}$$

$$P_{10} = P_0 \cdot P_1 \cdot P_2 \cdot P_3 \cdot (a = b) \tag{6-29}$$

$$P_{11} = P_3 \cdot P_2 \cdot P_1 \cdot P_0 \cdot (a > b) \tag{6-30}$$

$$P_{12} = A_0 \cdot \overline{B}_0(A_3 \odot B_3)(A_2 \odot B_2)\ A_1 \odot B_1 \tag{6-31}$$

$$P_{13} = A_1 \cdot \overline{B}_1\ (A_3 \odot B_3)(A_2 \odot B_2) \tag{6-32}$$

$$P_{14} = A_2 \cdot \overline{B}_2\ (A_3 \odot B_3) \tag{6-33}$$

$$P_{15} = A_3 \cdot \overline{A_3 B_3} = A_3 \cdot \overline{B}_3 \tag{6-34}$$

这样，就可以得到输出表达式：

$$O_{A=B} = P_0 \cdot P_1 \cdot P_2 \cdot P_3(A = B) = (A_0 \odot B_0)(A_1 \odot B_1)(A_2 \odot B_2)(A_3 \odot B_3)(a = b) \tag{6-35}$$

$$O_{A>B} = \overline{P}_4 \cdot \overline{P}_5 \cdot \overline{P}_6 \cdot \overline{P}_7 \cdot \overline{P}_8 \cdot \overline{P}_9 \tag{6-36}$$

$$O_{A<B} = \overline{P}_{15} \cdot \overline{P}_{14} \cdot \overline{P}_{13} \cdot \overline{P}_{12} \cdot \overline{P}_{11} \cdot \overline{P}_{10} \tag{6-37}$$

从逻辑表达式，可以得到 4 位数值比较器 7485 的功能表见表 6.16。

表 6.16 4 位数值比较器 7485 的功能表

比较输入					级联输入			输出		
	A_3 B_3	A_2 B_2	A_1 B_1	A_0 B_0	$(a>b)$	$(a<b)$	$(a=b)$	$(A>B)$	$(A<B)$	$(A=B)$
①	$A_3>B_3$	× ×	× ×	× ×	×	×	×	**1**	**0**	**0**
①	$A_3<B_3$	× ×	× ×	× ×	×	×	×	**0**	**1**	**0**
②	$A_3=B_3$	$A_2>B_2$	× ×	× ×	×	×	×	**1**	**0**	**0**
②	$A_3=B_3$	$A_2<B_2$	× ×	× ×	×	×	×	**0**	**1**	**0**
②	$A_3=B_3$	$A_2=B_2$	$A_1>B_1$	× ×	×	×	×	**1**	**0**	**0**
②	$A_3=B_3$	$A_2=B_2$	$A_1<B_1$	× ×	×	×	×	**0**	**1**	**0**
②	$A_3=B_3$	$A_2=B_2$	$A_1=B_1$	$A_0>B_0$	×	×	×	**1**	**0**	**0**
②	$A_3=B_3$	$A_2=B_2$	$A_1=B_1$	$A_0<B_0$	×	×	×	**0**	**1**	**0**
③	$A_3=B_3$	$A_2=B_2$	$A_1=B_1$	$A_0=B_0$	**1**	**0**	**0**	**1**	**0**	**0**
③	$A_3=B_3$	$A_2=B_2$	$A_1=B_1$	$A_0=B_0$	**0**	**1**	**0**	**0**	**1**	**0**
③	$A_3=B_3$	$A_2=B_2$	$A_1=B_1$	$A_0=B_0$	**0**	**0**	**1**	**0**	**0**	**1**

由此可见，集成的中规模数值比较器 7485 的逻辑，就是按照前面所述的方法构建的，只不过增加了 $a>b$、$a=b$、$a<b$ 三个输入端。

7485 数值比较器中的三个输入端 $a>b$、$a=b$、$a<b$ 的作用是，当输入的两个 4 位二进制数的数码完全相同时，两个数的比较结果输出就取决于这三个输入端。

这三个输入端是为了多片数值比较器级联，构成更多位的数值比较器而设置的。例如，要比较两个 8 位二进制数的大小，就需要两片 7485，连接如图 6.39 所示。先比较两个数的高 4 位，如果相同，输出结果就取决于高位片的三个输入端 $a>b$、$a=b$、$a<b$，而这三个端连接到低位片比较结果相应输出上，因此这三个端的值取决于低 4 位数的比较结果；而低位片的 3 个输入端，因为没有更低位的数据比较，也就是低位片的比较结果仅仅取决于这个片的两个输入数据，所以三个输入端 $a>b$、$a=b$、$a<b$ 分别接 **0**、**1**、**0**，也就是，当低 4 位也相同时，这两个数值就相等。

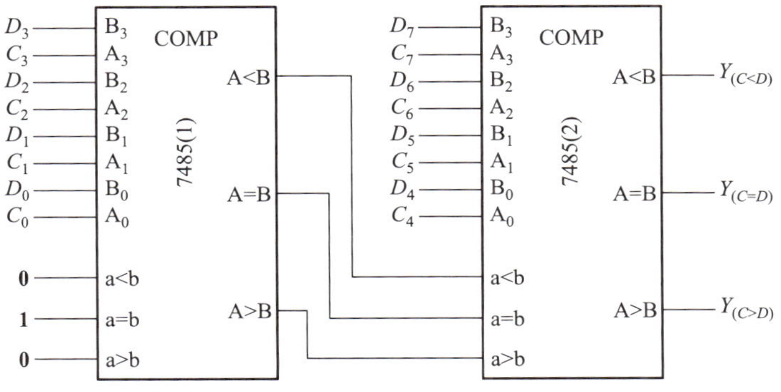

图 6.39 两片 7485 构成 8 位二进制数值比较器

6.6　奇偶校验位产生与校验电路

6.6.1　奇偶校验位

奇偶校验的概念在数制与码制一章中已经说明，奇偶校验分为校验位的产生和校验两部分，所用的电路是同一种电路，因此称为奇偶校验位产生与校验电路。

奇偶校验电路是能够对输入数据信号中 **1** 的奇偶性进行判断的电路，它包括奇偶校验位的产生电路和奇偶校验电路。对于一个数据，如果要让它成为奇偶校验码，就必须在数据本身的基础上，增加一个校验位，使数据和校验位合起来的数码中 **1** 的个数为奇数（奇校验）或者偶数（偶校验）。

奇校验的数据传输中，传送的奇校验码包括数据本身和奇校验位，因此奇校验码比实际数据多了一位。偶校验码类似，传送的数据是数据本身和一位偶校验位。

奇偶校验位的取值原则是采用奇校验时，使整个代码中 **1** 的个数为奇数；采用偶校验时，使整个代码中 **1** 的个数为偶数。

表 6.17 是 4 位二进制数据的奇偶校验码说明，给出了奇校验 F_{ODD} 和偶校验 F_{EVEN} 的校验位取值。采用奇校验时，传送的奇校验码是 4 位二进制信息码和奇校验位 F_{ODD} 总共 5 位，从表中可以看出，这 5 位的码中 **1** 的个数都是奇数。当采用偶校验时，传送的偶校验码是 4 位二进制信息码加上偶校验位 F_{EVEN} 总共 5 位，这 5 位码包含有偶数个 **1**。

表 6.17　4 位二进制数据的奇、偶校验位取值表

	4 位二进制信息码				奇校验位	偶校验位
	B_3	B_2	B_1	B_0	F_{ODD}	F_{EVEN}
奇校验	**0**	**0**	**0**	**0**	**1**	**0**
	0	**0**	**0**	**1**	**0**	**1**
	0	**0**	**1**	**0**	**0**	**1**
	0	**0**	**1**	**1**	**1**	**0**
奇偶校验编码举例	**0**	**1**	**0**	**0**	**0**	**1**
	0	**1**	**0**	**1**	**1**	**0**
	0	**1**	**1**	**0**	**1**	**0**
	0	**1**	**1**	**1**	**0**	**1**
	1	**0**	**0**	**0**	**0**	**1**
	1	**0**	**0**	**1**	**1**	**0**
	1	**0**	**1**	**0**	**1**	**0**
	1	**0**	**1**	**1**	**0**	**1**
	1	**1**	**0**	**0**	**1**	**0**
偶校验	**1**	**1**	**0**	**1**	**0**	**1**
	1	**1**	**1**	**0**	**0**	**1**
	1	**1**	**1**	**1**	**1**	**0**

奇偶校验电路既能产生所需要的奇偶校验位，以便与数据一起构成用于传输的校验码，又能够对传送到终端的奇偶校验码进行检验，检查其是否符合约定的奇偶性，如果与约定的奇偶性一致，则认为信息传输是正确的，否则就需要重新传输数据。

从奇偶校验的原理可知，使用奇偶校验码传送数据，我们能够根据数据传输中是否发生了奇偶校验码中包含 **1** 个数的奇偶性改变，来判断是否产生传输错误，对于不改变传输码中包含 **1** 个数的奇偶性错误，是不能发现的。

6.6.2 奇偶校验电路和校验位产生电路

奇偶校验的基本运算是**异或**运算。实际上就是判断输入信号中 **1** 的奇偶性。设有 n 个输入变量 X_1，X_2，…，X_n，则函数 $F=X_1 \oplus X_2 \oplus \cdots \oplus X_n$ 的逻辑功能为：当输入变量为 **1** 的个数是奇数时，F 为 **1**；当输入变量为 **1** 的个数是偶数时，F 为 **0**。

实现这一功能的电路称为奇校验电路，输出端加一个**非**门，则可得到偶校验电路。通常合二为一，称为奇偶校验电路，如图 6.40 所示。

图 6.40 的奇偶校验电路中，如果 D_{in} 和 $D_0 \sim D_7$ 中有奇数个 **1**，F_{ODD} 就输出 **1**，F_{EVEN} 输出为 **0**；如果 D_{in} 和 $D_0 \sim D_7$ 中有偶数个 **1**，F_{ODD} 就输出 **0**，F_{EVEN} 输出为 **1**。

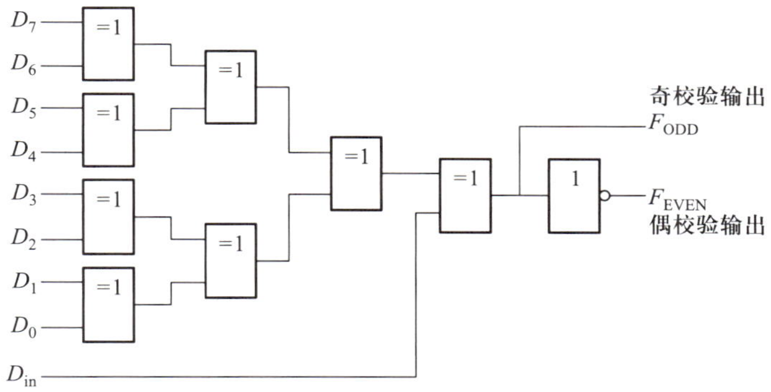

图 6.40 奇偶校验电路

如果电路的 $D_{\text{in}}=\mathbf{0}$，那么 F_{ODD} 就可以用作产生偶校验位，F_{EVEN} 用作产生奇校验位；如果 $D_{\text{in}}=\mathbf{1}$，那么 F_{ODD} 就可以用作产生奇校验位，F_{EVEN} 用作产生偶校验位。因此，电路又可以用作校验位的产生电路。

6.6.3 中规模集成奇偶校验电路 74280

中规模集成奇偶校验电路 74280 逻辑图如图 6.41 所示，其逻辑符号如图 6.42 所示，功能表见表 6.18。

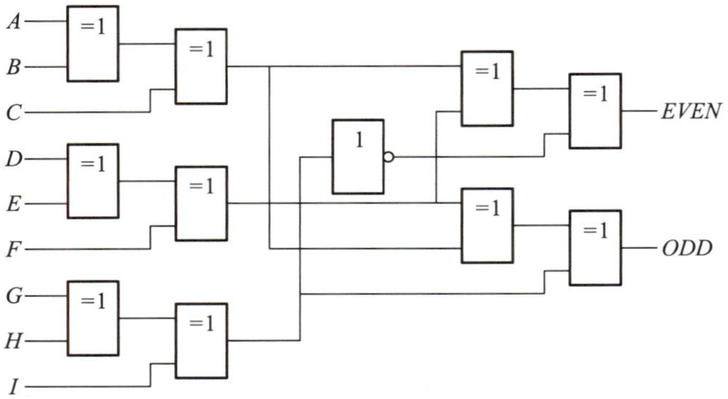

图 6.41　74280 逻辑图

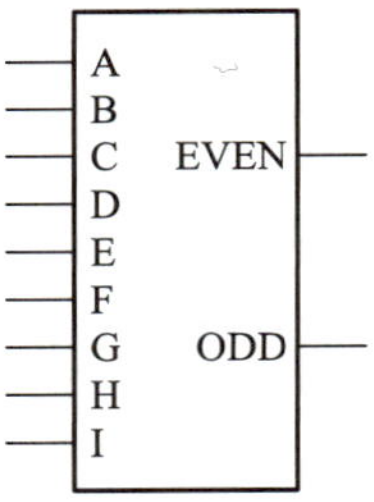

图 6.42　74280 逻辑符号

表 6.18　74280 功能表

9 位数据中“1”的个数	*EVEN*	*ODD*
偶数	**1**	**0**
奇数	**0**	**1**

从 74280 逻辑图可以得到其逻辑表达式为

$$F_{\mathrm{ODD}} = A \oplus B \oplus C \oplus D \oplus E \oplus F \oplus G \oplus H \oplus I \tag{6-38}$$

$$F_{\mathrm{EVEN}} = \overline{A \oplus B \oplus C \oplus D \oplus E \oplus F \oplus G \oplus H \oplus I} \tag{6-39}$$

它既可用作奇偶校验位的产生，也可用作奇偶校验。

如图 6.43 是奇偶校验电路的应用实例，利用 74280 对 8 位数据传送电路传送的数据进行奇偶校验。左边为校验位产生用的 74280，右边为校验用的芯片。

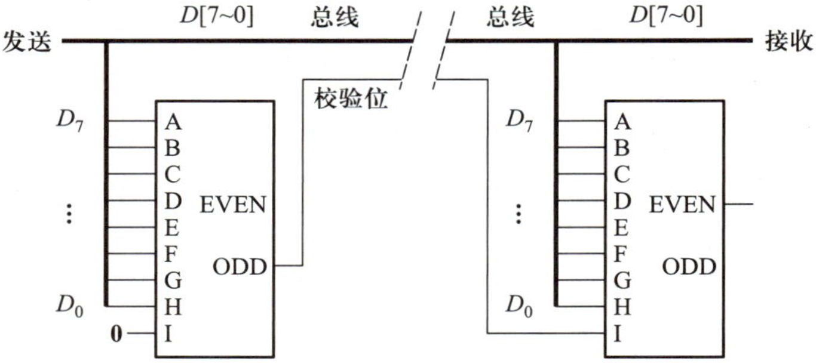

图 6.43　奇偶校验位产生与校验电路

当 8 位信息码 $D_7 \sim D_0$ 中 **1** 的总个数为偶数时，由于 I 为 **0**，故 F_{ODD} 为 **0**；当 8 位信息码中 **1** 的总个数为奇数时，F_{ODD} 为 **1**。这样就产生了校验位。

校验位和 8 位信息码 $D_7 \sim D_0$ 一起传送到右边芯片。由于信息码和校验位中 **1** 的总个数为偶数，经传送后，若数据无差错，则接收端奇偶校验电路的 F_{EVEN} 输出为 **1**；若有奇数个数据传输中出错，则 F_{EVEN} 为 **0**，表明接收端的 9 个数据中有奇数个 **1**，从而 F_{EVEN} 为 **0**，发出出错信号。

上述奇偶校验电路，只能检测出 1 位出错或奇数个位错误，而不能检测偶数个位出错，也无法对出错位定位。但由于电路简单，仍然广泛用于误码率不高的信息传输系统中。

微视频 6-3 奇偶校验位产生与校验电路

6.7 算术运算电路

算术运算是数字系统、计算机的基本功能，也是其基本单元之一。在这里介绍加法运算、减法运算的概念和实现其运算的逻辑电路等。

6.7.1 1 位二进制加法器

全加器能完成加数、被加数和低位送来的进位信号相加，产生两个输出：相加的和以及向更高位的进位。

1 位二进制全加器的运算，是完成两个 1 位二进制数和低位进位来的进位信号相加。先看两个无符号二进制数相加

$$0101+0011=1000$$

除了最低位，其他任意位相加都需要考虑有三个 1 位二进制数相加：加数，被加数，低位向本位的进位。假如定义 A 代表被加数，B 代表加数，C_{-1} 代表低位向本位的进位，S 代表相加得到的和，C_0 代表相加向更高位的进位，那么，1 位二进制数相加的真值表如表 6.19 所示。

表 6.19 1 位二进制全加器真值表

输入端			输出端	
A	B	C_{-1}	S	C_0
0	**0**	**0**	**0**	**0**
0	**0**	**1**	**1**	**0**
0	**1**	**0**	**1**	**0**
0	**1**	**1**	**0**	**1**
1	**0**	**0**	**1**	**0**
1	**0**	**1**	**0**	**1**
1	**1**	**0**	**0**	**1**
1	**1**	**1**	**1**	**1**

由真值表，可以写出和 S 以及进位 C_O 的逻辑函数表达式

$$S = A \oplus B \oplus C_{-1} \tag{6-40}$$

$$C_O = (A \oplus B)C_{-1} + AB \tag{6-41}$$

按照表达式，做出逻辑图如图 6.44 所示。

其逻辑符号如图 6.45 所示。

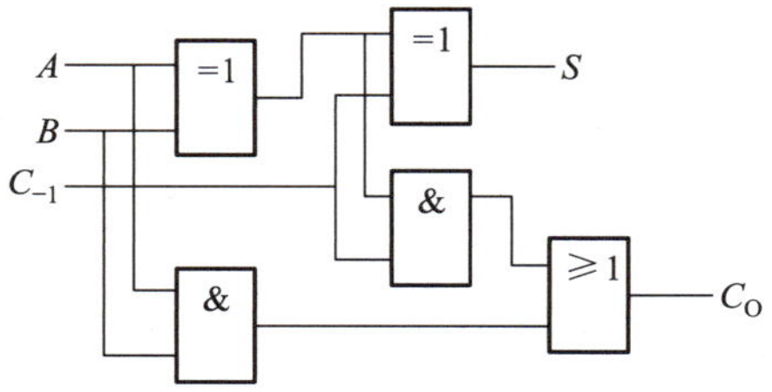

图 6.44　1 位全加器逻辑图

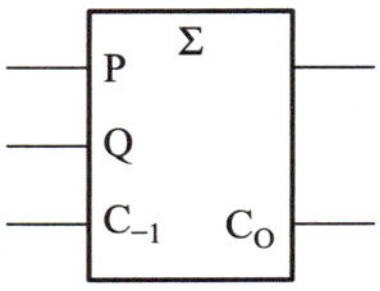

图 6.45　1 位全加器符号

对于两个二进制数的最低位相加，因为没有低位向本位的进位问题，所以输入变量只有两个：A、B，这种情况是全加器的特例，也叫半加器，其真值表如表 6.20 所示。

表 6.20　半加器真值表

A	B	S	C_O
0	0	0	0
0	1	1	0
1	0	1	0
1	1	0	1

逻辑函数表达式

$$S = A \oplus B \tag{6-42}$$

$$C_O = AB \tag{6-43}$$

用**与非**门构成的半加器逻辑图如图 6.46 所示。

逻辑符号如图 6.47 所示。

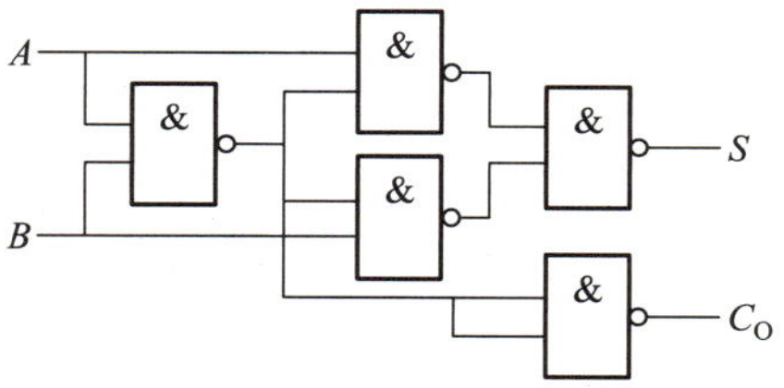

图 6.46　与非门构成的半加器逻辑图

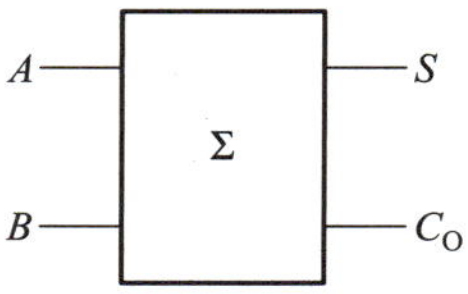

图 6.47　半加器逻辑符号

6.7.2 逐位进位的全加器

做加法运算的时候,是由低到高逐位相加的,例如,对于十进制数 856 和 972 的相加,从低向高相加,并将进位记为最上面一排,参与运算。算式如下:

$$\begin{array}{r} 1\,1\,0\,0 \\ 8\,5\,6 \\ +\quad 9\,7\,2 \\ \hline 1\,8\,2\,8 \end{array}$$

只有低位相加,得到和数以及向高位的进位结果后,才能进行更高 1 位的相加。也就是说,高位相加,要等到低位向本位的进位信号到了以后才能进行,否则加的结果会是错的。

对于二进制相加,也可以这样来运算,如 **1011+1101=11000**,最高位是相加后,向更高位的进位。用 1 位全加器可以构成逐位进位的 4 位全加器,如图 6.48 所示。

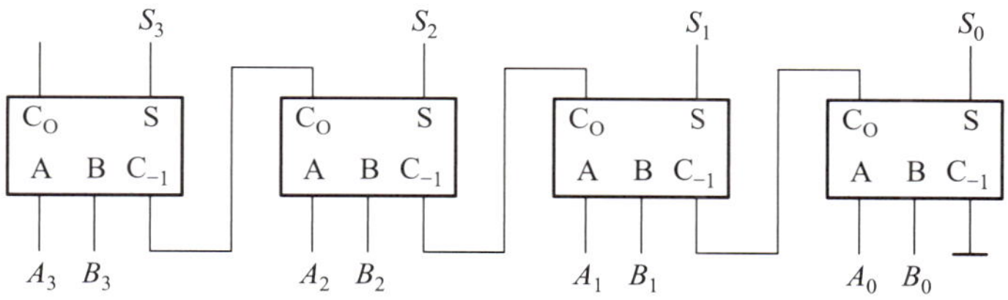

图 6.48 逐位进位的 4 位全加器

逐位进位的全加器,由于进位是逐级向前进的,所以高 1 位相加的结果是否正确,取决于低位是否已经完成相加,也就是向本位的进位是否已经到达。因此,相加的速度比较慢。

6.7.3 超前进位的 4 位二进制全加器 74283

1 位全加器的逻辑函数表达式重新列出来

$$S = A \oplus B \oplus C_{-1}$$

$$C_O = (A \oplus B)C_{-1} + AB$$

当构成多位的全加器时,用 P_i 代表被加数,Q_i 代表加数,C_{Ii}代表低位向本位的进位信号,C_{Oi}代表本位向更高位的进位,本位和用 S_i 代表,那么

$$S_i = P_i \oplus Q_i \oplus C_{Ii}$$

$$C_{Oi} = (P_i + Q_i)C_{Ii} + P_iQ_i$$

$$X_i = Q_i + P_i$$

$$G_i = Q_iP_i$$

$$C_{Ii} = C_{Oi-1}$$

当 $i=0$ 时，$$C_{I0}=C_{O-1}$$

$$S_0=P_0\oplus Q_0\oplus C_{O-1}$$

$$C_{O0}=G_0+X_0C_{O-1}$$

（其中 $X_0=P_0+Q_0, G_0=P_0Q_0$）

当 $i=1$ 时，$$C_{I1}=C_{O0}$$

$$S_1=P_1\oplus Q_1\oplus C_{I1}=P_1\oplus Q_1\oplus(G_0+X_0C_{O-1})$$

$$C_{O1}=G_1+X_1C_{I1}=G_1+X_1(G_0+X_0C_{O-1})$$

（其中 $X_1=P_1+Q_1, G_1=P_1Q_1$）

当 $i=2$ 时，$$C_{I2}=C_{O1}$$

$$S_2=P_2\oplus Q_2\oplus C_{I2}=P_2\oplus Q_2\oplus(G_1+X_1G_0+X_1X_0C_{O-1})$$

$$\begin{aligned}C_{O2}&=G_2+X_2C_{I2}=G_2+X_2(G_1+X_1G_0+X_1X_0C_{O-1})\\&=G_2+X_2G_1+X_2X_1G_0+X_2X_1X_0C_{O-1}\end{aligned}$$

（其中 $X_2=P_2+Q_2, G_2=P_2Q_2$）

当 $i=3$ 时，$$C_{I3}=C_{O2}$$

$$\begin{aligned}S_3&=P_3\oplus Q_3\oplus C_{I3}\\&=P_3\oplus Q_3\oplus(G_2+X_2G_1+X_2X_1G_0+X_2X_1X_0C_{O-1})\end{aligned}$$

$$\begin{aligned}C_{O3}&=G_3+X_3C_{I2}\\&=G_3+X_3(G_2+X_2G_1+X_2X_1G_0+X_2X_1X_0C_{O-1})\\&=G_3+X_3G_2+X_3X_2G_1+X_3X_2X_1G_0+X_3X_2X_1X_0C_{O-1}\end{aligned}$$

（其中 $X_3=P_3+Q_3, G_3=P_3Q_3$）

当 $i=n$ 时，$$C_{In}=C_{On-1} \tag{6-44}$$

$$S_n=P_n\oplus Q_n\oplus C_{In}$$

$$\begin{aligned}C_{On}&=G_n+X_nC_{In}\\&=G_n+X_nG_{n-1}+X_nX_{n-1}G_{n-2}+\cdots+X_nX_{n-1}\cdots X_1G_0+X_nX_{n-1}\cdots X_1X_0C_{O-1}\end{aligned} \tag{6-45}$$

这是一个由若干 X_i 和 G_i 以及一个 C_{I0} 组成的**与或**式，其中所有 X_i 和 G_i 是输入信号 P_i 和 Q_i 的**与**运算或者**或**运算，只需要一至二级门电路延时就能得到，进位信号 C_{I0} 是外输入信号，可见整个电路的运算速度仅取决于一至二级门电路延时，速度很快。但这种高速运算的电路，所用的门的数量很多，电路的高速度是用增加门的数量换来的。

在中规模集成电路中，4 位全加器 74283 就是按上述方法构造的，逻辑符号和逻辑图分别如图 6.49 和图 6.50 所示。

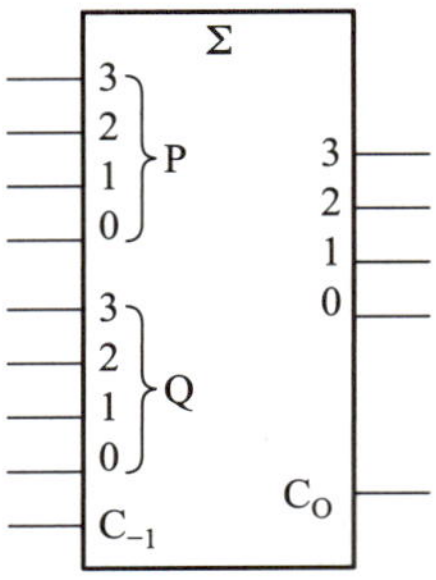

图 6.49　4 位全加器 74283 的逻辑符号

74283 完成的是两个 4 位二进制数 P、Q 相加，C_{-1} 是低位向本位的进位信号，相加的和是 S，向更高位的进位是 C_O。

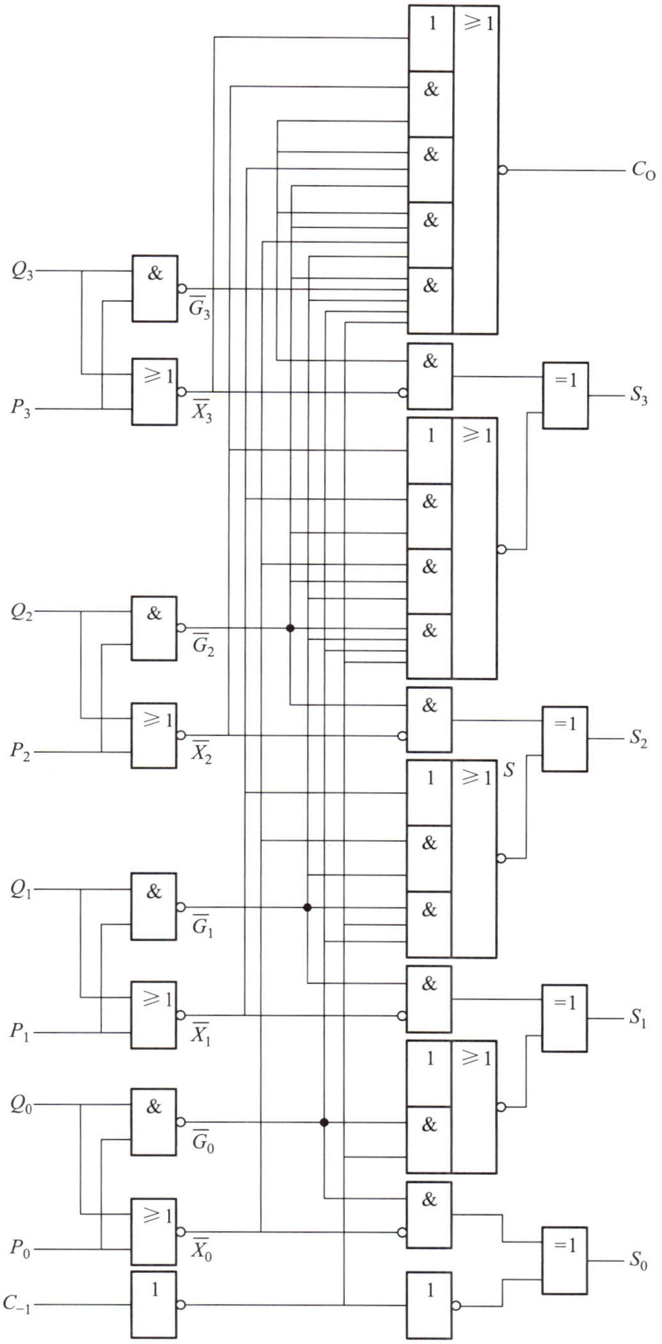

图 6.50　4 位全加器 74283 的逻辑图

当需要更多位的二进制全加器时，可以采用多片 74283 相连来构成。例如用两片 74283 可以构成 8 位二进制全加器，只需要将低 4 位 74283 芯片进位输出端 C_O 连接到高 4 位

74283 的进位输入端 C_{-1}就可以了。如图 6.51 所示。

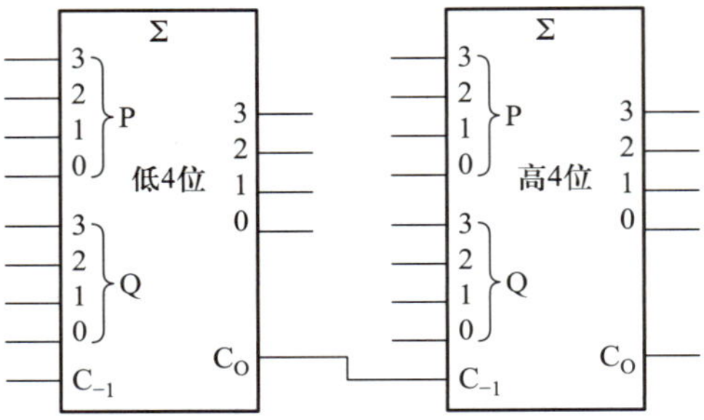

图 6.51　两片 74283 构成 8 位二进制全加器

微视频 6-4 算术运算电路(加法器)

6.7.4　减法运算

同加法运算一样,减法运算可以采用减法器来实现。两个 1 位的二进制数相减,其真值表如表 6.21 所示。

表 6.21　1 位二进制全减器真值表

输　入			输　出	
A	B	C_{-1}	F	C_O
0	0	0	0	0
0	0	1	1	1
0	1	0	1	1
0	1	1	0	1
1	0	0	1	0
1	0	1	0	0
1	1	0	0	0
1	1	1	1	1

由此,可以求出其逻辑函数表达式

$$C_O = \overline{A}(B \oplus C_{-1}) + BC_{-1} \tag{6-46}$$

$$F = A \oplus B \oplus C_{-1} \tag{6-47}$$

用**与或**门构成的逻辑图如图 6.52 所示。

同样,对于两个二进制数的最低位相减,由于没有更低的位,因此对于最低位相减不需要考虑更低位向本位的借位,所以其输入只有被减数和减数,这种减法器为全减器的特例,也称为半减器,其真值表如表 6.22。

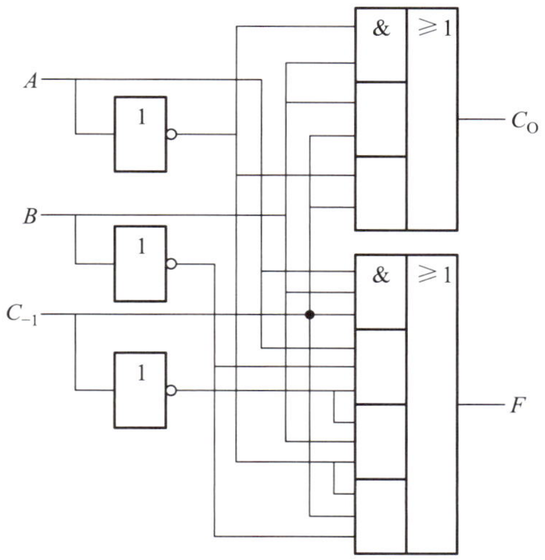

图 6.52 1 位二进制全减器逻辑图

表 6.22 半减器真值表

输入		输出	
A	B	F	C_O
0	**0**	**0**	**0**
0	**1**	**1**	**1**
1	**0**	**1**	**0**
1	**1**	**0**	**0**

逻辑函数表达式为

$$F = A \oplus B \qquad (6-48)$$

$$C_O = \overline{A}B \qquad (6-49)$$

逻辑图如图 6.53 所示。

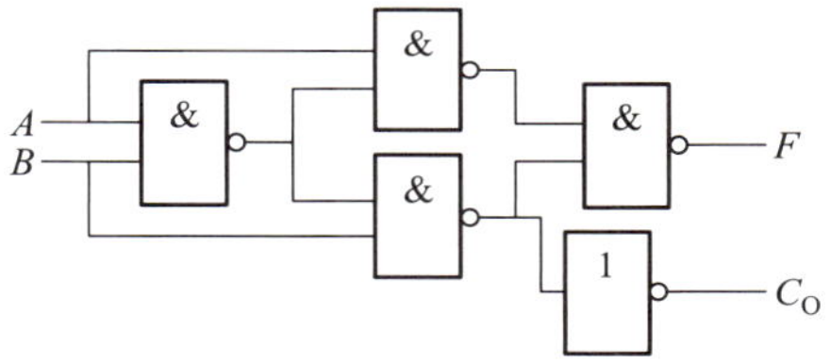

图 6.53 半减器逻辑图

如果要构成多位的二进制减法器，可以采用与逐位进位加法器一样的构造方法，将多个二进制全减器连接起来。

6.7.5 补码的加、减法共用电路

实际上，在计算机中通常不另外设计减法器，而是将减法运算转换为加法运算，使运算器既能完成加法运算，也能进行减法运算。为了实现这个目的，一般采用补码的方式完成运算。

在数制与码制一章中介绍过机器数，正数的原码、反码和补码是一样的；对于负数，将原码符号位不变，其余各位取反，就是反码；反码末位加 **1**，就可以得到补码。

在这里仅仅讨论无符号数，因此不涉及符号位的问题。由于符号位没有考虑在运算器中，符号位将会被单独进行处理。因此在这里，补码就是补数。根据补数的运算规则，有

$$N_{补} = 2^n - N_{原} = N_{反} + \mathbf{1} \qquad (6-50)$$

两个数 A、B 相减

$$A - B = A + B_{补} - 2^n = A + B_{反} + \mathbf{1} - 2^n \qquad (6-51)$$

在上面的式子中，可以采用全加器实现 $A+B_{反}+\mathbf{1}$，如图 6.54 所示为两个 4 位二进制数减法运算（将进位输入位接 **1**，实现加 **1**，减数各位取反）。

下面考虑借位信号：

当 4 位加法器有进位信号时，也就是 2^n，与 $A-B=A+B_{补}-2^n=A+B_{反}+\mathbf{1}-2^n$ 中的 2^n 相减，就不会需要借位，因此借位信号为 **0**；

当 4 位加法器没有进位信号时，也就是最高位的进位信号为 **0**，它与 2^n 相减差为 **1**，同时还要给一个借位信号。

因此，只要将加法器最高位的进位信号取反，就实现了减 2^n 运算，反相器输出为 **1** 表示有借位。

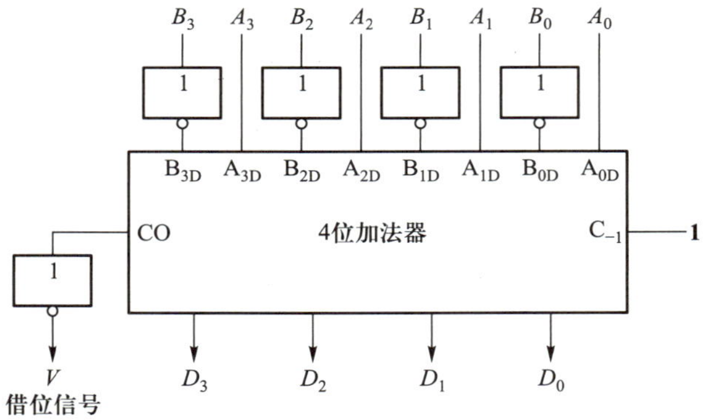

图 6.54　两个 4 位二进制数减法逻辑图

对于无符号数的减法运算，需要说明两种情况：一种是被减数大于等于减数，另一种是被减数小于减数。

1. 被减数大于等于减数，即 $A-B\geqslant 0$

$A=\mathbf{0110}$，$B=\mathbf{0001}$，那么 B 的反码就是 **1110**。

$$
\begin{array}{r}
\mathbf{0\ 1\ 1\ 0}\\
\mathbf{1\ 1\ 1\ 0}\\
+\qquad\ \mathbf{1}\\
\hline
\mathbf{1\ 0\ 1\ 0\ 1}
\end{array}
$$

相加有进位，那么进位取反，得到 **0　0　1　0　1**，最高位表示借位。

这样，得到的结果就是，借位 **0**，差 **0101**（就是原码，或者为无符号数，6−1=+5）。

2. 被减数小于减数即 $A-B<0$

$A=\mathbf{0110}$，$B=\mathbf{1000}$，那么 B 的反码就是 **0111**。

$$
\begin{array}{r}
\mathbf{0\ 1\ 1\ 0}\\
\mathbf{0\ 1\ 1\ 1}\\
+\qquad\ \mathbf{1}\\
\hline
\mathbf{0\ 1\ 1\ 1\ 0}
\end{array}
$$

相加没有进位，也就是进位信号为 **0**，那么进位取反为 **1**，得到的结果是借位为 **1**，因此表示差为负值。这时，需要将差再次求补，才能得到其差值的大小，即 **1110** 求补为 **0001**+**1**=**0010**（也就是 6−8=−2）。

因此借位信号为 **1** 表示两个无符号数相减结果为负数，借位信号为 **0** 表示两个无符号数相减结果为正数。可以由借位信号为 **0** 还是 **1**，也就是结果的正数或者负数，来决定是否对所得到的结果求补。

由符号决定求补的逻辑图如图 6.55 所示。

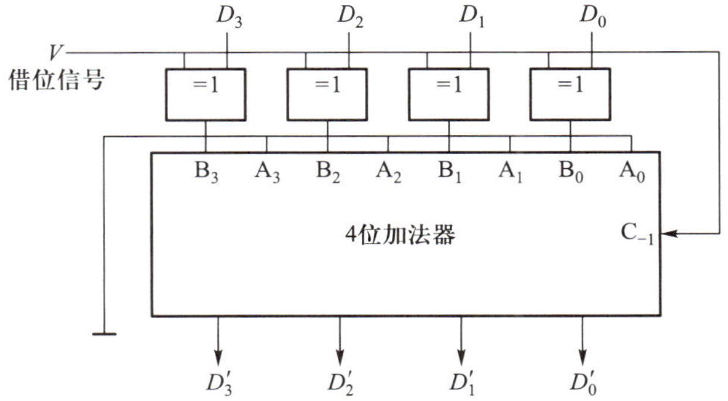

图 6.55　求补逻辑图

这样，如果加、减法的数据输入和输出都采用补码，那么加减法就可以变成统一的补码加法运算。可以采用 4 位全加器电路 74283 和 4 个双二选一数据选择器 74157 实现这种补码加减法电路，如图 6.56 所示。

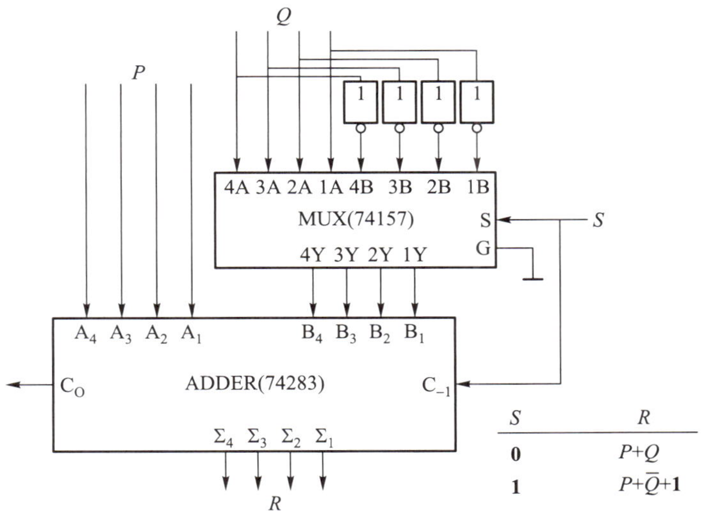

图 6.56　补码的加减法电路

6.7.6　用加法器设计组合逻辑电路

加法器除了实现多位二进制数相加之外，还可以实现其他逻辑功能。当然，使用加法器设计组合逻辑电路，就是利用其基本功能：加法。

例 6.5　用 4 位二进制全加器 74283 实现 8421BCD 码到余 3BCD 码的转换。

解：首先，这个题目的要求是输入 8421BCD 码，也就是有 4 个输入$B_8B_4B_2B_1$，输出为余 3BCD，因此也是 4 个输出 $Y_3Y_2Y_1Y_0$。根据余 3BCD 和 8421BCD 编码规律，可以知道余 3BCD 是 8421BCD 加上 **0011**，也就是十进制的 3，这样，码制转换就如图 6.57所示。

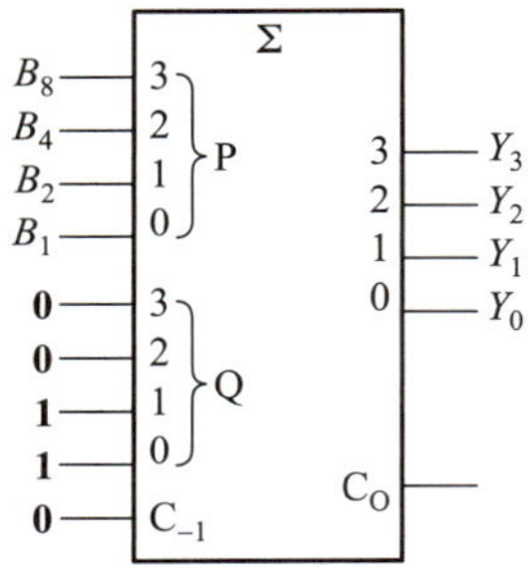

图 6.57　例 6.5 逻辑图

例 6.6　用 74283 和门电路实现 1 位 8421BCD 码全加器。

解：1 位 8421BCD 码全加器是将两个 1 位的 8421BCD 码全加，得到的结果是 1 位的 8421BCD 码和进位。可以先列出相加得到正确结果的表格，同时列出按照两个二进制数相加得到的结果，进行对比，如表 6.23 所示。

表 6.23　两个 8421BCD 码相加后对应的二进制码和应该得到的 8421BCD 码结果

N	两个 1 位 8421BCD 码按二进制数相加的结果					两个 1 位 8421BCD 码相加应得到的结果				
	CO_2	B_8	B_4	B_2	B_1	CO_D	D_3	D_2	D_1	D_0
0	**0**	**0**	**0**	**0**	**0**	**0**	**0**	**0**	**0**	**0**
1	**0**	**0**	**0**	**0**	**1**	**0**	**0**	**0**	**0**	**1**
2	**0**	**0**	**0**	**1**	**0**	**0**	**0**	**0**	**1**	**0**
3	**0**	**0**	**0**	**1**	**1**	**0**	**0**	**0**	**1**	**1**
4	**0**	**0**	**1**	**0**	**0**	**0**	**0**	**1**	**0**	**0**
5	**0**	**0**	**1**	**0**	**1**	**0**	**0**	**1**	**0**	**1**
6	**0**	**0**	**1**	**1**	**0**	**0**	**0**	**1**	**1**	**0**
7	**0**	**0**	**1**	**1**	**1**	**0**	**0**	**1**	**1**	**1**
8	**0**	**1**	**0**	**0**	**0**	**0**	**1**	**0**	**0**	**0**
9	**0**	**1**	**0**	**0**	**1**	**0**	**1**	**0**	**0**	**1**
10	**0**	**1**	**0**	**1**	**0**	**1**	**0**	**0**	**0**	**0**
11	**0**	**1**	**0**	**1**	**1**	**1**	**0**	**0**	**0**	**1**
12	**0**	**1**	**1**	**0**	**0**	**1**	**0**	**0**	**1**	**0**
13	**0**	**1**	**1**	**0**	**1**	**1**	**0**	**0**	**1**	**1**
14	**0**	**1**	**1**	**1**	**0**	**1**	**0**	**1**	**0**	**0**
15	**0**	**1**	**1**	**1**	**1**	**1**	**0**	**1**	**0**	**1**

续表

N	两个 1 位 8421BCD 码按二进制数相加的结果					两个 1 位 8421BCD 码相加应得到的结果				
	CO_2	B_8	B_4	B_2	B_1	CO_D	D_3	D_2	D_1	D_0
16	**1**	**0**	**0**	**0**	**0**	**1**	**0**	**1**	**1**	**0**
17	**1**	**0**	**0**	**0**	**1**	**1**	**0**	**1**	**1**	**1**
18	**1**	**0**	**0**	**1**	**0**	**1**	**1**	**0**	**0**	**0**
19	**1**	**0**	**0**	**1**	**1**	**1**	**1**	**0**	**0**	**1**

从表可以看出，由于在 74283 中两个 8421BCD 码是按照二进制数相加规则完成加法的，而正确的结果却应该按照十进制相加，这就需要将按照二进制数相加的结果进行调整。

需要调整的是十进制数 10～19（即按照二进制数相加得到的结果为 **01010～10011**）等 10 个码，它们所对应的 8421BCD 码分别为 **10000～11001**。这 10 个正确的码和前面的按照二进制数相加得到的码相比，增加了 **0110**（十进制数 6），所以当两个 8421BCD 码相加的和超过 9 时，应将它们做加 6 处理。这 10 个码包含两种情况，一是在全加器出现进位时，一是输出的低 4 位码超过 9 时。后一种情况出现的条件可以从卡诺图求得为：$B_8B_4+B_8B_2$，所以总的修正条件为 $C_0+B_8B_4+B_8B_2$。

图 6.58 所示就是按这种修正算法构造的 1 位 8421BCD 码全加器电路图，图 6.59 所示就是修正条件的卡诺图。

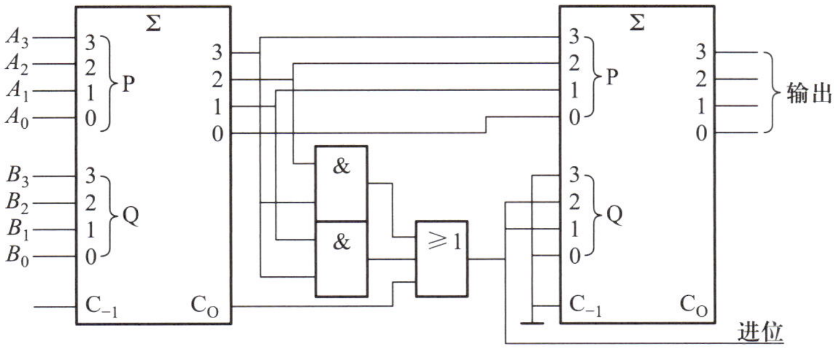

图 6.58　1 位 8421BCD 码全加器电路图

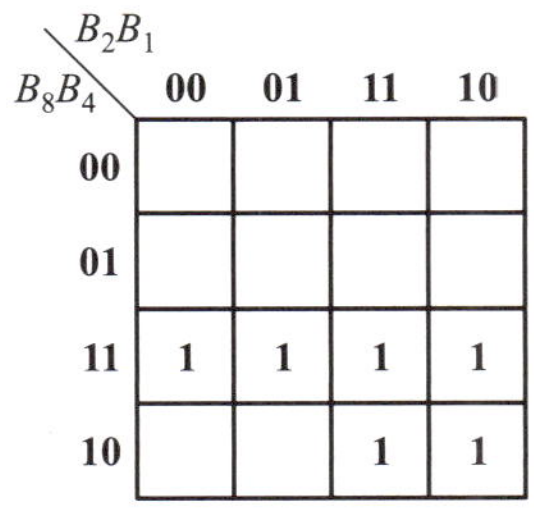

图 6.59　8421BCD 码修正条件

6.8　算术逻辑单元 ALU

算术逻辑单元是指能够完成一系列算术运算和逻辑运算的电路，是构成计算机的核心部件。在这里介绍 1 位算术逻辑单元的设计和集成算术逻辑单元 74181。

6.8.1　1 位算术逻辑单元

计算机系统都能够进行算术运算和逻辑运算，完成该运算的逻辑部件是算术逻辑单元，缩写为 ALU，其符号方框图如图 6.60 所示。

其中输入 A、B 为两个操作数，结果输出为 F，操作方式选择码为 S，决定做哪种运算。

假定设计的 ALU 实现 8 种运算，其中 4 种算术运算：$A+B$、$A-B$、$A+\mathbf{1}$、$A-\mathbf{1}$，4 种逻辑运算：A 和 B 的**与**、**或**、**异或**，以及 A **非**。这样，操作方式选择码就要包含 3 位，对应 8 种 ALU 的运算，定义其功能如表 6.24 所示。

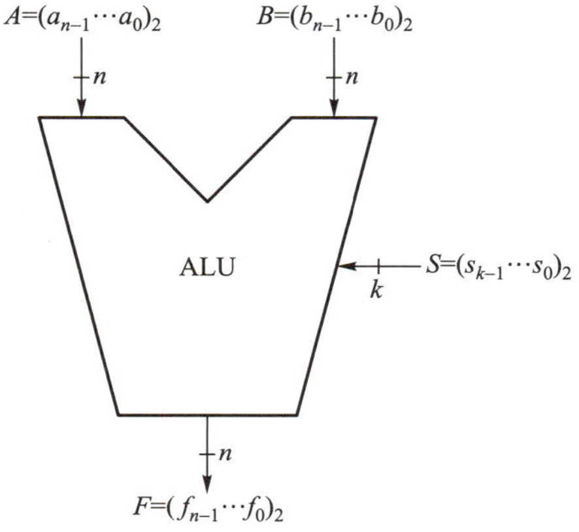

图 6.60　算术逻辑单元符号图

表 6.24　ALU 功能表

S_2	S_1	S_0	功能	说明
0	**0**	**0**	$F=A+B$	加
0	**0**	**1**	$F=A-B$	减
0	**1**	**0**	$F=A+\mathbf{1}$	增 **1**
0	**1**	**1**	$F=A-\mathbf{1}$	减 **1**
1	**0**	**0**	$F=A*B$	**与**
1	**0**	**1**	$F=A\cup B$	**或**
1	**1**	**0**	$F=\overline{A}$	**非**
1	**1**	**1**	$F=A\oplus B$	**异或**

如果按照层次化的设计方式，自上到下分模块设计 ALU，要设计的 ALU 是 n 位的，那么 A、B、F 都是 n 位的（如果包含乘、除运算，位数不都是 n 位的）。类似于串行进位的全加器，先设计 1 位的 ALU 单元，再由 1 位的 ALU 单元级联构成 n 位的 ALU。

1 位 ALU 单元和由 1 位 ALU 单元级联构成的 n 位 ALU 框图如图 6.61 所示。其中初始进位 C_{-1} 由一个专门的逻辑电路构成，设为 C-GEN，是选择码的函数。1 位的 ALU 单元，因为存在算术运算中的加法运算，必然存在低位向本位的进位 C_{i-1} 和本位向更高位的进位输出 C_i。

对于 1 位的 ALU 单元电路，采用由算术单元和逻辑单元构成的电路结构，因此 ALU 分为算术单元 AU、逻辑单元 LU 以及输出 2 选 1 数据选择器 MUX。如图 6.62 所示。

输出 2 选 1 数据选择器用 S_2 控制其输出，当 S_2 为 **1** 时，逻辑单元输出，当 S_2 为 **0** 时，算术单元输出。这样，用两级**与非**门构成的 2 选 1 数据选择器逻辑如图 6.63 所示。

再来看逻辑单元 LU，数字计算机系统的逻辑运算是按位进行的，因此某 1 位逻辑运算的结果，就取决于逻辑变量这 1 位的值。逻辑运算单元的功能表如表 6.25 所示。

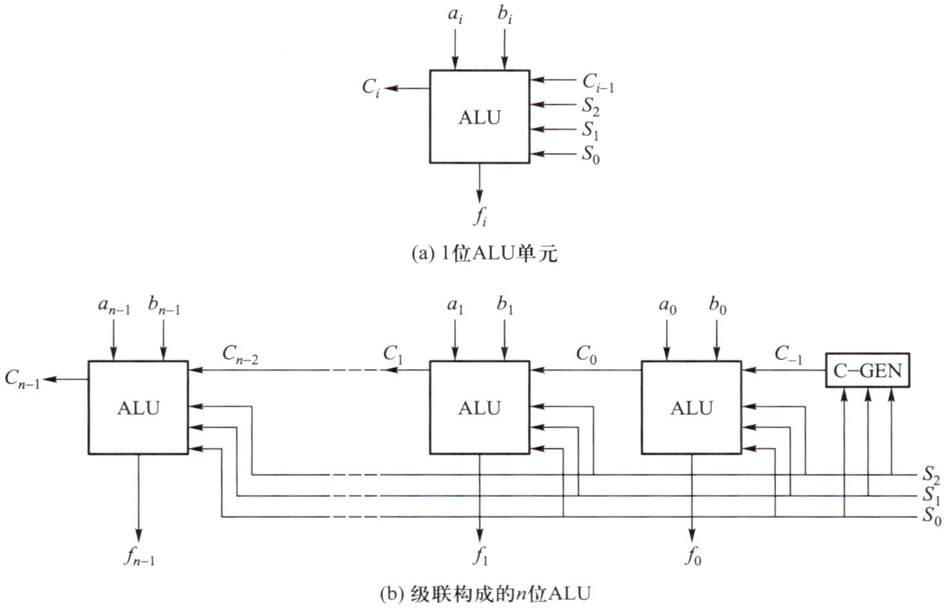

图 6.61　ALU 框图

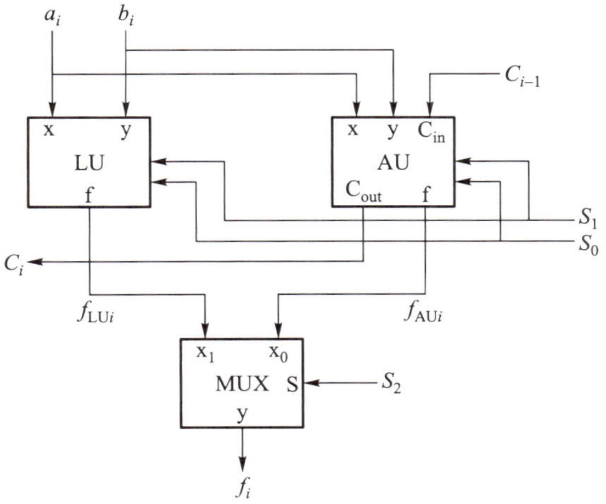

图 6.62　1 位 ALU 结构图

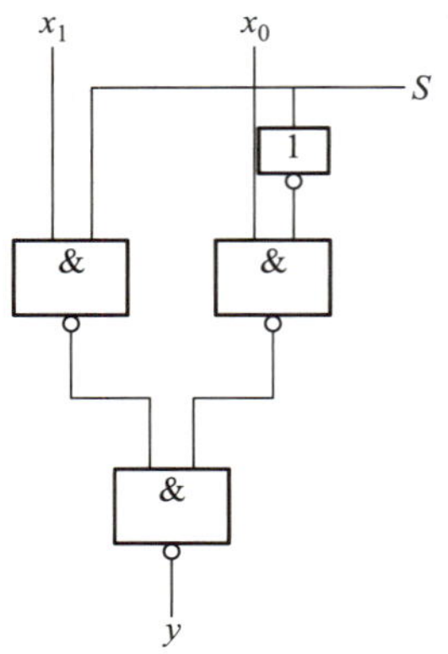

图 6.63　2 选 1 数据选择器

表 6.25　逻辑运算单元功能表

功能		S_1	S_0	f_{LU_i}
AND:	$F=A\cap B$	**0**	**0**	$a_i b_i$
OR:	$F=A\cup B$	**0**	**1**	a_i+b_i
NOT:	$F=\overline{A}$	**1**	**0**	$\overline{a}_i$
XOR:	$F=A\oplus B$	**1**	**1**	$a_i\oplus b_i$

实际上,逻辑单元某 1 位 i 的运算结果,就是逻辑变量 a_i 和 b_i 经过逻辑运算得到的结果。根据前面的定义,逻辑运算包括四种:**与**、**或**、**非**、**异或**,分别用相应的门实现。逻辑运算的输出,用 S_1、S_0 控制,也就是一个 4 选 1 数据选择器控制输出。当 4 选 1 数据选择器地址端 S_1、S_0 为 **00** 时,**与**运算的结果输出;**01** 为**或**运算的结果输出;**10** 为**非**运算的结果输出;**11** 为**异或**运算的结果输出。实现逻辑运算的逻辑图如图 6.64 所示。

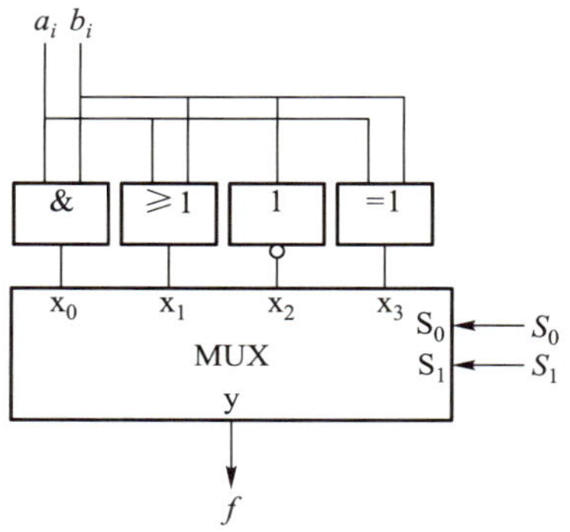

图 6.64　1 位逻辑运算单元电路

进一步还可以列出逻辑运算单元的输出与逻辑变量 a_i 和 b_i 以及控制输出端 S_1、S_0 的真值表,如表 6.26 所示。由表 6.26 做出卡诺图如图 6.65 所示。

求出逻辑运算单元输出的函数

$$f=\overline{S}_1\cdot a_i\cdot b_i+S_0\cdot a_i\cdot \overline{b}_i+S_0\cdot \overline{a}_i\cdot b_i+S_1\cdot \overline{s}_0\cdot \overline{a}_i \tag{6-52}$$

由逻辑函数表达式,采用最少化的设计方法,两级**与非**结构的电路如图 6.66 所示。

ALU 中的算术单元 AU 采用前面介绍的图 6.62 中所示结构。加法运算和减法运算采用同一个全加器电路,采用补码运算。ALU 中 AU 单元电路可以采用前面介绍的 1 位全加器电路,按照串行进位的方式级联构成多位全加器电路。全加器电路可以用表达式表示为

$$F=X+Y+C_{-1} \tag{6-53}$$

表 6.26 1 位逻辑运算单元的真值表

S_1	S_0	a_i	b_i	$f(a_i,b_i)$	
0	**0**	**0**	**0**	**0**	a_i **AND** b_i
0	**0**	**0**	**1**	**0**	
0	**0**	**1**	**0**	**0**	
0	**0**	**1**	**1**	**1**	
0	**1**	**0**	**0**	**0**	a_i **OR** b_i
0	**1**	**0**	**1**	**1**	
0	**1**	**1**	**0**	**1**	
0	**1**	**1**	**1**	**1**	
1	**0**	**0**	**0**	**1**	**NOT** a_i
1	**0**	**0**	**1**	**1**	
1	**0**	**1**	**0**	**0**	
1	**0**	**1**	**1**	**0**	
1	**0**	**0**	**0**	**0**	a_i **XOR** b_i
1	**0**	**0**	**1**	**1**	
1	**0**	**1**	**0**	**1**	
1	**0**	**1**	**1**	**0**	

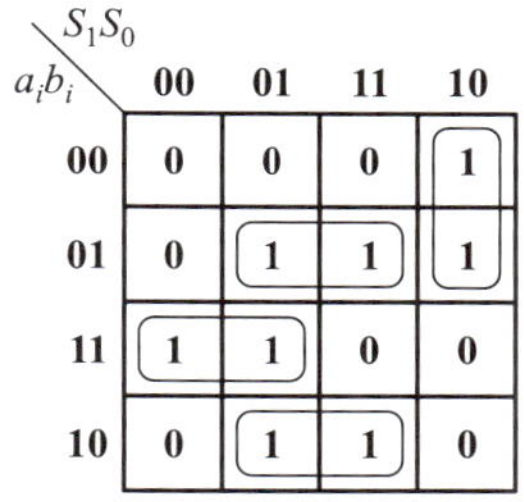

图 6.65 1 位逻辑运算单元的卡诺图

当 F、X 和 Y 都是 n 位的二进制数时，C_{-1}是进位输入。

要实现的 4 种运算：加、减、加 1、减 1，可以通过调整全加器电路表达式中的 Y 和 C_{-1} 实现。因此，AU 单元电路的实现，需要确定每一种运算的 y_i。考虑到控制码 S_1、S_0 和 C_{-1}，算术运算单元电路的结构如图 6.67 所示。

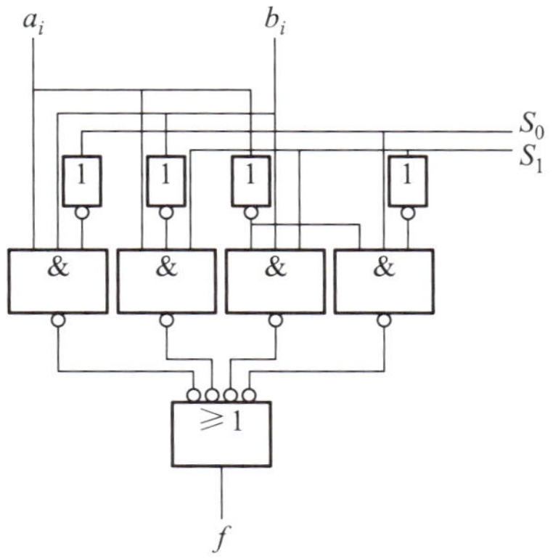

图 6.66 1 位逻辑运算单元的最少化设计逻辑电路

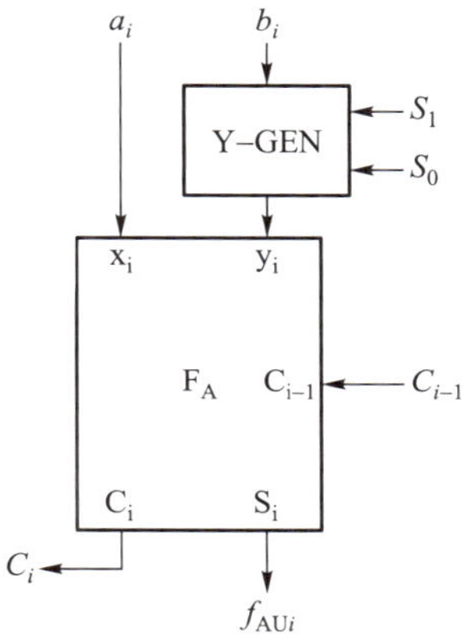

图 6.67 算术运算单元电路结构图

单独考虑四种算术运算的每一种运算情况。

加法运算：$F=A+B$，对于前面讲述的全加器表达式 $F=X+Y+C_{-1}$，让 $X=A$，$Y=B$，$C_{-1}=\mathbf{0}$

即可。因此，图 6.67 中 Y-GEN 模块，将 b_i 连到 F_A 模块中的输入 y_i 即可。

减法：$F=A-B$，按照二进制补码运算

$$\begin{aligned} F &= A - B \\ &= A + [B]_{补} \\ &= A + (\bar{b}_{n-1} \cdots \bar{b}_1 \bar{b}_0) + 1 \end{aligned}$$

因此，对于减法，$y_i=\bar{b}_i$，$C_{-1}=\mathbf{1}$。相应的，对于 Y-GEN 模块，b_i 取反后，送到 F_A 的输入 y_i。

加一：$A=A+\mathbf{1}$，这种情况很简单，只需要设定公式中 $F=X+Y+C_{-1}$ 的 $Y=\mathbf{0}$，$C_{-1}=\mathbf{1}$ 即可。因此对于 Y-GEN 模块，送给 F_A 模块中的输入 y_i 为 $\mathbf{0}$。

减一：$A=A-\mathbf{1}$，我们同样用补码运算

$$\begin{aligned} F &= A - \mathbf{1} \\ &= A + (-\mathbf{1}) \\ &= A + [\mathbf{00 \cdots 01}]_{补} \\ &= A + (\mathbf{11 \cdots 11}) \\ &= A + (\mathbf{11 \cdots 11}) + \mathbf{0} \end{aligned}$$

因此，实现减 1 运算需要设定 F_A 的输入 $y_i=\mathbf{1}$，$C_{-1}=\mathbf{0}$。

表 6.27 给出了前面讨论的对于四种算术运算时对 F_A 输入 y_i 和 C_{-1} 的要求。根据这个表，我们可以推导图 6.67 中的 Y-GEN 模块的逻辑电路，以及图 6.61 中的 C-GEN 模块的逻辑电路。

对于 Y-GEN 模块的逻辑电路，做出真值表如表 6.28 所示。卡诺图如图 6.68 所示。

表 6.27　四种算术运算要求的 F_A 输入 y_i 和 C_{-1} 值

功能	S_1	S_0	y_i	C_{-1}
加	**0**	**0**	b_i	**0**
减	**0**	**1**	$\bar{b}_i$	**1**
加 1	**1**	**0**	**0**	**1**
减 1	**1**	**1**	**1**	**0**

表 6.28　F_A 输入 y_i 的真值表

S_1	S_0	b_i	y_i	
0	**0**	**0**	**0**	加
0	**0**	**1**	**1**	
0	**1**	**0**	**1**	减
0	**1**	**1**	**0**	
1	**0**	**0**	**0**	加 1
1	**0**	**1**	**0**	
1	**1**	**0**	**1**	减 1
1	**1**	**1**	**1**	

得到其逻辑表达式,进行变换后得到

$$y_i = S_0 \oplus (\overline{S}_1 b_i) \tag{6-54}$$

由此得到的逻辑电路如图 6.69 所示。

回到初始的 ALU 构成结构,其中对于图 6.61(b)中的 C-GEN 模块,可以做出 C_{-1}的真值表如表 6.29 所示,卡诺图如图 6.70 所示。

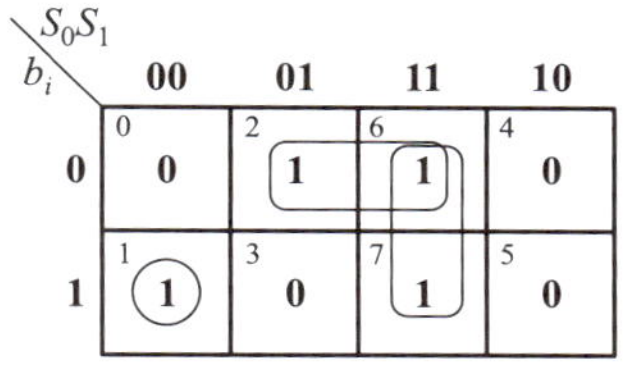

图 6.68 F_A 输入 y_i 的卡诺图

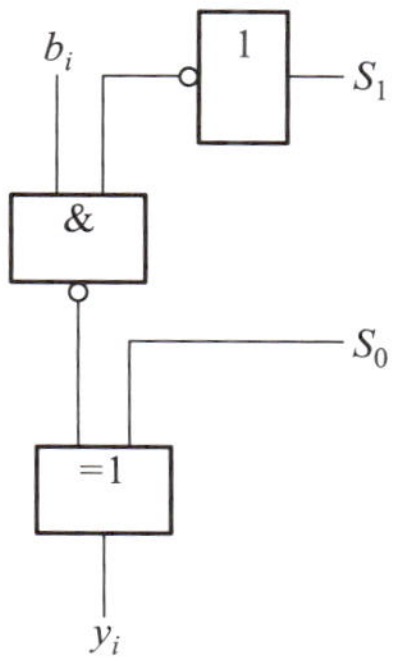

图 6.69 Y-GEN 模块的逻辑电路

表 6.29 C_{-1}的真值表

S_1	S_0	C_{-1}	
0	**0**	**0**	加
0	**1**	**1**	减
1	**0**	**1**	加 1
1	**1**	**0**	减 1

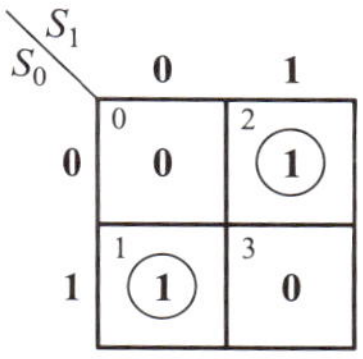

图 6.70 C_{-1}的卡诺图

由卡诺图,得到 C_{-1}的表达式

$$C_{-1} = S_1 \oplus S_0 \tag{6-55}$$

其逻辑电路如图 6.71 所示。

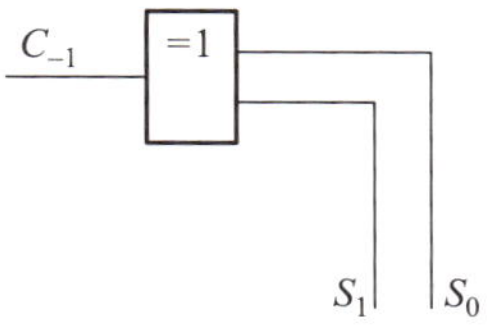

图 6.71 C-GEN 模块的逻辑电路

这样,1 位的 ALU 单元电路就设计完成了,完整的逻辑电路如图 6.72 所示。

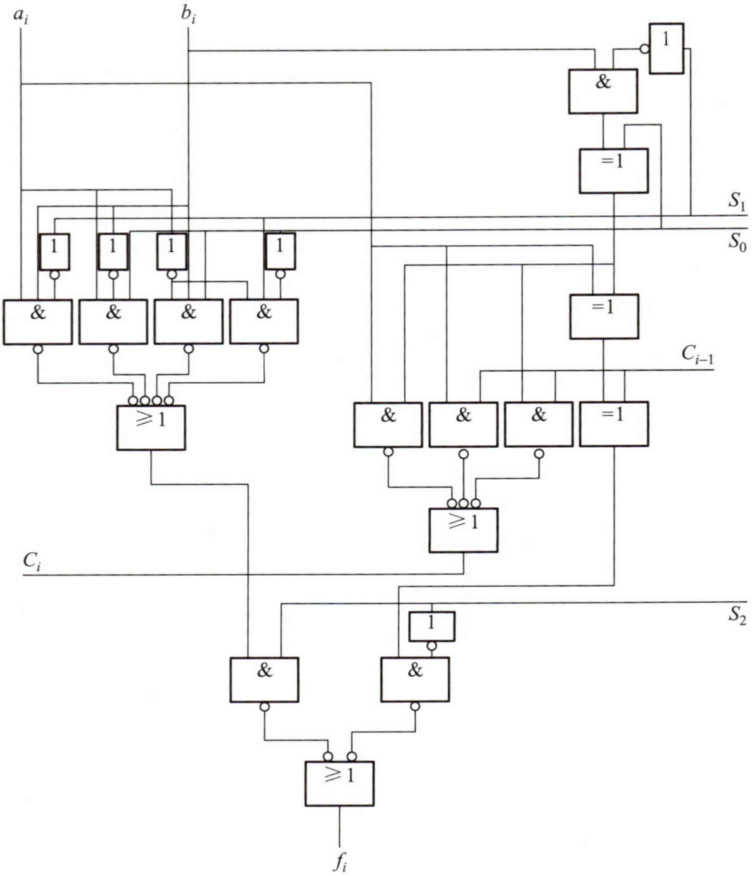

图 6.72　1 位 ALU 单元电路完整的逻辑电路

微视频 6-5
1 位算术逻辑单元

对于 n 位的 ALU，就可以按照前面图 6.61(b)的级联方式构造，用 1 位的 ALU 单元完成。C-GEN模块采用图 6.71 所示的逻辑电路。

6.8.2　中规模集成算术逻辑单元

通用的中规模集成 ALU 是集算术运算和逻辑运算于一身的模块，在方式选择码控制下，可以完成多种加、减运算，多种**与**、**或**、**非**、**异或**等逻辑运算以及这些运算的组合。

图 6.73 所示是 4 位中规模集成 ALU 模块 74181 的逻辑符号和功能表。更多位的 ALU 可以用数片这样的模块级联构成。

74181 有 M 和 S_3、S_2、S_1、S_0 共 5 个方式控制端，其中 M 是用来控制做逻辑运算还是做算术运算的，M 为高电平时执行逻辑运算，M 为低电平时执行算术运算。

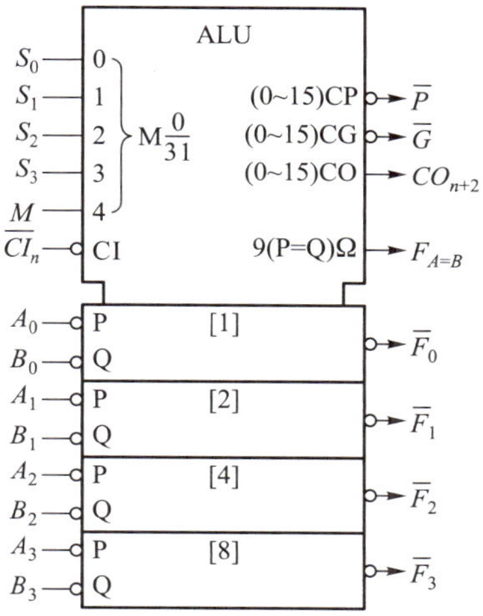

(a) 逻辑符号

序	功能选择				数据高电平有效		
	S_3	S_2	S_1	S_0	M=H 逻辑功能	M=L 算术操作 $\overline{CI_n}$=H 无进位	M=L 算术操作 $\overline{CI_n}$=L 有进位
0	L	L	L	L	$F=\overline{A}$	$F=A$	$F=A+\mathbf{1}$①
1	L	L	L	H	$F=\overline{A+B}$	$F=A+B$	$F=(A+B)+\mathbf{1}$
2	L	L	H	L	$F=\overline{A}B$	$F=A+\overline{B}$	$F=(A+\overline{B})+\mathbf{1}$
3	L	L	H	H	$F=\mathbf{0}$	$F=-\mathbf{1}$(2 的补码)②	$F=\mathbf{0}$
4	L	H	L	L	$F=\overline{AB}$	$F=A+A\overline{B}$	$F=A+A\overline{B}+\mathbf{1}$
5	L	H	L	H	$F=\overline{B}$	$F=(A+B)+A\overline{B}$	$F=(A+B)+A\overline{B}+\mathbf{1}$
6	L	H	H	L	$F=A\oplus B$	$F=A-B-\mathbf{1}$	$F=A-B$
7	L	H	H	H	$F=A\overline{B}$	$F=A\overline{B}-\mathbf{1}$	$F=A\overline{B}$
8	H	L	L	L	$F=\overline{A}+B$	$F=A+AB$	$F=A+AB+\mathbf{1}$
9	H	L	L	H	$F=\overline{A\oplus B}$	$F=A+B$	$F=A+B+\mathbf{1}$
10	H	L	H	L	$F=B$	$F=(A+\overline{B})+AB$	$F=(A+\overline{B})+AB+\mathbf{1}$
11	H	L	H	H	$F=AB$	$F=AB-\mathbf{1}$	$F=AB$
12	H	H	L	L	$F=\mathbf{1}$	$F=A+A$③	$F=A+A+\mathbf{1}$
13	H	H	L	H	$F=A+\overline{B}$	$F=(A+B)+A$	$F=(A+B)+A+\mathbf{1}$
14	H	H	H	L	$F=A+B$	$F=(A+\overline{B})+A$	$F=(A+\overline{B})+A+\mathbf{1}$
15	H	H	H	H	$F=A$	$F=A-\mathbf{1}$	$F=A$

注：① 加 **1**、减 **1** 均指 F_0 而言；② 此时 $F_0=F_1=F_2=F_3=\mathbf{1}$；③ 此时各位均向高位移 1 位，即：$F_0=\mathbf{1}, F_1=A_0, F_2=A_1, F_3=A_2$。

(b) 功能表

图 6.73　74181 的逻辑符号和功能表

例如当 M 为高电平，$S_3S_2S_1S_0$ 为 **1001** 时，该模块执行**异或非**运算，而当 M 为低电平，$S_3S_2S_1S_0$ 为 **1001** 时，所执行的运算与是否有进位信号有关，如有进位信号（即 $\overline{CI_n}=\mathbf{0}$），则执行 $A+B+\mathbf{1}$ 运算，而若无进位信号（即 $\overline{CI_n}=\mathbf{1}$），则执行 $A+B$ 运算。因此，74181 总共可以实现 32 种逻辑运算和 64 种算术运算。

前面曾经介绍过，一个函数在正、负逻辑系统中的功能是不一样的，如果考虑到这一点，该集成电路的功能还应加倍。此外，该电路还有一个比较输出端 $F_{A=B}$、一个超前进位产生项输出端 $\overline{P}$ 和一个超前进位传递项输出端 $\overline{G}$。比较输出端用来比较两个输入的数据是否相等，也就是当 $A=B$ 时 $F_{A=B}=\mathbf{1}$；超前进位产生项输出端 $\overline{P}$ 和超前进位传递项输出端 $\overline{G}$ 是为多片之间的高速级联而设置的（使用时需另配用其他相关芯片）。由此可见，74181 的功能非常灵活。

本章小结

本章介绍了编码器、译码器、数值比较器、数据选择器、数据分配器、奇偶校验与产生电路、算术运算电路和 ALU，包括这些器件模块的应用。其中，首先介绍了各种组合逻辑功能模块的概念和基本功能，从设计或者分析的角度出发，结合组合逻辑电路的设计方法和分析方法，阐述了器件模块的设计或者分析方法，并给出了器件模块的功能表和逻辑符号。结合 ALU 电路，介绍了层次化的组合逻辑电路设计方法，这是大规模数字系统设计的常用方法，为数字系统的设计奠定基础。

习　题

- **6.1**　4 个单位 A、B、C、D 共用一套测试设备，在下列两种情况下设计其相应的编码电路。

（1）同一时刻只允许一个单位提出使用请求，设备只允许该单位使用；

（2）同一时刻允许多个单位提出使用请求，设备要按用户的优先顺序提供服务，优先级由高到低的顺序是 A、B、C、D。

- **6.2**　设计一个优先编码器，优先级由高到低的四个高电平输入有效信号为 A、B、C、D，输出编码信号 Y_0、Y_1 也是高电平有效，无有效信号指示信号为 W，高电平有效。

- **6.3**　某医院有 A、B、C、D 病房，每个病房设有呼叫按钮，同时在护士值班室内对应地装有 1 号、2 号、3 号、4 号 4 个指示灯。同一时刻只允许一个指示灯亮。设定 A、B、C、D 病房呼叫按钮的优先级顺序为自高到低，试用优先编码器 74148 和门电路设计实现该逻辑的电路。

6.4 确定优先编码器 74148 在下列输入情况下，芯片输出端的状态。

（1）$I_5=\mathbf{1}, I_2=\mathbf{1}$，其余为 $\mathbf{0}$；

（2）$\overline{EN}=\mathbf{0}, I_4=\mathbf{0}$，其余为 $\mathbf{1}$；

（3）$\overline{EN}=\mathbf{0}, I_2=\mathbf{0}, I_3=\mathbf{0}$，其余为 $\mathbf{1}$；

（4）$\overline{EN}=\mathbf{0}, I_0\sim I_7$ 全为 $\mathbf{0}$；

（5）$\overline{EN}=\mathbf{0}, I_0\sim I_7$ 全为 $\mathbf{1}$。

6.5 用 2 线-4 线译码器 74139 和适当的门电路实现多输出函数

（1）$Y_1=\overline{A}_1A_0+A_1\overline{A}_0$；

（2）$Y_2=\overline{A_1A_0}+A_1A_0$。

6.6 用五个带使能端的 2 线-4 线译码器可以构建一个 4 线-16 线的译码器。在题 6.6 图中：

（1）写出使译码器 U1～U4 产生有效的译码输出时，C、D 对应的取值；

（2）当译码器 U1 工作时，写出对应 A、B 的取值时，$\overline{Y}_{10}\sim\overline{Y}_{13}$ 的输出。

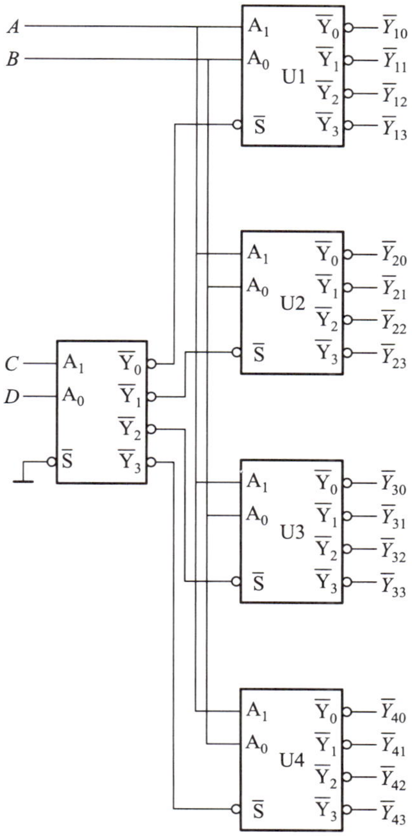

题 6.6 图

• **6.7** 试用一个优先编码器 74148 和一个译码器 74138 将 3 位格雷码转换为 3 位二进制码。

• **6.8** 写出题 6.8 图所示电路的逻辑函数，并将其化简为最简**与-或**表达式。

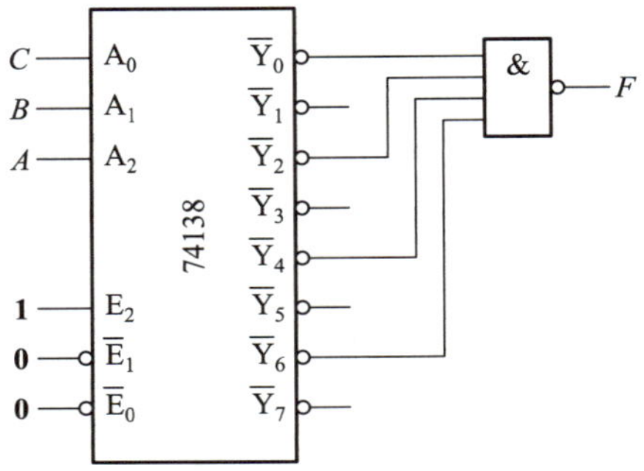

题 6.8 图

• **6.9** 用 74138 译码器构成题 6.9 图所示电路，写出输出 F 的逻辑表达式，列出真值表并说明电路功能。

• **6.10** 题 6.10 图所示电路是由译码器 74138 及门电路构成的地址译码电路。试列出此译码电路每个输出对应的地址，要求输入地址 $A_7 \sim A_0$ 用十六进制数码表示。

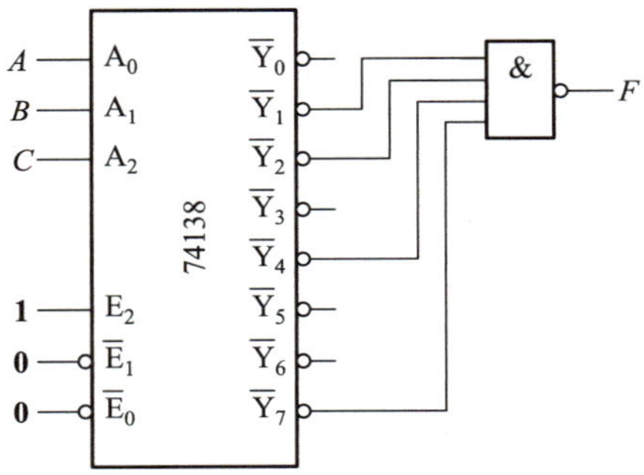

题 6.9 图

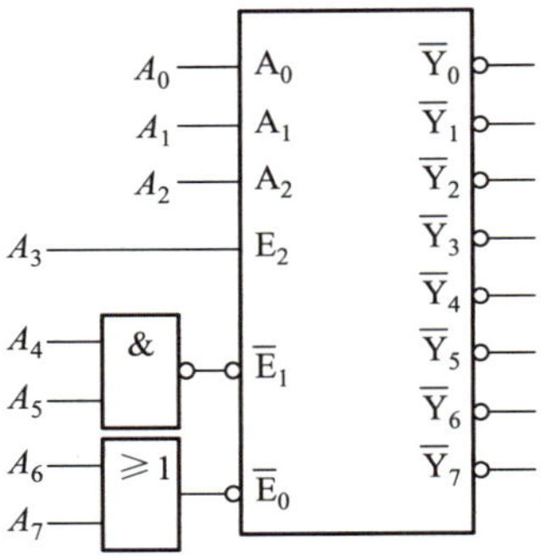

题 6.10 图

• **6.11** 试画出译码器 74138 和门电路产生如下多输出逻辑函数的逻辑图。

(1) $F_1 = AB$

(2) $F_2 = A\bar{B}C + AB\bar{C} + BC$

(3) $F_3 = A\overline{BC} + \bar{A}BC$

• **6.12** 试用译码器 74138 和最少的**与非**门实现逻辑函数

(1) $F = f(A,B,C) = \sum m(0,1,4,7)$

(2) $F = f(A,B,C) = A \odot B \odot C$

• **6.13** 试用译码器和**与非**门画出实现下列逻辑函数的逻辑图。

(1) $Y_1 = \sum m(2,3,4,5)$

(2) $Y_2 = \sum m(1,2,5,7)$

• **6.14** 用译码器 74138 和门电路设计 1 位二进制全减器电路。输入为被减数、减数和来自低位的借位;输出为两数之差及向高位的借位信号。

• **6.15** 写出题 6.15 图中 Z_1、Z_2、Z_3 的逻辑函数式,并化简为最简的**与-或**表达式。

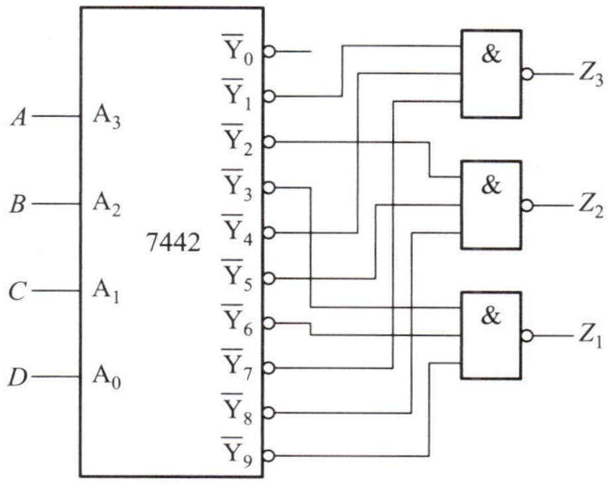

题 6.15 图

• **6.16** 用二-十进制编码器、译码器、七段显示器,组成一个 1 位数码显示电路。当 0~9 十个输入端中某一个接地时,显示相应数码,画出逻辑图。

• **6.17** 试用七段集成显示译码器 7448 和七段显示器组成一个 3 位数字的译码显示电路,要求将 089 显示成 89,画出逻辑图。

• **6.18** 根据题 6.18 图所示 4 选 1 数据选择器 74153(1/2),写出输出 Z 的最简**与-或**表达式。

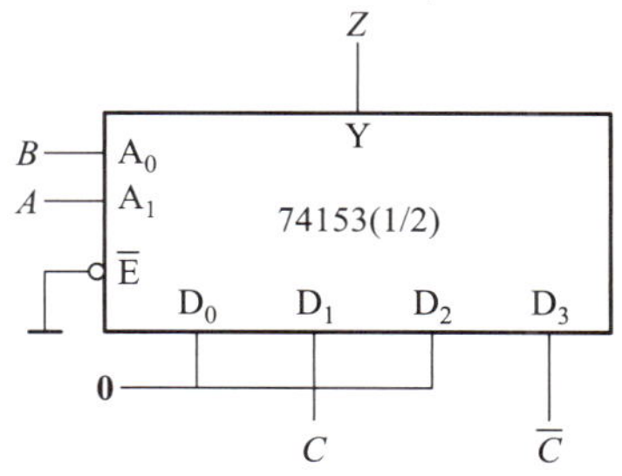

题 6.18 图

• **6.19** 由 4 选 1 数据选择器 74153 构成的组合逻辑电路如题 6.19 图(a)所示,画出题 6.19 图(b)所示输入信号作用下,F 的输出波形。

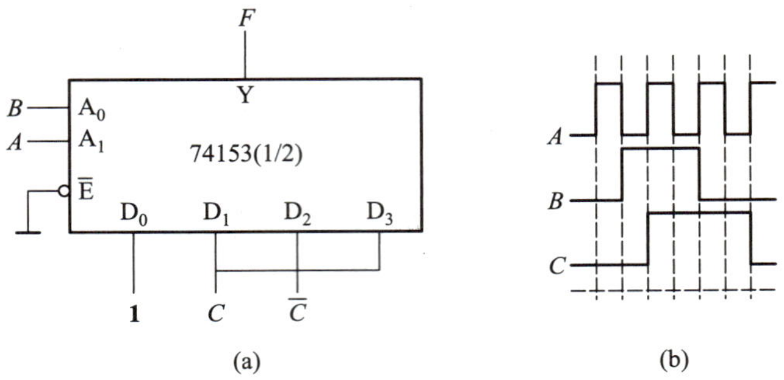

题 6.19 图

• **6.20**　由 4 选 1 数据选择器 74153 和门电路构成的组合逻辑电路如题 6.20 图所示，试写出输出 F 的最简逻辑函数表达式。

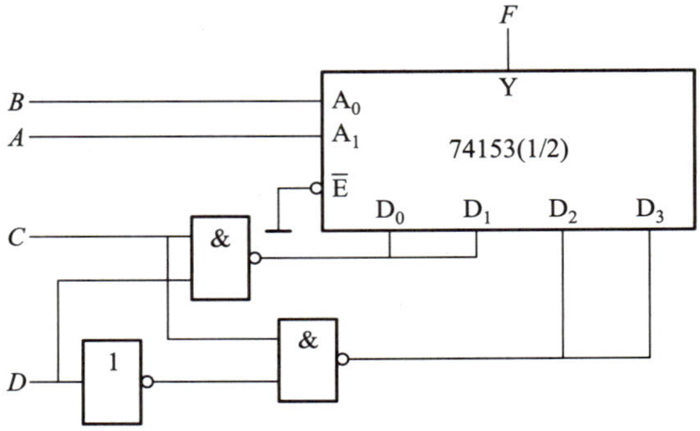

题 6.20 图

• **6.21**　题 6.21 图是用两个 4 选 1 数据选择器组成的逻辑电路，试写出输出 F 与输入 M、N、P、Q 之间的逻辑函数。

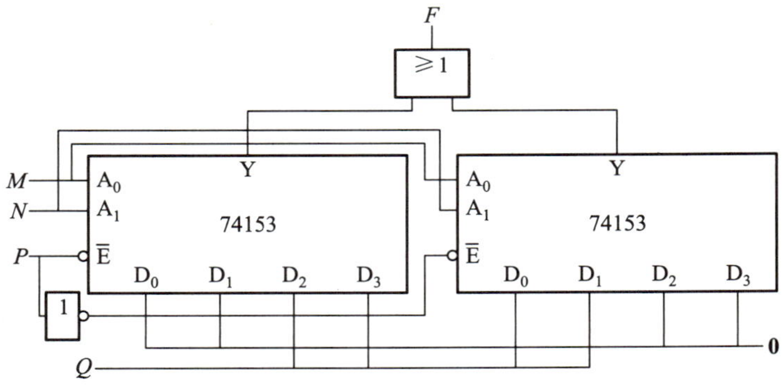

题 6.21 图

• **6.22**　用数据选择器设计一个用 2 个开关控制一个电灯亮灭的逻辑电路，要求改变任何一个开关的状态可使电灯由亮变灭或由灭变亮。

- **6.23** 试用 4 选 1 数据选择器实现逻辑函数 $F=A\overline{B}C+A\overline{C}+\overline{B}C$。
- **6.24** 试用 4 选 1 数据选择器 74153(1/2)和最少的**与非**门实现逻辑函数

$$Q = XT + Z\overline{W} + \overline{Y}ZW$$

- **6.25** 试用 4 选 1 数据选择器和门电路实现函数

$$F = \overline{S}_1\overline{S}_0 + \overline{S}_0W + VW + S_0\overline{W}$$

- **6.26** 试用 2 个 4 选 1 数据选择器和反相器实现函数

$$F = \overline{E} + \overline{A}\overline{B}C\overline{D}E + \overline{A}\overline{B}\overline{C}DE + A\overline{B}C\overline{D}E + A\overline{B}DEF + BCE$$

- **6.27** 已知用数据选择器 74151 构成的逻辑电路如题 6.27 图所示,写出输出 F 的逻辑函数表达式,并化成最简**与-或**表达式。

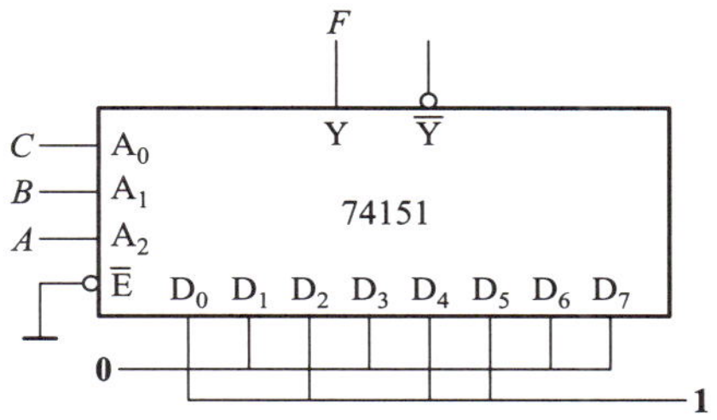

题 6.27 图

- **6.28** 分析题 6.28 图所示电路,写出输出 F 的逻辑函数式。

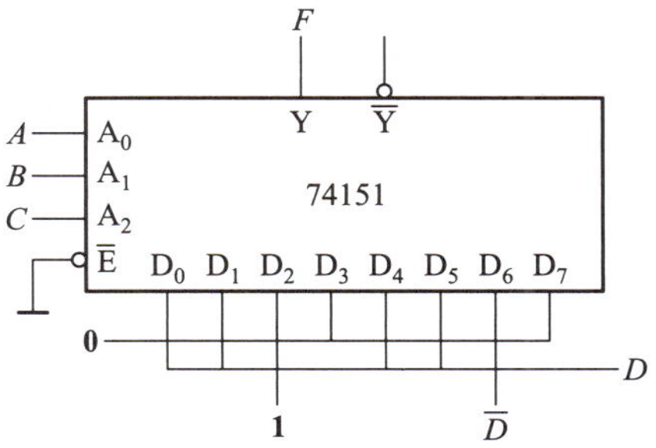

题 6.28 图

- **6.29** 试用 1 片 8 选 1 数据选择器设计一个 8421BCD 码的非法码(0~9 以外的 4 位二进制代码)检测器,画出逻辑图。
- **6.30** 试用 1 个 8 选 1 数据选择器 74151 和**非**门实现函数

$$Y = E + (A + B + \overline{C})(\overline{A} + C + BF)(\overline{B} + \overline{C} + \overline{AD})(A + C + \overline{BF})$$

- **6.31** 试用数据选择器 74151 分别实现下列逻辑函数

(1) $F_1 = \sum m(1,2,3,5,7)$

(2) $F_2 = \sum m(2,4,5,7,8,10,11,13,14)$

(3) $F_3=\sum m(0,1,4,5,6,7,8)+\sum d(9,10,11,12,13,14)$

• **6.32**　题 6.32 图是 74138 作数据分配器的逻辑图，当 $EN=\mathbf{1}$，$D=\mathbf{0}$，在地址输入端轮流输入 **000~111** 时，画出输出端 $Y_0\sim Y_7$ 的波形。

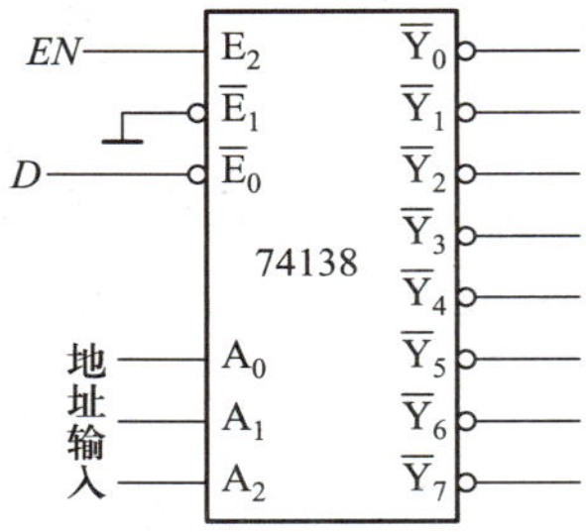

题 6.32 图

• **6.33**　试用 3 片 4 位数值比较器 7485 实现两个 12 位二进制数比较。

• **6.34**　试用 1 片 4 位数值比较器 7485 和适量的门电路实现两个 5 位数值的比较。

• **6.35**　试用 4 位二进制数值比较器 7485 实现一个判断 8 位二进制数大于、等于或小于 168 的逻辑电路，可以使用多片 7485。

• **6.36**　若使用 4 位数值比较器 7485 组成 10 位数值比较器，需要用几片？画出各片之间连接的逻辑图。

• **6.37**　试用一片译码器 74138 和少量的门电路设计一个奇偶校验电路，当输入变量 $ABCD$ 中有偶数个 **1** 时输出为 **1**，否则为 **0**。$ABCD$ 为 **0000** 时作偶数个 **1**。

• **6.38**　用 2 个 4 位二进制加法器 74283 和适量门电路设计三个 4 位二进制数相加的逻辑电路。

• **6.39**　试用 1 片 74283 和少量的门电路设计余 3BCD 码到 2421BCD 码的转换电路。

• **6.40**　试用 4 位加法器 74283 和必要的门电路设计一个加/减运算电器。当控制信号 $M=\mathbf{0}$ 时，两个输入的 4 位二进制数相加；当 $M=\mathbf{1}$ 时，两个输入的 4 位二进制数相减。

• **6.41**　用 74283 设计将余 3 代码转换成 8421BCD 的逻辑电路。

• **6.42**　用尽量少的 74283 电路和适当的门电路设计 1 位余 3BCD 码的全加器电路。

• **6.43**　用两片 74283 和适当的门电路设计 1 位 8421BCD 码的全减电路。

• **6.44**　用两片 74283 和适当的门电路设计 1 位余 3BCD 码的全减电路。

• **6.45**　根据输入的运算命令（命令是两位二进制数码，自行定义），设计一个电路完成两个 1 位二进制数 A,B 的加、减、**与**、**或**四种运算，运算的结果用 F 输出，进位或者借位用 C_0 输出。要求采用下列两种方法进行设计：

(1) 最少化设计方法，采用**与非**门；

(2) 层次化设计方法，可使用 2 选 1 数据选择器，1 位全加器和适当的门电路。

第 7 章 Verilog HDL 硬件描述语言

用硬件编程语言来描述乃至实现数字电路与数字逻辑系统，对于现代更为复杂的电路与系统更为方便。通过语言描述的方式，可以更简单灵活地描述数字逻辑乃至数字系统的功能，进一步采用电路综合工具，就可以综合出可以送到代工厂加工的电路文件。Verilog HDL 和 VHDL 是目前使用最为广泛的两种硬件描述语言。本章以 Verilog HDL 语言为主来说明硬件描述语言的格式及编程过程。首先介绍 Verilog HDL 的基本语法和模块的描述方式；然后，给出了 Verilog HDL 语言中用到的各关键词；最后列举组合逻辑电路及时序逻辑电路中的各功能模块，如编码器、译码器、计数器等的 Verilog HDL 描述。

7.1 硬件描述语言 Verilog HDL 简介

7.1.1 Verilog HDL 简介

随着电子技术的飞速发展，数字电路设计的集成度、复杂度越来越高，传统的设计方法已满足不了设计的要求。因此要求能够借助当今先进的 EDA 工具，使用描述语言，对数字电路和数字逻辑系统进行形式化的描述，这就是硬件描述语言（hardware description language，HDL）。

硬件描述语言是一种用形式化方法来描述数字电路和数字逻辑系统的语言。数字逻辑电路设计者可利用硬件描述语言来描述自己的设计思想，然后利用 EDA 工具进行仿真，再自动综合到门级电路，最后用 ASIC 或 FPGA 实现其功能。

硬件描述语言发展至今已有 40 多年历史，当前广泛使用的标准（IEEE 标准）中主要有 Verilog HDL 和 VHDL 两种硬件描述语言。

Verilog HDL 语言最初是于 1983 年由 Gateway Design Automation 公司为其模拟器产品开发的硬件建模语言，于 1990 年被推向公众领域，1995 年成为 IEEE 标准，称为 IEEE Std 1364-1995。2001 年又发布了 Verilog HDL 1364-2001 标准，并在其中加入了 Verilog HDL-A

标准,使 Verilog HDL 有了描述模拟电路的能力。此后,又陆续发布了包含更多功能的 System Verilog 标准。

Verilog HDL 语言具有下述描述能力:设计的行为特性、设计的数据流特性、设计的结构组成以及包含响应监控和设计验证方面的时延和波形产生机制等。此外,Verilog HDL 语言提供了编程语言接口,通过接口可以在建模、验证期间从设计的外部访问设计,包括模拟的具体控制和运行。

Verilog HDL 作为一种硬件描述语言,主要对门级(gate level)、寄存器传输级(RTL)适用程度较高,而对行为级(behavior level)适用程度较低。用 Verilog HDL 语言编写的模型可以通过 Verilog HDL 语言编写的测试文件进行仿真。同时,Verilog HDL 语言从 C 编程语言中继承了多种操作符和结构,因而简单易学,有利于初学者了解硬件电路设计的基本概念、基本方法和基本理论。

7.1.2　程序结构

"模块"(module) 是 Verilog HDL 设计电路和编程的基本单元。模块包括说明和语句,存放在一个文本文件当中,如图 7.1(a)所示。一个典型的模块对应于一个硬件,这与传统硬件设计中的"模块"的含义雷同。Verilog HDL 模块中,需要对模块输入、输出名称和类型"说明"(declaration),也需要对局部信号、变量、常量和函数进行说明。它们在模块内部使用,在模块外部是看不到它们的。模块中除了这些说明外,剩下的部分就是指定模块输出和内部信号操作的"语句"(statement)部分。

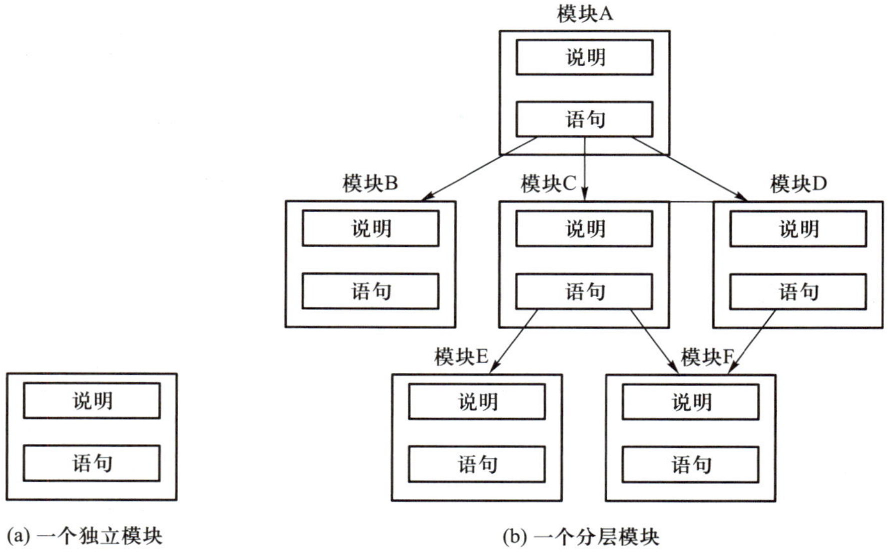

图 7.1　Verilog HDL 模块

Verilog HDL 语言规范允许将多个模块保存在一个文本文件中,但是大多数设计者还是习惯在每个文件中只保存一个模块,根据模块名来命名文件的名字(例如加法器模块文件命名为adder.v)。

Verilog HDL 常用行为描述、结构描述和数据流描述 3 种描述方式来实现指定模块的功能。语句能指定模块在行为上的操作,例如使用像 if 和 case 那样的构造,根据对逻辑条件的测试情况,给信号赋予新的值,这就是行为描述方式。语句也可以指定模块在构造上的操作,这时语句要被实例化为其他模块和各自的组件(例如门电路和触发器),并指定它们之间的连接关系,这就是结构描述方式。语句还可以从数据流动的角度,使用连续赋值语句(assign)来描述模块的电路功能,这就是数据流描述方式。

Verilog HDL 模块可以混合地使用行为描述、结构描述和数据流描述来实现各功能模块,分层进行,如图 7.1(b)所示。如高级编程语言中的过程和函数可以"调用"其他模块一样,Verilog HDL 模块可以实例化其他模块。高层次的模块可以多次使用较低层次的模块,多个顶层模块可以使用较低层次的同一模块。在图 7.1(b)中,模块 B、D、E 和 F 是单独的,它们不对任何其他模块实例化,可以被上层模块调用并实例化后使用。在 Verilog HDL 中,信号、变量和其他定义对模块来说都是局部性质的,通过使用输入和输出信号,可以将它们的值在模块之间进行传递。

Verilog HDL 的模块在大型系统设计中使用非常灵活。例如,在大型系统的初始设计阶段,可以先给定一个模块指定大致的行为模型,以便检查整个系统的工作。在进行综合的阶段,可以采用更加精确的行为模型去取代初始模块,或者采用手工调整结构化设计的方法,获得比综合实现方法更高的性能。

下面详细说明 Verilog HDL 的基本语法和程序结构。

7.2 Verilog HDL 基本语法

7.2.1 基本程序结构

模块(module)是 Verilog HDL 的基本描述单位,用于描述某个设计的功能或结构及与其他模块通信的外部端口。模块在概念上可等同一个器件(子电路),就如通用器件(**与**门、三态门等)或通用功能模块(计数器、ALU、CPU 等),因此,一个模块可在另一个模块中被调用。

一个电路设计可由多个模块组合而成,因此一个模块的设计只是一个系统设计中的某个层次,模块设计可采用前面介绍的行为级描述、结构化描述和数据流描述等多种建模方式。模块的基本语法如下:

```
module module_name (port_list)
<定义>
<功能描述>
```

endmodule

模块的定义从关键字 module 开始，到关键字 endmodule 结束。每条 Verilog HDL 语句以“;”作为结束（块语句、编译向导、endmodule 等少数除外）。每个模块实现特定的功能，模块可进行层次嵌套，因此可以将大型的数字电路分成大小不一的模块来实现特定的功能，最后由顶层模块调用子模块实现整体功能，这就是自顶向下（top-down）的设计思想。Verilog HDL 的书写格式自由，一行可以写几个语句，也可以一个语句分几行写。具体由代码书写规范约束，一般情况下，对于不太复杂的语句可以书写为一行，并在语句后面添加上行内注释符号//后，附加上该语句的简要说明以增加可读性。

7.2.2 语法

1. 标识符（identifier）

用于定义模块名、端口名、信号名等。Verilog HDL 中的标识符可以是任意一组字母、数字、$ 符号和_（下划线）符号的组合，但标识符的第一个字符必须是字母或者下划线。另外，标识符是区分大小写的。以下是标识符的例子：

Count

COUNT //与 Count 不同的标识符。

R56_68

FIVE $

Addr　//表示地址信号。

2. 注释

Verilog HDL 中有两种注释方式，一种是以“/ * ”符号开始，“ * /”结束，在两个符号之间的语句都是注释语句，因此可扩展到多行。如：

/ *　statement1,

statement2,

……

statement n　* /

以上 n 个语句都是注释语句。另一种是以 // 开头的语句，它表示以 // 开始到本行结束属于注释语句。

3. 关键词

Verilog HDL 定义了一系列保留字，叫作关键词，下面给出了 Verilog HDL 语言中的所用到的所有保留字。注意只有小写的关键词才是保留字。例如，标识符 always（关键词）与标识符 ALWAYS（非关键词）是不同的。

always	buf	case	deassign
and	bufif0	casex	default
assign	if0	casez	defparam
begin	bufif1	cmos	disable

edge	out	pull1	table
else	input	pullup	task
end	integer	pulldown	time
endcase	join	rcmos	trantranif0
endmodule	large	real	tranif1
endfunction	macrmodule	realtime	tri
endprimitive	medium	reg	tri0
endspecify	module	release	tri1
endtable	nand	repeat	triand
endtask	negedge	rnmos	trior
event	nmos	rpmos	trireg
for	nor	rtran	vectored
force	not	rtranif0	wait
forever	notif0	rtranif1	wand
fork	notif1	scalared	weak0
function	or	small	weak1
highz0	output	specify	while
highz1	parameter	specparam	wire
if	pmos	strong0	wor
ifnone	posedge	strong1	xnor
initial	primitive	supply0	xor
in	pull0	supply1	

4. 逻辑、线网和常量

Verilog HDL 使用四值逻辑系统,1 位的信号只能取以下四种基本的值。

0: 逻辑 **0** 或“假”;

1: 逻辑 **1** 或“真”;

X: 未知值;

Z: 高阻。

这四种值的解释都内置于语言中。如一个为 Z 的值意味着高阻抗,一个为 **0** 的值通常是指逻辑 **0**。此外,X 值和 Z 值都是不分大小写的,也就是说,值 **0**x**1**z 与值 **0**X**1**Z 相同。Verilog HDL 中的 1 位逻辑值,只能是以上四种基本值之一。

Verilog HDL 中信号的含义不是很严格,有两类可以称为信号: 线网和变量。变量在后面单独说明。线网(wire)大致对应于物理电路中的连线,在 Verilog HDL 模块的输入输出端口列表中的信号,常常就是线网。线网的默认类型是 wire,提供基本的连通性。线网类型 supply1 和 supply0 分别是连接到电源和地,并提供逻辑常量 **1** 和 **0**。

Verilog HDL 中有三种常量: 整型、实型、字符串型。下划线符号“_”可以随意用在整数或实数中,它们对数量本身没有意义,可用来提高易读性;在这里的下划线符号不能用作为首字符。

下面主要介绍整型和字符串型。

(1) 整型

整型数可以按两种方式书写,即简单的十进制数格式和基数格式。

A. 简单的十进制格式

这种形式的整数定义为带有一个可选的“+”(一位)或“-”(一位)操作符的数字序列。下面是这种简易十进制形式整数的例子。

① 32 代表十进制数 32;

② -15 代表十进制数-15。

B. 基数表示法

这种形式的整数格式为:[size]'base value

size 定义以二进制 bit 位计算的常量的位长。base 为 o 或 O 表示后面的 value 是一个八进制的数,为 b 或 B 表示后面的 value 是一个二进制的数,为 d 或 D 表示 value 是十进制的数,为 h 或 H 表示 value 的值是一个十六进制的数。value 是基于 base 的值的数字值。当值是 x、z 以及十六进制中的 a 到 f 时是不区分大小写的。

下面列出了一些具体实例。

① 5'o37　表示 5 bit 长度的八进制数 37(也就是用二进制表示的 **11111** 值);

② 7'Hx　表示 7 bit 长度的十六进制 x 值,因为是 x,所以表示 7 位的 xxxxxxx 值;

③ 4'hZ　表示 4 bit 长度的十六进制 z 值,即 zzzz;

④ 4'd-4　这种表示是非法的,数值不能为负;

⑤ (2+3)'b10　这种表示是非法的,位长不能够为表达式。

(2) 字符串

字符串是双引号内的字符序列,例如:

"INTERNAL ERROR"

"REACHED->HERE "

字符串不能分成多行书写。用 8 位 ASCII 值表示的字符可看作是无符号整数,因此字符串是 8 位 ASCII 值的序列。为存储 14 个字符的字符串“INTERNAL ERROR”,变量需要 8×14 位。

5. 变量

Verilog HDL 变量在 Verilog HDL 程序执行期间用于存储数值。变量的值可以用在表达式中,也可以跟其他变量组合,或者将值赋给其他变量。常用的变量类型是 reg(寄存)和 integer(整数)。

reg 变量是一个单比特变量或是比特向量变量,1 bit reg 变量的值总是 0、1、x 或 z。reg 变量主要用途是在 Verilog HDL 过程代码中存储数值。integer 变量一般是在 Verilog HDL 过程代码中用来控制重复语句(例如 for 循环)。实际电路中的整数通常用多比特向量信号进行模型化。

注意 reg 不是触发器,Verilog HDL 中的变量类型名 reg 与时序电路中的触发器和寄存器不同,不等价为触发器实例。

6. 向量(数组)

Verilog HDL 允许多个比特信号分量组合在一起,形成向量(vector),在别的书上也有称之为数组的。向量类似于 C 语言中数组的概念,但是 Verilog HDL 给其赋予了电路引脚的功能。Verilog HDL 向量的定义,举例如下:

reg [7:0] byte1;

它表示定义了一个 byte1 的向量,包含 8 bit。从左边开始是最高比特位,右边是最低比特位。

向量的调用可以是整个向量调用,或者是调用向量当中的某一个比特。调用完整向量的时候,直接调用该向量,如用 byte1 即表示调用整个向量。如果需要调用向量中的某一个比特,可以用诸如 byte1[2]表示调用 byte1 向量中从右边数起第 3 bit。如果需要调用向量中的某几个比特,可以用诸如 byte1 [0:3]表示调用 byte1 向量从右边数起 4 bit。

7. 操作符

操作符也称作运算符,Verilog HDL 提供了丰富的操作符,按功能可以划分为 9 类,包括算术操作符、逻辑操作符、关系操作符、等式操作符、缩减操作符、条件操作符、位操作符、移位操作符和拼接操作符。

当一个表达式中存在多种运算符时,操作执行优先级顺序如表 7.1 所示。

表 7.1 操作符的优先级

优先级序号	操作符	操作符名称
1	!,~	逻辑非,按位取反
2	*,/,%	乘,除,求余
3	+,-	加,减
4	≪,≫	左移,右移
5	<,<=,>,>=	小于,小于等于,大于,大于等于
6	==,!=,===,!==	逻辑等于,逻辑不等,全等,全不等
7	&,~&	位与,位与非
8	^,~^	位异或,位同或
9	|,~|	位或,位或非
10	&&	逻辑与
11	||	逻辑或
12	?:	条件操作符

为了提高程序的可读性,明确表达各运算符间的优先关系,建议使用圆括号来控制运算的优先级,这样也能有效地避免错误。运算符说明如下。

(1) 算术操作符:+(加)、-(减)、*(乘)、/(除)、%(求余)

例如:

8/5=1　　　　(除法操作符,结果为整数)

-8%5=-3　　　(求余操作求出与第一个操作数符号相同的余数)

A=4' b01x1; *B*=4' b1001;　*A*+*B*=4' bxxxx。

(如果算术操作符中任意操作数有 x 或 z,结果为 x)

(2) 逻辑操作符

在逻辑运算中,如果逻辑操作符的操作数不只 1 位,那么操作数可作为一个整体来对待,而操作结果则是 1 位的,为 **1**(真)或 **0**(假)。例如:

A=4' b0001;　*B*=4' b0000;

则 *A*&&*B*=**0**;　*A*||*B*=**1**;　!*A*=**0**。

(3) 位操作符

位操作符在对应数据上按位操作,两个长度不同的数据进行位运算时,会自动地将两个操作数按右端对齐,位数少的,操作符会在高位用 **0** 补齐。例如:

A=4' b1001;　*B*=4' b0001;　*C*=6' b110001;

则 ~*A*=4' b0110;　*A*&*B*=4' b0001;　*A* | *B*=4' b1001。

而 *A* 与 *C* 运算的时候,需要将 *A* 高位补 **0**,然后与 *C* 进行运算,所以有

A&*C*=6' b000001;　*A* | *C*=6' b111001。

(4) 关系操作符

关系操作符对两个操作数进行比较,如果结果为真则为 **1**,结果为假则为 **0**,如果操作数有 1 位是 x,结果为 x。例如:

A=4' b1001;　*B*=4' b1100;　*C*=4' b01x0;

A<*B* 结果为真;*B*>=*C* 结果为 x。

(5) 等式操作符

等式操作符是双目运算符,也就是两个操作数进行运算。操作符的结果为真(**1**)或假(**0**)。在等于操作符使用中,如果待比较数有 1 位为 x 或 z,那么结果为 x。在全等操作符使用中,值 x 和 z 严格按位比较。

例如:

A=4' b01x0;　*B*=4' b01x0;

A==*B* 结果为 x;　*A*===*B* 结果为真。

(6) 缩减操作符

缩减操作符对单一操作数的所有位操作,并产生 1 位的结果。例如:

A=4' b1100;

| *A* 的结果就是 **1**,表示从 *A* 的高位开始逐位**或**,得到 **1** 的结果。

(7) 移位操作符

根据操作数进行左移或右移,移出的位用 **0** 来填补。例如:

A=4' b1101;

$A \gg 2$ 的结果是 4' b0011。

（8）条件操作符

条件操作符是一个三目运算符，即具有三个变量参与操作的运算。对条件判断，如果为真则结果为表达式 1 的值，如果为假则结果为表达式 2 的值。例如：

$A=10$； $B=20$；

$Y=A>B?\ a:b$； //结果为 $Y=b$。

（9）拼接操作符

将两个或者多个信号的某些位拼接起来。例如：

$A=\{a[3:0], b[2]\}$；//表示将 a 的 3~0 位以及 $b[2]$ 位并列拼接成变量 A。

拼接操作符一般使用{ }符号括起来，所以不存在与其他操作符并列的情况，其运算优先级由{ }确定。

7.2.3 模块的主要描述方式

1. 结构化描述方式

结构化的描述方式就是通过对电路结构的描述来建模，即通过对器件的调用（在 Verilog HDL 中称为例化），并使用线和网来连接各器件的描述方式。这里的器件包括 Verilog HDL 的内置门，如**与**门（and），**异或**门（xor）等，也可以是用户的一个设计。

在图 7.2 所示的全加器逻辑图中，全加器由两个**异或**门、三个**与**门、一个**或**门构成。S_1、T_1、T_2、T_3 是门与门之间的连线。

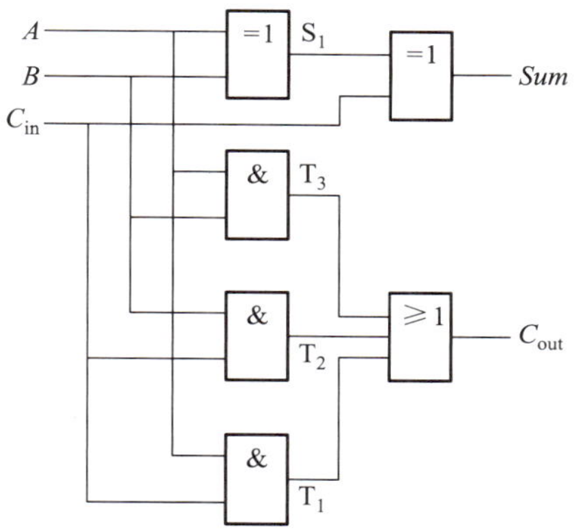

图 7.2 1 位全加器逻辑图

用结构化的建模方式写出的 1 位全加器代码见例 7.1。其中 xor、and、or 是 Verilog HDL 内置的门器件。

例 7.1 1 位全加器

```
module FA_struct (A,B,Cin,Sum,Cout); //表示全加器模块 FA_struct。
/* 接下来是输入、输出定义。 */
input A;
input B;
input Cin;
output Sum;
output Cout;
wire S1,T1,T2,T3;
/* 下面是具体的电路实现过程。 */
```

```
xor x1 (S1,A,B);
xor x2 (Sum,S1,Cin);
and A1 (T3,A,B );
and A2 (T2,B,Cin);
and A3 (T1,A,Cin);
or O1 (Cout,T1,T2,T3 );
endmodule
```

以 xor x1 (S1,A,B) 例化语句为例说明如下：

xor 表明调用一个内置的**异或**门，器件名称是 xor，代码实例化名 x1。括号内的 S1,A,B 表明器件引脚的实际连接线(信号)的名称，其中 A、B 是输入，S1 是输出。通过例 7.1 的结构化描述方式，可以完整无误地实现图 7.2 的电路图功能。

2. 行为描述方式

行为描述方式类似于其他软件编程语言的描述方式，通过行为语句来描述电路实现的功能。用语句表示输入输出间的转换行为，不涉及具体结构。下面仍然以 1 位全加器的例子来说明 Verilog HDL 中行为描述方式的设计方法。

例 7.2 1 位全加器的行为描述建模方式

```
module FA_behav(A,B,Cin,Sum,Cout );
input A,B,Cin;
output Sum,Cout;
reg Sum,Cout;
always@ ( A or B or Cin )
begin
{Cout,Sum} =A+B+Cin ;
end
endmodule
```

上述例子用行为描述方式快速地实现了 A、B 和 Cin 的全加功能。

首先定义输入变量为 A,B,Cin，输出变量为和 Sum 以及进位 Cout，其中 Sum 和 Cout 是 reg 属性。接着 always 实现逻辑的循环，而程序根据@ ( ) 中的条件，执行后面的处理。在这里，@ ( ) 中的条件是 A or B or Cin，表示 A,B 或者 Cin 输入有任何变化都会触发后续的处理。后续处理中，begin 与 end 之间是一个完整的整体，表示处理{Cout,Sum} =A+B+Cin。这一处理实现了 A+B+Cin，结果的和送到 Sum，进位为 Cout。

在使用行为描述建模方式进行 Verilog HDL 设计的时候，需要注意以下的规则。

(1) 只有寄存器类型的信号才可以在 always 和 initial 语句中进行赋值，类型定义通过 reg 语句实现。

(2) always 语句是一直重复执行，由敏感表(always 语句括号内的变量)中的变量触发。

(3) always 语句从 0 时刻开始运行。

(4) 在 begin 和 end 之间的语句是顺序执行，属于串行语句。

3. 数据流描述方式

Verilog HDL 中的数据流描述方式就是通过对数据流在设计中的具体行为的描述来建模的方式。最基本的机制就是用连续赋值语句。在连续赋值语句中,某个值被赋给某个变量(信号),语法如下:

```
assign net_name = expression;
```

例如: assign A = B;//表示 B 值赋给 A

在数据流描述方式中,还必须借助于 Verilog HDL 提供的一些运算符。如算术运算符:加(+)、减(-)等;关系运算符:大于(>),等于(==),不等于(!=)等;逻辑运算符:逻辑**与**(&&),逻辑**或**(‖)等;按位运算符:按位**与**(&)、按位**或**(|)等;条件运算符:cond_expr ? expr1 : expr2 等。通过将这些运算符嵌入到连续赋值语句中,可以形成比较复杂的连续赋值语句。例如我们基于数据流描述方式来设计一个 1 位全加器如下:

```
module FA_flow(A,B,Cin,Sum,Cout);
input      A,B,Cin;  //输入
output      Sum,Cout; //输出
assign Sum = A^B ^ Cin;
assign Cout = (A&B) | (B&Cin) | (A&Cin);
endmodule
```

上例中,通过 assign 实现了各功能。需要注意的是,module 内的各个 assign 语句是并行执行的,即各语句的执行与语句在 module 内出现的先后顺序无关。当 assign 语句右边表达式中的变量发生变化时,表达式的值会重新计算,并将结果赋值给左边的变量。如果赋值语句使用了时延,那么等待时延结束后再将表达式的值赋给左边的变量。

7.3 Verilog HDL 描述逻辑电路实例

在组合逻辑电路的章节中,我们介绍过组合逻辑电路的特点:组合逻辑电路的输出仅仅取决于电路的即刻输入,与电路所处的状态没有关系。时序逻辑电路的输出,不仅取决于电路的即刻输入,还与电路所处的状态有关。我们介绍过组合逻辑电路模块的分析方法和设计方法,在后面还会介绍时序逻辑电路模块。在本节中,我们将运用 Verilog HDL 的相关格式与定义,说明组合逻辑电路逐次进位全加器、超前进位 4 位全加器 74283、编码器、译码器、数据选择器(MUX)、数值比较器、奇偶校验电路、三态输出电路的 Verilog HDL 语言描述方法,以及时序逻辑电路 *D* 触发器、74161 计数器、移位寄存器、计数/分频器的 Verilog HDL 语言描述。

7.3.1 组合逻辑电路的 Verilog HDL 语言描述

1. 逐次进位的 4 位全加器

逐次进位的 4 位全加器,采用 4 个 1 位的全加器构成。各位相加,进位依次传递,实现 4

位加法功能。

1 位全加器的被加数 a、加数 b 和从低位向本位进位 ci 作为电路的输入，全加的和 Sum 与向高位的进位 co 作为电路的输出，其真值表列于表 7.2。

表 7.2　1 位全加器真值表

信号输入端			信号输出端	
a	b	ci	Sum	co
0	**0**	**0**	**0**	**0**
0	**0**	**1**	**1**	**0**
0	**1**	**0**	**1**	**0**
1	**0**	**0**	**1**	**0**
0	**1**	**1**	**0**	**1**
1	**0**	**1**	**0**	**1**
1	**1**	**0**	**0**	**1**
1	**1**	**1**	**1**	**1**

为避免重复，在这里使用前面已经写出的 1 位全加器代码 FA_behav，通过级联方式构成 4 位加法器。4 位逐次进位的全加器 Verilog HDL 语言描述语句为

```
module 4bit_add(a,b,ci,sum,co);
input [3:0] a,b;          //输入加数和被加数
input ci;                 //输入低位进位信号
output[3:0] sum;          //输出全加和
output co;                //输出进位信号
wire co1,co2,co3;
FA_behav U0 (a[0],b[0],ci,sum[ ],co1);
FA_behav U1 (a[1],b[1],co1,sum[ ],co2);
FA_behav U2 (a[2],b[2],co2,sum[ ],co3);
FA_behav U3 (a[3],b[3],co3,sum[ ],co);
endmodule
```

上面例子通过调用 FA_behav U0～U3 的实例实现了 4 位的全加器。同样也可以使用行为描述方式来实现 4 位全加器，使得程序大大简化。得到行为建模的 4 位全加器描述为

```
module 4bit_add2(a,b,cin,sum,cout);
input [3:0] a,b;            //输入加数和被加数
input cin;                  //输入低位进位信号
output [3:0] sum;           //输出全加和
output cout;                //输出进位信号
reg cout;
```

```
reg [3: 0] sum;
always @ ( a or b or cin ) //a,b,c 电平触发
begin
  {cout,sum} =a+b+cin;
end
endmodule
```

上面例子中的{cout,sum} =a+b+cin 实现了全加的行为描述。

2. 超前进位 4 位全加器 74283

4 位超前进位的全加器 74283 电路功能在组合逻辑电路模块部分中已经说明,这里给出其 Verilog HDL 的描述方法。

```
module ahead_add(a,b,ci,sum,co);
input [3: 0] a,b;          //输入加数和被加数
input ci;                  //输入进位信号
output [3: 0] sum;         //输出加法和
output co;                 //输出进位信号
reg [3:0] sum;             //寄存器变量
reg co;
reg [3: 0] G,P,C;
always@ (a or b or ci)     //电平触发
begin
  G[0]<=a[0]&b[0];
  P[0]<=a[0] | b[0];
  C[0]<=ci;
  sum[0]<=G[0]^P[0]^C[0];
  G[1]<=a[1]&b[1];
  P[1]<=a[1] | b[1];
  C[1]<=G[0] | (P[0]&C[0]);
  sum[1]<=G[1]^P[1]^C[1];
  G[2]<=a[2]&b[2];
  P[2]<=a[2] | b[2];
  C[2]<=G[1] | (P[1]&C[1]);
  sum[2]<=G[2]^P[2]^C[2];
  G[3]<=a[3]&b[3];
  P[3]<=a[3] | b[3];
  C[3]<=G[2] | (P[2]&C[2]);
  sum[3]<=G[3]^P[3]^C[3];
  co<=G[3] | (P[3]&C[3]);
```

```
  end
endmodule
```

3. 编码器

我们知道,8 线-3 线优先编码器 74148 的功能如表 7.3 所示。

表 7.3　8 线-3 线优先编码器功能表

输入									输出				
EI	I0	I1	I2	I3	I4	I5	I6	I7	A2	A1	A0	GS	EO
H	X	X	X	X	X	X	X	X	H	H	H	H	H
L	H	H	H	H	H	H	H	H	H	H	H	H	L
L	X	X	X	X	X	X	X	L	L	L	L	L	H
L	X	X	X	X	X	X	L	H	L	L	H	L	H
L	X	X	X	X	X	L	H	H	L	H	L	L	H
L	X	X	X	X	L	H	H	H	L	H	H	L	H
L	X	X	X	L	H	H	H	H	H	L	L	L	H
L	X	X	L	H	H	H	H	H	H	L	H	L	H
L	X	L	H	H	H	H	H	H	H	H	L	L	H
L	L	H	H	H	H	H	H	H	H	H	H	L	H

H-高电平　L-低电平　X-任意

实现 74148 功能的 Verilog HDL 语言描述如下:

```
module code8_3(EI,I,A,EO,GS);
input [7:0] I;              //8 位编码输入端(低电平有效)
input EI;                   //选通输入端(低电平有效)
output[2:0] A;              //3 位二进制编码输出信号
output GS;                  //片优先编码输出端
output EO;                  //选通输出端
reg [2:0] A;
reg EO,GS;
always@ (EI or I)
 begin
if(EI) begin A=3'd7;EO=1;GS=1;end
else
 begin
    if(~I[7]) begin A=3'd0;EO=1;GS=0;end
    else if(~I[6]) begin A=3'd1;EO=1;GS=0;end
    else if(~I[5]) begin A=3'd2;EO=1;GS=0;end
```

```
    else if( ~I[4]) begin A=3'd3;EO=1;GS=0;end
    else if( ~I[3]) begin A=3'd4;EO=1;GS=0;end
    else if( ~I[2]) begin A=3'd5;EO=1;GS=0;end
    else if( ~I[1]) begin A=3'd6;EO=1;GS=0;end
    else if( ~I[0]) begin A=3'd7;EO=1;GS=0;end
    else            begin A=3'd7;EO=0;GS=1;end
end
end
endmodule
```

上述例子中使用了 if 和 else if 的结构,else if 结构执行后面的 begin 到对应的 end 之间的任务。

4. 译码器

3 线-8 线译码器 74138 的功能真值表如表 7.4 所示。

表 7.4 74138 逻辑功能真值表

输入						输出							
E1	E2	E3	A	B	C	Y0	Y1	Y2	Y3	Y4	Y5	Y6	Y7
X	H	X	X	X	X	H	H	H	H	H	H	H	H
X	X	H	X	X	X	H	H	H	H	H	H	H	H
L	X	X	X	X	X	H	H	H	H	H	H	H	H
H	L	L	L	L	L	L	H	H	H	H	H	H	H
H	L	L	L	L	H	H	L	H	H	H	H	H	H
H	L	L	L	H	L	H	H	L	H	H	H	H	H
H	L	L	L	H	H	H	H	H	L	H	H	H	H
H	L	L	H	L	L	H	H	H	H	L	H	H	H
H	L	L	H	L	H	H	H	H	H	H	L	H	H
H	L	L	H	H	L	H	H	H	H	H	H	L	H
H	L	L	H	H	H	H	H	H	H	H	H	H	L

对应的 Verilog HDL 语言描述如下:

```
module decoder38(E1,E2,E3,A,B,C,Y0,Y1,Y2,Y3,Y4,Y5,Y6,Y7);
input  E1,E2,E3;                    //使能输入端(74138 有三个使能输入)
input  A,B,C;                        //输入 A,B,C
output wire Y0,Y1,Y2,Y3,Y4,Y5,Y6,Y7;    //输出
  assign Y0=((E1 & ! E2 & ! E3)==1'b1) ?  !(! A & ! B & ! C) : 1'bz;
  assign Y1=((E1 & ! E2 & ! E3)==1'b1) ?  !(! A & ! B & C) : 1'bz;
  assign Y2=((E1 & ! E2 & ! E3)==1'b1) ?  !(! A & B & ! C) : 1'bz;
```

```
assign Y3=((E1 & ! E2 & ! E3)= =1'b1) ?  !(! A & B & C) : 1'bz;
assign Y4=((E1 & ! E2 & ! E3)= =1'b1) ?  !( A & ! B & ! C) : 1'bz;
assign Y5=((E1 & ! E2 & ! E3)= =1'b1) ?  !( A & ! B & C) : 1'bz;
assign Y6=((E1 & ! E2 & ! E3)= =1'b1) ?  !( A & B & ! C) : 1'bz;
assign Y7=((E1 & ! E2 & ! E3)= =1'b1) ?  !( A & B & C) : 1'bz;
endmodule
```

上例子中用到了 assign 语句，后面紧接着判断赋值语句。整个描述方法属于数据流的描述方式。

5. MUX 数据选择器

8 选 1 数据选择器 74151 的 Verilog HDL 的描述如下：

```
module mux_8(addr,in1,in2,in3,in4,in5,in6,in7,in8,data_out,cs);
input    [2:0]addr;          //输入 3 位信号
input    [width-1:0] in1,in2,in3,in4,in5,in6,in7,in8; //输入 width 宽度的信号
input    cs;
output   [width-1:0] data_out;
reg      [width-1:0] data_out;
 parameter width=8; //定义 width 宽度为 8
 always @ (addr or in1 or in2 or in3 or in4 or in5 or in6 or in7 or in8 or cs);
       begin
         if(! cs)                  //cs 为低电平时，数据选择器工作
           case(addr)
           3'b000: data_out=in1;
           3'b001: data_out=in2;
           3'b010: data_out=in3;
           3'b011: data_out=in4;
           3'b100: data_out=in5;
           3'b101: data_out=in6;
           3'b110: data_out=in7;
           3'b111: data_out=in8;
           endcase
       else                   //cs 为高电平时，关闭数据选择器
         data_out=0;
     end
 endmodule
```

6. 8 位数值比较器

数值比较器的功能是完成两个数值之间的比较，两个 8 位数值的比较的 Verilog HDL 的描述采用两种实现方法。这里描述的数字比较器没有设置和使用输入级联信号。

方法一：

```
module comparator( A,B,ALB,AGB,AEB);
  input   [7:0] A,B; //输入两个待比较数值
  output  ALB,AGB,AEB; //输出比较结果
  assign  ALB=(A<B)? 1:0;
  assign  AGB=(A>B)? 1:0;
  assign  AEB=(A==B)? 1:0;
endmodule
```

方法二：

```
module comparator( A,B,ALB,AGB,AEB);
  input   [7:0] A,B;          //输入两个待比较数值
  output  ALB,AGB,AEB;
  reg     ALB,AGB,AEB;
  always@ (A or B)
      begin
        if (A==B)
              AEB=1;
        else  AEB=0;
        if (A>B)
              AGB=1;
        else  AGB=0;
        if (A<B)
              ALB=1;
        else  ALB=0;
      end
    endmodule
```

7. 奇偶校验电路

奇偶校验电路 74280 的 Verilog HDL 的描述如下：

```
module check( A,B,C,D,E,F,G,H,I,EVEN,ODD);
    input A,B,C,D,E,F,G,H,I;     //输入信号
    output EVEN,ODD;
    reg EVEN,ODD;
    assign ODD=A^B^C^D^E^F^G^H^I;
    assign EVEN=~(A^B^C^D^E^F^G^H^I);
endmodule
```

8. 三态输出电路

三态输出电路是指一个电路模块的输出具有 3 种状态：**0**，**1**，高阻态。由 en 控制端控

制，其 Verilog HDL 实现如下所示：

```
module tri_gate(din,en,dout)
input din ,en;  //输入信号和使能信号
output dout;    //输出信号
reg dout;
always@ (din or en)
  begin
    if(en) dout=din;
    else dout=1'bz;
  end
endmodule
```

7.3.2 时序逻辑电路模块的 Verilog HDL 语言描述

1. *D* 触发器

D 触发器的功能就是完成跟随，其 Verilog HDL 描述语言实现如下：

```
module    DFF(Q,D,clk);
output    Q; //输出信号
input     D,clk; //输入信号和时钟
reg       Q;
always @ (posedge clk)      //时钟上升沿触发
begin
Q <=D;
end
endmodule
```

2. 计数器

计数器 74161 的 Verilog HDL 描述如下：

```
module up_count (d,clk,clear,load,EP,ET,qd,co);
input  [3:0] d;  //输入信号
input  clk,clear,load,EP,ET;  //输入控制信号
output [3:0] qd;  //输出信号
output co;
reg    [3:0] cnt;
reg    co;
assign qd=cnt;
always @ (posedge clk and clear)
  begin
```

```
    if(! clear)          cnt<=4'b0;  // 异步清零,低电平有效
        else if(load)      cnt<=d;  //同步预置
         else begin
           case({EP,ET})
             2'b10: begin cnt<=cnt;co<=0;end
             2'b11: begin
                      If(cnt==15)
                         cnt<=4'b0;
                         co<=1;
                      else
                         cnt<=cnt+1;
                      end
             default: begin cnt<=cnt;end
           end
    end
endmodule
```

3. 移位寄存器

一个同步清零的 8 位左移移位寄存器,它的 Verilog HDL 描述如下:

```
module shifter (out_data,in_data,clk,clr);
   input in_data,clk,clr;          //输入移位、时钟、复位信号
   output [7:0]   out_data;        //输出信号
   reg     [7:0]   out_data;
   always @ (posedge clk )          //时钟上升沿触发
       if(clr)                      //复位清零,这里是同步清零,高电平有效
            out_data <=8'b0;
       else
           begin
               out_data <=out_data <<1;
               out_data[0] <=in_data;
           end
endmodule
```

4. 计数/分频器

一个十分频器,实现将 50 MHz 分频为 5 MHz,它的 Verilog HDL 描述如下:

```
module   f_div (rst,clk_50M,f_5M);
input    rst,clk_50M;  //复位信号和输入时钟
output   f_5M;              //输出分频后的时钟
reg      f_5M;
```

```
reg        [3:0] count;
always     @ (posedge clk_50M)
    if (!rst)                          //同步清零,低电平有效
      begin
        f_5M<=0;
        count<=0;
      end
    else
     if(count==4)
      begin
          count<=0;
          f_5M<=~f_5M;
      end
    else
        count<=count+1;
endmodule
```

本章小结

基于硬件描述语言进行硬件描述和设计的方法,已在数字电路和系统设计中获得广泛的使用,并且在诸如包含数字、模拟、射频乃至毫米波电路的 SoC 等功能日益复杂的芯片设计中崭露头角,已在系统定义、行为级模型描述、IP 功能描述、全芯片功能验证、时序验证、后端实现等环节中发挥着不可替代的作用,是未来复杂电子系统和集成电路芯片设计领域的主要发展趋势。本章首先对Verilog HDL的基本原理进行了介绍;接着对 Verilog HDL 的设计过程、步骤、注意点等方面进行了阐述;最后结合例子对多种组合及时序逻辑器件如全加器、选择器、触发器等用 Verilog HDL 进行了描述,读者可以根据这样的设计思路来设计新的数字电路。

习 题

- **7.1** 详述 Verilog HDL 硬件描述语言的设计步骤和优势。
- **7.2** 用 Verilog HDL 设计一个全减器。
- **7.3** 编写 Verilog HDL 代码,实现以下功能:输入为 50 MHz,占空比为 50%的时钟,输出为 1 MHz,占空比为 50%的时钟。

- **7.4** 什么是硬件描述语言？简述它与一般的高级语言的异同。
- **7.5** Verilog HDL 语言设计的基本单元由哪几部分组成？
- **7.6** 信号和变量在描述和使用时有哪些主要区别？
- **7.7** 判断下列标识符是否合法,如果有误请指出原因。

16#OFA#, D100%, CLR/RESET, \74H138, _01stu, $write

- **7.8** 说明阻塞赋值和非阻塞赋值的区别。
- **7.9** 说明网络型变量和寄存器型变量的区别和区分方法。
- **7.10** 定义以下的 Verilog HDL 变量。

(1) 一个名为 data_in 的 8 位向量线网。

(2) 一个名为 data_out 的 16 位寄存器变量。

(3) 一个名称为 MEM 的存储器,含有 128 个数据,每个数据位宽为 8 位。

- **7.11** 设 A = 4'b1010, B = 4'b1001, C = 1'b1,计算下列式子的运算结果:

(1) A>>1

(2) {A,B[0],C}

(3) A & B

- **7.12** 设 A = 4'b1110, B = 4'b0111, C = 1'b1,计算下列式子的运算结果:

(1) A<B

(2) A^B

(3) ~B

第8章 时序逻辑电路的分析与设计

时序逻辑电路与组合逻辑电路的根本区别在于时序逻辑电路具有记忆性，某一时刻的输出不仅仅取决于该时刻的外输入，还与电路所处的状态有关，也就是与电路过去的输入有关。时序逻辑电路的记忆元件通常就是锁存器和触发器，因此，锁存器和触发器是基本的时序逻辑电路单元。本章的主要内容包括锁存器、触发器、时序逻辑电路的描述方法，时序逻辑电路的分析方法和设计方法。

8.1 锁存器

在数字系统中，除了组合逻辑电路外，还需要具有记忆功能的时序逻辑电路。时序逻辑电路常用的存储单元是触发器和锁存器。

锁存器是一种对脉冲电平敏感的存储单元。锁存器对输入电平持续时间敏感，也就是在一持续电平期间都会接收输入，并在输出端发生变化。触发器对时钟脉冲边沿敏感，在边沿来临时状态发生改变。锁存器和触发器是具有记忆功能的二进制存储器件，是组成各种时序逻辑电路的基本器件之一。当输入信号变化时，如果锁存器处于对输入信号敏感期间，锁存器就会变化，锁存器可能没有时钟端，触发器受时钟控制，只有在触发时采样当前的输入，产生输出的改变。

触发器和锁存器与前面介绍的组合逻辑电路不一样，从输入输出的关系上来看，它们的特点是电路的输出不仅仅取决于电路的输入，还跟电路所处的状态有关系，或者说跟电路的过去输入有关，也就是电路具有记忆功能，这种关系可以用测试的方法确定。

触发器和锁存器有一个或两个信号输出端，一个输出正常的存储值，另一个为可选输出，输出存储值的反码。为了能够实现记忆 1 位的二进制信息，存储单元必须具备如下特点：一是具有两个稳定的状态，用来表示二进制信息的 **0** 和 **1**；二是能够根据输入信号的变化，将存储单元清 **0** 或者置 **1**。

将二进制信息输入到触发器或者锁存器有多种方式，因此触发器和锁存器的种类也十分丰富。锁存器包括基本锁存器、带有控制端的锁存器；触发器按照电路结构进行分类，主要有主从触发器和边沿触发器。还可以从工艺上将触发器分为双极型工艺的触发器和

CMOS 触发器等。

8.1.1 基本 $\overline{R}$-$\overline{S}$ 锁存器

基本 $\overline{R}$-$\overline{S}$ 锁存器也称为基本 $\overline{R}$-$\overline{S}$ 触发器，有两个稳定的状态，可用来表示数字 **0** 和 **1**。按结构的不同可分为没有控制端的锁存器和有门控端的锁存器。

$\overline{R}$-$\overline{S}$ 锁存器是组成门控锁存器的基础，一般由**与非**门或者**或非**门等组成，下面介绍 $\overline{R}$-$\overline{S}$ 锁存器工作原理。

1. 两个**与非**门构成的 $\overline{R}$-$\overline{S}$ 锁存器

两个**与非**门构成的 $\overline{R}$-$\overline{S}$ 锁存器电路结构与符号如图 8.1 所示。

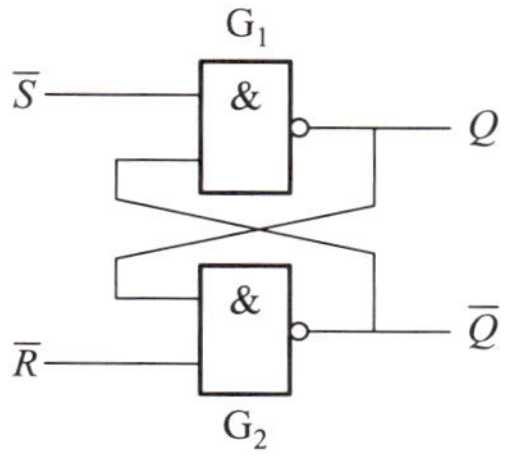

(a) 与非门组成

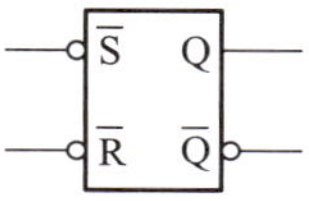

(b) 符号图

图 8.1 $\overline{R}$-$\overline{S}$ 锁存器

2. 工作原理

从图 8.1 的逻辑图上，可以得到 $\overline{R}$-$\overline{S}$ 锁存器的逻辑表达式为

$$Q=\overline{\overline{S}\,\overline{Q}} \tag{8-1}$$

$$\overline{Q}=\overline{\overline{R}Q} \tag{8-2}$$

根据输入信号$\overline{S}$、$\overline{R}$的输入值，总结 $\overline{R}$-$\overline{S}$ 锁存器输入、输出之间的关系如下：

(1) 当$\overline{R}=\mathbf{1}$，$\overline{S}=\mathbf{0}$ 时，因$\overline{S}=\mathbf{0}$，G_1 门的输出端 $Q=\mathbf{1}$，G_2 门的两输入为 **1**，因此 G_2 门的输出端$\overline{Q}=\mathbf{0}$；

(2) 当$\overline{R}=\mathbf{0}$，$\overline{S}=\mathbf{1}$ 时，因$\overline{R}=\mathbf{0}$，G_2 门的输出端$\overline{Q}=\mathbf{1}$，G_1 门的两输入为 **1**，因此 G_1 门的输出端 $Q=\mathbf{0}$；

(3) 当$\overline{R}=\mathbf{1}$，$\overline{S}=\mathbf{1}$ 时，G_1 门和 G_2 门的输出端被它们的原来状态锁定，故输出不变。$\overline{R}$-$\overline{S}$ 锁存器维持原来状态不变，这一状态，在前面的组合逻辑电路中是不会出现的。这是因为在相同的输入下，存在两种不同的输出。也就是说，电路的输出在这里不取决于电路的输入值，而是取决于电路原来的状态；

(4) 当$\overline{R}=\mathbf{0}$，$\overline{S}=\mathbf{0}$ 时，则有 $Q=\overline{Q}=\mathbf{1}$。若输入信号$\overline{S}=\mathbf{0}$，$\overline{R}=\mathbf{0}$ 之后，两个输入端同时变化为$\overline{S}=\mathbf{1}$，$\overline{R}=\mathbf{1}$，由于两个**与非**门的延迟时间长短无法确定，因此，$\overline{R}$-$\overline{S}$ 锁存器的输出状态也就

不确定。为了避免这种情况出现，使用 $\overline{R}$-$\overline{S}$ 锁存器的时候避免让 $\overline{S}=\mathbf{0}$，$\overline{R}=\mathbf{0}$，也就不会出现同时由 **0** 变为 **1** 的情况。因此，给 $\overline{R}$-$\overline{S}$ 锁存器加一个约束条件 $\overline{S}+\overline{R}=\mathbf{1}$。

$\overline{R}$-$\overline{S}$ 锁存器的 $\overline{S}$ 端称为置 **1** 输入端，$\overline{R}$ 为清 **0** 输入端，都是低电平有效，因此在符号加了上划线。Q、$\overline{Q}$ 为输出端，一般以 Q 端的状态作为 $\overline{R}$-$\overline{S}$ 锁存器的状态。

根据以上的分析，可以得到两个**与非**门构成的 $\overline{R}$-$\overline{S}$ 锁存器的功能表，如表 8.1 所示。

表 8.1　$\overline{R}$-$\overline{S}$ 锁存器功能表

$\overline{S}$	$\overline{R}$	Q^{n+1}	$\overline{Q}^{n+1}$	功　　能
1	**1**	Q^n	$\overline{Q}^n$	保持
0	**1**	**1**	**0**	置 **1**
1	**0**	**0**	**1**	清 **0**
0	**0**	**1**	**1**	同态（$\overline{S}$、$\overline{R}$ 同时变为 **11** 时状态不定）

这里 Q^n 表示输入信号到来之前 Q 的状态，一般称为现态；Q^{n+1} 表示输入信号到来之后 Q 的状态，称为次态。现态和次态是 $\overline{R}$-$\overline{S}$ 锁存器相邻的两个离散时间点的输出端电平信号。从上面的分析可知，两个**与非**门构成的 $\overline{R}$-$\overline{S}$ 锁存器完全满足存储单元的两个条件：具有两个稳定的状态，能存储 1 位二进制信息；可以由输入信号来置 **1** 或者清 **0**。

在第 7 章介绍了 Verilog 硬件描述语言，对于两个**与非**门构成的 $\overline{R}$-$\overline{S}$ 锁存器，用 Verilog HDL 描述如下：

```
module rs_latch_nand (S, R, Q, QB);
input S, R;
output Q, QB;
nand NA1 (Q, S, QB);
nand NA2 (QB, R, Q);
endmodule
```

也可以用两个**或非**门构成 R-S 锁存器，其逻辑图和逻辑符号如图 8.2 所示。

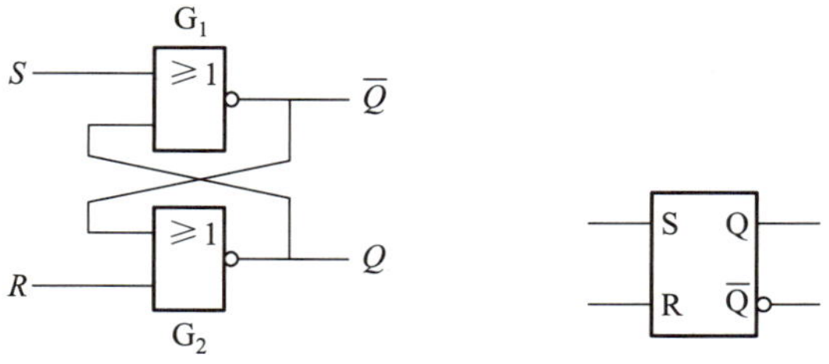

(a) **或非**门组成　　(b) 符号图

图 8.2　两个或非门构成 R-S 锁存器

由逻辑图可以得到逻辑表达式

$$Q = \overline{R + \overline{Q}} \tag{8-3}$$

$$\overline{Q} = \overline{S + Q} \tag{8-4}$$

按照与两个**与非**门构成的 $\overline{R}$-$\overline{S}$ 锁存器相同的分析方法，可以得到两个**或非**门构成的 R-S 锁存器的功能表 8.2。

两个**或非**门构成的 R-S 锁存器，用 Verilog HDL 描述如下：

```
module rs_latch_nor (S, R, Q, QB);
input S, R;
output Q, QB;
nor NO1 (QB, S, Q);
nor NO2 (Q, R, QB);
endmodule
```

再来看两个**与非**门构成的 $\overline{R}$-$\overline{S}$ 锁存器，根据其功能表，可以做出 Q^{n+1} 卡诺图如图 8.3 所示。

表 8.2　两个或非门构成的 R-S 锁存器的功能表

R	S	Q^{n+1}
0	**1**	**1**
1	**0**	**0**
0	**0**	Q^n
1	**1**	同态(不确定)

Q^n \ $\overline{R}\,\overline{S}$	**00**	**01**	**11**	**10**
0	×	**0**	**0**	**1**
1	×	**0**	**1**	**1**

图 8.3　Q^{n+1} 卡诺图

由此，可以得到两个**与非**门构成的 $\overline{R}$-$\overline{S}$ 锁存器的状态转移方程为

$$Q^{n+1} = \overline{\overline{S}} + \overline{R}Q^n \tag{8-5}$$

$$\overline{S} + \overline{R} = \mathbf{1} \quad （约束条件）$$

可以写出 $\overline{R}$-$\overline{S}$ 锁存器的真值表如表 8.3 所示。

表 8.3　两个与非门构成的 $\overline{R}$-$\overline{S}$ 锁存器真值表

(a)

$\overline{S}$	$\overline{R}$	Q^n	Q^{n+1}
1	**0**	**0**	**0**
1	**0**	**1**	**0**
0	**1**	**0**	**1**
0	**1**	**1**	**1**
1	**1**	**0**	**0**
1	**1**	**1**	**1**
0	**0**	**0**	不确定
0	**0**	**1**	

(b)

$\overline{S}$	$\overline{R}$	Q^{n+1}
1	**0**	**0**
0	**1**	**1**
1	**1**	Q^n
0	**0**	不确定

对于两个**或非**门构成的 $R-S$ 锁存器，同样能够得到其真值表如表 8.4 所示。

表 8.4　两个或非门构成的 $R-S$ 锁存器真值表

(a)

S	R	Q^n	Q^{n+1}
1	0	0	1
1	0	1	1
0	1	0	0
0	1	1	0
1	1	0	不确定
1	1	1	
0	0	0	0
0	0	1	1

(b)

S	R	Q^{n+1}
1	0	1
0	1	0
1	1	不确定
0	0	Q^n

微视频 8-1 锁存器的原理

两个**或非**门构成的 $R-S$ 锁存器的状态转移方程为

$$Q^{n+1} = S + \overline{R}Q^n \tag{8-6}$$

$$SR = 0 \quad (约束条件)$$

3. 锁存器的描述方法

对于锁存器的描述，前面已经给出了真值表、状态转移方程和 Verilog HDL 描述。除此之外，还可以采用以下几种方法对锁存器进行描述：状态转换图、工作波形图（时序图）等。在设计时序逻辑电路的时候，还需要知道激励表，这实际上与时序逻辑电路的分析方法基本上是一致的。

状态转移真值表和状态方程，前面已经说过。下面说明状态转换图和时序图的描述方法。

(1) 状态转换图

状态转换图是采用图形的方法来描述锁存器状态之间转移的关系，用圆圈代表稳定状态，圆圈内标号用以区别各个不同的稳定状态，例如用①代表稳定状态 **1**。稳定状态之间的转移用线段表示，箭头表示转移的方向。在线段的旁边标注转移的条件和输出值，用“/”间隔，上方为转移的条件，下方为输出结果。对于两个**与非**门构成的基本触发器，其状态转换图如图 8.4 所示。

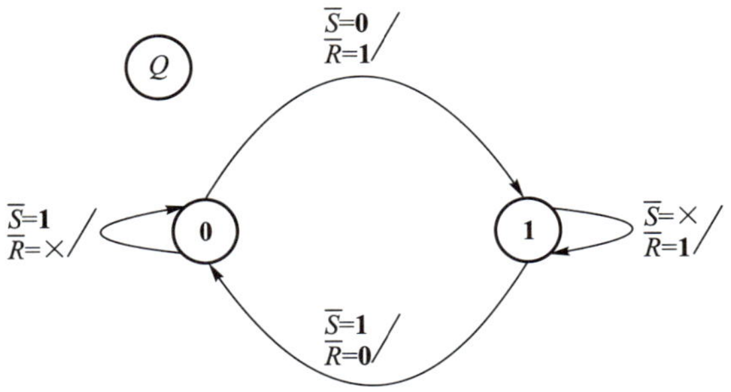

图 8.4　与非门构成的锁存器状态转换图

(2) 时序图

时序图也称为工作波形图,用时序图也可以很好地描述锁存器。时序图分为理想时序图和实际时序图,理想时序图是不考虑门电路延迟的时序图,而实际时序图需要考虑门电路的延迟时间。通常采用理想时序图描述锁存器。由两个**与非**门构成的锁存器理想时序图如图 8.5 所示。

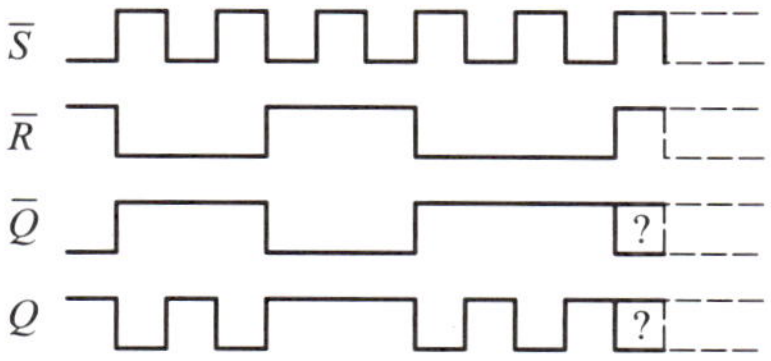

图 8.5 两个与非门构成的锁存器理想时序图

微视频 8-2
基本触发器
的描述方法

两个**与非**门构成的锁存器最主要的特性是当$\overline{R}=\mathbf{1}$,$\overline{S}=\mathbf{1}$时,电路的状态保持不变。这就说明当锁存器输入端的输入信号撤销以后($\overline{R}=\mathbf{1}$,$\overline{S}=\mathbf{1}$),锁存器能够记住电路的状态,从而能够知道以前施加的是什么激励信号。因此,锁存器是一个记忆元件,它可以存储 1 位二进制信息。很多存储器中执行存储信息的基本器件都是这种锁存器。

4. 基本锁存器的特点

基本锁存器的输入信号直接施加在输出门上,输入信号的改变可以直接改变锁存器输出端 Q 的状态,也就是输入信号的变化可以立即在输出上表现出来,因此 $\overline{S}$、$\overline{R}$ 端也叫作直接置位端、复位端。

5. 基本锁存器的应用

利用基本锁存器的锁存特性,可以构造机械开关的消抖动电路,图 8.6 是这种消抖动电路的示意图。我们知道,当机械开关从一个位置拨向另外一个位置时,开关触点的接触由于弹簧的作用,会有瞬间没有接触好的"抖动"现象,这将使输出有多个毛刺,对后续电路产生错误的影响。例如,如果后续电路是一个统计脉冲个数的计数器,则输出电平的每一次抖动都将使计数器多计 1,于是出现拨动一次开关计数器增加超过 1 的错误。

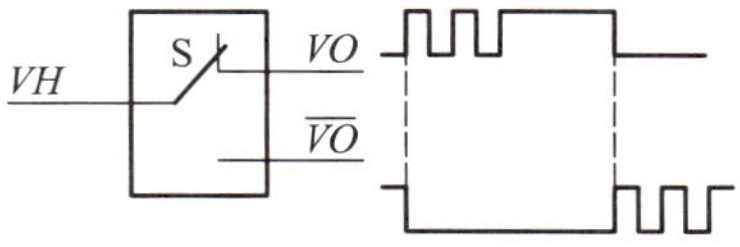

(a) 机械开关的抖动现象

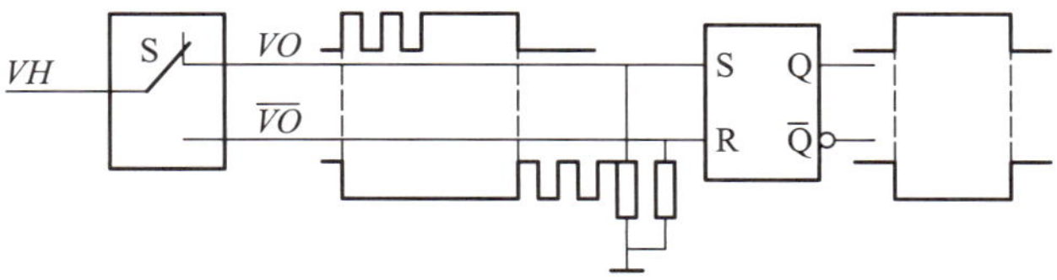

(b) 用锁存器消除抖动

图 8.6 用锁存器消除机械开关的抖动

在机械开关的后面加上一个基本锁存器以后，毛刺就不能通过锁存器向后传递，仅仅第一次触发起作用，后面的毛刺不再使锁存器翻转（锁存器的状态保持不变）。

利用基本锁存器，还可以进行二进制信息的存储与传送。一个基本锁存器只能存储 1 位二进制信息，而计算机中的信息通常是以字节为单位，所以存储一个字节的信息需要 8 个锁存器组成一组。当一组锁存器的数据要传送到另一组锁存器时，只要将源锁存器的 Q 和 $\overline{Q}$ 分别接到目的锁存器的 S、R 即可。为了使用方便，通常在目的锁存器的 R、S 端前面加上**与**门，用一个选通端来控制源锁存器的状态传递，使源锁存器的变化不能马上出现在目的锁存器，而是在需要的时刻传送到目的锁存器，从而，目的锁存器有足够的时间处理前面的数据，同时源锁存器也能够在数据准备好了以后再传送数据。这样，就需要一种带有控制端的锁存器。

8.1.2　带有控制端的锁存器

前面的基本锁存器或者基本触发器，只要输入信号发生变化，锁存器的状态就会立即发生变化。但是，在实际运用中，往往要求在控制端的作用下，锁存器的状态根据当时的激励条件完成相应的状态转移。为此，在基本锁存器的基础上加上控制电路，就构成了带有控制端的锁存器，其特点是控制电路被选通时，锁存器是透明的，其状态 Q、$\overline{Q}$ 随 S、R 变化而变化，而当门控电路被禁止时，锁存器的状态被锁定，不能改变，也就是将门控电路被禁止前那一时刻的状态锁存于基本触发器中。

1. 门控 $R-S$ 锁存器

门控 $R-S$ 锁存器的逻辑图如图 8.7 所示。它在基本 $\overline{R}-\overline{S}$ 锁存器的基础上增加了两个引导门和一个控制信号 CP。

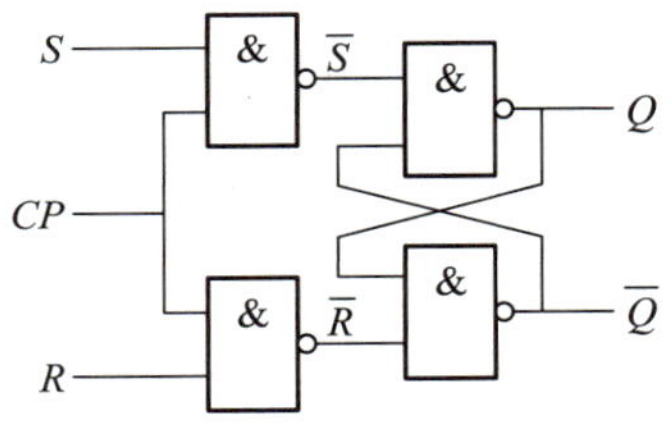

图 8.7　门控 $R-S$ 锁存器的逻辑图

当 $CP=\mathbf{0}$ 时，$\overline{R}$、$\overline{S}$ 都为 **1**，从前面的基本锁存器分析可知，后面的两个**与非**门构成的锁存器状态保持不变；

当 $CP=\mathbf{1}$ 时，门控 $R-S$ 锁存器的两个输入端 R、S 经反相器与后面的 $\overline{R}$、$\overline{S}$ 相连，因此门控 $R-S$ 锁存器在 $CP=\mathbf{1}$ 时，与两个**与非**门构成的锁存器功能相同。按照以下方法，对门控 $R-S$ 锁存器描述。

（1）状态方程 $Q^{n+1}=S+\overline{R}Q^{n}$　　（8 - 7）

$$RS=\mathbf{0}\quad（约束条件）$$

这是当 $CP=\mathbf{1}$ 时的情况。当 $CP=\mathbf{0}$ 时，锁存器保持。

（2）状态转移表

门控 $R-S$ 锁存器的输出，次态 Q^{n+1} 和电路的输入 R、S，现态 Q^{n} 间对应取值关系的表格称为门控 $R-S$ 锁存器的状态转移表，如表 8.5 所示。

表 8.5 门控 *R*-*S* 锁存器的状态转移表

CP	*S*	*R*	Q^n	Q^{n+1}	功能
0	×	×	0	0	保持不变
			1	1	
1	0	0	0	0	
			1	1	
1	0	1	0	0	置 0
			1	0	
1	1	0	0	1	置 1
			1	1	
1	1	1	0	1	不确定
			1	1	

（3）状态转换图

门控 *R*-*S* 锁存器状态转换规律及相应输入、输出取值关系的图形，称为门控 *R*-*S* 锁存器状态转换图，如图 8.8 所示。

（4）时序图

时序图即时序电路的工作波形图。它能直观地描述时序电路的输入信号、门控信号及电路的状态转换等在时间上的对应关系。图 8.9 是门控 *R*-*S* 锁存器的时序图，其中虚线部分表示状态不确定。

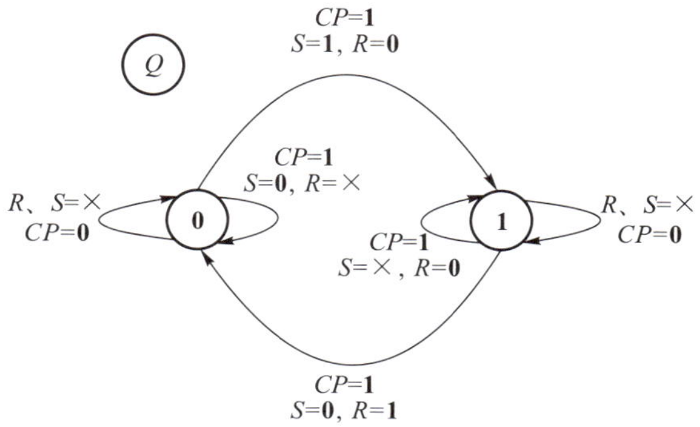

图 8.8 门控 *R*-*S* 锁存器状态转换图

图 8.9 门控 *R*-*S* 锁存器时序图

门控 *R*-*S* 锁存器用 Verilog HDL 描述如下：

```
module gated_latch_nand (CP, S, R, Q, QB);
```

```
input CP, S, R;
output Q, QB;
wire SB, RB;
nand NA1 (SB, S, CP);
nand NA2 (RB, CP, R);
nand NA3 (Q, SB, QB);
nand NA4 (QB, Q, RB,);
endmodule
```

2. 门控 ***D*** 锁存器

当需要将输入信号直接送到缓冲器暂存时，门控 D 锁存器最为方便。门控 D 锁存器的逻辑图和逻辑符号如图 8.10 所示。

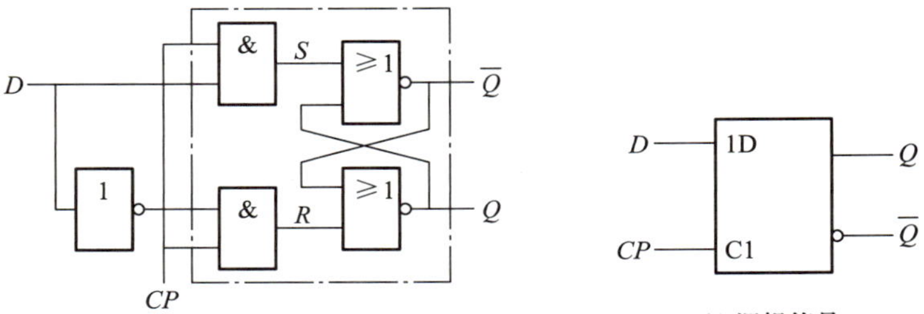

(a) 逻辑电路　　(b) 逻辑符号

图 8.10　门控 *D* 锁存器

从分析门控 R-S 锁存器功能表可以得知，门控 R-S 锁存器正常工作时，其 R、S 输入端信号必然互为反相，这样，在 R、S 之间接一个反相器，就可以用一个输入信号同时控制 R、S 两个输入端，这种改进的门控 R-S 锁存器称为门控 D 锁存器。门控 D 锁存器是在门控 R-S 锁存器的基础上构成的，其中 D 是输入端。

（1）状态方程

由逻辑电路可以得到

当 $CP=\mathbf{0}$ 时，两个基本**或非**门构成的触发器输入 $S=\mathbf{0}$，$R=\mathbf{0}$，锁存器状态保持不变；

当 $CP=\mathbf{1}$ 时，两个基本**或非**门构成的触发器输入 $S=D$，$R=\overline{D}$，约束条件 $RS=\mathbf{0}$ 自然满足。将 $S=D$，$R=\overline{D}$代入 $Q^{n+1}=S+\overline{R}Q^{n}$，得到其特征方程

$$\begin{aligned} Q^{n+1} &= D + \overline{\overline{D}}Q^{n} \\ &= D + DQ^{n} \\ &= D \end{aligned} \qquad (8-8)$$

这就是门控 D 锁存器的状态方程。

门控 D 锁存器只有一个输入信号，解决了门控 R-S 锁存器对输入信号有约束的问题。

（2）状态转移真值表

门控 D 锁存器的状态转移真值表如表 8.6 所示。

(3) 状态转换图

图 8.11 是门控 D 锁存器的状态转换图。

表 8.6 门控 *D* 锁存器的状态转移真值表

Q^n	Q^{n+1}			
	$CP=0$		$CP=1$	
	$D=0$	$D=1$	$D=0$	$D=1$
0	0	0	0	1
1	1	1	0	1

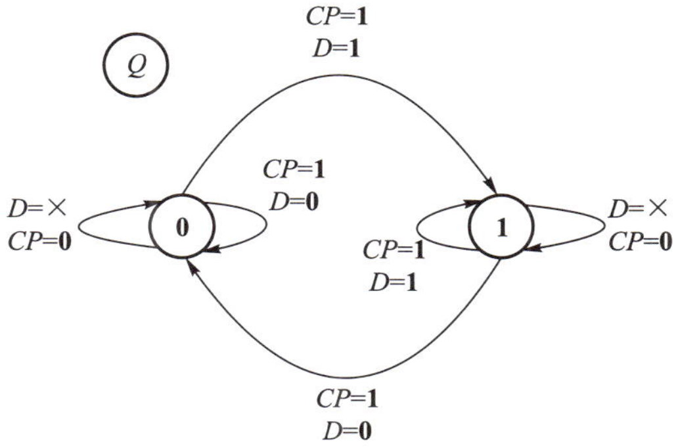

图 8.11 门控 *D* 锁存器状态转换图

(4) 时序图

门控 D 锁存器时序图如图 8.12 所示。

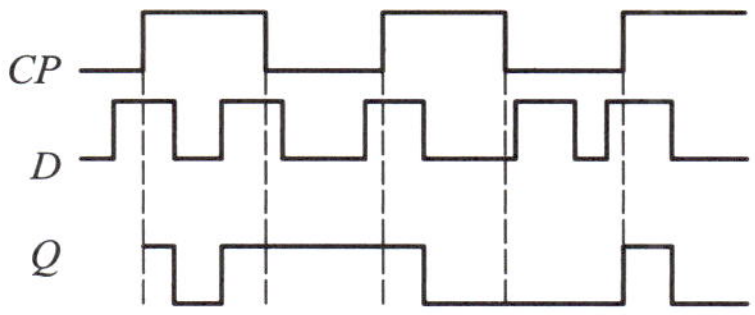

图 8.12 门控 *D* 锁存器时序图

门控 D 锁存器用 Verilog HDL 描述如下:

```
module gated_dlatch (D, CP, Q, QB);
input D, CP;
output Q, QB;
wire DB, S, R;
not NOT1 (DB, D);
and A1 (S, D, CP);
and A2 (R, CP, DB);
nor NO1 (QB, S, Q);
nor NO2 (Q, QB, R);
endmodule
```

3. 门控 J-K 锁存器

门控 J-K 锁存器的逻辑图如图 8.13 所示。

按照同样的描述方法,对门控 J-K 锁存器描述。

(1) 状态方程

从图 8.13 中可以看出,它实际上也是由基本**与非**门触发器和两个引导**与非**门组成的,因此在分析的时候，只要分析两个引导门的作用，就可以知道锁存器的功能。

将 $\overline{R}=\overline{CP\cdot K\cdot Q^n}$　$\overline{S}=\overline{CP\cdot J\cdot \overline{Q}^n}$ 代入两个**与非**门构成的基本触发器状态得到

$$Q^{n+1}=CP\cdot J\cdot \overline{Q}^n+\overline{CP\cdot K\cdot Q^n}\cdot Q^n$$

当 $CP=\mathbf{0}$ 时，

$$Q^{n+1}=Q^n\text{，锁存器保持不变}$$

当 $CP=\mathbf{1}$ 时，

$$Q^{n+1}=J\overline{Q}^n+\overline{K}Q^n \qquad (8-9)$$

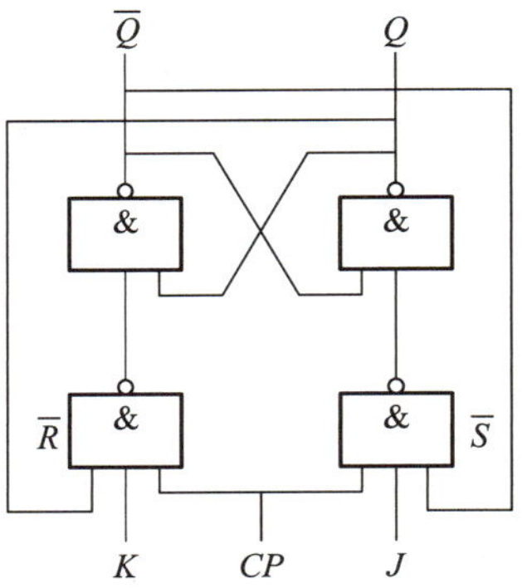

图 8.13　门控 *J-K* 锁存器的逻辑图

在这里，约束条件 $\overline{R}+\overline{S}=\overline{CP\cdot K\cdot Q}+\overline{CP\cdot J\cdot \overline{Q}}=\mathbf{1}$ 是自然满足的。

(2) 状态转移真值表

当 $CP=\mathbf{1}$ 时，门控 J-K 锁存器的状态转移真值表如表 8.7 所示。

表 8.7　状态转移真值表

J	K	Q^n	Q^{n+1}
0	**0**	**0**	**0**
0	**0**	**1**	**1**
0	**1**	**0**	**0**
0	**1**	**1**	**0**
1	**0**	**0**	**1**
1	**0**	**1**	**1**
1	**1**	**0**	**1**
1	**1**	**1**	**0**

(3) 状态转换图

当 $CP=\mathbf{1}$ 时，门控 J-K 锁存器的状态转换图如图 8.14 所示。

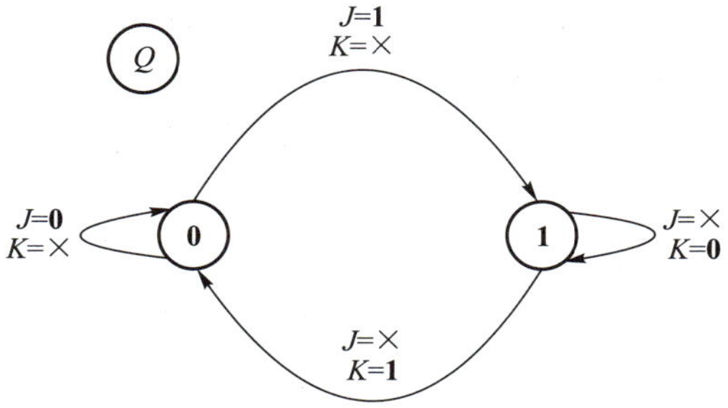

图 8.14　门控 *J-K* 锁存器的状态转换图

(4) 时序图

门控 J-K 锁存器的时序图如图 8.15 所示。

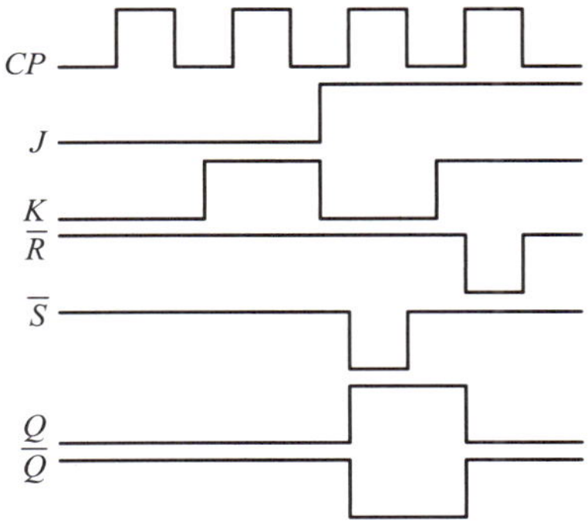

图 8.15 门控 *J*-*K* 锁存器的时序图

门控 J-K 锁存器的 Verilog HDL 描述如下:

```
module gated_jklatch (J, K, CP, Q, QB);
input J, K, CP;
output Q, QB;
wire SB, RB;
nand NA1 (RB, Q, K, CP);
nand NA2 (SB, CP, J, QB);
nand NA3 (QB, RB, Q);
nand NA4 (Q, QB, SB);
endmodule
```

4. 门控 T 锁存器

有时候我们会用到一种门控锁存器,控制信号为 **1** 时,状态翻转,控制信号为 **0** 时,状态保持不变,这种门控锁存器就是门控 T 锁存器,用它构成异步时序逻辑电路的二进制计数器非常方便,只要将控制信号置为 **1** 即可实现。门控 T 锁存器逻辑图如图 8.16 所示。

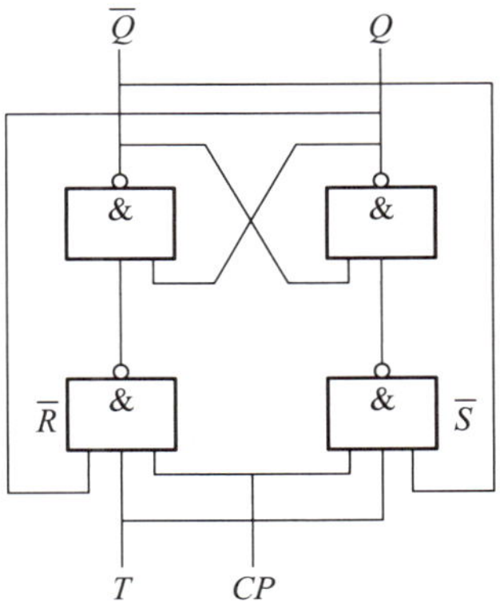

图 8.16 门控 *T* 锁存器逻辑图

由图 8.16 可以看出,这种锁存器实际上是在门控 J-K 锁存器的基础上构成的,因此其分析类似前面的门控 J-K 锁存器。

(1) 状态方程

$$Q^{n+1} = CP \cdot T \cdot \overline{Q^n} + \overline{CP \cdot P \cdot Q^n} \cdot Q^n$$

当 $CP = \mathbf{0}$ 时,

$$Q^{n+1} = Q^n\text{,锁存器保持不变}$$

当 $CP = \mathbf{1}$ 时,

$$Q^{n+1} = T\overline{Q^n} + \overline{T}Q^n \tag{8-10}$$

（2）状态转移真值表

$CP=1$ 时，门控 T 锁存器的状态转移真值表如表 8.8 所示。

表 8.8　门控 T 锁存器状态转移真值表

T	Q^n	Q^{n+1}
0	**0**	**0**
0	**1**	**1**
1	**0**	**1**
1	**1**	**0**

（3）状态转换图

$CP=1$ 时，门控 T 锁存器的状态转换图如图 8.17 所示。

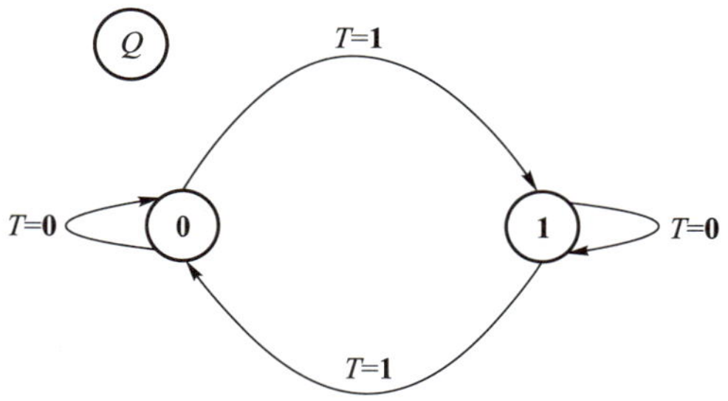

图 8.17　门控 T 锁存器状态转换图

（4）时序图

由于 T 锁存器在 $T=1$ 时，会不断地翻转，所以翻转了多少次不能确定，最后稳定在什么状态，也无法知道。时序图 8.18 中 Q 波形有阴影的部分表示不断地翻转，虚线部分表示不确定稳定在什么值。

门控 T 锁存器的 Verilog HDL 描述如下：

```
module gated_tlatch (T, CP, Q, QB);
input T, CP;
output Q, QB;
wire SB, RB;
nand NA1 (RB, Q, T, CP);
nand NA2 (SB, CP, T, QB);
nand NA3 (QB, RB, Q);
nand NA4 (Q, QB, SB);
endmodule
```

将 T 锁存器的 T 置 **1**，就是 T' 锁存器，因为比较简单，在这里就不分析了。

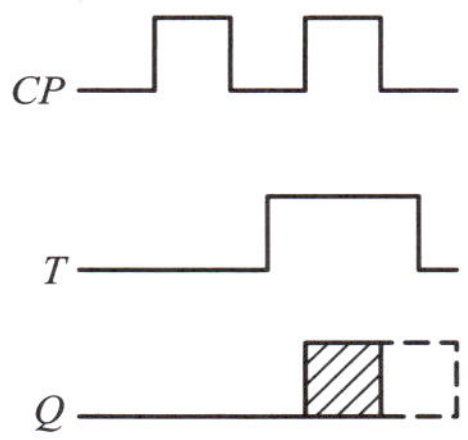

图 8.18 门控 *T* 锁存器时序图

上面所分析的所有门控锁存器，其共同的特点是在 $CP=1$ 期间，锁存器接收激励信号，激励的变化都会引起锁存器状态的改变；而在 $CP=0$ 期间，锁存器保持，输入激励无论如何变化，都不会影响锁存器的状态。

这种触发方式，称为电平触发方式。需要注意的是，门控 *D* 锁存器 $D=\overline{Q^n}$、门控 *T* 锁存器 $T=1$、门控 *J*-*K* 锁存器 $J=K=1$ 时，状态转移方程都是

$$Q^{n+1}=\overline{Q^n} \tag{8-11}$$

这样，在 $CP=1$ 期间，因为其宽度较大，会引起锁存器连续不断地翻转。如果要求锁存器在 $CP=1$ 期间仅仅能够完成一次翻转，那么，对门控电平的宽度要求极其苛刻，很难做到。为了避免锁存器的多次翻转现象，可以采用具有存储功能的触发引导电路构成触发器，称为主从触发器，也可以采用时钟边沿控制触发的边沿触发器。

5. 锁存器动态参数

除了理解锁存器功能以外，还需要了解锁存器的动态特性，如图 8.19 所示，是门控 *D* 锁存器的动态时序图。

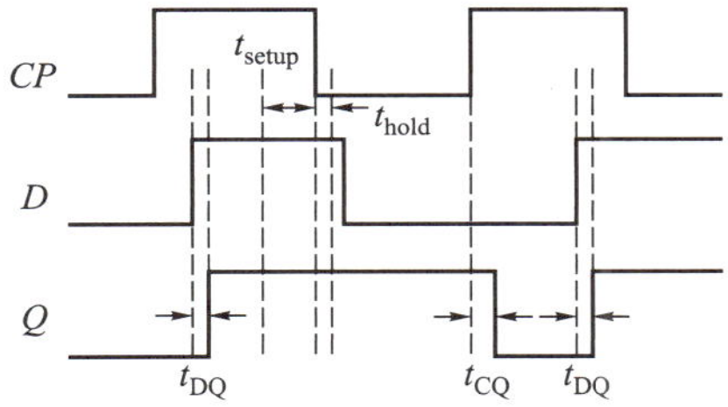

图 8.19 门控 *D* 锁存器的动态时序图

图中各主要参数含义为

建立时间 t_{setup}：输入信号在时钟有效电平结束之前，应保持稳定的最小时间。

保持时间 t_{hold}：输入信号在时钟有效电平结束之后，仍需要保持稳定的最小时间。

时钟到锁存器输出的延迟时间 t_{CQ}：从时钟变为有效开始（上升沿），到输入信号 *D* 作用于锁存器，使锁存器输出端产生正确输出的时间。这个参数也称为传播延迟，或者锁存器输出的响应时间。

输入信号到锁存器输出的延迟时间 t_{DQ}：在时钟有效期间，从输入信号 *D* 变化开始，到产生正确输出的时间延迟。

最小时钟脉冲宽度 t_w：保证锁存器将输入信号的作用产生的输出，能稳定传输到输出端，所需要的敏感时钟电平的最小宽度。

建立时间和保持时间如果不满足要求，锁存器输入的作用就不能正确体现在输出端，对于 *D* 锁存器来说，也就是数据 *D* 不能正确地传送给到 *Q* 端。锁存器在计算机中经常用到，例如集成电路 74373 就是一个集成了 8 个 *D* 锁存器的电路，虽然现在计算机中不再使用

74373 中小规模集成电路，但是其锁存器的原理仍然广泛应用在大规模集成电路中。

8.2 触　发　器

8.2.1 主从触发器

主从触发器由两级钟控触发器构成，接收输入信号的钟控触发器称为主触发器，提供输出信号的钟控触发器称为从触发器。下面介绍主从 $R-S$ 触发器和主从 $J-K$ 触发器。

1. 主从 $R-S$ 触发器

（1）电路结构与工作原理

主从 $R-S$ 触发器的电路结构如图 8.20 所示，由两级**与非**结构的门控 $R-S$ 锁存器组成，两级门控端由反相的时钟信号控制。

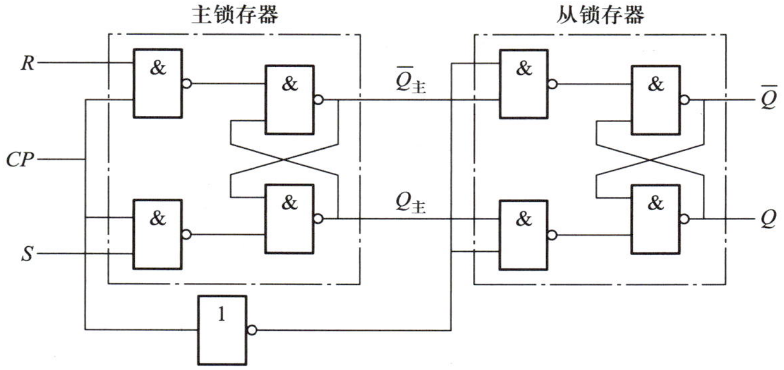

图 8.20　主从 $R-S$ 触发结构图

当门控信号 $CP=\mathbf{1}$ 时，主锁存器门控信号为高电平，R、S 信号决定主锁存器的输出 $Q_{主}$ 端，从锁存器由于门控信号为低电平，输出不会变化；

当门控信号 $CP=\mathbf{0}$ 时，主锁存器门控信号为低电平，因而其输出 $Q_{主}$ 不变，从锁存器的门控信号为高电平，所以从锁存器接收主锁存器的输出信号，$Q=Q_{主}$。

（2）特征方程

从以上分析可知，主从 $R-S$ 触发器的输出 Q 与输入 R、S 之间的逻辑关系仍与门控 $R-S$ 锁存器的逻辑功能相同，只是 R、S 对 Q 的作用分两步进行，门控信号 $CP=\mathbf{1}$ 时，主锁存器接收 R、S 送来的信号，完成主锁存器的状态转移，而从锁存器不变；门控信号 $CP=\mathbf{0}$ 时，从锁存器接收主锁存器的输出信号。故主从触发器的特征方程仍为

$$Q^{n+1} = S + \overline{R}Q^{n} \qquad (8-12)$$

$$SR = \mathbf{0} \quad （约束条件）$$

主从 $R-S$ 触发器的 Verilog HDL 描述如下：

```
module ms_rsflipflop (R, S, CP, Q, QB);
```

```
input R, S, CP;
output Q, QB;
wire SB1, RB1, Q1, QB1, SB2, RB21;
nand NA1 (RB1, R, CP);
nand NA2 (SB1, CP, S);
nand NA3 (QB1, RB, Q1);
nand NA4 (Q1, QB1, SB1);
nand NA5 (RB2, QB1, CP);
nand NA6 (SB2, Q1, CP);
nand NA7 (QB, RB2, Q);
nand NA8 (Q, SB2, QB);
endmodule
```

其他的功能描述方式也类似,在此就不再一一列出。

2. 主从 *J-K* 触发器

(1) 结构与工作原理

主从 *J-K* 触发器的逻辑图如图 8.21 所示。它同样由两级锁存器构成。

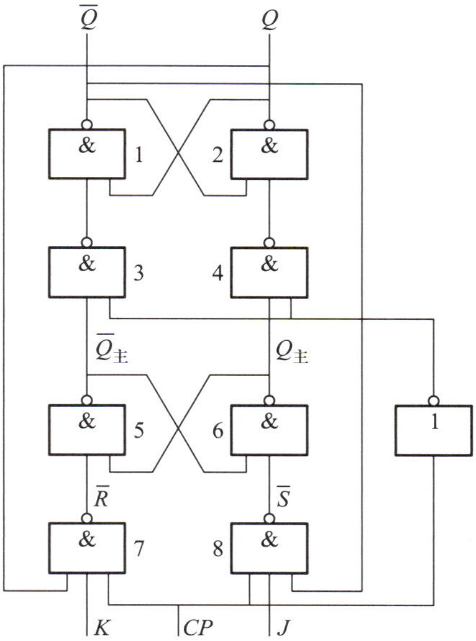

图 8.21 主从 *J-K* 触发器的逻辑图

当 $CP=\mathbf{1}$,$\overline{CP}=\mathbf{0}$ 时,从锁存器不会发生变化,输出状态保持不变。主锁存器的状态转移方程为

$$Q_{主}^{n+1}=J\overline{Q^{n}}+\overline{KQ^{n}}\cdot Q_{主}^{n} \qquad (8-13)$$

当 $CP=\mathbf{0}$,$\overline{CP}=\mathbf{1}$ 时,主锁存器保持不变,从锁存器跟随主锁存器发生状态转移,从锁存

器的状态转移方程为

$$Q^{n+1}=Q_{主}^{n+1} \tag{8-14}$$

（2）特征方程

$$Q^{n+1}=J\overline{Q^{n}}+\overline{K}Q^{n} \tag{8-15}$$

对于主从触发器，从锁存器在时钟由高变为低的时候，进行状态转移。对于输入信号，需要在时钟由 **0** 变为 **1** 之前完成，为主锁存器的状态转移做好准备，而且时钟为 **0** 和为 **1** 都需要一定的时间，让主从触发器达到稳定的状态。

主从 *J*-*K* 触发器的 Verilog HDL 描述如下：

```
module ms_jkflipflop (J, K, CP, Q, QB);
input J, K, CP;
output Q, QB;
wire SB1, RB1,Q1, QB1, CPB, SB2, RB21;
not NOT1 (CPB, CP);
nand NA1 (RB1, Q, K, CP);
nand NA2 (SB1, CP, J, QB);
nand NA3 (QB1, RB, Q1);
nand NA4 (Q1, QB1, SB1);
nand NA5 (RB2, QB1, CPB);
nand NA6 (SB2, Q1, CPB);
nand NA7 (QB, RB2, Q);
nand NA8 (Q, SB2, QB);
endmodule
```

主从 *J*-*K* 触发器在使用的时候，要避免在 $CP=1$ 期间，*J*、*K* 信号发生变化，否则会出现实际触发器的变化与特征方程描述不一致的情况，这是因为主从 *J*-*K* 触发器存在一次翻转现象，在这里就不进一步讨论了。

8.2.2　边沿触发器

触发器的状态转移仅仅在某一时刻发生，会进一步提高触发器的抗干扰能力。边沿触发器是在时钟的上升沿或者下降沿完成状态转移的，它仅仅在 *CP* 上升沿或者下降沿才响应输入的激励信号，其他时间输入信号对触发器的状态不产生影响。也就是说，边沿触发器对激励信号敏感的时间限制在触发边沿的瞬间，这就缩短了对激励信号敏感的时间，从而提高了抗干扰能力。边沿触发器的电路结构也有多种，但其边沿触发的特点是一致的。

为了说明边沿触发器的原理，还是以前面的门控 *R*-*S* 锁存器为例。回顾其逻辑电路，$CP=0$，*Q* 保持不变；$CP=1$，锁存器根据输入信号的变化，完成状态转移。因此，这是一个电平触发的电路，在时钟电平为高电平期间，输出对输入信号都是敏感的。

既然这样，改变时钟信号为高电平的时间，让时钟信号仅仅在很短的时间为高电平，其余时间都保持为低电平，门控 *R*-*S* 锁存器也就可以看成是边沿触发器，如图 8.22 所示。

边沿 *R*-*S* 触发器的 Verilog HDL 描述如下：

```
module edge_rsflipflop (S, R, CP, Q, QB);
input S, R, CP;
output Q, QB;
wire CPE, SB, RB, ;
edge_rise E1 (CP, CPE);
nand NA1 (SB, S, CPE);
nand NA2 (RB, CPE, R);
nand NA3 (Q, SB, QB);
nand NA4 (QB, Q, RB);
endmodule
```

让时钟信号仅仅在很短的时间为高电平，需要对时钟信号进行变换。在讨论组合逻辑电路竞争与冒险时介绍过任何器件对信号都有延迟，因此可以采用图 8.23 所示电路，产生短暂的时钟为高电平的时间信号。

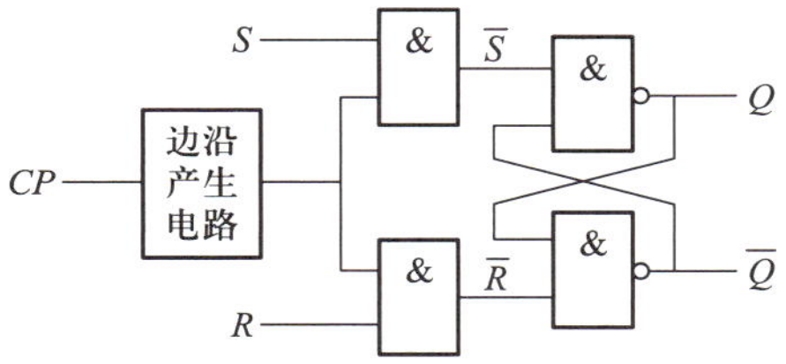

图 8.22 边沿 *R*-*S* 触发器的示意图

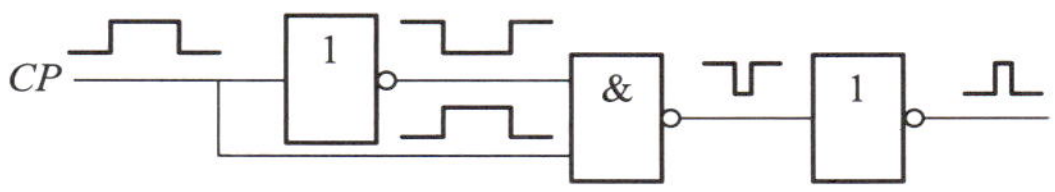

图 8.23 前边沿产生电路

图 8.23 中时钟信号和经过**非**门延迟的反相时钟信号，送到**与非**门，时钟的前边沿短暂的一段时间和时钟的反相延迟信号同态，输出产生短暂的低电平，经第二个反相器后，就得到所需要的信号。

前边沿产生电路的 Verilog HDL 描述如下：

```
module edge_rise (CP, CPE);
input CP;
output CPE;
wire CPB, CPEB;
not NOT1 (CPB, CP);
nand NA1 (CPEB, CPB, CP);
not NOT2 (CPE, CPEB);
endmodule
```

实际电路中，边沿触发器有维持阻塞触发器和利用传输线延迟时间的边沿触发器，还有主从结构的 CMOS 边沿触发器。这里先介绍边沿 *D* 触发器和利用传输延迟时间的边沿 *J*-*K* 触发器。

1. 边沿 D 触发器

维持阻塞边沿 D 触发器逻辑图如图 8.24 所示。

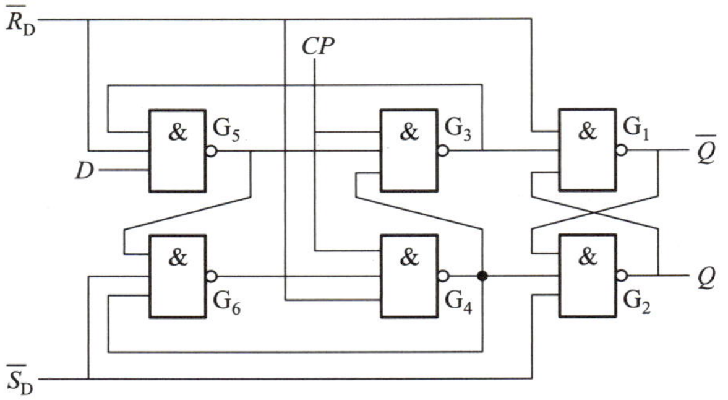

图 8.24　维持阻塞边沿 D 触发器逻辑图

（1）工作过程原理

先假设$\overline{S}_D$ 和$\overline{R}_D$ 都为 **1**，异步置位、复位端不起作用。

① CP=**0** 时，与 CP 连接的**与非**门 G_3、G_4 封锁，两个**与非**门 G_3、G_4 的输出为 **1**，触发器的状态不变。同时，G_3 输出送到 G_5、G_4 输出送到 G_6，G_5、G_6 两个门打开，接收输入信号 D。

② 当 CP 由 **0** 变 **1** 时触发器翻转。这时 G_3 和 G_4 打开，G_5 和 G_6 的输出状态决定 G_3 和 G_4 的输出。G_3 输出为 D，G_4 输出为 D 的反。由基本 R-S 锁存器的逻辑功能可知，$Q=D$。

③ 触发器翻转后，在 CP=**1** 时输入信号被封锁。这是因为 G_3 和 G_4 打开后，它们的输出是相反的，必定有一个是 **0**，若 G_3 输出为 **0**，则经 G_3 输出至 G_5 输入的反馈线将 G_5 封锁，也就封锁了 D 通往基本 R-S 触发器的路径；该反馈线起到了使触发器维持在 **0** 状态和阻止触发器变为 **1** 状态的作用，因此该反馈线称为置 **0** 维持线，置 **1** 阻塞线。如果 G_4 输出为 **0** 时，将 G_3 和 G_6 封锁，D 端通往基本 R-S 触发器的路径也被封锁。G_4 输出到 G_6 输入的反馈线起到使触发器维持在 **1** 状态的作用，称为置 **1** 维持线；G_4 输出到 G_3 输入的反馈线起到阻止触发器置 **0** 的作用，称为置 **0** 阻塞线。因此，触发器常称为维持-阻塞触发器。

总之，触发器是在 CP 上升沿之前接受输入信号，上升沿时触发器翻转，上升沿之后输入即被封锁。与主从触发器相比，边沿触发器有更强的抗干扰能力和更高的工作速度。

异步端$\overline{S}_D$ 和$\overline{R}_D$ 接至 R-S 锁存器的输入端，它们分别是预置端和清零端，低电平有效。当$\overline{S}_D$=**1** 且$\overline{R}_D$=**0** 时，输入端 D 不论为何种状态，都会使 Q=**0**，即触发器置 **0**；当$\overline{S}_D$=**0** 且$\overline{R}_D$=**1** 时，Q=**1**，触发器置 **1**，$\overline{S}_D$ 和$\overline{R}_D$ 通常又称为直接置 **1** 和置 **0** 端，或者异步使能端。

（2）逻辑符号和功能表

① 逻辑符号

维持阻塞边沿 D 触发器的逻辑符号如图 8.25 所示，符号中 CP 标有三角号，代表边沿触发。

② 功能表

根据触发器的工作原理和异步端，可以总结得到其功能表如表 8.9 所示。

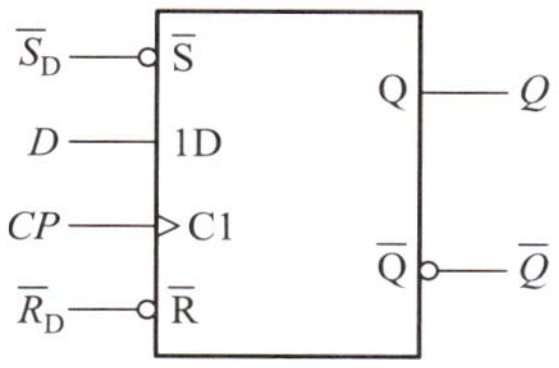

图 8.25 维持阻塞 *D* 触发器逻辑符号

表 8.9 维持阻塞 *D* 触发器功能表

CP	$\overline{S}_D$	$\overline{R}_D$	D	Q^n	Q^{n+1}
×	**0**	**1**	×	×	**1**
×	**1**	**0**	×	×	**0**
↑	**1**	**1**	**0**	**0**	**0**
↑	**1**	**1**	**0**	**1**	**0**
↑	**1**	**1**	**1**	**0**	**1**
↑	**1**	**1**	**1**	**1**	**1**

（3）时序图

在这里给出假设异步端$\overline{S}_D$ 和$\overline{R}_D$ 都为 **1** 的情况下，触发器的时序图如图 8.26 所示。

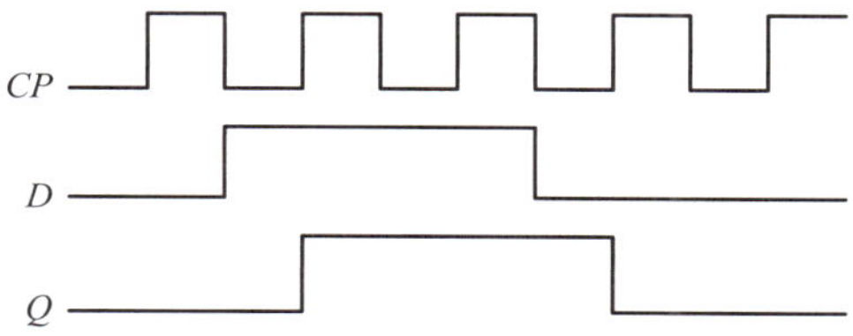

图 8.26 维持-阻塞 *D* 触发器时序图

维持-阻塞 *D* 触发器的 Verilog HDL 描述如下：

```
module edge_dflipflop (D, CP, RDB, SDB, Q, QB);
input SDB, RDB, D, CP;
output Q, QB;
wire G50, G60, G40, G30;
nand NA1 (G50, G30, RDB, D);
nand NA2 (G60, G50, SDB, G40);
nand NA3 (G30, CP, G50, G40);
nand NA4 (G40, CP, G60);
nand NA5 (QB, RDB, G30, Q);
nand NA6 (Q, QB, G40, QB);
endmodule
```

2. 传输延迟 *J-K* 触发器

传输延迟边沿触发器是利用门电路的传输延迟时间实现边沿触发的触发器，电路结构如图 8.27 所示。

电路包含一个由**与或非**门 G_1 和 G_2 组成的 *R-S* 锁存器和两个输入控制 G_3 和 G_4。而且，门 G_3 和 G_4 的传输时间大于 *R-S* 锁存器的翻转时间。

(1) 工作原理

设触发器的初始状态为 $Q=\mathbf{0}$、$\overline{Q}=\mathbf{1}$。$CP=\mathbf{0}$ 时，门 B、B′、G_3 和 G_4 同时被 CP 的低电平封锁。而由于 G_3 和 G_4 的输出 P、P'两端为高电平，门 A、A′是打开的，故 R-S 锁存器的状态通过 A、A′得以保持。

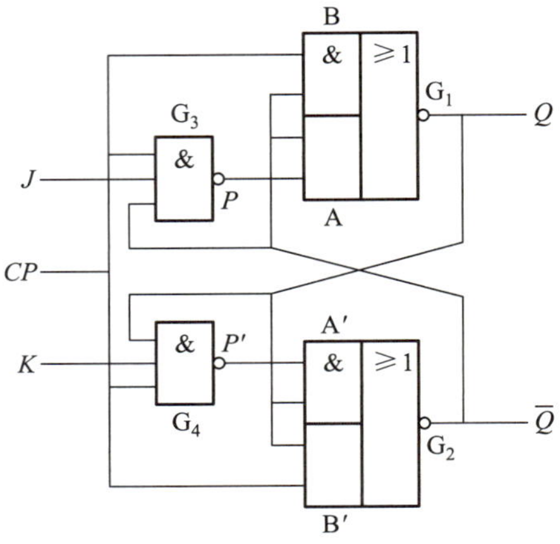

图 8.27　边沿 J-K 触发器

CP 变为高电平以后，门 B、B′首先解除封锁，R-S 锁存器可以通过 B、B′继续保持原状态不变。此时输入为 $J=\mathbf{1}$、$K=\mathbf{0}$，则通过门 G_3 和 G_4 的传输延迟时间后 $P=\mathbf{0}$、$P'=\mathbf{1}$，门 A、A′均不导通，对 R-S 锁存器的状态没有影响。

当 CP 下降沿到达时，门 B、B′ 立即被封锁，但由于门 G_3 和 G_4 存在传输延迟时间，所以 P、P'的电平不会马上改变。因此，在瞬间出现 A、B 各有一个输入端为低电平的状态，使 $Q=\mathbf{1}$，并经过 A′使$\overline{Q}=\mathbf{0}$。由于 G_3 的传输延迟时间足够长，可以保证在 P 的低电平消失之前$\overline{Q}$的低电平已反馈到了门 A，所以在 P 的低电平消失以后，触发器获得的 **1** 状态将保持下去。

经过 G_3 和 G_4 的传输延迟时间后，P 和 P'都变为高电平，但对 R-S 锁存器的状态并无影响。同时，CP 的低电平已将门 G_3 和 G_4 封锁，J、K 状态即使再发生变化也不会影响触发器的状态了。因此，这是一个后边沿触发的触发器。

(2) 状态转移真值表

触发器稳定状态下 J、K、Q^n、Q^{n+1}之间的逻辑关系如特征表 8.10 所示。

表 8.10　边沿 J-K 触发器状态转移真值表

CP	J	K	Q^n	Q^{n+1}
↓	**0**	**0**	**0**	**0**
↓	**0**	**0**	**1**	**1**
↓	**0**	**1**	**0**	**0**
↓	**0**	**1**	**1**	**0**
↓	**1**	**0**	**0**	**1**
↓	**1**	**0**	**1**	**1**
↓	**1**	**1**	**0**	**1**
↓	**1**	**1**	**1**	**0**

（3）状态转换图和时序图

边沿 J-K 触发器的状态转换图和时序图如图 8.28 所示。边沿 J-K 触发器在给定输入信号 J、K 和 CP 有效边沿的作用下，完成状态转移。既有前边沿有效的边沿 J-K 触发器，也有后边沿有效的边沿 J-K 触发器。时序图中 Q_1 是上升沿有效的 J-K 触发器输出波形；Q_2 则是下降沿触发的触发器输出波形。

上升边沿和下降边沿有效的边沿 J-K 触发器逻辑符号如图 8.29 所示，CP 端有空心圆符号的是下降边沿有效，无空心圆符号的是上升边沿有效。

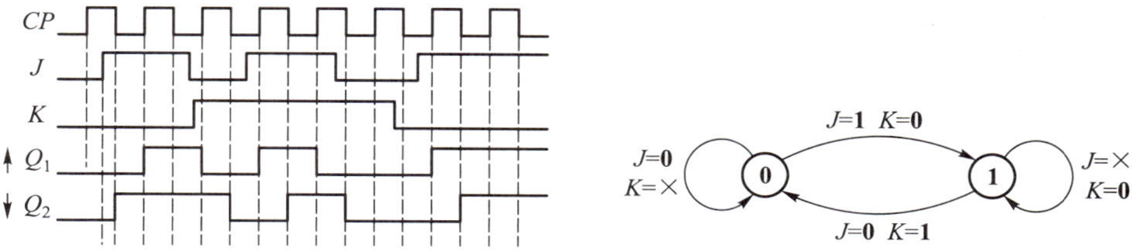

图 8.28 边沿 J-K 触发器的状态转换图时序图

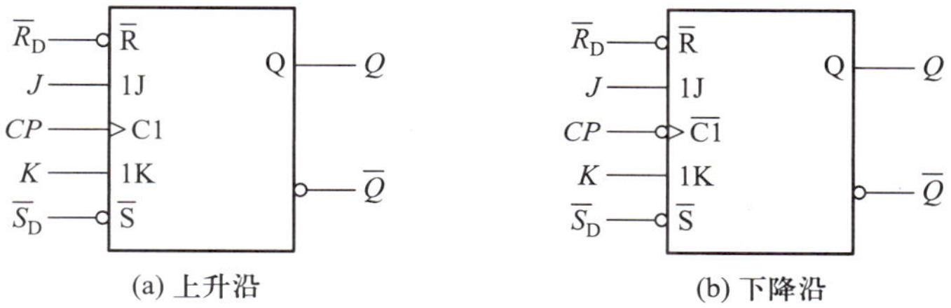

图 8.29 边沿 J-K 触发器逻辑符号

对应图 8.27 所示的后边沿 J-K 触发器，其 Verilog HDL 描述如下：

```
module edge_jkflipflop (J, K, CP, Q, QB);
input J, K, CP;
output Q, QB;
wire P, PB, AO, BO, ABO, BBO;
nand NA1 (P, CP, J, QB);
nand NA2 (PB, Q, K, CP);
and A1 (BO, CP, QB);
and A2 (AO, P, QB);
and A3 (ABO, PB, Q);
and A4 (BBO, Q, CP);
nor NO1 (Q, AO, BO);
nor NO2 (QB, ABO, BBO);
endmodule
```

8.2.3　CMOS 触发器

CMOS 触发器是指采用 CMOS 工艺制造的触发器。CMOS 工艺是指互补金属氧化物(PMOS 管和 NMOS 管)共同构成的互补型 MOS 集成电路制造工艺。CMOS 集成电路具有功耗低、速度快、抗干扰能力强、集成度高等优点。CMOS 工艺是目前大规模集成电路的主流工艺,大多数的大规模集成电路是用 CMOS 工艺制造的。

由于 CMOS 中一对 MOS 管组成的门电路在瞬间要么 PMOS 导通,要么 NMOS 导通,要么都截止,比双极型三极管(BJT)效率要高得多,因此功耗很低。

在大规模 CMOS 集成电路中,经常会用到触发器,其结构基本是一样的,下面说明这种触发器。

1. CMOS 传输门构成的锁存器

首先介绍 CMOS 传输门构成的锁存器,如图 8.30 所示。电路由两个传输门和**或非**门相连,构成一个锁存器。之所以图中采用**或非**门而不是**非**门,是因为这两个门还连有异步端,在后面图 8.31 的主从结构边沿 D 触发器逻辑图中用虚线表示。当 $CP=\mathbf{0}, \overline{CP}=\mathbf{1}$ 时,传输门 TG_1 导通,TG_2 关断,锁存器接收 D 端输入的信号,使 $\overline{Q}=\overline{D}, Q=D$;当 $CP=\mathbf{1}, \overline{CP}=\mathbf{0}$ 时,传输门 TG_1 关断,TG_2 导通,锁存器的状态保持不变。这种锁存器跟前面所介绍的门控 D 锁存器功能一致,但是 CP 低电平有效。

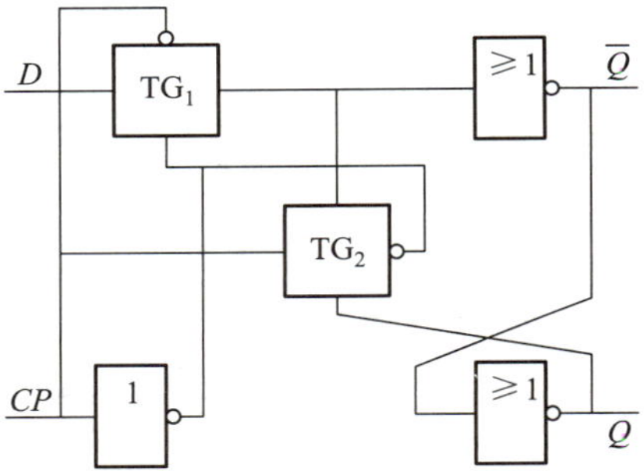

图 8.30　CMOS 传输门构成的锁存器

对应图 8.30 所示的锁存器,其 Verilog HDL 描述如下:

```
module cmoslatch (D, CP, Q, QB);
input D, CP;
output Q, QB;
wire CPB, TO;
not N1 (CPB, CP);
cmos C1 (TO, D, CPB, CP);
not N2 (QB, TO);
not N3 (Q, QB);
cmos C2 (TO, Q, CP, CPB);
endmodule
```

2. CMOS 传输门构成的主从结构 D 触发器

CMOS 传输门构成的主从结构 D 触发器,是由两个 CMOS 传输门构成的锁存器级联,两个锁存器的时钟反相,构成主从结构的触发器。如图 8.31 所示,TG_1、TG_2 和两个**或非**门 G_1、G_2 构成主锁存器;TG_3、TG_4 和两个**或非**门 G_3、G_4 构成从锁存器,并用两个**非**门输出。这种结构的触发器允许在 $CP=\mathbf{1}$ 期间改变 D 的输入，不存在主从触发器的一次反转现象。因此，它属于边沿触发方式。

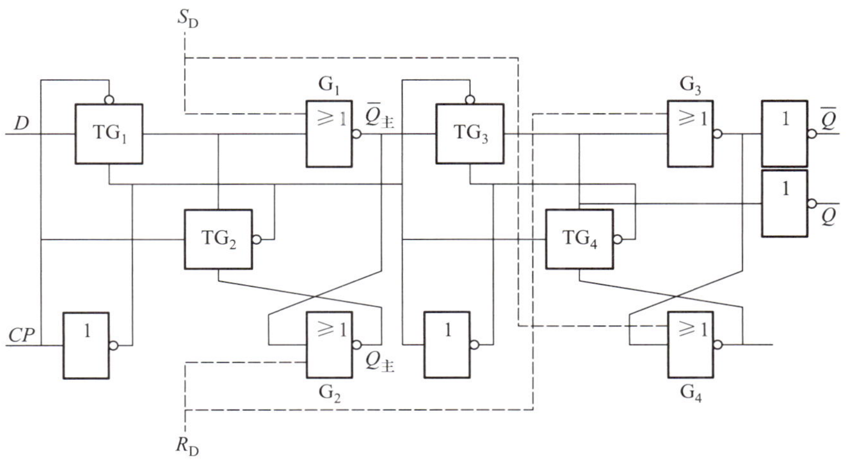

图 8.31 主从结构的边沿触发 D 触发器

（1）工作原理

TG_1 和 TG_3 分别为主锁存器和从锁存器的输入控制门。时钟输入信号 CP 和 $\overline{CP}$ 作为传输门的控制信号。根据 CMOS 传输门的工作原理，当传输门 TG_1、TG_4 导通时，TG_2、TG_3 截止；反之，当 TG_1、TG_4 截止时，TG_2、TG_3 导通。

当 $CP=\mathbf{0}$，$\overline{CP}=\mathbf{1}$ 时，TG_1 导通，TG_2 截止，D 端输入信号送入主锁存器中，使 $\overline{Q}_主=\overline{D}$，$Q_主=D$，但这时主锁存器没形成反馈，不能保持，$Q_主$ 跟随 D 端的状态变化；同时，由于 TG_3 截止，TG_4 导通，所以从锁存器形成反馈连接，维持原状态不变，而且它与主锁存器的联系被 TG_3 切断。

当 CP 的上升沿到达时，TG_1 截止，TG_2 导通，切断了 D 信号的输入。由于 G_1 的输入电容存储效应，G_1 输入端电压不会立即消失，于是 $Q_主$ 在 TG_1 截止前的状态被保存下来；同时由于 TG_3 导通、TG_4 截止，主锁存器的状态通过 TG_3 和 G_3 送到了输出端，使 $Q=Q_主=D$（CP 上升沿到达时 D 的状态）。

在 $CP=\mathbf{1}$，$CP=\mathbf{0}$ 期间，$Q=Q_主=D$ 的状态一直不会改变，直到 CP 下降沿到达时，TG_2、TG_3 又截止，TG_1、TG_4 导通，主锁存器又开始接收 D 端新数据，从锁存器维持已转换后的状态。

可见，这种触发器的动作特点是输出端的状态转换发生在 CP 的上升沿，而且触发器所保持的状态仅仅取决于 CP 上升沿到达时的输入状态。正因为触发器输出端状态的转换发生在 CP 的上升沿，所以这是一个 CP 上升沿触发的边沿触发器，CP 上升沿为有效触发沿，或称 CP 上升沿为有效沿。若将四个传输门的控制信号 CP 和 $\overline{CP}$ 极性都换成相反的状态，则 CP 下降沿为有效沿，而上升沿为无效沿。

CMOS D 触发器的 Verilog HDL 描述如下：

```
module cmoslatch (D, CP, Q, QB);
input D, CP;
output Q, QB;
wire CPB, CPBB, TO, QM, QMB, TO2, G3O, G4O;
not N1 (CPB, CP);
cmos C1 (TO, D, CPB, CP);
not N2 (QMB, TO);
not N3 (QM, QMB);
cmos C2 (TO, QM, CP, CPB);
not N4 (CPBB, CPB);
cmos C3 (TO2, QMB, CPBB, CPB);
not N5 (G3O, TO2);
not N6 (G4O, G3O);
cmos C4 (TO2, G4O, CPB, CPBB);
not N7 (QB, G3O);
not N8 (Q, TO2);
endmodule
```

（2）状态方程

$$Q^{n+1} = D \cdot [CP\uparrow] \tag{8-16}$$

需要说明的是，虽然这种 CMOS D 触发器是主从结构的触发器，但是在 $CP=\mathbf{1}$ 时主锁存器与输入信号之间的通路是断开的，因此是边沿的触发方式，而不是主从触发方式。

CMOS 主从结构形式的边沿触发器还有 T 型触发器、J-K 触发器等。

8.2.4　集成触发器

在 TTL 工艺制作的产品中，有主从 R-S 触发器、主从 J-K 触发器、边沿 J-K 触发器、边沿 D 触发器等。用 CMOS 工艺制作的产品大部分是采用主从结构的边沿触发器，如 D 触发器，J-K触发器等。

集成触发器中，大部分都带有直接控制端（通常称为异步控制端）。实际上异步端是利用锁存器构成的，只有在异步控制端没有置位或者复位信号时，触发器才正常工作。如图8.32所示的集成触发器，带有直接清除端 R_D 以及直接置 **1** 端 S_D，它们所执行的功能相当于一个 R-S 锁存器，当 $S_D=\mathbf{1}$，$R_D=\mathbf{0}$ 时，触发器置 **1**，当 $S_D=\mathbf{0}$，$R_D=\mathbf{1}$ 时触发器置 **0**，当 $S_D=R_D=\mathbf{1}$ 时的输出是不正常的，通常不允许使用。只有当 $R_D=S_D=\mathbf{0}$ 时，时钟信号 CP 以及触发器的激励信号 D 才发挥作用：在 CP 的上升沿，Q 跟随 D 信号的取值更新状态，其功能如表 8.11 所示。

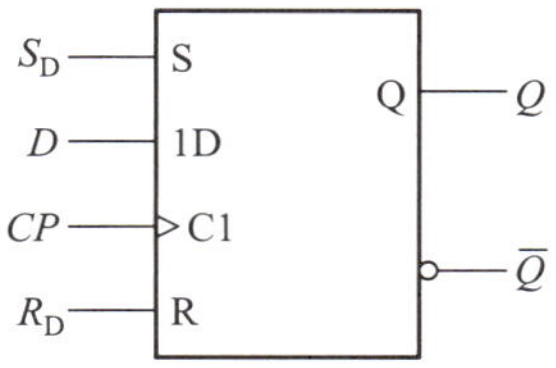

图 8.32 带异步控制端的集成触发器逻辑符号

表 8.11 *D* 触发器功能表

S_D	R_D	D	CP	Q^{n+1}
1	**1**	×	×	不使用
0	**1**	×	×	**0**
1	**0**	×	×	**1**
0	**0**	**0**	↑	**0**
0	**0**	**1**	↑	**1**

图 8.33 是另一种用$\overline{S}_D$、$\overline{R}_D$ 信号控制的触发器。控制端也称为异步使能端，是低电平有效的。从波形图上可以看出异步控制端优先级高于同步激励信号 D。图中的置 **1** 和置 **0** 状态标志了异步端的作用。对于同步工作，是以时钟信号的触发沿为界，将时间划分为一个个周期，每个周期定义为一个状态时间，触发器只有在时钟的触发沿才能更新状态。由于异步控制端与同步激励信号 D 的优先级不同，只有在$\overline{S}_D=\overline{R}_D=\mathbf{1}$ 时触发器才按 D 触发器的工作方式完成状态转移。

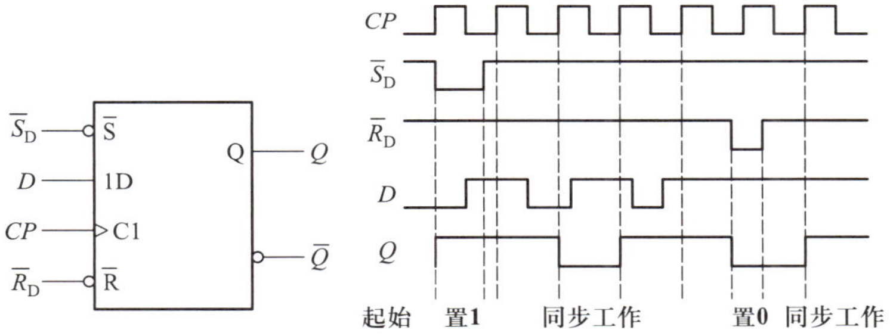

(a) 逻辑符号　　(b) 波形图

图 8.33 带直接控制端的集成触发器

微视频 8-3 集成触发器

微视频 8-4 触发器类型之间的相互转换

8.2.5 触发器的动态参数

触发器的动态参数用于表征对输入信号和时钟信号之间的时序要求，以及输出对时钟信号响应的延迟时间。下面以 D 触发器为例，说明其动态参数。图 8.34 所示的是上升沿触发的 D 触发器时序图。

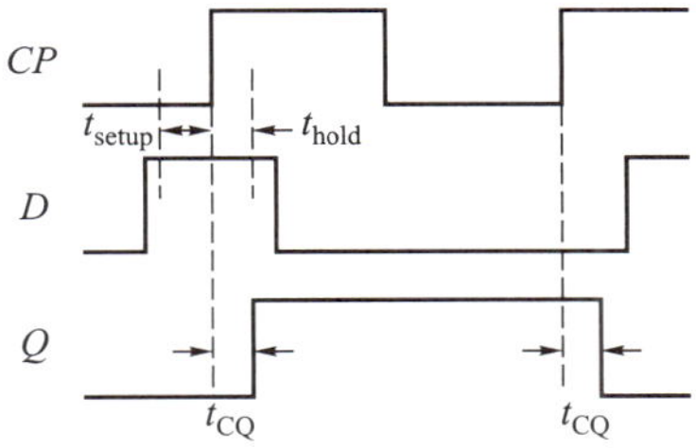

图 8.34 上升沿触发的 D 触发器时序图

图中参数的含义为

建立时间 t_{setup}：输入信号 D 在时钟 CP 上升沿到来之前，应该保持稳定的最小时间。如果输入信号稳定的时间小于建立时间，输入信号就不能正确地激励触发器产生输出。这个输入信号可能会被忽略。如果输入信号的持续时间超过了建立时间，那么超出的部分称为建立时间裕量。

保持时间 t_{hold}：输入信号 D 在时钟 CP 上升沿到来之后，需要保持不变的最小时间。如果保持时间不足，输入信号同样不能正确地激励触发器产生输出。如果输入信号在时钟边沿到达后的持续时间超出了保持时间，超出的部分称为保持时间裕量。

传播延迟 t_{CQ}：是数字信号从触发器的输入端（敏感边沿开始），到输出端产生正确的输出所需要的时间。也就是时钟上升沿之后延时传播延迟 t_{CQ} 的时间，数据才到达触发器的 Q 端。

组合逻辑延时 t_{comb}：指两级触发器之间，前一级触发器的 Q 到后一级触发器输入端 D 之间的组合逻辑延时。

总之，输入信号保持稳定的时间必须比建立时间和保持时间之和大，在此期间需要保持稳定，否则，输入信号 D 就不能正确地传送到触发器的输出端。

例 8.1　时钟周期为 T，第一级触发器 D_1 的建立时间 t_{setup}，输入信号 D 在时钟 CP 上升沿到来之前，保持稳定的最大时间不能超过 T_{max1}，传播延迟 T_{CQ}，组合逻辑电路的组合延时最大 $T_{combmax}$，最小 $T_{combmin}$。求触发器 D_2 的建立时间和保持时间。

解： 触发器 D_2 的建立时间约束如图 8.35 所示。

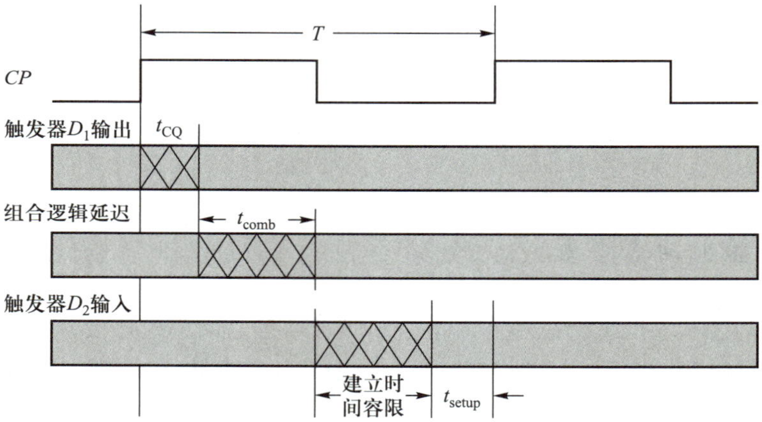

图 8.35　触发器 D_2 建立时间约束

建立时间裕量（容限）为：$T-t_{CQ}-t_{comb}-t_{setup}\geqslant 0$

也就是 $T-t_{CQ}-t_{combmax}-t_{setup}\geqslant 0$

因此

$$t_{setup}\leqslant T-t_{CQ}-t_{combmax} \tag{8-17}$$

触发器保持时间约束如图 8.36 所示

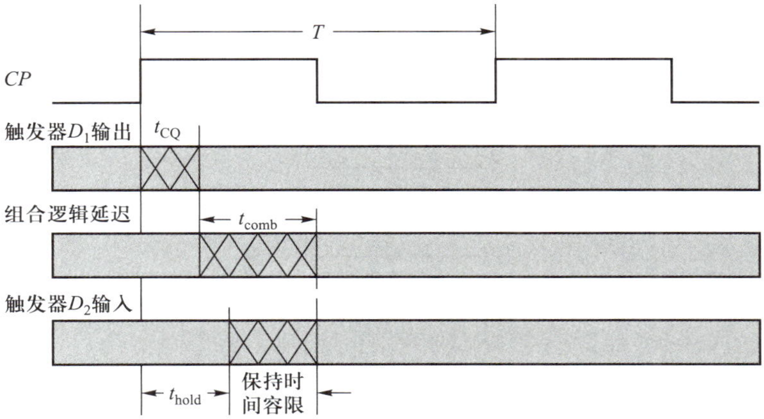

图 8.36 触发器保持时间约束

则 $t_{CQ}+t_{comb}=t_{hold}+$保持时间容限

保持时间容限$=t_{CQ}+t_{comb}-t_{hold}\geqslant 0$

因此

$$t_{hold}\leqslant t_{CQ}+t_{combmin} \tag{8-18}$$

从式(8-17)和式(8-18)可以看出,建立时间决定了该触发器与前一级触发器之间的组合逻辑电路的最大延迟时间,而保持时间,则决定了该触发器与前一级触发器之间的组合逻辑电路的最小延迟时间。

8.3 时序逻辑电路的基本结构与方程描述

时序逻辑电路在电路的组成上,不仅仅包含组合逻辑电路,也包含有存储电路。存储电路可能是锁存器或者触发器,也可能是由延迟元件组成的。从输入输出的关系上看,时序逻辑电路的输出不仅与当时电路的输入有关,还与电路所处的状态有关,也就是跟电路以前的输入有关,这是时序逻辑电路跟组合逻辑电路的区别。根据这一特点,采用测量随机不同输入组合对应的输出关系,可以判断电路是组合逻辑电路还是时序逻辑电路。

对于时序逻辑电路,如果把它分为组合逻辑电路和存储单元两部分,那么它的基本结构如图 8.37 所示。

储存电路是能够储存二进制信息的电路。储存电路在某一时刻储存的二进制信息称为该时刻储存电路的状态。时序电路通过其输入接收外部的二进制信息,时序电路的输入以及储存电路的当前状态共同决定了时序电路的输出,同时也决定了储存电路的下一个状态。

从框图中可以看出,时序电路的输出不仅仅是输入的函数,而且也是储存电路当前状态的函数。储存电路的下一个状态也是输入以及当前状态的函数。因此,时序电路可以由输入、内部状态和输出共同来描述其行为。

从电路结构上可以看出，时序逻辑电路存在反馈路径，也就是有信号的反馈，这在组合逻辑电路中是不存在的。在图 8.37 所示时序逻辑电路的基本结构图中，外输出用 Z 表示，外输入用 X 表示，存储单元状态用 Y 表示，它们一般是数组。

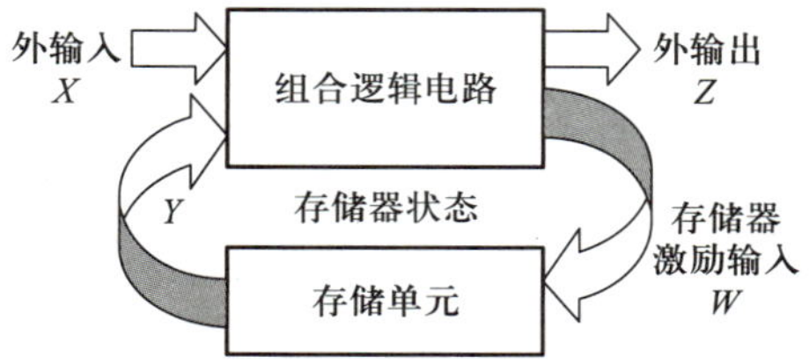

图 8.37　时序逻辑电路的基本结构

设电路有 n 个外输入，m 个外输出和 k 个存储单元，那么第 i 个外输出可表示为

$$z_i(t)=f_i[x_1(t),x_2(t),\cdots,x_n(t),y_1(t),y_2(t),\cdots,y_k(t)](i=1,\cdots,m) \quad (8-19)$$

简写为

$$z_i=f_i[x_1,x_2,\cdots,x_n,y_1,y_2,\cdots,y_k]=f_i(X,Y)(i=1,\cdots,m) \quad (8-20)$$

式中 X,Y 分别表示全体 x 和全体 y 的数组。

这组方程也称为即刻输出方程。在方程中，存储单元的状态 Y 作为输入，是一种内输入。

存储单元的激励信号也是组合逻辑电路的输出，是一种内输出。假如有 k 个存储单元，那么共有 k 组方程，称为存储单元的激励方程或者驱动方程

$$w_j=g_j(x_1,x_2,\cdots,x_n,y_1,y_2,\cdots,y_k)=g_j(X,Y)(j=1,\cdots,k) \quad (8-21)$$

k 个存储单元有 2^k 个状态，每个状态分别是相应的激励信号的函数，同时还与该存储单元原来的状态有关。可以用存储单元的特征方程描述：第 j 个存储单元 y_j 的状态转移方程为

$$y_j^{n+1}=h_j[y_j^n,w_j^n] \quad (8-22)$$

也就是

$$y_j^{n+1}=h_j[y_j^n,g_j(X^n,Y^n)] \quad (8-23)$$

对于一个时序逻辑电路，以下两个方程是最重要的：

即刻输出方程

$$z_i=f_i[x_1,x_2,\cdots,x_n,y_1,y_2,\cdots,y_k]=f_i(X,Y)(i=1,\cdots,m) \quad (8-24)$$

和存储单元的状态转移方程

$$y_j^{n+1}=h_j[y_j^n,g_j(X^n,Y^n)] \quad (8-25)$$

有了这两个方程，就可以描述电路的行为。我们举例说明如何从逻辑电路得到这两个重要的方程。

例 8.2 逻辑电路如图 8.38 所示,写出即刻输出方程和状态转移方程。

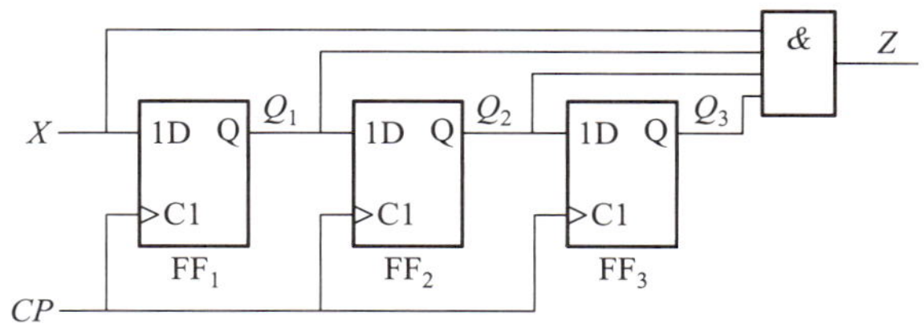

图 8.38 例 8.2 逻辑图

解:由逻辑电路图可以得出

(1) 即刻输出方程 $Z=X\cdot Q_1\cdot Q_2\cdot Q_3$

(2) 状态方程为

$$Q_1^{n+1}=X_1^n$$

$$Q_2^{n+1}=Q_1^n$$

$$Q_3^{n+1}=Q_2^n$$

例 8.2 用 Verilog HDL 描述如下:

```
module example8_2 (X, CP, Z);
input X, CP;
output Z;
reg Q1, Q2, Q3;
always @ (posedge CP)
begin
        Q1 <= X;
        Q2 <= Q1;
        Q3 <= Q2;
end
and A1 (Z, X, Q1, Q2, Q3);
endmodule
```

例 8.3 逻辑电路如图 8.39 所示,写出即刻输出方程和状态转移方程。

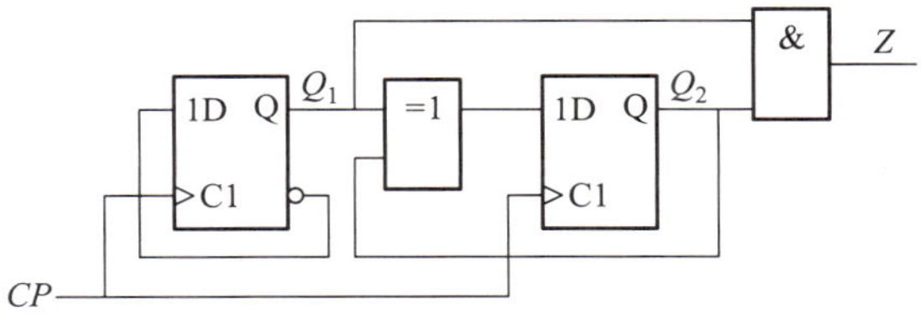

图 8.39 例 8.3 逻辑图

解:(1) 即刻输出方程

$$Z=Q_1\cdot Q_2$$

（2）状态方程

$$Q_1^{n+1} = \overline{Q}_1^{\,n}$$

$$Q_2^{n+1} = Q_1^n \oplus Q_2^n$$

例 8.3 用 Verilog HDL 描述如下：

```
module example8_3 (CP, Z);
input CP;
output Z;
wire X1O;
reg Q1, Q2;
always @ (posedge CP)
begin
     Q1 <= ~Q1;
     Q2 <= X1O;
end
xor X1 (X1O, Q1, Q2);
and A1 (Z, Q1, Q2);
endmodule
```

从以上两个例子可以看出，求时序逻辑电路的两个重要方程：即刻输出方程和状态转移方程是很方便的。如同上述两个例题，这两个方程往往是两个方程组，因为时序逻辑电路有时候会有多个输出，而且往往包含多个存储单元。其中输出都没有标注时刻，这是因为我们观察的是当前时刻输出，也就是外输出，前面介绍过，外输出与当前时刻的输入和电路的状态有关，都是 n 时刻的，因此没有标注。

8.4　时序逻辑电路的描述方法

对于时序逻辑电路的描述，实际上是说明时序逻辑电路的功能，也就是说明时序逻辑电路的工作情况。前面已经介绍过触发器的描述方法，因为触发器是简单的时序逻辑电路，所以时序逻辑电路的描述方法跟触发器类似。时序逻辑电路的描述方法有状态转移方程、状态转移真值表、状态转换图和时序图。在设计时序逻辑电路的时候，还要用到激励表。下面分别讲述时序逻辑电路的这些描述方法。

8.4.1　状态转移方程

根据时序逻辑电路的结构图，可以写出时序逻辑电路的状态转移方程，同时写出输出方程，这两个方程也就是前面的两个重要方程，可以描述时序逻辑电路输出、状态转移与输入和电路所处状态的关系。这样实际上就描述了时序逻辑电路的功能。但是,这两个方程很难直观地看出时序逻辑电路的逻辑功能到底如何。因此,还需要其他的时序逻辑电路功能描述方法。

8.4.2 时序逻辑电路的状态转移真值表

在做时序逻辑电路的状态转移真值表时,其输入部分不仅要列出外输入,还要列出当前状态,这实际上反应的是时序逻辑电路的状态转移和输出不仅仅取决于电路的输入,而且还与时序逻辑电路所处的状态有关这一特点。因此,其输出部分也要考虑外输出和电路转移的下一状态。这时的真值表称为状态转移真值表。

状态转移真值表,可以采用两种顺序填写。一种是按照输入、电路状态组成的矢量,从小到大列出其所有的二进制组合,根据状态转移方程和输出方程求出电路的下一状态(次态)和输出。这种方法的优点是不会遗漏状态。

另一种是假定电路的初始输入和状态,按照状态转移方程求出次态和输出,再把上步求得的次态作为初态,求出下一次态,直到求得的次态在前面的初态中出现过为止。然后检查初态中没有列出的输入、电路状态组合,求出所有余下组合的次态。这种方法的优点在于电路的状态转移是按照所列状态转移真值表的顺序进行的。将前面例 8.2 中的逻辑电路状态转移真值表列出来,如表 8.12 所示。

表 8.12 例 8.2 的状态转移真值表

输入	现态			次态			输出
X	Q_1^n	Q_2^n	Q_3^n	Q_1^{n+1}	Q_2^{n+1}	Q_3^{n+1}	Z
0	0	0	0	0	0	0	0
0	0	0	1	0	0	0	0
0	0	1	0	0	0	1	0
0	0	1	1	0	0	1	0
0	1	0	0	0	1	0	0
0	1	0	1	0	1	0	0
0	1	1	0	0	1	1	0
0	1	1	1	0	1	1	0
1	0	0	0	1	0	0	0
1	0	0	1	1	0	0	0
1	0	1	0	1	0	1	0
1	0	1	1	1	0	1	0
1	1	0	0	1	1	0	0
1	1	0	1	1	1	0	0
1	1	1	0	1	1	1	0
1	1	1	1	1	1	1	1

除了状态转移真值表之外，类似的功能描述，可以写成状态转换卡诺图的形式，如图 8.40所示，其内容实际上与状态转移真值表是一致的。

$X^nQ_1^n$ \ $Q_2^nQ_3^n$	00	01	11	10
00	000/0	000/0	001/0	001/0
01	010/0	010/0	011/0	011/0
11	110/0	110/0	111/1	111/0
10	100/0	100/0	101/0	101/0

$Q_1^{n+1}Q_2^{n+1}Q_3^{n+1}/Z^n$

图 8.40　例 8.2 的状态转换卡诺图

例 8.3 的状态转移真值表和状态转换卡诺图，也可以根据其状态转移方程和输出方程得到，如表 8.13 和图 8.41 所示。

表 8.13　例 8.3 的状态转移真值表

现态		次态		输出
Q_2^n	Q_1^n	Q_2^{n+1}	Q_1^{n+1}	Z
0	0	0	1	0
0	1	1	0	0
1	0	1	1	0
1	1	0	0	1

Q_2^n \ Q_1^n	0	1
0	01/0	10/0
1	11/0	00/1

$Q_2^{n+1}Q_1^{n+1}/Z^n$

图 8.41　例 8.3 的状态转换卡诺图

8.4.3　时序逻辑电路的状态转换图

一个时序逻辑电路包含了若干触发器，这些触发器的状态按一定顺序组成的代码，或者说向量，就是时序逻辑电路的状态。时序逻辑电路的行为描述就是电路的当前状态（现态）与下一状态（次态）之间的转换规律。虽然状态转移真值表也可以描述时序逻辑电路的行为，但是更直观的描述时序逻辑电路行为方式的是状态转换图。

时序逻辑电路状态转换图要给出如下信息：电路的状态代码顺序、输入、输出、状态转移方向。所有的状态都要在状态转换图中给出。例 8.3 的状态转换图如图 8.42 所示。

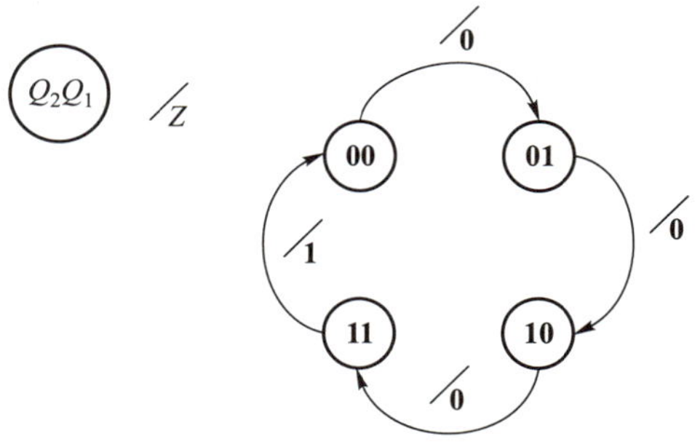

图 8.42　例 8.3 状态转换图

图中输入和输出用斜线分隔，上方表示输入，本例中没有外输入，因此斜线上方空白。斜线下方标注输出，状态代码顺序一定要给出，在

本例中按照 Q_2Q_1 排列。

8.4.4　时序逻辑电路的时序图（工作波形图）

时序逻辑电路的时序图，需要把电路工作的主循环体现出来。如果有些状态不在主循环中，在时序图中可以不给出，但是，应该尽可能多地给出状态转移情况。例如，可以从某些不在主循环中的状态开始，转移到主循环中，并且至少将主循环一个周期完整地画出来。例 8.3 时序图如图 8.43 所示。在这个图中，因为之前已经有一个完整的周期了，最后一个时钟的波形可以不画。

图 8.43　例 8.3 时序图

以上介绍的 4 种时序逻辑电路的描述方法都是对电路功能的描述，各种描述方法有各自的优点，并且各种描述之间可以相互转换。在时序逻辑电路的分析中，将进一步说明这些描述方法。需要指出的是，如果时序逻辑电路的时序图没有包含所有状态，也就是有些状态转移没有在工作波形中体现出来，那么整个电路的状态描述是不完整的，但是这不影响对电路的工作描述（主循环）。

微视频 8-5 时序逻辑电路的描述方法

8.5　时序逻辑电路的分析方法

时序逻辑电路按照其触发方式分为同步时序逻辑电路和异步时序逻辑电路。同步时序逻辑电路是指电路中各个触发器接在同一时钟上，状态转移是在时钟的同一个时刻完成的。异步时序逻辑电路可能有时钟，也可能没有时钟。即使有时钟，异步时序逻辑电路也不是在时钟的同一个时刻完成状态转移。

把时序逻辑电路分为同步时序逻辑电路和异步时序逻辑电路，是时序逻辑电路的主要分类方法。

8.5.1　同步时序逻辑电路的分析

同步时序逻辑电路的分析，实际上是根据同步时序逻辑电路的结构图，对时序逻辑电路进行功能描述。前面介绍过时序逻辑电路的描述方法，按照描述方法，举例说明同步时序逻辑电路的分析，然后总结时序逻辑电路分析的一般方法步骤。

例 8.4　时序逻辑电路如图 8.44 所示，试分析其功能。

解：从图中可以看出，各个触发器的状态转移都是 CP 的前边沿触发的，因此这是一个

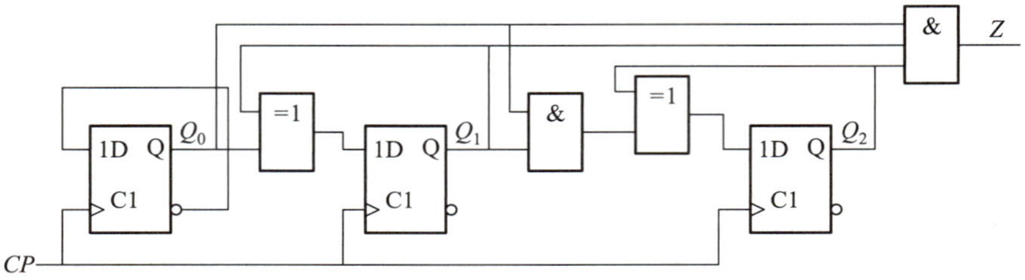

图 8.44　例 8.4 图

同步时序逻辑电路。

(1) 电路的输出方程和状态转移方程

根据逻辑图,可以求得电路的输出方程和电路的状态转移方程组

$$Z = Q_2 Q_1 Q_0$$

$$Q_0^{n+1} = D_0^n = \overline{Q_0^n}$$

$$Q_1^{n+1} = D_1^n = Q_1^n \oplus Q_0^n$$

$$Q_2^{n+1} = D_2^n = Q_2^n \oplus (Q_1^n \cdot Q_0^n)$$

(2) 电路的状态转移真值表

由电路的输出方程和状态转移方程组,将初始状态也就是现态逐一列出,分别代入状态方程组求出其次态,代入输出方程得到其输出,求得的状态转移真值表如表 8.14 所示。

表 8.14　例 8.4 状态转移真值表

现态			次态			输出
Q_2^n	Q_1^n	Q_0^n	Q_2^{n+1}	Q_1^{n+1}	Q_0^{n+1}	Z
0	**0**	**0**	**0**	**0**	**1**	**0**
0	**0**	**1**	**0**	**1**	**0**	**0**
0	**1**	**0**	**0**	**1**	**1**	**0**
0	**1**	**1**	**1**	**0**	**0**	**0**
1	**0**	**0**	**1**	**0**	**1**	**0**
1	**0**	**1**	**1**	**1**	**0**	**0**
1	**1**	**0**	**1**	**1**	**1**	**0**
1	**1**	**1**	**0**	**0**	**0**	**1**

由表 8.14,可以另写成状态转换卡诺图的形式,如图 8.45 所示。

(3) 电路的状态转换图

电路的状态转换图如图 8.46 所示。

Q_2 \ Q_1Q_0	00	01	11	10
0	001/0	010/0	100/0	011/0
1	101/0	110/0	000/1	111/0

$Q_2^{n+1}Q_1^{n+1}Q_0^{n+1}/Z^n$

图 8.45　例 8.4 状态转换卡诺图

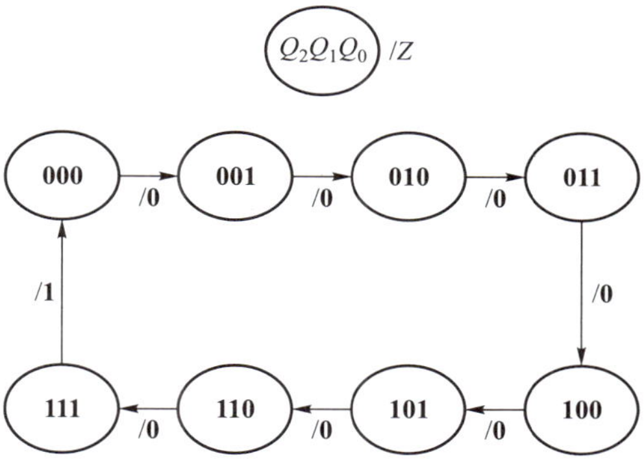

图 8.46　例 8.4 状态转换图

（4）时序图

电路的时序图如图 8.47 所示。

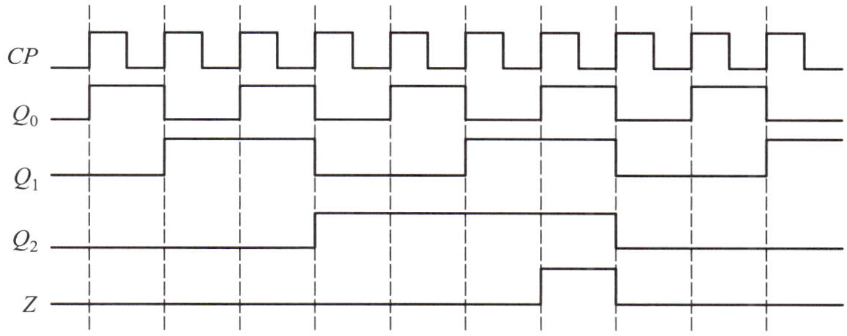

图 8.47　例 8.4 时序图

（5）分析电路的功能

由前面的状态转换图或者时序图可以看出，这个电路是一个 3 位同步二进制递增计数器。

例 8.4 可以用 Verilog HDL 描述如下：

```
module example8_4 (CP, Z);
input CP;
output Z;
wire X1O, X2O, A1O;
reg Q0, Q1, Q2;
always @ (posedge CP)
begin
        Q0 <= ~Q0;
        Q1 <= X1O;
        Q2 <= X2O;
end
```

```
xor X1 (X1O, Q0, Q1);
and A1 (A1O, Q0, Q1);
xor X2 (X2O, Q2, A1O);
and A2 (Z, Q0, Q1, Q2);
endmodule
```

由这个例子,可以总结出分析同步时序逻辑电路的一般步骤:

① 根据给定的时序电路图写出激励方程和输出方程,并由激励方程代入触发器特征方程,求出电路的状态转移方程;

② 根据状态转移方程和输出方程,写出时序电路的状态转移真值表;

③ 画出状态转换图,如果需要画出时序图;

④ 根据电路的状态转移真值表或状态转换图或时序图,说明时序逻辑电路的逻辑功能。

下面举例说明时序逻辑电路的具体分析方法。

对于同步时序逻辑电路,由于电路的各个触发器是同步完成状态转移的,也就是在同一时钟的同一时刻完成状态转移,所以,在这里没有强调触发器的触发时刻。

例 8.5　分析图 8.48 所示的时序逻辑电路。

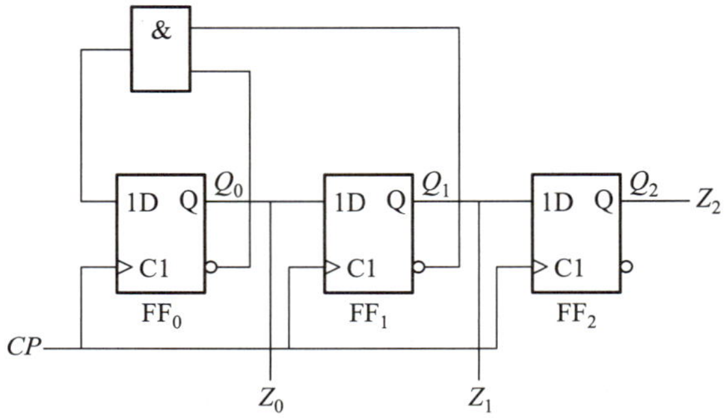

图 8.48　例 8.5 图

解: 这是一个同步时序逻辑电路,按照步骤分析如下。

(1) 激励方程

$$D_0 = \overline{Q_0^n} \cdot \overline{Q_1^n}$$

$$D_1 = Q_0^n$$

$$D_2 = Q_1^n$$

(2) 输出方程和状态转移方程

$$Q_0^{n+1} = \overline{Q_0^n} \cdot \overline{Q_1^n}$$

$$Q_1^{n+1} = Q_0^n$$

$$Q_2^{n+1} = Q_1^n$$

这个题目没有外输出。

(3) 状态转移真值表

假设初始状态 $Q_2^n Q_1^n Q_0^n = \mathbf{000}$,可以将初始状态代入状态转移方程组求出其次态,进而得到状态转移真值表如表 8.15 所示。

表 8.15 例 8.5 状态转移真值表

现态			次态		
Q_2^n	Q_1^n	Q_0^n	Q_2^{n+1}	Q_1^{n+1}	Q_0^{n+1}
0	**0**	**0**	**0**	**0**	**1**
0	**0**	**1**	**0**	**1**	**0**
0	**1**	**0**	**1**	**0**	**0**
1	**0**	**0**	**0**	**0**	**1***
0	**1**	**1**	**1**	**1**	**0**
1	**1**	**0**	**1**	**0**	**0***
1	**0**	**1**	**0**	**1**	**0***
1	**1**	**1**	**1**	**1**	**0***

注:带有 * 上标的状态,表示在前面已经出现过的状态,其次态已经在前面列出来了。

(4) 状态转换图

根据状态转移真值表,可以画出状态转换图,如图 8.49 所示。之所以在状态转移真值表中没有按照二进制代码由大到小的顺序来求其次态,而是按照从现态到次态,再把次态作为新的现态,求其下一状态的排列方式,就是为了能够比较直观地找到状态转换图的顺序。

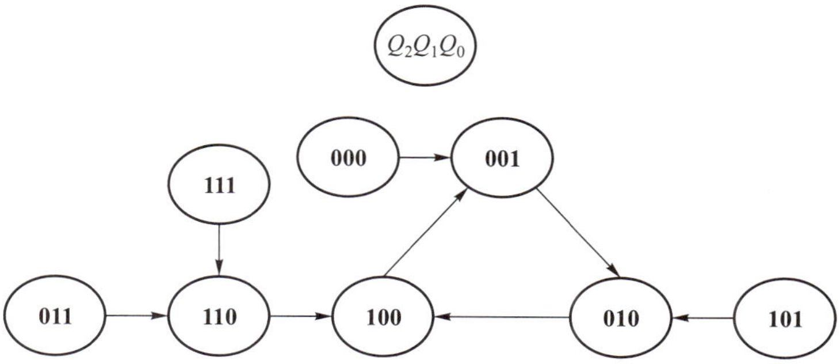

图 8.49 例 8.5 状态转换图

(5) 波形图

电路的工作波形图如图 8.50 所示。

图 8.50　例 8.5 波形图

（6）逻辑功能分析

从波形图可以看出，该电路是一个脉冲节拍发生器电路，随着时钟的输入，轮流在 Q_0、Q_1、Q_2 输出脉冲节拍。由状态转换图可以看出，这个电路所有的状态，在经过有限个时钟脉冲之后，都能够转移到主循环上去，这种电路，称为具有自启动能力的电路。如果电路从某些状态经过有限个时钟脉冲不能转移到主循环上，则称为没有自启动能力。

例 8.5 的 Verilog HDL 描述如下：

```
module example8_5 (CP, Z0, Z1, Z2);
input CP;
output Z0, Z1, Z2;
wire D;
reg Z0, Z1, Z2;
always @ (posedge CP)
begin
        Z0 <= D;
        Z1 <= Z0;
        Z2 <= Z1
end
and A1 (D, ~Z0, ~Z1);
endmodule
```

在分析时序逻辑电路时，一定要求出所有状态的次态。如果从某个初始状态开始求其次态，再由次态求下一状态，直到得到的次态在前面出现过，这种方法有可能漏掉状态。也就是有的状态没有列出其次态，需要认真检查，以求出所有状态的次态。这种方法的优点前面说过，那就是容易列出状态转换图。如果先按照二进制的顺序将所有的初态列出来，再一一求出其次态，就不会漏掉状态，但是列状态转换图时需要从状态转移真值表中找出其转移的顺序。

例 8.6　分析图 8.51 所示的时序逻辑电路。

解：由电路逻辑图可知，这是一个同步时序逻辑电路。按照同步时序逻辑电路的分析方法，首先求出电路的状态转移方程和输出方程

$$Q_3^{n+1}=Q_2^n+K$$

$$Q_2^{n+1}=Q_1^n$$

$$Q_1^{n+1}=\overline{Q_3^n}+\overline{Q_2^n}$$

$$F=Q_2$$

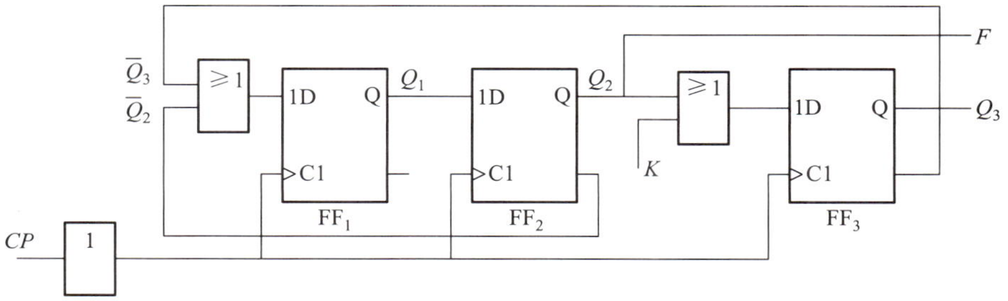

图 8.51　例 8.6 时序逻辑电路

由状态转移方程,可以求出电路状态转移表如表 8.16 所示。

表 8.16　例 8.6 电路状态转移表

K	Q_3^n	Q_2^n	Q_1^n	Q_3^{n+1}	Q_2^{n+1}	Q_1^{n+1}	F
0	0	0	0	0	0	1	0
0	0	0	1	0	1	1	0
0	0	1	0	1	0	1	1
0	0	1	1	1	1	1	1
0	1	0	0	0	0	1	0
0	1	0	1	0	1	1	0
0	1	1	0	1	0	0	1
0	1	1	1	1	1	0	1
1	0	0	0	1	0	1	0
1	0	0	1	1	1	1	0
1	0	1	0	1	0	1	1
1	0	1	1	1	1	1	1
1	1	0	0	1	0	1	0
1	1	0	1	1	1	1	0
1	1	1	0	1	0	0	1
1	1	1	1	1	1	0	1

由状态转移真值表，可以得到电路的状态转换图，为了画图方便，将控制端 $K=1$ 和 $K=0$ 时的状态转换图分开，画成两张图，如图 8.52(a)、(b)所示。其中的输出 F，为了方便，没有在状态转换图中标注出来。

从状态转换图可以看出，这是一个由控制端 K 控制的 M4/M5 同步计数器电路，当 $K=1$ 时，实现 M4 计数，当 $K=0$ 时，实现 M5 计数，电路能够自启动。

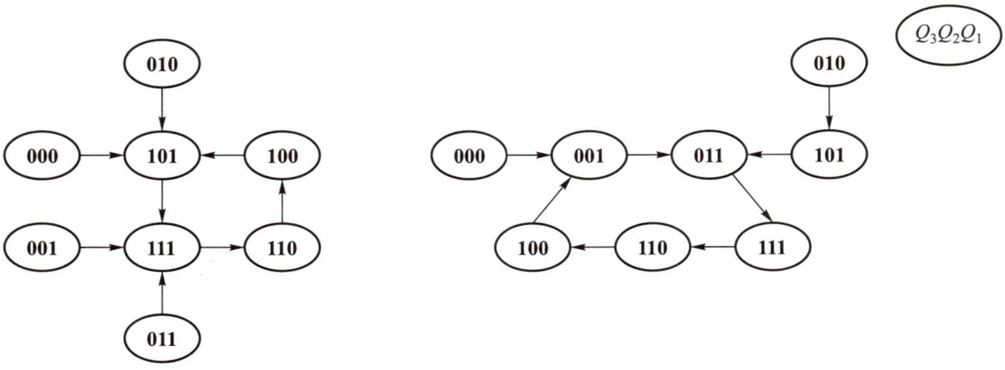

图 8.52　例 8.6 电路状态转换图

由状态转换图，可以做出电路工作波形图，分为 $K=1$ 时的 M4 计数和 $K=0$ 时的 M5 计数两种计数模式。假定电路都是从 $Q_3Q_2Q_1=000$ 时开始工作，时序图如图 8.53 所示。

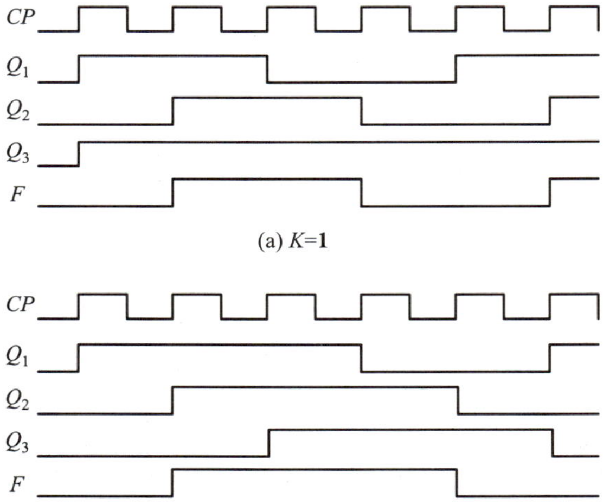

图 8.53　例 8.6 电路时序图

采用硬件描述语言 Verilog HDL，例 8.6 描述为

```
module   example8_6( K, CP, F)
    input K, CP;
```

```
    output F;
    reg Q1, Q2, Q3;
    always @ (posedge CP)
      Q1 <= ~Q3 | ~Q2;
      Q2 <= Q1;
      Q3 <= Q2 | K;
    end
    assign F = Q2;
endmodule
```

微视频 8-6 同步时序逻辑电路的分析方法

8.5.2　异步时序逻辑电路的分析

异步时序逻辑电路的分析方法与同步时序逻辑电路基本相同。在异步时序逻辑电路中，各个触发器的状态转移不是由统一的时钟脉冲作用在同一时刻完成的，分析时必须注意这一点。异步电路中的触发器，只有在加到其 CP 端上的信号有效时，才可能改变状态。否则，触发器将保持原有状态不变。因此，在分析异步时序逻辑电路时，要特别注意触发时刻，尽可能写出触发器的时钟方程。

参照同步时序逻辑电路的分析步骤，给出异步时序逻辑电路的分析步骤如下：

(1) 根据给定的时序电路图，写出各个触发器的时钟方程、激励方程和输出方程，并由激励方程带入触发器特征方程，求出电路的状态转移方程；

(2) 根据状态转移方程、触发时刻和输出方程，写出时序电路的状态转移真值表；

(3) 画出状态图，如果需要，画出时序图；

(4) 根据电路的状态转移真值表或状态转换图或时序图说明时序逻辑电路的逻辑功能。

在异步时序逻辑电路的分析中，一般不考虑触发器状态翻转所需要的时间，但是，要特别注意翻转的先后顺序，否则会导致错误的结果。举例来说明异步时序逻辑电路的分析。

例 8.7　试分析图 8.54 所示的时序逻辑电路。

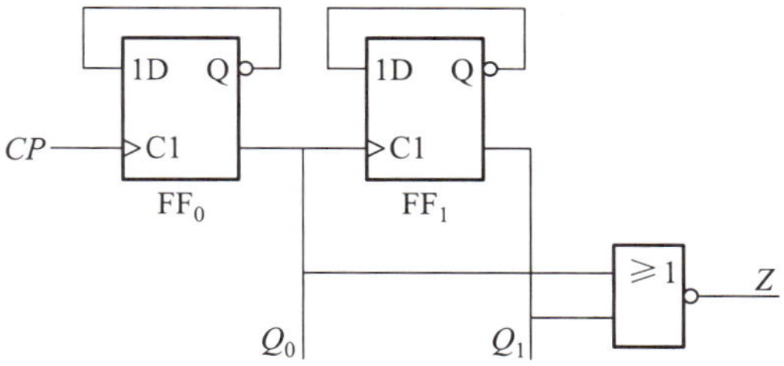

图 8.54　例 8.7 逻辑电路图

解：(1) 写出各逻辑方程式。

① 时钟方程

$CP_0 = CP\uparrow$　（时钟脉冲的上升沿触发）

$CP_1 = Q_0\uparrow$　（当 FF_0 的 Q_0 由 **0** → **1** 时，Q_1 才可能改变状态，否则 Q_1 将保持）

② 输出方程

$$Z = \overline{Q_1^n} \cdot \overline{Q_0^n}$$

③ 触发器的驱动方程

$$D_0 = \overline{Q_0^n}$$

$$D_1 = \overline{Q_1^n}$$

（2）将各驱动方程代入 D 触发器的特性方程，得到各触发器的状态转移方程

$$Q_0^{n+1} = D_0 = \overline{Q_0^n}[CP\uparrow]$$

$$Q_1^{n+1} = D_1 = \overline{Q_1^n}[Q_0\uparrow]$$

（3）作状态转移真值表如表 8.17 所示。

表 8.17　例 8.7 状态转移真值表

现态		次态		输出	时钟脉冲	
Q_1^n	Q_0^n	Q_1^{n+1}	Q_0^{n+1}	Z	Q_0	CP
0	**0**	**1**	**1**	**1**	↑	↑
1	**1**	**1**	**0**	**0**	↓	↑
1	**0**	**0**	**1**	**0**	↑	↑
0	**1**	**0**	**0**	**0**	↓	↑

（4）状态转换图

根据状态转移真值表可得状态转换图如图 8.55 所示。

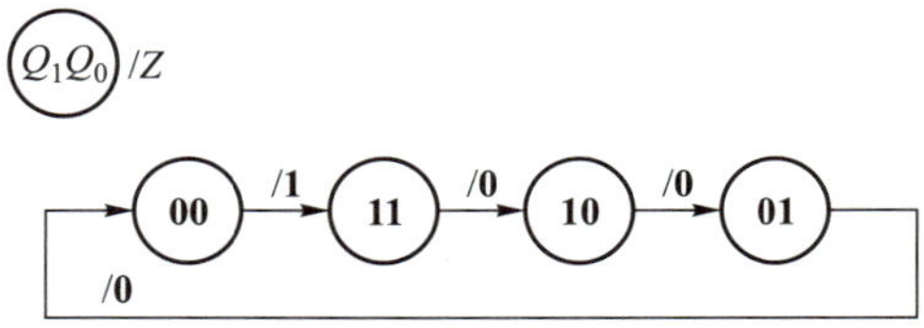

图 8.55　例 8.7 状态转换图

（5）时序图

时序图如图 8.56 所示。

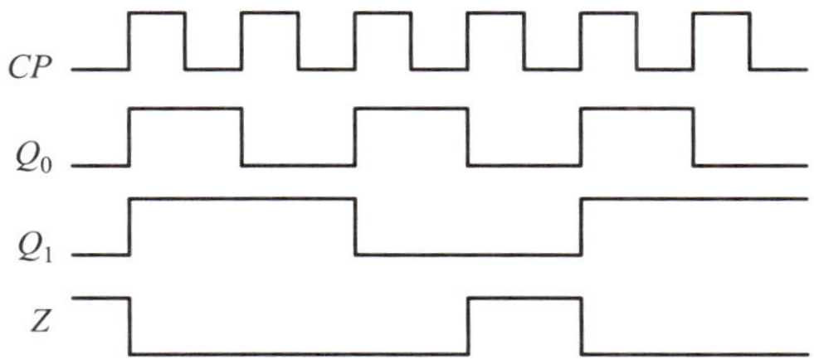

图 8.56　例 8.7 时序图

(6) 逻辑功能分析

由状态转换图可知:该电路一共有 4 个状态 **00**、**01**、**10**、**11**,在时钟脉冲作用下,按照减 1 规律循环变化,所以是一个四进制减法计数器,Z 是借位信号。

例 8.7 的 Verilog HDL 描述如下:

```
module example8_7 (CP, Z);
input CP;
output Z;
reg Q0, Q1;
always @ (posedge CP)
    Q0 <= ~Q0;
always @ (posedge Q0)
    Q1 <= ~Q1;
nor N1 (Z, Q0, Q1);
endmodule
```

例 8.8　试分析图 8.57 所示的时序逻辑电路。

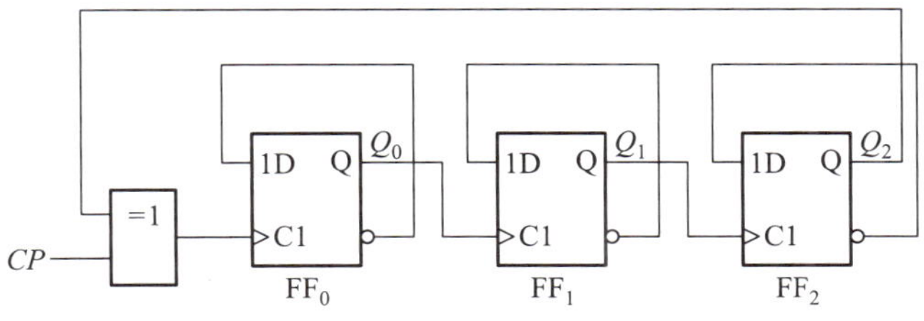

图 8.57　例 8.8 逻辑图

解:由逻辑图可以看出,这个电路是异步时序逻辑电路,按照异步时序逻辑电路的方法分析。

(1) 时钟方程

$$CP_0 = CP \oplus Q_2$$

$$CP_1 = Q_0$$

$$CP_2 = Q_1$$

各个触发器都是在各自时钟的上升沿触发。

（2）状态转移方程

$$Q_0^{n+1} = \overline{Q_0^n}[(CP \oplus Q_2)\uparrow]$$

$$Q_1^{n+1} = \overline{Q_1^n}[Q_0\uparrow]$$

$$Q_2^{n+1} = \overline{Q_2^n}[Q_1\uparrow]$$

（3）状态转移真值表

电路的状态转移真值表如表 8.18 所示。

表 8.18　例 8.8 状态转移真值表

Q_2^n	Q_1^n	Q_0^n	Q_2^{n+1}	Q_1^{n+1}	Q_0^{n+1}	CP	CP_2	CP_1	CP_0
0	0	0	1	1	1	↑	↑	↑	↑
1	1	1	1	1	0	↓	—	↓	↑
1	1	0	1	0	1	↓	↓	↑	↑
1	0	1	1	0	0	↓	—	↓	↑
1	0	0	0	1	1	↓	↑	↑	↑
0	1	1	0	1	0	↑	—	↓	↑
0	1	0	0	0	1	↑	↓	↑	↑
0	0	1	0	0	0	↑	—	↓	↑

（4）状态转换图

电路的状态转换图如图 8.58 所示。

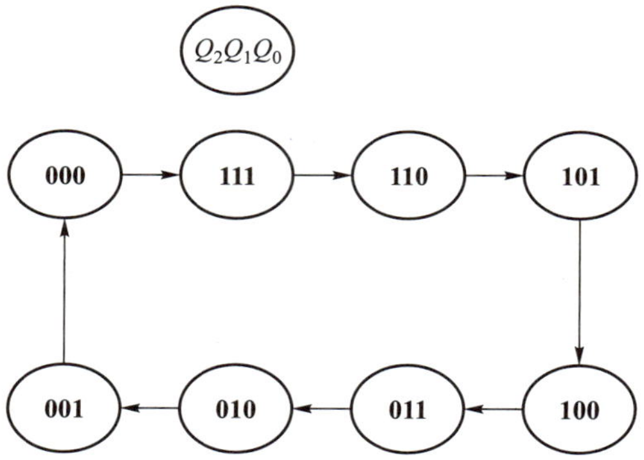

图 8.58　例 8.8 状态转换图

（5）时序图

电路的波形图如图 8.59 所示。

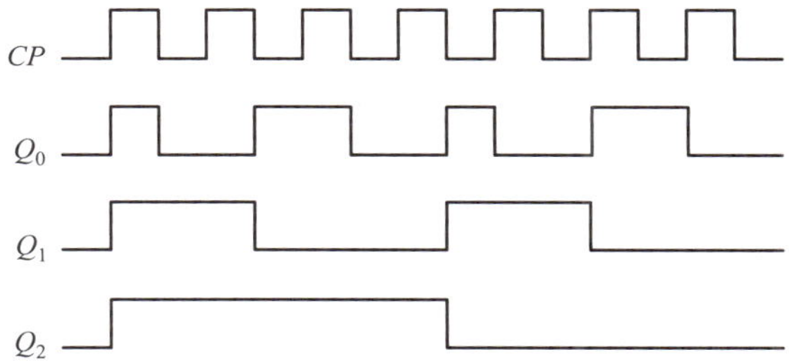

图 8.59 例 8.8 波形图

(6) 逻辑功能分析

Q_1 产生占空比为 3:7的矩形波。

例 8.8 的 Verilog HDL 描述如下：

```
module example8_8(CP, Q1);
input CP;
output Q1;
wire XO;
reg Q0, Q1, Q2;
xor xor1 (XO, CP, Q2);
always @ (posedge XO)
      Q0 <= ~Q0;
always @ (posedge Q0)
      Q1 <= ~Q1;
always @ (posedge Q1)
      Q2 <= ~Q2;
endmodule
```

例 8.9 如图 8.60 所示电路，是在例 8.6 所示 M4/M5 同步计数器电路基础上构成的异步时序逻辑电路，试分析该电路。

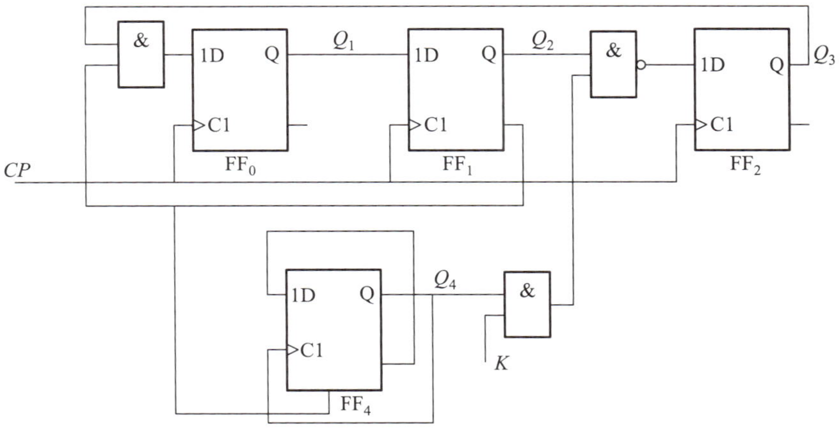

图 8.60 例 8.9 电路逻辑图

解：从图 8.60 中可以看出，电路是异步的，在例 8.6 的基础上修改而成。当 $K=\mathbf{0}$ 时，电路的状态转移方程为

$$Q_4^{n+1}=\overline{Q_4^n}[Q_2\downarrow]$$
$$Q_2^{n+1}=Q_1^n[CP\uparrow]$$
$$Q_1^{n+1}=\overline{Q_2^n}[CP\uparrow]$$

由方程可以得到状态转移真值表如表 8.19 所示。

表 8.19　$K=\mathbf{0}$ 时例 8.9 状态转移真值表

CP	$Q_2\downarrow$	Q_4^n	Q_2^n	Q_1^n	Q_4^{n+1}	Q_2^{n+1}	Q_1^{n+1}
↑	—	**0**	**0**	**0**	**0**	**0**	**1**
↑	—	**0**	**0**	**1**	**0**	**1**	**1**
↑	—	**0**	**1**	**1**	**0**	**1**	**0**
↑	√	**0**	**1**	**0**	**1**	**0**	**0**
↑	—	**1**	**0**	**0**	**1**	**0**	**1**
↑	—	**1**	**0**	**1**	**1**	**1**	**1**
↑	—	**1**	**1**	**1**	**1**	**1**	**0**
↑	√	**1**	**1**	**0**	**0**	**0**	**0**

当 $K=\mathbf{1}$ 时，电路的状态转移方程为

$$Q_4^{n+1}=\overline{Q_4^n}[Q_2\downarrow]$$
$$Q_3^{n+1}=\overline{Q_2^n}+\overline{Q_4^n}[CP\uparrow]$$
$$Q_2^{n+1}=Q_1^n[CP\uparrow]$$
$$Q_1^{n+1}=\overline{Q_2^n}Q_3^n[CP\uparrow]$$

由方程可以得到状态转移真值表如表 8.20 所示。

表 8.20　$K=\mathbf{1}$ 时例 8.9 状态转移真值表

CP	$Q_2\downarrow$	Q_4^n	Q_3^n	Q_2^n	Q_1^n	Q_4^{n+1}	Q_3^{n+1}	Q_2^{n+1}	Q_1^{n+1}
↑	—	**0**	**0**	**0**	**0**	**0**	**1**	**0**	**0**
↑	—	**0**	**1**	**0**	**0**	**0**	**1**	**0**	**1**
↑	—	**0**	**1**	**0**	**1**	**0**	**1**	**1**	**1**
↑	—	**0**	**1**	**1**	**1**	**0**	**1**	**1**	**0**
↑	√	**0**	**1**	**1**	**0**	**1**	**1**	**0**	**0**

续表

CP	$Q_2\downarrow$	Q_4^n	Q_3^n	Q_2^n	Q_1^n	Q_4^{n+1}	Q_3^{n+1}	Q_2^{n+1}	Q_1^{n+1}
↑	—	**1**	**1**	**0**	**0**	**1**	**1**	**0**	**1**
↑	—	**1**	**1**	**0**	**1**	**1**	**1**	**1**	**1**
↑	—	**1**	**1**	**1**	**1**	**1**	**0**	**1**	**0**
↑	√	**1**	**0**	**1**	**0**	**0**	**0**	**0**	**0**
↑	—	**0**	**0**	**0**	**1**	**0**	**1**	**1**	**0**
↑	√	**0**	**0**	**1**	**0**	**1**	**1**	**0**	**0**
↑	—	**0**	**0**	**1**	**1**	**0**	**1**	**1**	**0**
↑	—	**1**	**0**	**0**	**0**	**1**	**1**	**0**	**0**
↑	—	**1**	**0**	**0**	**1**	**1**	**1**	**1**	**0**
↑	√	**1**	**1**	**1**	**0**	**0**	**0**	**0**	**0**
↑	—	**1**	**0**	**1**	**1**	**1**	**0**	**1**	**0**

由 $K=\mathbf{0}$ 和 $K=\mathbf{1}$ 时的真值表,可以做出电路的状态转换图。因为从状态转移真值表,就能够看出电路的功能,为了简单,状态转换图和时序图在这里就不再画出。

从状态转移真值表可以看出,当 $K=\mathbf{0}$,FF_2 触发器一直输出为 **1**,此时 FF_0、FF_1 和 FF_3 触发器构成 8 分频输出;当 $K=\mathbf{1}$,FF_3 输出信号控制 FF_2 触发器,参与反馈逻辑的延迟,因此 FF_0 触发器保持一个 CP 状态不变,此时实现 9 分频输出。该电路是在例 8.6 电路的 M4/5 双模分频器基础上,添加了一个异步触发器 FF_3 构成的 M8/9 双模分频器。

例 8.9 的 Verilog HDL 描述如下:

```
module  example8_9(K, CP, F)
    input K, CP;
    output F;
    reg Q1, Q2, Q3, Q4;
    always @ (posedge CP)
        Q1 <= Q3 & ~Q2;
        Q2 <= Q1;
        Q3 <= ~((Q4 & K) & Q2);
    end
    always @ (negedge Q2)
        Q4 <= ~Q4;
    assign F = Q4;
endmodule
```

微视频 8-7
异步时序逻辑电路的分析

8.6　时序逻辑电路的设计

时序逻辑电路的设计，是时序逻辑电路分析的反过程。时序逻辑电路结构上分为组合逻辑电路部分和存储电路部分。因此，其设计也分为组合逻辑电路设计和存储电路设计。组合逻辑电路设计在前面已经介绍过了，因此，存储电路的设计是这部分的重点。

这一节介绍用触发器和逻辑门设计同步时序逻辑电路。同步时序逻辑电路的设计是以使用最少的触发器为设计原则的，这对于使用中小规模集成器件设计电路是合适的。但是这样设计得到的电路不一定是最恰当的，有时增加触发器反而会使电路结构简单，设计简化。对于采用大规模集成器件设计电路，因为大规模集成器件中的触发器和门电路的数量足够多，往往采用计算机软件进行逻辑综合的方法进行设计，也就是电子设计自动化(EDA)。电子设计自动化也是大规模数字专用集成电路和数字系统设计中常常采用的方法。本节介绍使用最少的触发器设计同步时序逻辑电路的方法和简单的异步时序逻辑电路设计方法。

8.6.1　同步时序逻辑电路的设计

时序逻辑电路的设计是根据给定的逻辑功能要求，设计出相应的逻辑电路。由于时序逻辑电路的设计是其分析的逆过程，其设计过程应该是从逻辑功能得到状态转换图，再由状态转换图转换为状态转移真值表，就可以列出状态转移方程和输出方程，画出逻辑电路图。由于实现一个逻辑功能，其状态转换图可能有多种，而且繁简不一。简单的状态转换图对应的实现电路也就会简单，所以有时候需要对状态进行化简。还需要给每个状态安排一个代码，对状态的编码不同，实现电路的繁简也是不一样的。设计得到电路后，需要进一步检查电路的自启动性。采用触发器设计同步时序逻辑电路一般步骤总结如下：

1. 设计步骤

(1) 根据功能要求，设定初始状态，得出对应的状态转移真值表或状态转换图；

(2) 状态化简，原始状态转移真值表通常不是最简的，往往可以消去一些多余状态；

(3) 状态分配，又称为状态编码；

(4) 选择触发器的类型，合适的触发器类型，可以简化电路结构；

(5) 根据编码状态转移真值表以及所采用的触发器，求出要设计电路的输出方程和驱动方程；

(6) 根据输出方程和驱动方程画出逻辑图；

(7) 检查电路能否自启动。

2. 对设计主要步骤说明

(1) 原始状态转移真值表

对于同步时序逻辑电路，某一时刻的输出不仅仅取决于该时刻的输入，还取决于电路当前的状态，因此，对于同步时序逻辑电路的设计，必须分析电路的逻辑功能，求出其对应的状态转移真值表或者状态转换图。状态转移真值表的求取，首先设定初始状态，然后由初始状态，根据功能描述，求出其次态以及输出。对于每一个初始状态都得到其次态和输出，那么也就得到了其初始的状态转移真值表或者状态转换图。正确地得到状态转移真值表，是时序逻辑电路设计的关键一步，也是最困难的一步，必须在准确理解电路功能的基础上才能完成。

(2) 状态的化简

初始的状态转移真值表中，可能会存在可以消去的状态。对于完全描述的状态转移真值表，两个等价的状态可以合并为一个状态。等价状态是这样定义的：在数字系统中的两个状态 A 和 B，若分别以它们为初始状态，在任何相同的输入信号序列作用下，得到的输出信号序列完全相同，则称这两个状态是等价的，并记作 $A=B$。在状态化简时，两个等价状态可以合并成一个状态。

实际化简中，可以这样判断两个状态的等价：在初始状态转移真值表中，如果有两个或者两个以上的状态，在输入相同的条件下，其输出相同，而且次态也相同，那么这些状态是等价的。

关于状态化简，有两种状态转移真值表，一种是完全描述的，另一种是非完全描述状态转移真值表。在这里仅介绍完全描述的状态转移真值表的化简。

完全描述的状态转移真值表的化简方法如下。

在完全描述的状态转移真值表中，两个状态等价的条件是：

① 在所有的输入条件下，两个状态对应的输出完全相同；

② 在所有的输入条件下，两个状态的状态转移效果相同。

实际化简时，按下面的方法进行判断：如果两个状态不满足①，不是等价状态；满足①，还要判断②。

两个状态的状态转移效果的判断方法是：

① 在所有的输入条件下，两个状态的下一个状态一一对应，那么，状态转移效果是相同的；

② 在有些输入条件下，状态转移的下一个状态不相同，如：$S_1 \to S_2$，$S_3 \to S_4$，则 S_1、S_3 是否等价取决于 S_2、S_4；$[S_2, S_4]$ 称为 $[S_1, S_3]$ 等价的隐含条件；

③ 在有些条件下，$[S_1, S_3]$、$[S_2, S_4]$ 互为隐含条件，那么其中的一对等价，另一对也等价。如果两个状态等价，那么这两个状态可以合并为一个状态。此外，等价具有传递性。

例 8.10 化简图 8.61 所示的初始状态转换图。

先将此状态转换图转换成对应的状态转移真值表如表 8.21 所示，从表上可以看出，状态 A 与 E，B 与 F，C 与 G 的输出和次态都相同，因而是等价的，可以将 A、E 合并为 A，B、F 合并为 B，C、G 合并为 C，即将表中的 5、6、7 行删去，并把其余各行中的 E、F、G 分别改为 A、B、C，从而得到表 8.22。

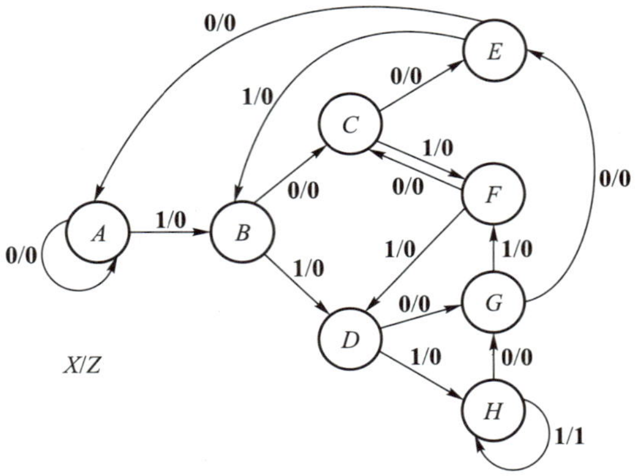

图 8.61　例 8.10 状态转换图

表 8.21　初始状态转移真值表

现态	次态		输出	
	$X=0$	$X=1$	$X=0$	$X=1$
A	A	B	0	0
B	C	D	0	0
C	E	F	0	0
D	G	H	0	0
E	A	B	0	0
F	C	D	0	0
G	E	F	0	0
H	G	H	0	1

观察表 8.22 又可发现，状态 A 与状态 C 也是等价的，再经过一次合并，就得到表 8.23 所示的最简状态转移真值表。图 8.62 给出了表 8.23 所对应的最简状态转换图。

表 8.22　一次简化结果

现态	次态		输出	
	$X=0$	$X=1$	$X=0$	$X=1$
A	A	B	0	0
B	C	D	0	0
C	A	B	0	0
D	C	H	0	0
H	C	H	0	1

表 8.23　例 8.10 最简状态转移真值表

现态	次态		输出	
	$X=0$	$X=1$	$X=0$	$X=1$
A	*A*	*B*	**0**	**0**
B	*A*	*D*	**0**	**0**
D	*A*	*H*	**0**	**0**
H	*A*	*H*	**0**	**1**

初始状态转换图有 8 个状态,至少要用 3 只触发器才能实现,简化后的状态转换图只有 4 个状态,用 2 只触发器即可实现了,所以通常宜使用较少状态的状态转换图。

除了采用表格比较进行化简外,还可以利用蕴含表的方法进行化简,方法如下:

① 做出蕴含表

如图 8.63 所示,表格类似于九九表,横坐标为初始状态 *A* 到 *G*,纵坐标为 *B* 到 *H*,在初始状态转移真值表中检查两个状态是否等价,等价用√表示,不等价用×表示,如果等价取决于某些条件,则把这些条件标记在方格中。

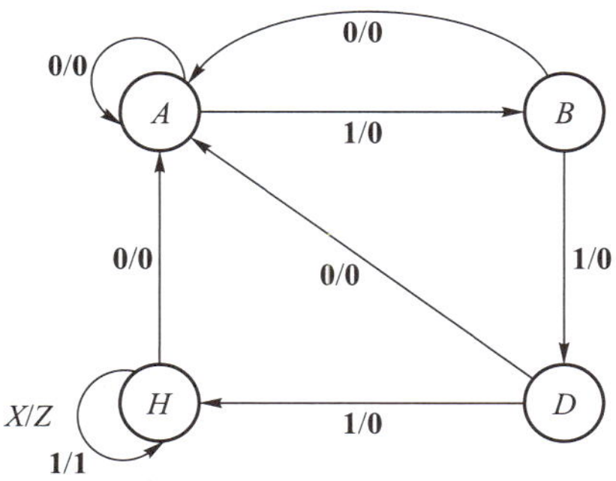

图 8.62　例 8.10 状态简化图

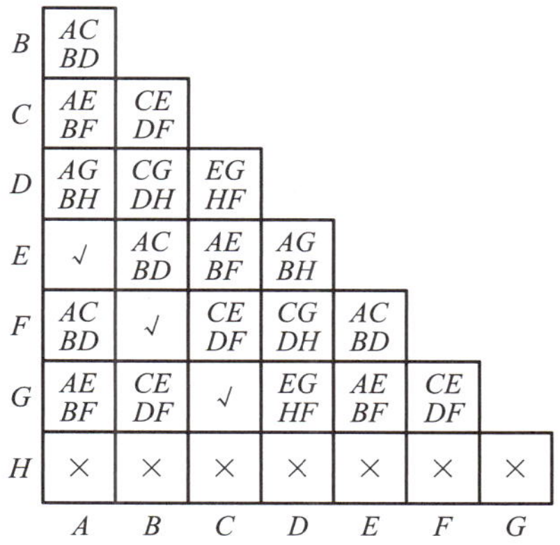

图 8.63　蕴含表

② 比较隐含条件

隐含表中不等价和等价的状态对已经清楚,例如 *AE*、*BF*、*CG* 是等价状态,而 *AH*、*BH*、*CH*、*DH*、*EH*、*GH* 则不等价。根据这些状态对,查验表格中的各个隐含条件,能判断等价的画√,不等价的画×,仍然不能判定的则保留隐含条件。结果如图 8.64 所示。

按照比较隐含条件的方法,根据新得到的等价状态和不等价状态,再判断剩下的隐含条件,得到如图 8.65 所示所有状态的等价关系表。

这样,所有的状态对都已经判断出是否等价。

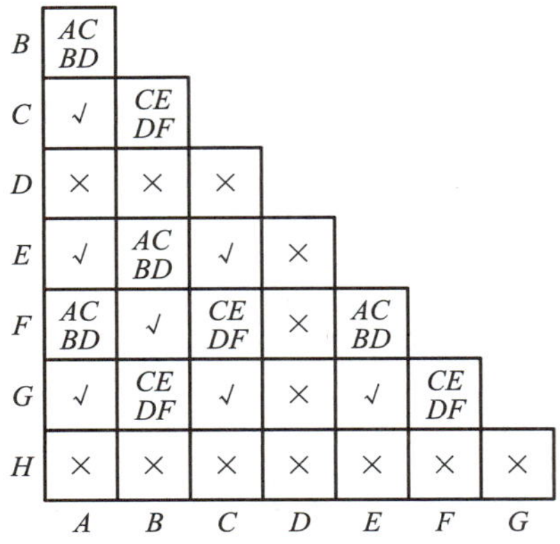

图 8.64　第一次比较蕴含表

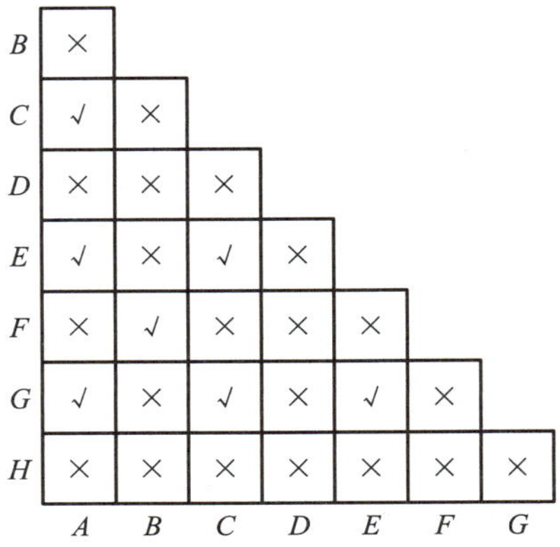

图 8.65　所有状态等价关系表

③ 检查等价状态

根据表格，我们可以写出等价状态：AC、AE、AG、BF、CE、CG、EG。

④ 写出最大等价类

根据等价状态的传递性，我们知道 $ACEG$ 等价，BF 等价。这样，最大等价类为：$ACEG$、BF、D、H。

⑤ 写出最简状态转移真值表

用 A 代表 $ACEG$，B 代表 BF，D、H 不变，最简状态转移真值表如表 8.24 所示。

表 8.24　例 8.10 最简状态转移真值表

现态	次态		输出	
	$X=0$	$X=1$	$X=0$	$X=1$
A	A	B	0	0
B	A	D	0	0
D	A	H	0	0
H	A	H	0	1

这跟之前的化简，是一致的。

(3) 状态代码分配

所谓状态代码分配，就是状态编码。状态转移真值表中的每一个状态需要指定一个代码，不同的编码方式所得到的电路繁简不一，人们一般从电路简单的角度去考虑状态的编码。

为了满足电路尽量简单的要求，状态分配的一般原则是：

① 如果两个状态的次态相同，它们的代码应该尽可能地相邻；

② 如果两个状态是同一个状态的次态，应该尽可能地把它们安排为相邻的代码；

③ 为了使输出电路尽量简单,应尽可能地把有相同输出的两个状态安排为相邻代码。

三个原则通常以①为主,统筹兼顾。如果对所设计的电路不满意,往往需要重新进行状态代码分配。

下面举例说明同步时序逻辑电路的设计。

例 8.11 设计一个 **1111** 序列检测器电路。

解:按照前面所叙述的步骤设计电路:

(1) 确定电路的初始状态转移真值表

该电路应有一个信号输入端,输入序列信号 X,有一个输出端,输出检测结果 Z。

因为电路要求连续输入 4 个 **1** 信号,当第 4 个为 **1** 时输出 **1**,所以应将前面到达的 3 位信号记住。这 3 位信号有 8 种状态:**000**:A,**001**:B,…,**111**:H。

这种建立原始状态转换图的方法是将需要记住的信息组合各定义一个状态,此方法不会漏掉状态,但定义状态较多,往往需要化简。列出的初始状态转换图如图 8.61 所示。

另一种方法是,考察的基点选在 n 时刻,即根据此时的输入和状态确定输出和下一状态,因此,需要记忆的仍然是前 3 位输入的情况。前 3 位输入 $n-3$、$n-2$、$n-1$ 时刻的情况可分为以下 4 类:

A:××**0**,表示在观察时刻以前还没有到过 **1**;

B:×**01**,表示在观察时刻以前到过一个 **1**;

D:**011**,表示在观察时刻以前到过 2 个连续的 **1**;

H:**111**,表示在观察时刻以前到过 3 个连续的 **1**。

将这 4 种情况分别定义为状态 A、B、D、H,得到的状态表,与前面简化的结果完全一样,如表 8.10 所示。

(2) 状态化简

状态化简过程在例 8.10 已经给出。

(3) 状态代码分配

在状态代码分配时,需要确定用几个触发器。设电路的状态转换图有 M 个状态,所用的触发器数 K 应符合

$$K \geqslant \log_2 M$$

通常 K 应选符合条件的最小值,这里有 4 个状态,应选 2 个触发器,用 Q_1Q_0 代表状态。

由于本题对编码没有特殊的要求,可随意将状态 A、B、D、H 指定为 Q_0Q_1 = **00**、**01**、**10**、**11**。根据指定的代码,编码状态转移真值表如表 8.25 所示。

(4) 选择触发器的类型

在这里,采用 D 触发器,激励与次态一致,不需要单独再列出激励。之所以采用 D 触发器,是因为大规模集成电路主要采用 CMOS 工艺,触发器大多也是 CMOS 边沿触发器,本书中尽可能采用 D 触发器。如果要选择其他类型的触发器,可以根据状态转移真值表,求出激励,然后求出激励方程和输出方程。触发器类型的不同,会导致所设计的电路结构不同。

表 8.25　例 8.11 编码状态转移真值表

现态、外输入			次态、外输出		
X^n	Q_0^n	Q_1^n	Q_0^{n+1}	Q_1^{n+1}	Z^n
0	0	0	0	0	0
0	0	1	0	0	0
0	1	0	0	0	0
0	1	1	0	0	0
1	0	0	0	1	0
1	0	1	1	0	0
1	1	0	1	1	0
1	1	1	1	1	1

(5) 根据编码状态转移真值表以及所采用的触发器,求出要设计电路的输出方程和激励方程

由状态转移真值表,可以得到 Q_1^{n+1}、Q_0^{n+1}、Z^n 的卡诺图,求得状态转移方程和输出方程。

$$Q_0^{n+1} = X^n Q_1^n + X^n Q_0^n$$

$$Q_1^{n+1} = X^n \overline{Q_1^n} + X^n Q_0^n$$

$$Z^n = X^n Q_1^n Q_0^n$$

为了从状态转移方程设计出具体电路,必须求出触发器的激励方程。本例采用 D 触发器为储存元件,D 触发器的特征方程为

$$Q^{n+1} = D^n$$

因此,上面求出的状态转移方程,转变成 D 触发器的激励方程很方便,即

$$D_0^n = X^n Q_1^n + X^n Q_0^n$$

$$D_1^n = X^n \overline{Q_1^n} + X^n Q_0^n$$

如果不是采用 D 触发器,就不需要求出状态转移方程。在(4)中已说明,需要在状态转移真值表之后添加激励的各列,求出激励,由表求出激励方程和输出方程。

(6) 根据输出方程和激励方程画出逻辑图

根据上面得出的输出方程和触发器激励方程可画出电路逻辑图,如图 8.66 所示。

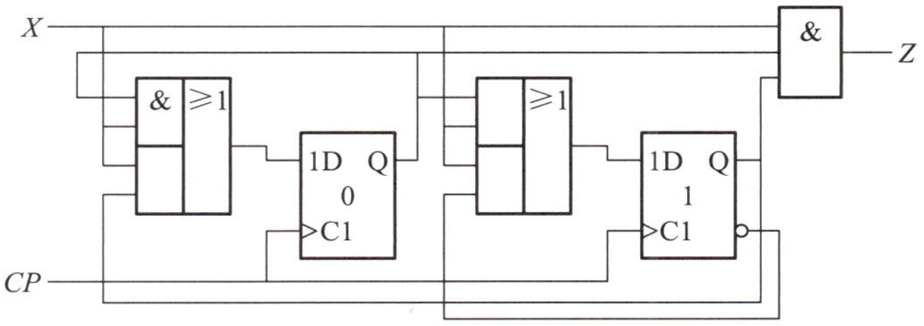

图 8.66 例 8.11 电路逻辑图

(7) 检查电路能否自启动

自启动就是当电路进入无效状态后,在有限个时钟脉冲作用下,能够自动进入有效序列,以保证电路能够正常工作。

当所设计的状态转换图中的状态数 M 小于 2^K(K 是电路中使用的触发器个数)时,有一些状态未被使用,如果这些没有被使用的状态构成了无效循环或孤立状态,则电路启动时进入这些状态,在有限个时钟脉冲内不能回到正常的工作状态,也就是不能自启动。

对自启动性的讨论,其实就是检查那些没有被使用的状态的转移情况。本例中使用的状态数正好跟触发器相匹配,不存在不能自启动的问题。

如果发现设计的电路没有自启动能力,而设计要求电路具有自启动能力,则应修改设计。修改的方法是:在激励信号卡诺图中,对无效状态×的处理进行修改。即原来取 **1** 的,可试改为取 **0**,反之亦然。得到新的驱动方程和逻辑图,再检查其自启动能力,直到能够自启动为止。

另一种有效解决自启动能力的方法是,对于设计好了的电路,检验那些无效循环的状态或者孤立的状态,在状态转移真值表中,让它们转向有效状态,重新设计电路就可以达到目的。

对于例 8.11,Verilog HDL 描述如下:

```
module example8_11 (X, CP, Z);
input CP;
output Z;
wire A1O, A2O, O1O, A3O, A4O, O2O;
reg Q0, Q1;
always @ (posedge CP)
begin
        Q0 <= O1O;
        Q1 <= O2O;
end
and A1 (A1O, Q0, X);
and A2 (A2O, X, Q1);
or O1 (O1O, A1O, A2O);
```

```
and A3 (A3O, Q0, X);
and A4 (A4O, X, ~Q1);
or O2 (O2O, A3O, A4O);
and A5 (Z, X, Q0, Q1);
endmodule
```

例 8.12　设计一个 3 位二进制加法计数器电路。

解：根据题目,可以知道状态转换图如图 8.67 所示,不能化简。并可进一步写出其状态转移真值表。

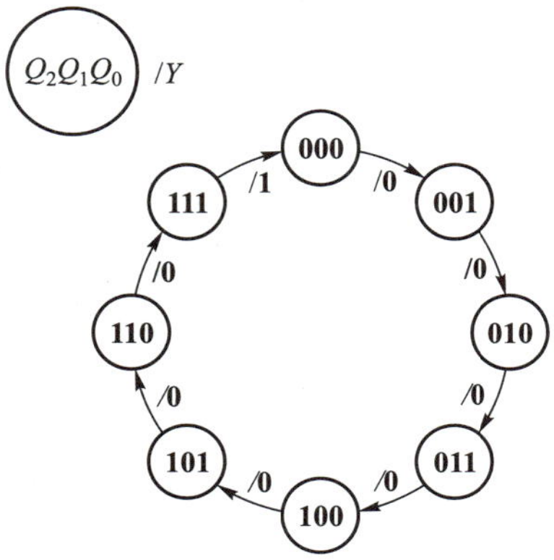

图 8.67　例 8.12 的状态转换图

这里采用 J-K 触发器设计以便熟悉 J-K 触发器。由状态转移真值表的状态转移,可以求出其激励,如表 8.26 所示。

表 8.26　例 8.12 激励表

Q_2^n	Q_1^n	Q_0^n	Q_2^{n+1}	Q_1^{n+1}	Q_0^{n+1}	Y	J_2	K_2	J_1	K_1	J_0	K_0
0	0	0	0	0	1	0	0	×	0	×	1	×
0	0	1	0	1	0	0	0	×	1	×	×	1
0	1	0	0	1	1	0	0	×	×	0	1	×
0	1	1	1	0	0	0	1	×	×	1	×	1
1	0	0	1	0	1	0	×	0	0	×	1	×
1	0	1	1	1	0	0	×	0	1	×	×	1
1	1	0	1	1	1	0	×	0	×	0	1	×
1	1	1	0	0	0	1	×	1	×	1	×	1

由激励表可以求出激励方程和输出方程

$$J_1 = \mathbf{1} \qquad K_1 = \mathbf{1}$$

$$J_2 = Q_0^n \qquad K_2 = Q_0^n$$

$$J_3 = Q_0^n Q_1^n \qquad K_3 = Q_0^n Q_1^n$$

$$Y = Q_2 Q_1 Q_0$$

做出电路逻辑图,如图 8.68 所示。这里假定使用的是 TTL 电路,悬空引脚相当于接高电平 **1**,如果使用 CMOS 电路,$J_1 K_1$ 要接高电平。

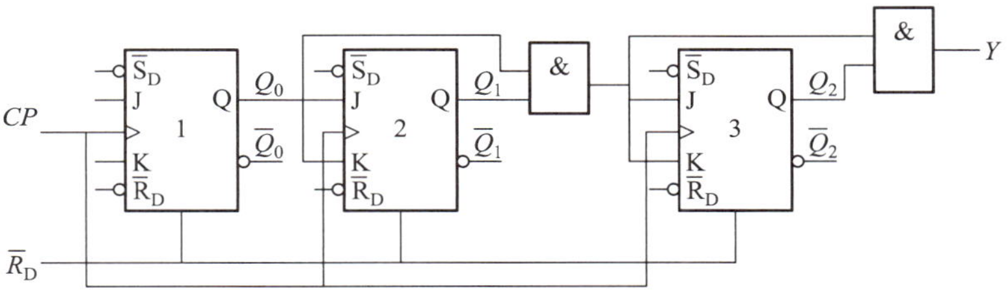

图 8.68 例 8.12 电路逻辑图

由于没有多余状态,电路具有自启动能力。

例 8.12 的 Verilog HDL 描述如下:

```
module example8_12 (RDB, CP, Y);
input RDB, CP;
output Y;
wire A1O, Q1, Q2, Q3;
jk_ff J1 (Q1, 1, 1, RDB, 1, CP);
jk_ff J2 (Q2, Q1, Q1, RDB, 1, CP);
jk_ff J3 (Q3, A1O, A1O, RDB, 1, CP);
and A1 (A1O, Q1, Q2);
and A2 (Y, Q2, Q3);
endmodule
module jk_ff(Q, J, K, RDB, SEB, CLK);
    input J, K, RDB, SEB, CLK;
    output Q;
    reg Q;
    always @ ( posedge CLK or negedge RDB or negedge SEB)
        begin if(! RDB) Q<=1'b0;
        else if(! SEB) Q<=1'b1;
        else case({J,K})
            2'b00:Q<=Q;
            2'b01:Q<=1'b0;
```

```
            2'b10:Q<=1'b1;
            2'b11:Q<=~Q;
            default:Q<=1'bx;
        endcase
        end
endmodule
```

例 8.13　设计一个二-十进制同步计数器。

解：二-十进制同步计数器，其状态共有 10 个，状态转换图如图 8.69 所示。状态化简和状态分配根据题意已经确定，因此下一步的工作是求出激励方程和状态转移方程。

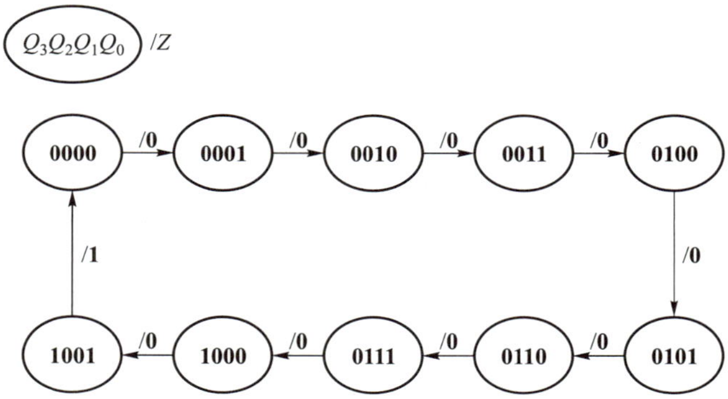

图 8.69　例 8.13 状态转换图

根据状态转换图，写出状态转移真值表，同时求出激励表如表 8.27 所示。

表 8.27　例 8.13 激励表

Q_3^n	Q_2^n	Q_1^n	Q_0^n	Q_3^{n+1}	Q_2^{n+1}	Q_1^{n+1}	Q_0^{n+1}	Z	D_3^n	D_2^n	D_1^n	D_0^n
0	0	0	0	0	0	0	1	0	0	0	0	1
0	0	0	1	0	0	1	0	0	0	0	1	0
0	0	1	0	0	0	1	1	0	0	0	1	1
0	0	1	1	0	1	0	0	0	0	1	0	0
0	1	0	0	0	1	0	1	0	0	1	0	1
0	1	0	1	0	1	1	0	0	0	1	1	0
0	1	1	0	0	1	1	1	0	0	1	1	1
0	1	1	1	1	0	0	0	0	1	0	0	0
1	0	0	0	1	0	0	1	0	1	0	0	1
1	0	0	1	0	0	0	0	1	0	0	0	0

续表

Q_3^n	Q_2^n	Q_1^n	Q_0^n	Q_3^{n+1}	Q_2^{n+1}	Q_1^{n+1}	Q_0^{n+1}	Z	D_3^n	D_2^n	D_1^n	D_0^n
1	**0**	**1**	**0**	×	×	×	×	×	×	×	×	×
1	**0**	**1**	**1**	×	×	×	×	×	×	×	×	×
1	**1**	**0**	**0**	×	×	×	×	×	×	×	×	×
1	**1**	**0**	**1**	×	×	×	×	×	×	×	×	×
1	**1**	**1**	**0**	×	×	×	×	×	×	×	×	×
1	**1**	**1**	**1**	×	×	×	×	×	×	×	×	×

求激励方程和输出方程，画出其卡诺图如图 8.70 所示。

Q_1Q_0 \ Q_3Q_2	00	01	11	10
00	0	0	×	1
01	0	0	×	0
11	0	1	×	×
10	0	0	×	×

$D_3=Q_3\overline{Q}_0+Q_2Q_1Q_0$

Q_1Q_0 \ Q_3Q_2	00	01	11	10
00	0	1	×	0
01	0	1	×	0
11	1	0	×	×
10	0	1	×	×

$D_2=Q_2\overline{Q}_1+Q_2\overline{Q}_0+\overline{Q}_2Q_1Q_0$

Q_1Q_0 \ Q_3Q_2	00	01	11	10
00	0	0	×	0
01	1	1	×	0
11	0	0	×	×
10	1	1	×	×

$D_1=Q_1\overline{Q}_0+\overline{Q}_3\overline{Q}_1Q_0$

Q_1Q_0 \ Q_3Q_2	00	01	11	10
00	1	1	×	1
01	0	0	×	0
11	0	0	×	×
10	1	1	×	×

$D_0=\overline{Q}_0$

Q_1Q_0 \ Q_3Q_2	00	01	11	10
00	0	0	×	0
01	0	0	×	1
11	0	0	×	×
10	0	0	×	×

$Z=Q_3Q_0$

图 8.70　例 8.13 卡诺图

这样,可以做出电路逻辑图如图 8.71 所示。

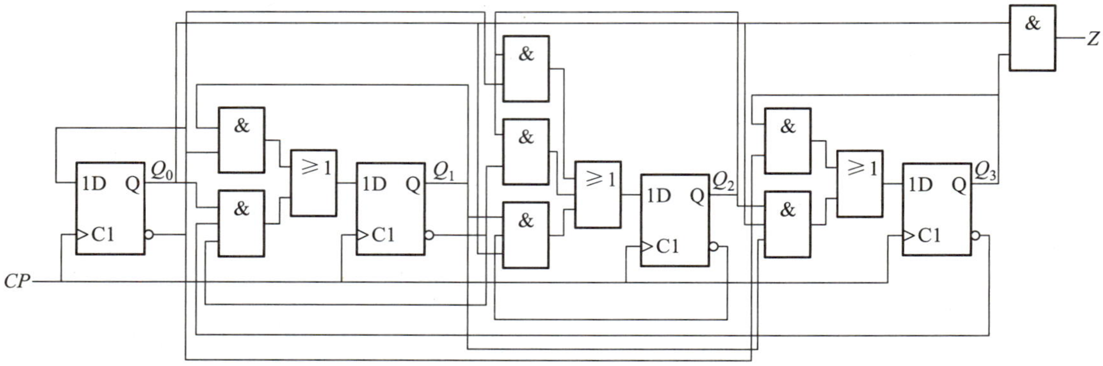

图 8.71　例 8.13 电路逻辑图

检查电路能否自启动:

如果设计时没有考虑其他转移的状态,也就是对任意的状态进行讨论,那么根据其他状态转移情况,列表 8.28。

表 8.28　例 8.13 任意状态的转移表

Q_3^n	Q_2^n	Q_1^n	Q_0^n	Q_3^{n+1}	Q_2^{n+1}	Q_1^{n+1}	Q_0^{n+1}	Z
1	0	1	0	1	0	1	1	0
1	0	1	1	0	1	0	0*	1
1	1	0	0	1	1	0	1	0
1	1	0	1	0	1	0	0*	1
1	1	1	0	1	1	1	1	0
1	1	1	1	1	0	0	0*	1

不在主循环中的状态,也称为偏离状态,上表就是偏离状态的转移情况。可以看出,经过几个脉冲,偏离状态都能够转移到有效状态上,也就是转移到了主循环中,因此电路具有自启动性。

对于电路的设计,如果有多余的状态,需要把这种多余的状态或者偏离状态的转移情况列出来,这样,电路设计才算是完整。

例 8.13 的 Verilog HDL 描述如下:

```
module example7_10 (CP, Z);
input CP;
output Z;
```

```
wire A1O, A2O, O1O, A3O, A4O, A5O, O2O, A6O, A7O, O3O;
reg Q0, Q1, Q2, Q3;

always @ (posedge CP)
begin
        Q0 <= ~Q0;
        Q1 <= O1O;
        Q2 <= O2O;
        Q3 <= O3O;
end
    and A1 (A1O, Q1, ~Q0);
and A2 (A2O, Q0, ~Q3, ~Q1);
or O1 (O1O, A1O, A2O);
and A3 (A3O, Q2, ~Q0);
and A4 (A4O, Q2, ~Q1);
and A5 (A5O, Q1, ~Q2, Q0);
or O2 (O2O, A3O, A4O, A5O);
and A6 (A6O, Q3, ~Q0);
and A7 (A7O, Q2, Q0, Q1);
or O3 (O3O, A6O, A7O);
and A8 (Z, Q0, Q3);
endmodule
```

例 8.14 设计一个五进制同步计数器。

解：对于五进制同步计数器，有 5 个计数状态。需要 3 个触发器，而 3 个触发器总共有 8 个状态，在 8 个状态中选取 5 个状态，可以采用的方案很多，如果采用图 8.72 所示的状态转换图，可得到表 8.29 所示的状态转移真值表，由状态转移真值表可求得状态转移方程和输出方程，如式(8-26)所示。

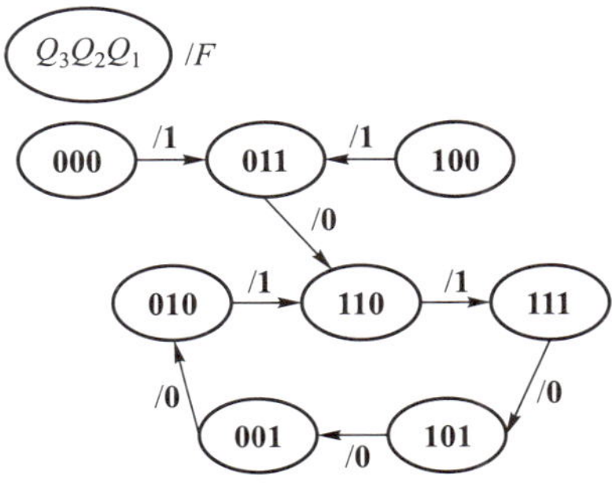

图 8.72 五进制同步计数器状态转换图

表 8.29　五进制同步计数器状态转移真值表

Q_3^n	Q_2^n	Q_1^n	Q_3^{n+1}	Q_2^{n+1}	Q_1^{n+1}	F
0	0	0	0	1	1	1
0	1	1	1	1	0	0
1	1	0	1	1	1	1
1	1	1	1	0	1	0
1	0	1	0	0	1	0
0	0	1	0	1	0	0
0	1	0	1	1	0	1
1	0	0	0	1	1	1

$$
\begin{aligned}
Q_1^{n+1} &= \overline{Q_2\overline{Q_3}} \\
Q_2^{n+1} &= \overline{Q_3Q_1} \\
Q_3^{n+1} &= Q_2 \\
F &= \overline{Q_1}
\end{aligned}
\tag{8 - 26}
$$

由状态方程和输出方程,可以做出逻辑图,如图 8.73 所示。因为偏离状态在状态转移真值表中给出来了,偏离状态的转移如状态转移真值表所示,所以就不需要再进行讨论了。

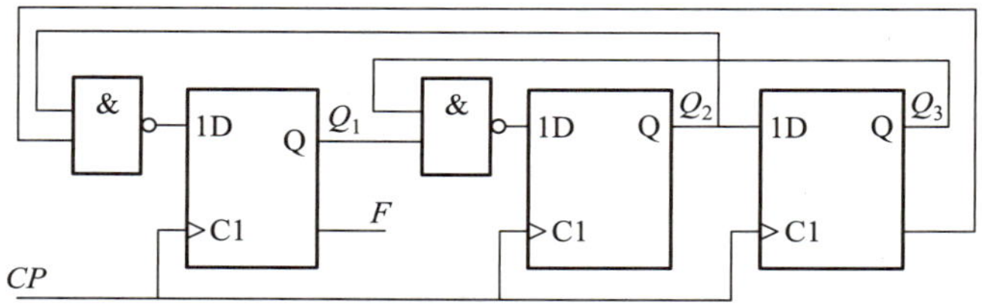

图 8.73　五进制同步计数器逻辑图

例 8.14 的 Verilog HDL 描述如下：

```
module example8_14( CP , F)
    input CP;
    output F;

    reg Q1, Q2, Q3;

    always @ ( posedge CP)
        Q1 <= ~( ~Q3 & Q2);
        Q2 <= ~(Q3 & Q1);
        Q3 <= Q2;
```

```
    end
    assign F = ~Q1;
endmodule
```

微视频 8-8 同步时序逻辑电路的设计

同步时序逻辑电路的设计,关键是理解电路的功能,求出电路的初始状态转换图,之后的设计步骤就是固定的,因此正确理解设计的逻辑关系是关键。

8.6.2 简单异步时序逻辑电路的设计

与同步电路相比,异步电路设计步骤基本上是相同的。但是,异步电路的设计更加灵活,往往一个电路可以有多种结构,而且可以采用不同的方法设计。因为没有统一的时钟,在设计时需要选择恰当的时钟信号,下面举例来说明简单的异步电路设计。

例 8.15 设计一个四进制减法计数器。

解:(1) 建立状态转换图

根据 $2^n \geqslant M$ 可得 $M=4$,取 $n=2$

选用 2 个 D 触发器:Q_1Q_0

编码后的状态转换图如图 8.74 所示。

时序图如图 8.75 所示。

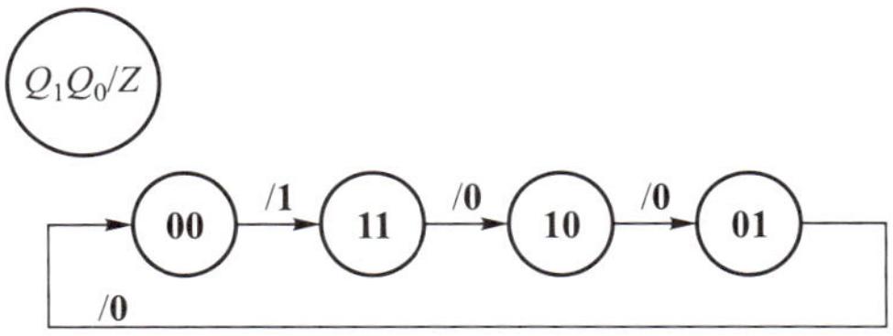

图 8.74 例 8.15 状态转换图

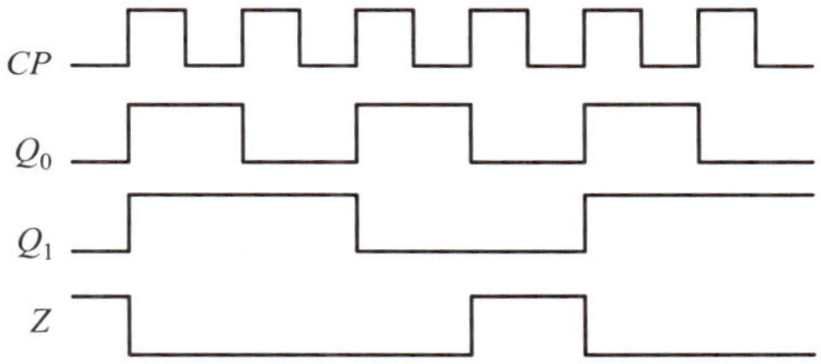

图 8.75 例 8.15 时序图

(2) 状态转移真值表,求时钟方程

电路的状态转移真值表如表 8.30 所示。

表 8.30 例 8.15 电路的状态转移真值表

现态		次态		输出	时钟脉冲	
Q_1^n	Q_0^n	Q_1^{n+1}	Q_0^{n+1}	Z	CP_1	CP_0
0	0	1	1	1	↑	↑
1	1	1	0	0	0	↑
1	0	0	1	0	↑	↑
0	1	0	0	0	0	↑

选择时钟的原则:

对应 Q 的每次状态翻转,所选时钟必须含“有效沿”;

在主计数循环中,多余的“有效沿”最少。

本例选时钟为

$$CP_0 = CP\uparrow$$

$$CP_1 = Q_0\uparrow$$

(3) 做卡诺图,求状态方程和输出方程

说明:卡诺图中的次态,只填“时钟脉冲”处的 Q^{n+1} 值。

Q_0^{n+1} 的卡诺图如图 8.76 所示。

Q_1^{n+1} 的卡诺图如图 8.77 所示。注意次态卡诺图中 Q_1^{n+1},只填“时钟脉冲”处的 Q^{n+1} 值。无“时钟脉冲”的 Q^{n+1},视为“无关项”。

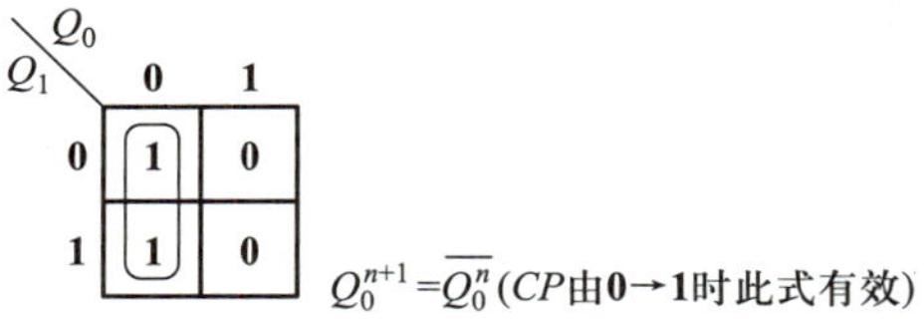

图 8.76　Q_0^{n+1} 的卡诺图

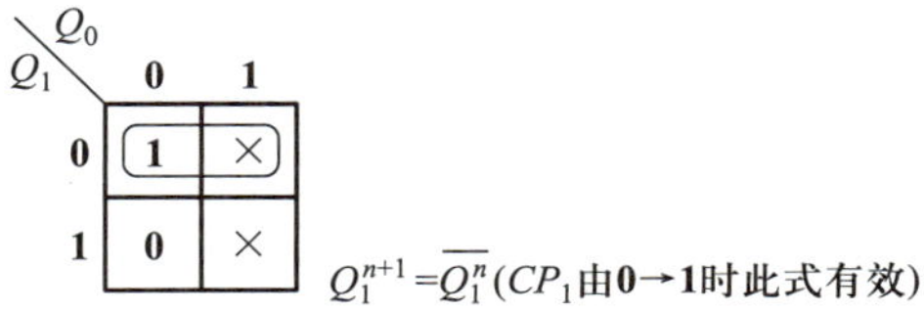

图 8.77　Q_1^{n+1} 的卡诺图

Z 的卡诺图如图 8.78 所示。

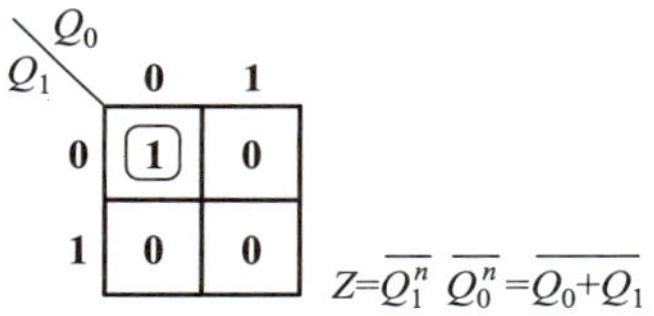

图 8.78　Z 的卡诺图

(4) 求驱动方程(比较状态方程和 D 触发器的特征方程)

$$D_0 = \overline{Q_0^n}$$

$$D_1 = \overline{Q_1^n}$$

(5) 画电路的逻辑图

电路的逻辑图如图 8.79 所示。

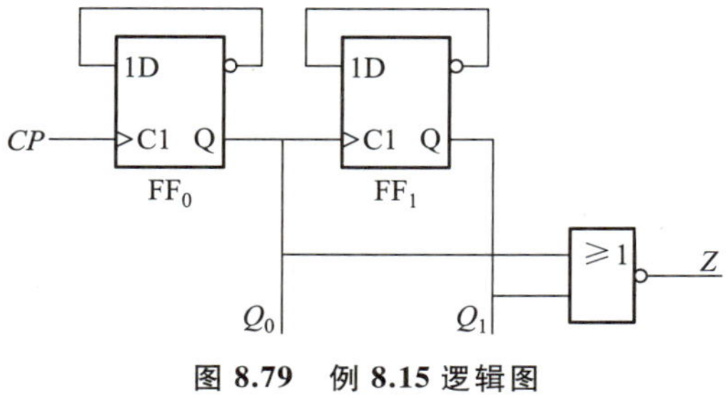

图 8.79　例 8.15 逻辑图

(6) 检验能否自启动

本例状态数与触发器数恰好匹配,所以电路能自启动。

例 8.15 的 Verilog HDL 描述如下:

```
module example8_15(CP, Z);
input CP;
output Z;

reg Q0, Q1;

always @ (posedge CP)
    Q0 <= ~Q0;

always @ (posedge Q0)
    Q1 <= ~Q1;

    nor NO1 (Z, Q0, Q1);

endmodule
```

异步电路的设计,没有统一的设计方法,常常借鉴一些现有的电路,实现所需要的时序电路。进一步举例来说明异步电路设计的灵活性。

例 8.16 设计一个五进制计数器(5 分频器),如果时钟是方波,要求所设计的 5 进制计数器输出方波。

解: 对于这样一个题目,设计时需要利用时钟是方波这一特性,也就是时钟的占空比为 50%。根据之前的同步时序逻辑电路的设计方法,可以很方便地设计出占空比为 2∶5 的 M5 同步计数器电路。如果再将占空比为 2∶5 的波形延迟半个时钟,将两个占空比为 2∶5 的信号利用**或**门运算,就能够得到方波,具体设计如下。

占空比为 2∶5 的 M5 同步计数器电路,状态转换图($Q_3Q_2Q_1$):**000—100—110—011—001—000**,因此其状态转移真值表如表 8.31 所示。

表 8.31 占空比为 2∶5 的 M5 同步计数器状态转移真值表

Q_1^n	Q_2^n	Q_3^n	Q_1^{n+1}	Q_2^{n+1}	Q_3^{n+1}
0	0	0	1	0	0
1	0	0	1	1	0
1	1	0	0	1	1
0	1	1	0	0	1
0	0	1	0	0	0

续表

Q_1^n	Q_2^n	Q_3^n	Q_1^{n+1}	Q_2^{n+1}	Q_3^{n+1}
0	1	0	×	×	×
1	0	1	×	×	×
1	1	1	×	×	×

由状态转移真值表,可以求得状态方程

$$Q_1^{n+1}=\overline{Q}_2\,\overline{Q}_3=\overline{Q_2+Q_3}$$

$$Q_2^{n+1}=Q_1$$

$$Q_3^{n+1}=Q_2$$

输出用 A 表示,则 $A=Q_3$。

画出逻辑图如图 8.80 所示。采用该逻辑电路,电路的状态转移真值表如表 8.32 所示。因此该电路是一个能够自启动的 M5 同步计数器电路。

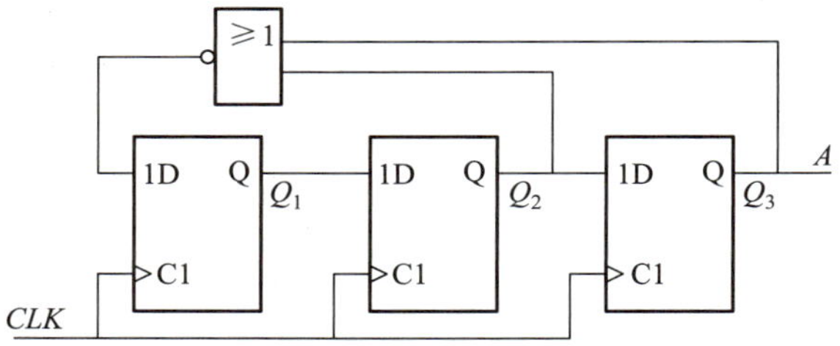

图 8.80　占空比为 2∶5 的 M5 同步计数器逻辑图

表 8.32　实现占空比为 2∶5 的 M5 同步计数器电路的状态转移真值表

Q_1^n	Q_2^n	Q_3^n	Q_1^{n+1}	Q_2^{n+1}	Q_3^{n+1}
0	0	0	1	0	0
1	0	0	1	1	0
1	1	0	0	1	1
0	1	1	0	0	1
0	0	1	0	0	0
0	1	0	0	0	1
1	0	1	0	1	0
1	1	1	0	1	1

占空比为 2∶5 的 M5 同步计数器的 Verilog HDL 描述如下:

```
module example8_16_1(CLK, A)
```

```
    input CLK;
    output A;

    reg Q1, Q2, Q3;

    always @ (posedge CLK)
        Q1 <= ~(Q3 | Q2);
        Q2 <= Q1;
        Q3 <= Q2;
    end
    assign A = Q3;
endmodule
```

将输出 A 延迟半个时钟周期,需要将 A 信号送到一个下边沿触发的触发器,触发器的 Q 端就可以输出需要的信号 B。将 A 和 B 进行**或**运算,得到需要的 5 分频方波。逻辑图如图 8.81 所示。波形图如图 8.82 所示。

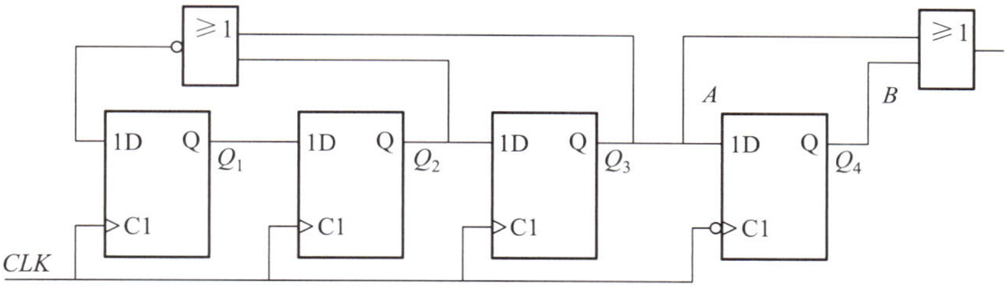

图 8.81 产生方波时钟信号的 5 分频方波逻辑图

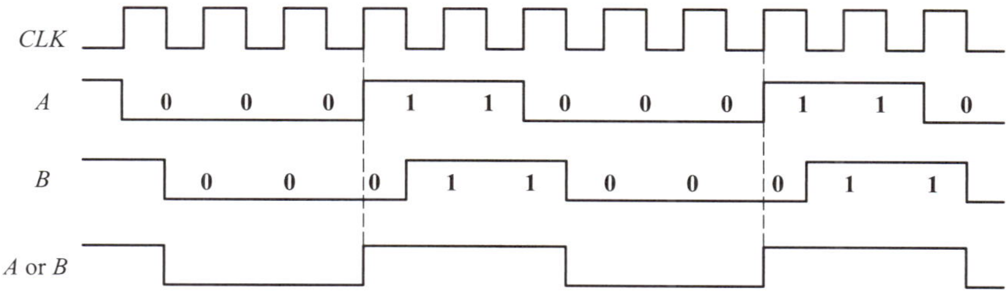

图 8.82 产生方波时钟信号的 5 分频方波图

电路的 Verilog HDL 描述如下:

```
module example8_16_2(CLK, F)
    input CLK;
    output F;
```

```
    reg Q1, Q2, Q3, Q4;

    always @ (posedge CLK)
        Q1 <= ~(Q3 | Q2);
        Q2 <= Q1;
        Q3 <= Q2;
    end

    always @ (negedge CLK)
        Q4 <= Q3;
    end

    assign F = Q3 | Q4;
endmodule
```

时序逻辑电路还有另外一种分类方法：按照时序逻辑电路的输出信号特点分类。如果时序逻辑电路的输出，仅仅取决于存储单元的状态，称为摩尔(Moore)型电路；如果输出信号不仅取决于存储单元的状态，还跟当前的输入信号有关，则称为米利(Mealy)型电路。在介绍组合逻辑电路与时序逻辑电路的区别时，曾经说过，时序逻辑电路的输出不仅取决于电路的当前输入，还跟电路所处的状态有关。由此可见，更为确切的是时序逻辑电路的输出，与电路的状态有关，而组合逻辑逻辑电路的输出，与电路所处的状态无关。

需要进一步说明的是，有时候时序逻辑电路看起来没有输出，这时候可以把时序逻辑电路的状态看成是电路的输出，否则，一个电路既没有输入，也没有输出，是不可理解的。

因此，对于在本章前面介绍的如图 8.37 所示的时序逻辑电路基本结构，米利型电路可以进一步化成图 8.83 所示的结构，而摩尔型电路可以分为图 8.84(a)、(b)两种结构。

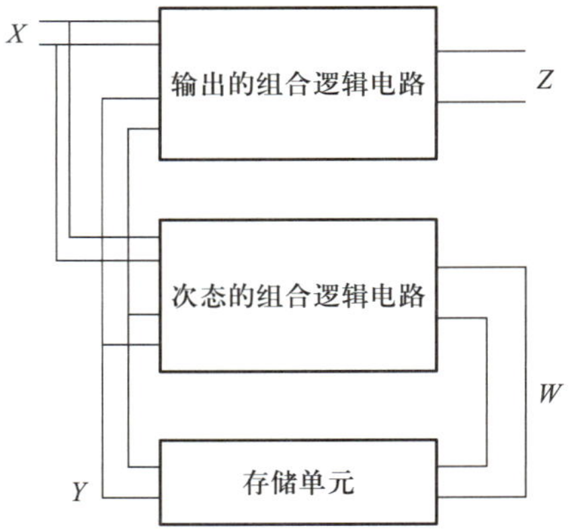

图 8.83　米利型电路结构图

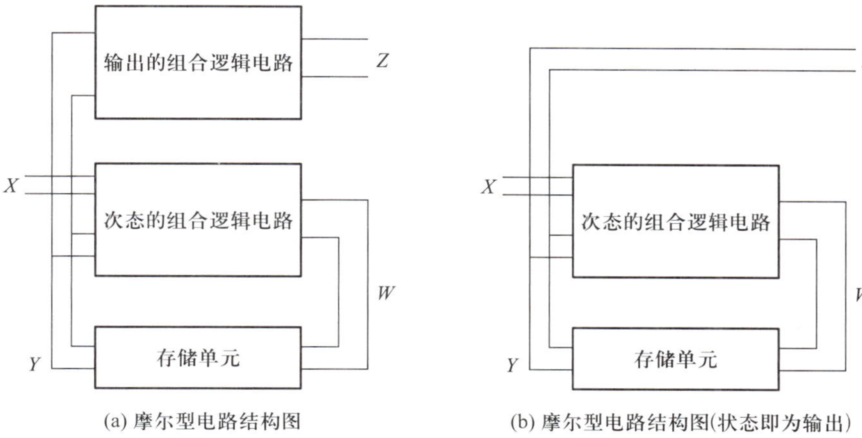

图 8.84　摩尔型电路结构

从图 8.83 和图 8.84 可以知道,这两种时序逻辑电路的输出是组合逻辑的输出。无论是电路的状态改变还是外输入的改变,组合逻辑电路的输出会立即产生变化,因此输出与时钟是不同步的。在很多情况下,不仅要求状态的变化同步,而且要求输出也同步。此时,可以在输出上增加一个寄存器,由时钟控制电路状态同步变化,同时也控制寄存器的输出同步。电路结构图如图 8.85 所示。

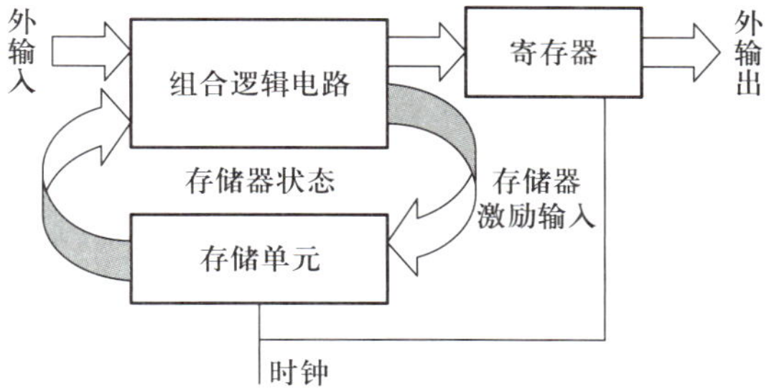

图 8.85　同步输出的时序逻辑电路结构图

输出寄存器常用于同步组合逻辑电路的输出,也用于多输入正在改变时让组合逻辑电路的输出保持不变,等到所有的输入稳定之后,再用时钟产生稳定的同步输出,寄存器将在下一章中讲解。

本章小结

锁存器和触发器是时序逻辑电路中常用的基本存储单元,具有两个特点:一是具有两个稳定的状态,能够存储一位的二进制信息;二是能够根据输入信号的变化,将其状态置 **1**

或者清**0**,完成状态转移。

锁存器(latch)是指在对输入敏感电平期间,可以根据输入随时改变输出的器件;触发器(flip-flop)是只在时钟信号变化的瞬间改变其状态的器件。有的锁存器有门控端,只是在门控电平有效期间接收输入,进行状态转移,在门控电平无效期间不会改变状态;有的锁存器没有门控端,任何时候都可以接收输入,进行状态转移。触发器分为主从触发器和边沿触发器。主从触发器在时钟为高电平期间主锁存器接收激励信号,主锁存器可以进行状态转移,而从锁存器保持,在时钟为低电平期间,主锁存器不接收激励而保持不变,从锁存器跟随主锁存器的状态,完成状态转移;边沿触发器仅仅在确定的时钟边沿对输入信号敏感。除此之外,特别介绍了CMOS锁存器和触发器,这是大规模集成电路中常用的单元电路。

描述锁存器和触发器的方法有状态转移方程(特征方程)、状态转移真值表、状态转换图、时序图以及激励表。

触发器类型有R-S触发器、J-K触发器、D触发器、T触发器以及T'触发器。这些类型的触发器在一定条件下可以相互转换。

集成触发器常常带有异步使能端,以扩展触发器的应用。由于大规模集成电路往往采用CMOS工艺,而CMOS工艺的触发器结构是一致的,大多为D触发器,因此在后续的触发器应用中,尽量使用边沿D触发器。

时序逻辑电路由组合逻辑电路和存储电路两部分组成,存储电路记忆了电路的状态,与电路当前输入共同决定电路的输出。因此,时序逻辑电路的输出不仅取决于当前的输入信号,还与电路所处的状态有关。

时序逻辑电路的描述方法有输出方程和状态转移方程、状态转移真值表、状态转换图和时序图,它们在对时序逻辑电路的描述形式上各有特点,可以相互转换。

时序逻辑电路分为同步时序逻辑电路和异步时序逻辑电路。同步时序逻辑电路是在同一时钟的同一时刻,电路同步完成状态转移;异步电路不一定有时钟,就算有时钟也不是在同一个时刻完成状态转移的。

时序逻辑电路的分析和设计是两个相反的过程。电路分析是要根据逻辑电路图,写出输出方程和状态方程、状态转移真值表、状态转换图和时序图,从而知道电路的逻辑功能。时序逻辑电路的设计是首先要分析清楚电路要实现的逻辑功能,做出初始的状态转移真值表或者转换图,然后状态化简,状态分配,求出所用触发器的驱动方程和输出方程,画出逻辑图,讨论电路的自启动性。初始的状态转移真值表或者状态转换图是最重要的,正确理解电路的功能是关键。

习　题

8.1　题8.1图(a)所示电路是锁存器,试画出在如题8.1图(b)所示输入$\overline{R}$,$\overline{S}$的波形作用下,Q端的输出波形。

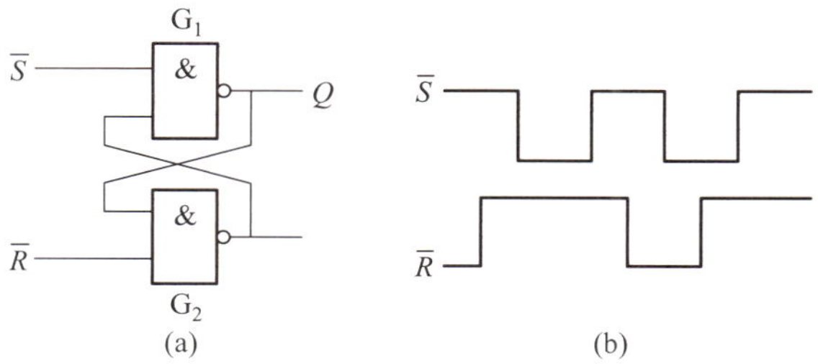

题 8.1 图

• **8.2** 试分析题 8.2 图所示电路的逻辑功能，列出状态转移真值表。

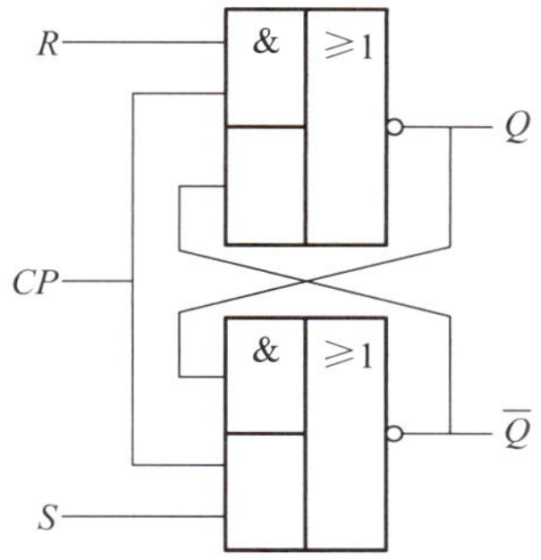

题 8.2 图

• **8.3** 画出题 8.3 图(a)所示由**或非**门组成的锁存器输出端 Q 的电压波形，输入端 S，R 的电压波形如题 8.3 图(b)所示。

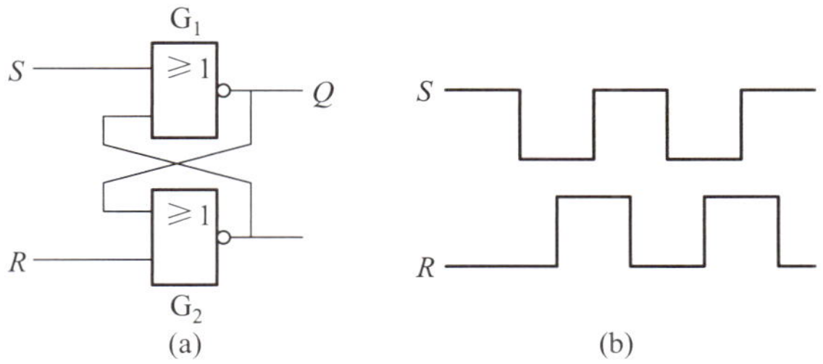

题 8.3 图

• **8.4** 由**或非**门组成的锁存器和输入端信号如题 8.4 图所示，设锁存器的初始状态为 **1**，画出输出端 Q 的波形。

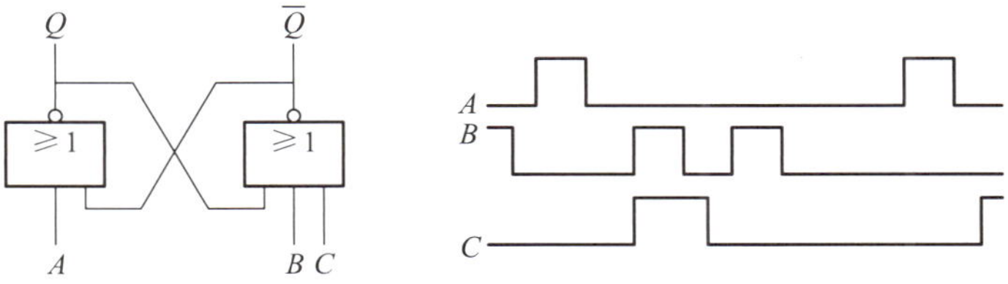

题 8.4 图

• **8.5**　题 8.5 图(a)是为防抖动输出设计的开关电路，其中的锁存器是由两个**与非门**构成的。当拨动开关 S 时，开关触点会在瞬间发生抖动。假设拨动开关 S 时，$\overline{S}_D$、$\overline{R}_D$ 的电压波形如题 8.5 图(b)所示，试画出 Q 端对应的输出波形。

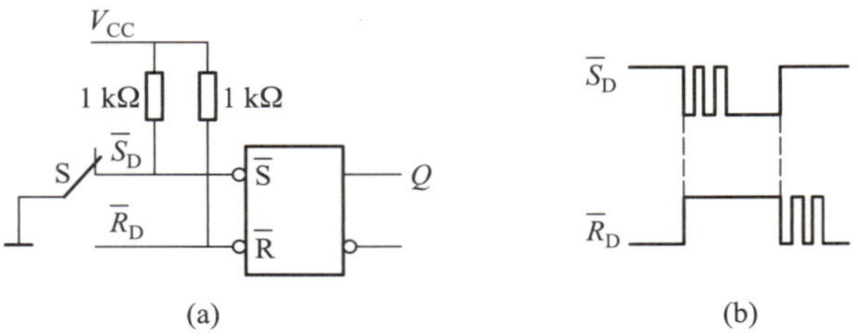

题 8.5 图

• **8.6**　在题 8.6 图所示电路中，若 CP、S、R 的电压波形如图中所示，试画出 Q 端的电压波形。假定锁存器的初始状态为 $Q=\mathbf{0}$。

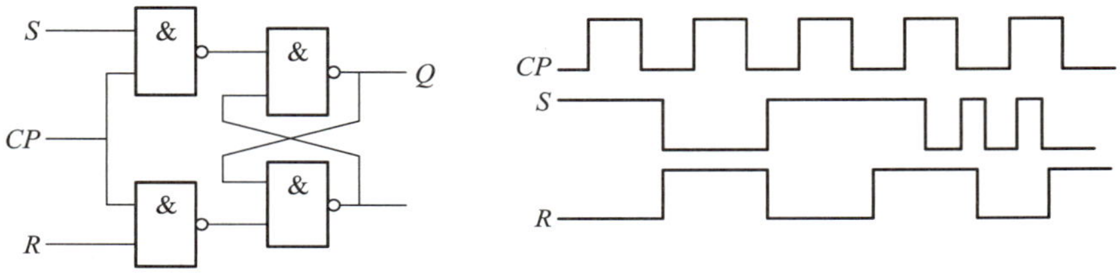

题 8.6 图

• **8.7**　题 8.7 图所示电路的初始状态为 $Q=\mathbf{1}$，R、S 端和 CP 端的输入信号如图所示，试画出电路的输出端 Q 和 $\overline{Q}$ 的波形。

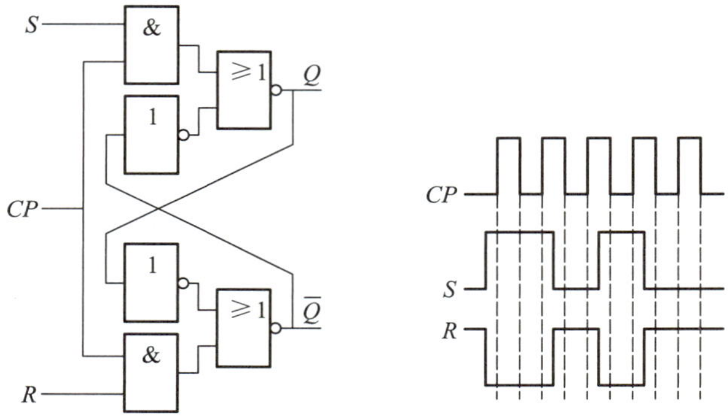

题 8.7 图

• **8.8**　门控 R-S 锁存器如题 8.8 图所示，设锁存器的初始状态为 **0**，画出在门控端作用下，对应于 R、S 输入信号波形的输出端 Q 的波形。

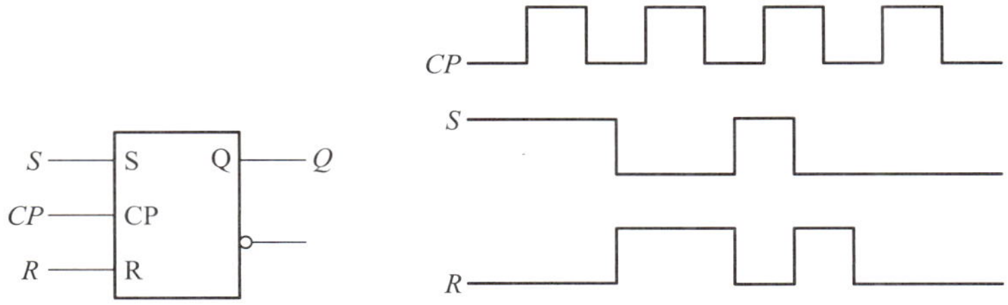

题 8.8 图

● **8.9** 电路及 CP 波形如题 8.9 图所示，试画出输出端 Q 的波形，设触发器的起始状态为 **0**。

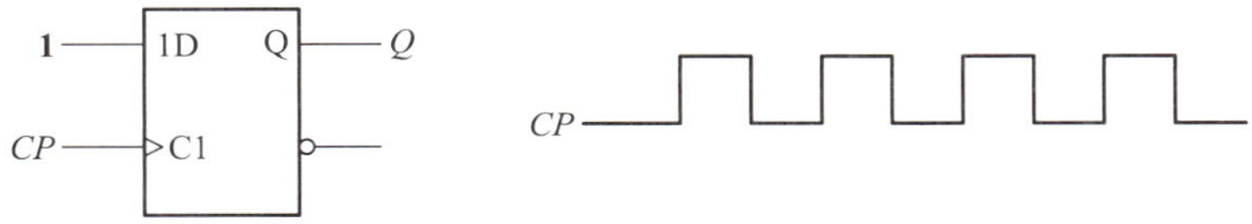

题 8.9 图

● **8.10** 电路及 CP，D 的波形如题 8.10 图所示，试画出对应的输出端 Q 的波形。

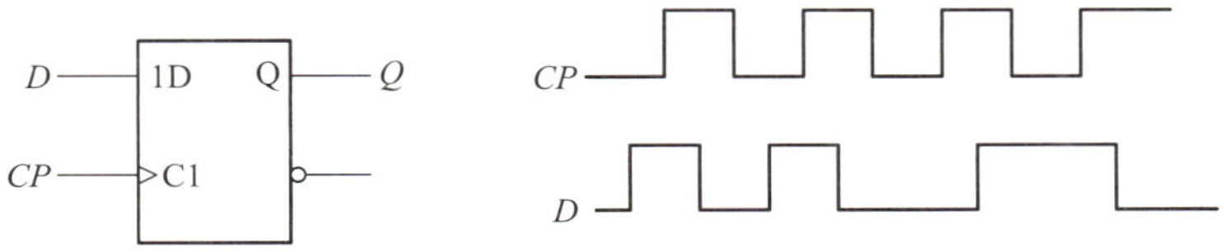

题 8.10 图

● **8.11** 电路及 CP 波形如题 8.11 图所示，试画出输出端 Q 的波形，设触发器的起始状态为 **0**。

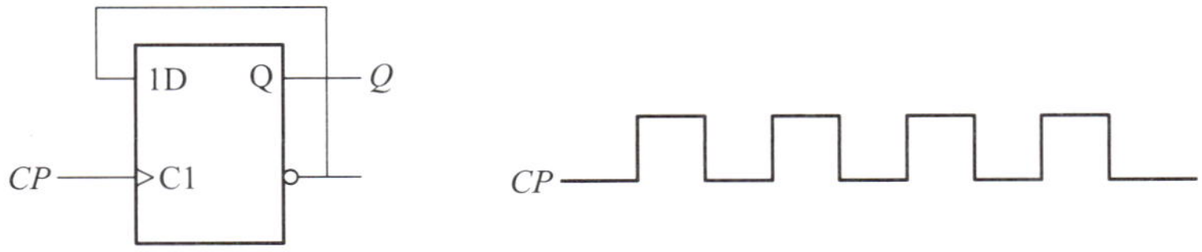

题 8.11 图

● **8.12** 在题 8.12 图所示电路中，已知输入信号 V_I 的电压波形，试画出与之对应的输出电压 V_O 的波形。触发器初始状态为 $Q=\mathbf{0}$。

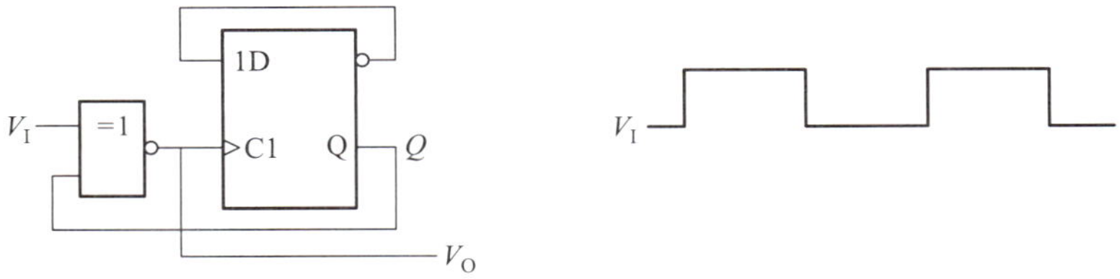

题 8.12 图

- **8.13**　归纳 R-S 锁存器、门控锁存器、主从触发器和边沿触发器翻转的特点。
- **8.14**　电路如题 8.14 图所示，假设触发器的初始状态为 **0**，画出在 CP 作用下，Q 端的输出波形。

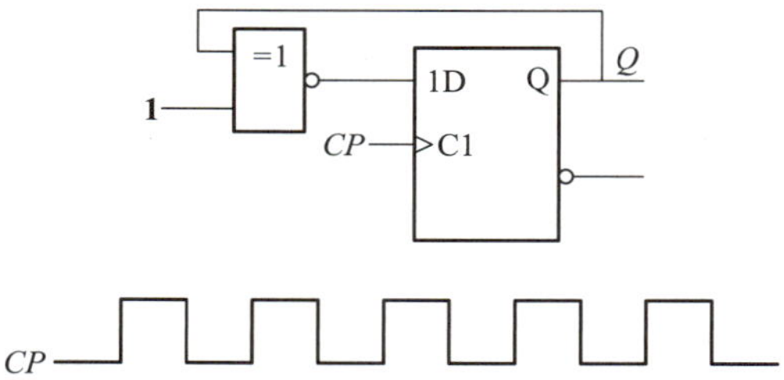

题 8.14 图

- **8.15**　电路如题 8.15 图所示，假设触发器的初始状态为 **0**，画出在 CP 作用下 Q 端的波形。

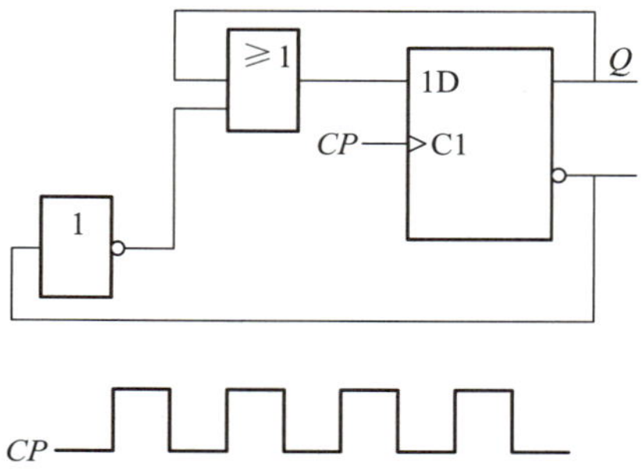

题 8.15 图

- **8.16**　电路如题 8.16 图所示，画出在图所示的 CP 和 K 波形作用下的 Q 端波形。

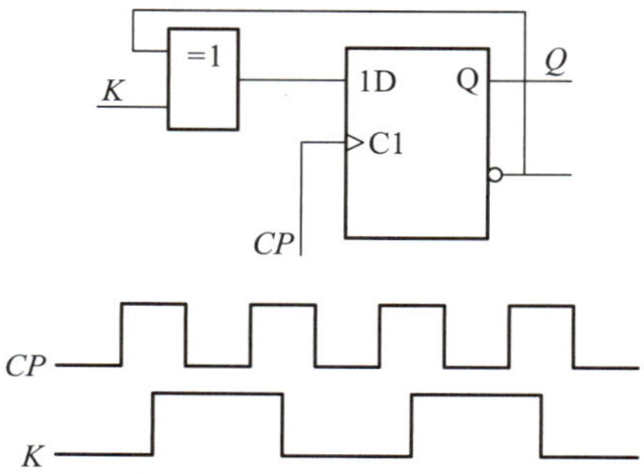

题 8.16 图

- **8.17**　说明描述触发器逻辑功能常用的几种方法。
- **8.18**　画出题 8.18 图所示触发器在图示波形作用下对应的 Q 端波形，假设 $\overline{S}_D$ 为 **1**，Q 初始为 **0**。

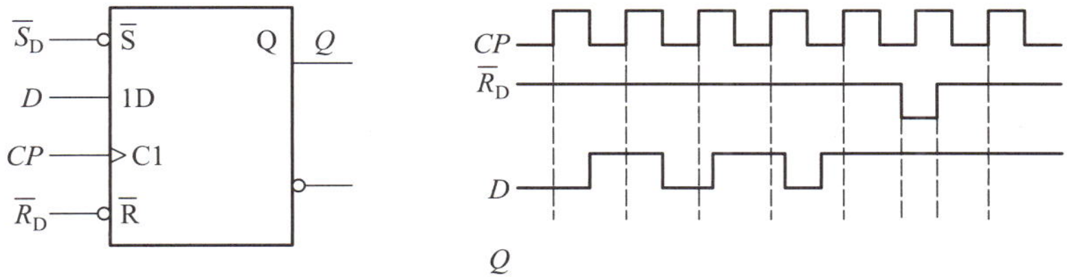

题 8.18 图

• **8.19** 画出题 8.19 图所示 D 触发器构成的电路在时钟和输入 S、R 的作用下 Q 端的波形。

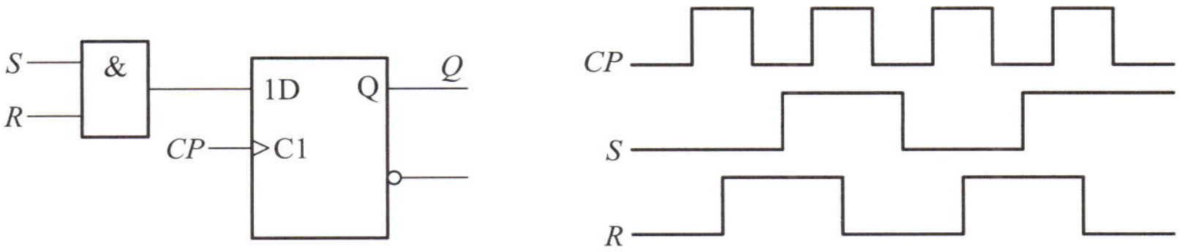

题 8.19 图

• **8.20** 画出题 8.20 图所示 D 触发器构成的电路在时钟和输入的作用下 Q 端的波形。

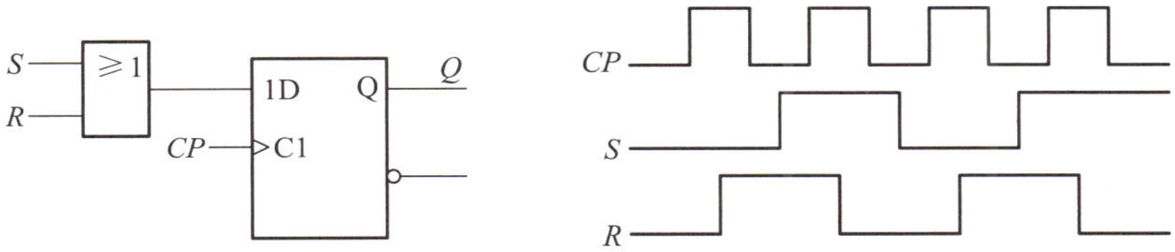

题 8.20 图

• **8.21** 画出题 8.21 图所示电路在 CP 和输入 S 的作用下 Q 端的波形。

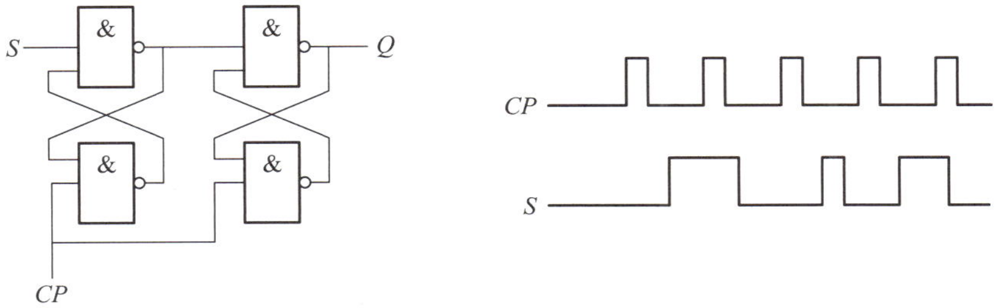

题 8.21 图

• **8.22** 画出题 8.22 图所示 D 触发器构成的电路在时钟和输入的作用下 Q 端的波形。

• **8.23** 电路如题 8.23 图所示。假设触发器的初始状态为 **0**，画出在连续脉冲 CP 作用下 Y 端的输出波形。

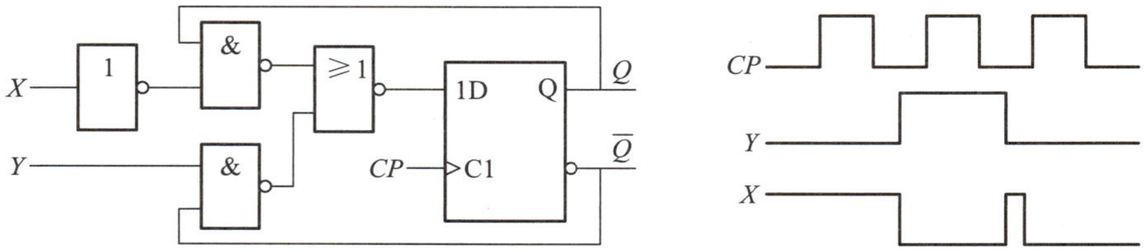

题 8.22 图

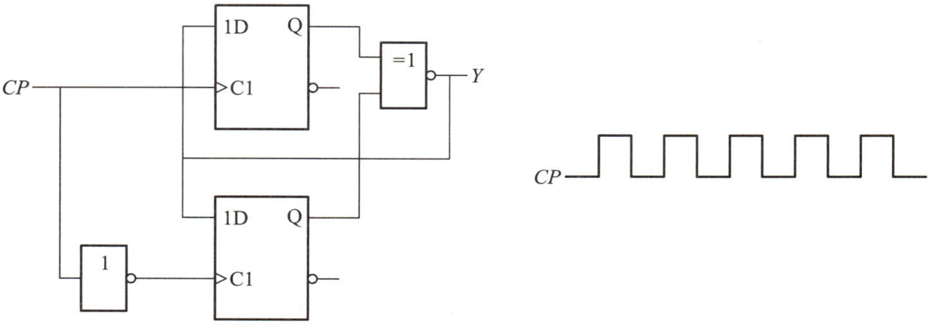

题 8.23 图

● **8.24**　分析题 8.24 图所示电路，画出电路状态转移真值表。

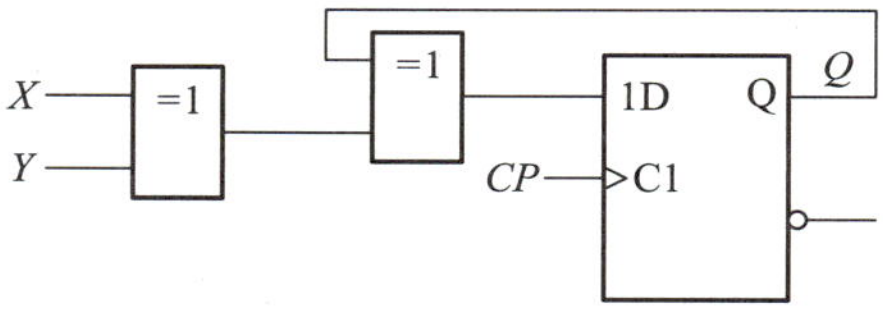

题 8.24 图

● **8.25**　试说明组合逻辑电路与时序逻辑电路在电路结构和输入输出关系上的区别。

● **8.26**　试画出题 8.26 图(a)所示电路的输出 Y、Z 波形。输入信号 A 和时钟 CP 的波形如题 8.26 图(b)所示，触发器的初始状态为 **0**。

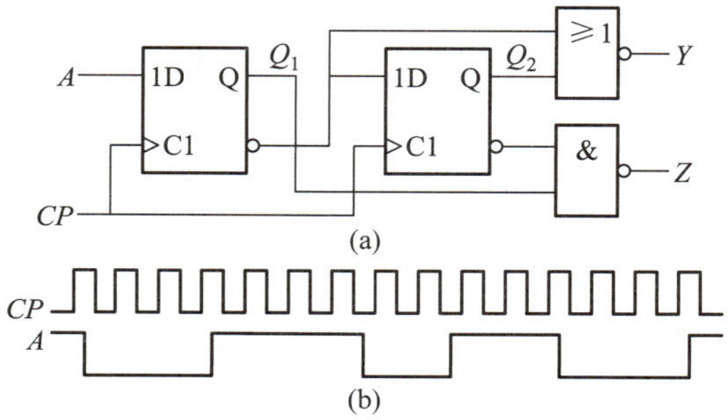

题 8.26 图

● **8.27**　电路的时序图如题 8.27 图所示，画出电路的状态转换图，其中 Y 为输出。

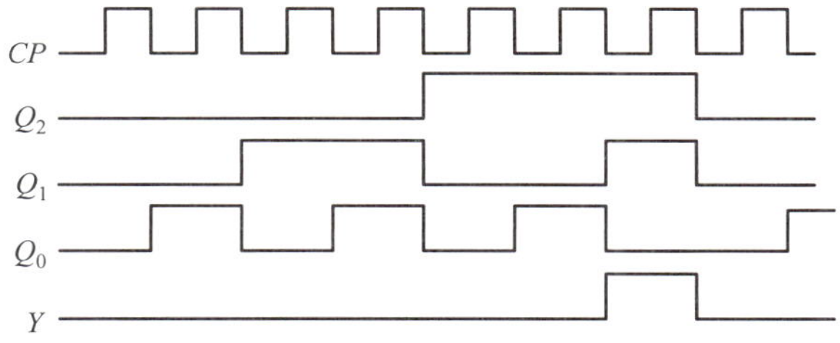

题 8.27 图

• **8.28** 电路的时序图如题 8.28 图所示，画出电路的状态转移真值表和状态转换图，其中 X 为输入，Y 为输出。

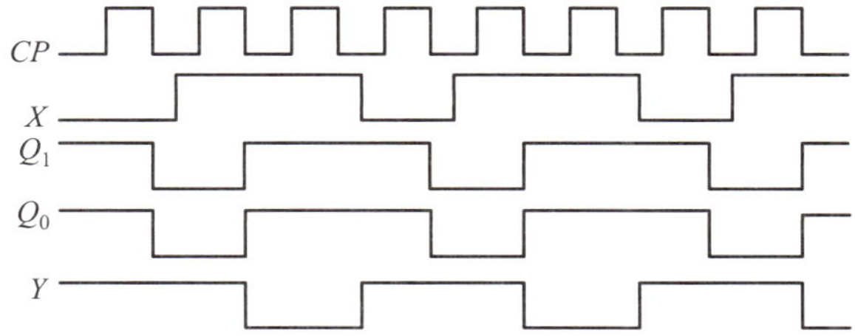

题 8.28 图

• **8.29** 两个前边沿 D 触发器构成的同步时序逻辑电路驱动方程和输出方程为

$$D_1 = X_1X_2 + X_1Q_1^n + X_2Q_2^n$$

$$D_2 = X_1 \oplus X_2 \oplus Q_1^n$$

$$Z = Q_2^n$$

输入信号的波形如题 8.29 图所示，试画出初态为 **00** 时 Q_1、Q_2 和 Z 的波形。

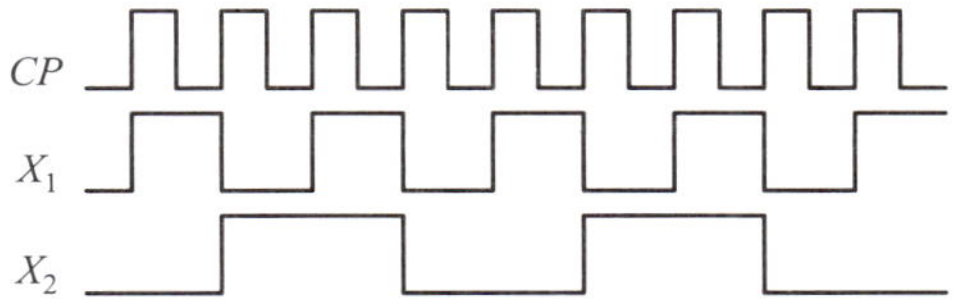

题 8.29 图

• **8.30** 电路如题 8.30 图(a)所示，画出题 8.30 图(b)中的 Q_0、Q_1 波形(初始状态为 **00**)。

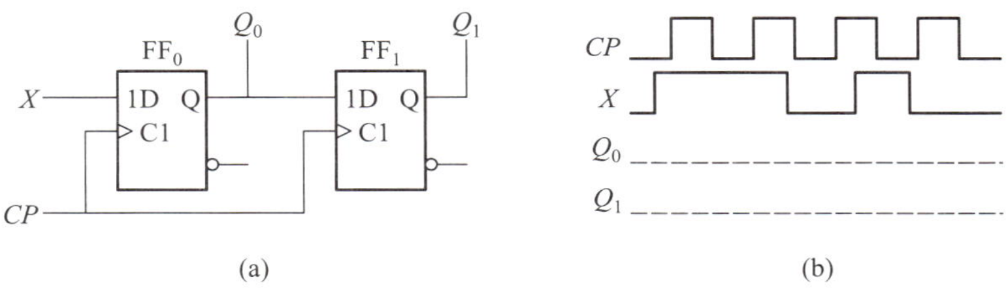

题 8.30 图

8.31　电路如题 8.31 图所示，画出在脉冲作用下 $Q_3Q_2Q_1Q_0$ 的输出波形（初态为 **0000**）。

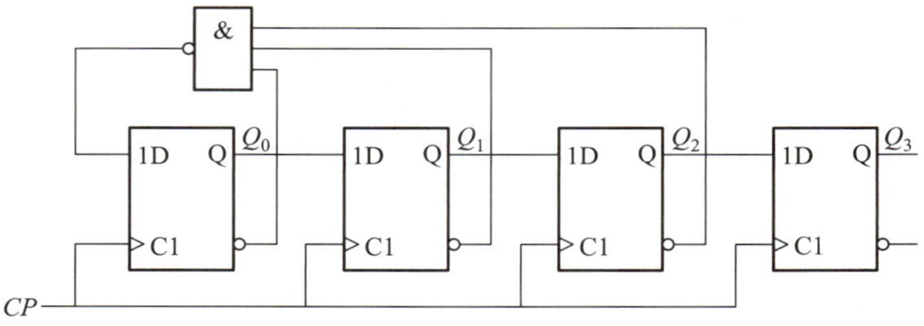

题 8.31 图

8.32　写出题 8.32 图所示电路的状态转移方程、输出方程、状态转移真值表、状态转换图和时序图。

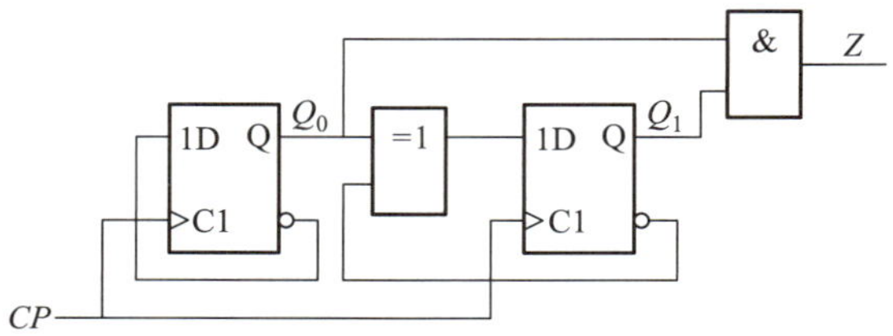

题 8.32 图

8.33　电路如题 8.33 图（a）所示，在题 8.33 图（b）中画出 Q 的波形，触发器的初始状态为 **0**。

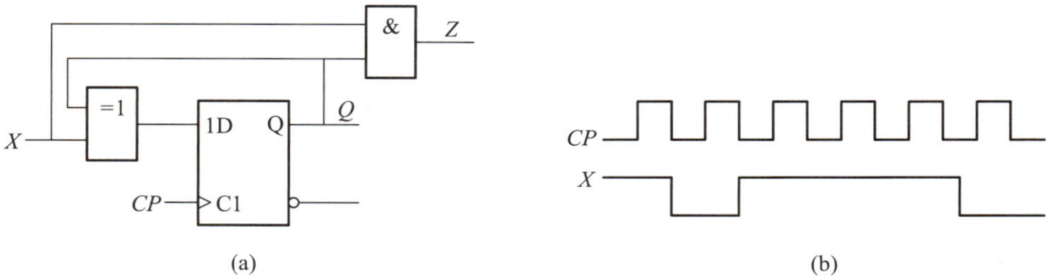

题 8.33 图

8.34　分析题 8.34 图所示电路，写出状态转移真值表和状态转换图。

8.35　电路如题 8.35 图所示，两个触发器的初态都为 **0**，画出 Z 的波形。

8.36　分析题 8.36 图所示电路，写出状态转移方程、输出方程、状态转移真值表、状态转换图和时序图。

8.37　分析题 8.37 图所示的逻辑电路，写出状态转移方程、状态转移表和状态图。

8.38　分析题 8.38 图所示的逻辑电路，写出状态转移方程、输出方程、状态转移真值表和状态转换图。

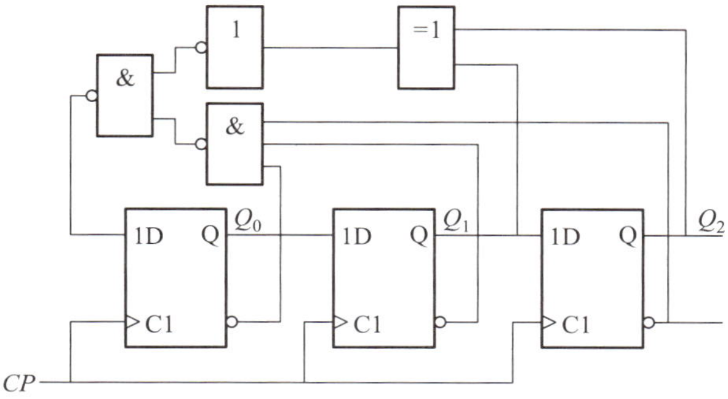

题 8.34 图

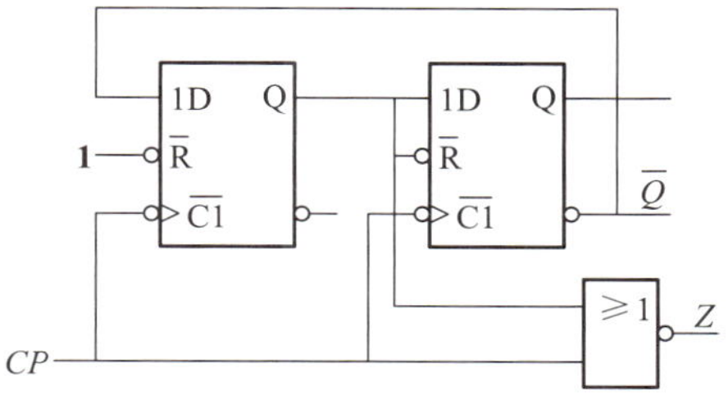

题 8.35 图

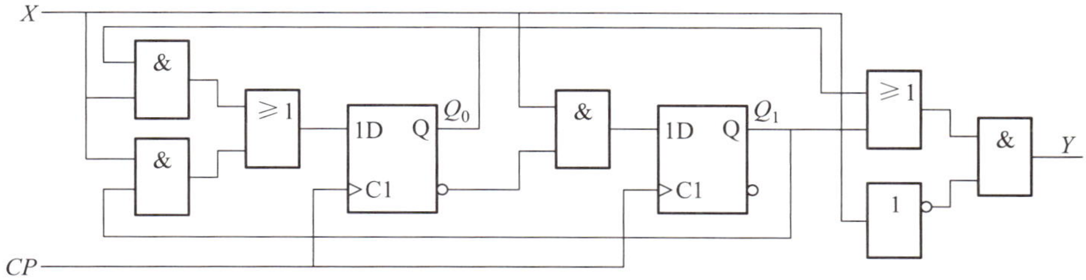

题 8.36 图

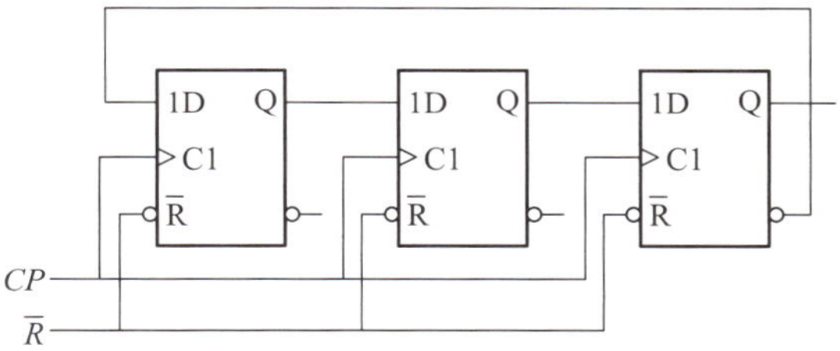

题 8.37 图

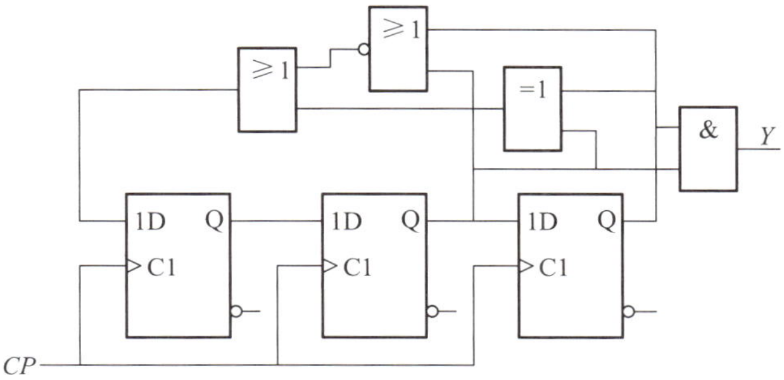

题 8.38 图

- **8.39** 分析题 8.39 图所示的逻辑电路，画出状态转换图。

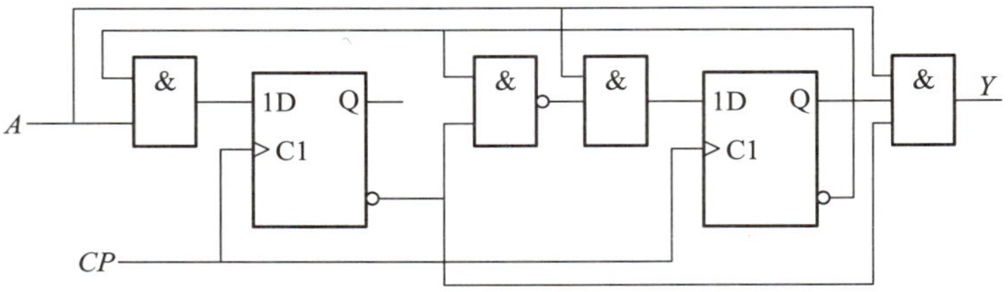

题 8.39 图

• **8.40**　分析题 8.40 图所示的逻辑电路，写出状态转移真值表和状态转换图。

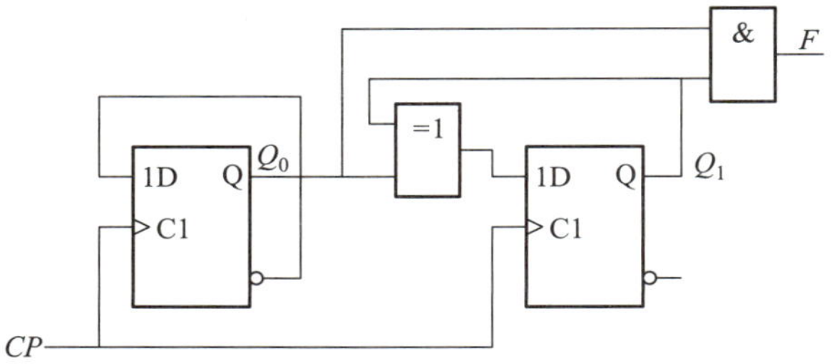

题 8.40 图

• **8.41**　分析如题 8.41 图所示电路，写出其状态转移真值表，画出时序图。

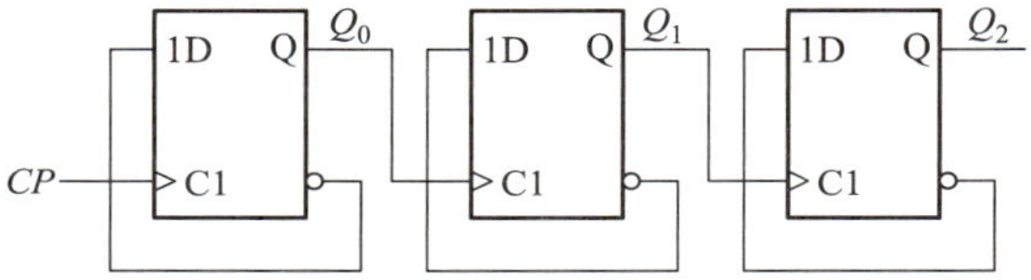

题 8.41 图

• **8.42**　电路如题 8.42 图(a)所示，画出(b)中 B、C 的波形，触发器的初始状态为 **0**。

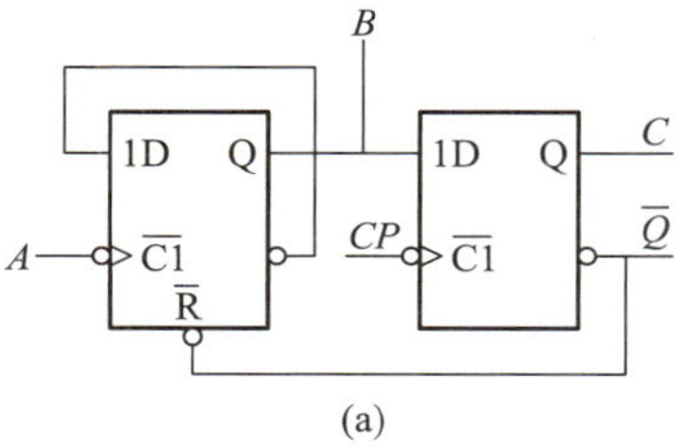

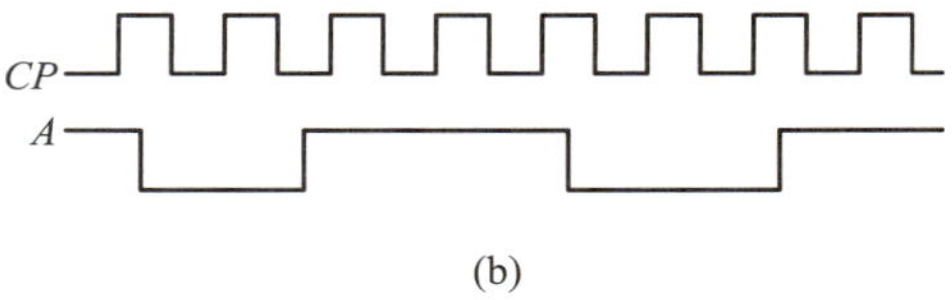

题 8.42 图

• **8.43**　分析题 8.43 图所示电路，写出其状态方程和时钟方程，作出状态转移真值表。

• **8.44**　分析题 8.44 图所示电路，写出状态转移方程，画出状态转移真值表和时序图。

• **8.45**　时序电路的状态转换图如题 8.45 图所示，若该电路的初态为 **00**，当输入序列 X = **010110**(左位先入)，写出电路的输出序列 Z。

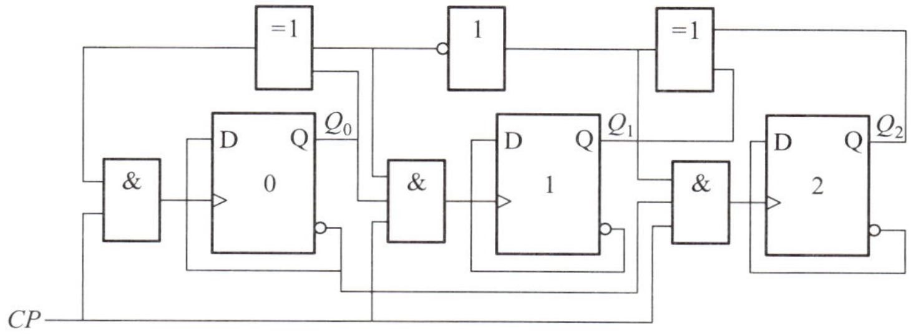

题 8.43 图

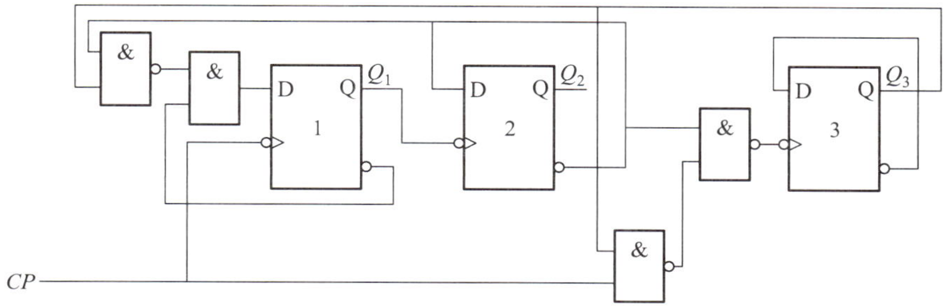

题 8.44 图

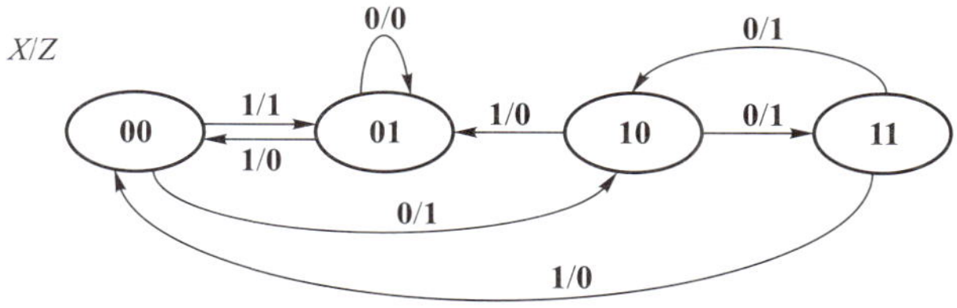

题 8.45 图

- **8.46** 化简题 8.46 图所示的状态转换图。
- **8.47** 化简题 8.47 图所示的状态转换图。

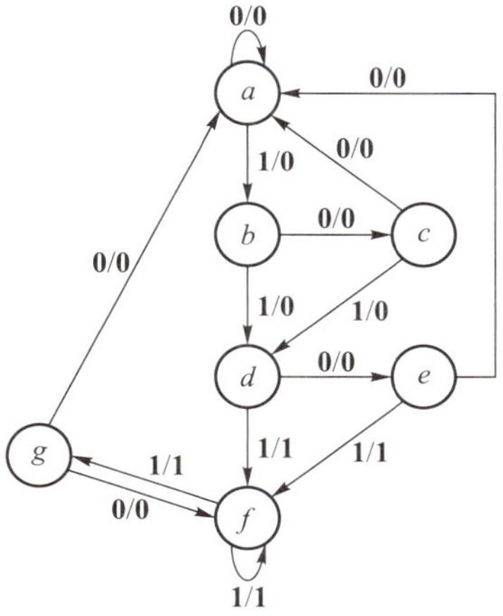

题 8.46 图

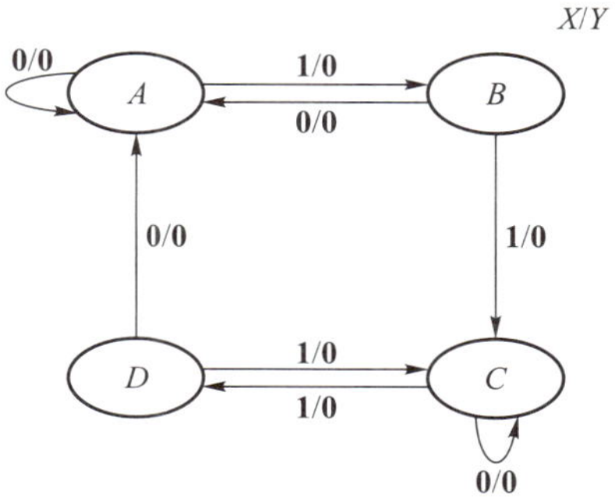

题 8.47 图

- **8.48**　已知状态转移真值表如题 8.48 表所示，作出对应的状态转换图。

题 8.48 表

现态	次态/输出 Z_1				输出 Z_2
	$X_2X_1=00$	$X_2X_1=01$	$X_2X_1=11$	$X_2X_1=10$	
S_0	$S_0/0$	$S_1/0$	$S_2/1$	$S_3/0$	1
S_1	$S_1/0$	$S_2/1$	$S_0/0$	$S_3/1$	1
S_2	$S_2/0$	$S_1/0$	$S_3/0$	$S_3/0$	0
S_3	$S_3/0$	$S_0/1$	$S_2/1$	$S_2/0$	1

- **8.49**　设计 111 序列检测器。
- **8.50**　设计 1110 序列检测器。
- **8.51**　设计同步时序逻辑电路，状态转换图如题 8.51 图所示。

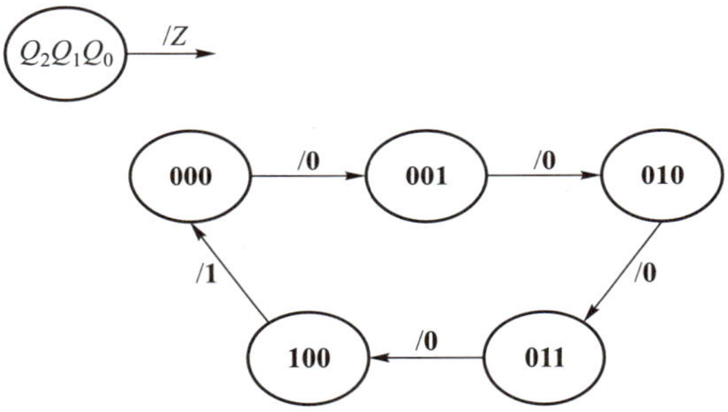

题 8.51 图

- **8.52**　用 D 触发器和门电路设计一个同步时序逻辑电路，状态转换图如题 8.52 图所示。

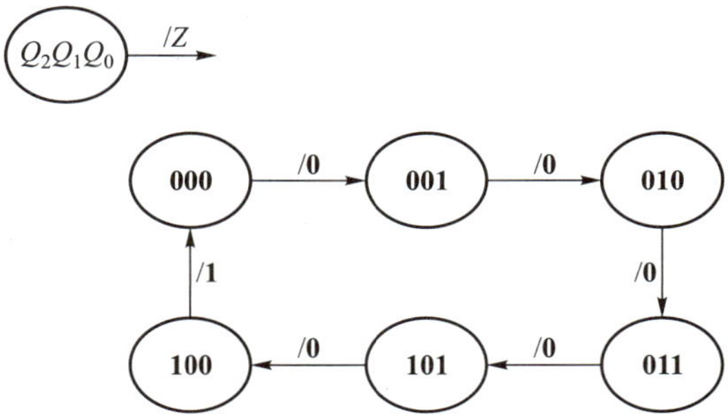

题 8.52 图

- **8.53**　用 D 触发器设计逻辑电路实现如题 8.53 图所示的状态转移。

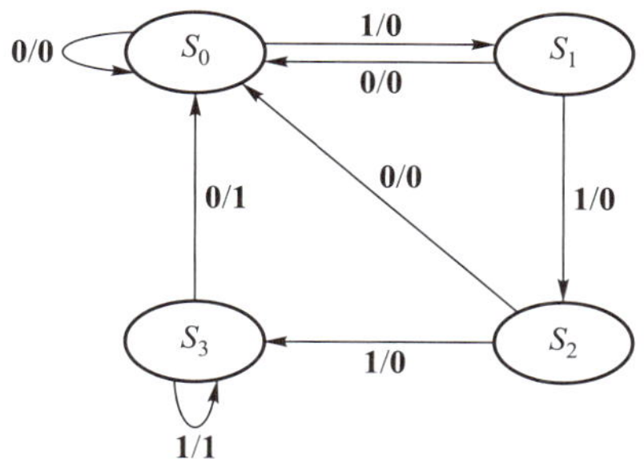

题 8.53 图

• **8.54** 试用 D 触发器设计一个可控模计数器，要求：

当 $X=\mathbf{1}$ 时，计数器的输出 $Q_2Q_1Q_0$ 的状态转移如题 8.54 图(a)所示；

当 $X=\mathbf{0}$ 时，计数器的输出 $Q_2Q_1Q_0$ 的状态转移如题 8.54 图(b)所示。

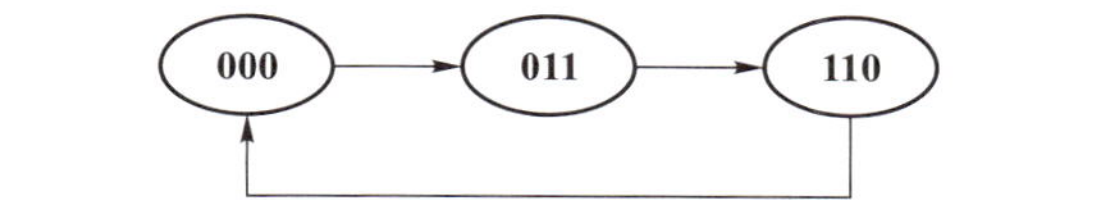

题 8.54 图

• **8.55** 试用后沿 D 触发器设计同步时序逻辑电路，电路状态转换图如题 8.55 图所示，按照如下编码：

S_0：**00**，S_1：**10**，S_2：**01**。

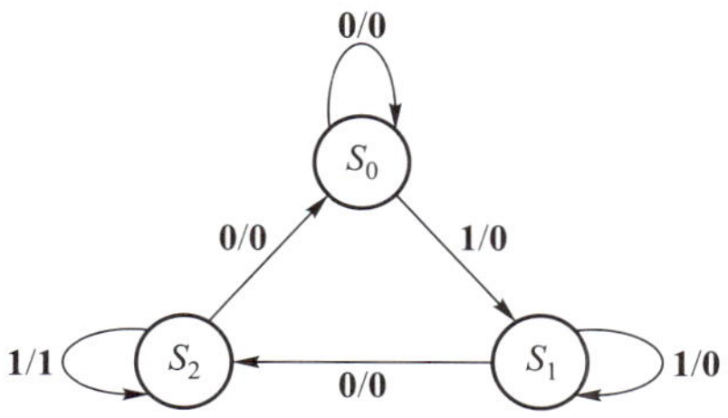

题 8.55 图

• **8.56** 根据题 8.56 表所示的状态转移真值表，分别用 D 触发器和 J-K 触发器设计电路。

题 8.56 表

A^nB^n	$A^{n+1}B^{n+1}$		Z	
	$X=0$	$X=1$	$X=0$	$X=1$
00	11	00	0	1
01	00	01	0	0
10	01	11	1	0
11	00	00	1	1

- **8.57**　用 D 触发器设计一个时序逻辑电路，实现题 8.57 图所示的时序。

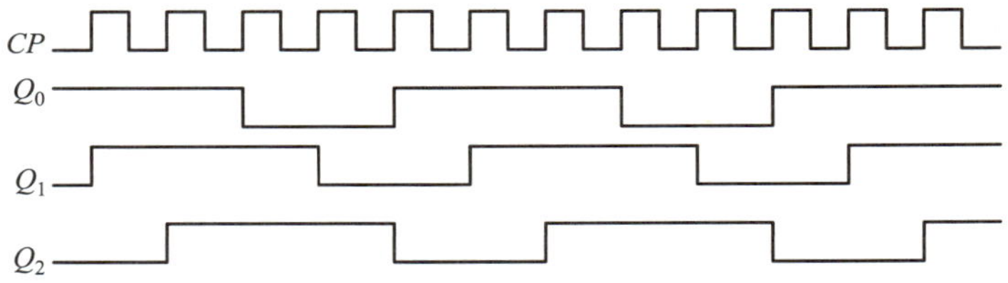

题 8.57 图

- **8.58**　试用 D 触发器设计一个同步五进制加法计数器。
- **8.59**　用 D 触发器和门电路设计一个十一进制计数器，并检查设计的电路能否自启动。
- **8.60**　用 D 触发器和适当的门电路设计时序逻辑电路，两输入端 X_1、X_2 在连续两个时钟或两个以上时钟输入一致时，输出 Y 为 **1**。
- **8.61**　用上升沿 D 触发器设计 4 位二进制异步加法计数器。
- **8.62**　用下降沿 D 触发器设计 3 位二进制异步减法计数器。
- **8.63**　用 D 触发器和门电路设计一个序列信号发生器电路，周期性输出“**0010110111**”的序列。

第 9 章

常用的时序逻辑电路模块

为了方便使用，计算机和数字系统中常用的时序逻辑电路模块，专门做成了集成电路模块，包括寄存器、移位寄存器、计数器、序列信号发生器等。结合上一章的时序逻辑电路的分析方法和设计方法，本章从分析或者设计的角度说明功能器件的设计方法或者分析方法，并介绍时序逻辑功能模块的应用。

本章介绍寄存器 74175、移位寄存器 74195、双向移位寄存器 74194、4 位二进制计数器 74161、二－十进制计数器 74160 等。对于简单的功能器件，仅对器件的功能进行说明。对于电路结构相对复杂的器件，利用时序逻辑电路的分析方法或者设计方法进行介绍，并说明其应用。

9.1 寄存器和移位寄存器

9.1.1 寄存器

寄存器是能够存储二进制信息的时序电路，它具有接收和寄存二进制数码的功能。前面介绍的触发器，就是一种可以存储 1 位二进制信息的寄存器。如果用 n 个触发器合并在一起使用，就可以存储 n 位二进制信息，构成 n 位寄存器。由 D 触发器组成的 4 位集成寄存器 74175 的逻辑电路图如图 9.1(a)所示，其引脚图如图 9.1(b)所示。从图中可以知道，$\overline{R}_D$ 是连接到每个触发器的异步清零控制端。因此，当它取值为 **0** 时，集成移位寄存器的每一个 Q 端都会清零。$D_0 \sim D_3$ 是并行数据输入端，CP 为时钟脉冲端，$Q_0 \sim Q_3$ 是并行数据输出端，$\overline{Q}_0 \sim \overline{Q}_3$ 是反码数据输出端。当 $\overline{R}_D = \mathbf{1}$ 时，在 CP 的前边沿，$D_0 \sim D_3$ 的并行数据就会被送入 $Q_0 \sim Q_3$ 中。

74175 的功能如表 9.1 所示。

从功能表上可以知道，4 位集成寄存器 74175 的功能是接收外部输入的数码并储存。需要存储的 4 位二进制数码送到数据输入端 $D_0 \sim D_3$，在 CP 端有送数脉冲上升沿后，4 位数码就并行地出现在 4 个触发器 Q 端。

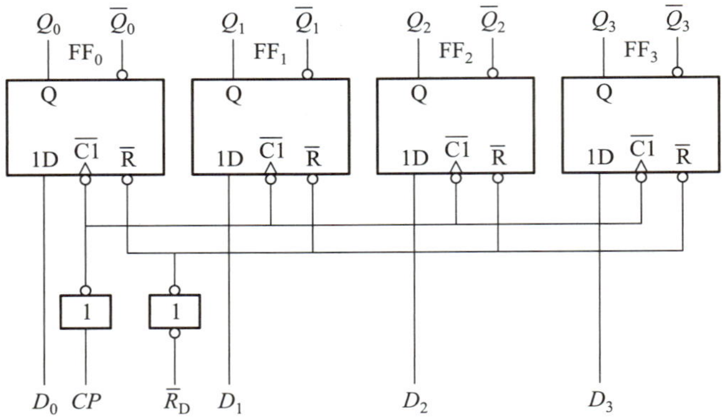

(a) 逻辑图

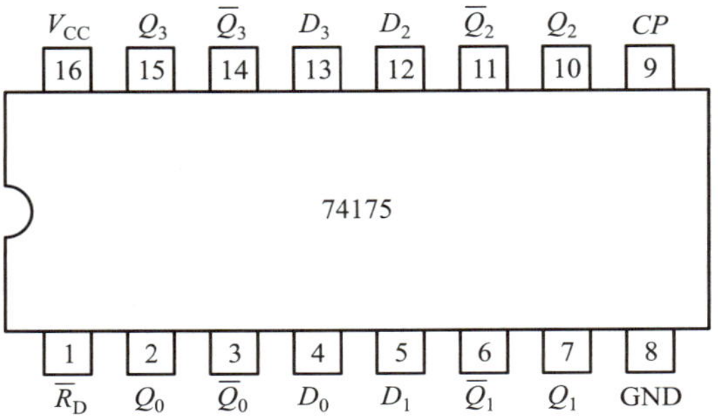

(b) 引脚排列

图 9.1　4 位集成寄存器 74175

表 9.1　74175 的功能表

清零	时钟	输入				输出				工作模式
$\overline{R}_D$	CP	D_0	D_1	D_2	D_3	Q_0	Q_1	Q_2	Q_3	
0	×	×	×	×	×	**0**	**0**	**0**	**0**	异步清零
1	↑	D_0	D_1	D_2	D_3	D_0	D_1	D_2	D_3	数据寄存
1	**1**	×	×	×	×	保　持				数据保持
1	**0**	×	×	×	×	保　持				数据保持

9.1.2　移位寄存器

移位寄存器不但可以寄存数据，而且可以将寄存的数据按照指令进行移位。移位是在移位脉冲作用下，寄存器中的数据可根据需要向左或向右移动 1 位或者多位。

1. 4 位右移寄存器

4 位右移寄存器的逻辑图如图 9.2 所示。假设移位寄存器的初始状态为 **0000**，串行输入数码 D_1 = **1101**，从高位到低位依次输入。在 4 个移位脉冲作用后，输入的 4 位串行数码 **1101** 全部存入了寄存器中。电路的状态表如表 9.2 所示，时序图如图 9.3 所示。

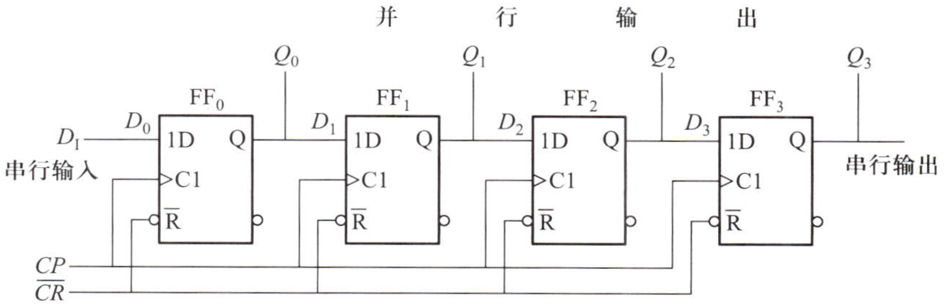

图 9.2 *D* 触发器构成的 4 位右移寄存器

表 9.2 右移寄存器的状态表

移位脉冲	输入数码	输 出			
CP	D_1	Q_0	Q_1	Q_2	Q_3
0		**0**	**0**	**0**	**0**
1	**1**	**1**	**0**	**0**	**0**
2	**1**	**1**	**1**	**0**	**0**
3	**0**	**0**	**1**	**1**	**0**
4	**1**	**1**	**0**	**1**	**1**

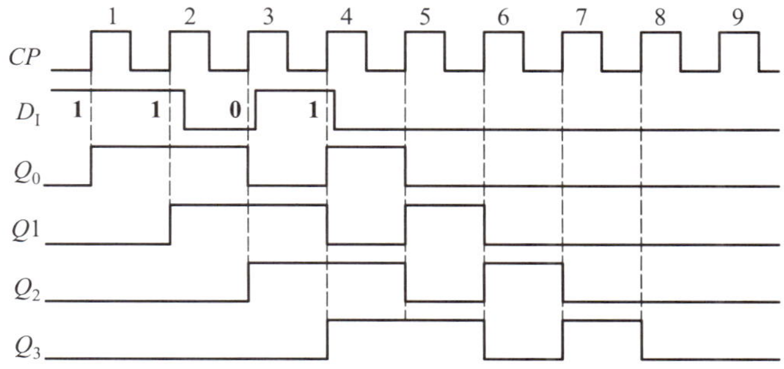

图 9.3 电路的时序图

移位寄存器中的数码可由 Q_3、Q_2、Q_1 和 Q_0 并行输出，也可从 Q_3 串行输出。串行输出时，要继续输入 4 个移位脉冲，才能将寄存器中存放的 4 位数码 **1101** 依次输出。图 9.3 中第 4 到第 7 个 CP 脉冲及所对应的 Q_3、Q_2、Q_1、Q_0 波形，就是将 4 位数码 **1101** 串行输出的过程，也就是从 Q_3 输出串行数据。所以，移位寄存器具有串行输入—并行输出和串行输入—串行输出两种工作方式。

4 位右移寄存器的 Verilog HDL 描述如下：

```
module right_shift_reg_4b (
    input wire          CP,
    input wire          CR_n,
    input wire          DI,
    output wire[3:0]    Q_parallel, // 并行输出
    output wire         Q_serial    // 串行输出
);
reg Q0, Q1, Q2, Q3;
always@ (posedge CP or negedge CR_n) begin
    if(! CR_n)
      {Q3, Q2, Q1, Q0} <= 4'b0;
    else
      {Q3, Q2, Q1, Q0} <= {Q2, Q1, Q0, DI};
end
assign Q_parallel = {Q3, Q2, Q1, Q0};
assign Q_serial = Q3;
endmodule
```

2. 4 位左移寄存器

图 9.4 所示是一个由 D 触发器构成的左移寄存器，数据从 FF_3 的 D_3 移入，从 FF_0 的 Q_0 移出，其工作情况与右移寄存器类似。

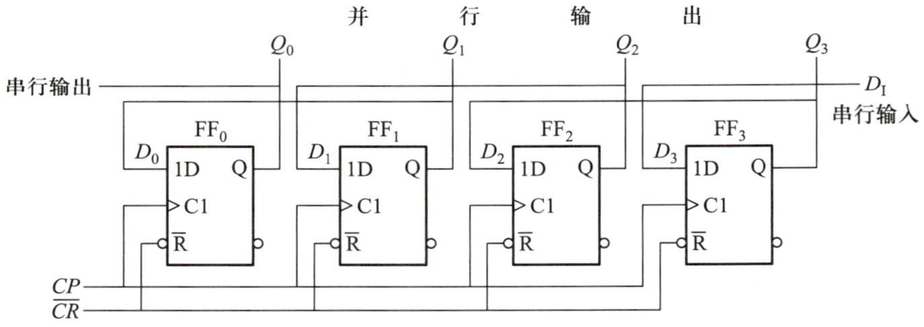

图 9.4　D 触发器构成的 4 位左移寄存器

D 触发器组成的 4 位左移寄存器，其 Verilog HDL 描述如下：

```
module left_shift_reg_4b (
    input wire          CP,
    input wire          CR_n,
    input wire          DI,
    output wire [3:0]   Q_parallel, // 并行输出
```

```
    output wire          Q_serial    // 串行输出
);

reg Q0, Q1, Q2, Q3;
always@(posedge CP or negedge CR_n) begin
    if(! CR_n)
        {Q0, Q1, Q2, Q3} <= 4'b0;
    else
        {Q0, Q1, Q2, Q3} <= {Q1, Q2, Q3, DI};
end
assign Q_parallel = {Q3, Q2, Q1, Q0};
assign Q_serial = Q0;
endmodule
```

3. 4 位双向移位寄存器

将右移寄存器和左移寄存器组合起来，并引入控制端 S 控制移位的方向，便构成既可左移又可右移的双向移位寄存器，如图 9.5 所示。

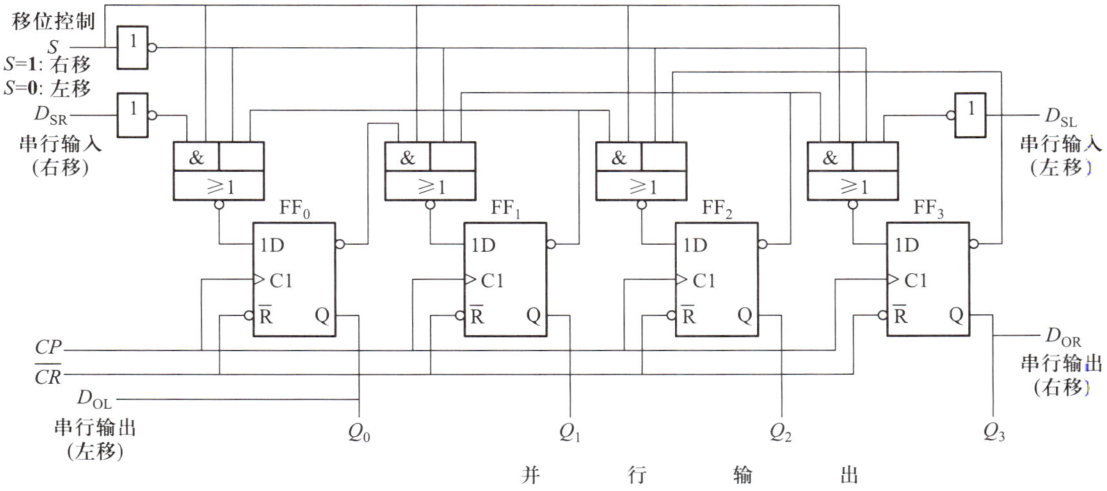

图 9.5 D 触发器构成的 4 位双向移位寄存器

由图 9.5 可知该电路的驱动方程为

$$D_0 = \overline{S\,\overline{D_{SR}} + \overline{S}\,\overline{Q_1}} \tag{9-1}$$

$$D_1 = \overline{S\,\overline{Q_0} + \overline{S}\,\overline{Q_2}} \tag{9-2}$$

$$D_2 = \overline{S\,\overline{Q_1} + \overline{S}\,\overline{Q_3}} \tag{9-3}$$

$$D_3 = \overline{S\,\overline{Q_2} + \overline{S}\,\overline{D_{SL}}} \tag{9-4}$$

其中，D_{SR}为右移串行输入端，D_{SL}为左移串行输入端。

当 $S=\mathbf{1}$ 时，$D_0=D_{SR}$、$D_1=Q_0$、$D_2=Q_1$、$D_3=Q_2$，在 CP 脉冲作用下，实现右移操作；

当 $S=\mathbf{0}$ 时，$D_0=Q_1$、$D_1=Q_2$、$D_2=Q_3$、$D_3=D_{SL}$，在 CP 脉冲作用下，实现左移操作。

D 触发器构成的 4 位双向移位寄存器，其 Verilog HDL 描述如下：

```
module bi_direction_shift_reg(
    input CP,
    input CR_n,
    input S,          // 移位选择
    input DSR,        // 右移时输入的数据
    output DOR,       // 右移时移出的数据
    input DSL,        // 左移时输入的数据
    output DOL        // 左移时移出的数据
);
reg Q0, Q1, Q2, Q3;
always@ (posedge CP or negedge CR_n) begin
    if(! CR_n)
      {Q3, Q2, Q1, Q0} <= 4'b0;
    else begin
      Q3 <= ~((~Q2 & S) | (~S & ~DSL));
      Q2 <= ~((~Q1 & S) | (~S & ~Q3 ));
      Q1 <= ~((~Q0 & S) | (~S & ~Q2 ));
      Q0 <= ~((~DSR & S) | (~S & ~Q1 ));
    end
end
assign DOL = Q0;
assign DOR = Q3;
endmodule
```

4. 集成移位寄存器

(1) 右移移位寄存器 74195

74195 是具有串行输入、并行输入和串、并行输出的 4 位右移寄存器，其逻辑图、简化逻辑符号分别见图 9.6 和图 9.7。在逻辑符号中，J、$\overline{K}$为串行输入端，作右移操作时，第一级触发器的状态 Q_0^{n+1} 由 J、$\overline{K}$ 和 Q_0^n 决定。$D_0D_1D_2D_3$ 和 $Q_0Q_1Q_2Q_3$ 分别为并行输入端和并行输出端。末级触发器由 Q_3、$\overline{Q}_3$ 双端输出。$SH/\overline{LD}$是移位/置数功能控制端。

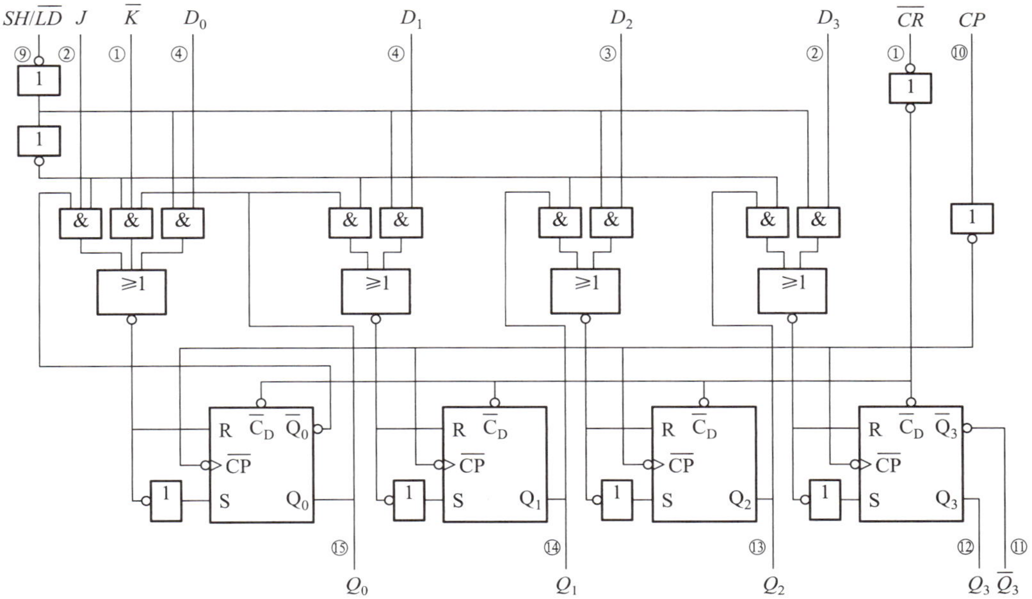

图 9.6　4 位右移寄存器 74195 逻辑图

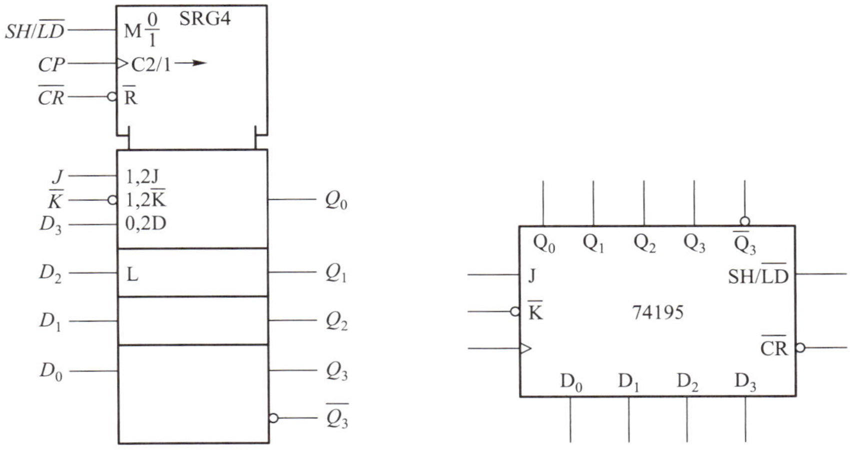

(a) 逻辑符号(国标)　　(b) 逻辑符号(简易)

图 9.7　4 位右移寄存器 74195 逻辑符号

由电路的逻辑图可知，当 $\overline{CR}=\mathbf{0}$ 时，各个触发器清零，因此这是一个异步清零端。

当 $\overline{CR}=\mathbf{1}$ 时，根据电路逻辑图，可以得到如下分析：

当 $SH/\overline{LD}=\mathbf{0}$ 时

$$Q_0^{n+1}=[D_0]CP\uparrow \qquad (9-5)$$

$$Q_1^{n+1}=[D_1]CP\uparrow \tag{9-6}$$

$$Q_2^{n+1}=[D_2]CP\uparrow \tag{9-7}$$

$$Q_3^{n+1}=[D_3]CP\uparrow \tag{9-8}$$

因此，当 $SH/\overline{LD}=\mathbf{0}$ 时，在 CP 上升沿到达时，电路执行并行送数功能，数据由 $D_0D_1D_2D_3$ 送到 $Q_0Q_1Q_2Q_3$；

当 $SH/\overline{LD}=\mathbf{1}$ 时

$$Q_0^{n+1}=[J\overline{Q}_0+\overline{K}Q_0]CP\uparrow \tag{9-9}$$

$$Q_1^{n+1}=[Q_0]CP\uparrow \tag{9-10}$$

$$Q_2^{n+1}=[Q_1]CP\uparrow \tag{9-11}$$

$$Q_3^{n+1}=[Q_2]CP\uparrow \tag{9-12}$$

这表明，当 $SH/\overline{LD}=\mathbf{1}$ 时，在 CP 上升沿到达时，电路执行右移移位寄存功能，Q_0 接收 J、$\overline{K}$串行输入数据。

由此，可以列出 74195 的功能表如表 9.3 所示。

表 9.3　74195 的功能表

$SH/\overline{LD}$	J	$\overline{K}$	$\overline{CR}$	CP	Q_0^{n+1}	Q_1^{n+1}	Q_2^{n+1}	Q_3^{n+1}	功能
×	×	×	**0**	×	**0**	**0**	**0**	**0**	异步清零
1	**0**	**0**	**1**	↑	**0**	Q_0^n	Q_1^n	Q_2^n	串入、右移
1	**0**	**1**	**1**	↑	Q_0^n	Q_0^n	Q_1^n	Q_2^n	
1	**1**	**0**	**1**	↑	$\overline{Q}_0^n$	Q_0^n	Q_1^n	Q_2^n	
1	**1**	**1**	**1**	↑	**1**	Q_0^n	Q_1^n	Q_2^n	
0	×	×	**1**	↑	D_0	D_1	D_2	D_3	并入

（2）双向移位寄存器 74194

74194 是由 4 个触发器组成的 4 位双向移位寄存器，其逻辑图如图 9.8 所示。逻辑符号和引脚图如图 9.9 所示。

D_{SL}和 D_{SR}分别是左移和右移串行输入端；Q_0 和 Q_3 分别是左移和右移时的串行输出端；D_0、D_1、D_2 和 D_3 是并行输入端；Q_0、Q_1、Q_2 和 Q_3 为并行输出端。

74194 的功能表如表 9.4 所示。

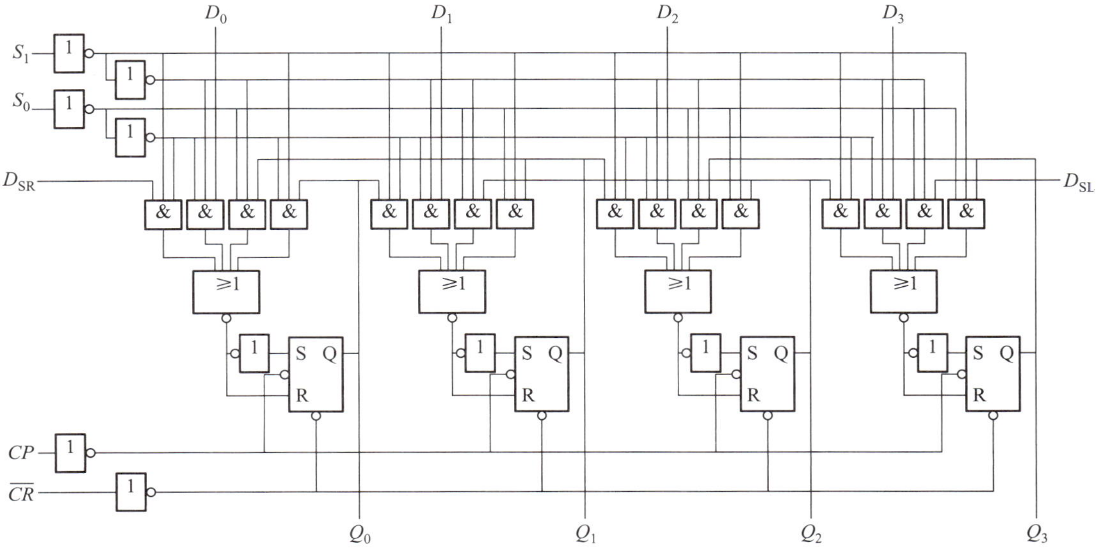

图 9.8　双向移位寄存器 74194 逻辑图

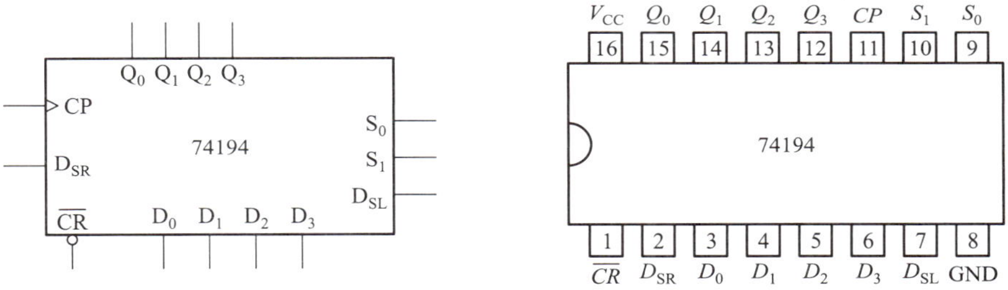

(a) 逻辑符号　　(b) 引脚图

图 9.9　双向移位寄存器 74194

表 9.4　74194 的功能表

输入											输出				工作模式
清零	控制		串行输入		时钟	并行输入									
$\overline{CR}$	S_1	S_0	D_{SL}	D_{SR}	CP	D_0	D_1	D_2	D_3	Q_0	Q_1	Q_2	Q_3	
0	×	×	×	×	×	×	×	×	×	**0**	**0**	**0**	**0**	异步清零
1	**0**	**0**	×	×	×	×	×	×	×	Q_0^n	Q_1^n	Q_2^n	Q_3^n	保持
1	**0**	**1**	×	**1**	↑	×	×	×	×	**1**	Q_0^n	Q_1^n	Q_2^n	右移，D_{SR} 为输入，Q_3 为输出
1	**0**	**1**	×	**0**	↑	×	×	×	×	**0**	Q_0^n	Q_1^n	Q_2^n	
1	**1**	**0**	**1**	×	↑	×	×	×	×	Q_1^n	Q_2^n	Q_3^n	**1**	左移，D_{SL} 输入，Q_0 为输出
1	**1**	**0**	**0**	×	↑	×	×	×	×	Q_1^n	Q_2^n	Q_3^n	**0**	
1	**1**	**1**	×	×	↑	D_0	D_1	D_2	D_3	D_0	D_1	D_2	D_3	并行置数

由功能表可知 74194 具有如下功能。

异步清零：当 $\overline{CR}=\mathbf{0}$ 时即刻清零，与其他输入状态及 CP 无关；

当 $\overline{CR}=\mathbf{1}$ 时 74194 有 4 种工作方式，其中 S_1、S_0 是工作方式控制端。

当 $S_1S_0=\mathbf{00}$ 时，不论有无 CP 到来，各触发器状态不变，触发器保持原来的状态；

当 $S_1S_0=\mathbf{01}$ 时，在 CP 的上升沿，实现右移操作，即 $D_{SR}\to Q_0\to Q_1\to Q_2\to Q_3$；

当 $S_1S_0=\mathbf{10}$ 时，在 CP 的上升沿，实现左移操作，即 $D_{SL}\to Q_3\to Q_2\to Q_1\to Q_0$；

当 $S_1S_0=\mathbf{11}$ 时，在 CP 的上升沿，实现并行送数操作：$D_0\to Q_0$，$D_1\to Q_1$，$D_2\to Q_2$，$D_3\to Q_3$。

可以使用两片双向移位寄存器 74194 构成 8 位双向移位寄存器，如图 9.10 所示。利用 74194 完成 8 位的双向移位寄存器功能，要解决的问题是右移时，左边的 74194 最后一位数据 Q_3 能够按照时序移进右边移位寄存器的 Q_0，以实现 8 位数据的右移。因此左边 74194 的 Q_3 与右边 74194 的 D_{SR} 相连，8 位右移寄存器右移数据输入端就是左边 74194 的 D_{SR}；要完成 8 位左移数据时，右边 74194 的 Q_0 数据要能够移进左边 74194 的 Q_3，也就是与左边的 D_{SL} 相连接。这样，8 位左移寄存器左移数据输入端就是右边 74194 的 D_{SL} 端。

两片的时钟 CP 要统一连接到一起，同样，异步清零端、方式控制端也要连在一起。并行数据输入和数据输出端合并起来使用。

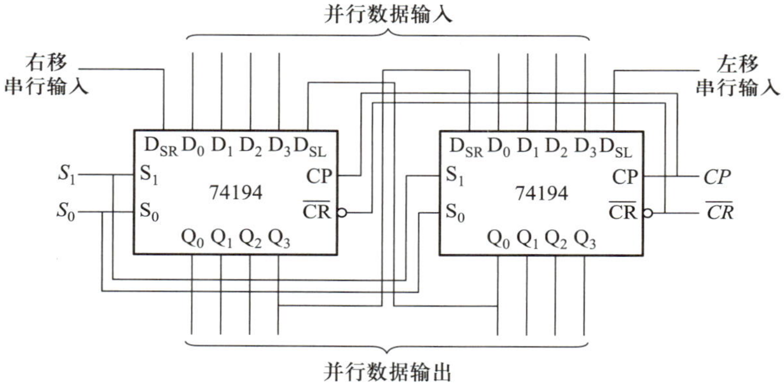

图 9.10　两片 74194 构成 8 位双向移位寄存器

5. 移位寄存器的应用

(1) 实现数据的串并行转换

在数字系统中，信息的传输通常是串行传送，而到了终端，往往要求并行的数据输入或输出，因此，在信息的接收端，需要将串行信号变换为并行信号，而在信息的发送端，需要将并行信号变换成串行信号。

由前面的 74195 功能表和 74194 功能表，可以利用移位寄存器实现 4 位数据的串行到并行之间的转换。

先看 74195 构成的 4 位右移寄存器：当 $\overline{CR}=\mathbf{1}$ 时，$SH/\overline{LD}=\mathbf{1}$ 时，如果把 J、$\overline{K}$ 连接在一起，接到外部数据的输入端，那么在时钟脉冲的作用下，外部数据就会一位一位地移入寄存器，当移入 4 位数据时，如果这时让其并行输出，那么就完成了 4 位串行数据到并行数据的转换。如图 9.11 所示。

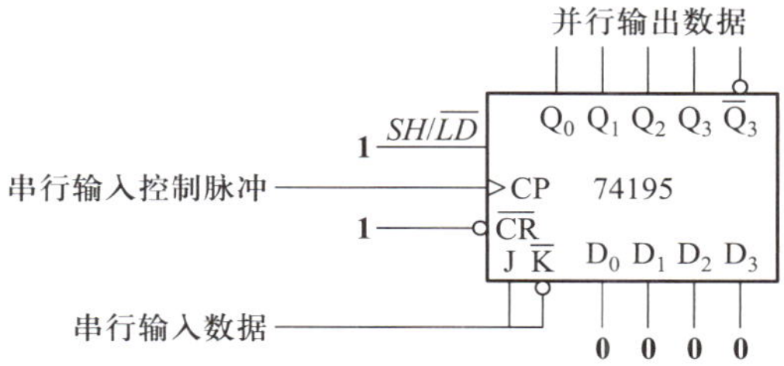

图 9.11 74195 实现 4 位串行到并行数据转换

并行输出的数据输出时刻必须与串行数据输入时钟相配合，其时序为当串行移进四个数据后，允许并行输出数据，而且不能影响后一组数据的输入。因此，串行输入控制脉冲 CP 和并行输出控制脉冲的关系如图 9.12 所示。这里假设并行输出控制脉冲为高电平允许并行数据输出，也就是，每一位并行数据与并行输出控制脉冲相**与**后，输出有效的并行数据。

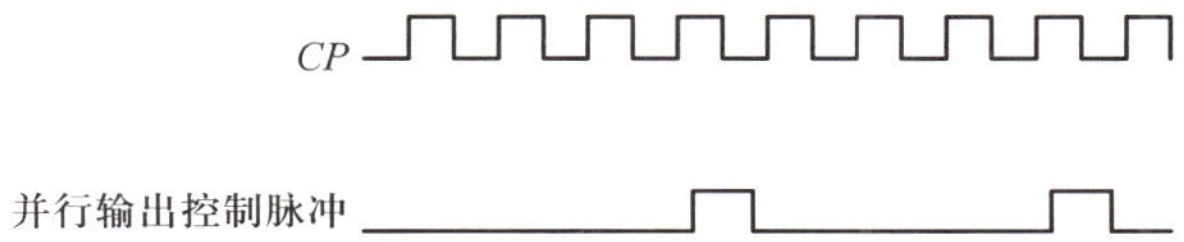

图 9.12 时钟与并行输出控制关系

74195 也能完成 4 位并行数据到串行数据的转换。当$\overline{CR}=\mathbf{1}$，$SH/\overline{LD}=\mathbf{0}$ 时，在时钟脉冲的作用下，4 位并行数据就送入移位寄存器。然后，使 $SH/\overline{LD}=\mathbf{1}$，在时钟脉冲的作用下，数据就一位一位地移出移位寄存器，这样在 Q_3 端就得到了串行数据。

图 9.13 为使用 74195 构成的 7 位串行到并行数据转换电路。

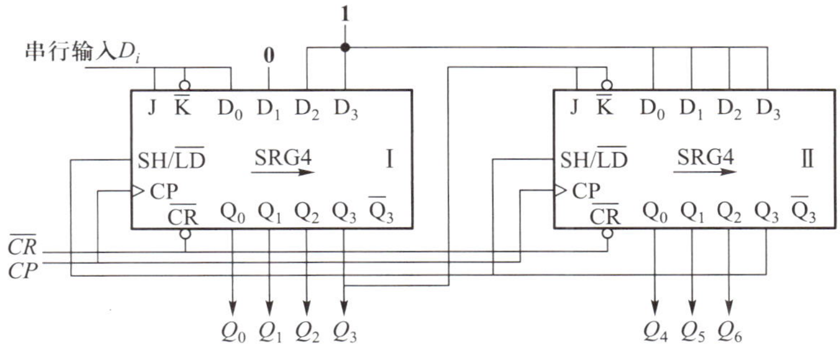

图 9.13 7 位串行到并行数据转换电路

图中Ⅰ片的两个串行数据输入端和并行送数输入端 D_0 接串行输入数据 D_i。Ⅰ片的并行输入端 D_1 接 **0**，为标志位，其余并行输入端 D_2，D_3 接 **1**。Ⅱ片的两个串行数据输入端接Ⅰ片的输出 Q_3，并行输入端 $D_0 \sim D_3$ 均接 **1**。Ⅱ片的 Q_3 输出接Ⅰ片和Ⅱ片的 $SH/\overline{LD}$端。

当 74195 清零后，由于Ⅱ片的 Q_3 为 **0**，所以在 CP 的上升沿到达时执行并行送数功能，

电路的 $Q_0 \sim Q_6$ 送入的数据为"D_0**011111**"，Ⅱ片的 $Q_3=\mathbf{1}$。由于Ⅱ片的 $Q_3=\mathbf{1}$，所以在下一个 CP 的上升沿到达时执行移位功能，串行输入数据 D_1 移入寄存器，并行输出 $Q_0 \sim Q_6$ 为"D_1D_0**01111**"，Ⅱ片的 Q_3 仍为 **1**。以后在 CP 的作用下，电路继续执行右移移位功能，串行输入数据逐个存入到移位寄存器。

当并行输出"$Q_0 \sim Q_6$"为"$D_6D_5D_4D_3D_2D_1D_0$"时，Ⅱ片的 Q_3 为 **0**，即标志码已移到Ⅱ片的最高位，一方面使 $SH/\overline{LD}=\mathbf{0}$，在下一个 CP 作用下，执行并行送数功能；另一方面标志 7 位数码串行到并行转换完成。

整个转换过程如表 9.5 所示。这种串行到并行转换电路常用于数模转换器。

表 9.5　串行到并行转换表

CP	$Q_{0\,\mathrm{I}}$	$Q_{1\,\mathrm{I}}$	$Q_{2\,\mathrm{I}}$	$Q_{3\,\mathrm{I}}$	$Q_{0\,\mathrm{II}}$	$Q_{1\,\mathrm{II}}$	$Q_{2\,\mathrm{II}}$	$Q_{3\,\mathrm{II}}$
1	D_0	**0**	**1**	**1**	**1**	**1**	**1**	**1**
2	D_1	D_0	**0**	**1**	**1**	**1**	**1**	**1**
3	D_2	D_1	D_0	**0**	**1**	**1**	**1**	**1**
4	D_3	D_2	D_1	D_0	**0**	**1**	**1**	**1**
5	D_4	D_3	D_2	D_1	D_0	**0**	**1**	**1**
6	D_5	D_4	D_3	D_2	D_1	D_0	**0**	**1**
7	D_6	D_5	D_4	D_3	D_2	D_1	D_0	**0**
8	D_0	**0**	**1**	**1**	**1**	**1**	**1**	**1**

图 9.14 所示为 7 位并行-串行转换器。它由两片 74195 组成。Ⅰ片的串行输入端 $J,\overline{K}$ 接 **1**，D_0 接标志码，Ⅰ片的 Q_3 输出接Ⅱ片的串行数据输入端 $J,\overline{K}$，其余并行输入端接并行输入数据 $D_{\mathrm{I}0} \sim D_{\mathrm{I}6}$。

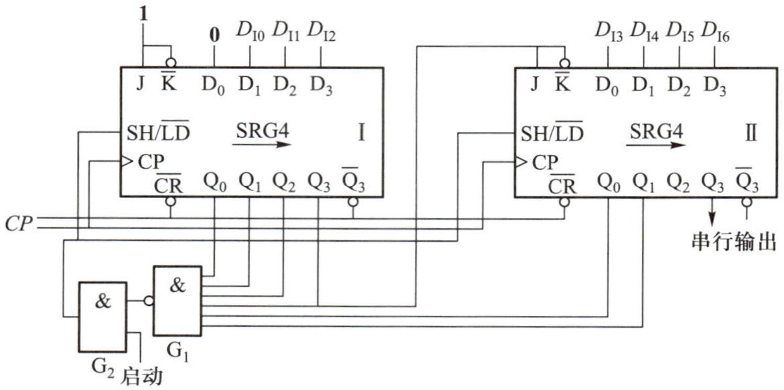

图 9.14　7 位并行-串行转换器

在启动脉冲作用期间，在 CP 作用下，7 位并行输入数码及标志码同时并入到移位寄存器。以后启动脉冲消失，在 CP 作用下，执行右移移位功能。在移存脉冲作用下，并行输入数据由Ⅱ片的 Q_3 逐位串行输出，同时又不断地将Ⅰ片的串行输入端 $J,\overline{K}$ 等于 **1** 的数据移位寄存到寄存器。

当第 7 个 CP 到达后，门 G_1 的输入端全部为 **1**，则 G_1 输出为 **0**，G_2 输出也为 **0**，标志这一组 7 位并行输入数据转换结束，同时使 $SH/\overline{LD}=\mathbf{0}$，在下一 CP 作用下，再次执行下一组 7 位数据的并行送数功能，进行下一组并行数据的并行-串行的转换。转换过程如表 9.6 所示。

表 9.6　7 位并行-串行转换表

CP	$Q_{0\mathrm{I}}$	$Q_{1\mathrm{I}}$	$Q_{2\mathrm{I}}$	$Q_{3\mathrm{I}}$	$Q_{0\mathrm{II}}$	$Q_{1\mathrm{II}}$	$Q_{2\mathrm{II}}$	$Q_{3\mathrm{II}}$
1	**0**	D_{10}	D_{11}	D_{12}	D_{13}	D_{14}	D_{15}	D_{16}
2	**1**	**0**	D_{10}	D_{11}	D_{12}	D_{13}	D_{14}	D_{15}
3	**1**	**1**	**0**	D_{10}	D_{11}	D_{12}	D_{13}	D_{14}
4	**1**	**1**	**1**	**0**	D_{10}	D_{11}	D_{12}	D_{13}
5	**1**	**1**	**1**	**1**	**0**	D_{10}	D_{11}	D_{12}
6	**1**	**1**	**1**	**1**	**1**	**0**	D_{10}	D_{11}
7	**1**	**1**	**1**	**1**	**1**	**1**	**0**	D_{10}
8	**0**	D'_{10}	D'_{11}	D'_{12}	D'_{13}	D'_{14}	D'_{15}	D'_{16}

（2）环形计数器

在说明环形计数器之前，首先介绍计数器的概念。计数器是指对某个信号周期进行计数的器件，每经过一个信号周期，计数器就会变化一个状态，用以标记周期数。计数器对信号进行计数，不一定是按照二进制数或者十进制数进行计数，只要是经过一个信号周期，计数器的状态发生了改变，就是对信号进行了计数。因此，在这里的计数器，不同的状态代表着不同的计数值。一个计数器的模值，是代表计数器具有的最多状态数，也就是它的主循环状态数。

环形计数器的电路结构十分简单，N 位移位寄存器的最后一个触发器 Q 端连接到第一个触发器的 D 端就构成了环形计数器，它可以计 N 个数，实现模 N 的计数器。如果初始状态为**1000…0**，那么状态为 **1** 的输出端的位置即代表收到的计数脉冲的个数。

环形计数器构成原理可以用触发器来说明，如将几个 D 触发器连接起来，D 与上一级的 Q 相连，构成一个环，其计数模值就是触发器的个数。如图 9.15 为使用 D 触发器构成的模 4 环形计数器逻辑图。

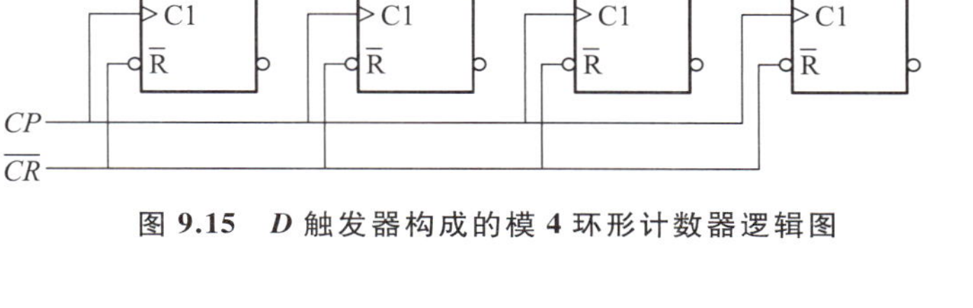

图 9.15　D 触发器构成的模 4 环形计数器逻辑图

模 4 环形计数器的 Verilog HDL 描述如下：

```
module ring_cnt_m4(
    input wire CP,
    input wire CR_n,
    output wire [3:0] cnt        // 计数器的输出
);

reg Q0, Q1, Q2, Q3;              // 4 个触发器
always@ (posedge CP or negedge CR_n) begin
    if(! CR_n)
      {Q3, Q2, Q1, Q0} <= 4'b0;
    else
      {Q3, Q2, Q1, Q0} <= {Q2, Q1, Q0, Q3};
end
assign cnt = {Q3, Q2, Q1, Q0};
endmodule
```

移位寄存器作为计数器使用非常方便。图 9.16 是用 74194 构成的环形计数器的逻辑图和状态转换图。

当正脉冲启动信号 *START* 到来时，$S_1S_0=\mathbf{11}$，从而不论移位寄存器 74194 的原状态如何，在 *CP* 作用下总是执行置数操作，使 $Q_0Q_1Q_2Q_3=\mathbf{1000}$。

当 *START* 由 **1** 变 **0** 之后，$S_1S_0=\mathbf{01}$，在 *CP* 作用下移位寄存器进行右移操作。在第四个 *CP* 到来之前 $Q_0Q_1Q_2Q_3=\mathbf{0001}$。在第四个 *CP* 到来时，由于 $D_{SR}=Q_3=\mathbf{1}$，故在此 *CP* 作用下 $Q_0Q_1Q_2Q_3=\mathbf{1000}$。可见该计数器共 4 个状态，为模 4 计数器。

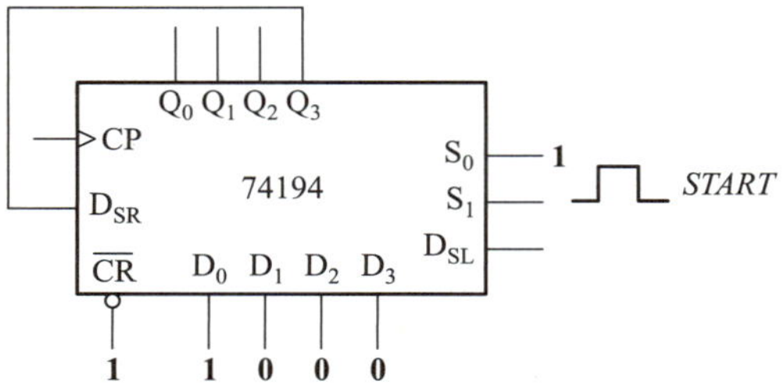

(a) 逻辑图

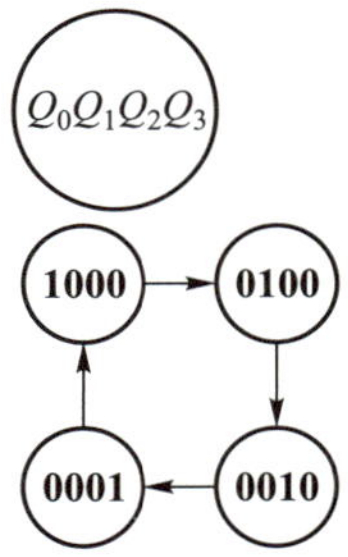

(b) 状态转换图

图 9.16　用 74194 构成的环形计数器

图 9.16 中，只是列出了主循环状态。除此之外，还有 12 个状态没有用到，称为偏离状态。如果偏离状态经过有限个时钟后能够转移到主循环状态上，那么这种电路称为具有自启动性的电路。如果在有限个时钟作用后电路状态不能转入主循环状态上，这个电路就没有自启动能力。4 位环形计数器的偏离状态如图 9.17 所示。

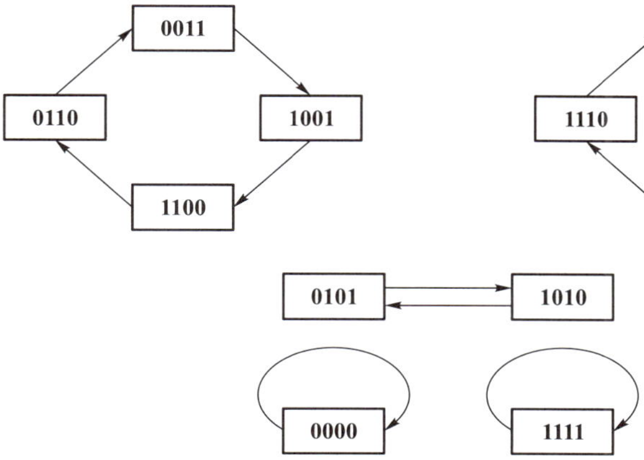

图 9.17 4 位环形计数器的偏离状态(非使用状态)

利用适当的反馈,电路可以构成自启动的环形计数器。以 3 位环形计数器为例,使用的计数状态为 **001-010-100**,其余 5 个状态没有使用。为了使电路能自启动,需要电路进入无效状态后,能在时钟脉冲作用下返回有效循环中。这就需要改变电路结构,重新设计反馈函数。

状态 **001**、**010**、**100** 的反馈是确定的,偏离状态 **000** 反馈必须为 **1**,也就进入了主循环状态;状态 **111** 反馈必须为 **0**,否则不能自启动;余下的三个状态 **011**、**101**、**110** 反馈都为 **0**,就可以自启动。反馈函数的真值表如表 9.7 所示。

表 9.7 反馈函数真值表

Q_0	Q_1	Q_2	D_0
0	0	0	1
0	0	1	1
0	1	0	0
0	1	1	0
1	0	0	0
1	0	1	0
1	1	0	0
1	1	1	0

求得反馈函数为 $D_0=\overline{Q}_0\cdot\overline{Q}_1=\overline{Q_0+Q_1}$,做出逻辑图如图 9.18 所示。

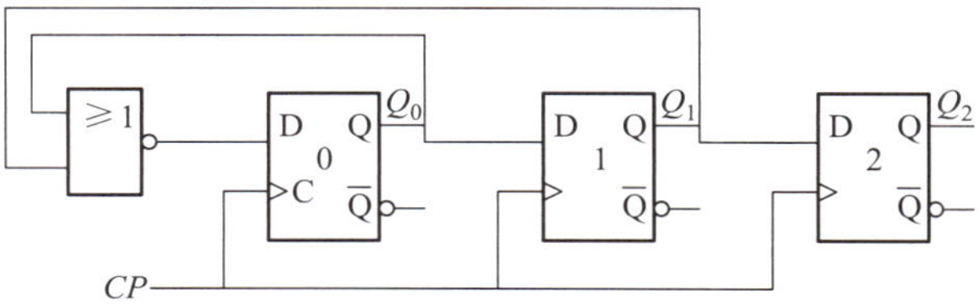

图 9.18 自启动的 3 位环形计数器逻辑图

状态转换图如图 9.19 所示。

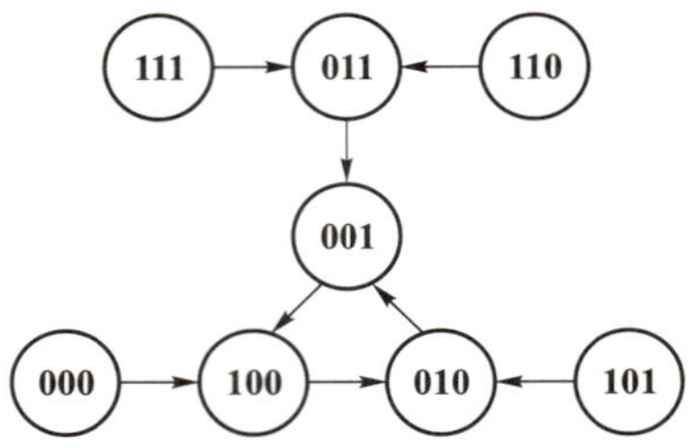

图 9.19　自启动的 3 位环形计数器状态转换图

自启动的 3 位环形计数器的 Verilog HDL 描述如下：

```
module ring_cnt_m3(CP,Q0,Q1,Q2);
input CP;
output reg Q0, Q1, Q2;
always@ (posedege CP) begin
    Q0 <= ! (Q0|Q1);
    Q1 <= Q0;
    Q2 <= Q1;
end
endmodule
```

反馈函数可以推广，对于 n 级环形计数器，反馈函数为

$$D_0 = \overline{Q_0 + Q_1 + Q_2 + \cdots + Q_{n-2} + Q_{n-1}}$$

按照反馈函数构建的环形计数器，就可以自启动。

(3) 扭环计数器

为了增加有效计数状态，扩大计数器的模，将上述接成环形计数器的 74194 的末级输出 Q_3 反相后，接到串行输入端 D_{SR}，就构成了扭环计数器，如图 9.20 所示，图(b)为其状态转换图。可见该电路有 8 个计数状态，为模 8 计数器。一般来说，N 位移位寄存器可以组成模 $2\times N$ 的扭环计数器，只需将末级输出反相后，接到串行输入端。

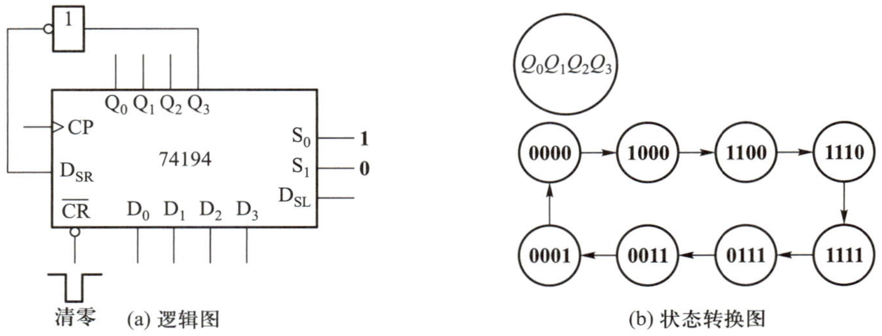

图 9.20　用 74194 构成的扭环计数器

除了上述主计数状态图之外，还有 8 个偏离状态如图 9.21 所示。

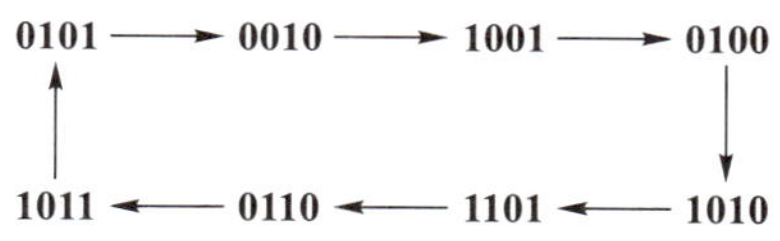

图 9.21 扭环计数器的偏离状态

扭环计数器实际上也可以由触发器构成，与环形计数器相比，它是由最后一个触发器的 $\overline{Q}$端反馈到第一个触发器的 D 端构成，用 4 个 D 触发器构成的扭环计数器逻辑图如图 9.22 所示。

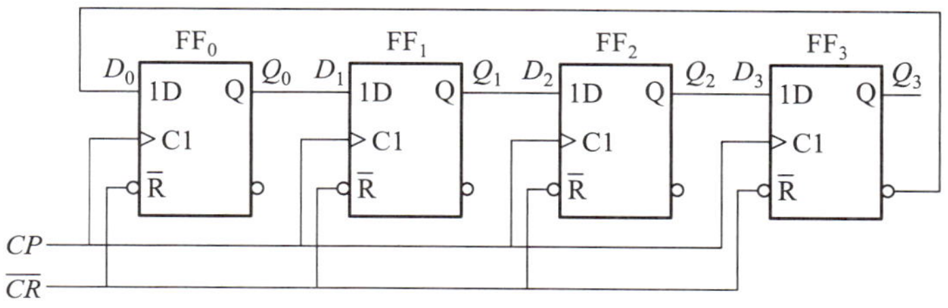

图 9.22 4 个 D 触发器构成的扭环计数器逻辑图

4 个 D 触发器构成的扭环计数器的 Verilog HDL 描述如下：

```
module Johnson_cnt_4b(CP,CR,Q0,Q1,Q2,Q3);
input CP,CR;
output reg Q0,Q1,Q2,Q3;
always@ (posedge CP or posedge CR) begin
   if(CR) begin
      Q0 <= 0;
      Q1 <= 0;
      Q2 <= 0;
      Q3 <= 0;
   end else begin
      Q0 <= ! Q3;
      Q1 <= Q0;
      Q2 <= Q1;
      Q3 <= Q2;
   end
end
endmodule
```

如果要对扭环计数器进行自启动设计，需要将偏离状态中的某个状态转移到主循环中，这就需要改变反馈逻辑函数。修改反馈逻辑只对第一级触发器的激励方程修改，其他的激励方程不变。因此选取哪一个无效状态作为需要修改的状态和哪一个有效状态作为其次态时，需要修改的状态，其原次态与现次态（也就是修改后的次态）必须满足第一位不同，其他位相同。否则，得到的电路虽然具备自启动功能，但反馈逻辑和其他触发器的激励方程都发生了变化，电路就会变得较复杂。根据上述考虑，有的无效循环中可以找到合适的修改状态与有效循环中的某一状态相对应，这样就打开了偏离状态的环。但也有的偏离状态循环中不能找到合适的修改状态直接与有效循环中的状态对应，此时可用已打开的无效循环中的状态作为次态来确定修改哪个状态的次态，同样可以打开偏离状态的循环。所有的偏离状态循环均被打开后，电路就具有了自启动功能。

例如设计能自启动的 3 级扭环计数器。按照上面的说明，先画出“直接反馈法”实现的逻辑图及对应的状态转换图如图 9.23(a) 和图 9.23(b) 所示。

根据状态转换图，选取偏离状态循环中的待修改状态的次态，及有效循环中对应的次态。在偏离状态中有两个状态，如果让 **101** 的下一个反馈是 **1** 而不是原来的 **0**，则 **101** 就转移到 **110** 而不是 **010**，这就打破了原来的偏离循环，从而转移到主循环中，达到了自启动的目的，而且仅改变 D_0 的方程，D_1、D_2 则不变。画出修改后的状态转换图如图 9.24 所示。

根据修改后的状态转换图，可以求出 $D_0=\overline{Q}_2+\overline{Q}_1Q_0$，$D_1=Q_0$，$D_2=Q_1$，画出具有自启动功能的 3 级扭环计数器如图 9.25 所示。

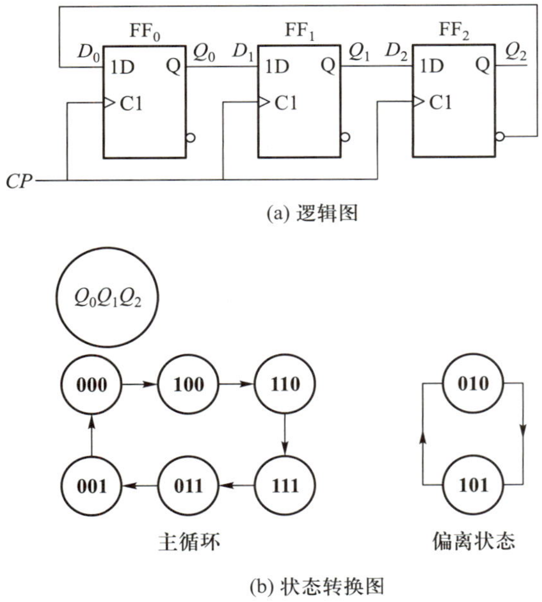

图 9.23　3 级扭环计数器

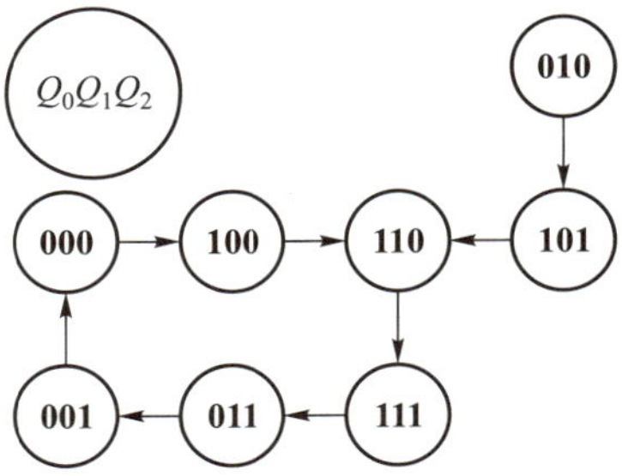

图 9.24　修改后的状态转换图

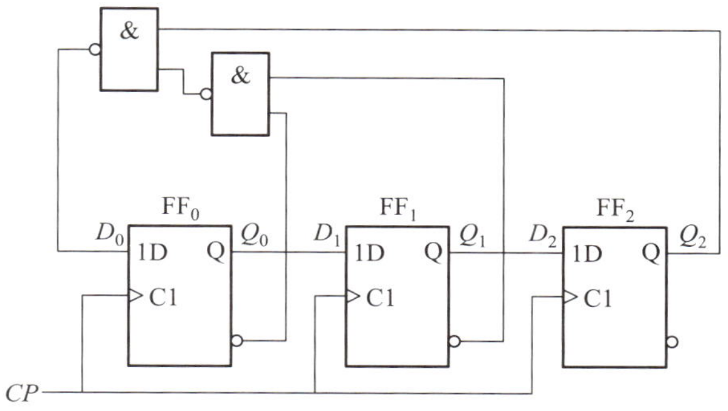

图 9.25 自启动的 3 级扭环计数器

上述自启动的 3 级扭环计数器的 Verilog HDL 描述如下：

```
module Johnson_cnt_3b(CP,Q0,Q1,Q2)
input CP;
output reg Q0,Q1,Q2;
always @ (posedge CP) begin
   Q0 <= !((!(Q0&(! Q1)))&Q2);
   Q1 <= Q0;
   Q2 <= Q1;
end
endmodule
```

再看前面图 9.22 中的 4 位扭环计数器，如果要实现自启动，可以观察如图 9.21 偏离状态循环中的状态。如果选择其中的 **0101** 状态来打破偏离状态的循环，其次态应变为 **1010**，但 **1010** 仍然是偏离状态循环中的状态，而不是主循环中的状态，因此不能选该状态来打破偏离状态的循环；如果选 **0010**，则其次态为 **0001**，能够进入主循环，因此可行；如果选 **1001**，则其次态为 **1100**，也是主循环中的状态，因此也是可行的；如果选 **0100**，则其次态为 **0010**，仍然是偏离状态循环中的状态，因此不可行；如果选 **1101**，则其次态为 **1110**，是主循环中的状态，因此可行；如果选 **0110**，则其次态为 **0011**，是主循环中的状态，因此可行；如果选 **1011**，则其次态为 **1101**，是偏离状态循环中的状态，因此不可行。由此可见，实现 4 位扭环计数器自启动的方案有多种，至于采用哪一种，则可根据状态转移的情况和反馈函数的繁简来取舍。

移位寄存器还有其他应用，例如，用于算术运算，如果移位寄存器存放的是一个二进制数，那么寄存器左移或者右移 1 位，就相当于这个二进制数乘以 2 或者除以 2；也可以用于数据的延迟，一个数据存放在移位寄存器中，随着数据的移位，每移动 1 位，就相当于数据延迟了一个脉冲节拍。

微视频 9-1
移位寄存器

9.2 计　数　器

时序逻辑电路一个重要的器件就是计数器。计数器的分类有多种方法,按计数进制可分为二进制计数器和非二进制计数器,非二进制计数器中典型的是十进制计数器;按数字的增减的计数方式分为加法计数器、减法计数器和加减可逆计数器;按计数器中触发器翻转是否与计数脉冲同步分为同步计数器和异步计数器。下面详细讨论。

9.2.1　二进制计数器

1. 同步二进制计数器

如图 9.26 所示,是一个 4 位同步二进制加法计数器。假设电路是 TTL 电路,也就是如果输入端悬空,则为高电平。

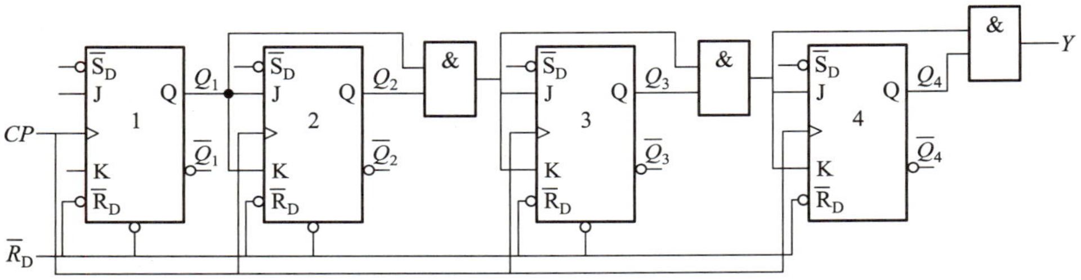

图 9.26　4 位同步二进制加法计数器逻辑图

由逻辑图,可以写出驱动方程和输出方程

$$J_1 = \mathbf{1} \qquad K_1 = \mathbf{1} \tag{9-13}$$

$$J_2 = Q_1^n \qquad K_2 = Q_1^n \tag{9-14}$$

$$J_3 = Q_1^n Q_2^n \qquad K_3 = Q_1^n Q_2^n \tag{9-15}$$

$$J_4 = K_4 = Q_3^n Q_2^n Q_1^n \tag{9-16}$$

输出方程为 $$Y = Q_4 Q_3 Q_2 Q_1 \tag{9-17}$$

代入特征方程,得到状态转移方程

$$Q_1^{n+1} = \overline{Q_1^n} \tag{9-18}$$

$$Q_2^{n+1} = Q_1^n \overline{Q_2^n} + \overline{Q_1^n} Q_2^n = Q_1^n \oplus Q_2^n \tag{9-19}$$

$$Q_3^{n+1} = Q_1^n Q_2^n \overline{Q_3^n} + \overline{Q_1^n Q_2^n} Q_3^n \tag{9-20}$$

$$Q_4^{n+1} = Q_3^n Q_2^n Q_1^n \overline{Q_4^n} + \overline{Q_3^n Q_2^n Q_1^n} Q_4^n \tag{9-21}$$

求出状态转移真值表如表 9.8 所示。

表 9.8 4 位同步二进制加法计数器状态转移真值表

Q_4^n	Q_3^n	Q_2^n	Q_1^n	Q_4^{n+1}	Q_3^{n+1}	Q_2^{n+1}	Q_1^{n+1}	Y
0	0	0	0	0	0	0	1	0
0	0	0	1	0	0	1	0	0
0	0	1	0	0	0	1	1	0
0	0	1	1	0	1	0	0	0
0	1	0	0	0	1	0	1	0
0	1	0	1	0	1	1	0	0
0	1	1	0	0	1	1	1	0
0	1	1	1	1	0	0	0	0
1	0	0	0	1	0	0	1	0
1	0	0	1	1	0	1	0	0
1	0	1	0	1	0	1	1	0
1	0	1	1	1	1	0	0	0
1	1	0	0	1	1	0	1	0
1	1	0	1	1	1	1	0	0
1	1	1	0	1	1	1	1	0
1	1	1	1	0	0	0	0	1

可以得到其状态转换图如图 9.27 所示。

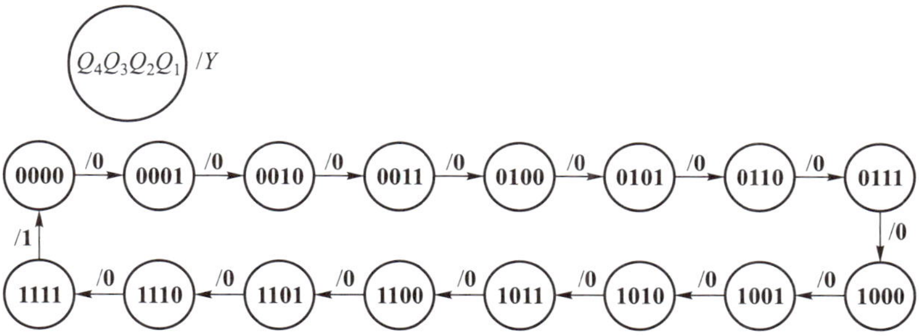

图 9.27 状态转换图

时序图如图 9.28 所示。

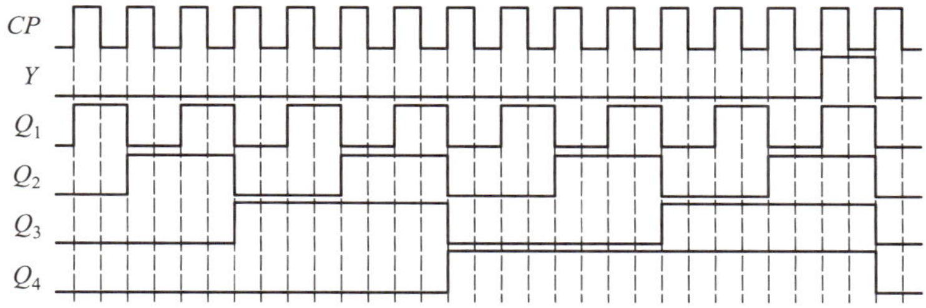

图 9.28 4 位同步二进制加法计数器时序图

由此可以看出，电路为 4 位同步二进制加法计数器。

上述 4 位同步二进制加法计数器的 Verilog HDL 描述如下：

```
module jk_ff(
   input  CP,
   input  RD_n,
   input  J,
   input  K,
   output Q
);
always @ (posedge CP) begin
   if(! RD_n)
      Q <= 1'b0;
   else
      Q <= (J & ~Q) + ( ~K & Q);
end
endmodule
module syn_cnt_4b(
   input  CP,
   input  RD_n,
   input  J,
   input  K,
   output Y
);
wire w1, w2, w3, w4;
jk_ff u_jk_ff_1(
   .CP   (CP),
   .RD_n (RD_n),
   .J    (J),
   .K    (K),
   .Q    (w1)
);
jk_ff u_jk_ff_2(
   .CP   (CP),
   .RD_n (RD_n),
   .J    (w1),
   .K    (w1),
   .Q    (w2)
```

```
);
jk_ff u_jk_ff_3(
  .CP    (CP),
  .RD_n (RD_n),
  .J     (w1 & w2),
  .K     (w1 & w2),
  .Q     (w3)
);
jk_ff u_jk_ff_4(
  .CP    (CP),
  .RD_n (RD_n),
  .J     (w1 & w2 & w3),
  .K     (w1 & w2 & w3),
  .Q     (w4)
);
assign Y = w1 & w2 & w3 & w4;
endmodule
```

2. 异步二进制计数器

上面的计数器电路,其各个触发器的状态转移是在时钟脉冲作用下同步完成的,因此是同步时序逻辑电路,也就是同步二进制计数器。

另一种二进制计数器的各个触发器的状态转移不是同时完成的,也就是异步二进制计数器,是异步时序逻辑电路。

如图 9.29 所示为由 4 个下降沿触发的 D 触发器组成的 4 位异步二进制加法计数器的逻辑图。最低位触发器 FF_0 的时钟脉冲输入端与计数脉冲 CP 相连接,其他触发器的时钟脉冲输入端接相邻低位触发器的 Q 端。

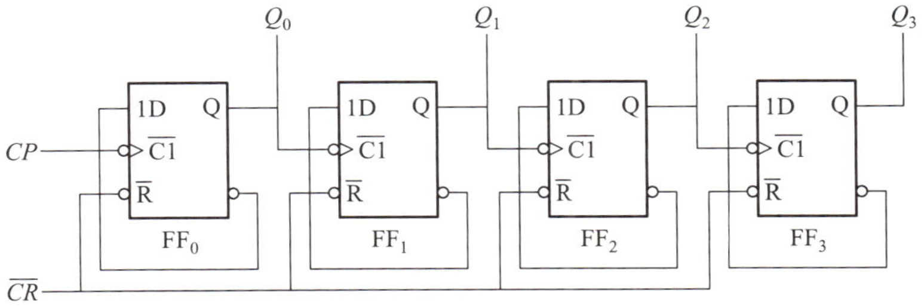

图 9.29　由 D 触发器组成的 4 位异步二进制加法计数器的逻辑图

电路的连线简单且规律,简单的观察与分析就可画出时序图或状态转换图。

电路的状态转换图和时序图分别如图 9.30 和图 9.31 所示。由状态图可见,从初态 **0000** 开始,每输入一个计数脉冲,计数器的状态按二进制加法规律加 1,所以是 4 位二进制加法计数器。又因为该计数器有 **0000~1111** 共 16 个状态,所以也称十六进制加法计数器或模 16(M=

16)加法计数器。

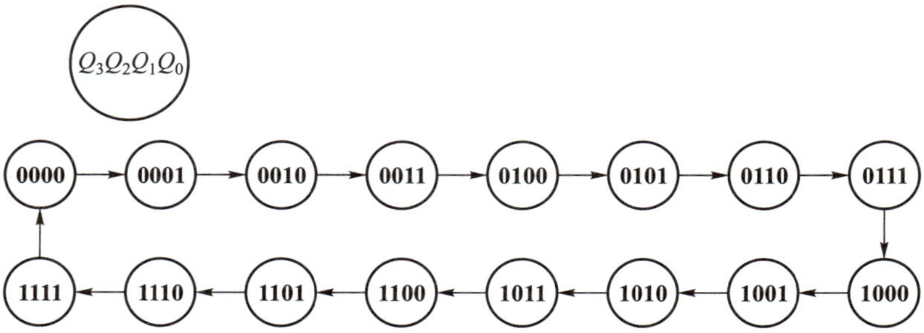

图 9.30　电路的状态转换图

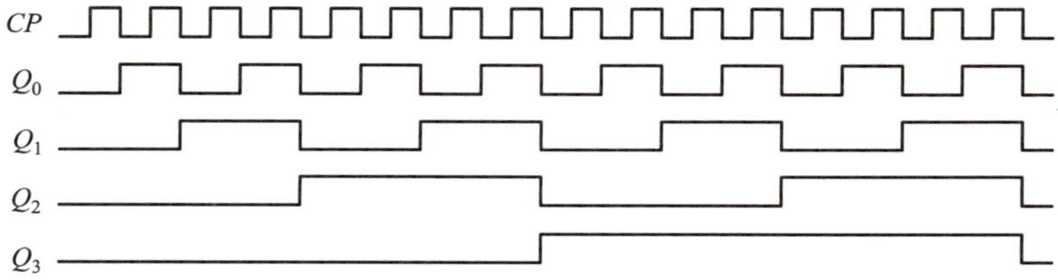

图 9.31　电路的时序图

从时序图可以看出,Q_0、Q_1、Q_2、Q_3 的周期分别是以计数脉冲(CP)周期的 2 倍增加,也就是说,Q_0、Q_1、Q_2、Q_3 分别对 CP 波形进行了二分频、四分频、八分频、十六分频,因而计数器也可作为分频器,计数器也常称为计数/分频器。

由 D 触发器组成的 4 位异步二进制加法计数器的 Verilog HDL 描述如下:

```
module asyn_up_cnt_4b(CP,CR,Q0,Q1,Q2,Q3);
input CP,CR;
output reg Q0,Q1,Q2,Q3;
always@ (negedge CP or negedge CR) begin
  if(! CR) Q0<=0;
  else Q0<=! Q0;
end
always@ (negedge Q0 or negedge CR) begin
  if(! CR) Q1<=0;
  else Q1<=! Q1;
end
always@ (negedege Q1,negedege CR) begin
  if(! CR) Q2<=0;
  else Q2<=! Q2;
end
```

```
always@ (negedege Q2,negedege CR) begin
  if(! CR) Q3<=0;
  else Q3<=! Q3;
end
endmodule
```

异步二进制计数器结构简单,改变级联触发器的个数,可以很方便地改变二进制计数器的位数,n 个触发器构成 n 位二进制计数器或模 2^n 计数器,或 2^n 分频器。

除了异步二进制加法计数器之外,还可以构成异步二进制减法计数器。图 9.32 所示是用 4 个上升沿触发的 D 触发器组成的 4 位异步二进制减法计数器的逻辑图。电路的时序图和状态转换图分别如图 9.33 和图 9.34 所示。

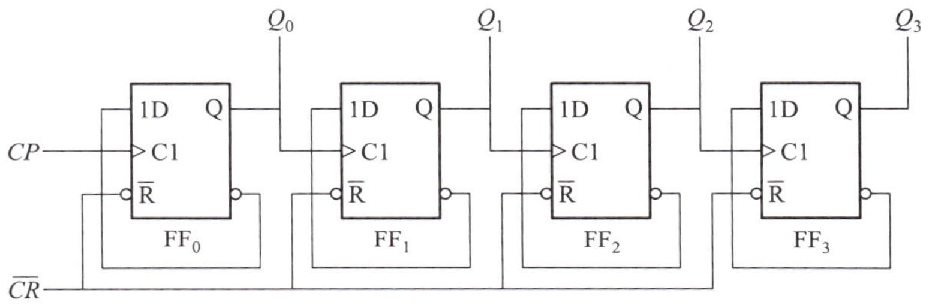

图 9.32 D 触发器组成的 4 位异步二进制减法计数器的逻辑图

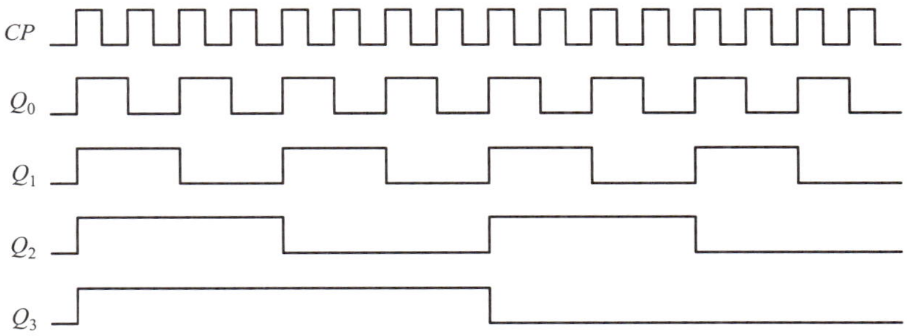

图 9.33 4 位异步二进制减法计数器时序图

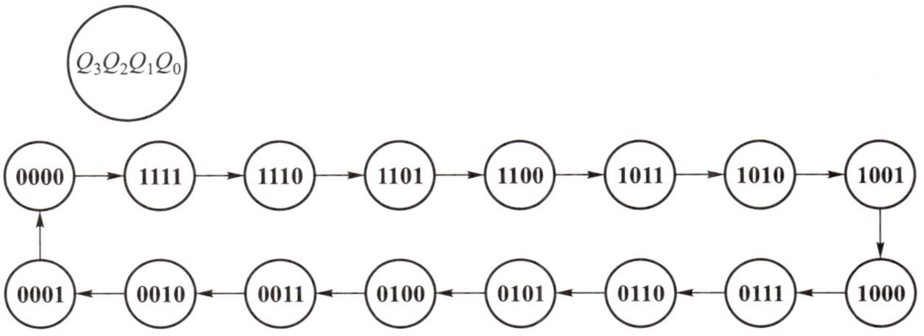

图 9.34 4 位异步二进制减法计数器的状态转换图

4 位异步二进制减法计数器的 Verilog HDL 描述如下：

```
module asyn_down_cnt_4b(CP,CR,Q0,Q1,Q2,Q3);
input CP,CR;
output reg Q0,Q1,Q2,Q3;
always@(posedge CP or negedge CR) begin
  if(! CR) Q0<=0;
  else Q0<=! Q0;
end
always@(posedge Q0 or negedge CR) begin
  if(! CR) Q1<=0;
  else Q1<=! Q1;
end
always@(posedge Q1 or negedge CR) begin
  if(! CR) Q2<=0;
  else Q2<=! Q2;
end
always@(posedge Q2 or negedge CR) begin
  if(! CR) Q3<=0;
  else Q3<=! Q3;
end
endmodule
```

用 D 触发器或者 $J-K$ 触发器可以很方便地组成异步二进制计数器。方法是先将触发器都接成有触发脉冲就反转的形式，使其每经过一个触发脉冲就翻转一次，然后根据加、减计数方式及触发器为上升沿触发还是下降沿触发来决定各触发器之间的连接方式。

在异步二进制计数器中，高位触发器的状态翻转必须在相邻低位触发器产生进位信号（加计数，每个触发器看成一个 1 位的二进制计数器）或借位信号（减计数）之后才能实现，所以异步计数器的工作速度较低。为了提高计数速度，可采用同步计数器。

3. 集成二进制计数器

(1) 4 位同步二进制加法计数器 74161

74161 是一个常用的 4 位同步二进制加法计数器，其逻辑图、逻辑符号（国标）、逻辑符号（简易）分别如图 9.35(a)、(b)、(c)所示。

先不考虑$\overline{CR}$的作用，也就是假设它为 **1**。这时触发器的激励方程为

$$J_A = \overline{\overline{\overline{LD}} \cdot \overline{\overline{\overline{LD}}}} \cdot A(EP \cdot ET + \overline{\overline{LD}}) = EP \cdot ET \cdot \overline{LD} + EP \cdot ET \cdot A + \overline{\overline{LD}} \cdot A \tag{9-22}$$

$$K_A = \overline{\overline{\overline{LD}}} \cdot A(EP \cdot ET + \overline{\overline{LD}}) = EP \cdot ET \cdot \overline{LD} + EP \cdot ET \cdot \overline{A} + \overline{\overline{LD}} \cdot \overline{A} \tag{9-23}$$

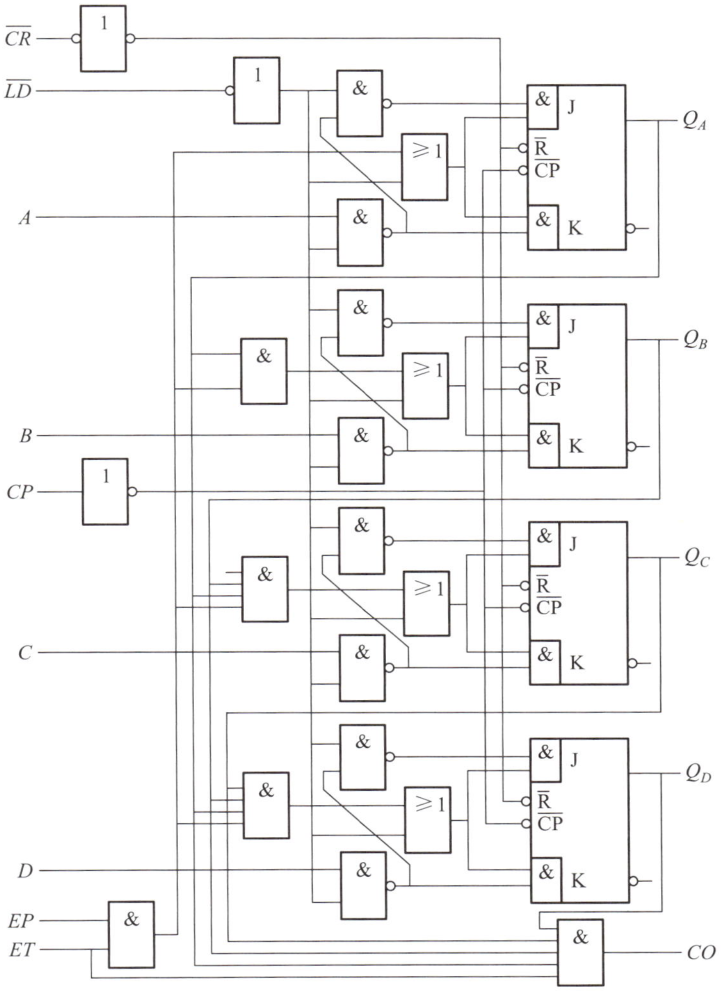

(a) 逻辑图

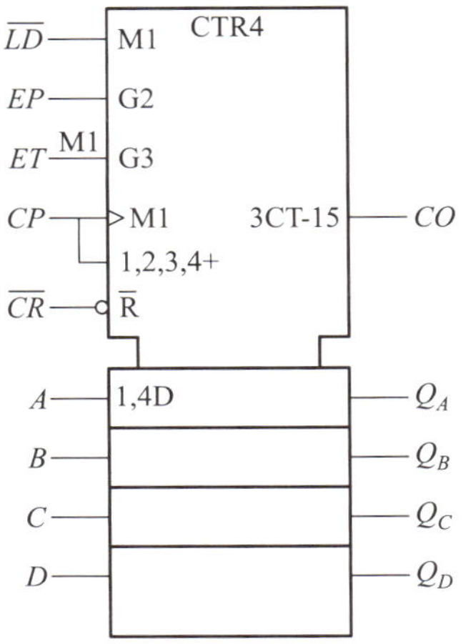

(b) 逻辑符号(国标)

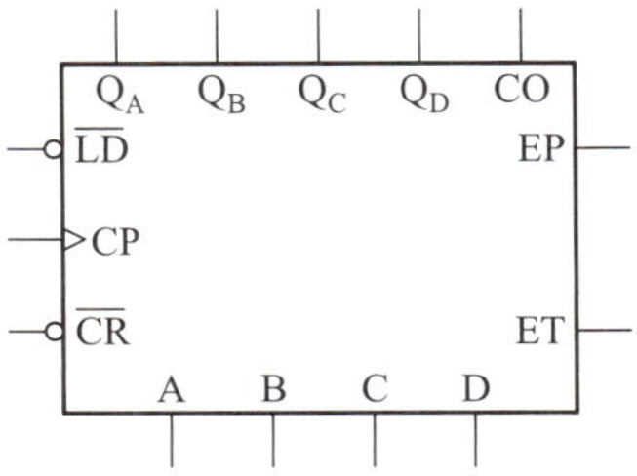

(c) 逻辑符号(简易)

图 9.35　4 位同步二进制加法计数器 74161

$$J_B = \overline{\overline{\overline{LD}} \cdot \overline{\overline{\overline{LD}}} \cdot} B(EP \cdot ET \cdot Q_A + \overline{\overline{LD}}) = EP \cdot ET \cdot \overline{LD} \cdot Q_A + EP \cdot ET \cdot Q_A \cdot B + \overline{\overline{LD}} \cdot B \tag{9-24}$$

$$K_B = \overline{\overline{\overline{LD}} \cdot} B(EP \cdot ET \cdot Q_A + \overline{\overline{LD}}) = EP \cdot ET \cdot \overline{LD} \cdot Q_A + EP \cdot ET \cdot Q_A \cdot \overline{B} + \overline{\overline{LD}} \cdot \overline{B} \tag{9-25}$$

$$J_C = EP \cdot ET \cdot \overline{LD} \cdot Q_A \cdot Q_B + EP \cdot ET \cdot Q_A \cdot Q_B \cdot C + \overline{\overline{LD}} \cdot C \tag{9-26}$$

$$K_C = EP \cdot ET \cdot \overline{LD} \cdot Q_A \cdot Q_B + EP \cdot ET \cdot Q_A \cdot Q_B \cdot \overline{C} + \overline{\overline{LD}} \cdot \overline{C} \tag{9-27}$$

$$J_D = EP \cdot ET \cdot \overline{LD} \cdot Q_A \cdot Q_B \cdot Q_C + EP \cdot ET \cdot Q_A \cdot Q_B \cdot Q_C \cdot D + \overline{\overline{LD}} \cdot D \tag{9-28}$$

$$K_D = EP \cdot ET \cdot \overline{LD} \cdot Q_A \cdot Q_B \cdot Q_C + EP \cdot ET \cdot Q_A \cdot Q_B \cdot Q_C \cdot \overline{D} + \overline{\overline{LD}} \cdot \overline{D} \tag{9-29}$$

由上面的激励方程可以得到状态转移方程

$$Q_A^{n+1} = (EP \cdot ET \cdot \overline{LD} + P \cdot ET \cdot A + \overline{\overline{LD}} \cdot A)\,\overline{Q_A} + \overline{(EP \cdot ET \cdot \overline{LD} + EP \cdot ET \cdot \overline{A} + \overline{\overline{LD}} \cdot \overline{A})} \cdot Q_A \tag{9-30}$$

$$Q_B^{n+1} = (EP \cdot ET \cdot \overline{LD} \cdot Q_A + EP \cdot ET \cdot Q_A \cdot B + \overline{\overline{LD}} \cdot B)\,\overline{Q_B} + \overline{(EP \cdot ET \cdot \overline{LD} \cdot Q_A + EP \cdot ET \cdot Q_A \cdot \overline{B} + \overline{\overline{LD}} \cdot \overline{B})}Q_B \tag{9-31}$$

$$Q_C^{n+1} = (EP \cdot ET \cdot \overline{LD} \cdot Q_A \cdot Q_B + EP \cdot ET \cdot Q_A \cdot Q_B \cdot C + \overline{\overline{LD}} \cdot C)\,\overline{Q_C} + \overline{(EP \cdot ET \cdot \overline{LD} \cdot Q_A \cdot Q_B + EP \cdot ET \cdot Q_A \cdot Q_B \cdot \overline{C} + \overline{\overline{LD}} \cdot \overline{C})}Q_C \tag{9-32}$$

$$Q_D^{n+1} = (EP \cdot ET \cdot \overline{LD} \cdot Q_A \cdot Q_B \cdot Q_C + EP \cdot ET \cdot Q_A \cdot Q_B \cdot Q_C \cdot D + \overline{\overline{LD}} \cdot D)\,\overline{Q_D} + \overline{(EP \cdot ET \cdot \overline{LD} \cdot Q_A \cdot Q_B \cdot Q_C + EP \cdot ET \cdot Q_A \cdot Q_B \cdot Q_C \cdot \overline{D} + \overline{\overline{LD}} \cdot \overline{D})}Q_D \tag{9-33}$$

因为是同步时序逻辑电路,所以没有标注各个触发器的时钟(或者触发器的反转时刻),各个触发器都是在时钟脉冲上升沿完成状态转移的。输出方程为

$$CO = ETQ_A^n Q_B^n Q_C^n Q_D^n \tag{9-34}$$

下面根据上述状态转移方程和输出方程,讨论使能端的作用。

当$\overline{LD}$端为 **0** 时,状态方程为

$$Q_A^{n+1} = A \tag{9-35}$$

$$Q_B^{n+1} = B \tag{9-36}$$

$$Q_C^{n+1} = C \tag{9-37}$$

$$Q_D^{n+1} = D \tag{9-38}$$

从这组方程可以知道,这是完成送数功能。状态转移是在时钟脉冲的上升沿同步完成的,因此$\overline{LD}$端被称为同步送数端;

当$\overline{LD}$端为 **1**,ET=**1**,EP=**0** 时,电路的状态方程为

$$Q_A^{n+1}=Q_A^n \tag{9-39}$$

$$Q_B^{n+1}=Q_B^n \tag{9-40}$$

$$Q_C^{n+1}=Q_C^n \tag{9-41}$$

$$Q_D^{n+1}=Q_D^n \tag{9-42}$$

而且

$$CO=Q_A^nQ_B^nQ_C^nQ_D^n \tag{9-43}$$

因此,各触发器和输出 CO 都保持不变;

当$\overline{LD}$端为 **1**,ET=**0**,EP=**1** 时,触发器保持,但是输出 CO 清零;

当$\overline{LD}$端为 **1**,ET=**1**,EP=**1** 时,状态方程为

$$Q_A^{n+1}=\overline{Q}_A^n \tag{9-44}$$

$$Q_B^{n+1}=Q_A^n\overline{Q}_B^n+\overline{Q}_A^nQ_B^n \tag{9-45}$$

$$Q_C^{n+1}=Q_A^nQ_B^n\overline{Q}_C^n+\overline{Q_AQ_B}\,Q_C^n \tag{9-46}$$

$$Q_D^{n+1}=Q_A^nQ_B^nQ_C^n\overline{Q}_D^n+\overline{Q_AQ_BQ_C}Q_D^n \tag{9-47}$$

这个式子前面讨论过,完成的是 4 位二进制加法计数功能。

最后看$\overline{CR}$端,当它为 **0** 时,各个触发器都清零,因此称为异步清零端。只有当它为 **1** 时,才能完成前面讨论的功能。因此可以得到 74161 功能表如表 9.9 所示。

表 9.9　74161 的功能表

清零	预置	使能		时钟	预置数据输入				输出				工作模式
$\overline{CR}$	$\overline{LD}$	EP	ET	CP	D	C	B	A	Q_D	Q_C	Q_B	Q_A	
0	×	×	×	×	×	×	×	×	**0**	**0**	**0**	**0**	异步清零
1	**0**	×	×	↑	d	c	b	a	d	c	b	a	同步送数
1	**1**	**0**	**1**	×	×	×	×	×	保持				数据保持,CO 保持
1	**1**	×	**0**	×	×	×	×	×	保持				数据保持,CO 清零
1	**1**	**1**	**1**	↑	×	×	×	×	计数				加法计数

可以做出其时序图如图 9.36 所示,图中给出了各使能端的功能。完整的时序图应该给出完成一个周期计数,请大家自己补充。

4 位同步二进制加法计数器除了 74161 之外,还有 74163。74163 与 74161 的区别在于清零$\overline{CR}$端。74163 的$\overline{CR}$端是同步清零,也就是说,清零端$\overline{CR}$为 **0** 时,需要时钟上升沿的作用,各个触发器的值才变为 **0**。74163 的其他功能跟 74161 完全一致。

微视频 9-2
二进制计数器 74161

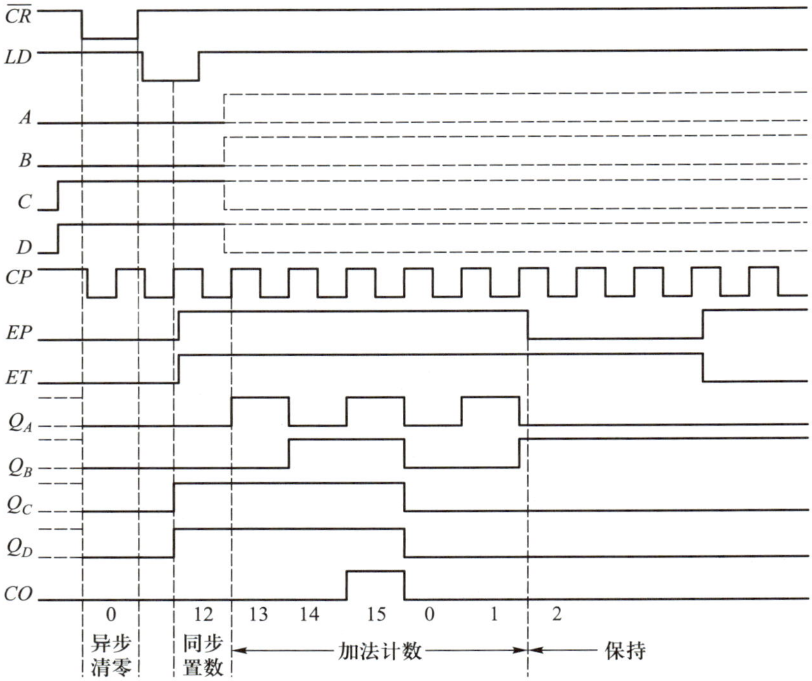

图 9.36　74161 的时序图

(2) 4 位同步二进制可逆计数器 74191

图 9.37 是集成 4 位同步二进制可逆计数器 74191 的逻辑图。74191 的逻辑符号和引脚图如图 9.38 所示。

逻辑图中，$\overline{LD}$是异步预置数控制端，D_3、D_2、D_1、D_0 是预置数据输入端；$\overline{EN}$是使能端，低电平计数；$D/\overline{U}$是加/减计数控制端，为 **0** 时作加法计数，为 **1** 时作减法计数；MAX/MIN 是最大/最小输出端，$\overline{RCO}$是进位/借位输出端。

一般来说，这种器件在电路手册中都会给出其功能表，如表 9.10 所示。因此，要能够根据功能表和逻辑符号，会使用这种器件。

表 9.10　74191 的功能表

预置	使能	加/减控制	时钟	预置数据输入				输出				工作模式
$\overline{LD}$	$\overline{EN}$	$D/\overline{U}$	CP	D_3	D_2	D_1	D_0	Q_3	Q_2	Q_1	Q_0	
0	×	×	×	d_3	d_2	d_1	d_0	d_3	d_2	d_1	d_0	异步置数
1	**1**	×	×	×	×	×	×	保持				数据保持
1	**0**	**0**	↑	×	×	×	×	加法计数				加法计数
1	**0**	**1**	↑	×	×	×	×	减法计数				减法计数

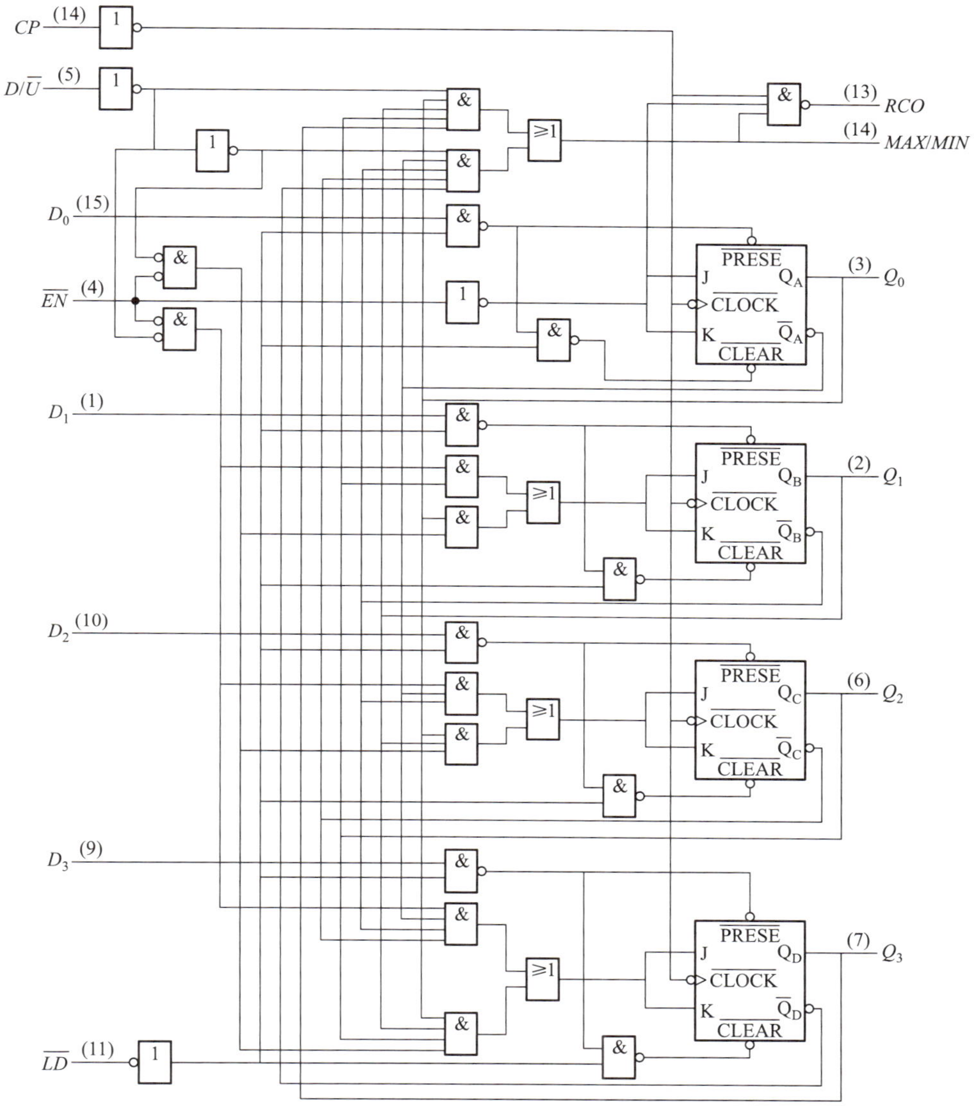

图 9.37　4 位同步二进制可逆计数器 74191 的逻辑图

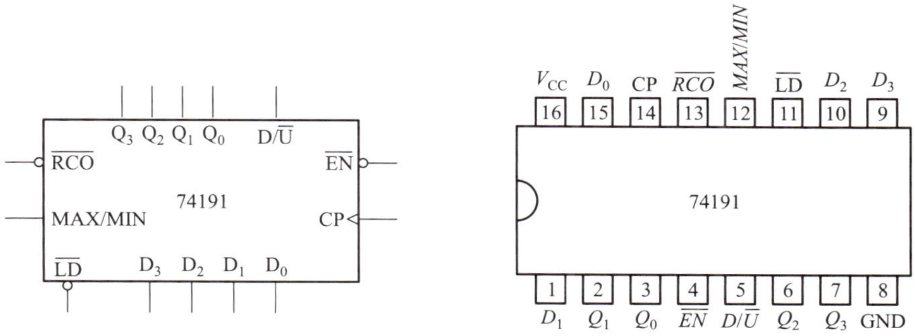

(a) 逻辑符号　　(b) 引脚图

图 9.38　74191 的逻辑符号及引脚图

由功能表 9.10 可知，74191 具有以下功能：

异步置数：当$\overline{LD}=\mathbf{0}$时，不管其他输入端的状态如何，不论有无时钟脉冲 CP，并行输入端的数据 $d_3d_2d_1d_0$ 被直接置入计数器的输出端，即 $Q_3Q_2Q_1Q_0=d_3d_2d_1d_0$。由于该操作不受 CP 控制，所以称为异步置数。注意该计数器无清零端，当需要清零时，可采用预置数的方法置零；

保持：当$\overline{LD}=\mathbf{1}$且$\overline{EN}=\mathbf{1}$时，则计数器保持原来的状态不变；

计数：当$\overline{LD}=\mathbf{1}$且$\overline{EN}=\mathbf{0}$时，在 CP 端输入计数脉冲，计数器进行二进制计数。当 $D/\overline{U}=\mathbf{0}$ 时作加法计数；当 $D/\overline{U}=\mathbf{1}$ 时作减法计数；

另外，该电路还有最大/最小控制端 MAX/MIN 和进位/借位输出端$\overline{RCO}$。它们的逻辑表达式为

$$MAX/MIN=(\overline{D/\overline{U}})\cdot Q_3Q_2Q_1Q_0+(D/\overline{U}\cdot\overline{Q}_3\cdot\overline{Q}_2\cdot\overline{Q}_1\cdot\overline{Q}_0) \tag{9-48}$$

$$\overline{RCO}=\overline{\overline{\overline{EN}}\cdot\overline{CP}\cdot MAX/MIN} \tag{9-49}$$

即当加法计数，计到最大值 **1111** 时，MAX/MIN 端输出 **1**，如果此时 $CP=\mathbf{0}$，则$\overline{RCO}=\mathbf{0}$，发一个进位信号；当减法计数，计到最小值 **0000** 时，MAX/MIN 端也输出 **1**。如果此时 $CP=\mathbf{0}$，则$\overline{RCO}=\mathbf{0}$，发一个借位信号。

9.2.2　十进制计数器

除了前面讨论的 n 位二进制计数器外，计数器中最常用的还有十进制计数器，下面讨论 8421BCD 码十进制计数器。

1. 8421BCD 码同步十进制加法计数器

前面的章节中，我们曾经用 D 触发器设计过计数器，在这里回顾一下。表 9.11 列出了各触发器的现态以及相应的次态，还列出了输出信号 Y 在每一个状态中的值。当前状态为 **1001** 时，输出信号 Y 等于 **1**。这样，当计数器状态从 **1001** 变为 **0000** 时，信号 Y 就是进位。如果还有下一级计数器，也可以使得其下一级计数器计数一次。

表 9.11　8421BCD 码计数器的状态转移真值表

CP 序号	现态				次态				输出
	Q_3^n	Q_2^n	Q_1^n	Q_0^n	Q_3^{n+1}	Q_2^{n+1}	Q_1^{n+1}	Q_0^{n+1}	Y
0	**0**	**0**	**0**	**0**	**0**	**0**	**0**	**1**	**0**
1	**0**	**0**	**0**	**1**	**0**	**0**	**1**	**0**	**0**
2	**0**	**0**	**1**	**0**	**0**	**0**	**1**	**1**	**0**
3	**0**	**0**	**1**	**1**	**0**	**1**	**0**	**0**	**0**

续表

CP 序号	现态				次态				输出
	Q_3^n	Q_2^n	Q_1^n	Q_0^n	Q_3^{n+1}	Q_2^{n+1}	Q_1^{n+1}	Q_0^{n+1}	Y
4	**0**	**1**	**0**	**0**	**0**	**1**	**0**	**1**	**0**
5	**0**	**1**	**0**	**1**	**0**	**1**	**1**	**0**	**0**
6	**0**	**1**	**1**	**0**	**0**	**1**	**1**	**1**	**0**
7	**0**	**1**	**1**	**1**	**1**	**0**	**0**	**0**	**0**
8	**1**	**0**	**0**	**0**	**1**	**0**	**0**	**1**	**0**
9	**1**	**0**	**0**	**1**	**0**	**0**	**0**	**0**	**1**

对于从 **1010** 到 **1111** 这些没有用到的状态，表中没有列出，可以设定为任意的状态转移。

根据 8421BCD 码计数器的状态转移真值表可以得到电路的逻辑方程

$$Q_0^{n+1} = D_0 = \overline{Q_0^n} \tag{9-50}$$

$$Q_1^{n+1} = D_1 = Q_1^n \oplus Q_0^n \overline{Q_3^n} \tag{9-51}$$

$$Q_2^{n+1} = D_2 = Q_2^n \oplus Q_0^n Q_1^n \tag{9-52}$$

$$Q_3^{n+1} = D_3 = Q_3^n \oplus (Q_0^n Q_3^n + Q_0^n Q_1^n Q_2^n) \tag{9-53}$$

$$Y = Q_0^n Q_3^n \tag{9-54}$$

状态转移方程跟前面设计的电路有区别，是状态转移中的任意态取值不同造成的。根据这组方程，电路图如图 9.39 所示。

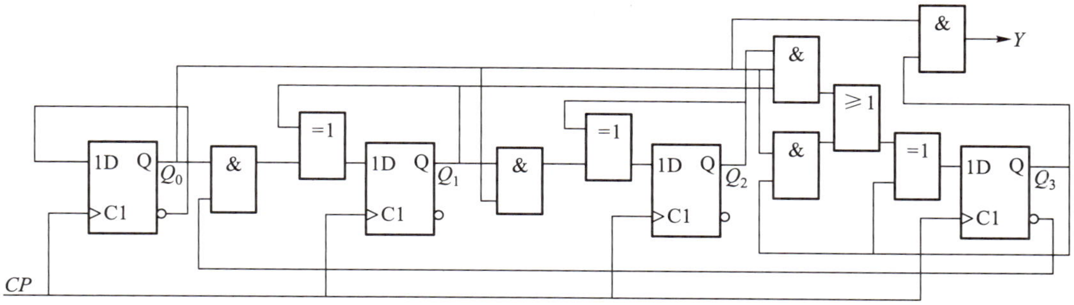

图 9.39 *D* 触发器构成的 8421BCD 码计数器的逻辑图

根据状态转移真值表，做出电路的状态转换图如图 9.40 所示。

由于电路中有 4 个触发器，它们的状态组合共有 16 种，而在 8421BCD 码计数器中只用了 10 种，状态转换图 9.40 给出了其余 6 种状态的转移情况，这 6 种偏离状态经过有限个时钟脉冲之后，都可以转移到主循环上，因此，电路具有自启动能力。

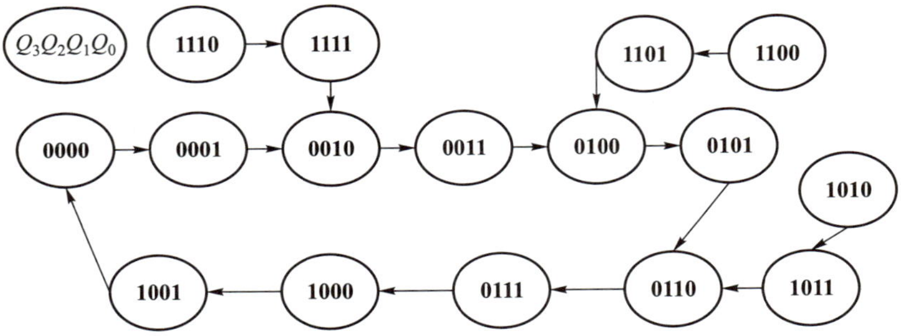

图 9.40　D 触发器构成的 8421BCD 码计数器状态转换图

D 触发器构成的 8421BCD 码计数器 Verilog HDL 描述如下：

```
module cnt_8421bcd(
    input wire CP ,
    output wire Y
);
reg Q0, Q1, Q2, Q3;
always@ (posedge CP) begin
    Q3 <= ((Q2 & Q0 & Q1) | (Q0 & ~Q3)) ^ Q3;
    Q2 <= (Q0 & Q1) ^ Q2;
    Q1 <= (Q0 & ~Q3) ^ Q1;
    Q0 <= ~Q0;
end
assign Y = Q0 & Q3;
endmodule
```

2. 集成十进制计数器——8421BCD 码同步加法计数器 74160

74160 的逻辑图如图 9.41 所示。

图 9.42 是 74160 的逻辑符号，74160 功能表如表 9.12 所示。

表 9.12　74160 的功能表

清零	预置	使能		时钟	预置数据输入				输出				工作模式
$\overline{CR}$	$\overline{LD}$	EP	ET	CP	D_3	D_2	D_1	D_0	Q_3	Q_2	Q_1	Q_0	
0	×	×	×	×	×	×	×	×	0	0	0	0	异步清零
1	0	×	×	↑	d_3	d_2	d_1	d_0	d_3	d_2	d_1	d_0	同步置数
1	1	0	×	×	×	×	×	×	保持				数据保持
1	1	×	0	×	×	×	×	×	保持				数据保持
1	1	1	1	↑	×	×	×	×	十进制计数				加法计数

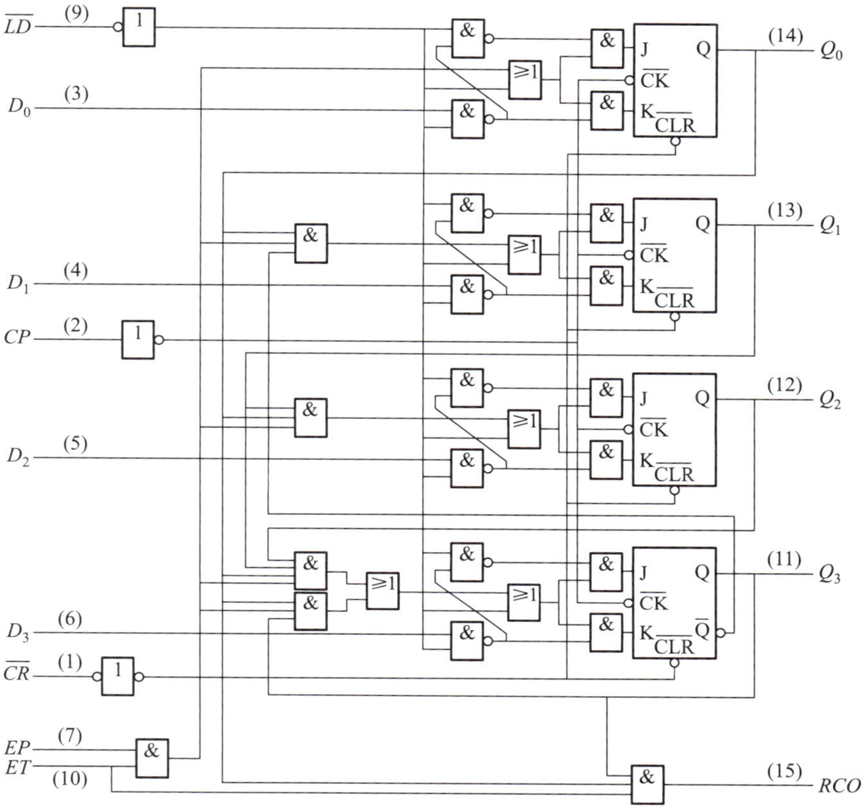

图 9.41 74160 逻辑图

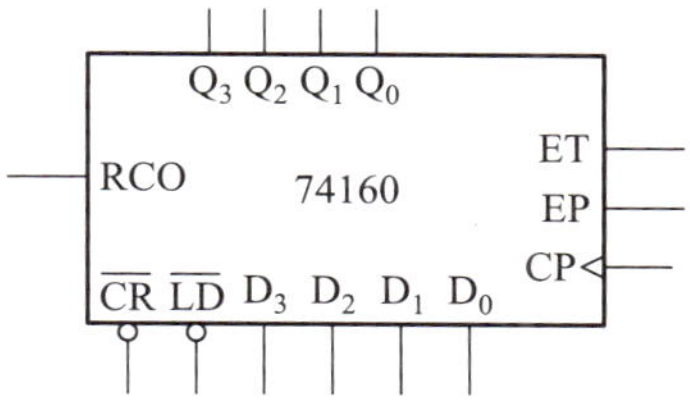

图 9.42 74160 的逻辑符号

根据功能表，可以知道 74160 的功能，对表格中各行解释如下。

当 $\overline{CR}=\mathbf{0}$ 时，所有的触发器清零，其他的输入在这时不起作用；

当 $\overline{CR}=\mathbf{1}$，$\overline{LD}=\mathbf{0}$ 时，在时钟脉冲上升沿，将输入的数据送到各触发器中，因此称为同步送数；

当 $\overline{CR}=\mathbf{1}$，$\overline{LD}=\mathbf{1}$，$EP=\mathbf{0}$，$ET=\mathbf{1}$ 时，各触发器保持不变；RCO 也保持不变，这在逻辑图中可以看出；

当 $\overline{CR}=\mathbf{1}$，$\overline{LD}=\mathbf{1}$，$ET=\mathbf{0}$ 时，各触发器保持不变，RCO 清零；

当$\overline{CR}=\mathbf{1}$，$\overline{LD}=\mathbf{1}$，$EP=\mathbf{1}$，$ET=\mathbf{1}$ 时，在时钟脉冲上升沿进行计数，是十进制加法计数，在 **1001** 时输出 $RCO=\mathbf{1}$。

进位输出端 RCO 的逻辑表达式为：$RCO=ET\cdot Q_3\cdot Q_0$，功能表中没有给出来，但从逻辑图可以得到。

9.3　集成计数器的应用

9.3.1　计数器的级联

1. 同步级联

两个模 N 计数器级联，可以实现模值为 $N\times N$ 的计数器。图 9.43 是采用两片 4 位同步二进制加法计数器 74161 同步级联构成的 8 位同步二进制加法计数器，模值为 16×16=256，级联方式为同步方式。

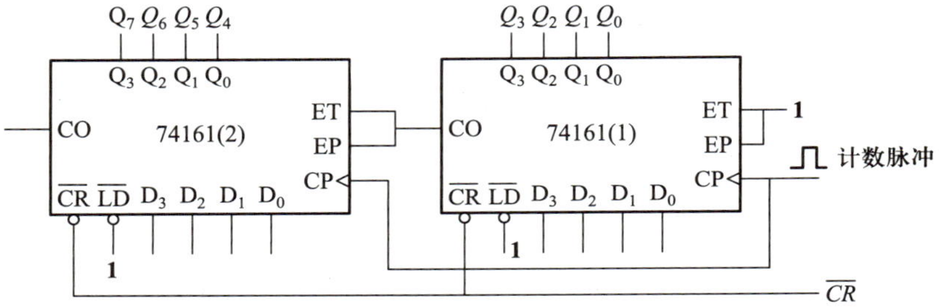

图 9.43　74161 同步级联构成的 8 位同步二进制加法计数器

2. 异步级联

采用两片 74161 异步级联构成的 8 位异步二进制计数器如图 9.44 所示。图中没有给出 ET，EP 端，它们都连到高电平 **1**。这种方式计数时，芯片内是同步的，芯片间是异步的，属于异步计数器。

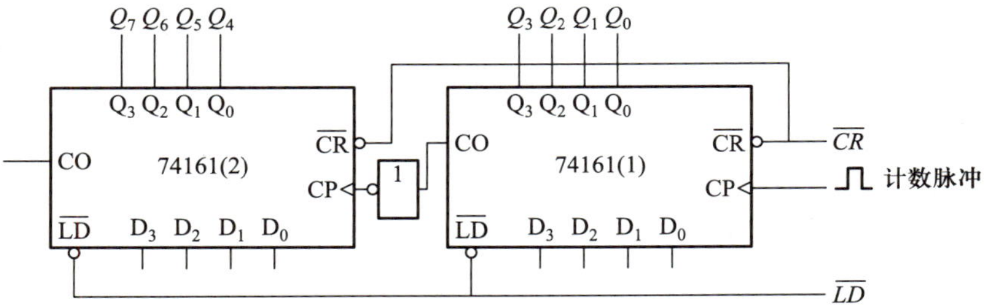

图 9.44　74161 异步级联构成的 8 位异步二进制计数器

利用级联的方式加上适当的反馈，可以构成模值大于计数器模值的计数器，举例说明。

例 9.1 用 74161 构成模 48 计数器。

解：因为 $N=48$，而 74161 为模 16 计数器，所以要用两片 74161 构成此计数器。

先将两片芯片采用同步级联方式连接成 256 进制计数器，然后再借助 74161 异步清零功能，在输入第 48 个计数脉冲后，计数器输出状态为 **00110000** 时，高位片(2)的 Q_1 和 Q_0 同时为 **1**，使**与非**门输出 **0**，加到两芯片异步清零端上，使计数器立即返回 **0000 0000** 状态，状态 **00110000** 仅在极短的瞬间出现，为过渡状态，这样，就组成了 48 进制计数器，其逻辑图如图 9.45 所示。

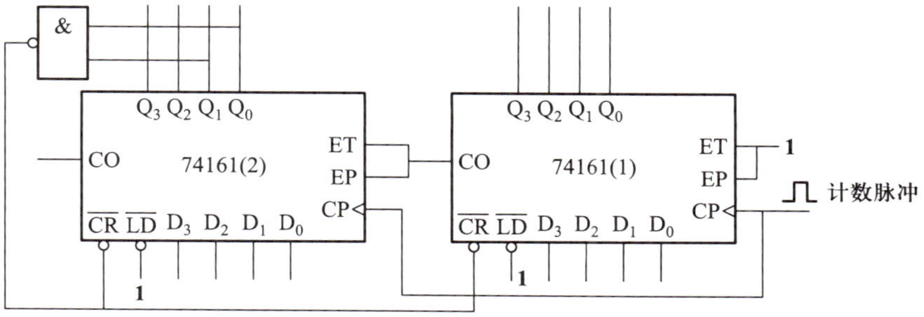

图 9.45 例 9.1 的逻辑图

9.3.2 使用单个计数电路构成任意进制计数器(模值小于单个计数器模值)

集成计数器一般为二进制和 8421BCD 码计数器，如果需要其他进制的计数器，可用现有的二进制或十进制计数器，利用其清零端或预置数端，外加适当的门电路连接而成。

1. 异步清零法

这种方法适用于具有异步清零端的集成计数器。图 9.46 所示是用这种方法由集成计数器 74161 和**与非**门构成的六进制计数器。74161 是十六进制的计数器，要构成六进制计数器，需要 74161 的计数循环跳过 10 个状态。74161 从 **0000** 开始计数，当计数到 **0110** 的时候，用 **0110** 产生一个 **0** 信号，送到 74161 的异步清零端，实现 **0000** 到 **0101** 的计数循环。其中 **0110** 是个过渡状态，一旦出现就立即异步清零，所以不占用时钟周期。清零信号采用 Q_2 与 Q_1 **与非**产生。

2. 同步送数法

这种方法适用于具有同步送数端的集成计数器。图 9.47 所示是用集成计数器 74161 和**与非**门构成的六进制计数器。完成的计数循环为 **0000** 到 **0101**，只要在 **0101** 时产生同步送数信号，送入 **0000**，就可以实现需要的计数功能。送数信号用 Q_2 与 Q_0 **与非**，因为是同步送数，所以送入的零状态也占用一个时钟周期。这种方法同样适用于有同步清零端的器件，如 74163，可以将反馈信号送到同步清零端实现。

3. 利用进位信号反馈置数法实现计数

这种方法是利用计数器的进位信号，将其取反后送到同步送数端，控制送入的数据，使

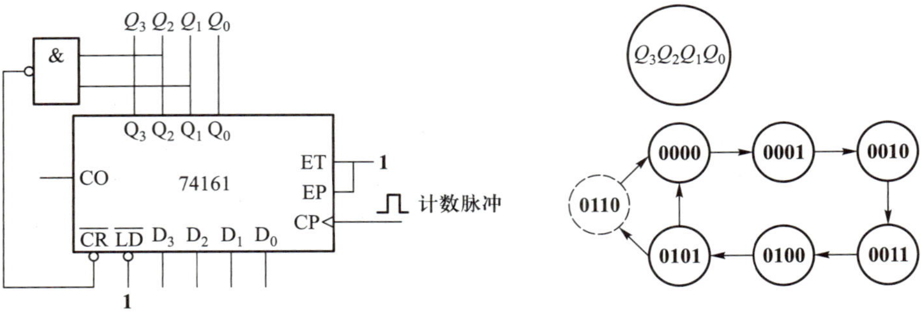

(a) 逻辑图　　(b) 状态转换图

图 9.46　用异步清零法构成六进制计数器

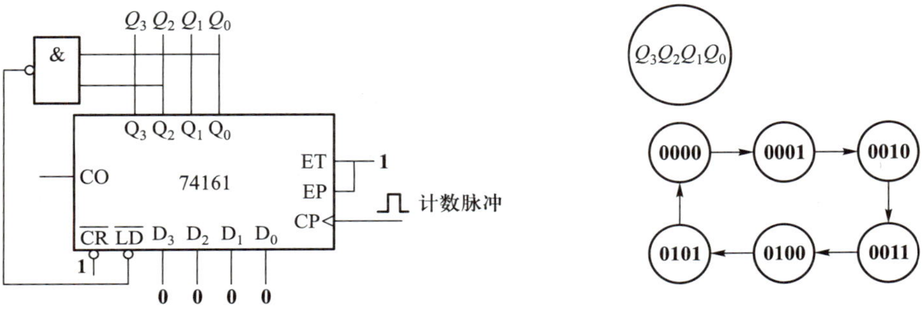

(a) 逻辑图　　(b) 状态转换图

图 9.47　用同步送数法构成六进制计数器

计数器从送入的数据开始计数，到产生进位的状态。仍然以 74161 实现模 6 计数为例，进位信号 CO 是在计数器状态为 **1111** 时由 **0** 变为 **1** 的，所以 CO 取反连接到同步送数端，所要送的数据应该是 **1010**，这样状态转移就是 **1010-1011-1100-1101-1110-1111**，完成模 6 计数。

4. 利用送数控制端的多次送数实现计数

对于 74161，也可以利用送数控制端控制并行送数端在一个计数周期内多次送入不同的数据，实现相应的计数器。如图 9.48 所示，是一个模 6 计数器。

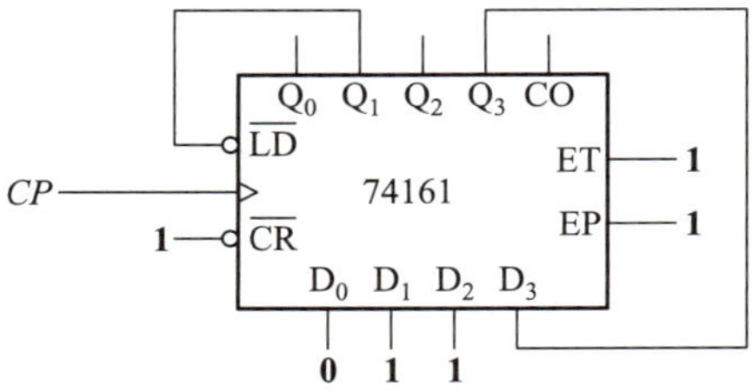

图 9.48　74161 两次送数的模 6 计数器

从图 9.48 可以看出,其计数循环为

$$\mathbf{0000-0110^{*}-0111-1000-1110^{*}-1111}$$

其中标记星号的是表示送入的数据。这种方法不具有推广性。

综上所述,改变集成计数器的模可用清零法,也可用预置数法等。清零法比较简单,预置数法比较灵活。但不管用哪种方法,都应首先确定所用集成器件的清零端或预置端是异步还是同步工作方式,再根据不同的工作方式选择合适的清零信号或预置信号。

微视频 9-3 使用单个计数电路构成任意进制计数器

9.3.3 构成分频器

模 N 计数器进位输出端输出脉冲的频率是输入脉冲频率的 $1/N$,因此可用模 N 计数器组成 N 分频器。

例 9.2 振荡器输出脉冲信号的频率为 32768 Hz,用 74161 构成分频器,产生频率为 1 Hz 的脉冲信号。

解:$32768=2^{15}$,经 15 级二分频,就可获得频率为 1 Hz 的脉冲信号。因此将 4 片 74161 级联,从高位片(4)的 Q_2 输出即可,其逻辑图如图 9.49 所示。

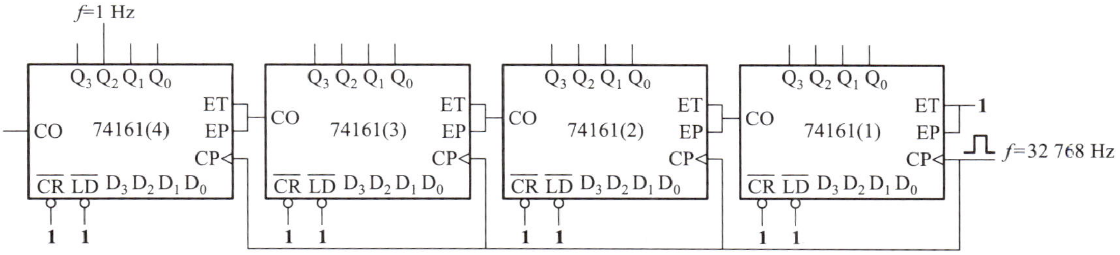

图 9.49 例 9.2 的逻辑图

9.3.4 构成脉冲节拍

脉冲节拍是数字系统中定时部件的组成部分,也是计算机中的重要信号。它在时钟脉冲作用下,顺序地在每个输出端输出节拍脉冲,以协调系统各部分的工作。

图 9.50 为一个由计数器 74161 和译码器 74138 组成的脉冲节拍电路。74161 构成模 8 计数器,输出状态 $Q_2Q_1Q_0$ 在 **000~111** 之间循环变化,从而在译码器输出端 $\overline{Y_0}\sim\overline{Y_7}$ 得到图 9.51所示的脉冲节拍序列。

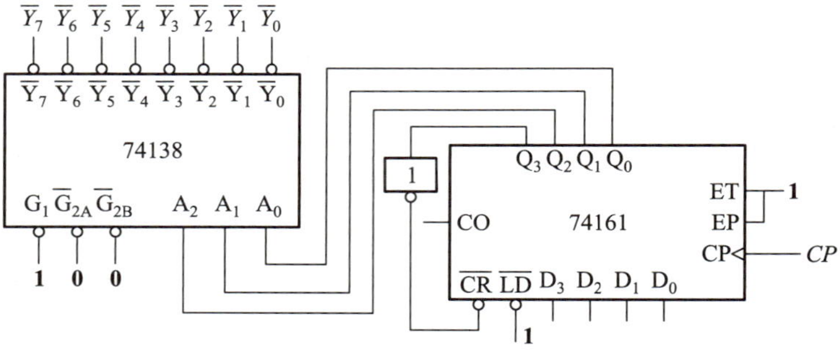

图 9.50　用计数器和译码器构成脉冲节拍电路

图 9.51　脉冲节拍序列

9.4　集成电路中常用的双模计数器电路

在电子系统的集成电路中，常常会用到双模计数器，如 M2/M3 计数器，M4/M5 计数器，M8/M9 计数器等。在第 8 章分析了 M4/M5 同步计数器，并分析了在 M4/M5 同步计数器的基础上，构成的 M8/M9 异步计数器，这两种计数器电路，常常用在集成电路设计中。

除了这两种双模分频器电路，在这里还介绍集成电路中用到的 M2/M3 双模计数器电路。如图 9.52 所示，是一个用 D 触发器构成的 M2/M3 双模计数器，当 $mod_{in}=\mathbf{1}$，且 $P=\mathbf{1}$ 时，完成三分频，如图 9.53 所示；当 $mod_{in}=\mathbf{0}$，且 $P=\mathbf{0}$ 时，完成的是二分频。

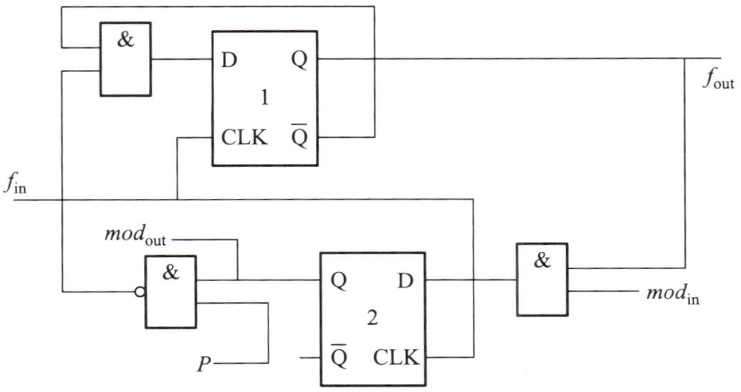

图 9.52 用两个 *D* 触发器构成的 M2/M3 双模计数器

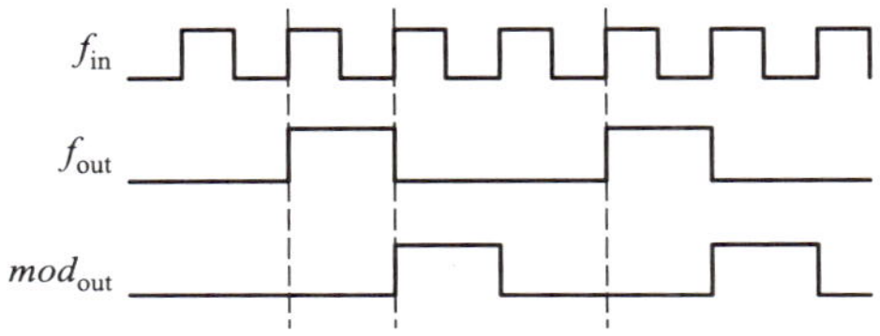

图 9.53 当 $P=1, mod_{in}=1$ 时,电路输入和输出波形图

9.5 序列信号发生器

在数字系统测试和数字信号传输时,会用到一些串行的周期性数字信号,这种串行的周期性数字信号称为序列信号。序列信号是在时钟脉冲作用下产生的一串周期性的二进制信号。在序列信号的一个周期中,包含的二进制数据位数称为序列长度。

能产生序列信号的电路称为序列信号发生器。序列信号发生器的设计分为两种情况:给定序列信号设计电路;给定序列长度设计电路。

9.5.1 给定序列信号设计电路

对于给定的序列信号,设计其发生器一般有两种结构形式:计数型序列信号发生器;移存型序列信号发生器。

1. 计数型序列信号发生器

计数型序列信号发生器的结构如图 9.54 所示。它的特点是,所产生的序列信号的长度等于计数器的模值,并可根据需要产生一个或多个序列信号。

根据计数型序列信号发生器的特点,可以用计数器辅以数据选择器构成序列发生器。

按照下列步骤设计计数型序列信号发生器：

（1）构成一个模 P 计数器，P 等于序列信号的长度；

（2）选择适当的数据选择器，把要产生的序列按规定的顺序加在数据选择器的数据输入端，把地址输入端与计数器的输出端适当地连接在一起，这是采用数据选择器的方法。

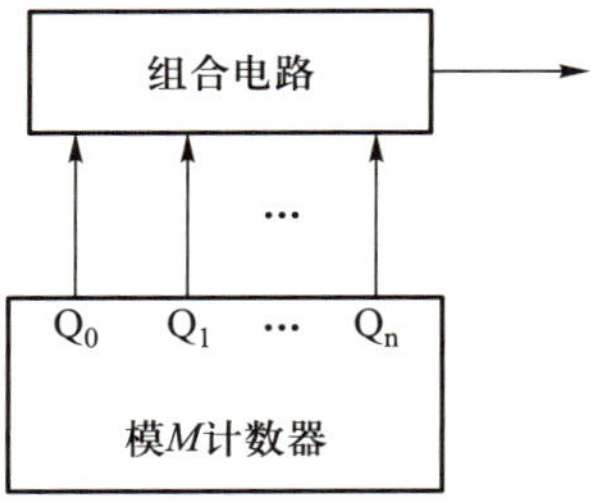

图 9.54　计数型序列信号发生器结构

例 9.3　试用计数器 74161 和数据选择器设计一个 **01100011** 序列信号发生器。

解：由于序列长度 $P=8$，故将 74161 构成模 8 计数器，并选用数据选择器 74151 产生所需序列，从而得电路如图 9.55 所示。

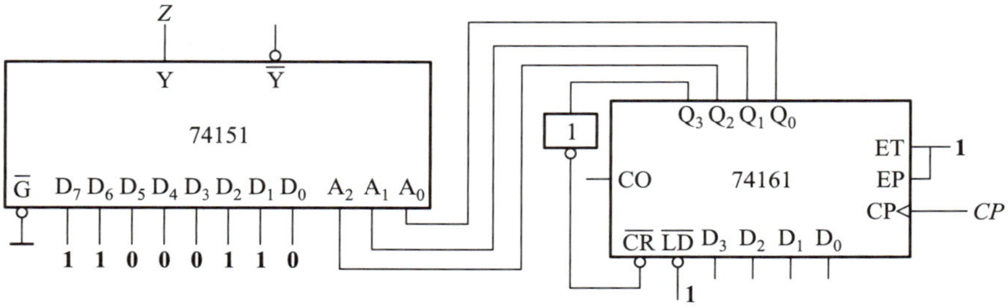

图 9.55　计数器和数据选择器组成序列信号发生器

除了采用数据选择器外，还可以把输出序列作为计数器的输出，也就是在计数器的基础上增加一个输出函数，输出所需要的序列。

例 9.4　设计 **1111010110** 周期序列产生电路。

解：序列长度为 10，因此需要设计一个模 10 的同步计数器，按照 8421BCD 码计数器设计，同时给出输出序列，也就是要设计的周期序列，如表 9.13 所示。

表 9.13　例 9.4 状态转移真值表及其输出

Q_3^n	Q_2^n	Q_1^n	Q_0^n	Q_3^{n+1}	Q_2^{n+1}	Q_1^{n+1}	Q_0^{n+1}	Z
0	0	0	0	0	0	0	1	1
0	0	0	1	0	0	1	0	1
0	0	1	0	0	0	1	1	1
0	0	1	1	0	1	0	0	1
0	1	0	0	0	1	0	1	0
0	1	0	1	0	1	1	0	1
0	1	1	0	0	1	1	1	0
0	1	1	1	1	0	0	0	1
1	0	0	0	1	0	0	1	1
1	0	0	1	0	0	0	0	0

前面已经设计过 8421BCD 码计数器，如图 9.39 所示。状态转移方程重列如下：

$$Q_0^{n+1} = D_0 = \overline{Q_0^n}$$

$$Q_1^{n+1} = D_1 = Q_1^n \oplus Q_0^n \overline{Q_3^n}$$

$$Q_2^{n+1} = D_2 = Q_2^n \oplus Q_0^n Q_1^n$$

$$Q_3^{n+1} = D_3 = Q_3^n \oplus (Q_0^n Q_3^n + Q_0^n Q_1^n Q_2^n)$$

因此在这里只需要求出输出函数表达式就可以了。根据表 9.13 求出的输出逻辑函数表达式

$$Z = \overline{Q_3^n} Q_0^n + \overline{Q_2^n}\ \overline{Q_0^n} \qquad (9-55)$$

得到周期序列电路的逻辑图如图 9.56 所示。

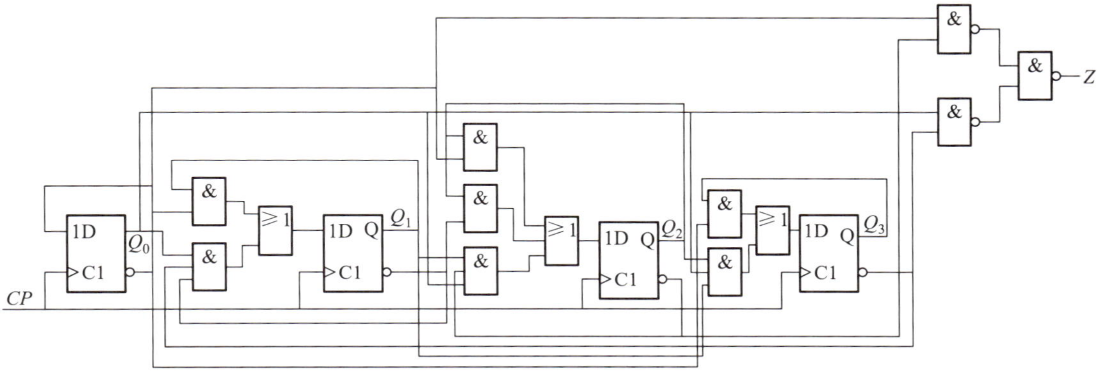

图 9.56 1111010110 周期序列电路逻辑图

输出端 Z 的输出，就是所要产生的序列信号。可以知道，对于相同长度的序列信号，可以在同一个计数器的基础上，加上不同的输出电路构成循环长度相同的多组序列信号。

1111010110 周期序列产生电路的 Verilog HDL 描述如下：

```
module seq_gen_1111010110(
  input wire CP ,
  output wire z
);
reg Q0, Q1, Q2, Q3;
always@ (posedge CP) begin
  Q3 <= (Q3 & ~Q0) | (Q2 & Q0 & Q1);
  Q2 <= (Q2 & ~Q0) | (Q2 & ~Q1) | (Q1 & ~Q2);
  Q1 <= (Q1 & ~Q0) | (Q0 && ~Q3 & ~Q1);
  Q0 <= ~Q0;
end
assign Z = ~(~(~Q0 & ~Q2) & ~(Q0 & ~Q3));
```

endmodule

图 9.57 是用 74161 及门电路构成的 **01010** 序列信号发生器。其中 74161 与 G_1 构成了一个模 5 计数器，且 $Z=Q_0\overline{Q_2}$。在 CP 作用下，计数器的状态变化如表 9.14 所示。由于 $Z=Q_0\overline{Q_2}$，故不同状态下的输出如该表的右列所示。因此，这是一个 **01010** 序列信号发生器，序列长度 $P=5$。

在这个例子中，可以直接将 Q_0 作为输出序列，这是因为输出 Z 可以进一步化简为 Q_0，之所以没有这样做，是因为当 **100** 变为 **101** 再清零的时候，在输出的瞬间，Q_0 为 **1**，就会产生为 **1** 的毛刺，而采用 $Z=Q_0\overline{Q_2}$，**100** 变为 **101** 的瞬间，输出仍然是 **0**，就不会产生毛刺。

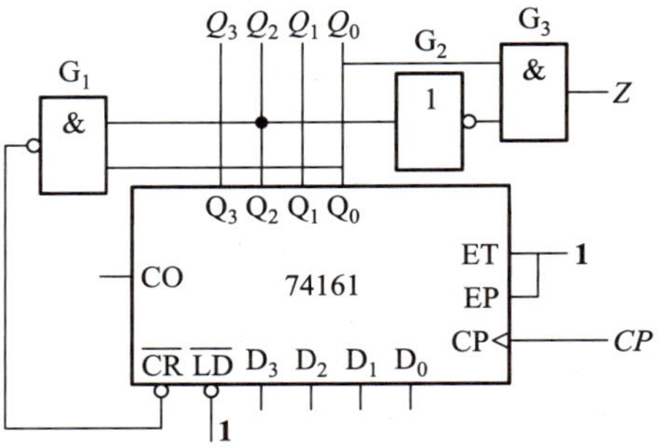

图 9.57　计数器组成序列信号发生器

表 9.14　01010 序列信号发生器状态表

现态			次态			输出
Q_2^n	Q_1^n	Q_0^n	Q_2^{n+1}	Q_1^{n+1}	Q_0^{n+1}	Z
0	**0**	**0**	**0**	**0**	**1**	**0**
0	**0**	**1**	**0**	**1**	**0**	**1**
0	**1**	**0**	**0**	**1**	**1**	**0**
0	**1**	**1**	**1**	**0**	**0**	**1**
1	**0**	**0**	**0**	**0**	**0**	**0**

2. 移存型序列信号发生器

移存型序列信号发生器结构如图 9.58 所示。它是以移位寄存器作为存储器件，移位寄存器的级数 n 应该满足 2^n 大于等于序列长度，例如，如果要产生的序列信号长度为 8，那么移位寄存器至少应该是 3 位的。输出是以移位寄存器中的某个触发器作为序列信号输出，这种序列信号发生器的关键是求出要移进来的数据跟各个触发器的关系，我们举例来说明。

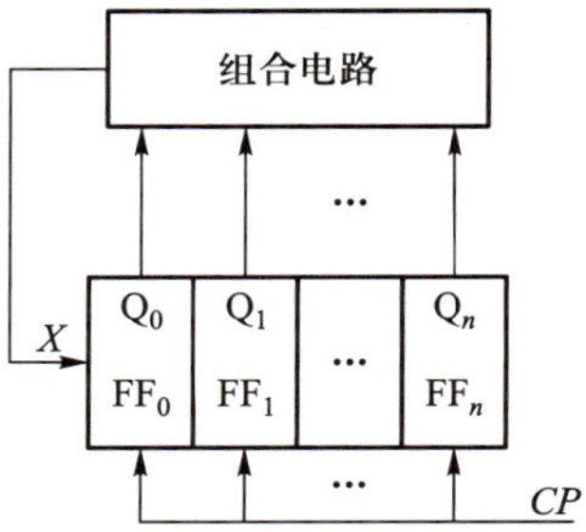

图 9.58　移存型序列信号发生器结构图

例 9.5　用移位寄存器构成 **00010111** 序列信号发生器，该序列是 **0** 先输出，**1** 最后输出。

解：序列信号长度为 8，因此至少应该使用 3 位移位寄存器，把移位寄存器的工作状态列出来：

0　0　1　1　1　0　1　0　0　0

………

……….
……….
……….
……….
……….
……….
……

序列信号发生器的状态转移真值表见表 9.15。

表 9.15 序列信号发生器的状态转移真值表

序号	Q_2	Q_1	Q_0	D_2
0	**0**	**0**	**0**	**1**
1	**1**	**0**	**0**	**0**
2	**0**	**1**	**0**	**1**
3	**1**	**0**	**1**	**1**
4	**1**	**1**	**0**	**1**
5	**1**	**1**	**1**	**0**
6	**0**	**1**	**1**	**0**
7	**0**	**0**	**1**	**0**
8	**0**	**0**	**0**	**1**

关键求移位寄存器移入数据 D_2，做 D_2 的卡诺图如图 9.59 所示。

$$D_2 = \overline{Q}_2\overline{Q}_0 + Q_2Q_0\overline{Q}_1 + Q_1\overline{Q}_0 \qquad (9-56)$$

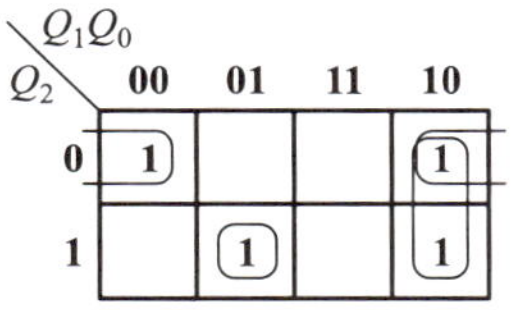

图 9.59 D_2 的卡诺图

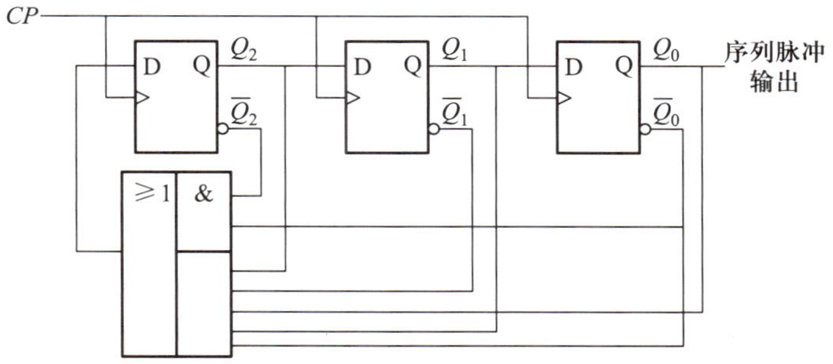

图 9.60 00010111 序列信号发生器逻辑图

得到的 **00010111** 序列信号发生器逻辑图如图 9.60 所示。

00010111 序列信号发生器的 Verilog HDL 描述如下：

```
module seq_gen_00010111(
    input wire CP,
    output wire sequence_out
```

```
);
reg Q2, Q1, Q0;
always@ (posedge CP) begin
  Q2 <= (~Q0 & ~Q2) | (Q0 & Q2 & ~Q1) | (Q1 & ~Q0);
  Q1 <= Q2 ;
  Q0 <= Q1 ;
end
assign sequence_out = Q0;
endmodule
```

例 9.6　用移位寄存器构成的 **000101** 序列信号发生器。

解：给定的序列长度为 6，因此，移位寄存器的位数应该等于或者大于 3。如果选 3，列状态转移真值表如下图所示：

```
0 0 0 1 0 1 0 0 0
            .........
          .........
        .........
      .........
    .........
  .........
......
```

可以看出，当状态为 **010** 时，有两种转移，分别为 **101** 和 **100**，这是无法实现的。因此，必须增加移位寄存器的位数，取 4，因此状态转移真值表如表 9.16 所示。

```
1 0 0 0 1 0 1 0 0 0
            ...............
          ...............
        ...............
      ...............
    ...............
  ...............
.............
```

表 9.16　000101 序列信号发生器状态转移真值表

序号	Q_3	Q_2	Q_1	Q_0	D_3
0	**1**	**0**	**0**	**0**	**0**
1	**0**	**1**	**0**	**0**	**1**
2	**1**	**0**	**1**	**0**	**0**
3	**0**	**1**	**0**	**1**	**0**
4	**0**	**0**	**1**	**0**	**0**
5	**0**	**0**	**0**	**1**	**1**
6	**1**	**0**	**0**	**0**	**0**

$$D_3 = Q_2\overline{Q}_0 + \overline{Q}_2 Q_0 \qquad (9-57)$$

其逻辑图如图 9.61 所示。

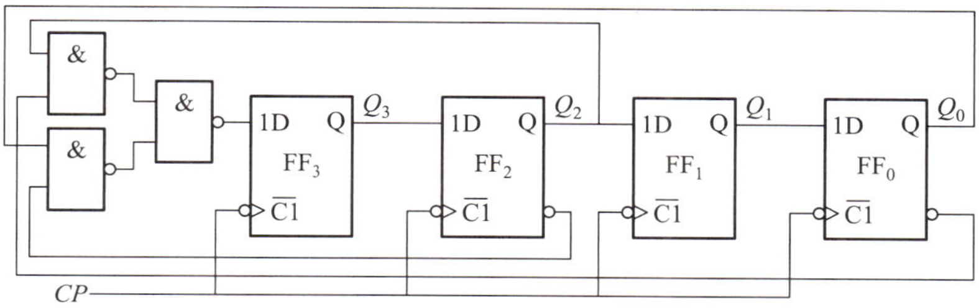

图 9.61　000101 序列信号发生器逻辑图

000101 序列信号发生器的 Verilog HDL 描述如下：

```
module seq_gen_000101(
  input wire CP,
  output wire sequence_out
);
reg Q0, Q1, Q2, Q3;
always@ (negedge CP) begin
  // Q3 <= ~(~(Q2 & ~Q0) & (~(Q0 & ~Q2)));
  Q3 <= (Q2 & ~Q0) | (Q0 & ~Q2);
  Q2 <= Q3 ;
  Q1 <= Q2 ;
  Q0 <= Q1 ;
end
assign sequence_out = Q0;
endmodule
```

微视频 9-4
给定序列信号设计电路

9.5.2 已知序列长度设计序列信号发生器

在电路测试时，如果需要的序列信号只要求长度而不要求码型，则可自行设定满足长度要求的任何序列信号，再按确定的序列信号设计序列信号发生器电路。能满足长度要求的序列信号有很多种，在这里介绍一种常用的 $M=2^n-1$ 的最长线性序列。

M 序列码发生器是一种反馈移位型结构的电路，它由 n 位移位寄存器加**异或**反馈网络组成，其序列长度 $M=2^n-1$，只有一个多余状态即全 **0** 状态，所以称为最长线性序列码发生器。由于其结构已定型，且反馈函数和连接形式都有一定的规律，所以利用查表的方式就可以设计出 M 序列码发生器电路。表 9.17 列出部分 M 序列码的反馈函数 F 和移位寄存器位数 n 的对应关系。如果给定一个序列信号长度 M，则根据 $M=2^n-1$ 求出 n，由 n 查表便可以得到相应的反馈函数 F。

表 9.17　*M* 序列码的反馈函数表(移位寄存器从 Q_1 开始)

n	F	n	F
1	Q_1	17	$Q_{14}\oplus Q_{17}$
2	$Q_1\oplus Q_2$	18	$Q_1\oplus Q_2\oplus Q_5\oplus Q_{18}$
3	$Q_2\oplus Q_3$	19	$Q_{14}\oplus Q_{17}\oplus Q_{18}\oplus Q_{19}$
4	$Q_3\oplus Q_4$	20	$Q_{17}\oplus Q_{20}$
5	$Q_3\oplus Q_5$	21	$Q_{19}\oplus Q_{21}$
6	$Q_5\oplus Q_6$	22	$Q_{21}\oplus Q_{22}$
7	$Q_6\oplus Q_7$	23	$Q_{18}\oplus Q_{23}$
8	$Q_2\oplus Q_3\oplus Q_4\oplus Q_8$	24	$Q_{20}\oplus Q_{21}\oplus Q_{23}\oplus Q_{24}$
9	$Q_5\oplus Q_9$	25	$Q_{22}\oplus Q_{25}$
10	$Q_7\oplus Q_{10}$	26	$Q_{20}\oplus Q_{24}\oplus Q_{25}\oplus Q_{26}$
11	$Q_9\oplus Q_{11}$	27	$Q_{22}\oplus Q_{25}\oplus Q_{26}\oplus Q_{27}$
12	$Q_6\oplus Q_8\oplus Q_{11}\oplus Q_{12}$	28	$Q_{25}\oplus Q_{28}$
13	$Q_9\oplus Q_{10}\oplus Q_{12}\oplus Q_{13}$	29	$Q_{27}\oplus Q_{29}$
14	$Q_9\oplus Q_{11}\oplus Q_{13}\oplus Q_{14}$	30	$Q_{24}\oplus Q_{26}\oplus Q_{29}\oplus Q_{30}$
15	$Q_{14}\oplus Q_{15}$	31	$Q_{28}\oplus Q_{31}$
16	$Q_{11}\oplus Q_{13}\oplus Q_{14}\oplus Q_{16}$	32	$Q_{25}\oplus Q_{27}\oplus Q_{29}\oplus Q_{30}\oplus Q_{31}\oplus Q_{32}$

例 9.7　采用双向移位寄存器 74194 设计产生 $M=7$ 的 *M* 序列码。

解：首先根据 $M=2^n-1$，确定 $n=3$，再查表可得反馈函数 $F=Q_2\oplus Q_3$，在 74194 中是 $Q_1\oplus Q_2$，逻辑图如图 9.62 所示。

由于电路处于全 **0** 状态时，$F=\mathbf{0}$，故采用此方法设计的 *M* 序列发生器不具有自启动特性。为了使电路具有自启动特性可以采取以下两种方法：

① 在反馈方程中加全 **0** 校正项 $\overline{Q}_2\ \overline{Q}_1\ \overline{Q}_0$，使其处于全 **0** 状态时，自动转到 **001**，因此 $F=Q_1\oplus Q_2+\overline{Q}_2\ \overline{Q}_1\ \overline{Q}_0=Q_1\oplus Q_2+\overline{Q}_2\ \overline{Q}_0$。

推广到 n 位的移位寄存器，修改的激励函数也是在原来激励函数的基础上加上 $\overline{Q}_{n-1}\overline{Q}_{n-2}\cdots\overline{Q}_0$。

逻辑图修改为图 9.63。

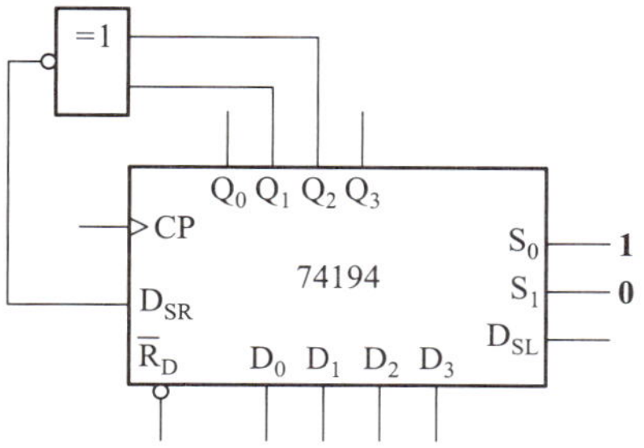

图 9.62　用双向移位寄存器 74194 产生 $M=7$ 的 M 序列码

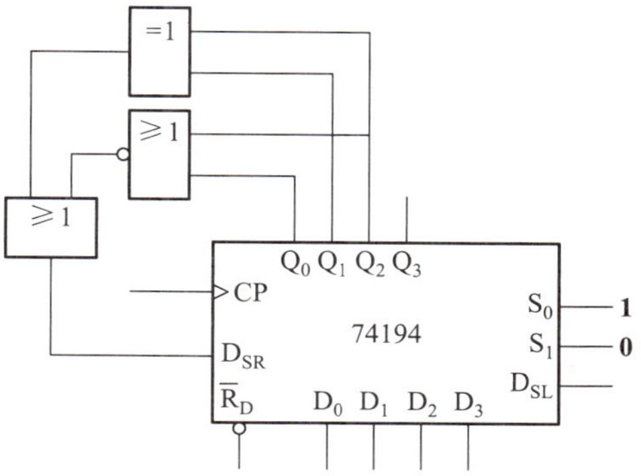

图 9.63　反馈方程中加全 0 校正项 M 序列码电路

② 利用全 **0** 状态重新置数，从而实现自启动，其逻辑电路如图 9.64 所示，当 $Q_3Q_2Q_1Q_0=$ **0000** 时，$S_1=$ **1**，74194 置数，使 $Q_3Q_2Q_1Q_0=$ **0001**，从而实现自启动。

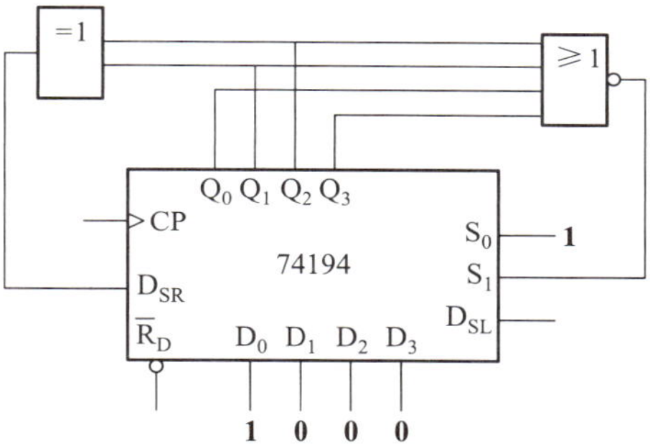

图 9.64　用全 0 状态重新置数实现自启动 M 序列码电路

设计 M 序列码发生器的关键在于查表获得反馈函数，在设计的时候需要特别注意的就是对于全 **0** 项的处理，加全 **0** 校正项和利用全 **0** 状态置数都是可行的办法，这样就可以保证电路的自启动性能。

本章小结

常用的时序逻辑器件包括寄存器、移位寄存器、计数器、序列信号发生器等。

寄存器和移位寄存器是计算机中的常用电路。寄存器用于运算中暂存数据以及运算结果等，累加器就是一个典型的寄存器。移位寄存器不仅可以暂存数据，还可以对数据进行串-并行转换和数值运算。

计数器主要用来对输入的脉冲计数，也用于信号分频、定时器、节拍脉冲产生电路等。

计数器按照各触发器与计数脉冲是否同步分为同步计数器和异步计数器，按照计数增减方式分为加法计数器、减法计数器和可逆计数器。常见的计数器有二进制计数器、十进制计数器。任意进制的计数器可以采用集成计数器反馈复位、反馈送数的方法构成。计数值超过一片集成计数器的任意模值计数器，可以用多片集成计数器组合的方法，级间采用并行进位、串行进位、反馈清零和反馈送数等方式连接。

序列信号发生器是用来产生所需要的串行数字信号的电路，分为确定的序列信号发生器和确定长度的序列信号发生器。

习　题

- **9.1**　分析题 9.1 图所示 74194 构成的计数器电路，写出其主计数循环（*START* 到来后开始对时钟计数）。
- **9.2**　分析题 9.2 图所示 74194 构成的计数器电路，写出其主计数循环（清零信号后开始计数）。

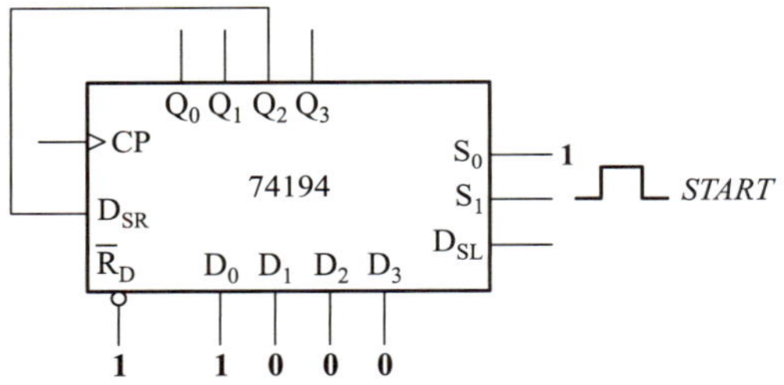

题 9.1 图

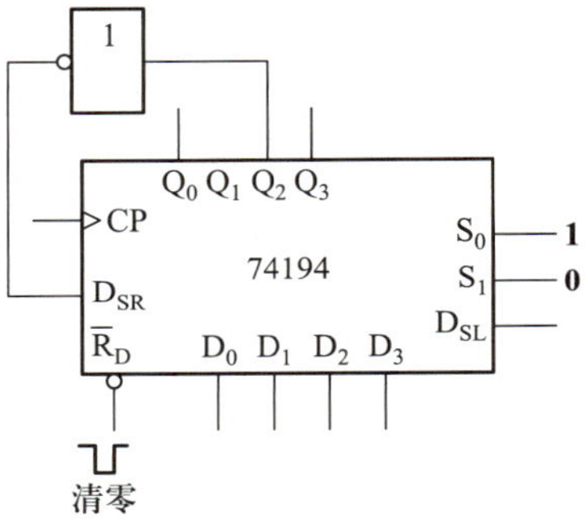

题 9.2 图

- **9.3**　分析题 9.3 图所示电路，画出其从 **0000** 开始的状态图。

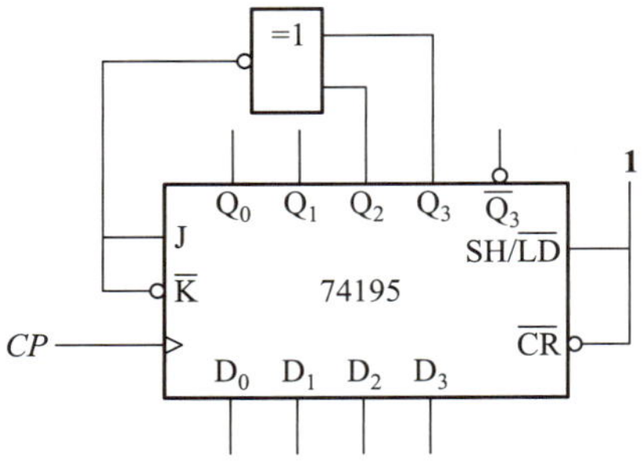

题 9.3 图

- **9.4**　分析题 9.4 图所示电路，画出在清零信号作用后，电路的状态图。

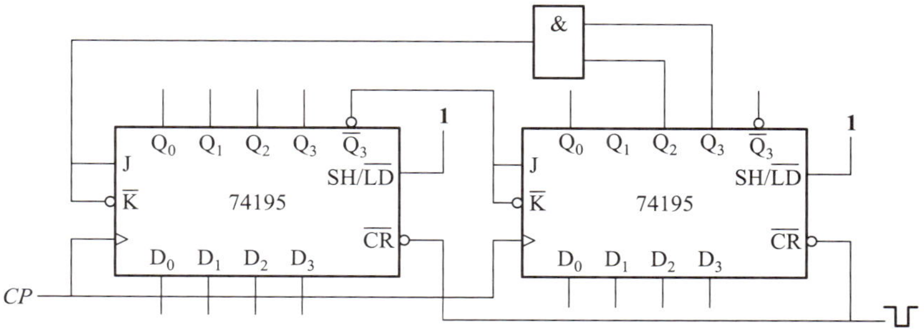

题 9.4 图

- **9.5** 试用两片 74195 右移移位寄存器实现 7 位右移移位寄存器，画出逻辑图。
- **9.6** 试用 74194 设计模 3 环形计数器。
- **9.7** 试用两片 74194 设计模 7 环形计数器。
- **9.8** 试用 74194 设计模 6 的扭环计数器。
- **9.9** 试用两片 74194 设计模 16 的扭环计数器。
- **9.10** 试用 74194 和组合电路构成能产生序列信号为 **00001101** 的序列信号发生器。
- **9.11** 分析题 9.11 图所示电路，画出其状态转换图。

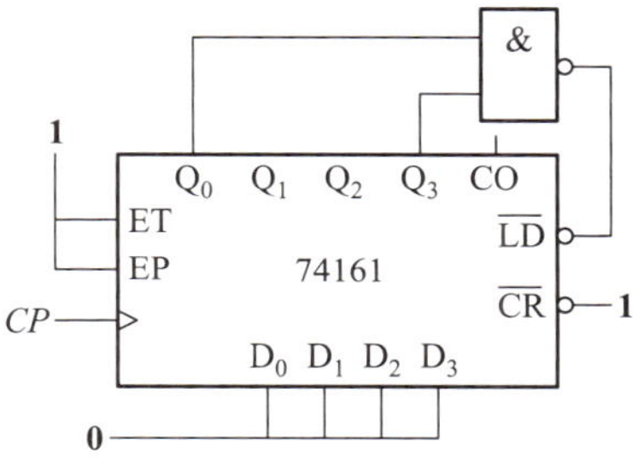

题 9.11 图

- **9.12** 用 74161 和适当的门电路，用异步清零法和同步送数法，设计模 13 计数器，画出电路图及工作波形图。

- **9.13** 分析题 9.13 图所示电路，画出状态转换图。$\overline{CR}$ 端所加信号为初始化信号。

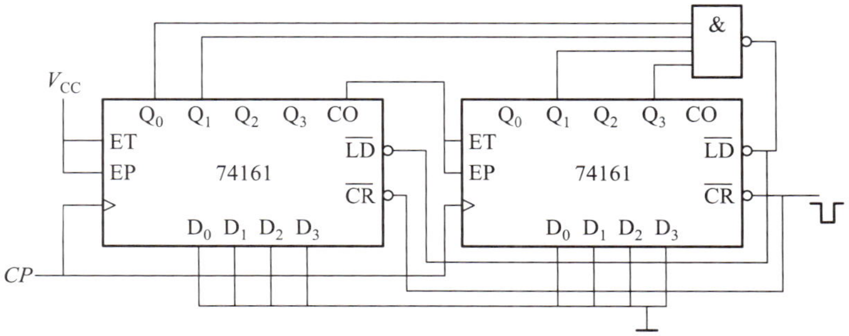

题 9.13 图

- **9.14**　分析题 9.14 图所示电路，说明两片电路构成的计数器模值，两片 74161 各自的计数模值和状态转换图。

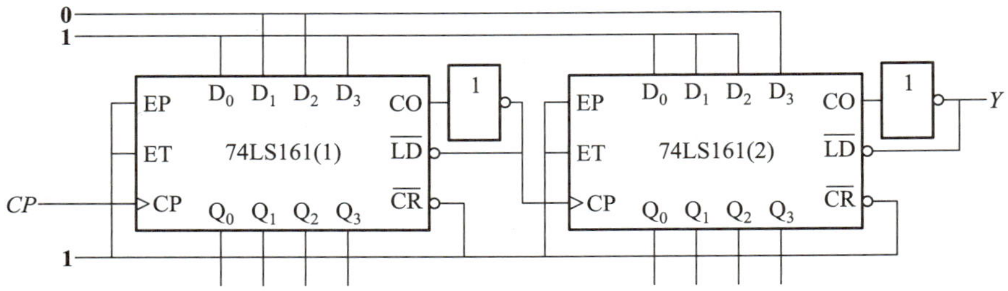

题 9.14 图

- **9.15**　试分析题 9.15 图所示电路，画出两片各自的状态转换图，说明该计数器电路的计数模值。

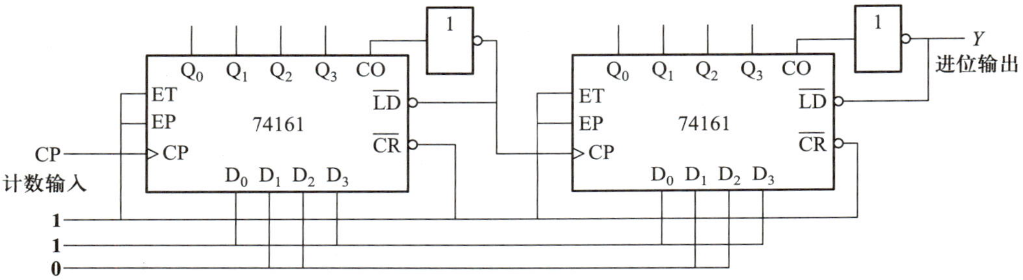

题 9.15 图

- **9.16**　用 74161 构成模 72 计数器，画出电路图。
- **9.17**　分析题 9.17 图所示电路，画出状态转换图及输出 Z 的波形。

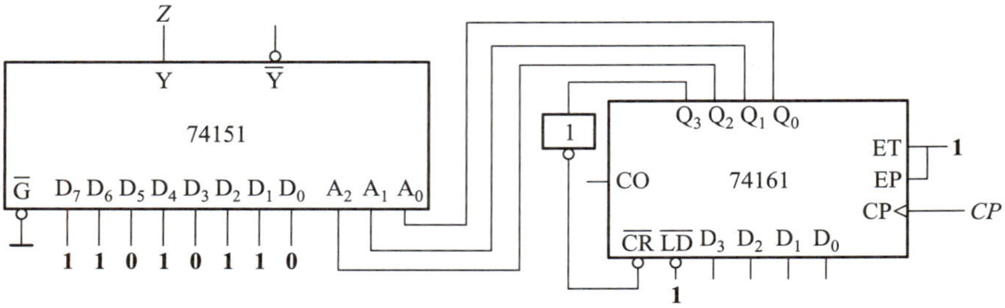

题 9.17 图

- **9.18**　分析题 9.18 图所示电路，画出 CP 作用下 Y 的波形。
- **9.19**　分析题 9.19 图所示电路，画出状态转换图。
- **9.20**　分析题 9.20 图所示电路，画出状态转换图。
- **9.21**　分析题 9.21 图所示电路，画出状态转换图。

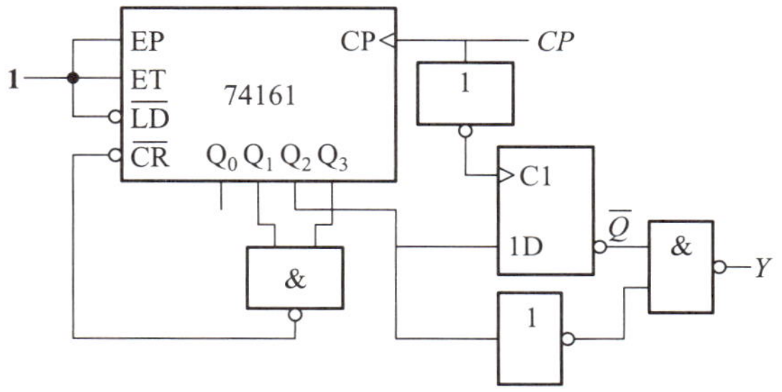

题 9.18 图

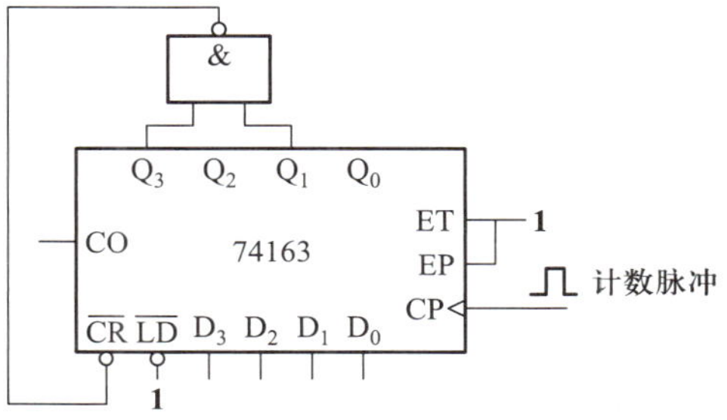

题 9.19 图

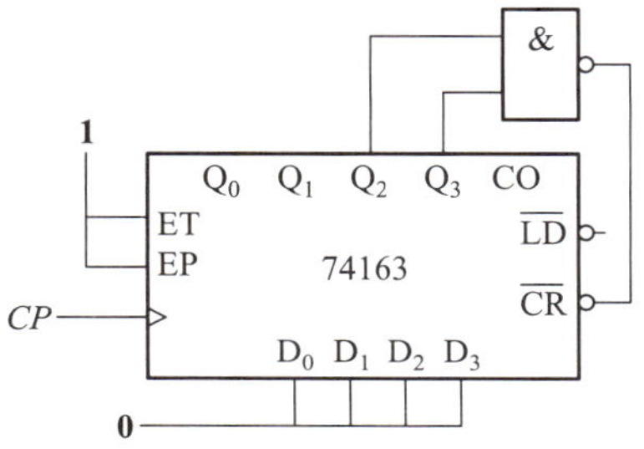

题 9.20 图

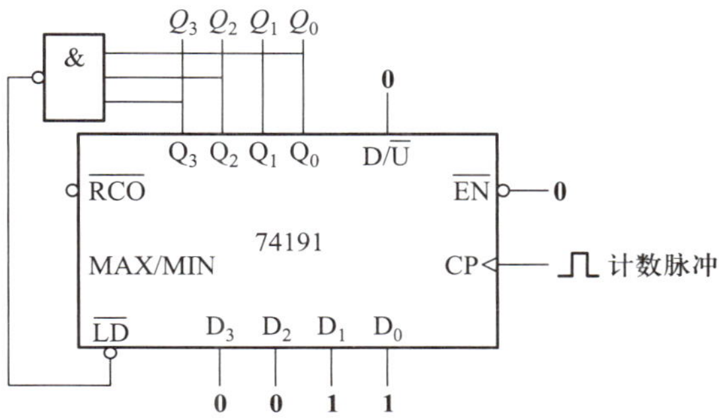

题 9.21 图

- **9.22** 用两片 74191 构成的电路如题 9.22 图所示，分析其功能。

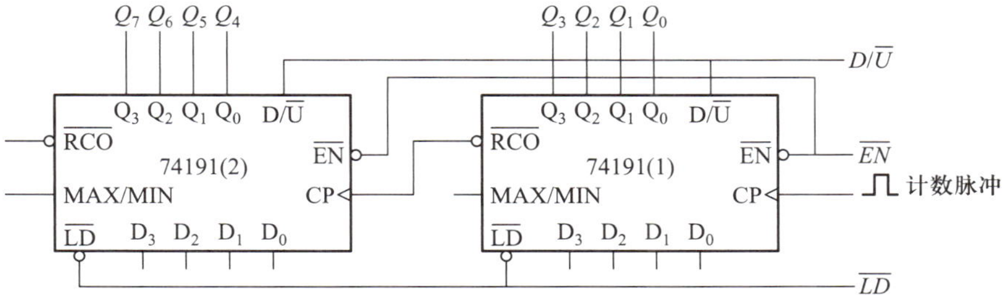

题 9.22 图

- **9.23** 分析题 9.23 图所示电路，画出状态转换图。
- **9.24** 分析题 9.24 图所示电路，画出状态转换图。

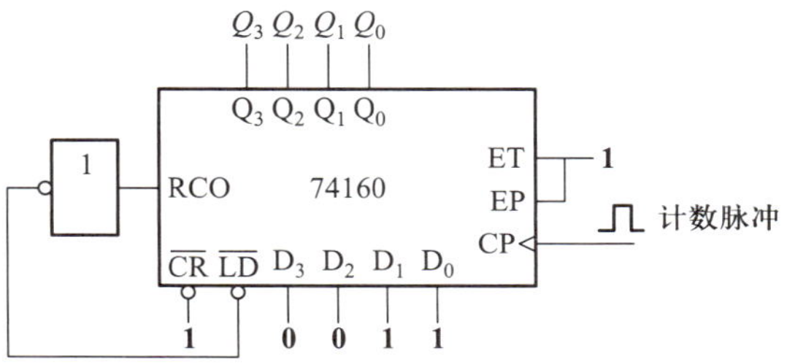

题 9.23 图

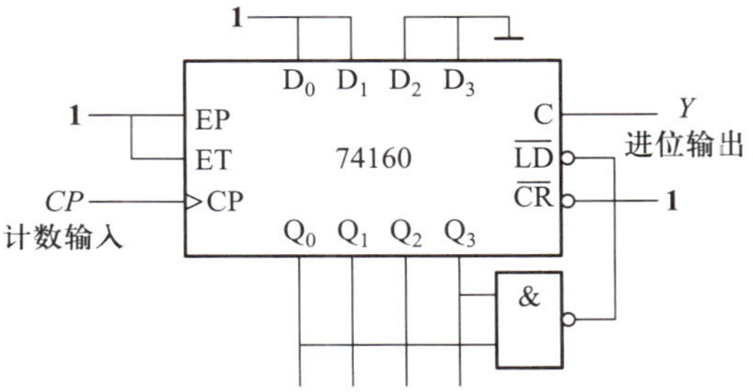

题 9.24 图

- **9.25**　分析题 9.25 图所示电路，说明其计数模值。

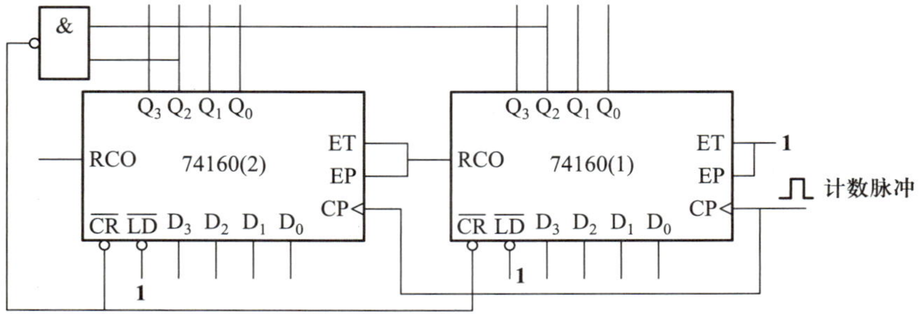

题 9.25 图

- **9.26**　分析题 9.26 图所示计数器电路，说明每一片 74160 的进制和两片合起来的进制。

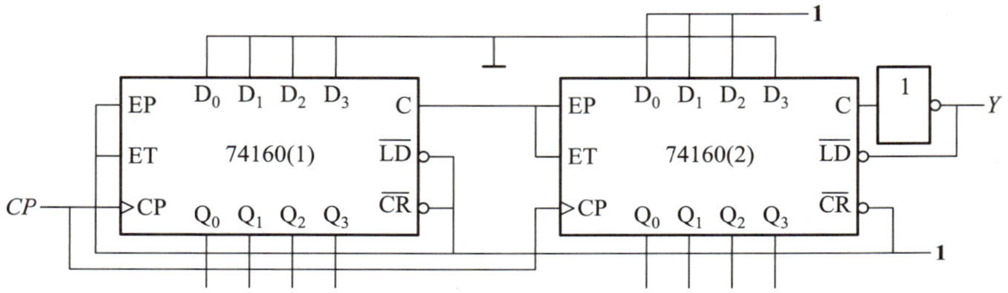

题 9.26 图

- **9.27**　分析题 9.27 图所示电路，画出 CP 作用下 F 的波形。

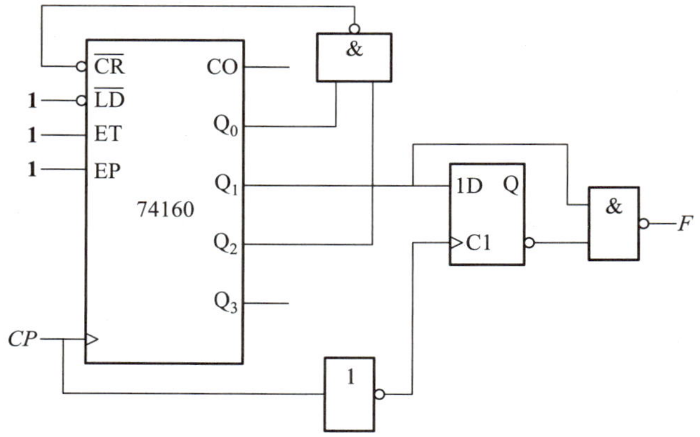

题 9.27 图

- **9.28**　分析题 9.28 图所示电路，画出 CP 作用下 F 的波形。
- **9.29**　用同步二进制计数器 74161 和数据选择器设计一个 **01100011** 序列信号发生器。

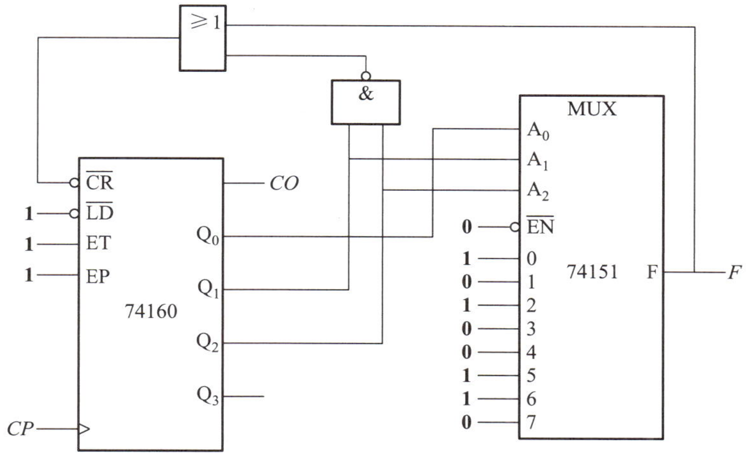

题 9.28 图

• **9.30** 用同步二进制计数器 74161 和组合电路设计 **1100110101** 的序列信号发生器。

• **9.31** 用 D 触发器设计移存型序列信号发生器，要求产生的周期性序列为 **11110000**。

• **9.32** 试用计数器法设计序列信号发生器，要求产生的周期性序列为 **1111000100**。

• **9.33** 采用双向移位寄存器 74194 设计产生 $M=15$ 的 M 序列码。

• **9.34** 采用中规模集成电路设计一个灯光控制逻辑电路。要求红、绿、黄三种颜色的灯在时钟信号作用下按题 9.34 表规定的顺序转移状态。表中的 **1** 表示“亮”，**0** 表示“灭”。

题 9.34 表

CP	红	黄	绿
0	**0**	**0**	**0**
1	**0**	**0**	**1**
2	**0**	**1**	**0**
3	**1**	**0**	**0**
4	**1**	**1**	**1**
5	**1**	**0**	**0**
6	**0**	**1**	**0**
7	**0**	**0**	**1**
8	**0**	**0**	**0**

第10章

半导体存储器与可编程逻辑器件

本章介绍计算机系统中使用的半导体存储器与可编程逻辑器件(programmable logic device,PLD),主要包括随机存取存储器、只读存储器、可编程阵列逻辑(PAL)、通用阵列逻辑(GAL)、复杂可编程逻辑器件(CPLD)以及现场可编程门阵列(FPGA)等。首先介绍了存储器系统中的一些基本概念,讨论随机存取存储器和只读存储器的电路结构与工作原理,介绍存储器容量的扩展。可编程逻辑器件是目前数字系统设计的主要硬件基础,本章将介绍其基本结构、单元逻辑以及特点。

10.1 存储器的基本概念

在时序逻辑电路中,我们介绍过锁存器,其实锁存器就是一种小规模的存储器件。本章所要介绍的半导体存储器利用锁存器或电容作为其基本的存储单元,其功能是在计算机系统中存放操作指令及各种需要处理的数据,通常作为计算机系统的主存储器。

计算机系统中的半导体存储器主要分为两大类:随机存取存储器(random access memory,RAM)和只读存储器(read only memory,ROM)。RAM 根据所采用的存储单元工作原理的不同,可分为静态存储器(static random access memory,SRAM)和动态存储器(dynamic random access memory,DRAM)。ROM 可分为掩膜 ROM、可编程 ROM(programmable read-only memory,PROM)和可擦除的可编程 ROM(erasable programmable read-only memory,EPROM)等几种不同类型。如果没有特殊说明,以下章节中所说的存储器都是指半导体存储器。

10.1.1 存储器的地址和容量

在计算机系统中,存储器通常由锁存器或电容组成的存储单元阵列构成,主要用来保存大量的二进制数据。存储器存储的数据通常以 1 位、4 位或 8 位二进制数码作为一个存储单位。在多数数字系统中,由 8 位二进制数码构成的存储单位称为“字节”(byte),存储器中一个完整的信息存储单位称为“字”(word),一个字通常由一个或者多个字节构成。

存储器由许多能够存储 1 位(比特)二进制数码的存储单元构成,这些存储单元排成阵列,称为存储矩阵，如图 10.1 所示。

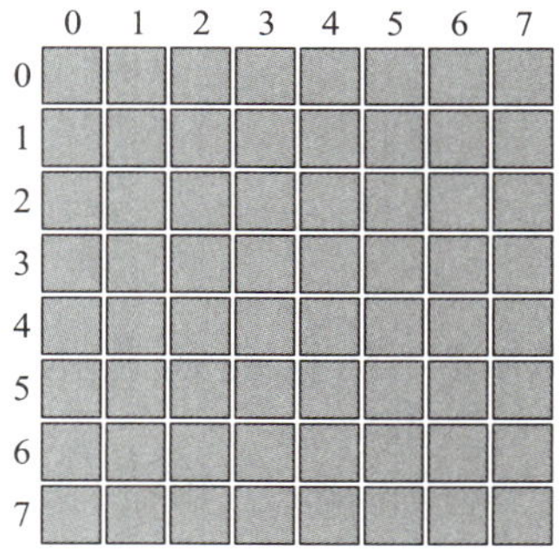

图 10.1　存储矩阵示意图

图中每一个小方块代表一个存储单元，通过指定行号和列号可以定位到任意一个存储单元，对其进行读或写操作。图中所示的 64 个存储单元排成了 8×8 的矩阵，可以看作为 64 比特或者 8 字节的存储器。存储器的容量通常以其能够存储的字的容量来衡量，例如 16K×8 位，表明该存储器的字长为 8 比特，能够存储 16K 个 8 比特的字。（注：$1K=2^{10}=1\ 024$）

存储单元在存储矩阵中的位置称为该存储单元的地址。如图 10.2（a）所示，在一个二维存储矩阵中，一个存储单元的地址可以通过存储矩阵的行号和列号来描述，图中第 2 行、第 4 列的存储单元为选中的存储单元。此外，用行号来描述地址可以定位到存储矩阵中的一个字节，如图 10.2（b）所示，第 3 行的 8 个存储单元组成的一个字节为选中的存储单元。因此，存储器地址的形式由存储器中所存储的数据组织方式所决定。一般个人计算机系统的存储器都是按字节来组织的。

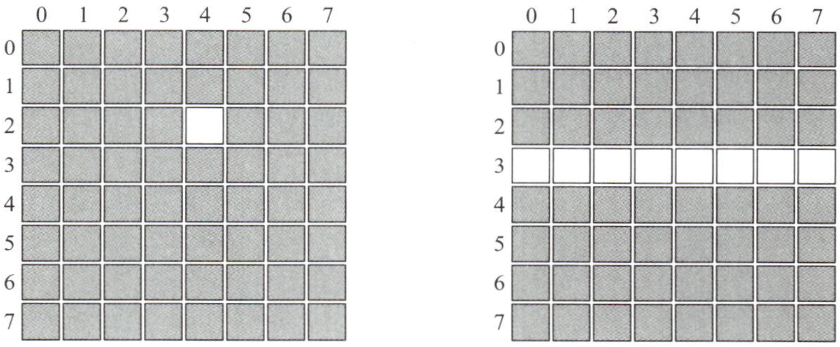

(a) 按比特来组织的存储单元矩阵　　(b) 按字节来组织的存储单元矩阵

图 10.2　二维存储单元矩阵的地址

如图 10.3 所示，在一个三维存储矩阵中，一个字节的地址同样可由行号和列号来指定。但在三维存储矩阵中，可访问的最小数据单位是字节。

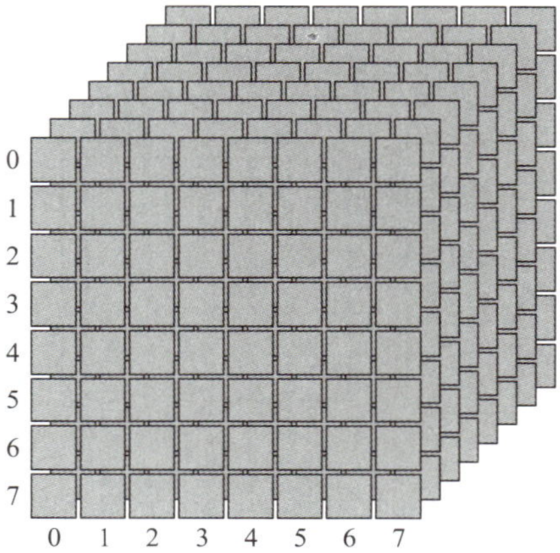

图 10.3　三维存储矩阵的地址

存储器的容量指的是其能够容纳的数据单元总数。例如，图 10.2(a) 中的存储器是按比特来组织的，其容量是 64 比特(bit)，而图 10.2(b) 中的存储器是按字节来组织的，其容量是 8 字节，同样是 64 比特。在图 10.3 中，存储器的容量是 64 字节。目前，计算机中的存储器(内存)容量一般是 4GB($1GB=1\,024^3$字节)。

10.1.2　存储器的基本操作

存储器的基本操作有读操作和写操作两种。写操作是把数据放入由地址指定的存储单元，读操作是将由地址指定的存储单元中的数据拷贝出来。在存储器进行写操作和读操作的过程中，选择指定存储单元地址的过程称为寻址操作。

计算机系统中用于传输写入存储器和从存储器中读出的数据的连线称为数据总线。如图 10.4 所示，数据总线是双向的，数据既可以通过数据总线传入存储器，也可以通过数据总线传出存储器。在按字节组织的存储器中，数据总线至少由 8 根连线组成，以并行传输 8 比特的数据。在进行读或写操作时，一个代表存储器地址的二进制地址码将放在一组称为地址总线的连线上，这个二进制地址码将在地址译码器中进行译码，译码器输出一组高、低电平信号用于选择存储器中指定的存储单元。

在如图 10.4(b) 所示的三维存储矩阵中，有两个地址译码器，一个用来进行行译码，另外

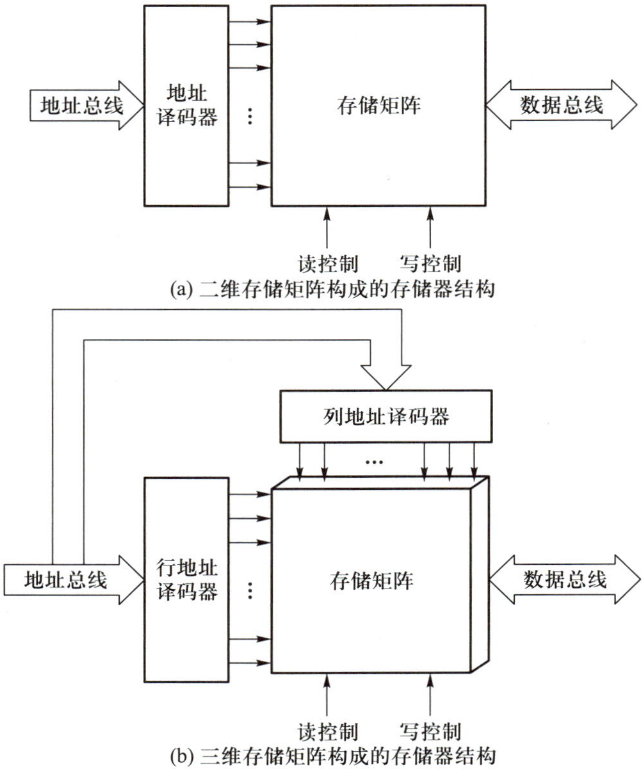

图 10.4　二维和三维存储矩阵构成的存储器结构

一个用来进行列译码，这就是存储器的二维译码方式。地址总线的连线数目是由存储器的容量决定的。目前，个人计算机的地址总线通常为 32 位，总共可以寻址 $2^{32}=4G$ 的内存地址空间。

1. 存储器的读操作

图 10.5 所示为简单的存储器读操作过程：首先，将存储在地址寄存器中的存储器地址放到地址总线上；接着，由地址译码器对地址进行译码，生成相应的存储单元选择信号，选择存储矩阵中对应的存储单元；最后，当存储器接收到读操作指令后，保存在选中的存储单元中的 1 字节的数据将被“拷贝”至数据总线，并存入数据寄存器中，完成一次读操作。在读取数据的过程中，原来存储单元中的数据仍然保留，这称为“非破坏性读出”。

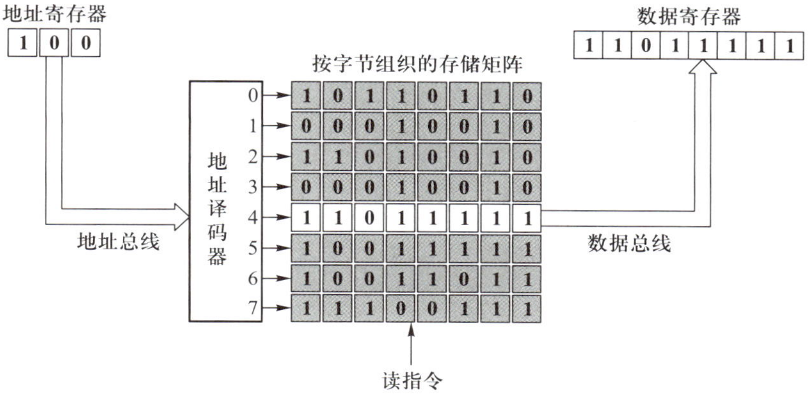

图 10.5　存储器的读操作示意图

2. 存储器的写操作

图 10.6 所示为简单的存储器写操作过程：首先，将存储在地址寄存器中的存储器地址放到地址总线上；接着，由地址译码器对地址进行译码，产生相应的存储单元选择信号，选择存储矩阵中对应的存储单元；当存储器接收到写操作指令后，保存在数据寄存器中的数据将被放到数据总线上，最后存入选中的存储单元中，完成一次写操作。图中所示为一次 1 字节的数据的写入过程。即使被选中的存储单元中在写操作之前已经存有数据，经过写操作后原先的数据将被新写入的数据所代替。

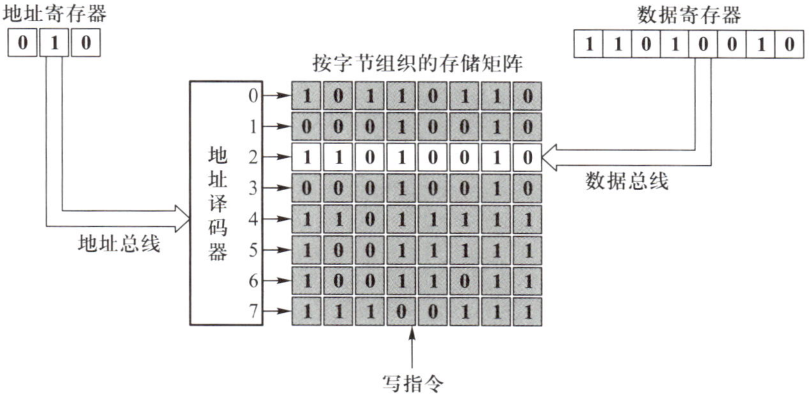

图 10.6　存储器的写操作示意图

10.1.3　RAM 和 ROM 比较

本章中主要介绍的半导体存储器有两类：RAM 和 ROM。RAM 具有可随机访问的特点，即对任意存储单元访问所花费的时间是相同的，存取的顺序也可以任意指定。所有的 RAM 都是既可读也可写的，但是一旦切断 RAM 的电源，保存在其中的内容也将丢失，因此 RAM 是一种“易失性”存储器。

与 RAM 相比，ROM 是一种可永久存储数据的存储器，存储在 ROM 中的数据可经过读操作取出。虽然 ROM 也是一种可随机访问的存储器，但是向 ROM 中写入数据的操作与 RAM 是不同的，这一点将在 10.4 节中详细叙述。ROM 的特点在于即使切断其电源，保存在 ROM 中的数据仍然不会丢失，因此 ROM 是一种“非易失性”存储器。

10.2　RAM 的电路结构与工作原理

RAM 主要分为两大类：静态 RAM(SRAM)和动态 RAM(DRAM)。SRAM 通常使用锁存器作为其基本的存储单元，只要锁存器的电源不被切断，锁存器中的内容便可以一直保存。DRAM 通常使用电容作为其基本的存储单元，对 DRAM 的读出是通过电容放电实现的，如果不对电容进行重新充电，则其保存的内容将会丢失，这种对 DRAM 的电容重新充电的过程称为“再生”。

SRAM 的读写速度高于 DRAM，但是相同物理尺寸的 DRAM 的容量要高于 SRAM，并且 DRAM 成本低廉、集成度高。

SRAM 又可分为非同步 SRAM(asynchronous SRAM)和同步 SRAM(synchronous SRAM)。DRAM 又可分为快速页模式 DRAM(fast page mode DRAM，FPM DRAM)、扩展数据输出 DRAM(extended data out DRAM，EDO DRAM)、突发 EDO DRAM(burst EDO DRAM，BEDO DRAM)以及同步 DRAM(synchronous DRAM，SDRAM)等。

10.2.1　RAM 的基本结构

图 10.7 是 RAM 的基本结构图，它由存储矩阵、地址译码器、读写控制器、片选控制器和数据缓冲器等组成。其中，存储矩阵是 RAM 的主体，由基本存储单元构成，读写控制器、片选控制器和数据缓冲器统称为读写电路。

在图 10.7 中，n 位地址码经地址译码器转换成 2^n 个字选择信号(这里一个字由 m 位组成)，由字选择信号选中存储矩阵中的 m 个存储单元，读写电路再对选中的存储单元进行数据的读出或写入操作。当片选信号 $\overline{CS}$ 为低电平时，才能对 RAM 进行访问；当 $\overline{CS}$ 为高电平时，RAM 处于保持状态，不能对 RAM 进行读或写操作。当 $\overline{CS}$ 为低电平，且读写信号 $R/\overline{W}$ 为

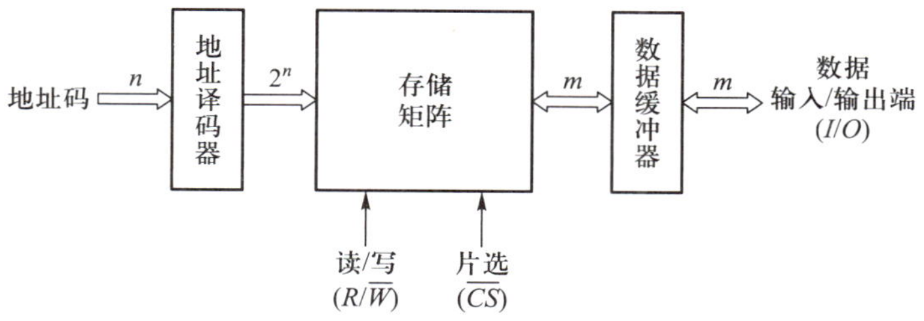

图 10.7　RAM 基本结构图

高电平时，对 RAM 进行读操作，将地址码指定的存储单元中的数据通过数据缓冲器输出至 I/O 端口；当$\overline{CS}$和读写信号 $R/\overline{W}$均为低电平时，对 RAM 进行写操作，将 I/O 端口的数据通过数据缓冲器写入到地址码所对应的 m 个存储单元中。

10.2.2　静态随机存取存储器（SRAM）

1. SRAM 存储单元

SRAM 存储单元的基本结构是锁存器，如图 10.8 所示为一个基本的 SRAM 锁存器存储单元结构。图 10.8(a)中，T_1 管和 T_3 管构成 CMOS 非门 G_1，T_2 管和 T_4 管构成 CMOS 非门 G_2，G_1 和 G_2 共同构成具有双稳态结构的锁存器，用来存储 1 比特的二进制数据；T_5 和 T_6 管构成两个传输门，存储单元通过它们与数据位线 B 和$\overline{B}$相连，在选中状态，行选择线为高电位，T_5 和 T_6 导通，此时可通过数据位线 B 和$\overline{B}$对该单元进行读出或写入操作，图 10.8(b)为图 10.8(a)的等效电路图。

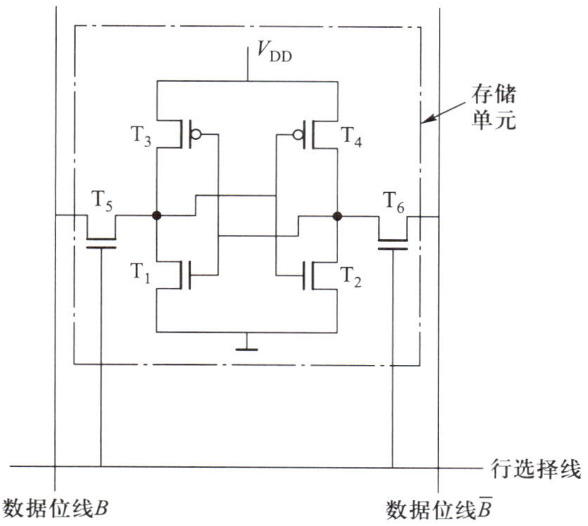

(a) CMOS反相器构成的基本SRAM存量单元

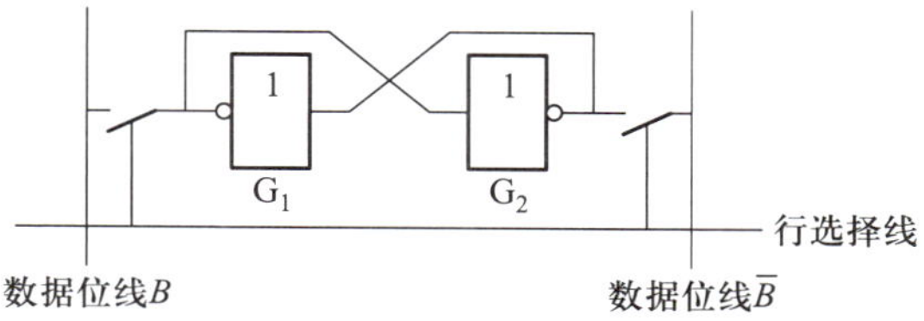

(b) CMOS反相器构成的基本SRAM存量单元等效电路

图 10.8　基本的 SRAM 锁存器存储单元结构

如图 10.9 所示，将基本 SRAM 存储单元排列成矩阵，就构成了一个 $n\times4$ 的 SRAM 存储矩阵。在图中，每一行的四个存储单元共用一个行选择信号，每一列的存储单元的数据输入/输出端与数据寄存器的输入/输出端相连接，数据寄存器的输入/输出端共用了一根双向的数据线，既可用作数据输入，也可用作数据输出。

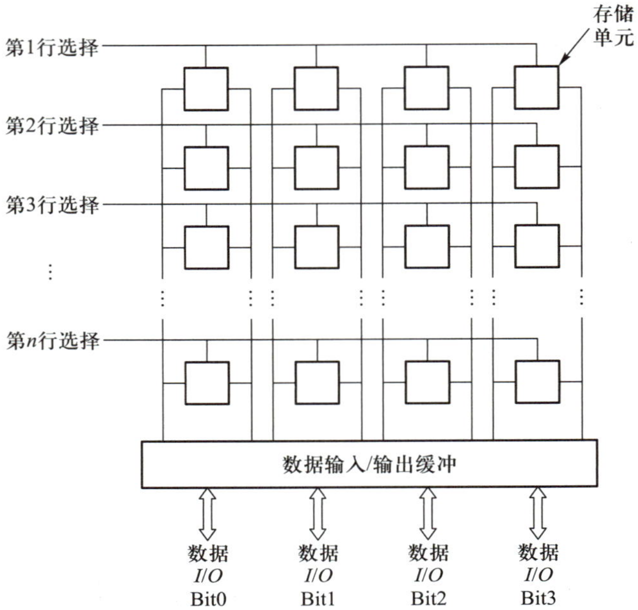

图 10.9　基本 SRAM 存储矩阵

在数据写入时，首先在要写入的行对应的行选择线上施加有效电平信号，然后将要写入的数据放到数据 I/O 端上，当写控制线上施加有效电平时，数据将被写入选中行上的 4 个存储单元。在数据读出时，首先在要写入的行对应的行选择线上施加有效电平信号，当读控制线上施加有效电平时，选中行上的 4 个存储单元中的数据将被输出到数据 I/O 端上。

2. SRAM 的读写过程

如图 10.10 所示为一个 64 K×8 位的 SRAM 的逻辑符号，本节将以该 SRAM 为例，讲述 SRAM 的读写过程。该 SRAM 具有 16 个地址输入端（$A_0 \sim A_{15}$），8 个数据输入/输出端（$I/O_0 \sim I/O_7$），1 个片选端（$\overline{CS}$），1 个写控制端（$\overline{WE}$），1 个输出使能端（$\overline{OE}$）。

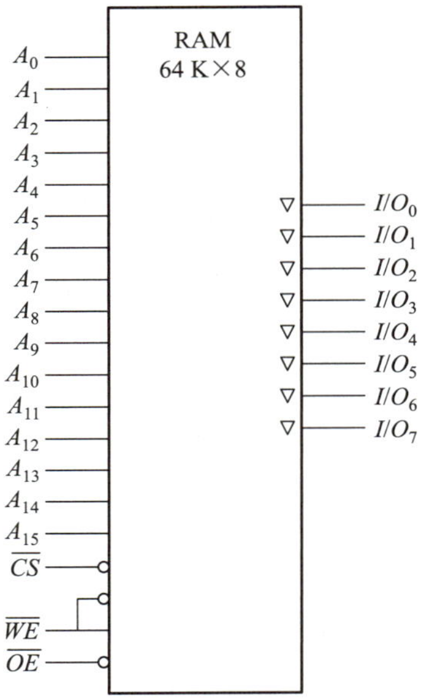

图 10.10　64 K×8 位 SRAM 逻辑符号

在进行读操作时，$I/O_0 \sim I/O_7$ 作为数据输出端 $O_0 \sim O_7$ 使用，存储在由 $A_0 \sim A_{15}$ 指定的单元中的 8 比特的数据将出现在输出数据端上；在进行写操作时，$I/O_0 \sim I/O_7$作为数据输入端 $I_0 \sim I_7$ 使用，在数据输入端上的 8 比特数据将存储至由 $A_0 \sim A_{15}$指定的存储单元中。这种双向的数据端是由三态缓冲器（tristate buffers）来实现的，三态缓冲器允许数据端既可用作输入端也可用作输出端。三态缓冲器有三种状态：高电平（**1** 状态）、低电平（**0** 状态）和高阻，在图 10.10 所示的逻辑图中，三态缓冲器用倒三角符号表示。

如图 10.11 所示，存储单元排为 256 行×256 列的存储矩阵，共有 2^{16} = 65 536 个地址与 SRAM 中的存储单元相对应，每个存储单元能够存储 8 比特的数据，因此，该 SRAM 的容量为65 536字节，通常表示为 64 KB。

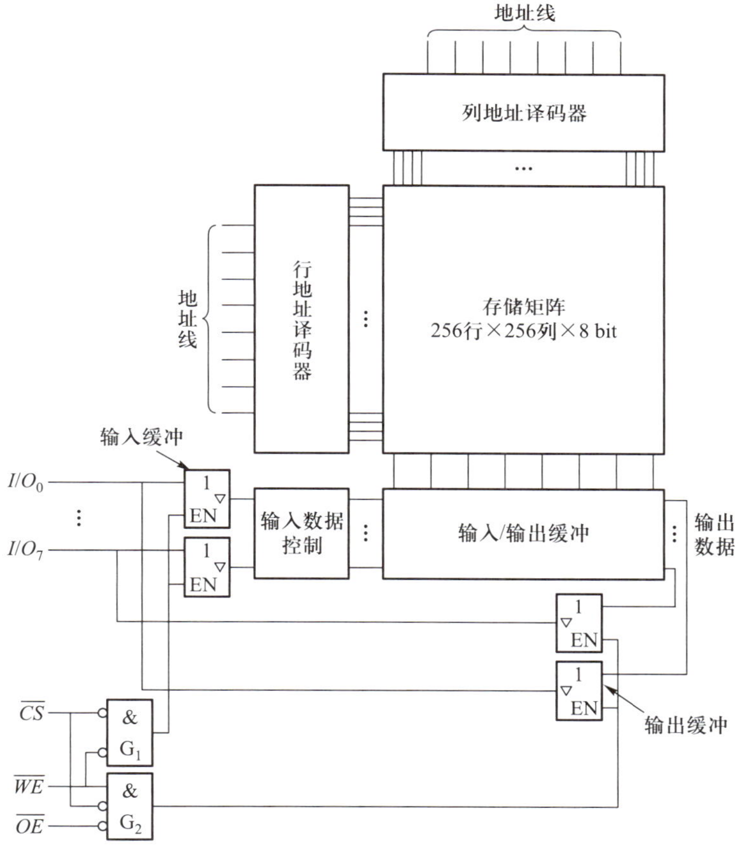

图 10.11　64 KB SRAM 结构图

图 10.11 所示 SRAM 的工作过程是这样的：首先，在片选端$\overline{CS}$上施加低电平，以保证 SRAM 能够正常工作；然后，行译码器对 8 个行地址端上的地址信号进行译码，产生的行选择信号选中 256 行中的某一行；接着，列译码器对 8 个列地址端上的地址信号进行译码，产生的列选择信号选中 256 列中的某一列。

当进行读操作时，写控制端$\overline{WE}$为高电平，输出使能端$\overline{OE}$为低电平，**与**门 G_1 的输出为低电平，**与**门 G_2 的输出为高电平，输入三态缓冲器呈高阻状态，输出三态缓冲器处于使能状态，这样，8 比特的数据就将从选中的存储单元读出到输出数据端 $I/O_0 \sim I/O_7$ 上。

当进行写操作时，写控制端$\overline{WE}$为低电平，输出使能端$\overline{OE}$为高电平，与门 G_1 的输出为高电平，与门 G_2 的输出为低电平，输入三态缓冲器处于使能状态，输出三态缓冲器呈高阻状态，这样数据端$I/O_0 \sim I/O_7$ 上 8 比特的数据将写入选中的存储单元中。

如图 10.12 所示为典型的 SRAM 读周期和写周期的时序图。在读周期中，有效地址码的持续时间称为读周期时间 t_{RC}，接着片选信号$\overline{CS}$和输出使能信号$\overline{OE}$变为低电平，一段时间后，从选中的存储单元中读出的数据将出现在数据端上。从有效地址码出现在地址端上到有效数据读出这段时间称为地址存取时间 t_{AQ}，从$\overline{CS}$变为低电平到数据读出这段时间称为片选使能存取时间 t_{EQ}，从$\overline{OE}$变为低电平到数据读出这段时间称为输出使能存取时间 t_{GQ}。

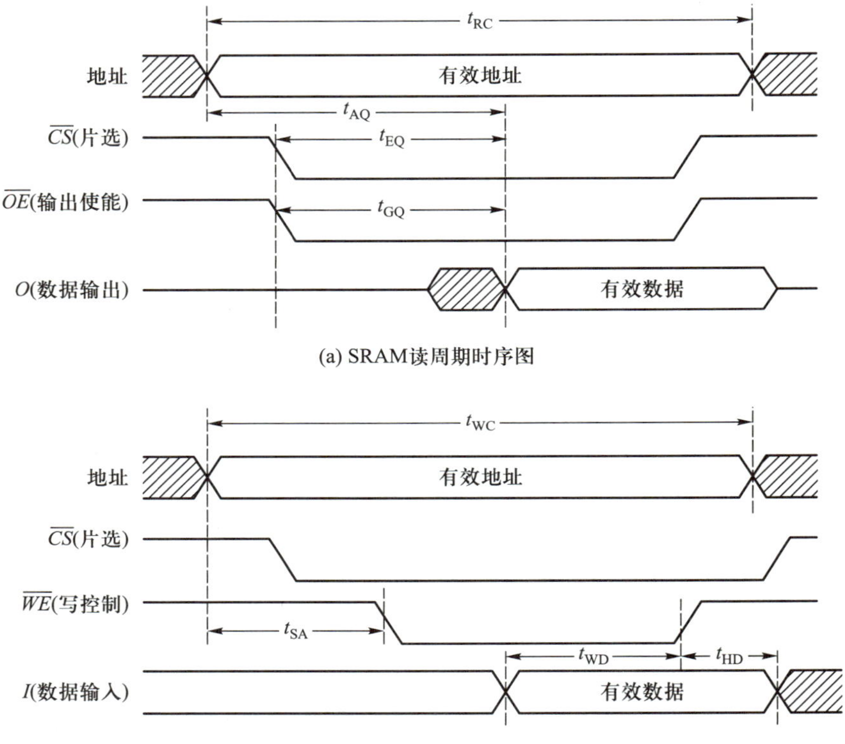

(a) SRAM读周期时序图

(b) SRAM写周期时序图

图 10.12　SRAM 读周期和写周期的时序图

微视频 10-1 静态随机存取储器（SRAM）

在写周期中，有效地址码的持续时间称为写周期时间 t_{WC}，接着片选信号和写控制信号变为低电平，从有效地址码出现在地址端上到$\overline{WE}$变为低电平的这段时间称为地址设定时间 t_{SA}，持续为低电平的时间称为写脉冲宽度，将要写入的有效数据出现在数据端后，$\overline{WE}$必须保持为低电平的时间称为 t_{WD}，从$\overline{WE}$变为高电平后，有效数据必须保持在数据输入端上的时间称为数据保持时间 t_{HD}。

10.2.3 动态随机存取存储器(DRAM)

1. DRAM 存储单元

DRAM 使用电容存储信息存储电容很小。这种存储单元的优点在于结构简单,占用芯片面积很小,便于大规模集成,降低了大容量存储器的成本;其缺点在于不能将信息维持很长时间,必须使用额外的电路定时对存储单元进行刷新。图 10.13 所示是一个单管动态存储单元的电路图,它由一个 MOS 管 T_1 和存储电容 C 组成。T_1 实际是一个传输门,这里作为开关使用。

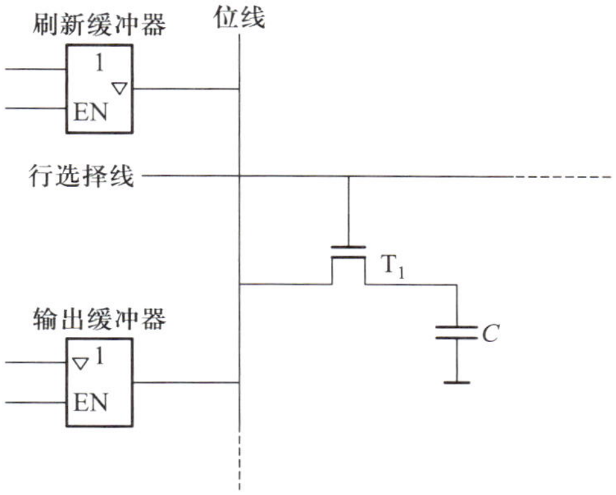

图 10.13　单管动态存储单元

DRAM 中的单管动态存储单元也是按行、列排成矩阵式结构,并且在每根位线上接有输出缓冲器和刷新缓冲器(也称为灵敏恢复/读出放大器),完成读出信号放大的同时,也完成了对存储单元原来所存数据的刷新和再生。

图 10.14 和图 10.15 所示为这种 DRAM 存储单元的基本操作。写操作如图 10.14 所示。图 10.14(a)和(b)中当 $R/\overline{W}$ 控制线为低电平(逻辑 **0**)时,输入缓冲器开启,输出缓冲器则处于禁止状态。当行选择线为高电平(逻辑 **1**)时,T_1 管导通,传输门开启,相当于一个闭合的开关将电容 C 与数据线连接起来。当写入的数据为 **1** 时,数据线对电容进行充电,如图 10.14(a)所示;当写入数据为 **0** 时,若存储单元中原来保存的数据为 **0**,则电容上的电荷不变,若存储单元中原来保存的数据为 **1**,则电容将进行放电,如图 10.14(b)所示。当行选择线恢复低电平后,传输门将关闭,电容与数据线之间的连接断开,则电容保持了先前写入的 **1** 或者 **0** 数据。

读操作如图 10.15(a)所示,图中当控制线 $R/\overline{W}$ 为高电平时,输出缓冲器开启,输入缓冲器处于禁止状态。当行选择线为高电平时,T_1 管导通,传输门开启,相当于一个闭合的开关将电容 C 与数据线和数据输出缓冲器连接起来。这样,数据就将出现在数据输出线上。

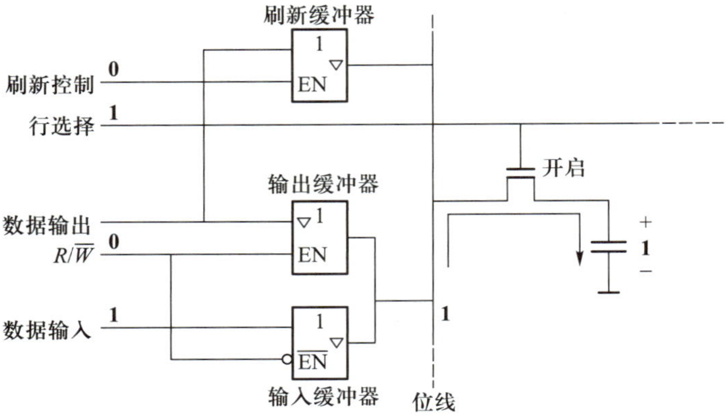

(a) 向存储单元内写入1

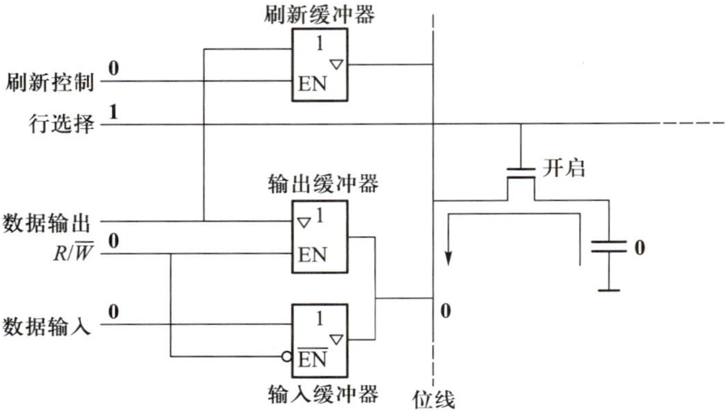

(b) 向存储单元内写入0

图 10.14　DRAM 存储单元的写操作

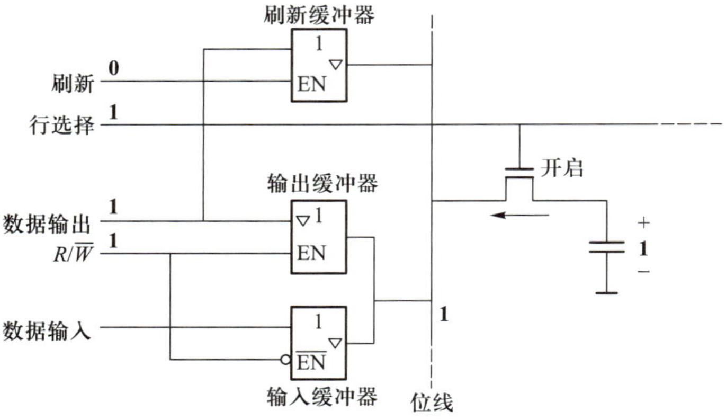

(a) 从存储单元内读出1

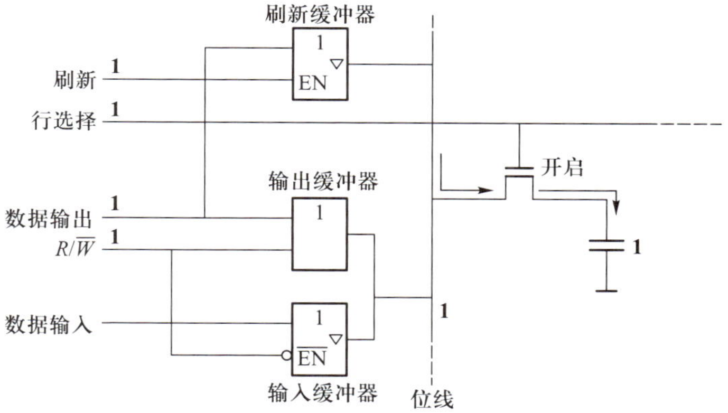

(b) 刷新存储单元中的1

图 10.15 DRAM 存储单元的读操作和再生操作

从存储单元读出数据之后，存储电容上的数据就被破坏了，因为存储电容上的电荷对数据线电容（这是一个分布电容，远大于存储器电容）充电而损失殆尽，因此读出操作破坏了存储单元原来存放的信息。存储器的特点是“取之不尽”，需要恢复存储单元原来存储的信息。因此，每读出一次存储单元的信息，需要随后再恢复被读出信息的存储单元原来存储的信息，也就是将读取的信息回写到存储单元，这个过程称为再生，再生是读存储单元的一个组成部分。

DRAM 存储单元的再生操作如图 10.15(b)所示，进行再生操作时，控制线 $R/\overline{W}$、行选择线和刷新控制端均为高电平，T_1 管导通，传输门开启，电容 C 与数据线相连接。此时，输出缓冲器也处于开启状态，于是所保存的数据将送至刷新缓冲器的输入端，在数据线上产生一个与数据相对应的电压，重新对电容进行充电，实现对存储单元的再生。

实际上，刷新和再生完成的操作是一样的，都是将存储电容上的信息读出，再回写。但是刷新和再生的原因不同，刷新是因为 MOS 开关在截止时漏极和源极之间存在漏电阻，虽然该电阻很大，但是存储电容上的电荷仍然会缓慢放电，因此存储电容存储信息的时间是有限的。刷新操作是定期对存储矩阵扫描，扫描到哪个单元，就对该单元读出信息、回写信息。

SRAM 不需要刷新，只要电源不断电，SRAM 将一直记忆所存储的信息，因而使用方便，但 SRAM 的每个存储单元的结构与 DRAM 相比较为复杂。而 DRAM 虽然读写速度较慢，但其结构简单，集成度较高，因此 DRAM 主要用途是作为计算机的主存储器（内存）。

2. DRAM 的读写过程

本节将以一个 64 K×8 位的 DRAM 为例，讲述 DRAM 的读写过程。如图 10.16 所示为 64 K×8 位的 DRAM 的结构示意图，在 DRAM 中，为了减少地址线的数量，采用了地址复用技术。

图 10.16 中共有 8 根地址线，在输入地址时采用了时分复用技术，即通过行地址选择信号和列地址选择信号判断当前 8 位地址是行地址还是列地址。首先，将 8 位行地址送入行地址寄存器，然后将 8 位列地址送入列地址寄存器。这样，可寻址的地址空间为 $2^{16}=65\ 536$。

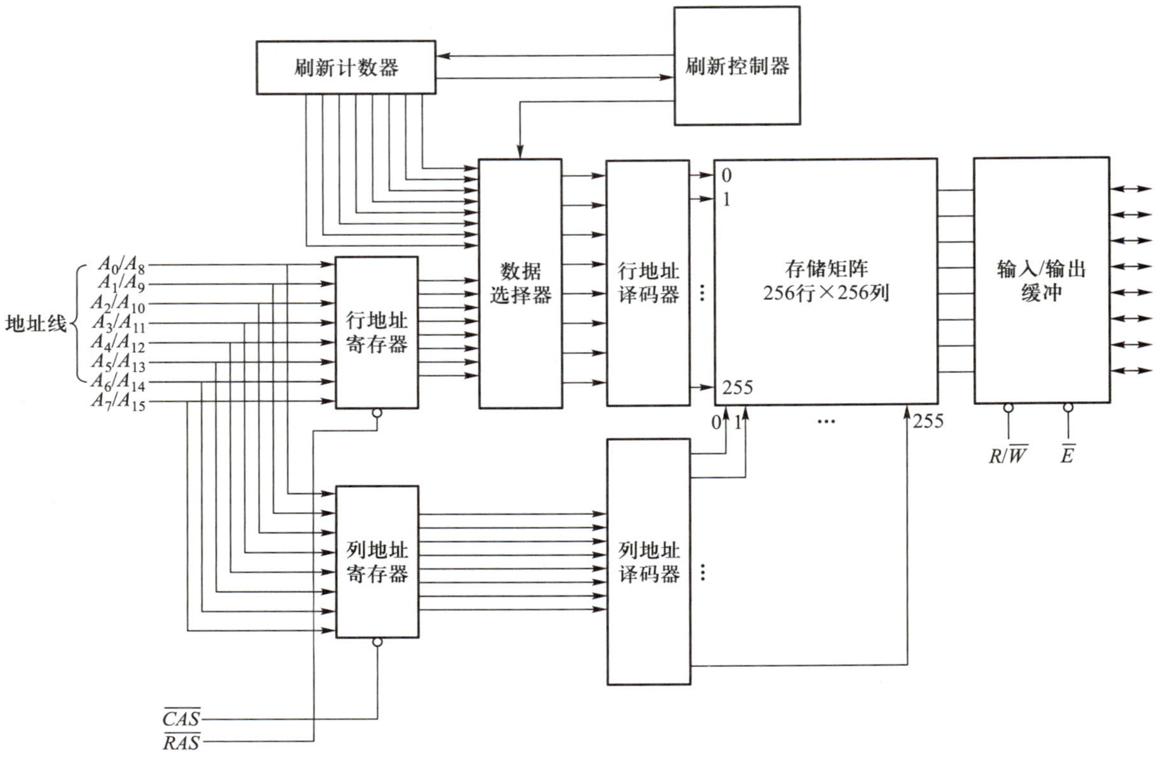

图 10.16　64K×8 位 DRAM 结构示意图

在进行 DRAM 读写操作时，$\overline{RAS}$和$\overline{CAS}$上先后出现有效电平（低电平），完成行地址和列地址的输入后，寄存器内的行、列地址将送入译码器。当进行读操作时，$R/\overline{W}$ 为高电平；当进行写操作时，$R/\overline{W}$ 为低电平，如图 10.17 所示。

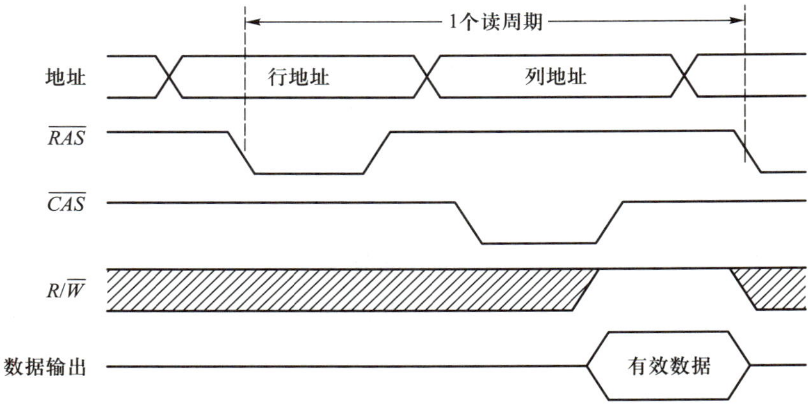

(a) DRAM的读操作时序图

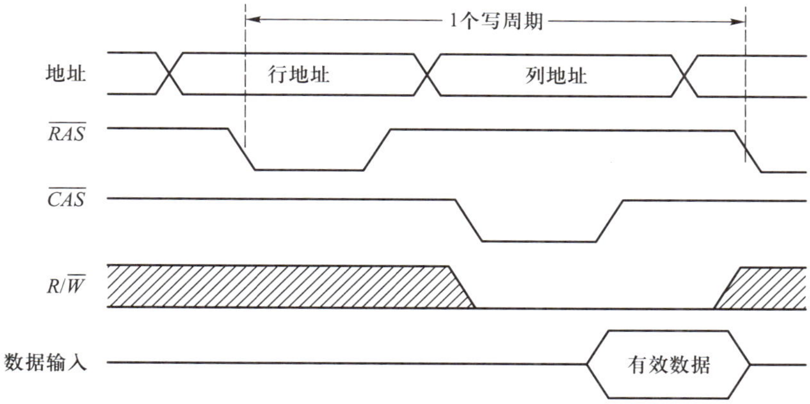

(b) DRAM的写操作时序图

图 10.17 DRAM 的读操作和写操作时序图

如前所述,由于 DRAM 利用电容充放电的方法来进行信息存储,随着时间和温度的变化,电荷将发生泄漏,必须定期对 DRAM 单元进行刷新以保证所存储信息的正确性。一般每隔 8 ms 或 16 ms 就需要对 DRAM 进行刷新,在每次读操作后,将自动对选中行的所有存储单元进行一次再生操作。

微视频 10-2 动态随机存取存储器(DRAM)

10.3 DDR SDRAM 和 QDR SRAM 简介

计算机技术日新月异,DRAM 存储器技术也在飞速发展,从 SIMM(single in-line memory module,单列直插内存模块)DRAM,FPM(fast page mode,快速页面模式)DRAM,EDO(extended data out,扩展数据输出)DRAM 发展到 SDRAM(同步 DRAM),RDRAM(rambus DRAM)及 DDR(double data rate,双倍数据速率)RAM。目前,DDR 存储器应用最为广泛,在个人电脑、服务器、工作站等计算机系统中都大量采用了 DDR-SDRAM。

10.3.1 DDR SDRAM

DDR 存储器的核心建立在 SDRAM 基础上,在速度和容量上有了很大提高。首先,它使用了更多、更先进的同步电路,采用了差分时钟输入。其次,DDR 使用了 DLL(delay-locked loop,延时锁定回路)和 DQS 信号(data strobe signal,数据选通脉冲信号)。当数据有效时,存储控制器可使用数据选通脉冲信号来精确定位数据,每 8 位数据对应输出一次数据选通脉冲信号,并且同步来自不同的双存储器模块的数据。

DDR 存储器不需要提高时钟频率就能加倍提高 SDRAM 的速度,它允许在时钟脉冲的上升沿和下降沿读出数据,因而其速度是标准 SDRAM 的两倍,地址与控制信号则与传统

SDRAM 相同,仍在时钟上升沿进行传输。DDR 存储器的设计可让存储控制器每一组 DQS 与 DIMM(dual in-line memory module,双列直插式存储器模块)上的颗粒相接时,维持相同的负载,减少对主板的影响。在存储器架构上,传统 SDRAM 属于×8 组式,即存储器核心中的 I/O 寄存器有 8 位数据,但对于×8 组的 DDR SDRAM 而言,存储器核心中的 I/O 寄存器却是 16 位的,即在时钟信号上升沿时输出 8 位数据,在下降沿再输出 8 位数据,一个时钟周期总共可传输 16 位数据。

DDR 芯片内部除了四个存储矩阵(四个逻辑 bank)之外,还有控制逻辑、行列缓冲与解码、I/O寄存器或缓冲。DDR 存储器所需的差分时钟由外部提供,用来触发芯片上的地址寄存器、定时寄存器和数据输入寄存器,还给 DLL(延迟锁定回路)提供时钟。其中,strobe(选通脉冲)生成器与 DLL 是 DDR 芯片独特的设计,芯片内部总线位宽是芯片 I/O 总线位宽的两倍,这就是所谓的两位预取(2 bit prefetch)。系统时钟不再用来进行数据的传输,只用来采样地址与命令信号和定义时钟域。

10.3.2　QDR SRAM

如今,在高端网络设备系统中,如网络交换机、路由器和其他通信设备,需要更高性能、更大容量的 SRAM 来保证高速的数据传输,而传统的静态存储器很难适应这种高速传输要求。1999 年,QDR 联盟为高性能网络系统的应用,研发了一种新型 SRAM 架构,即 QDR 型(quad data rate) SRAM。至此之后,QDR 联盟又相继发布了 QDRI,QDRII,QDRII+SRAM 系列标准规范,并获得了 JEDEC(电子设备工程联合委员会)核准。采用 QDR 静态存储体系结构的存储器速度更快、吞吐量更大,其带宽可达到传统静态存储器的 4 倍。

QDR SRAM 提供了独立的读写数据通路,从而满足了诸如交换机和网络路由器的性能需求。每个时钟周期内,QDR SRAM 的读写两个通路均采用了 DDR(双倍数据速率)的传输方式发送两个数据字,即一个在时钟上升沿发送,而另一个在时钟下降沿发送。因此,在每个存储时钟周期内,它会传输四个与存储器总线宽度相等的数据(即两个读数据和两个写数据),这就是所谓四倍数据速率(QDR)构架。由于 QDR SRAM 架构在数据访问时,并不需要变换读写周期,从而大幅度提高了数据的吞吐量,并且还可以同时对同一地址进行访问。

针对每个读请求或者写请求,所传输的数据字个数不同,QDR SRAM 可以分为 2 字突发架构和 4 字突发架构。2 字突发架构的 QDR 系统,在一个时钟周期的前半个时钟周期内执行读请求,而在后半个时钟周期内执行写请求,并且使用一个 DDR(双倍数据速率)地址总线,使得存储器在针对每个读请求或写请求时,传输两个数据字。而 4 字突发架构的 QDR,在针对每个读或写请求时传输 4 个数据字,这样,存储器便只需要一条 SDR(单倍数据速率)地址总线,就能最大限度地利用存储器的数据带宽。但在这种 4 字突发架构中,读请求和写请求必须在交替的存储器时钟周期内进行(即不重叠),以便分享 SDR 地址总线。

QDRII 与 QDRII+SRAM 最适用于读/写比率接近 1 的情况,此时,QDRII 与 QDRII+SRAM 具有更大的带宽、更低的功耗,并且片内终结器可以保证信号的完整性,因此,QDR 型

SRAM 常常用作网络路由器和 ATM 交换机等。

10.4 ROM 的电路结构与应用

只读存储器(read only memory,ROM)存储计算机系统中不常变动的数据或程序。ROM 在工作时,只能进行读出操作,而不能进行写入操作。当在只读存储器的地址码输入端给定一个地址码后,便可在它的数据输出端得到一个事先存储在其内部的确定数据。只读存储器的方框图与 RAM 的类似,由地址译码器、存储单元矩阵和输出电路(ROM 将 RAM 的读写电路改为输出电路)组成。ROM 的存储单元较简单,它不再是记忆元件,而是一些开关元件(如二极管、MOS 管、熔丝等)。ROM 存入数据的工作就是将作为存储单元的开关元件设置成接通状态或断开状态。由于 ROM 具有存储单元简单等特点,从而使 ROM 的集成度高,且具有不易失性,即当供电电源切断时,ROM 中存储的信息不会丢失。

只读存储器存入数据的过程称为对 ROM 的"编程"。根据编程方式的不同,可将 ROM 分为三类:内容固定 ROM、可编程 ROM(programmable read-only memory,PROM)和可擦除的可编程 ROM(erasable programmable read-only memory,EPROM)

10.4.1 ROM 的结构与读、写方式

与 RAM 的基本结构类似,ROM 是由存储矩阵、地址译码器和输出控制电路组三部分组成,如图 10.18 所示。

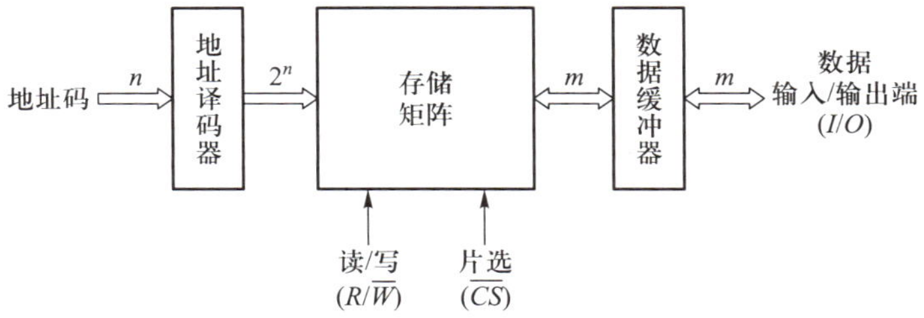

图 10.18 ROM 结构图

固定 ROM 又称掩模编程 ROM,半导体器件工厂根据用户要求存储的内容设计相应的掩模,按制成的掩模做成内容不能改变的 ROM。如图 10.19 所示为由 MOS 管构成的 ROM 单元,MOS 管起到开关的作用。图 10.19(a)中,当行线上为高电平时,列线与行线之间 MOS 管打开,等效于开关闭合,因此列线上也为高电平,相当于存储的内容为"**1**";图 10.19(b)中,列线与行线之间 MOS 管截止,等效于开关截止,因此列线上为低电平,相当于存储的内容为"**0**"。

图 10.20 所示为使用固定 ROM 实现的二进制码转换为循环码的电路。二进制代码作为

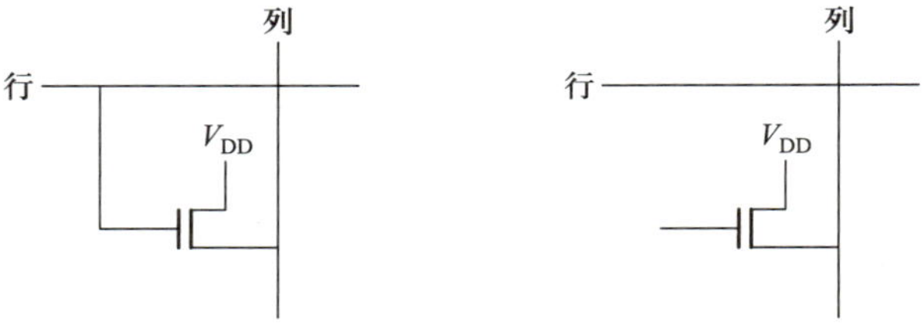

(a) 存储“1”的ROM单元　　(b) 存储“0”的ROM单元

图 10.19　ROM 存储单元

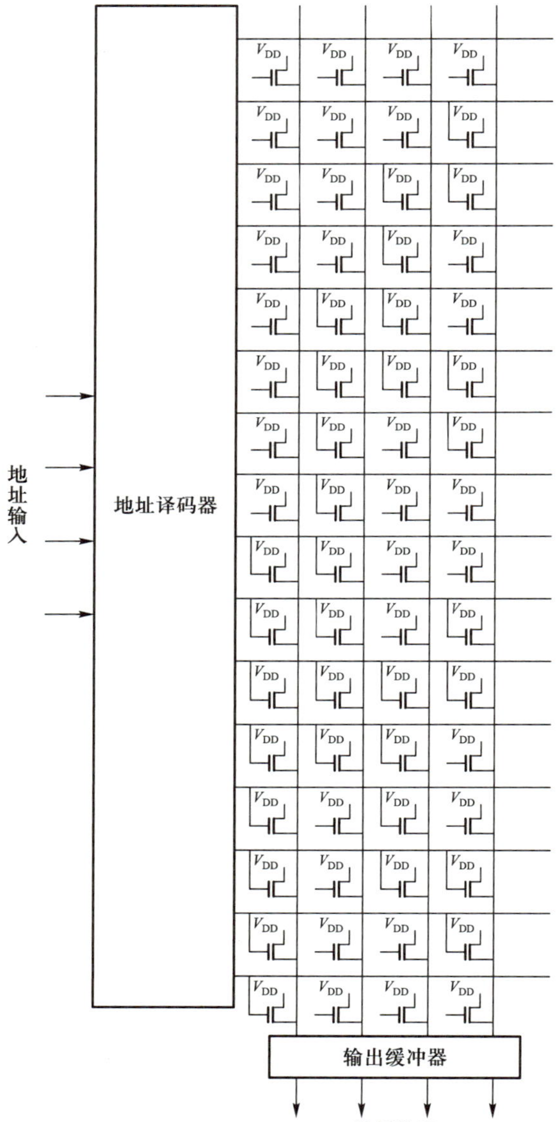

图 10.20　固定 ROM 的存储器矩阵

ROM 的地址，地址译码器对地址进行译码，在相应的行线上施加高电平；当行线和列线有如图 10.19(a)所示的连接时，则在列线上输出高电平。

从另一个角度来看，ROM 是一个 n 个输入、m 个输出的门网络，可用 n 个输入变量通过 2^n 个 n 输入的**与**门生成 2^n 个最小项，再根据 m 个输出函数的标准表达式用 m 个**或**门将这些最小项选择相加，得到 m 个输出。

10.4.2 PROM 及其发展

1. 可编程只读存储器

可编程只读存储器(programmable ROM，PROM)只能由用户进行一次编程，这类器件在产品出厂时，所有的存储单元均为“**0**”(或均为“**1**”)，使用者可根据需要将其中某些单元改为“**1**”(或改为“**0**”)。

用如图 10.21 所示的由 MOS 管构成的熔丝型 PROM 代替图 10.20 中的存储矩阵，便构成了 PROM。这种存储器在产品出厂时，所有熔丝都是接通的，即存储的内容全为“**1**”。如果需要将各个存储单元的内容改为“**0**”，则给它加上比工作电流大得多的电流，其熔丝便像普通保险丝一样被烧断，从而使对应 MOS 管的源极与列线断开，即相当于存储了“**0**”；而未熔断熔丝的存储单元仍存储“**1**”，这样就实现了对 PROM 的编程。PROM 编程需在专门的编程器上进行，一旦器件被编程，其内容不能再更改。

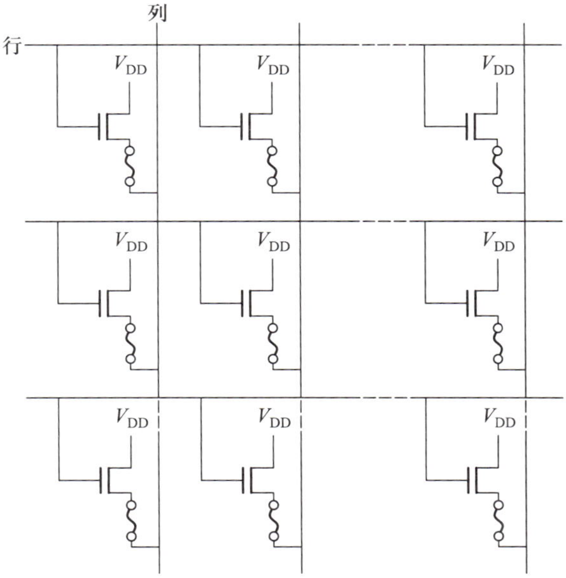

图 10.21 熔丝型 PROM

2. 可擦除可编程只读存储器

可擦除可编程只读存储器(erasable programmable ROM，EPROM)，或称可再编程只读存储器(reprogrammable ROM,RPROM)是可以进行多次改写的只读存储器。通过紫外光的照射可将 EPROM 存储的内容擦除,然后用编程器写入新的信息。

EPROM 的存储单元是由浮栅雪崩注入型 MOS 管构成的,如图 10.22(a)所示,这种 MOS 有 g_1 和 g_2 两个栅极。g_1 没有引出线,被包围在绝缘的二氧化硅之中,称为浮栅;g_2 为控制栅,有引出线,其用途类似于普通 NMOS 管的栅极。若在漏极 d 端加上几十伏的脉冲电压,使得沟道中的电场足够强,则会雪崩似地产生许多高能量电子。若同时又在 g_2 栅上加正压,则沟道中的高能电子会穿过二氧化硅而注入栅极 g_1。

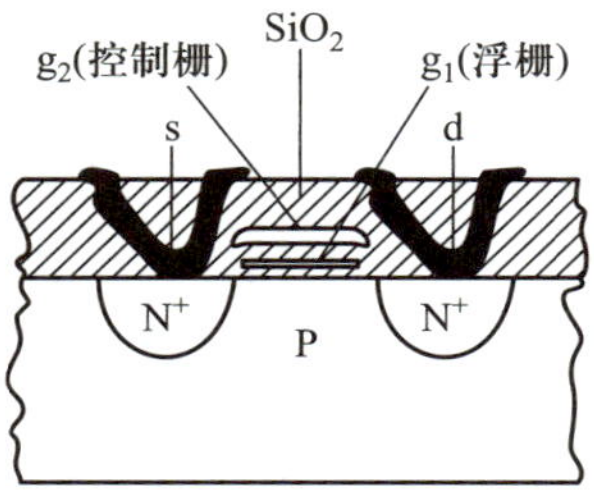

(a) 存储单元结构图

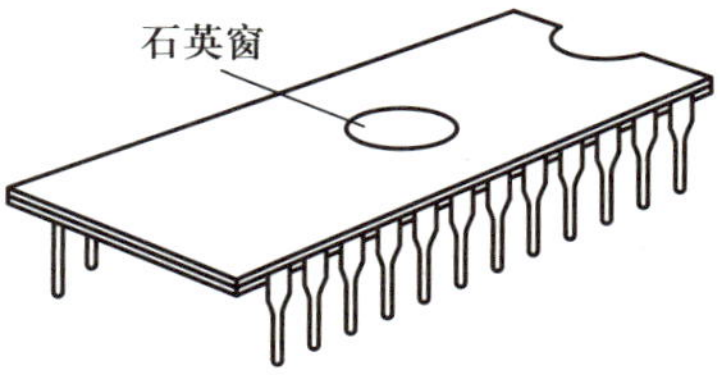

(b) 存储器外形图

图 10.22　EPROM 存储器

在工作时,当 MOS 的 g_1 端有电子积累时,其开启电压变得很高,在 g_2 为高电平时,该管仍不能导通,相当于该存储单元存储了“**0**”;而当 MOS 管的 g_1 端无电子积累且 g_2 为高电平时,该 MOS 管可以导通,相当于存储了“**1**”。

利用光子能量较高的紫外光照射浮栅 g_1,g_1 中的电子获得足够能量,便可穿过氧化层回到衬底中,如图 10.23 所示,浮栅电子消失,从而达到抹去信息的目的,恢复成产品出厂时的全“**1**”状态。EPROM 器件的外形如图 10.22(b)所示,其上方有一个石英窗,以便用紫外线抹去信息。正常使用时,用黑胶带将石英窗盖住,防止 g_1 上的电荷丢失。

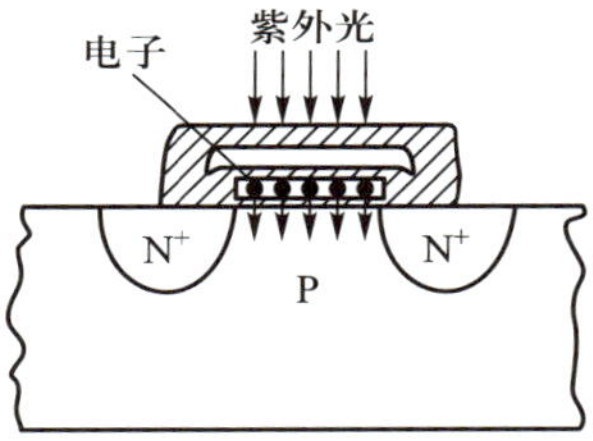

图 10.23　光抹成全“1”

EPROM 擦除成全“**1**”状态后,再根据需要,用编程器将某些存储单元写“**0**”(即在对应 MOS 管的 g_1 上积累电子)来实现编程。

3. 电擦除可编程只读存储器

电擦除可编程只读存储器(electrically erasable programmable ROM,E^2PROM)的存储单元是具有两个栅极的 NMOS 管,如图 10.24 所示。其中,g_1 是控制栅,它是一个浮栅,无引出线;g_2 是抹去栅,它有引出线。在栅极 g_1 和漏极 d 之间有一块小面积的氧化层极薄,可产生隧道效应。当 g_2 加高压时,通过隧道效应,电子由衬底注入浮栅 g_1,相当于存储了“**1**”。当 g_2 接地,漏极 d 加高压时,浮栅 g_2 的电子通过隧道返回衬底,相当于存储了“**0**”。E^2PROM 编程时,先抹成“全 **1**”,再按照需要将某些存储单元写“**0**”。

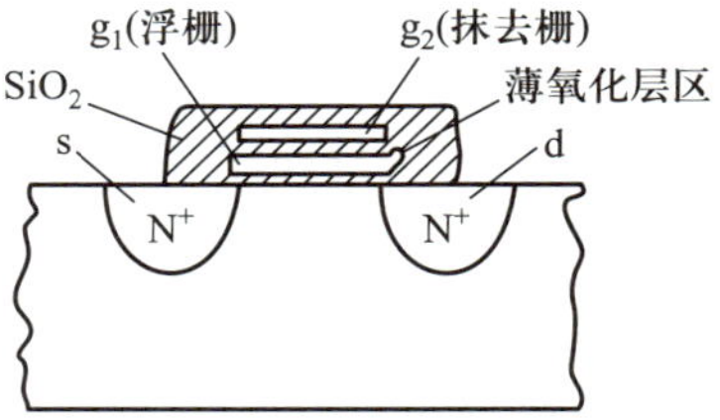

图 10.24　E^2PROM 存储单元

(浮栅隧道管)

4. 闪速存储器

闪速存储器(flash memory)是新型的 ROM,它与 E^2PROM 都是电擦除可编程的,但擦除和编程器件中信息的时间比 E^2PROM 短得多,容量也比 E^2PROM 大。

闪速存储器的存储单元是一个与 EPROM 工艺相似的 MOS 管,如图 10.25 所示,但是其浮栅和衬底间的氧化层极薄(仅 0.01 μm)且在源区采用了双扩散工艺,因此该管可以像E^2PROM的擦除管一样,在擦除信息时,借助于隧道效应,使存储在浮栅上的电子返回到衬底,擦成全"**1**"状态。这种电擦除方式克服了 EPROM 必须将器件从系统上取下,在紫外灯照射下擦除的麻烦。此外,Flash 存储器采用分区段的存储阵列,一次可擦除一个区段,擦完整个存储器仅需 1~2 s。

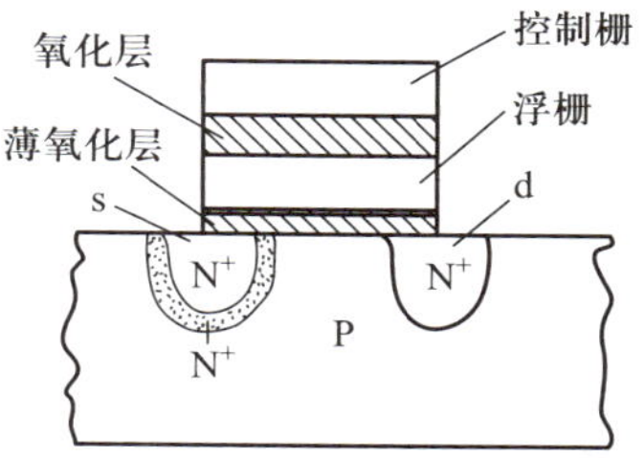

图 10.25 Flash 存储单元

Flash 存储单元的写入过程与 EPROM 的相同,它也是将沟道中的热电子注入浮栅,使浮栅截获并保存电子,从而达到将该存储单元快速编程为"**0**"的目的。这与 E^2PROM 存储单元中利用隧道效应使浮栅截获电子的方法相比,其编程速度快几个数量级。

图 10.25 所示的闪速存储器在擦除时,控制栅加载 13 V 的高电压,源极和漏极接低电压。这样就在浮栅和控制栅之间的氧化层两端建立起一个强电场,使得氧化层边缘处导带底严重倾斜,从而有一定数量的电子会透过很薄的势垒到达硅的导带。闪速存储器正是利用 Fowler-Nordhiem 隧道效应将其存储的电荷释放掉。在穿越栅氧化层时沟道没有完全导通,电子尚未成为热电子,完全靠正电场的作用。这种低能量高效率的过程能降低对栅氧化层的破坏作用。

闪速存储器的编程利用了热载流子注入效应。源极接 11 V 电压,漏极接低电压,控制栅上接 2 V 的电压。此时,源极和漏极之间 PN 结的耗尽区变得很宽,势垒电场变得很大,漏极的电子在强电场作用下加速向源极前进,成为热载流子,并在源极发生雪崩击穿。由于源极电压对浮栅具有高耦合作用,使得热电子在从漏极向源极迁移的过程中能纵向穿越约 0.01 μm 的栅氧化层陷入浮栅上。浮栅存储的少量负电荷,会导致对存储单元进行数据读取时位线上单元电流的减小。对闪速存储器单元进行数据读取时,源极接地,漏极接 1.5 V,控制栅极上接 4 V。此时,源漏之间的沟道完全导通,源极的电子在从漏到源弱电场作用下向漏极前进,形成沟道电流。此电流经位线传输,由传感器取出经放大器输出并与检测模式中定义的参考电流做比较;根据大小关系确定为逻辑的"**1**"或"**0**"。以 30 μA 参考电流为例,若位线上的单元电流为 15 μA,可视其为"**0**";若位线上的单元电流大于 30 μA,如擦除后单元电流约为100 μA,则可视其为逻辑的"**1**"。

Flash 存储单元占据芯片的面积仅为 E^2PROM 存储单元的 1/4~1/3,因此,Flash 存储单元是高速、高密度的只读存储器,它允许近万次的电擦除和编程,且擦除和编程速度很快,有"闪速"存储器之称。

10.5　存储器容量扩展

利用现有的 RAM 或 ROM 器件可通过扩展以增加字长(位扩展)和存储器的字数(字扩展)。位扩展增加了每个地址中存储的数据的比特数,而字扩展增加了存储矩阵地址的数量,这两种操作都可以达到增加存储容量的目的。本节将介绍存储器的位扩展、字扩展和字位扩展的方法。由于 ROM 的容量扩展和 RAM 类似,本节中关于存储器容量的扩展均以 RAM 的扩展为例。

10.5.1　位扩展(字长扩展)

为了增加存储器的字长,必须增加存储器数据线的宽度。例如,一个 8 位字长的存储器可以通过两个 4 位字长的存储器扩展得到。如图 10.26 所示,16 比特的地址线同时连接到了两个字长为 4 bits 的存储器的地址端,这样每个存储器都有 $2^{16}=65536$ 个存储地址,对应了 64 K 个字,两个存储器的 4 bits 的数据总线组合成了一个 8 bits 的数据总线,这样当一个地址选中时,将在数据总线上出现一个 8 bits 的数据。

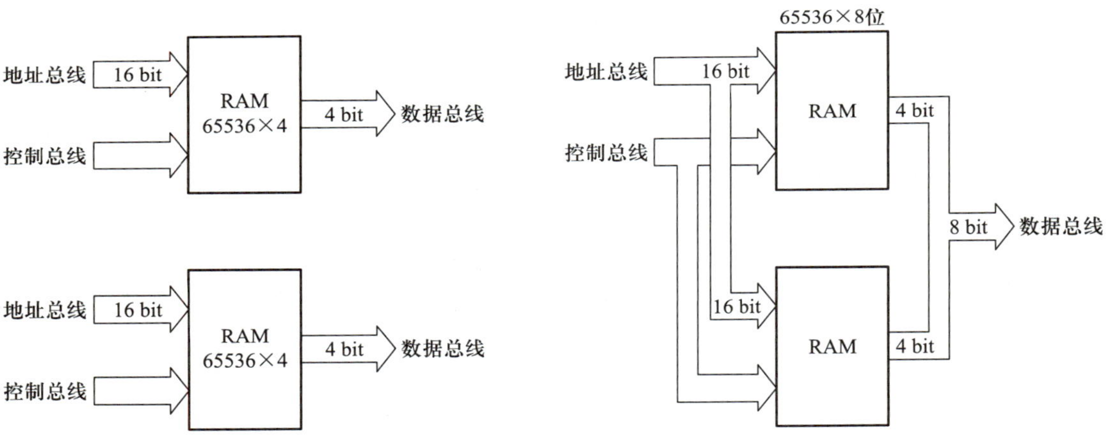

图 10.26　存储器的位(字长)扩展示意图

图 10.27 是位扩展的一个实例,它利用 4 片容量为 64 K×4 位的 RAM 器件构成 64 K×16 位的存储器。图中将各 RAM 的地址码并联在一起实现了位数的扩展。

10.5.2　字扩展

当需要增加存储器所能存储的字的数量时,必须增加存储矩阵地址的个数,也就是增加存储器地址线的宽度。如图 10.28 所示,两个 1 M×8 位的 RAM 器件扩展为 2 M×8 位的

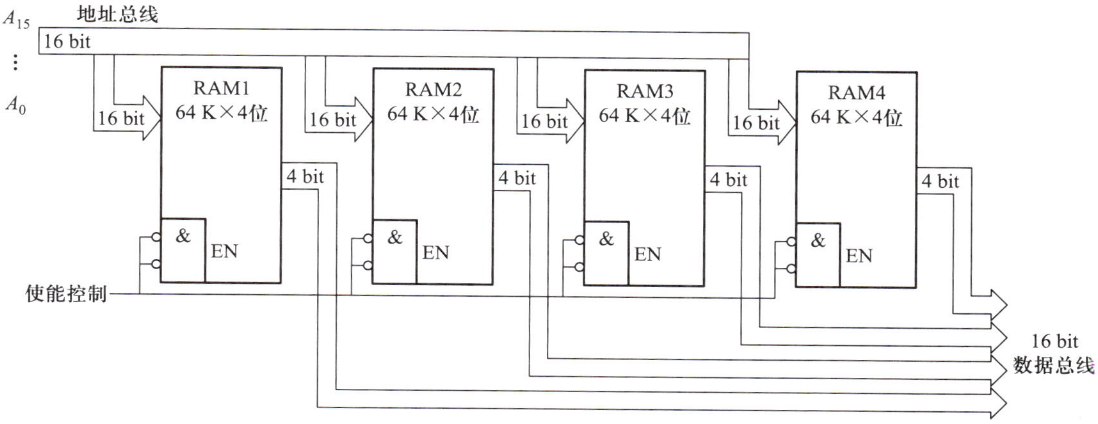

图 10.27　存储器位扩展实例

RAM 器件。每个 1 M×8 位的 RAM 的地址均有 20 位，构成了 2^{20} 个存储地址，经扩展后，地址变为 21 位，构成了 2^{21} 个存储地址。

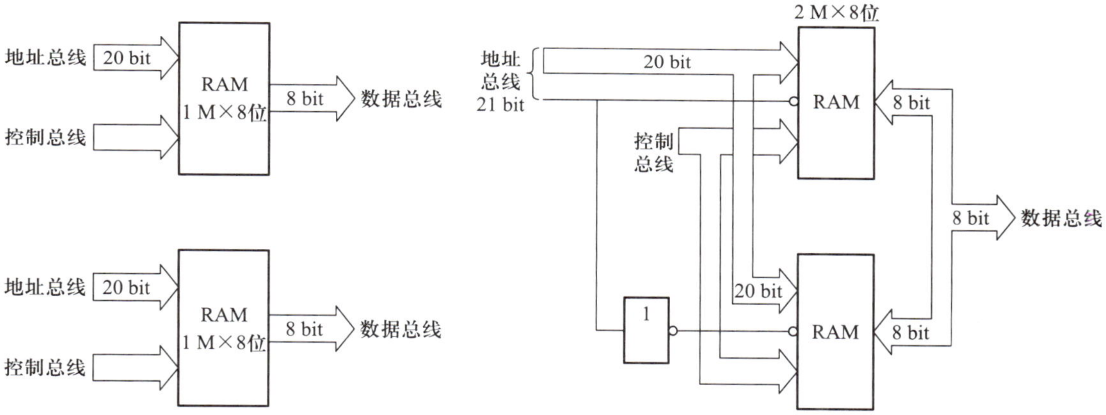

图 10.28　存储器字扩展示意图

图 10.29 是字扩展的一个实例，它利用两片 512 K×4 位的 RAM 器件构成 1 M×4 位的存储器。这时地址码的最高位 A_{19} 控制 RAM 器件的片选 $\overline{E}_0$ 端，以决定哪一片 RAM 工作。地址码的低位 $A_0 \sim A_{18}$ 并联送到两片 RAM 的地址码输入端。两片 RAM 器件的数据输入/输出端 $I/O_0 \sim I/O_3$ 按位对应地并联，利用 RAM 的三态输出门构成数据总线结构，实现了字数的扩展。

10.5.3　字位扩展

字数和位数可以同时扩展。图 10.30 是一个实例，它用 8 片 512 K×4 位的 RAM 器件构成一个 2 M×8 位的存储器。地址码的高两位 A_{20} 和 A_{19} 经 2 线-4 线译码器译码，输出 4 个信号去控制相关的 RAM 器件的片选；地址码的低位 $A_0 \sim A_{18}$ 并联送到各 RAM 器件的地址码输入端，并且将不同地址的 RAM 器件的数据输入/输出端 I/O 按位对应地并联在一起构成数

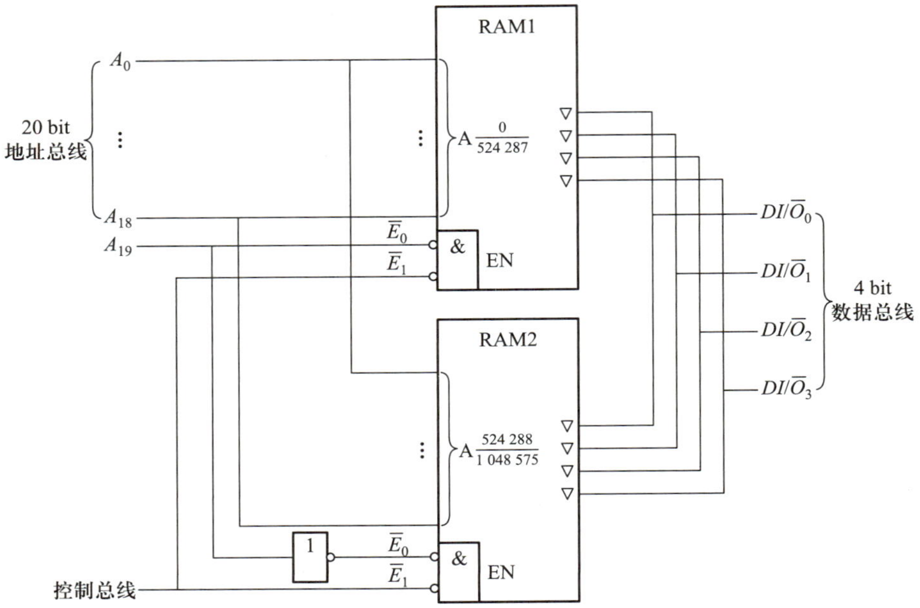

图 10.29　存储器字扩展实例

据总线，实现字数的扩展。图 10.30 中片 1、2、3 和 4 组成了 $I/O_0 \sim I/O_3$；片 5、6、7 和 8 组成 $I/O_4 \sim I/O_7$，实现了位扩展。

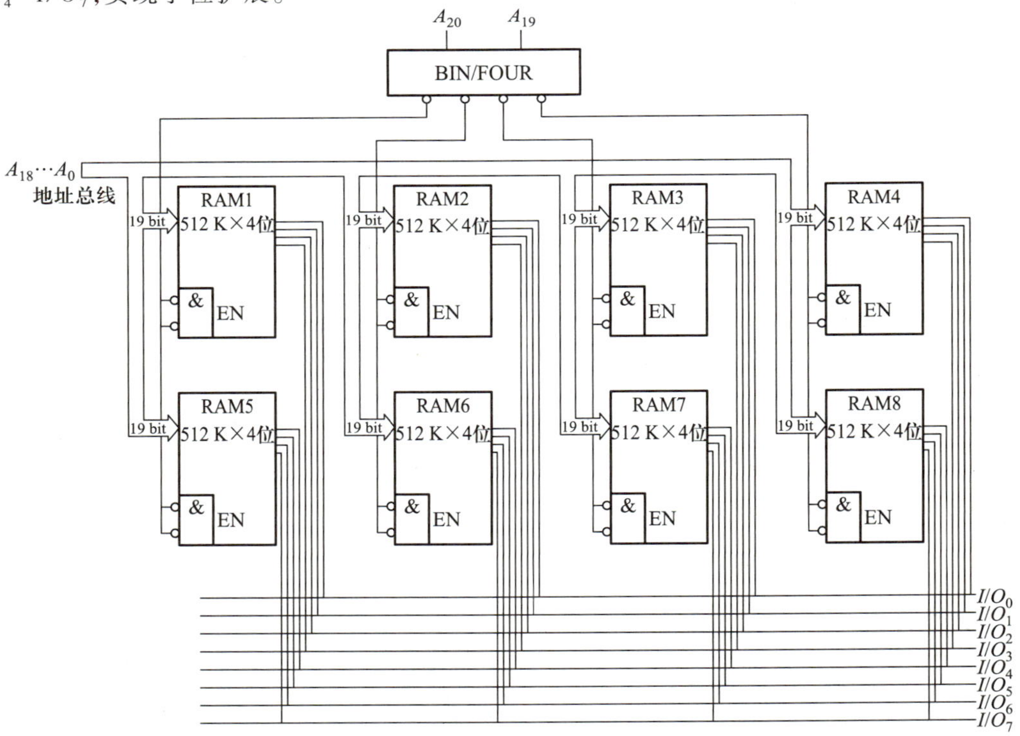

图 10.30　存储器字位扩展实例

10.6 可编程逻辑器件概述

目前使用的可编程逻辑器件产品主要分为简单可编程逻辑器件(simple programmable logic device,SPLD)、复杂可编程逻辑器件(complex programmable logic device,CPLD)、现场可编程门阵列(field programmable gate array,FPGA)等几种类型。其中,简单可编程逻辑器件又可分为 PROM、可编程逻辑阵列(programmable logic array,PLA)、可编程阵列逻辑(programmable array logic,PAL)、通用阵列逻辑(generic array logic,GAL)等。

PROM 内部由"**与**阵列"和"**或**阵列"组成,它可以用来实现任何"**与或**"形式表示的组合逻辑,其结构已经讨论过。PLA 是一种基于"**与-或**阵列"的可编程器件,它的"**与**阵列"和"**或**阵列"都是可编程的。PAL 也是一种基于"**与-或**阵列"的可编程器件,它与 PLA 的区别在于,PAL 的"**与**阵列"可编程,而"**或**阵列"不可编程。GAL 用一种输出逻辑宏单元 OLMC (output logic macro cell)代替了 PAL 中的输出电路,OLMC 可以根据使用者的需要配置成合适的状态(称为组态)。

与 SPLD 相比,CPLD 的集成度更高。CPLD 一般至少包含三种组成部分:可编程逻辑宏单元、可编程 I/O 单元和可编程的内部连线。部分 CPLD 还集成了 RAM、FIFO 或双端口 RAM 等存储器,以适应 DSP 应用设计的要求。

FPGA 内部含有多个逻辑功能块,这些逻辑功能块排列为阵列,并通过可编程的内部连线相互连接,实现一定的逻辑功能。FPGA 的功能由逻辑结构的配置数据决定,在工作时,这些配置数据放在片内的 SRAM 或熔丝图上。

10.6.1 PLD 的基本结构

可编程逻辑器件的种类虽然繁多,但其基本结构是类似的,如图 10.31 所示。PLD 由输入缓冲电路、**与**阵列、**或**阵列、输出缓冲电路四部分组成。其中,输入缓冲电路主要用来对输入信号进行预处理,以适应各种输入情况,例如产生输入变量的原变量和反变量;"**与**阵列"和"**或**阵列"是 PLD 的主体,能够实现**与或**形式的逻辑函数;输出缓冲电路主要用来对输出信号进行处理,用户可以根据需要选择不同的输出方式(组合方式或时序方式),并可将反馈信号送回至输入端,以实现复杂的逻辑功能。

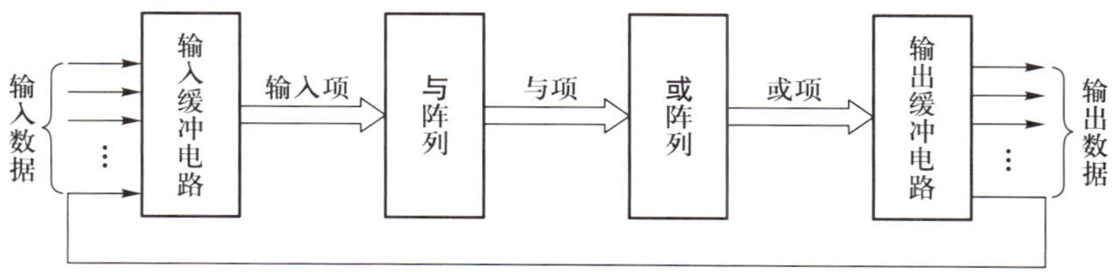

图 10.31 可编程逻辑器件的基本结构

10.6.2　PLD 电路的表示方法

1. PLD 连接的表示法

PLD 中阵列交叉点上有三种连接方式：固定连接（硬线连接）、编程连接（接通连接）和不连接（断开连接），表示方法如图 10.32 所示。

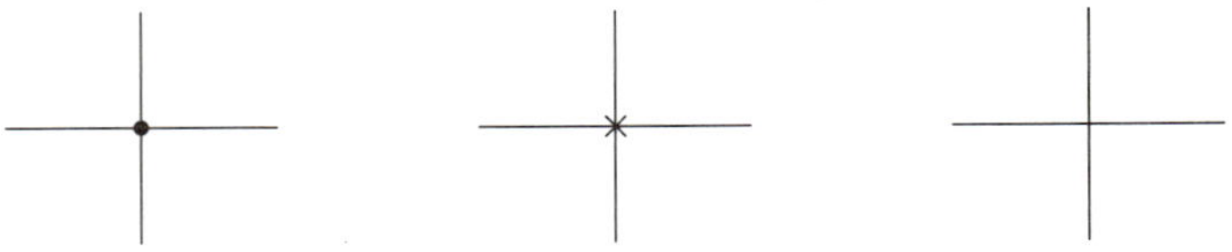

(a) 固定连接(硬线连接)　(b) 编程连接(接通连接)　(c) 不连接(断开连接)

图 10.32　PLD 的三种连接方式

2. 输入/反馈缓冲单元表示法

PLD 的输入缓冲器和反馈缓冲器都采用互补的输出结构，以产生原变量和反变量两个互补的信号，如图 10.33 所示。A 是输入，B 和 C 是输出，B 和 C 构成一对互补变量。

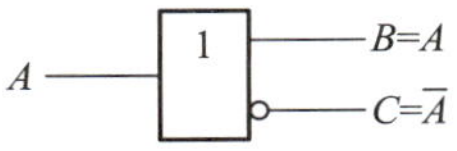

图 10.33　PLD 的输入和反馈缓冲器

3. PLD **与**门表示方法

与阵列是 PLD 中的基本逻辑阵列，由若干个**与**门组成，每个**与**门都是多输入、单输出形式。以三输入**与**门为例，其 PLD 表示法如图 10.34 所示，其中 $Y=ABC$。

4. PLD **或**门表示方法

或阵列也是 PLD 中的基本逻辑阵列，由若干个**或**门组成，每个**或**门都是多输入、单输出形式。以三输入**或**门为例，其 PLD 表示法如图 10.35 所示，其中 $Y=A+B+C$。

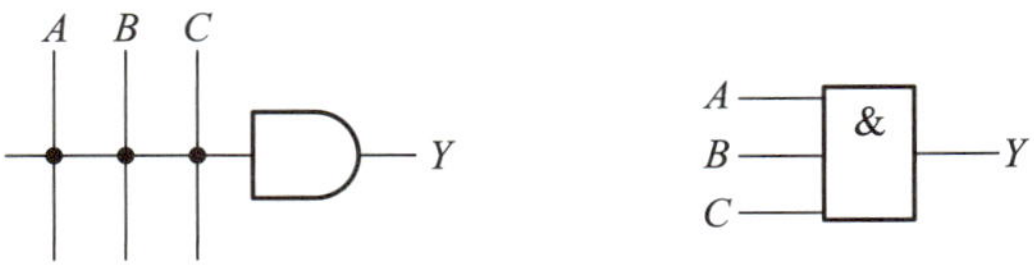

图 10.34　PLD 的与门表示方法

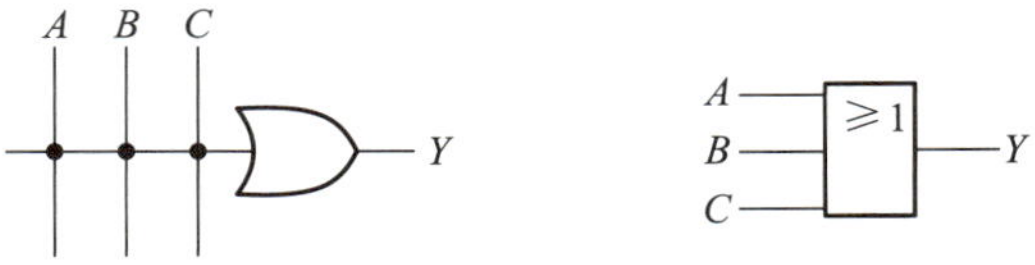

图 10.35　PLD 的或门表示方法

10.7 简单可编程逻辑器件(simple programmble logic device,SPLD)

10.7.1 可编程逻辑阵列 PLA

可编程逻辑阵列(programmable logic array,PLA)器件的**与**阵列和**或**阵列均可编程,如图 10.36 所示(图中靠编程连接的点用×表示,所画是未编程时的情况,阵列的各个点皆连,编程时将不需连的地方擦去)。由于器件制造和开发软件设计比较困难,PLA 未能广泛使用。

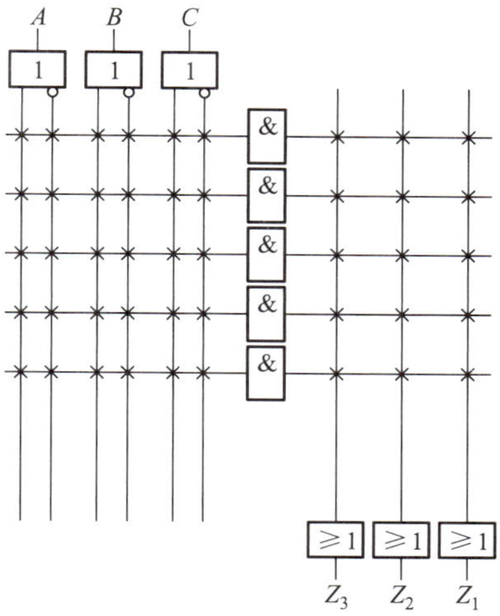

图 10.36 PLA 的结构

10.7.2 可编程阵列逻辑 PAL

20 世纪 70 年代末出现了可编程阵列逻辑(programmable array logic,PAL)替代了 PLA。PAL 具有工作速度高、成本低、使用灵活、可加密等众多优点。PAL 的特点是**或**阵列固定,**与**阵列可编程。本节介绍两种典型的 PAL 器件:PAL16L8 和 PAL16R8。

1. 基本的 PAL 电路——PAL16L8

图 10.37 是 PAL16L8 的引脚封装图、内部结构图和逻辑图,其**与**阵列有 16 个输入,其中 10 个来自输入引脚,另外 6 个由输出端反馈而来,它们都通过缓冲电路加进**与**阵列。**与**阵列含 64 个**与**门,形成 64 个**与**项,这 64 个**与**项被分成 8 组,每一组中,7 个**与**项供给一个**或**门(这里**或**阵列未采用前面的阵列画法,而是采用传统的**或**门画法),另一个**与**项用来控制输出三态**非**门的使能。

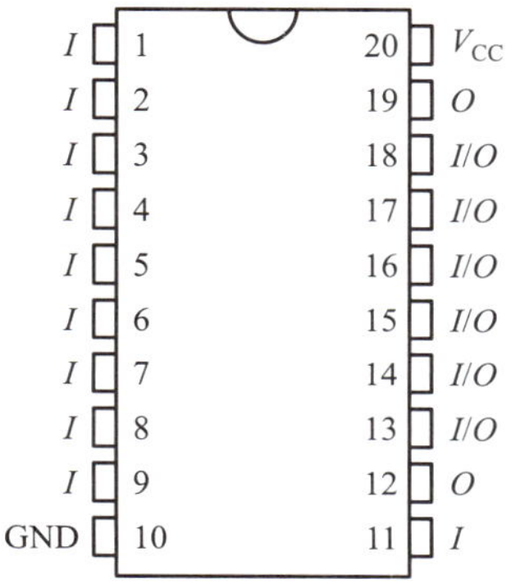

(a) 引脚封装图

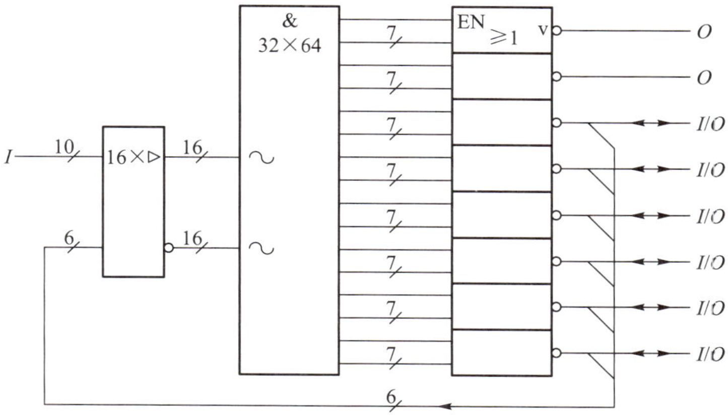

(b) 内部结构图

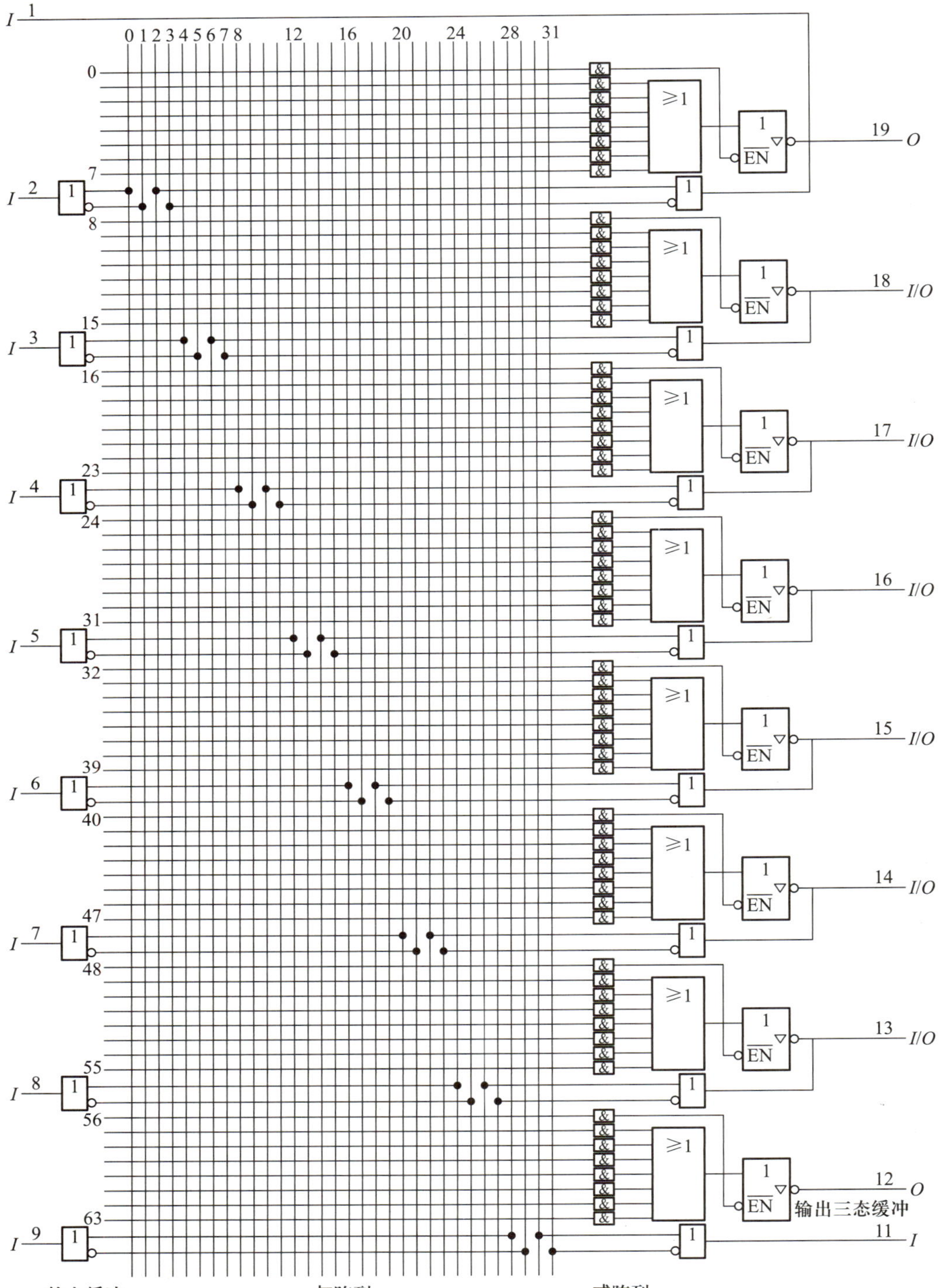

(c) 逻辑图

图 10.37　PAL16L8 的引脚封装图、内部结构图和逻辑图

如图 10.38 所示为使用 PAL16L8 实现 4 位二进制码奇校验位产生电路,需要注意的是,PAL16L8 输出缓冲在使能端有效时等价为**非**门,因此输出缓冲的输入必须为待实现函数的反函数。图中每个**或**门的未使用的输入**与**项应当置 **0**,方法是将**与**门的每个输入皆连上,即令其表达式为 $A\bar{A}B\bar{B}C\bar{C}\cdots$,这在逻辑图上用在**与**门符号中加×的方法表示。由前述章节的讨论可知,奇校验位的逻辑表达式为

$$F_{ODD}=\overline{\bar{B}_3\bar{B}_2\bar{B}_1B_0+\bar{B}_3\bar{B}_2B_1\bar{B}_0+\bar{B}_3B_2\bar{B}_1\bar{B}_0+\bar{B}_3B_2B_1B_0}$$

$$\overline{+\bar{B}_3\bar{B}_2\bar{B}_1B_0+\bar{B}_3\bar{B}_2B_1\bar{B}_0+B_3\bar{B}_2\bar{B}_1\bar{B}_0+B_3\bar{B}_2B_1B_0}$$

由于 F_{ODD} 的最简**与或非**式有 8 个**与**项,超过了每个**或**门输入端的个数,因此必须先将前 7 个**与**项输入第二个**或**门,使用第二个三态缓冲(18 号引脚)的反馈作为第一个三态缓冲(19 号引脚)的输入,与第 8 个**与**项一起输入第一个**或**门,再通过三态缓冲的反相输出得到最后的输出。

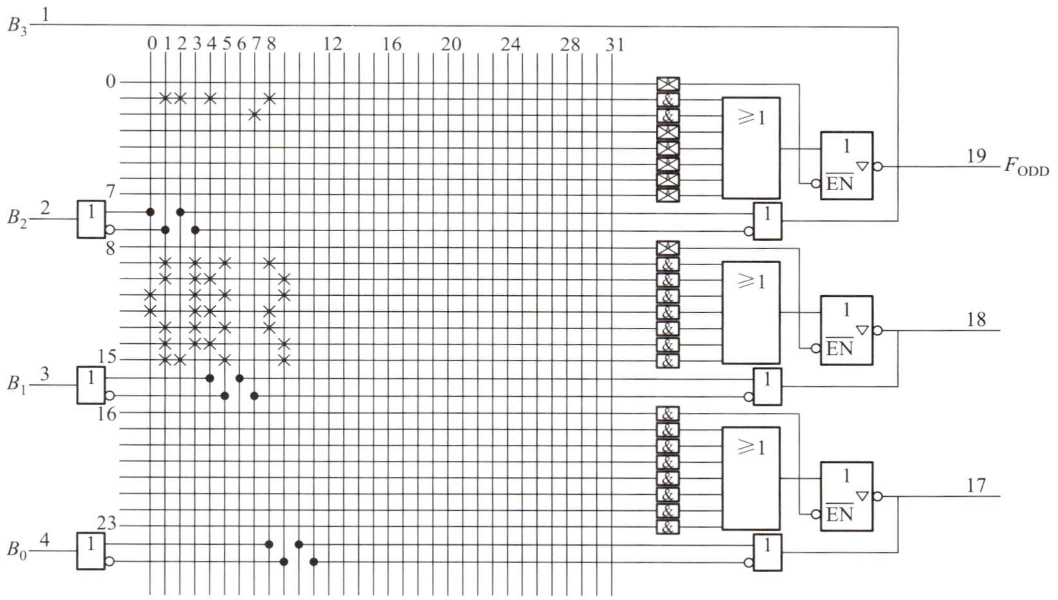

图 10.38 使用 PAL16L8 实现奇校验位产生电路

2. 带触发器输出的 PAL 电路——PAL16R8

PAL16R8 的结构与 PAL16L8 类似,所不同的是该电路输出端有 8 个 D 触发器,每个触发器的 D 输入端用一个**或**门激励。8 个触发器的时钟连在一起,用统一的时钟信号控制,每个触发器的反相输出端各通过一个缓冲器反馈到**与**阵列,因而可以用来实现同步时序逻辑电路。

图 10.39 是 PAL16R8 的引脚封装图、内部结构图和逻辑图。

如图 10.40 为使用 PAL16R8 实现序列信号发生器的逻辑图。在该图中使用了 3 个触发器，设其输出分别为 Q_1、Q_2 和 Q_3，由图可得 3 个触发器的激励方程分别为

$$D_1 = Q_2$$

$$D_2 = Q_3$$

$$D_3 = \overline{Q}_2\overline{Q}_1 + Q_3\overline{Q}_1 + \overline{Q}_3Q_2Q_1$$

运用前面介绍的分析方法可知，该电路是个 **00010111** 序列发生器。

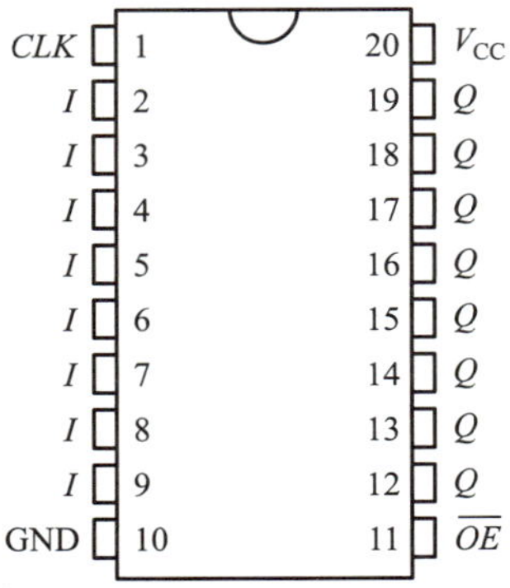

(a) 引脚封装图

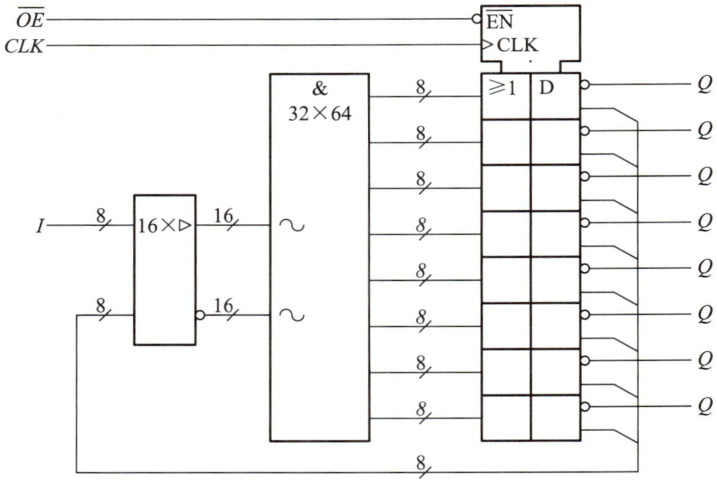

(b) 内部结构图

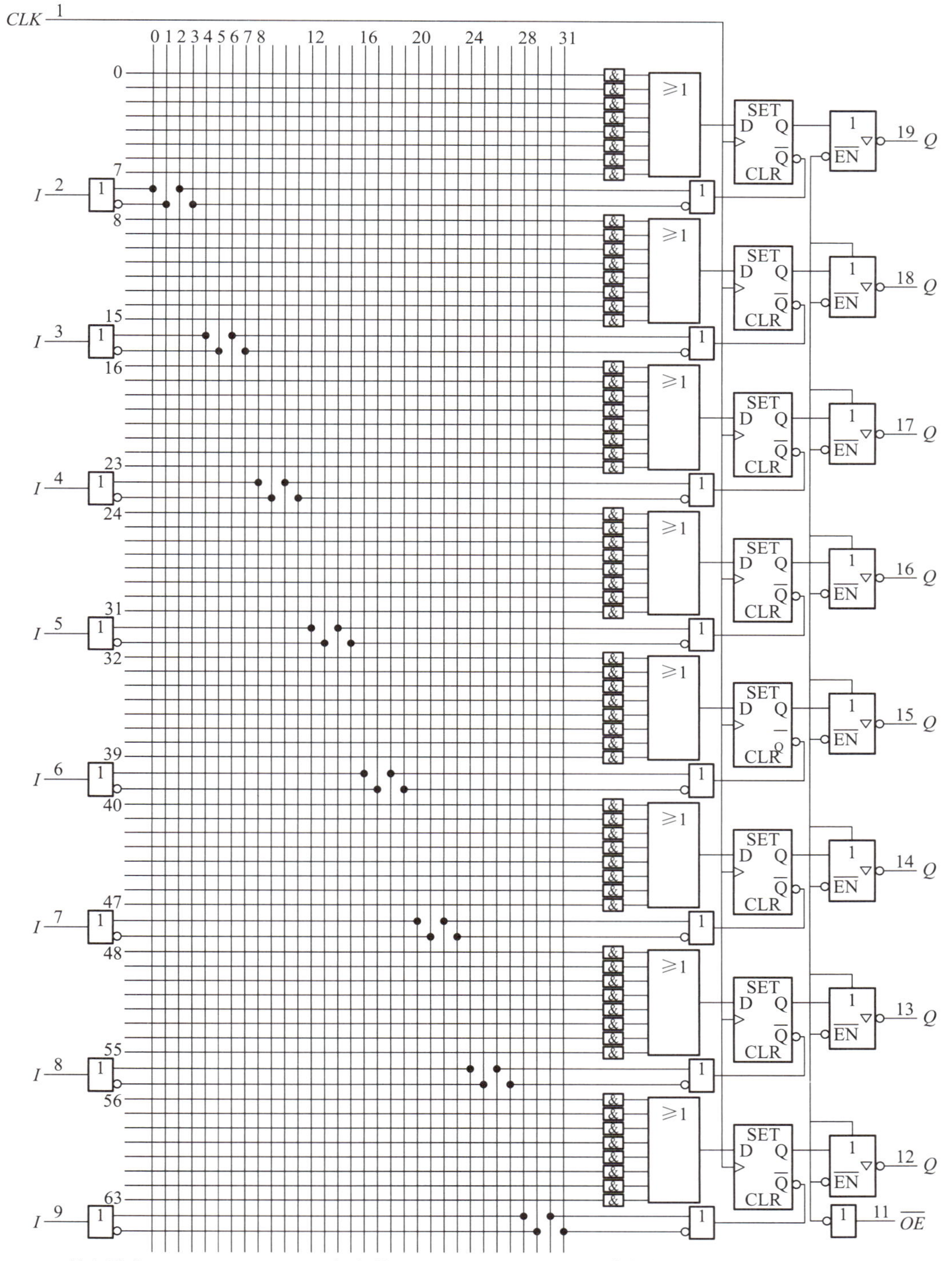

(c) 逻辑图

图 10.39 PAL16R8 的引脚封装图、内部结构图和逻辑图

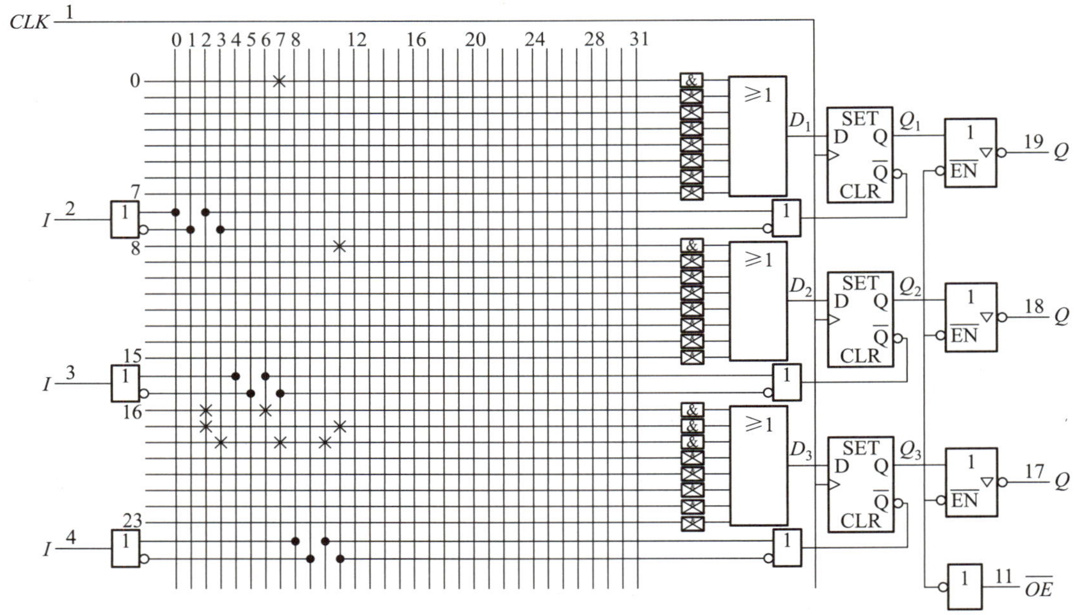

图 10.40　使用 PAL16R8 实现序列信号发生器

微视频 10-3
可编程阵列
逻辑 PAL

10.7.3　通用阵列逻辑 GAL

1. GAL 器件的基本结构

通用阵列逻辑 GAL 是可多次编程的器件，通常采用 CMOS 工艺。同 PAL 一样，GAL 有一个可编程的**与**阵列和一个不可编程的**或**阵列，但为了通用，GAL 在**或**阵列之后接一个输出逻辑宏单元（output logic macro cell，OLMC）。如图 10.41 所示为 GAL16V8 的逻辑结构示意图，该器件由 10 个输入缓冲器、8 个输出逻辑宏单元、8 个三态输出缓冲器、8 个输出反馈缓冲器和一个可编程**与**阵列组成。每个**与**门的输入端既可以接收 8 个固定的输入信号，也可以接收将输出端配置成输入模式的 8 个信号。因此，GAL16V8 最多有 16 个输入信号，8 个输出信号。组成**或**阵列的 8 个**或**门分别包含于 8 个 OLMC 中，它们和**与**阵列的连接是固定的。

2. 输出逻辑宏单元 OLMC

输出逻辑宏单元 OLMC 的结构示意图如图 10.42 所示。从图可见，OLMC 由一个 8 输入**或**门、一个**异或**门、一个 D 触发器和 4 个数据选择器组成。8 输入**或**门接收来自可编程**与**阵列的 7 个或 8 个**与**门输出，完成**或**运算；**异或**门用来控制输出极性。图中 $XOR(n)$ 和 $AC_1(n)$ 字段下面的数字为 n 值，表示它们控制的 OLMC 编号，与输出的引脚号一致。当 $XOR(n) = \mathbf{0}$ 时，**异或**门输出极性不变；当 $XOR(n) = \mathbf{1}$ 时，**异或**门输出极性与原来相反。D 触发器作为状态存储器，使 GAL 器件能够适用于时序逻辑电路。4 个多路数据选择器是 OLMC 的关键器件，它们分别是 2 选 1 与项（乘积项）数据选择器（PTMUX）、输出三态控制数据选择器（TSMUX）、

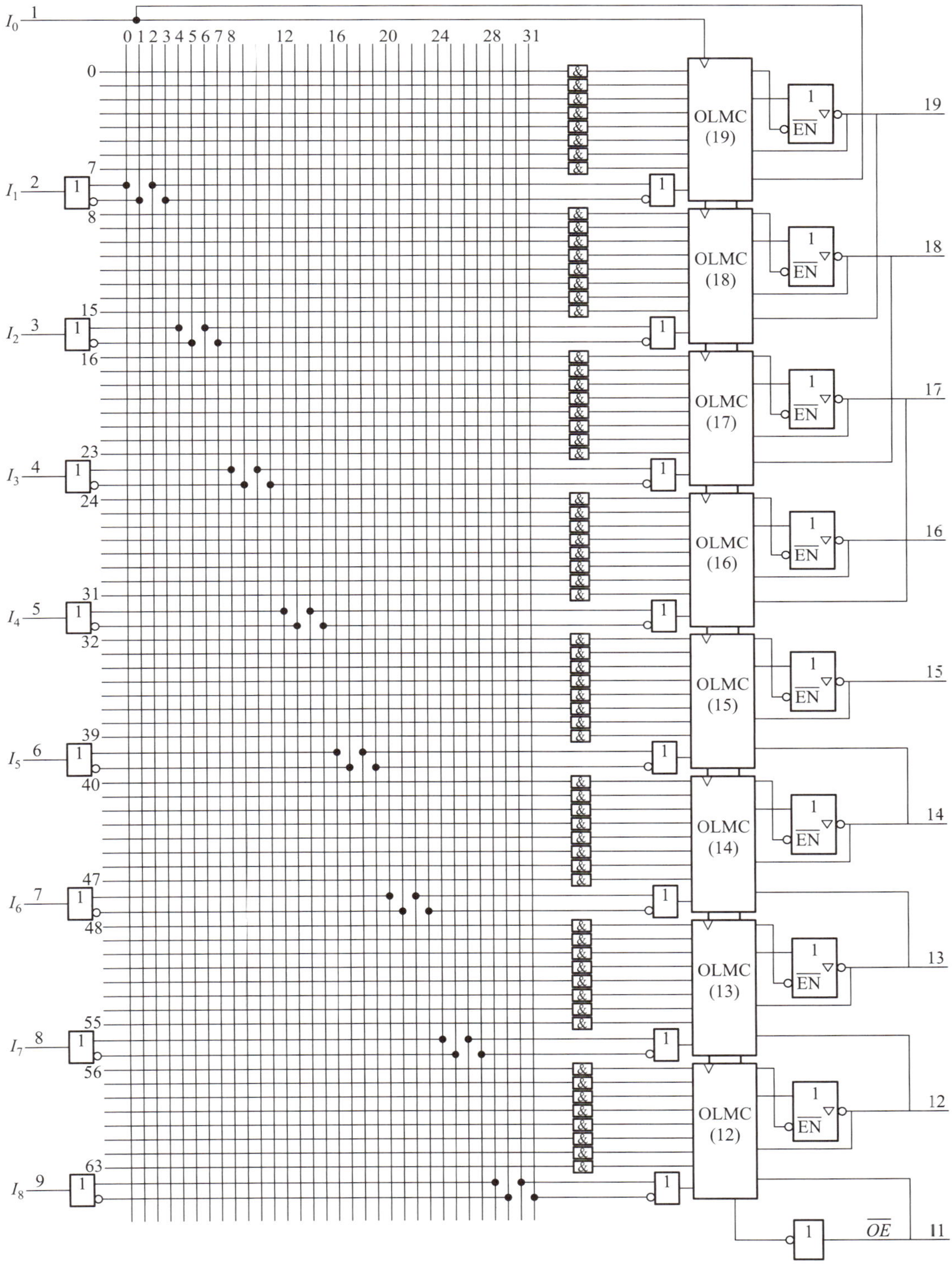

图 10.41　GAL16V8 的逻辑结构示意图

2 选 1 输出控制数据选择器（OMUX）以及 4 选 1 反馈控制数据选择器（FMUX）。PTMUX 根据 AC_0、$AC_1(n)$ 的状态，对输入数据进行选择，它可以选择“地”或第一个**与**项作为 8 输入**或**门的一个输入信号。OMUX 对输出数据进行选择，分别选择**异或**门输出端（称为组合型输出）以及 D 触发器输出端（称为寄存型输出）送至输出三态门，以便适用于组合电路和时序电路。TSMUX 根据 AC_0、$AC_1(n)$ 的状态，分别选择第一个**与**项、外接 OE 信号、“地”或者 V_{CC} 作为输出三态门的控制信号，使输出三态门或者受第一**与**项控制，或者受外接 OE 信号控制，或者常闭（选“地”），或者常开（选 V_{CC}）。FMUX 根据 AC_0、$AC_1(n)$ 和 $AC_1(m)$ 的状态，分别选择 D 触发器的 $\overline{Q}$ 端、三态门输出端、邻级输出端及“地”信号作为反馈输入信号，送回到**与**阵列输入端。以上 4 个数据选择器均可通过 GAL 器件的控制字编程控制，使 GAL 器件可以方便地实现各种不同的输出功能。

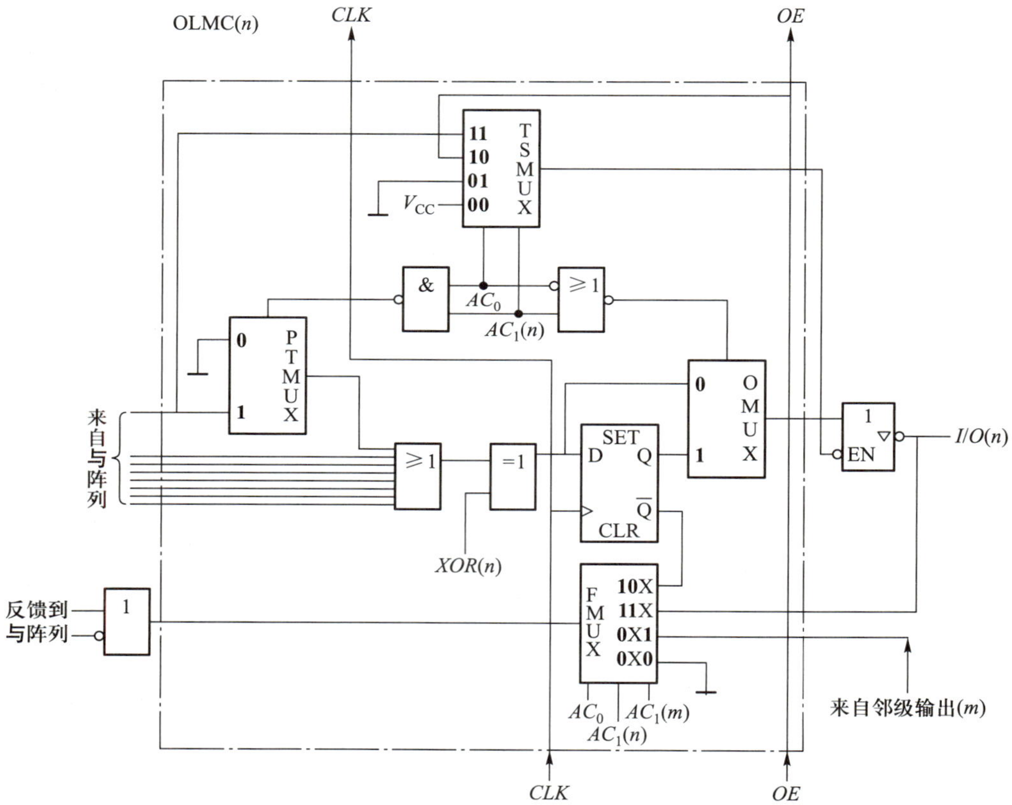

图 10.42　GAL16V8 宏单元结构示意图

3. GAL 器件的结构控制字

GAL 器件的输出形式取决于它的输出逻辑宏单元中的控制信号 AC_0、$AC_1(n)$ 及 $XOR(n)$。在 GAL 器件中，这些控制信号的取值是由它的结构控制字编程确定的。GAL16V8 的结构控制字如图 10.43 所示。结构控制字各位功能如下：

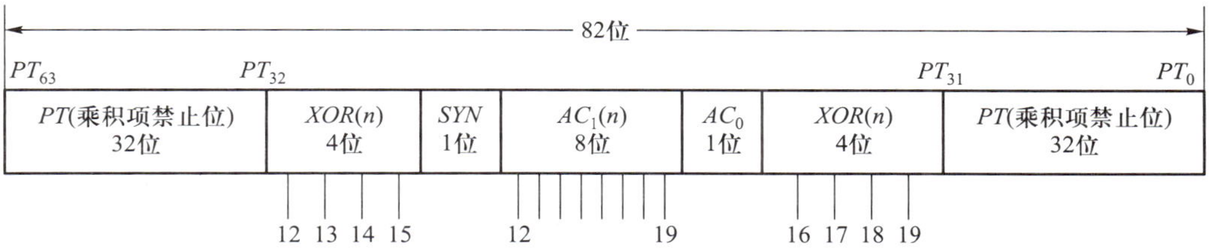

图 10.43　GAL16V8 的结构控制字

(1) 同步位 SYN

该位用以确定 GAL 器件具有组合型输出能力还是寄存器型输出能力。当 $SYN = \mathbf{1}$ 时,仅具有组合型输出能力;当 $SYN = \mathbf{0}$ 时,可具有寄存器型输出能力。此外,对于 GAL16V8 中的OLMC(12)和$\overline{\text{OLMC(19)}}$,$\overline{SYN}$代替 AC_0,SYN 代替 $AC_1(m)$ 作为 FMUX 的输入信号。

(2) 结构控制位 AC_0

该位是公共控制位,与各 OLMC(n)的 $AC_1(n)$ 位配合,控制 OLMC(n)中各数据选择器。

(3) 结构控制位 AC_1

该位共有 8 位,每个 OLMC(n)均有单独的 $AC_1(n)$。

(4) 相位控制位 $XOR(n)$

如图所示,当 $XOR(n) = \mathbf{1}$ 时,**异或**门起反相器作用,再经输出三态缓冲门反相,引脚信号是**与或**阵列输出的同相信号;反之,当 $XOR(n) = \mathbf{0}$ 时,引脚输出反相信号。

(5) 乘积项禁止位(PT)

该位共有 64 位,分别控制逻辑图中**与**阵列的 64 个乘积项(**与**项 $PT_0 \sim PT_{63}$),以便屏蔽某些不使用的乘积项。

通过设置结构控制字同步位 SYN、控制位 AC_0 和 $AC_1(n)$,可将 OLMC 设置为 5 种不同的功能组合,如表 10.1 所示。

表 10.1　OLMC 的 5 种功能组合

功能组合	SYN	AC_0	$AC_1(n)$	$XOR(n)$	输出相位	备注
专用输入	**1**	**0**	**1**	—	—	1 脚和 11 脚为数据输入,三态门禁止
专用组合型输出	**1**	**0**	**0**	**0**	反相	1 脚和 11 脚为数据输入,全部为组合输出,三态门恒选通
				1	同相	
反馈组合型输出	**1**	**1**	**1**	**0**	反相	1 脚和 11 脚为数据输入,全部为组合输出,三态门由第一个**与**项选通
				1	同相	
时序电路中的组合输出	**0**	**1**	**1**	**0**	反相	1 脚接 CLK,11 脚接$\overline{OE}$,该单元为组合输出,但至少另有一个 OLMC 为寄存器输出
				1	同相	
寄存器型输出	**0**	**1**	**0**	**0**	反相	1 脚接 CLK,11 脚接$\overline{OE}$
				1	同相	

10.8　复杂可编程逻辑器件 CPLD

复杂可编程逻辑器件 CPLD 的基本结构是由 SPLD 加上可编程内部连线构成的。尽管各厂商生产的 CPLD 器件千差万别，但其基本结构是类似的，如图 10.44 所示为一般 CPLD 器件的结构框图，其中功能块（也称为逻辑块，LAB）就相当于一个 GAL 器件，CPLD 中有多个功能块，这些功能块通过可编程内部连线（programmable interconnect array，PIA）相互连接，这种连接由软件编程实现。为了增强对输入/输出的控制能力，提高引脚的适应性，CPLD 中还增加了 I/O 控制块，每个 I/O 控制块中有若干个 I/O 单元。

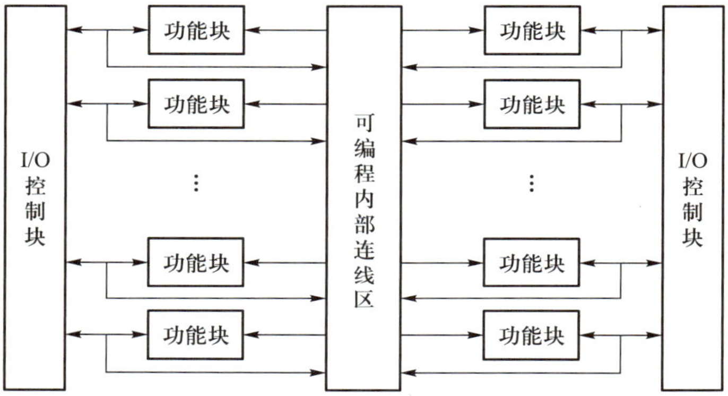

图 10.44　CPLD 器件的结构框图

各可编程逻辑器件生产厂家根据 CPLD 的集成度、功耗、工作电压以及处理速度等方面的不同生产了一系列的 CPLD 器件。通常，以宏单元或者功能块的数量来衡量集成度的大小，现有的器件中，集成度从数十个宏单元到超过两千个宏单元不等。大多数的 CPLD 使用 E^2ROM 或者 SRAM 来进行编程，工作电压从 2.5 V 到 5 V，功耗从几毫瓦到几百毫瓦。

本节将以 Altera 公司生产的 MAX 7000 系列 CPLD 为例，介绍 CPLD 器件。该 CPLD 器件的宏单元数达 256 个，可用门数最多为 5 000 个，系统时钟最高为 175 MHz，并且含有 JTAG 测试接口电路，具有可测试性和在系统可编程能力。MAX 7000 系列器件的结构与图 10.44 的结构非常相似，如图 10.45 所示。从图中可见，MAX 7000 系列器件内包含有多个功能块（4～16 个）、I/O 控制块和可编程内部连线。每个功能块含有 16 个宏单元，提供 36 个输入和 6 个输出的可编程逻辑；I/O 块提供器件输入和输出的缓冲；PIA 将所有输入信号及功能块的输出连到功能块的输入端。对于每个功能块，有 8～16 个输出及相关的输出使能信号直接驱动I/O模块。

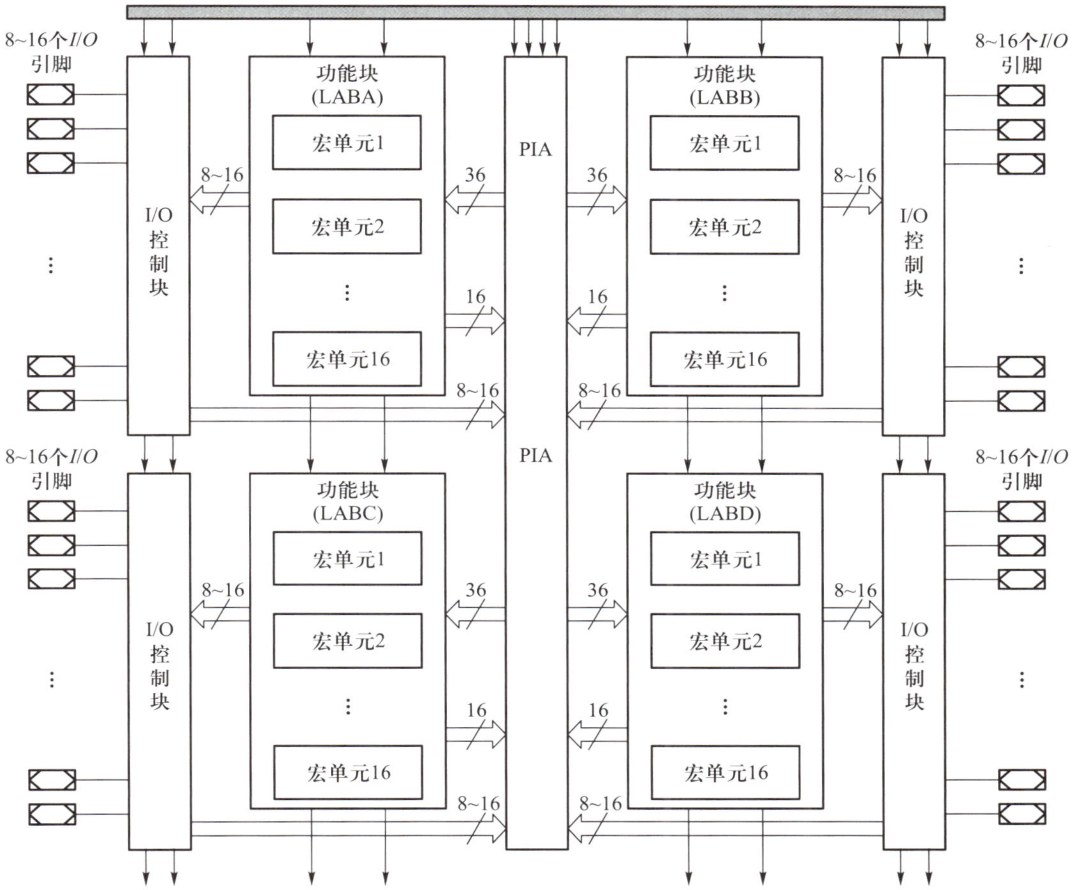

图 10.45　MAX 7000 系列器件结构框图

10.8.1　MAX 7000 系列器件的功能块

功能块的结构图如图 10.46 所示，每个功能块由 16 个独立的宏单元组成，每个宏单元可实现一个组合电路或寄存器的功能。功能块能接收来自 PIA 的输入、全局时钟、输出使能和复位置位信号。功能块产生 16 个输出信号驱动 PIA，这 16 个信号和相应的输出使能信号也可以驱动 I/O 模块。

功能块利用**与或**表达式来实现功能块的逻辑，36 个输入连同其互补信号共 72 个信号在可编程**与**阵列中可形成 80 个**与**项，**与**项选择阵列则可将**与**项分配到每个宏单元。每个功能块支持局部反馈通道，它允许功能块输出驱动到它本身的可编程**与**阵列，而不是输出到功能块的外部，这一特性便于实现快速的计数器或状态机。

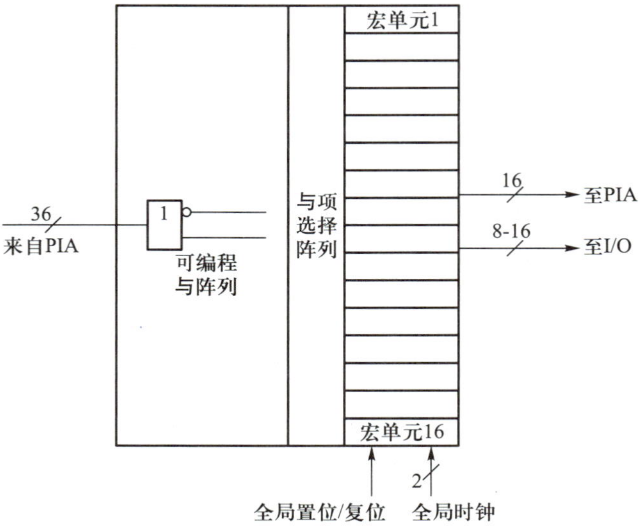

图 10.46　MAX 7000 系列器件功能块的结构图

10.8.2　MAX 7000 系列器件的宏单元

MAX 7000 系列器件的宏单元和相应的逻辑块逻辑图如图 10.47 所示，每个宏单元都可以单独配置成组合逻辑功能或时序逻辑功能。来自**与**阵列的 5 个**与**项用作原始的数据输入来实现组合逻辑功能，也可用作时钟、复位/置位和输出使能的控制输入。**与**项分配器的功能与每个宏单元如何选择利用这 5 个**与**项有关。MUX1 数据选择器可选择使用**异或**门的输出或者从 I/O 来的输入作为触发器的输入，MUX2 数据选择器可选择使用全局时钟或者**与**

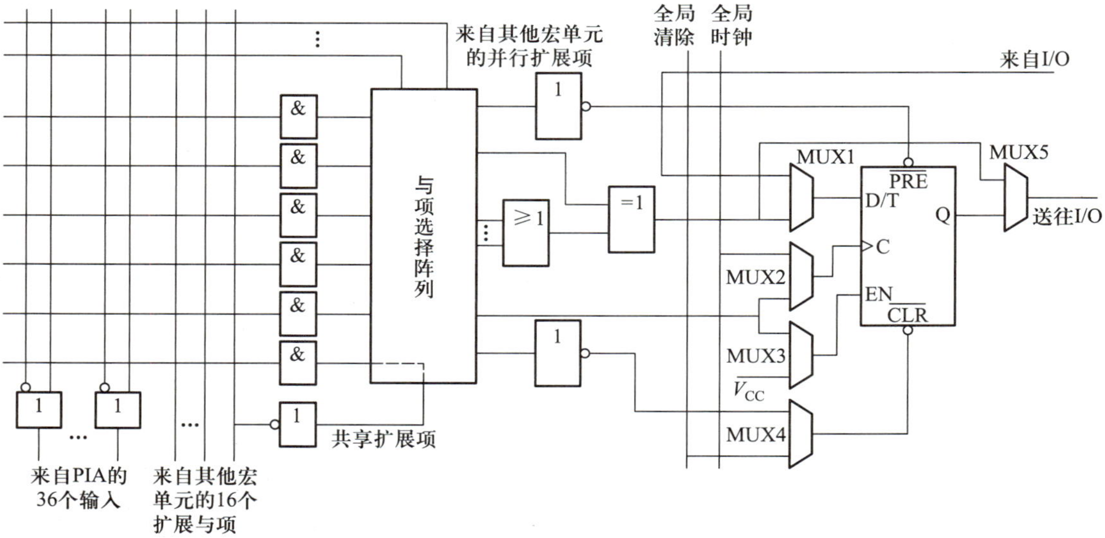

图 10.47　MAX 7000 系列器件宏单元和相应的逻辑块逻辑图

项作为触发器的时钟，MUX3 数据选择器可选择 V_{CC} 或者**与**项作为触发器的使能信号，MUX4 数据选择器可选择全局清除信号或者**与**项作为触发器的清除信号，MUX5 数据选择器选择使用组合逻辑输出（触发器被旁路）或者触发器输出作为 I/O 模块的输入信号。触发器可配置为 *D* 触发器、*T* 触发器、*J*-*K* 触发器或者 *R*-*S* 触发器。

当宏单元被编程配置成为组合逻辑模式时，其输出为**与或**形式的逻辑函数，如图 10.48 所示的阴影和粗线部分为数据通路，这种模式下，只有一个数据选择器起作用，并且触发器被旁路。

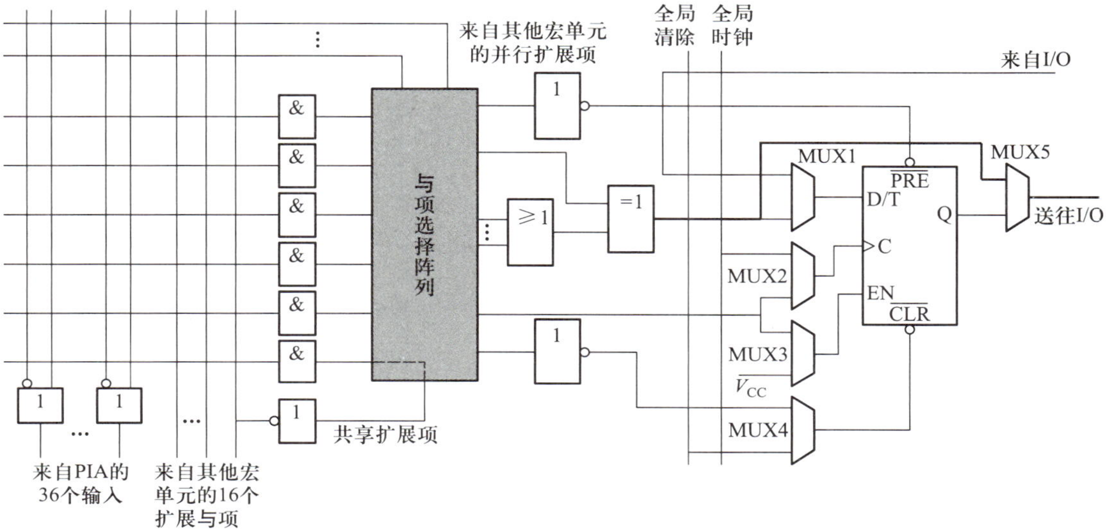

图 10.48　组合逻辑模式的数据通路

当宏单元被编程配置成为时序逻辑模式时，**异或**门输出的**与或**形式的逻辑函数作为触发器的输入，触发器的时钟使用全局时钟，如图 10.49 所示的阴影和粗线部分为数据通路，这种模式下，4 个数据选择器和触发器都起作用。

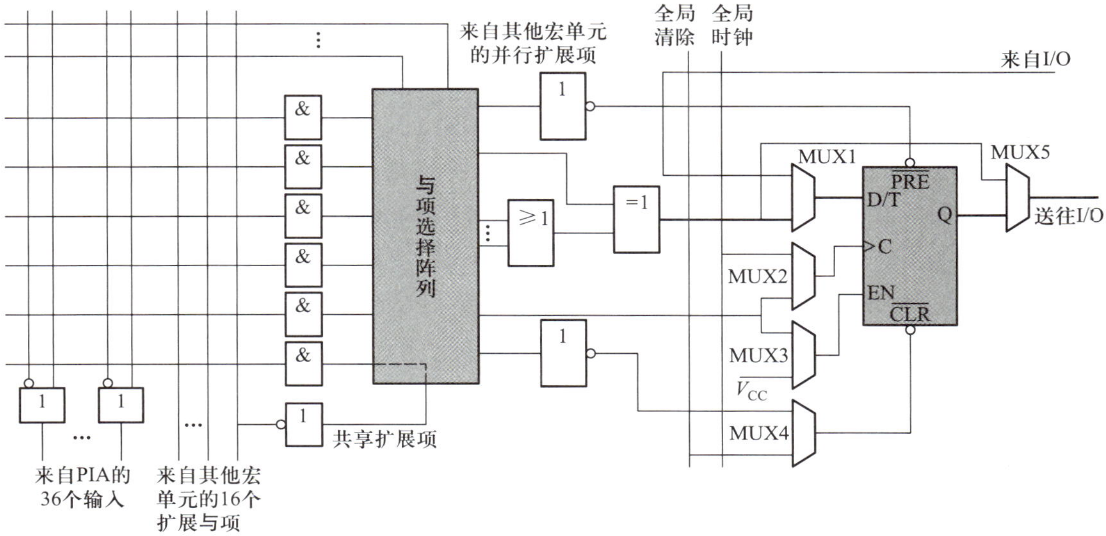

图 10.49　触发器逻辑模式的数据通路

10.8.3　MAX 7000 系列器件的乘积项分配器

与项选择阵列控制 5 个**与**项如何分配到每个宏单元。如图 10.50 所示，所有 5 个**与**项可以驱动**或**门。**与**项选择阵列可以重新分配功能块内其他的**与**项来增加宏单元的逻辑能力。

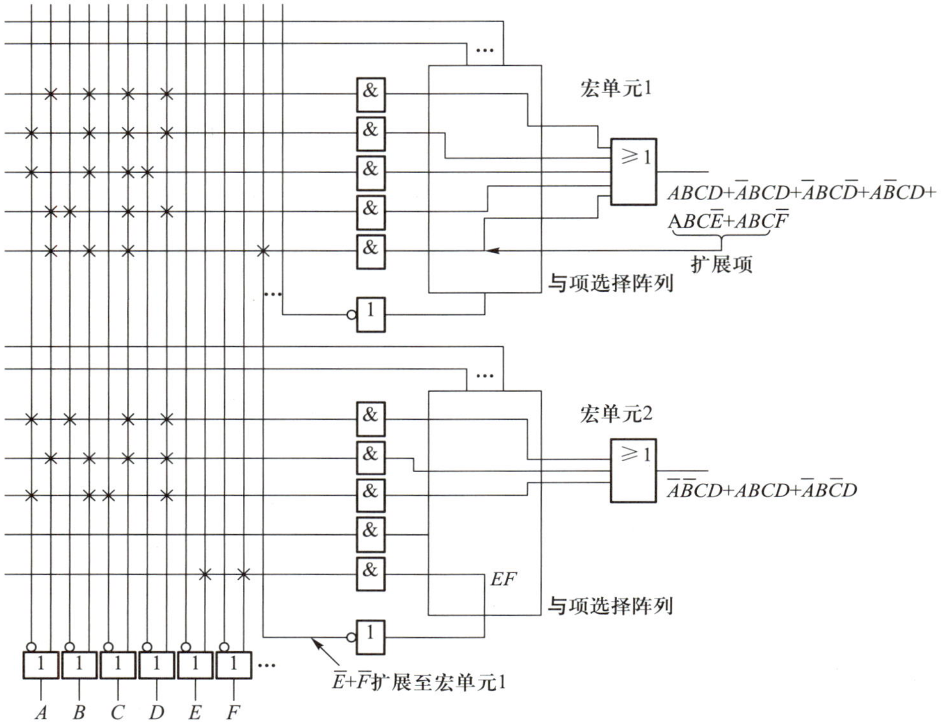

图 10.50　共享扩展示意图

MAX 7000 系列器件的每个宏单元可以产生由 5 个**与**项组成的**与或**函数式，如果某个宏单元需要使用多于 5 个**与**项的逻辑函数式，这时可以使用来自其他宏单元的扩展**与**项。如图 10.50 所示，假设宏单元 1 需要使用 6 个**与**项组成的**与或**逻辑表达式，这时必须使用来自其他宏单元的**与**项，以增加**与或**式中的**与**项数。其邻近的宏单元 2 产生了一个扩展项 $(\overline{E}+\overline{F})$，并且与宏单元 1 的第 5 个**与**门相连接，这样就可以产生所需要的 6 个**与**项的**与或**式，这种方式称为共享扩展。

另外一种增加**与或**函数式中**与**项数的方法称为并行扩展，如图 10.51 所示。宏单元 2 使用了来自宏单元 1 的 3 个**与**项，这种方式中扩展的**与**项不是与宏单元中的**与**门相连接，而是与**或**门相连接，这样就可以产生一个 8 个**与**项的**与或**逻辑函数式。

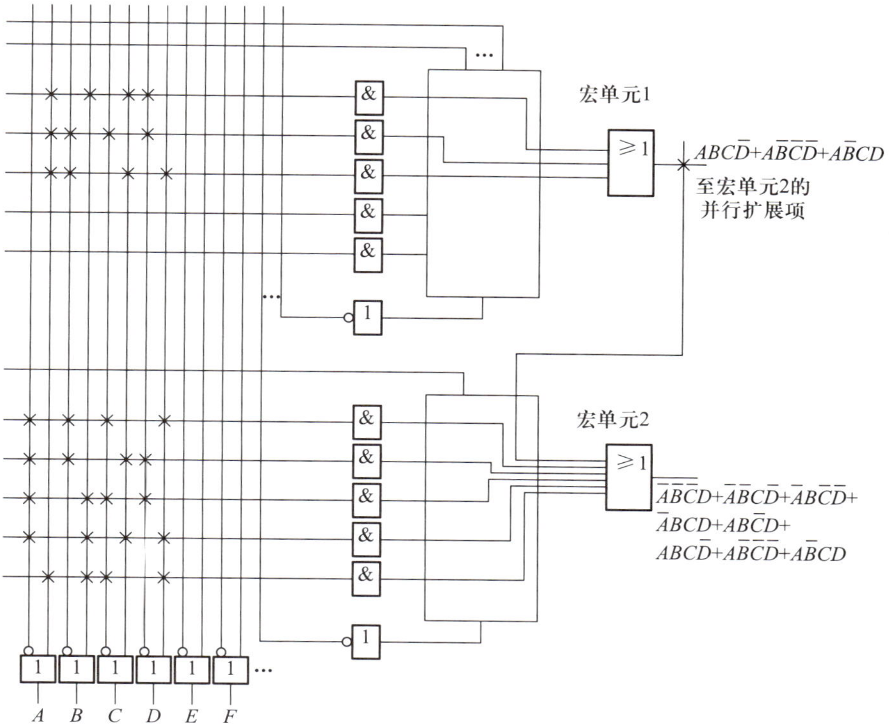

图 10.51 并行扩展示意图

10.8.4 MAX 7000 系列器件的可编程内部连接矩阵

MAX 7000 系列器件中的功能块是通过可编程内部连接矩阵(PIA)相连接的。PIA 是一组全局的可编程连接总线,可实现器件中任意两点的连接。在 MAX 7000 系列器件中,所有 I/O 模块和所有功能块的输出驱动 PIA。PIA 的所有输出都可通过编程选择以驱动功能块,每个功能块最多可接收 36 个来自开关矩阵的输入信号,所有从开关矩阵到功能块的信号时延是相同的。如图 10.52 所示为 PIA 输出时如何被用来驱动功能块的示意图。一个 E^2PROM 单元用来控制一个 2 输入的**与**门的一个输入,当其为 **1** 时,可选择 PIA 的信号驱动功能块。

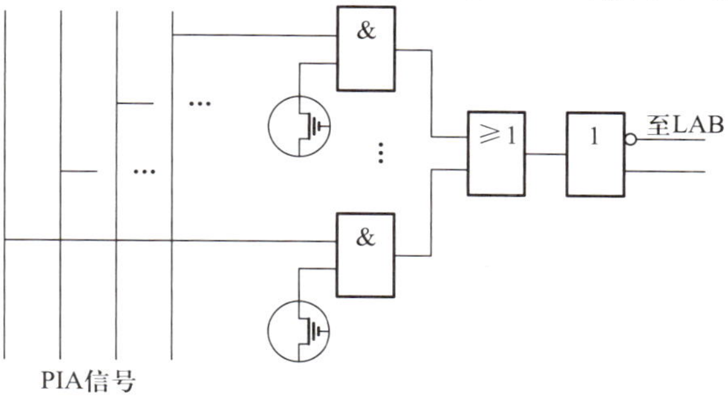

图 10.52 PIA 信号驱动 LAB

10.8.5　MAX 7000 系列器件的输入/输出块

输入/输出块提供内部逻辑电路到用户 I/O 引脚之间的接口，每个 I/O 引脚有一个三态缓冲器，其使能端与一个数据选择器相连接，可通过编程选择全局输出使能信号、V_{CC} 或者地线为其使能信号，并且可配置为输入、输出或者双向传输。如图 10.53 所示为 MAX 7000 系列的输入/输出模块结构图。EPM7032，EPM7064 以及 EPM7096 等器件有两个全局输出使能信号（OE_1 和 OE_2），而 MAX 7000E 和 MAX 7000S 等器件有 6 个全局输出使能信号，包括两个输出使能信号（OE_1 和 OE_2）、其他的 I/O 端以及宏单元的输出。

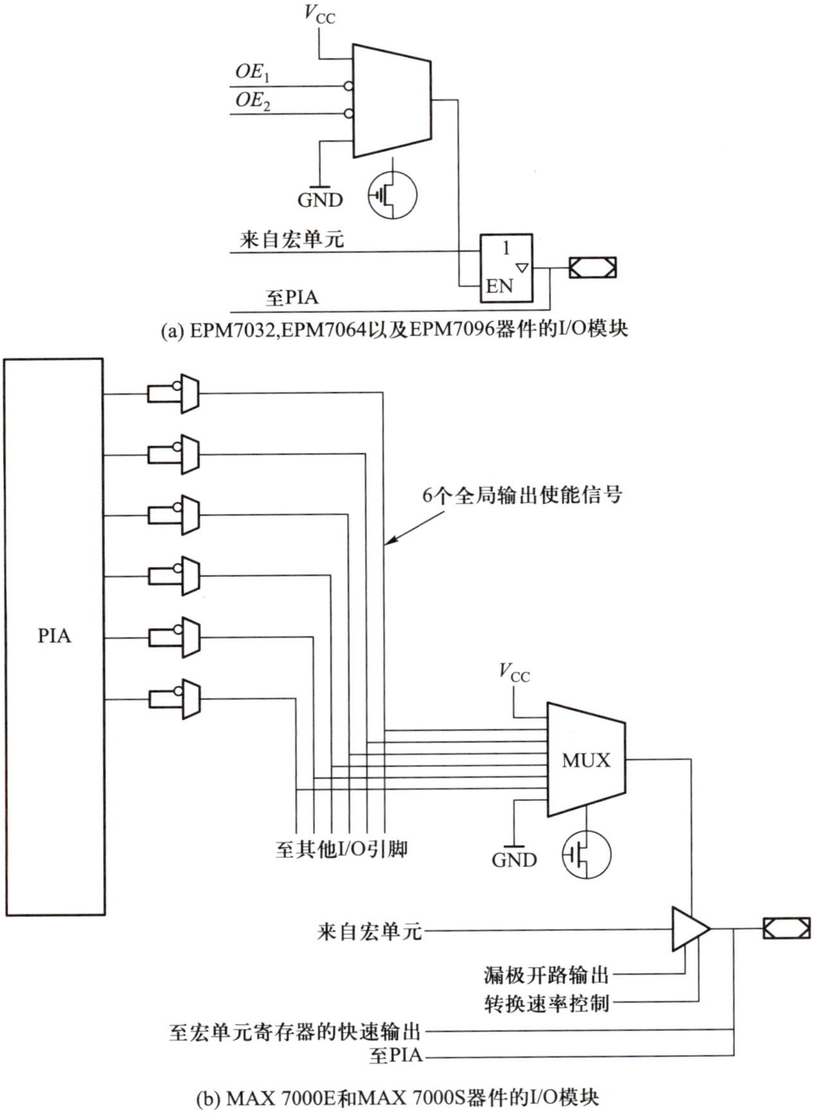

图 10.53　MAX 7000 系列的输入/输出模块结构图

10.8.6 MAX 7000 系列器件编程简介

CPLD 的各种逻辑功能是通过对其内部的可编程单元编程实现的,这些单元通常采用 E^2PROM或者闪速存储器编程技术。写入 CPLD 中的编程数据是由可编程器件的开发软件自主生成的。用户在开发软件中输入设计要求,利用开发软件对设计进行检查、分析和优化,并自动对逻辑电路进行划分、布局和布线,然后按照一定的格式生成编程数据文件,再通过编程电缆将编程数据写入 CPLD。MAX 7000 系列的编程方式有两种:专用设备编程和在系统编程(in-system programmability,ISP)。

1. 专用设备编程

MAX 7000 系列 CPLD 器件可以通过安装在 PC 机上的 Altera 逻辑编程卡(altera logic programmer card)、主编程单元(master programming unit,MPU)以及适当的器件适配器进行编程。Altera 逻辑编程卡可安装在全尺寸的 PC 机扩展插槽上,通过开发软件控制来产生编程数据,并提供给 MPU;MPU 是一个连接待编程器件(与适配器一起使用)与逻辑编程卡的硬件接口,通过一根 25 芯的编程电缆与逻辑编程卡连接,由 MPU 完成对 MAX 7000 系列器件的编程。

在编程之前,MPU 将自动测试设备引脚与编程插槽连接的情况。此外,MPU 还可以使用 MAX+PLUS Ⅱ等软件产生的测试数据对经过编程的器件进行测试。

2. 在系统编程

MAX 7000S 系列支持在系统编程,它通过工业标准的 4 脚 JTAG(joint test action group, IEEE Std. 1149.1 - 1990)接口实现。在设计或调试时,ISP 允许快速高效的修改。MAX 7000S 系列的结构内部产生 E^2PROM 编程需要的高编程电压,在线编程时只需要在外部加一个 5 V 电源。程序由编程软件控制 byteblaster(并行)或 bitblaster(串行)进行下载。

10.9 现场可编程门阵列 FPGA

10.9.1 FPGA 的基本结构

FPGA 器件采用逻辑单元阵列 LCA(logic cell array)结构,它由三个可编程基本模块阵列组成:输入/输出块 IOB(input / output block)阵列、可配置逻辑块 CLB(configurable logic block)阵列及可编程互连网络 PI(programmable interconnection),FPGA 的基本结构如图 10.54所示。FPGA 的可配置逻辑块不像 CPLD 的 LAB 那么复杂,但是其数量很多,一些大型的FPGA含有数万个可配置逻辑模块。输入/输出块围绕着 CLB 分布,其可以配置为输入、输出或者双向传输,用来与外部器件进行数据传输。分布式的可编程互连网络提供了 CLB 与输入/输出的连接。

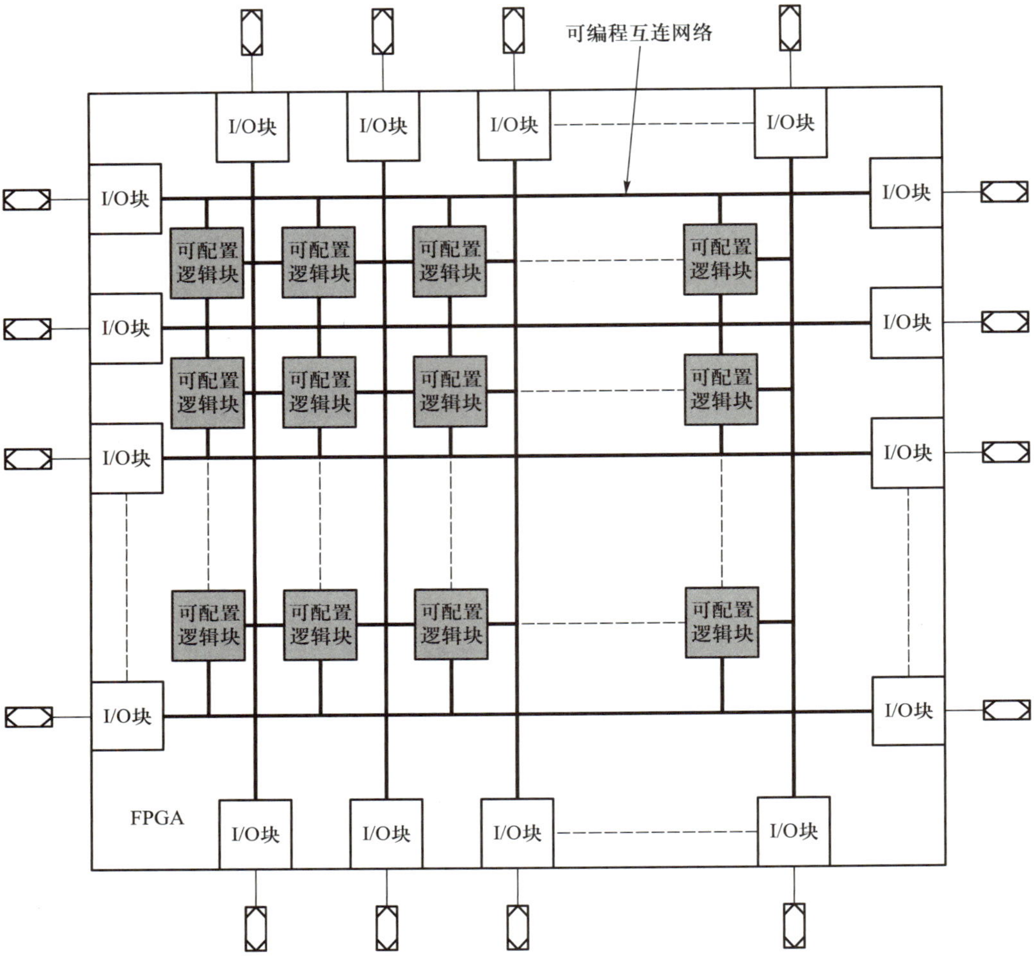

图 10.54　FPGA 的基本结构

各可编程逻辑器件生产厂家根据 FPGA 的集成度、功耗、工作电压以及处理速度等方面的不同生产了一系列的 FPGA 器件。FPGA 可以使用 SRAM 或者反熔丝技术进行编程。现有的FPGA器件的逻辑单元数从数百个到数十万个，工作电压从 1.2 V 到 2.5 V。

10.9.2　可配置逻辑块(CLB)结构

FPGA 的 CLB 一般由数个小型的逻辑单元构成，类似于 CPLD 中的宏单元。如图 10.55 所示为 CLB 的基本结构图，每个 CLB 均被可编程互连网络围绕，用于跟其他的 CLB 相连接。

CLB 中的逻辑单元可配置为组合逻辑电路、时序逻辑电路或者这二者的混合。一个典型的基于查找表(look-up table，LUT)的逻辑单元的结构图如图 10.56 所示。LUT 是一种可编程存储器，可以用来产生**与或**形式的组合逻辑函数，其功能与 PAL 或 PLA 类似。

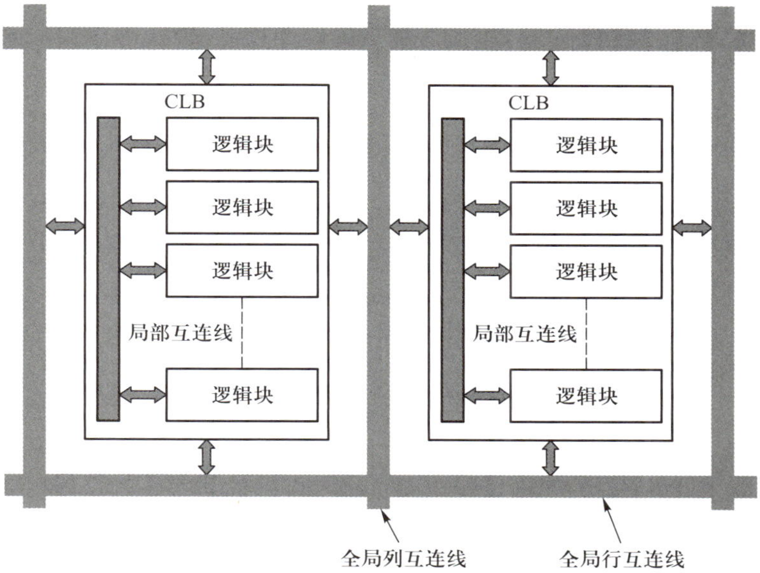

图 10.55 CLB 的基本结构

LUT 通常由 2^n 个内存单元构成，n 为输入变量的个数。例如，3 个输入变量可以寻址 8 个内存单元，所以一个有 3 个输入变量的 LUT 可以生成 8 个**与**项的**与或**形式的逻辑函数。根据输入变量的取值，可以向对应的内存单元内写入"**0**"或"**1**"，以实现对 LUT 的编程，如图 10.57所示。每一个"**1**"表示在**与或**函数式中含有该**与**项，"**0**"表示在**与或**函数式中不包含该**与**项，因此该图中所示的 LUT 对应的逻辑函数式为

$$\overline{A}_2\overline{A}_1\overline{A}_0 + \overline{A}_2A_1A_0 + A_2\overline{A}_1A_0 + A_2A_1A_0$$

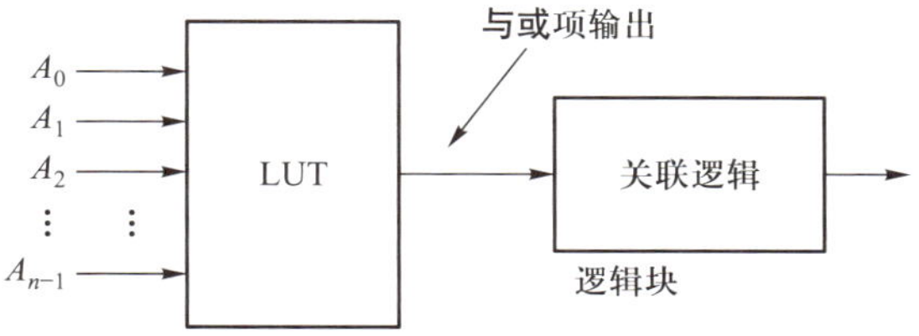

图 10.56 CLB 中的逻辑单元

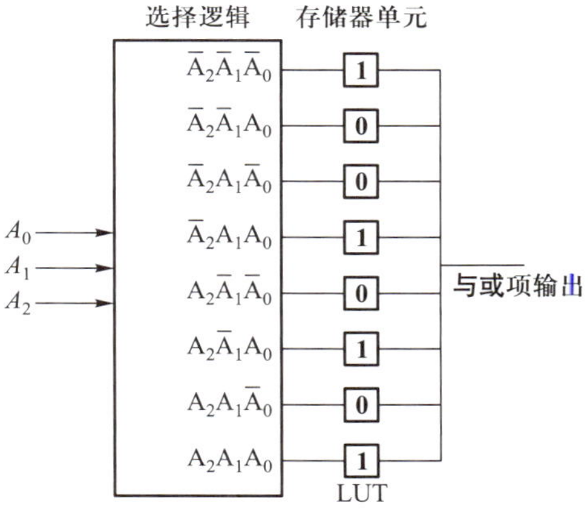

图 10.57 LUT 应用举例

FPGA 的编程可通过非易失方式（反熔丝技术）或易失方式（SRAM 技术）实现。所谓"易失"的意思就是当系统电源切断时，编程数据就会丢失。因此，基于 SRAM 技术的 FPGA 必须要配置一块非易失的片内存储器以保存编程数据，在 FPGA 器件每次重新上电后，将片

内存储器的数据读出并对 FPGA 重新配置，如图 10.58(a)所示；或者使用片外的存储器存储编程数据，由主机处理器将片外存储器的数据读出后再写入 FPGA，如图 10.58(b)所示。

下面将以 Altera 公司的 Stratix Ⅱ 系列 FPGA 为例，介绍 FPGA 各个部分的详细结构。

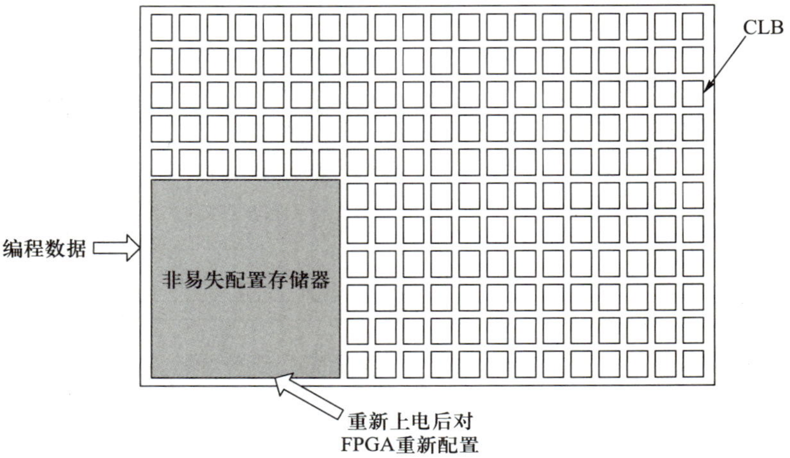

(a) 利用片内非易失存储器配置FPGA

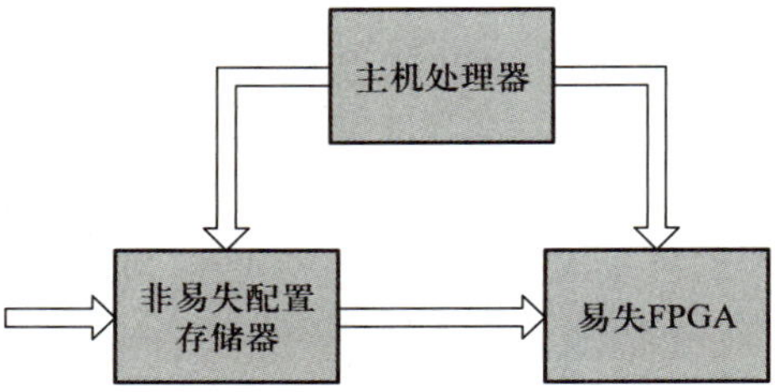

(b) 利用片外非易失存储器配置FPGA

图 10.58　易失 FPGA 两种编程方式

10.9.3　Stratix Ⅱ 系列 FPGA 的 LAB

Stratix Ⅱ 系列的结构如图 10.59 所示，在 Altera 公司的 FPGA 器件中，通常将 CLB 称为 LAB。每个 LAB 中包含若干个 ALM，称为自适应逻辑块(adaptive logic modules)，类似于 10.9.2节中的 LUT 结构逻辑单元，ALM 也可以生成**与或**形式的逻辑函数。Stratix Ⅱ 系列 FPGA 中包含的 ALM 数量从 6 240 个到 71 760 个不等，每个 LAB 含有 8 个 ALM；每一行或一列的末端由 I/O 块(IOE，I/O element)相连接。典型的工作电压有 1.2 V、1.5 V 和 2.5 V 三种，采用了基于 SRAM 的处理技术。

如图 10.60 所示为简化的 Stratix Ⅱ系列 FPGA 的 LAB 结构图，每个 LAB 包含 8 个 ALM，多个 LAB 之间通过全局的连接线相连接，每个 LAB 内部的各 ALM 通过局部的连接线相连接。

ALM 是构成 Stratix Ⅱ 系列 FPGA 的基本单元，每个 ALM 中包含一个基于 LUT 结构的组合逻辑部分以及一个关联逻辑部分，关联逻辑部分可以编程为两个组合逻辑输出或者时

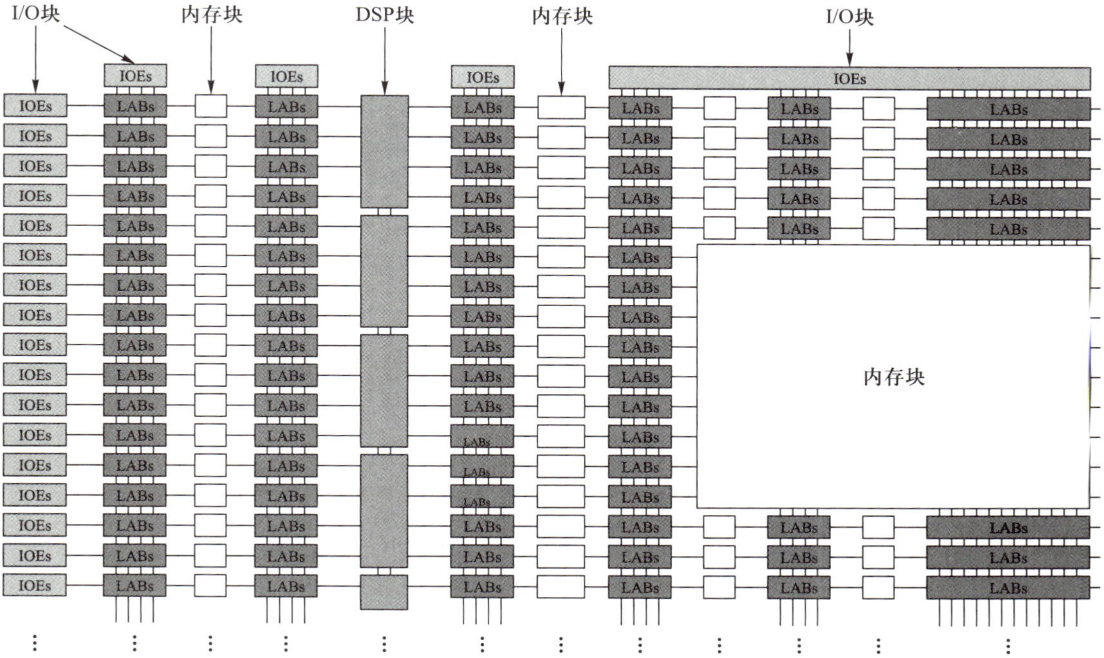

图 10.59 Stratix Ⅱ 系列的结构图

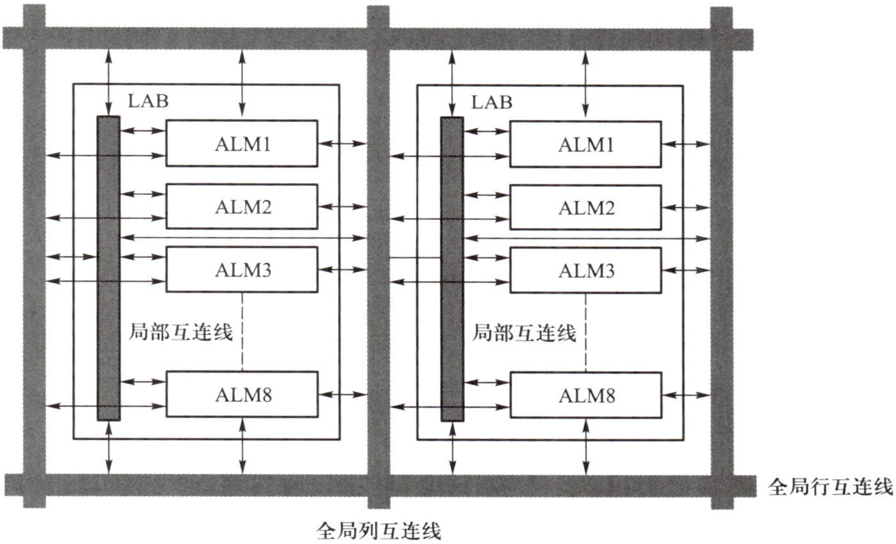

图 10.60 Stratix Ⅱ 系列 FPGA 的 LAB 结构图

序逻辑输出。此外,ALM 还包含加法、触发器以及其他可以用来实现算术运算、计数器和移位寄存器功能的逻辑。图 10.61 所示为一个简化的 Stratix Ⅱ 系列 FPGA 的 ALM 结构图。

此外,在图 10.59 中,Stratix Ⅱ 系列 FPGA 还包含嵌入式存储器模块和数字信号处理(digital signal processing,DSP)模块,DSP 模块可实现数字滤波器等常用的功能。

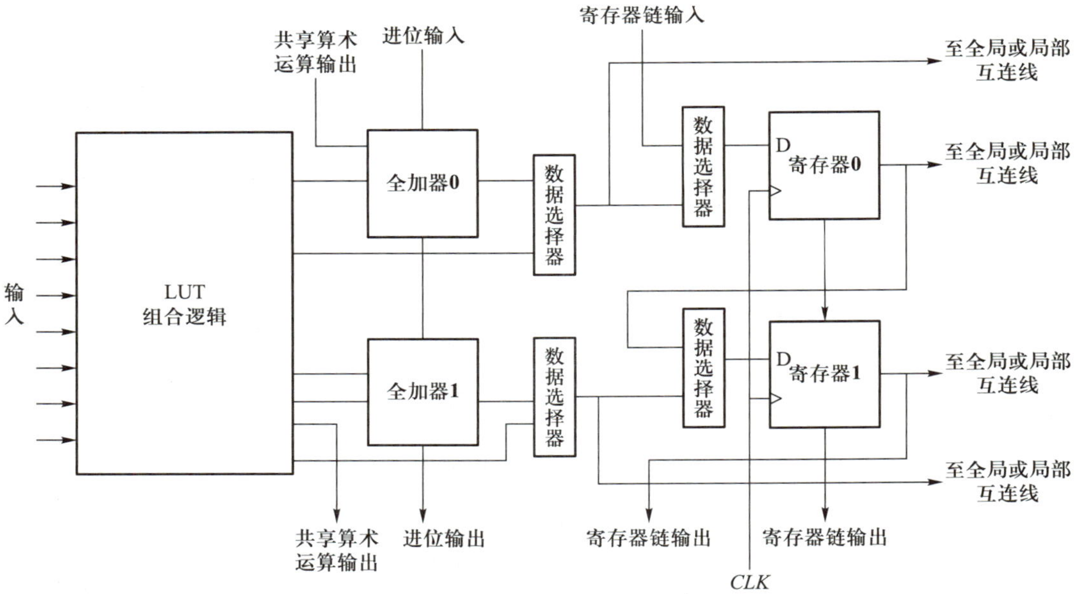

图 10.61　Stratix Ⅱ 系列 FPGA 的 ALM 结构图

10.9.4　Stratix Ⅱ 系列 FPGA 的互连资源

Stratix Ⅱ 系列 FPGA 中，ALM、嵌入式存储器、DSP 模块以及输入/输出模块是通过多道互连结构实现的。多道互连结构由不同长度和传输速度的模块内和模块外连接线构成。其中包含固定长度行互连线和列互连线。其中行互连线有 LAB 和邻近模块的直接连接线、贯穿左右各四个模块的 R4 连接线，如图 10.62 所示。此外，Stratix Ⅱ 系列还有贯穿整个器件的高速访问连接线 R24。

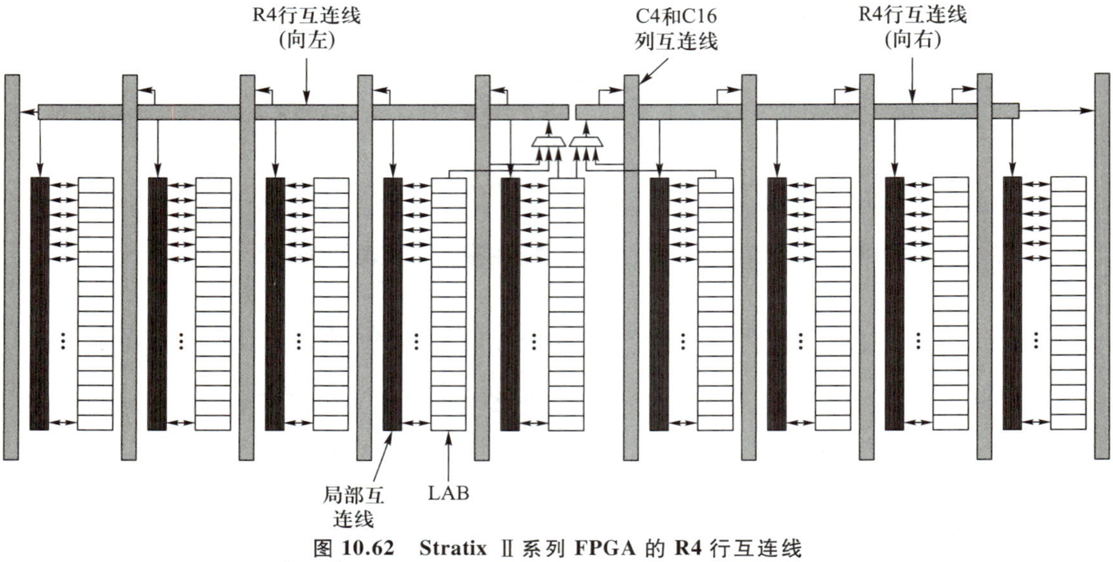

图 10.62　Stratix Ⅱ 系列 FPGA 的 R4 行互连线

列互连线的工作方式与行互连线类似，包括 LAB 内共享算术级联的互连线、LAB 和 LAB 之间的进位级连线、LAB 内部的寄存器级联连线、贯穿上下各四个模块的 C4 连接线，如图 10.63 所示。此外，Stratix Ⅱ系列还有贯穿整个器件的高速访问连接线 C16。

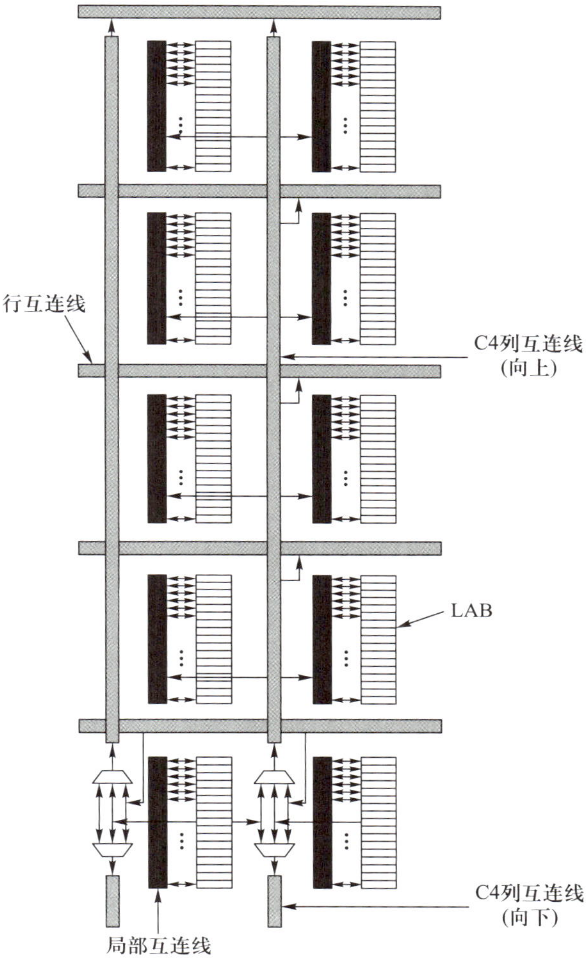

图 10.63 Stratix Ⅱ系列 FPGA 的 C4 列互连线

10.9.5 Stratix Ⅱ系列 FPGA 的输入/输出模块

如图 10.64 所示为 Stratix Ⅱ系列 FPGA 的 IOE 结构示意图。每个 IOE 包含两个输入寄存器（外加一个锁存器）、两个输出寄存器以及两个输出使能寄存器。

IOE 位于输入/输出模块内部，分布排列在 Stratix Ⅱ系列 FPGA 器件的四周。每个行和列输入/输出模块均有 4 个 IOE。行输入/输出模块驱动行、列以及直接互连线，列输入/输出模块驱动列互连线。

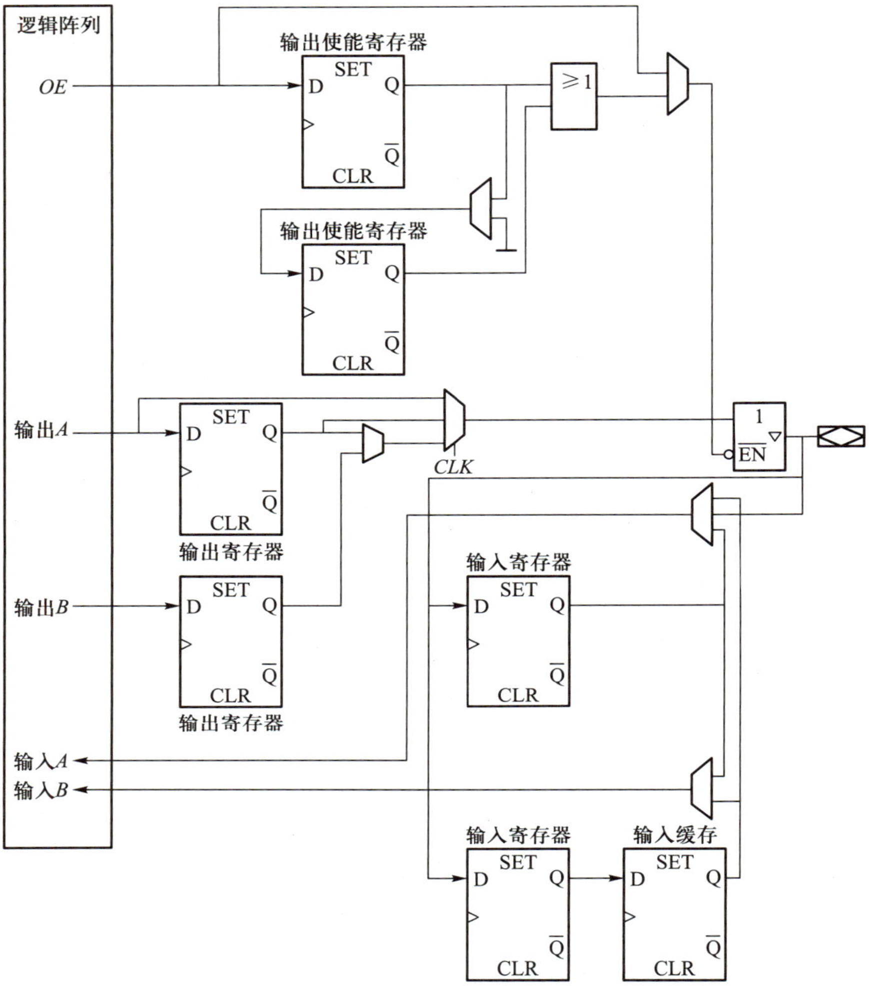

图 10.64　Stratix Ⅱ 系列 FPGA 的 IOE 结构示意图

10.9.6　Stratix Ⅱ 系列 FPGA 的 DSP 模块

常用的数字信号处理(DSP)算法主要有 FIR 滤波、IIR 滤波、快速傅里叶变换(FFT)、离散余弦变换(DCT)以及相关运算等,乘加和乘累加是这些算法的基本运算,Stratix Ⅱ 器件为这些运算提供了专门的 DSP 模块。

每个 Stratix Ⅱ 器件有 2~4 列的 DSP 模块以实现 DSP 算法,其运算效率高于基于 ALM 模块的实现方法。Stratix Ⅱ 器件每列最多含有 24 个 DSP 模块,每个 DSP 模块可以配置成 8 个 9×9 bit,或者 4 个 18×18 bit,或者 2 个 36×36 bit 的乘法器。DSP 模块的乘法器输出可根据配置作为加法器、减法器或者累加器的输入,并且它们之间的连接都在 DSP 模块内完成,效率非常高。此外,DSP 模块的输入寄存器可配置成移位寄存器,可以高效地实现 FIR 滤波器。

DSP 模块也可以方便地与 LAB 模块进行数据交换。例如,当 DSP 模块配置成 4 个 18×18 bit 的乘法器时,DSP 模块将被划分为 4 个模块单元,分别与左右相邻 4 行的 LAB 模块进行数据交换,每个模块单元有 36 个输入位和 36 个输出位。每个单元都与左右相邻的 LAB 模块有直接的链路口(link)连接,这样一个 DSP 模块有 16 个链路口负责与相邻的 LAB 模块之间的数据交换,如图 10.65 所示。此外,DSP 模块也可以通过 R4 和 C4 全局互连线与其他的 LAB 模块交换数据,如图 10.66 所示。

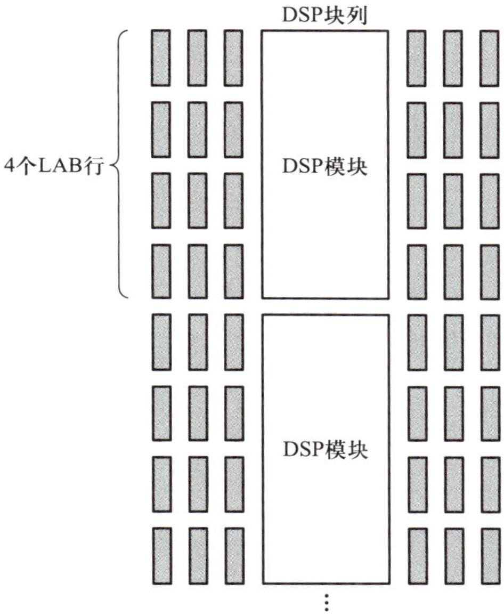

图 10.65 Stratix Ⅱ系列的列 DSP 模块

10.9.7 Stratix Ⅱ系列 FPGA 编程简介

FPGA 中的 LAB、IOE 的功能和互连资源的连接,都是由它们相应的存储单元中的配置数据确定的。配置数据由 FPGA 开发软件自动生成。开发系统将设计输入转换成网表文件,并自动对逻辑电路进行划分、布局和布线,然后配置数据流文件。

Stratix Ⅱ系列器件在上电后,由外部的主机将配置数据流文件加载到其内部的 CMOS SRAM 单元中,完成对其编程。其优化过的接口允许主机并行或串行、同步或非同步地对其进行配置,也可以允许主机像操作内存一样通过虚拟的内存地址对 FPGA 进行操作,这使得对其内部程序的修改变得非常方便。Stratix Ⅱ系列 FPGA 支持快速被动并行(FPP)、主动串行(AS)、被动串行(PS)、被动并行非同步(PPA)以及 JTAG 等编程配置模式。

除了支持多种编程配置模式外,Stratix Ⅱ系列 FPGA 还提供了配置数据加密、解压缩以

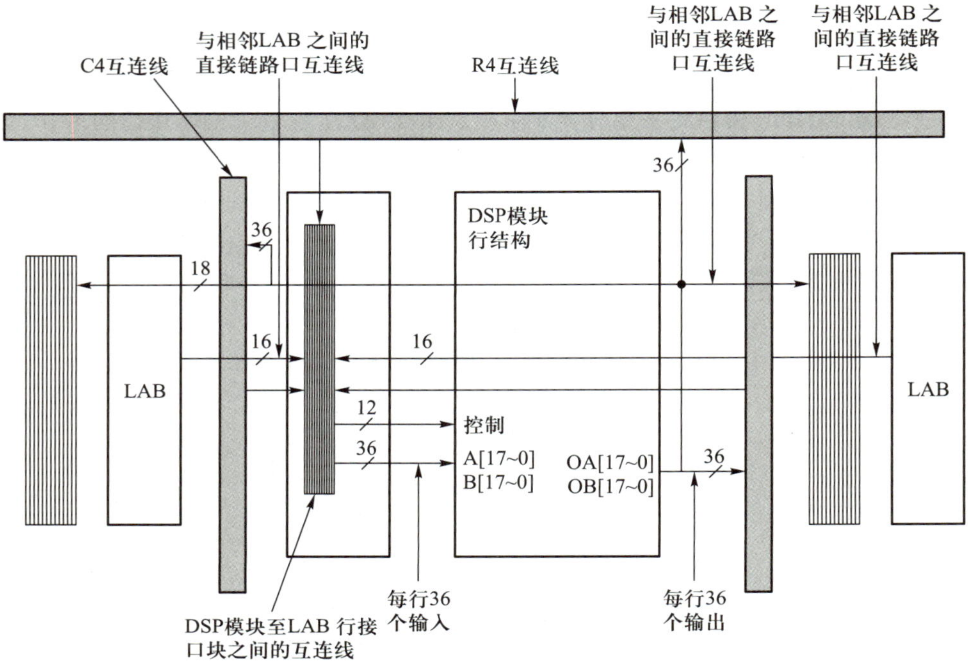

图 10.66　DSP 模块互连线接口到互连线之间的连接

及远程系统升级等机制。配置数据加密机制使用了配置比特流加密和 AES 技术，使得用户的设计有了安全保障；解压缩机制允许 FPGA 器件可接收压缩过的配置数据，并实时对配置数据进行解压缩，降低了对存储空间的要求，减少了配置时间；远程系统升级机制支持远程实时对用户的 Stratix Ⅱ 系列 FPGA 进行设计修改。

本章小结

存储器（memory）是现代信息技术中用于保存信息的记忆设备。数字系统中的全部信息，包括输入的原始数据、程序、中间运算结果和最终运行结果都保存在存储器中。数字系统使用的存储器按存储方式可分为半导体存储器（如内存）、磁介质存储器（如硬盘）、光存储器（如光盘）等。由于半导体存储器读写速度快，通常作为数字系统的主存储器。

PLD 是可编程逻辑器件的总称，PLD 基本上可完成任何数字器件的功能，从高性能 CPU，到简单集成电路，均可以用 PLD 实现。通过传统的原理图输入，或硬件描述语言可以自由地设计具备某种功能的数字系统。利用软件仿真功能，可以检验设计的正确性；利用 PLD 的在线修改能力，可以在不必改动硬件电路的基础上进行修改设计。

RAM 和 ROM 是最常用的两种半导体存储器。RAM 又可分为 SRAM 和 DRAM 两种类型，这两种 RAM 的电路结构和工作原理有着明显的区别：SRAM 存取速度快，但成本较高，通常作为 CPU 和 DRAM 之间的高速缓存(cache)使用;DRAM 存取速度相对较慢,并且需要定时进行刷新操作,但集成度更高,成本较低,通常作为大容量的内存使用。RAM 是易失性存储器,与其相比,ROM 是一种非易失性存储器,可分为可编程 ROM 和固定 ROM,其本质上说是一种**与或**阵列。计算机的基本输入输出系统(BIOS),就是集成在主板上的一个 E^2PROM 或 Flash 芯片,其存储了 BIOS 管理程序。

在实际应用中,单片存储芯片的容量总是有限的,很难满足实际存储容量的要求,因此需要将若干个存储芯片连接在一起,构成大容量的存储器。存储器的扩展通常有位扩展、字扩展以及字位扩展三种方式。

实际的数字系统中,不仅要有一个足够容量的、存取速度高的、稳定可靠的主存储器,而且要有相应的存储器管理程序,能合理地分配和使用这些存储空间,这些内容在计算机组成原理和操作系统等相关课程中介绍,读者可参阅相关书籍。

本章还介绍了 PAL、GAL、CPLD、FPGA 等几种主要的可编程逻辑器件,其中 GAL 以及以 GAL 结构为基础的 CPLD 和 FPGA 是目前主要使用的可编程逻辑器件。CPLD 基于 EPROM 或者 flash 工艺,采用乘积项结构,由功能块围绕中心的可编程内部连线组成,具有复杂的 I/O 单元互连结构,用户可根据需要完成特定的电路设计,使其具有某种特定功能。目前,CPLD 不仅具备电擦除特性,而且具备边缘扫描和在线可编程等高级特性。

FPGA 通常包含 3 类可编程资源:可配置逻辑块、可编程 I/O 模块和可编程互连网络。可配置逻辑块是实现用户功能的基本单元,它们通常排列成一个阵列、散布于整个芯片;可编程I/O模块完成芯片上逻辑与外部封装引脚的接口,常围绕着阵列排列于芯片四周;可编程互连网络包括各种长度的连线和一些可编程连接开关,它们将各个可配置逻辑块或 I/O 模块连接起来,构成特定功能的电路。

FPGA 较小的逻辑单元和各种连线结构在组成系统时较灵活,当逻辑单元的布局和连线的布线合理时,FPGA 器件内部资源的利用率较高,工作速度也较快。FPGA 的缺点是延迟时间不好预测,而 CPLD 的走线较固定,信号传输的延迟时间容易计算,易于处理竞争-险象问题。

习 题

• **10.1** 题 10.1 表中给出的各存储器方案中,哪些是合理的?哪些不合理?对那些不合理的可以怎样修改?

题 10.1 表

序号	存储器地址位数	存储器的单元数	每个存储单元的位数
1	10	1 024	8
2	10	1 024	12

续表

序号	存储器地址位数	存储器的单元数	每个存储单元的位数
3	8	1 024	8
4	12	1 024	16
5	0	8	1 024
6	1 024	10	8

- **10.2**　设存储器的起始地址为全 **0**,试指出下列存储系统的最高地址的十六进制地址码为多少。

(1) 4 K×1 位　　(2) 16 K×8 位　　(3) 512 K×32 位

- **10.3**　试分析单管 DRAM 读/写工作原理。
- **10.4**　试分析由 CMOS 反相器构成的 SRAM 的读/写工作原理。
- **10.5**　试分析动态 RAM 和静态 RAM 各自的优缺点。
- **10.6**　说明 DRAM 需要刷新操作的原因。
- **10.7**　常用的刷新方式有集中式、分散式、异步式三种,有一个 16 K×16 位的存储器,用 1 K×4 位的 DRAM 芯片(内部结构为 64×16)构成,试问:

(1) 采用异步刷新方式,如单元刷新间隔不超过 2 ms,则刷新信号周期是多少?

(2) 如采用集中刷新方式,存储器刷新一遍最少用多少读/写周期?

- **10.8**　如题 10.8 图所示为 4 K×8 位 EPROM,试用这样的 EPROM 构成一个数码转换器,将 10 位二进制数转换成等值的 4 位 BCD 码,画出电路接线图,标明输入、输出,并说明当地址为 400H,800H 和 FF0H 时,两片 EPROM 中对应地址中的数据各为何值。

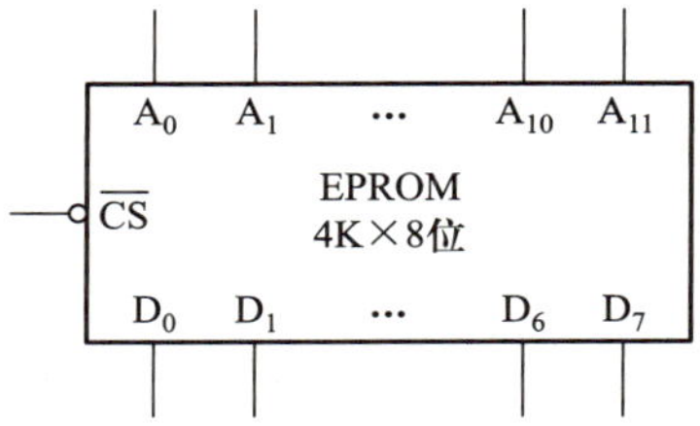

题 10.8 图

- **10.9**　试用 ROM 实现根据人类四种基本血型判断输血和受血是否相符的电路,分析该电路需要的 ROM 存储容量至少是多少,并列出 ROM 存储的数据表。
- **10.10**　试用 ROM 设计一个乘法器,已知输入时两个 2 位二进制数 A_1A_0 和 B_1B_0,输出是二者的乘积,并用 4 位二进制数表示,即 $Y_3Y_2Y_1Y_0$,要求画出 ROM 电路的**与或**逻辑阵列。
- **10.11**　从地址总线、数据总线、控制总线的角度说明什么是存储器的位扩展和字扩展。
- **10.12**　一台计算机配置的内存条为 64 M×32 位,它的地址线、数据线分别为多少?现欲扩展成一个容量为 512 M×32 位的 RAM,需要用多少条这样的内存、多少条地址线和数据线?
- **10.13**　试用 256×4 位的 RAM 组成一个 256×8 位的 RAM,要求画出电路图。
- **10.14**　若要求用 4 片 1 K×4 位的 RAM 组成一个 2 K×8 位的 RAM,试画出电路图(包括片选电路)。

• **10.15** 现有 256×4 位的 RAM，要求组成一个 64 K×8 位的 RAM，指出共需多少片 256×4 位 RAM，画出扩展后的 RAM 电路图（包括片选电路）。

• **10.16** 如题 10.16 图所示为两片 2 K×8 位的存储器，用字扩展法将它们扩展为一个 4 K×8 位的存储器，画出完整的逻辑电路（包括片选电路）。

• **10.17** 题 10.16 图所示为两片 2 K×8 位的存储器，用位扩展法将它们扩展为一个 2 K×16 位的存储器，画出完整的逻辑电路。

• **10.18** 题 10.16 图所示为 2 K×8 位的存储器，若要扩展为 16 K×16 位的存储器。（1）试问需要多少片 2 K×8 位存储器？（2）画出完整的逻辑电路（片选可用 74138 和门电路）。

• **10.19** 试分析如题 10.19 图所示的 RAM 电路。（1）求出总容量和字长；（2）指出当 $R/\overline{W}=\mathbf{1}$，且地址为 16H 时，哪些芯片将数据送至数据线上；（3）指出 RAM（0），RAM（1），RAM（2），RAM（3）的存储地址范围各是多少。

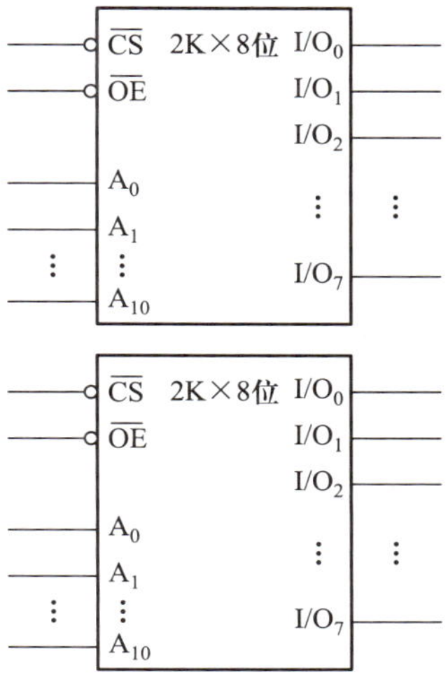

题 10.16 图

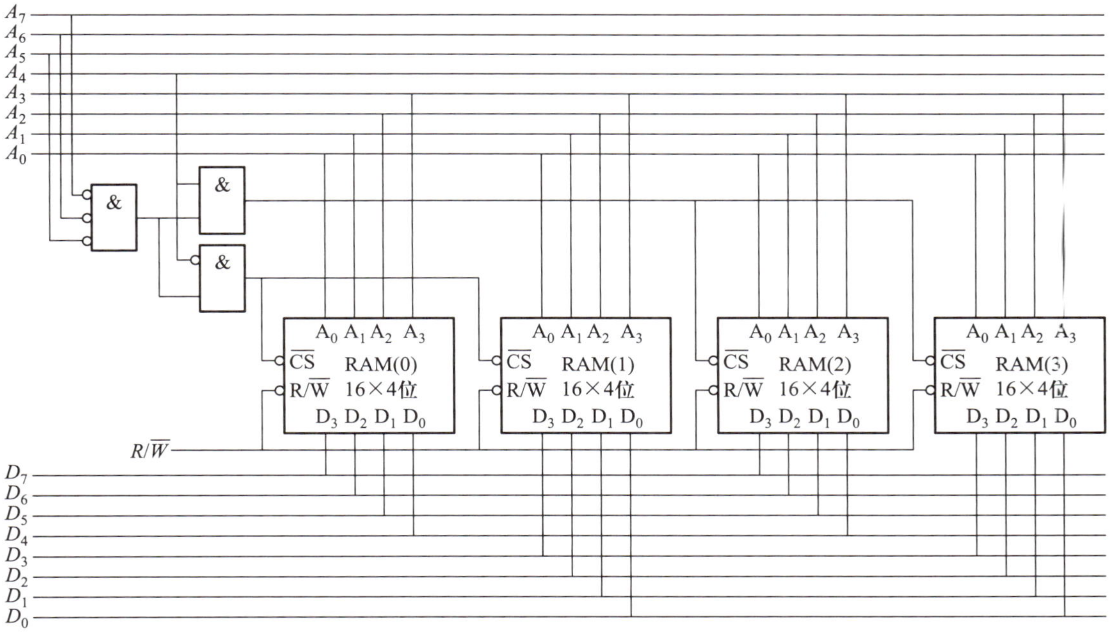

题 10.19 图

• **10.20** 如题 10.20 图所示，一个系统所使用的微控制器（MCU）有 16 条地址线 $A_0 \sim A_{15}$，8 条数据线 $D_0 \sim D_7$，外部设备和外部存储器的读写操作相同（即共同使用一个地址空间，容量多少用字数×位数表示，地址空间上下界限用十六进制数表示）。

（1）该地址空间的总容量为多少？

（2）计算 8255 芯片所占用的地址空间。

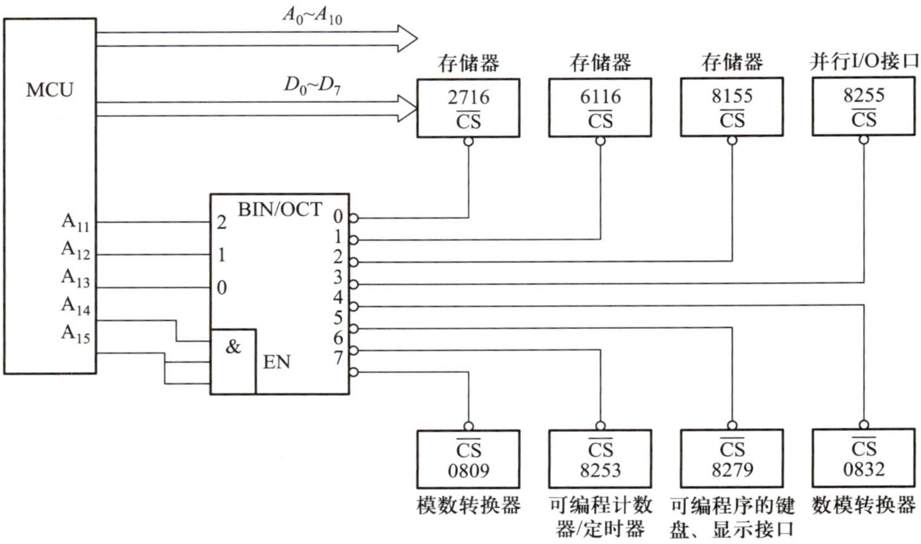

题 10.20 图

• **10.21**　用 2 K×8 位的芯片设计一个 8 K×32 位的存储器：当 $B_1B_0=\mathbf{00}$ 时访问 32 位数；当 $B_1B_0=\mathbf{01}$ 时访问 16 位数；当 $B_1B_0=\mathbf{10}$ 时访问 8 位数。

• **10.22**　试设计 1 位 ROM 形式的全减器。设 A 为被减数，B 为减数，C 为低位借位，差为 D，向高位的借位为 CO，要求画出 ROM 逻辑阵列图。

• **10.23**　试用 ROM 设计一个判别电路，判别一个 4 位二进制数 $D_3D_2D_1D_0$ 的状态：

（1）是否能被 3 整除，若能被 3 整除，则输出 $Y_1=\mathbf{1}$；

（2）是否大于 12，若大于 12，则输出 $Y_2=\mathbf{1}$；

（3）是否为奇数，若为奇数，则输出 $Y_3=\mathbf{1}$；

（4）是否有奇数个 **1**，若有奇数个 **1**，则输出 $Y_4=\mathbf{1}$。

• **10.24**　如题 10.24 图所示为采用可编程逻辑器件 PLA 实现函数 F 的电路。写出 F 的逻辑表达式。

• **10.25**　题 10.25 图（a）所示电路为采用数据选择器 74151 实现逻辑函数 Y 的电路图，写出 Y 的表达式，并改用题 10.25 图（b）所示的 PLA 实现逻辑函数 Y。

• **10.26**　用题 10.26 图所示的 PLA 实现输出高电平有效的 3 线-8 线译码器 74139 的逻辑功能。

• **10.27**　某字符库存储在 ROM 中的 5×7 点阵为

$$D_0=\sum m(1,2,3,4,5,6,7)$$

$$D_1=\sum m(4,7)$$

$$D_2=\sum m(4,7)$$

$$D_3 = \sum m(4,7)$$

$$D_4 = \sum m(4,7)$$

试将此点阵熔丝图填入题 10.27 图所示 ROM 的**或**阵列，并且判断该字符是什么字（逆时针旋转 90°观察）。

● **10.28** 用 ROM 实现逻辑函数 Y_1 和 Y_2，在题 10.28 图上标明变量、函数，并直接在图中画出，$Y_1=\overline{A}\ \overline{C}\ \overline{D}+\overline{B}\ \overline{D}+BD$，$Y_2=\overline{A}B\ \overline{D}+\overline{B}D+BC\ \overline{D}$。

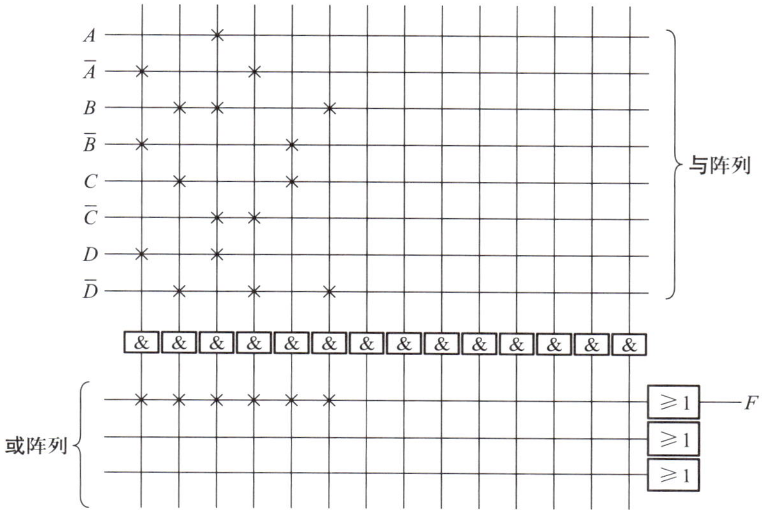

题 10.24 图

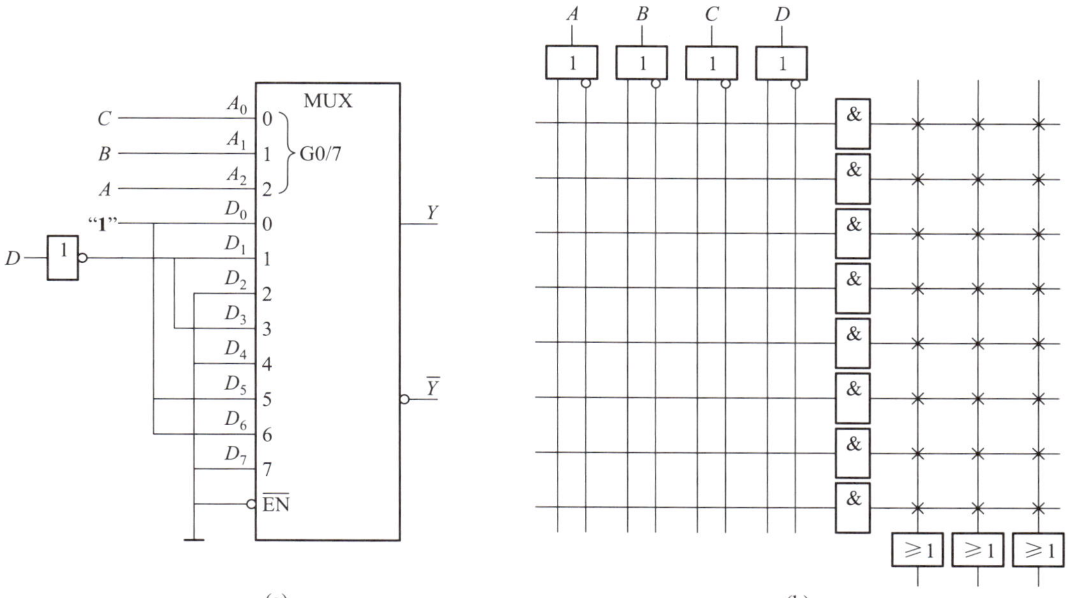

(a) (b)

题 10.25 图

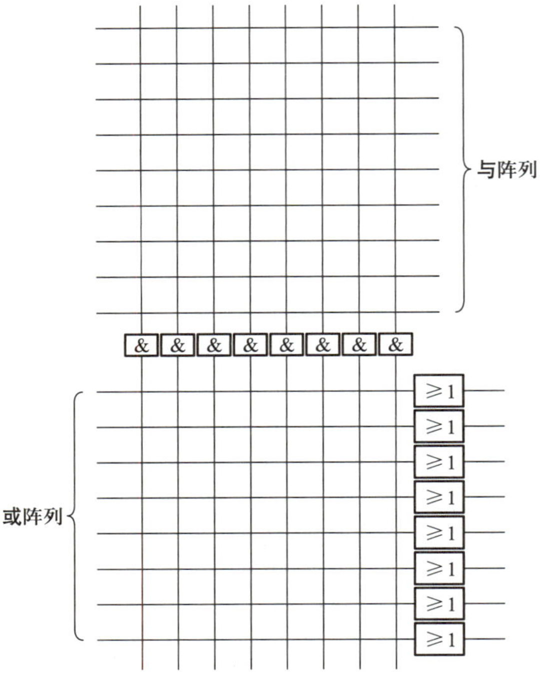

题 10.26 图

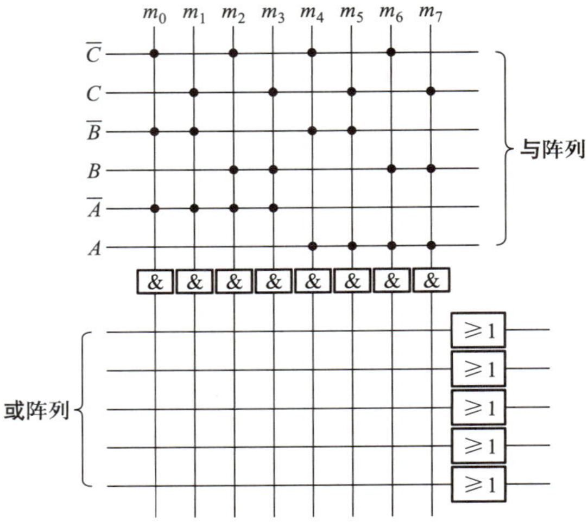

题 10.27 图

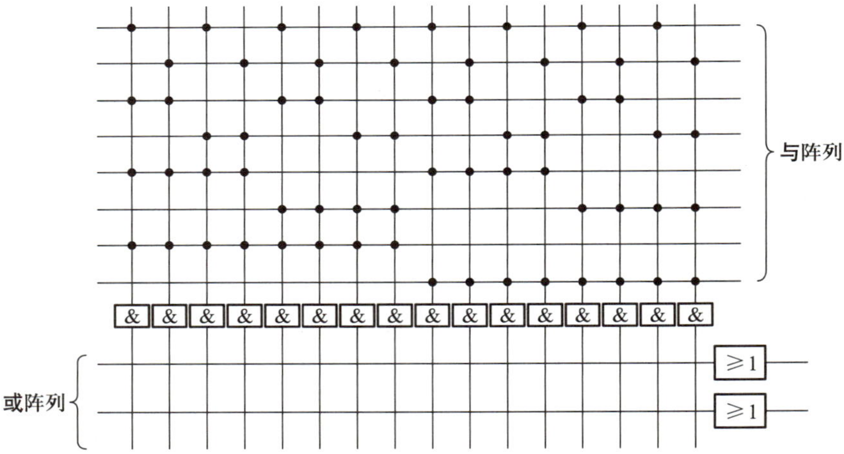

题 10.28 图

10.29　设有三台用电设备 A、B、C 和两台发电机组 X、Y。X 机组功率为 10 kW，Y 机组功率为 20 kW。用电设备 A 用电量为 15 kW，设备 B 用电量为 10 kW，设备 C 用电量为 5 kW，三台用电设备有时同时工作，有时只有其中部分设备工作，甚至均不工作。试用题 10.26图所示的 PLA 设计一个供电控制电路控制发电机组，以达到节电的目的。

10.30　用 PLA 和 D 触发器组成的时序逻辑电路如题 10.30 图所示，写出电路的驱动方程，画出状态转换图。

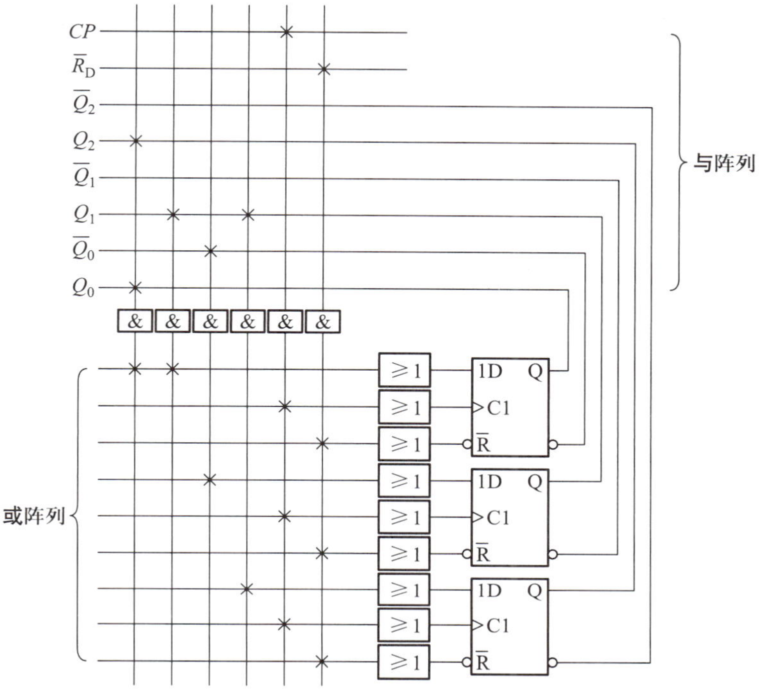

题 10.30 图

● **10.31** 试用 PLA 和触发器设计一个 8421BCD 码同步计数器，给出状态转移真值表，画出 PLA 阵列逻辑图，PLA 可用如题 10.31 图所示的简化表示方法，用“×”在图中表示编程连接。

● **10.32** 题 10.32 图所示为用 PAL16L8 实现的某逻辑函数 F，试改用一个 74151 数据选择器实现 F。

● **10.33** 试用 PAL16L8 设计 1 位二进制数全加和全减运算的组合逻辑电路。要求输入为加/减控制端 M，被加/减数 A，加/减数 B，进/借位输入 CI，输出为和/差 S，进/借位输出 CO。

● **10.34** 试用 PAL16L8 实现高位优先的 4 线-2 线编码器，要求(1) 输入端低电平有效，输出二进制码；(2) 输入端无有效输入时，能够识别并有相应信号标志。

● **10.35** 题 10.35 图为用 PAL16R8 实现的某时序逻辑电路，试分析该电路，写出状态方程，画出状态转换图，并给出输出序列 Z。

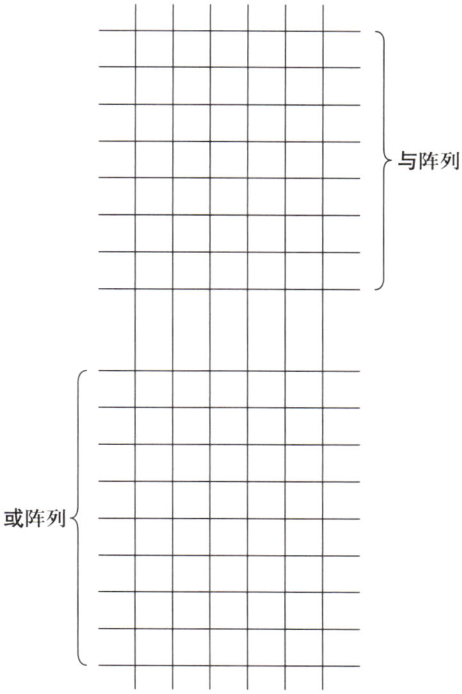

题 10.31 图

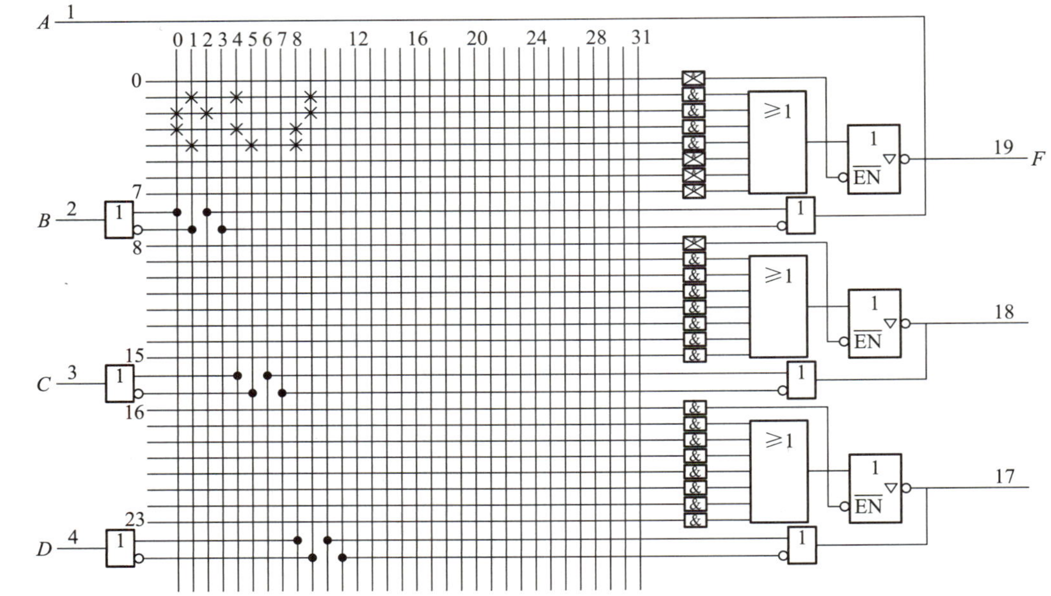

题 10.32 图

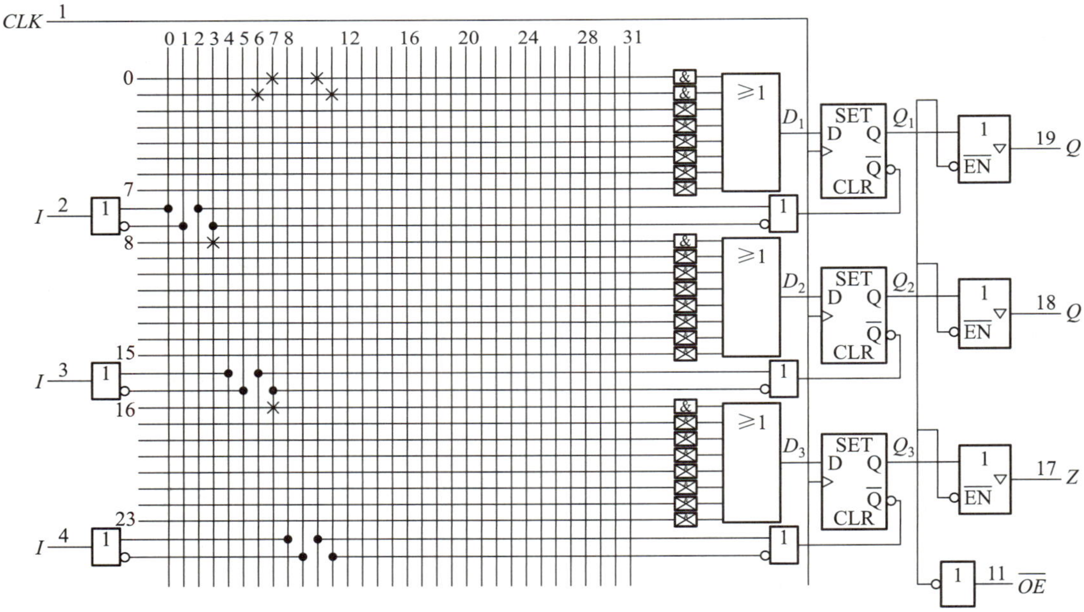

题 10.35 图

- **10.36**　试用 PAL16R8 实现 **1111** 序列检测器。
- **10.37**　试用 PAL16R8 实现余 3 码计数器。
- **10.38**　简述 CPLD 的基本结构以及各部分的作用。

● **10.39** 题 10.39 图所示为图 10.47 中数据选择器的逻辑符号，当 $SEL=\mathbf{0}$ 时，$O=D_0$，$SEL=\mathbf{1}$ 时，$O=D_1$。

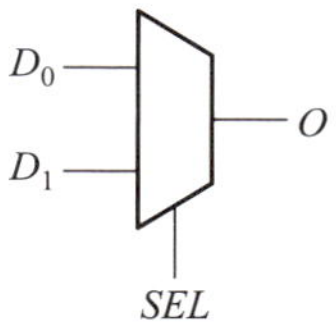

题 10.39 图

现假设图 10.47 中各数据选择器的配置如下，请说明当前宏单元被设置为何种模式（组合模式或时序模式），最后的输出是什么？

（1）**异或**门的输出为 **1**，触发器输出 $Q=\mathbf{1}$，来自 I/O 的输入为 **1**，MUX1 的 $SEL=\mathbf{1}$，MUX2 的 $SEL=\mathbf{0}$，MUX3 的 $SEL=\mathbf{0}$，MUX4 的 $SEL=\mathbf{0}$，MUX5 的 $SEL=\mathbf{0}$；

（2）**异或**门的输出为 **0**，触发器输出 $Q=\mathbf{0}$，来自 I/O 的输入为 **1**，MUX1 的 $SEL=\mathbf{1}$，MUX2 的 $SEL=\mathbf{0}$，MUX3 的 $SEL=\mathbf{1}$，MUX4 的 $SEL=\mathbf{0}$，MUX5 的 $SEL=\mathbf{1}$。

● **10.40** 简述 FPGA 的基本结构以及各部分的作用。

● **10.41** 如题 10.41 图所示 LUT，其内容如题 10.41 表所示，试写出 Y 的逻辑函数表达式，并化简为最简**与或**表达式。

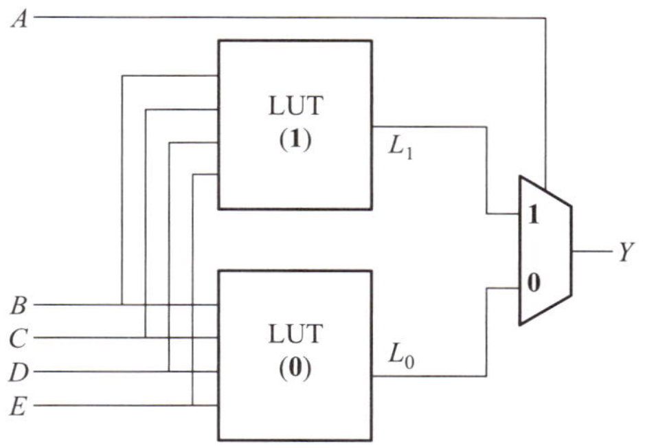

题 10.41 图

题 10.41 表

B	C	D	E	L_1	L_0	B	C	D	E	L_1	L_0
0	**0**	**0**	**0**	**0**	**0**	**1**	**0**	**0**	**0**	**0**	**0**
0	**0**	**0**	**1**	**1**	**1**	**1**	**0**	**0**	**1**	**1**	**1**
0	**0**	**1**	**0**	**0**	**0**	**1**	**0**	**1**	**0**	**0**	**0**
0	**0**	**1**	**1**	**0**	**0**	**1**	**0**	**1**	**1**	**0**	**0**
0	**1**	**0**	**0**	**0**	**0**	**1**	**1**	**0**	**0**	**0**	**0**
0	**1**	**0**	**1**	**1**	**1**	**1**	**1**	**0**	**1**	**1**	**1**
0	**1**	**1**	**0**	**1**	**0**	**1**	**1**	**1**	**0**	**1**	**0**
0	**1**	**1**	**1**	**1**	**1**	**1**	**1**	**1**	**1**	**1**	**1**

第11章

数模与模数转换

模拟量(analogue)是指数值在一定范围内连续取值，或在一定范围内有无穷多个取值的量，例如电压，电流，长度等。数字量(digital)的取值是有限精度的离散值，或在一定范围内只能取有限个可能的数值，例如个数、楼层、日期等，自然界的大多数物理量是连续变化的模拟信号。数字系统具有可靠性好、集成度高的特点，且可以实现智能化信息处理，因此，数字系统广泛应用于数字化仪器仪表、自动化控制系统、数字电视及广播、数字通信系统、雷达声呐信号处理等领域。典型的数模混合系统由模拟电路和数字电路组成，如图 11.1 所示。模拟电路通过传感器将温度、压力、声音、图像、视频等物理量转换成模拟电压或电流信号，进行放大、滤波等预处理；数字系统需要将输入的模拟信号通过模数转换器(analog to digital converter,ADC)，转换为离散数字信号来进行数字处理；同时，数字系统完成信号处理之后，往往还需要将处理结果通过数模转换器(digital to analog converter，DAC)，转换回模拟信号，通过输出单元或执行单元输出。

本章主要介绍最常用的电压信号的数模与模数转换原理与电路。

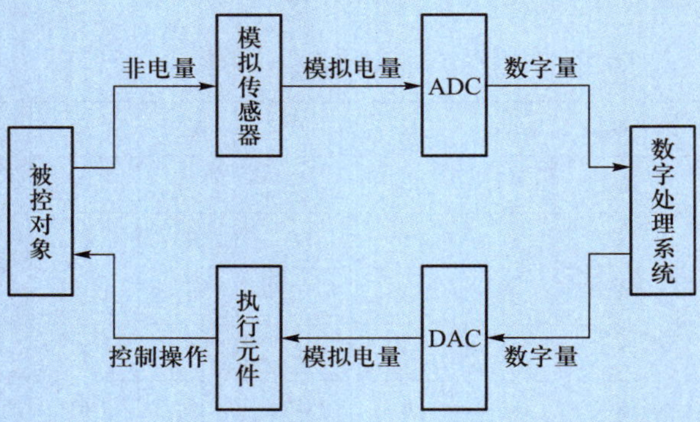

图 11.1　数字系统示意

11.1 数模转换的基本原理

数模转换器(DAC)是由二进制数码转换为模拟信息的译码器。数模转换电路就是将二进制数字量转换成与其数值成正比的电流信号或电压信号的器件,DAC 的输入为二进制数字量,输出为电压或电流的模拟量。图 11.2 是数模转换的框图,其中限定符号为#/∩,#表示数字信号,∩表示模拟信号。数模转换电路的输入信号是一个 N 位二进制数码 D_I,输出是一个模拟电压 v_{OA},数模转换的目的是使得 v_{OA} 的量值与 D_I 所代表的数值 $(N)_{DI}$,成正比,即

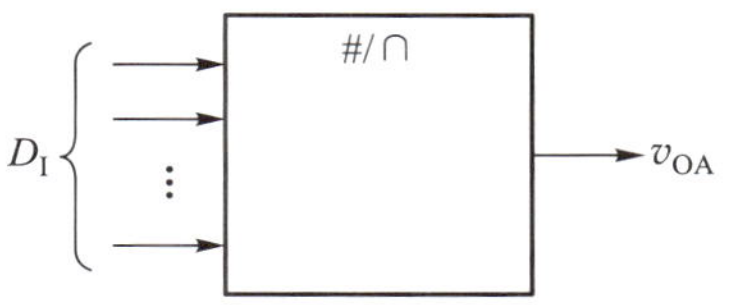

图 11.2 数模转换框图

$$v_{OA} \propto (N)_{DI} \tag{11-1}$$

因此,n 位数模转换是将 n 位二进制数所对应的 2^n 个输入数据,转换为与其数值成正比的 2^n 个模拟电压输出。

或者上式可以写成如下形式

$$v_{OA} = S \times (N)_{DI} = S \times \sum_{i=0}^{n-1} D_i \times 2^i \tag{11-2}$$

其中 S 为比例系数,

$$S = \frac{v_{OAmax}}{2^n - 1} \tag{11-3}$$

例如,采用 4 位二进制码作为数模转换器输入,N 值范围为 $0 \sim 2^4-1$,若 $S=0.5$ V,则输出模拟电压 v_{OA}变换从 0~7.5 V,则有

$$v_{OA} = 0.5 \times (D_3 \times 2^2 + D_2 \times 2^2 + D_1 \times 2^1 + D_0 \times 2^0) \tag{11-4}$$

4 位模数转换器的输入数值与输出电压的关系还可以用表 11.1 所示。

表 11.1 模数转换对应关系表

十进制数值$(N)_{D_I}$	输入二进制数 D_I	转换输出电压 v_{OA}/V
15	**1111**	7.5
14	**1110**	7.0
13	**1101**	6.5
12	**1100**	6.0
11	**1011**	5.5
10	**1010**	5.0
9	**1001**	4.5

续表

十进制数值$(N)_{D_I}$	输入二进制数 D_I	转换输出电压 v_{OA}/V
8	**1000**	4.0
7	**0111**	3.5
6	**0110**	3.0
5	**0101**	2.5
4	**0100**	2.0
3	**0011**	1.5
2	**0010**	1.0
1	**0001**	0.5
0	**0000**	0.0

将 4 位二进制数输入作为横坐标,输出模拟电压为纵坐标,可以得到图 11.3 所示转换特性曲线。转换特性曲线由若干离散的点组成,连接这些离散点的连线称为理想参考线(reference line),显然,数模转换特性理想的参考线应是一条直线,其斜率为 S。

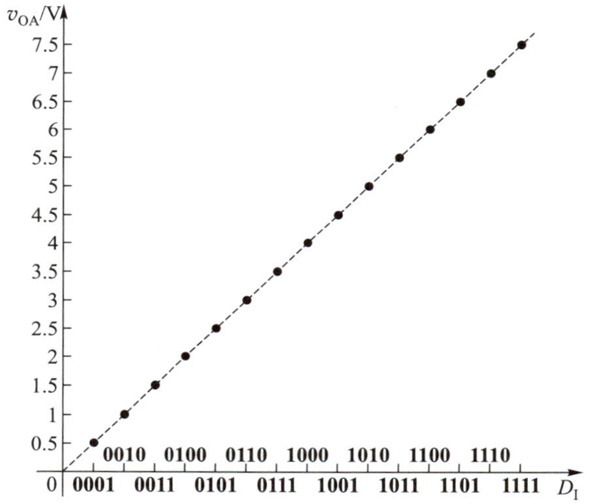

图 11.3 数模转换特性参考线

数模转换比例系数 S 又称为分辨力,可以用来衡量数模转换的精细程度,其定义为相邻两组二进制代码对应的输出电压的差值,或者最小数字单位所对应的输出电压值。在图 11.3所示的数模转换特性上,表现为相邻两点的纵坐标之差,即输出电压的最小变化量,也就是最低有效位(least significant bit,LSB)所对应的电压,或者输入二进制码 **0001** 时对应的输出电压,如表 11.1 所示。

实际应用中,数模转换器输出数字时间序列的模拟电压,是如图 11.4(a)所示台阶信号,如果需要得到平滑的连续模拟信号,可以通过低通滤波电路进行平滑,便可得到如图 11.4(b)所示的模拟信号。

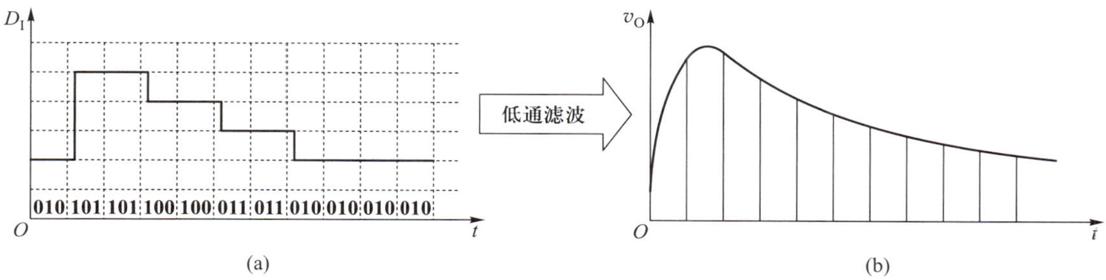

图 11.4　数模转换输出台阶转换为模拟信号输出

11.2　常用的数模转换方案

11.2.1　开关树译码方案

既然 n 位数模转换器的任务是将 2^n 个不同的输入数值转换为与其数值成正比的 2^n 个模拟电压,如表 11.1 和图 11.3 所示,则最简单的方法就是产生 2^n 个标准电压,然后根据输入二进制数码,通过开关网络将对应的电压切换到输出端,这种数模转换方案称为开关树译码,又称 2^nR 电阻分压式方案。一个 3 位开关树译码方案如图 11.5 所示,其中 2^3 个阻值相同的电阻串联构成分压器,将基准电压 V_{REF} 分成 8 等份;开关网络由输入 3 位二进制数码 D_2、D_1 和 D_0 控制,$D_i=\mathbf{1}$ 时相应的开关导通,$D_i=\mathbf{0}$ 时相应的开关断开;同样,其反变量也控制相应开关的通断。通过 n 级树状开关网络,可以从分压器中选通相应数值的标准电压至输出端 v_O,从而完成数模转换过程。

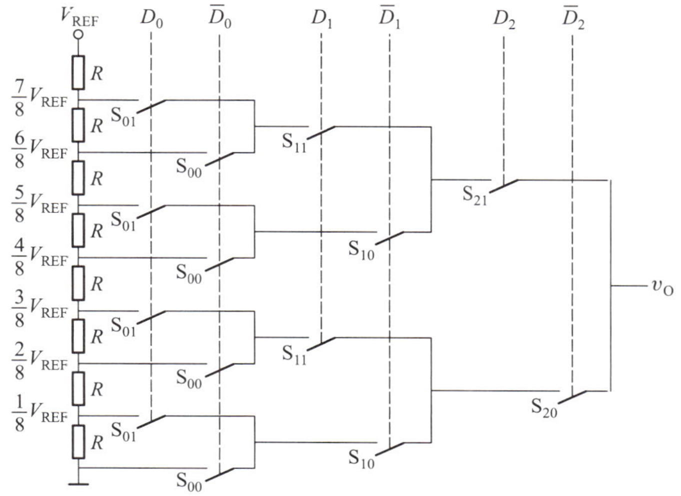

图 11.5　3 位开关树译码方案

例如，当输入二进制码 $D_2D_1D_0$ 为 **011** 时：D_0 = **1** 控制开关 S_{01} 分别选通（1/8）V_{REF}、（3/8）V_{REF}、（5/8）V_{REF} 和（7/8）V_{REF} 四个奇数节点电压输出；D_1 = **1** 则控制开关 S_{11} 从中选出（3/8）V_{REF} 和（7/8）V_{REF} 两个电压；D_2 = **0** 则控制开关 S_{20} 将（3/8）V_{REF} 接到输出端 v_O；如果标准 $V_{REF}=8$ V，则输出电压 $v_O=3$ V。同理，若输入二进制码为 **100**，则分别通过控制开关 S_{00}、S_{10} 和 S_{21} 将 4 V 电压（4/8）V_{REF} 接至输出端 v_O。

本例中，对应于最大输入数值 2^n-1 的最大输出电压为

$$v_{Omax}=\frac{2^n-1}{2^n}V_{REF} \tag{11-5}$$

分辨力 S 为

$$S=\frac{v_{Omax}}{2^n-1}=\frac{V_{REF}}{2^n} \tag{11-6}$$

开关树方案的优点是电阻种类单一、转换速度快、直接电压输出对开关的导通内阻要求不高。这种方案明显的缺点是随着转换位数的增加，所使用的器件数量急剧增加，电阻、开关的数量呈 2^n 指数增加，对于 n 位开关树 DAC 共需 2^n 只电阻和 $2^{n+1}-2$ 个模拟开关。图 11.5所示的 3 位 DAC，使用了 $2^3=8$ 只电阻，$2^{3+1}-2=14$ 只开关；若输入位数增加为 10 位，则需要 1 024 只电阻，2 046 只开关。开关树型 DAC 随着位数的增加，电路复杂度与成本增加较快，所以这种方案适合于位数较少的数模转换。

11.2.2　权电阻网络译码方案

二进制数是 **0** 和 **1** 数字按位组合表示的，每位二进制数的权值是 2^i，数字量的数值大小可以表示为按权位展开相加。在数模转换中，将二进制数字量的每一位权值 2^i 转换成相应的模拟量，然后根据每位数值将各模拟量叠加，其总和就是与数字量成正比的模拟量。

权电阻网络译码方案的电路结构如图 11.6 所示，各支路上的电阻值与对应的数据位的权重成反比，因此称其为权电阻型 DAC。图中电流 I_Σ 是由 V_{REF} 通过 R、$2R$、2^2R 和 2^3R 流入

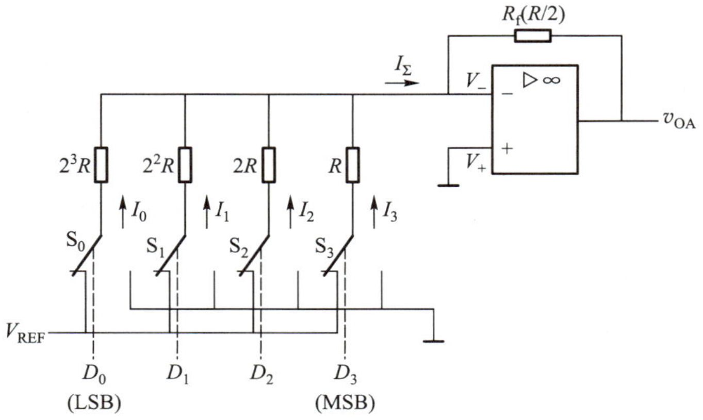

图 11.6　4 位权电阻网络译码方案

的电流总和。从I_0、I_1、I_2到I_3，各支路上的电流呈几何级数增大，与其对应的数据D_0到D_3的权重一致，有

$$I_i = \frac{2^i V_{REF}}{2^3 R} \tag{11-7}$$

$S_0 \sim S_3$为模拟开关，它们的状态分别受输入代码D_0、D_1、D_2和D_3的取值控制，$D_i = \mathbf{1}$时，开关接参考电压V_{REF}上，此时支路电流I_i流向求和放大器；$D_i = \mathbf{0}$时，开关接地，此时支路电流为零。求和放大器用运算放大器实现，汇集流入运算放大器反向端的电流为

$$I_\Sigma = \sum_i I_i = \frac{V_{REF}}{2^3 R}\sum_{i=0}^{3} D_i 2^i \tag{11-8}$$

该电流流过运算放大器的负载电阻R_f，得到输出电压为

$$v_{OA} = -R_f I_\Sigma = -\frac{R}{2}\sum_i I_i = -\frac{V_{REF}}{2^4}\sum_{i=0}^{3} D_i 2^i \tag{11-9}$$

对于n位的权电阻DAC则有

$$v_{OA} = -\frac{V_{REF}}{2^n}\sum_{i=0}^{n-1} D_i 2^i = -\frac{V_{REF}}{2^n}(N)_D \tag{11-10}$$

模拟电压v_{OA}正比于数字量$(N)_D$完成数模转换。分辨力S为

$$S = -\frac{V_{REF}}{2^n} \tag{11-11}$$

S为负值表示数模变换为反相变换。

权电阻网络译码方案的主要缺点是电阻网络的电阻值相差太大，最大电阻和最小电阻间相差2^n倍。为保证数模转换的精度，权电阻网络中电阻值之间的比例关系需要精确控制并保持稳定，当位数较多时，电阻值之间的差别更为突出，例如10位DAC中电阻可以相差倍数达$2^{10} = 1\ 024$，考虑到模拟开关内阻的影响，此时电阻精度的控制非常困难。

11.2.3 倒T形电阻网络译码方案

倒T形电阻网络译码方案如图11.7所示，它是一种典型的权电流译码方案，该网络中只有R和$2R$两种电阻，有效地避免了权电阻网络中电阻种类繁多难以控制精度的困难。电路中电阻网络是倒T形，故常称为倒T形数模转换电路，又称为R-$2R$电阻网络数模转换电路。根据电路原理，在倒T形电阻网络中，无论从哪一个节点向左看或者向上看，其等效电阻均为$2R$，则有

$$I = \frac{V_{REF}}{R} \tag{11-12}$$

基准电源V_{REF}流出的电流I，每经过一个节点就被一分为二，自右向左分别为$I/2$、$I/4$、$I/8$和$I/16$，电流值对应于每一位二进制数的权值8∶4∶2∶1，实现了权电流的设置，流入运算

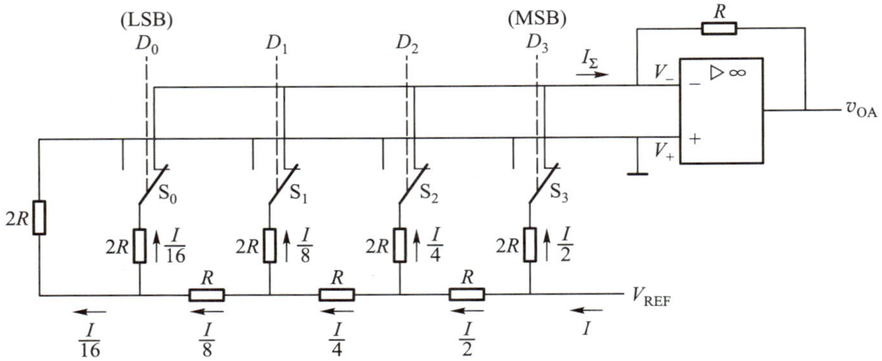

图 11.7　倒 T 形数模转换电路

放大器的总电流为

$$I_\Sigma = \sum_{i=0}^{3} D_i \frac{I}{2^{4-i}} = \frac{I}{2^4}\sum_{i=0}^{3} D_i 2^i \tag{11-13}$$

如果运算放大器反馈电阻 $R_f = R$，则有输出电压

$$v_{OA} = -R_f \frac{I}{2^4}\sum_{i=0}^{3} D_i 2^i = -\frac{V_{REF}}{2^4}\sum_{i=0}^{3} D_i 2^i \tag{11-14}$$

例如，V_{REF} 为 16 V，电阻 $R = 2\ \text{k}\Omega$，$R_f = 2\ \text{k}\Omega$，则当输入数码分别为 **1101** 和 **0111** 时，输出电流 I_Σ 分别为 6.5 mA 和 3.5 mA，对应的输出电压为 −13 V 和 −7 V。

对于 n 位倒 T 形 DAC，则有输出电压

$$v_{OA} = -\frac{V_{REF}}{2^n}\sum_{i=0}^{n-1} D_i 2^i = -\frac{V_{REF}}{2^n}(N)_D \tag{11-15}$$

尽管倒 T 形电阻网络数模转换器具有较高的转换速度，但由于电路中存在模拟开关内阻和电压降，当流过各支路的电流组合发生变化时，就会产生转换误差。为了进一步提高 DAC 的精度，可以采用恒流源型数模转换器。

11.2.4　恒流源型数模转换器

恒流源方案是用不同大小的恒流源组合实现译码，其恒流源大小与二进制位权重成正比。恒流源型数模转换器也称为电流舵型数模转换器，在实际的集成电路中，电流源通常采用晶体管构成，可以有多种译码方案，如二进制的译码方案、二进制和温度计码相结合的译码方案等。如图 11.8 所示 4 位 D/A 转换电路，对每一位数据提供一个恒流源，按照二进制译码方案，其电流大小与 4 位数码的权值成正比，分别为 I_0、$2I_0$、$4I_0$ 和 $8I_0$。这 4 个恒流源各用一个通过输入 D_i 数码控制的模拟开关切换，若输入数码 D_i 为 **1**，则将恒流源接至求和放大器的输入端；若输入数码 D_i 为 **0**，则该恒流源接地。

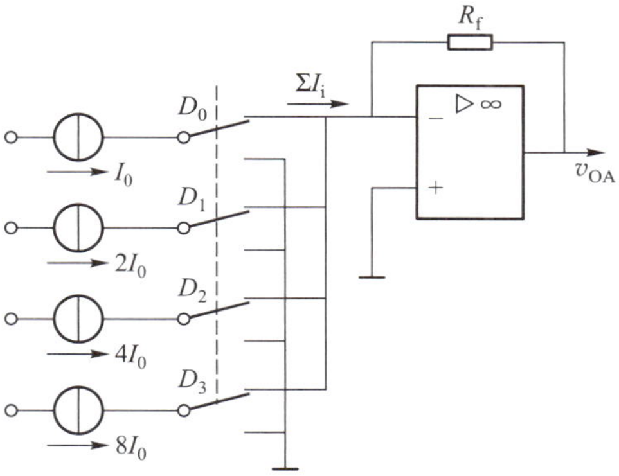

图 11.8　恒流源型数模转换方案示意图

求和放大器用运算放大器实现,图中 4 条支路电流汇集在运放的反相输入端,总电流为 4 条支路电流之和,即

$$\sum I_i = I_0 D_0 + 2I_0 D_1 + 4I_0 D_2 + 8I_0 D_3 \tag{11-16}$$

该电流流过运算放大器的负载电阻 R_f,得到输出电压为

$$v_{OA} = -R_f \sum I_i = -R_f I_0 \sum_{i=0}^{3} 2^i D_i \tag{11-17}$$

式中的求和表达式正好与二进制数的表达式相同,可见 v_{OA} 正比于用数码 N_D 所表示的数值,符合数模转换的要求。

恒流源型数模转换器的优点是速度快,权电流由恒流源提供,电流大小固定,不受开关导通内阻和压降的影响,数模转换具有较高精度。

11.2.5　权电容译码方案

大规模集成电路芯片中常常采用权电容译码方案的数模转换电路,其原理如图 11.9(a)所示。图中电容 C_3、C_2、C_1、C_0 分别与开关 S_3、S_2、S_1 和 S_0 相连接,4 个开关用数码 D_3、D_2、D_1 和 D_0 控制,当 D_i 为 **1** 时,将对应的电容接至 V_{REF},反之接地。4 个电容的容量分别为 $8C_0$、$4C_0$、$2C_0$ 和 C_0,与数码 D_3、D_2、D_1、D_0 的权值相对应,因此称为权电容。辅助电容 C_0' 的容量和 C_0 相同。开关 S_r 的作用是在转换开始时将各电容上的电荷释放,将输出 v_O 清 **0**。

若输入的数码是 **0001**,电容 C_0 接至基准电源 V_{REF},其等效电路如图 11.9(b)所示,根据电容分压原理,可求得该电路的输出电压为

$$v_O = \frac{C_0 V_{REF}}{(C_3 + C_2 + C_1 + C_0 + C_0')} = \frac{C_0}{2^4 C_0} V_{REF} = \frac{V_{REF}}{2^4} \tag{11-18}$$

若输入的数码是 **0101**,则电容 C_0 C_2 接至基准电源 V_{REF},其等效电路如图 11.9(c)所示,

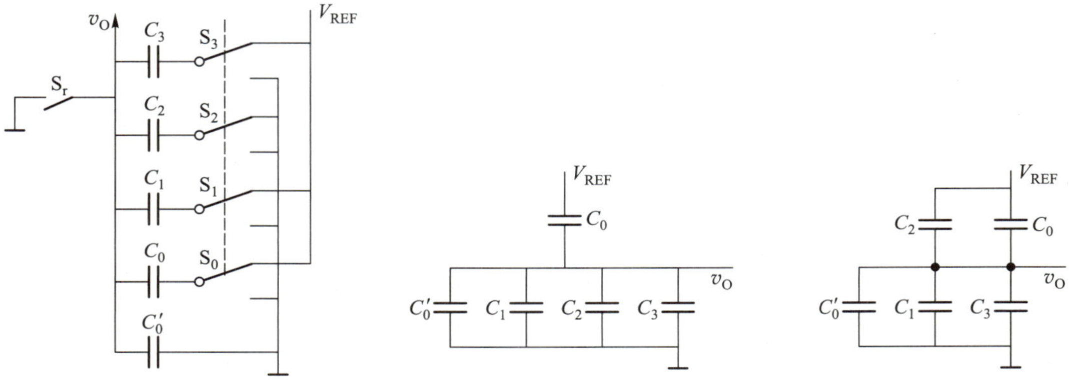

(a) 电路　　(b) 输入0001时等效电路　　(c) 输入0101时等效电路

图 11.9　权电容数模转换原理图

根据电容分压原理,可求得该电路的输出电压为

$$v_O = \frac{(C_0 + C_2)V_{REF}}{(C_3 + C_2 + C_1 + C_0 + C_0')} = \frac{5C_0}{2^4 C_0}V_{REF} = \frac{5 \cdot V_{REF}}{2^4} \tag{11-19}$$

推广到一般情况,有

$$v_O = \frac{D_3C_3 + D_2C_2 + D_1C_1 + D_0C_0}{2^4 C_0}V_{REF} = \frac{V_{REF}}{2^4}\left(\sum_0^3 D_iC_i\right) = \frac{V_{REF}}{2^4}(N)_{D_1} \tag{11-20}$$

输出电压与输入二进制码的数值成正比。

权电容数模转换方案的输出电压与电容的绝对值无关,只与电容的比例相关,在集成电路设计中,电容的容量是与其尺寸相关的,只要按照比例放大,就可以保证电容容值的比例,从而可以保证数模转换的精度;输出电压的精度与基准电压 V_{REF}和电容分压网络有关,与开关的导通阻值和基准电压源的内阻无关;在集成电路中,电容尺寸可以做得很小,从而能够减小芯片面积,降低电路的成本;另外电容容值小,电容的充、放电时间就短,转换速度就高。

11.3　数模转换的主要技术指标

11.3.1　分辨率

一般用分辨力来衡量数模转换的精细程度,将分辨力定义为相邻两组二进制代码对应的输出电压之差值 S,即最低有效位(LSB)所对应的电压,反映了输出电压的最小变化量。n 位数模转换电路的分辨力为

$$S=\frac{v_{\mathrm{Omax}}}{2^n-1}=\frac{V_{\mathrm{REF}}}{2^n} \quad (11-21)$$

对于 DAC,可以改变参考电压调整分辨力的绝对值 S,从而取得不同的输出电压动态范围。输出电压的最小变化量 S 与输出电压的满量程 V_{Omax} 之比值是不变的,这就是数模转换的分辨率,满量程输出电压就是对应于输入数字量全部为 **1** 时的输出电压

$$v_{\mathrm{Omax}}=(2^n-1)S \quad (11-22)$$

分辨率主要用来衡量数模转换的精细程度,反映了其输出模拟电压能够区分的最大等级数,对于 n 位数模转换器最多能输出 $0\sim2^n-1$ 个不同等级的电压值。因此,n 位数模转换电路的分辨率 R_{es} 可以表示为

$$R_{\mathrm{es}}=\frac{1}{2^n-1} \quad (11-23)$$

当 n 足够大时,分辨率也可用下式近似计算

$$R_{\mathrm{es}}\approx\frac{1}{2^n} \quad (11-24)$$

从式(11-21)和式(11-23)可以看出,分辨力与分辨率与数模转换的位数 n 直接相关,n 越大,转换分辨能力越高,所以通常使用"n 位分辨率",代替数模转换的分辨率指标,直接称相应的器件为"n 位二进制转换器"或"n 位 DAC"。

11.3.2 转换精确度

转换精确度是 DAC 的主要静态指标,用来衡量数模转换电路的实际输出值是否精确地等于理论输出值,与 DAC 的转换结构和接口电路形式相关,通常用电路实际输出模拟电压值与理论输出差值的最大值 $\varepsilon_{\max}$ 表示。数模转换电路的最大误差 $\varepsilon_{\max}$ 必须小于分辨力 S 的一半,也就是最低有效位(LSB)所对应的电压 S 的一半,

$$\varepsilon_{\max}<\frac{S}{2} \quad (11-25)$$

通常还可以将转换精度表示为"±LSB/2"。

转换精确度还可以用最大误差与满量程输出电压之比的百分数表示。例如,某 DAC 满量程输出电压为 10 V,如果误差为 1%,就意味着输出电压的最大误差为±0.1 V。百分数越小,精度越高。

转换精度是一个综合指标,包括零点误差、增益误差以及非线性误差等,它不仅与 DAC 中的译码结构和元件参数的精度有关,而且还与环境温度、集成运放的温度漂移以及数模转换器的输出电路有关。

在图 11.3 所示数模转换特性中,理论参考线应是一条过原点的直线。实际输出如偏离

了这条理论参考线，就出现误差。常见的误差有三类。

1. 平移误差

实际参考线向上或向下平移了一段距离，使得实际参考线不通过坐标原点，如图 11.10(a)所示。此时输出电压发生了偏移，产生此误差的原因可能是求和放大器零点没有校准，因此也称为零点误差。

2. 斜率误差

实际参考线与理论参考线相比，斜率发生了变化，如图 11.10(b)所示。此时输入数值与输出电压的比例关系被改变，产生斜率误差的原因可能是基准电压 V_{REF} 不准确，或是求和放大器的增益不准确，因而又称增益误差。

3. 非线性误差

实际参考线是一条曲线，这种误差称为非线性误差，如图 11.10(c)所示。非线性误差原因比较复杂，常常是由于系统各部分误差综合引起的，如电阻网络中电阻的误差、开关的接通电阻不等于 0 或开关断开时电阻不是无穷大、权电流比值误差、电源和求和放大器的漂移等，使得输出电压与输入数值的线性关系被破坏。通常，非线性误差无法通过调整电路解决，只有尽可能地选择高质量的器件、提高组装的质量来减小非线性误差。

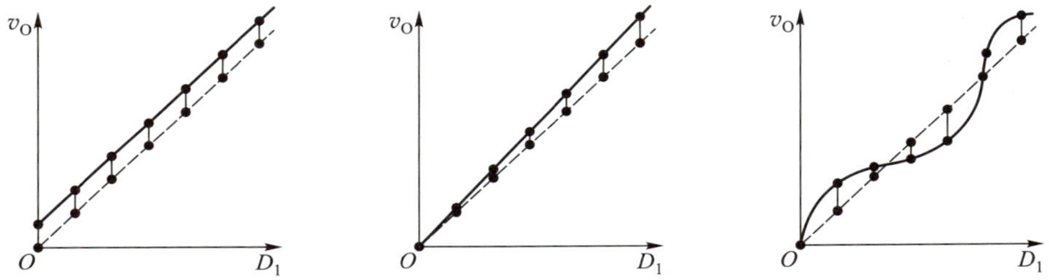

(a) 平移误差　(b) 增益误差　(c) 非线性误差

图 11.10　数模转换的三类误差

11.3.3　转换速度

转换速度是 DAC 主要的动态指标，通常用数模转换稳定输出电压的建立时间来衡量。输出电压的建立时间定义为从输入数据施加到 DAC 的输入端到其输出到达稳态输出值所需要的时间。建立时间的长短与转换器电路本身有关，还和输入数字量的跳变大小有关，不同的数值输入到达稳态输出值所需的时间不同，通常用从最小数据输入(全 **0**)变化到最大数据输入(全 **1**)时，输出电压达到稳态值的 ±(1/2)LSB 作为衡量标准，如图 11.11 所示。数模转换集成电路的转换速度通常用每秒转换多少个数据样值(sample per second，SPS)衡量。

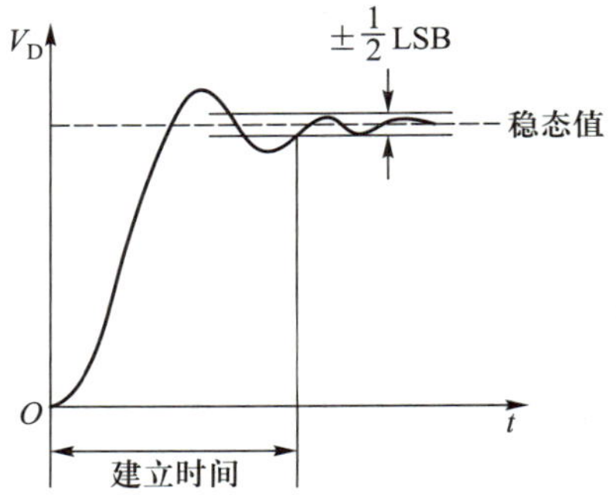

图 11.11　数模转换的输出电压建立时间

11.4 集成 DAC 的工作原理及应用

11.4.1 双缓冲 8 位 DAC：DAC0832

DAC0832 是一种采用 CMOS 工艺制造的低成本电流输出型集成 DAC。它由双缓冲寄存器和 8 位分辨率的 DAC 组成，芯片结构简单，通用性好，除具有一般的从数字量到模拟量的转换特性外，其内部采用两级缓冲输入数据寄存器结构，与微处理器数据总线完全兼容。

DAC0832 引脚与功能框图如图 11.12 所示，其中引脚定义如下。

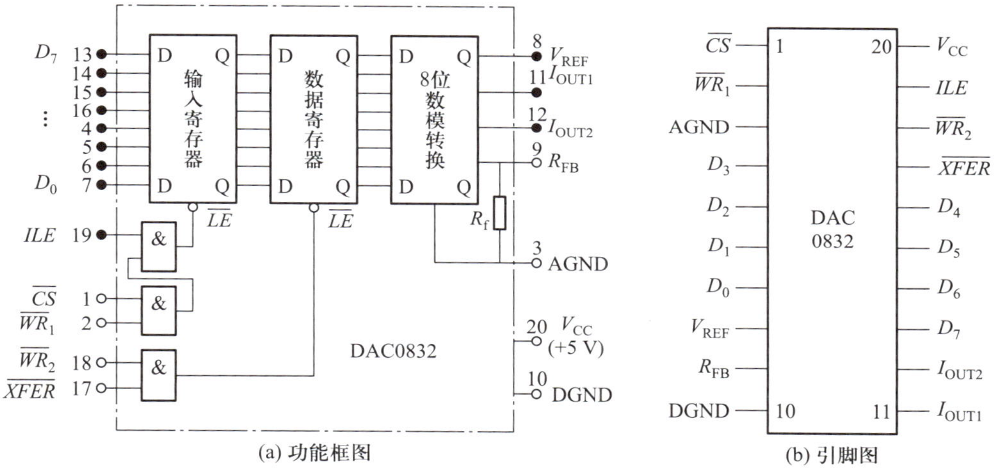

图 11.12 DAC0830/DAC0832 功能框图和引脚图

$D_0 \sim D_7$：8 位数据输入线，TTL 电平。

ILE：数据锁存允许控制信号输入线，高电平有效。

$\overline{CS}$：片选信号输入线，低电平有效。

$\overline{WR}_1$：为输入寄存器写选通信号。

$\overline{WR}_2$：为 DAC 寄存器写选通信号。

$\overline{XFER}$：数据传送控制信号输入线，低电平有效。

I_{OUT1}：电流输出线，当输入数据为全 **1** 时 I_{OUT1} 电流最大，为全 **0** 时 I_{OUT1} 电流为零。

I_{OUT2}：电流输出线，当输入为全 **0** 时 I_{OUT2} 电流最大，其值 I_{OUT2} 与 I_{OUT1} 之和为常数。

R_{FB}：反馈信号输入线，内部有反馈电阻。

V_{CC}：电源输入线（+5 V～+15 V）。

V_{REF}：基准电压输入线（−10 V～+10 V）。

AGND：模拟地，模拟信号和基准电源的参考地。

DGND：数字地，两种地线在基准电源处共地比较好。

$\overline{LE}$：当$\overline{LE}=\mathbf{1}$时内部寄存器 Q 值随输入变化，当$\overline{LE}=\mathbf{0}$时内部寄存 Q 值被锁定。

DAC0832 内部由 CMOS 模拟开关和倒 T 形 $R-2R$ 电阻网络构成，没有内部参考电压源，需外接参考电压源，也不带电压输出电路，如图 11.13(a)所示。该芯片是电流输出型数模转换器件，I_{OUT1}是数模寄存器中为 **1** 的权电流汇集输出端，I_{OUT2}是数模寄存器中为 **0** 的权电流汇集输出端，输出电流 I_{OUT1}与 I_{OUT2}之和为常数。在应用时，其输出端需要转换为电压输出时，可以外接运算放大器转换成电压，如图 11.13(b)所示，则输出电压为

$$v_{OUT}=-(I_{OUT1}\times R_{FB})=-\frac{V_{REF}\times N_D}{2^8} \tag{11-26}$$

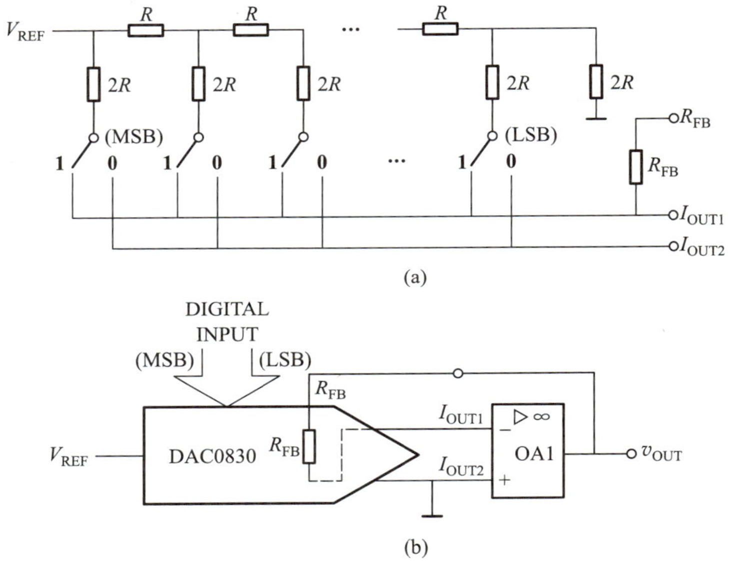

图 11.13　DAC0832 典型应用电路

11.4.2　DAC0832 与数据总线接口方式

DAC0832 内部有两级锁存器，可以通过 ILE、$\overline{CS}$和$\overline{WR_1}$、$\overline{WR_2}$和$\overline{XFER}$信号控制芯片与 8 位数据总线兼容，亦可以直接当作通用 DAC 使用。DAC0832 有如下 3 种工作方式。

1. 直通方式

直通方式下$\overline{CS}$和$\overline{WR_1}$、$\overline{XFER}$和$\overline{WR_2}$输入端均接地，ILE 接高电平，两级锁存器均为直通状态，如图 11.14 所示。此时，数据不经锁存直接输入至 8 位 DAC，数据端口输入数据即可开始数模转换过程，此方式适用于连续反馈控制线路和不带微机的控制系统。

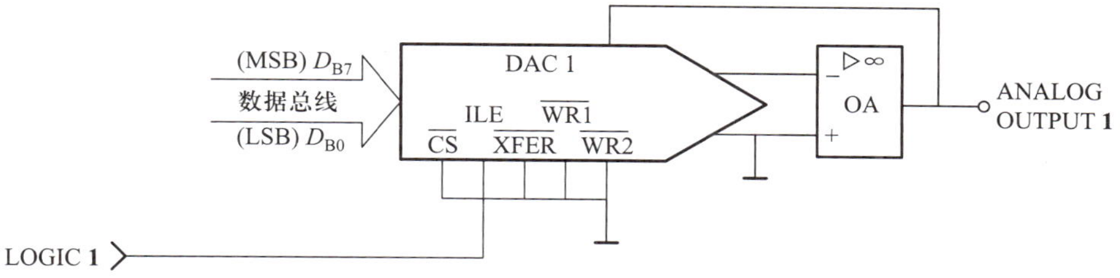

图 11.14 DAC0832 直通方式应用电路

2. 单缓冲方式

单缓冲方式下$\overline{CS}$和$\overline{WR_1}$控制输入寄存器接收数据，而$\overline{XFER}$和$\overline{WR_2}$输入端均接地，把 DAC 寄存器接成直通方式，如图 11.15(a)所示。当数据准备好和片选信号选择好后，只要输出$\overline{WR}$信号，DAC0832 就能完成数字量的锁存和数模转换输出。这种方式只有一级数据缓存器，适用于只有单路模拟量输出或多路模拟量异步输出的情况，其工作时序如图 11.15(b)所示。

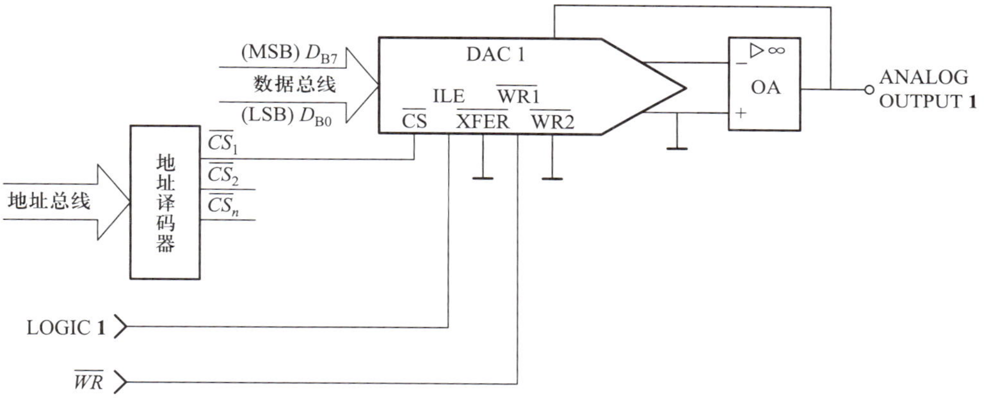

(a)

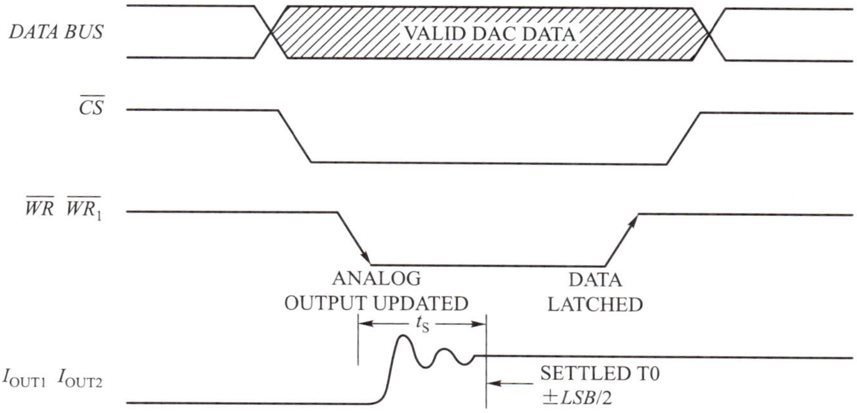

(b)

图 11.15 DAC0832 单缓冲方式应用电路

3. 双缓冲方式

双缓冲方式是先使$\overline{CS}$和$\overline{WR_1}$控制输入寄存器接收数据，再由$\overline{XFER}$和$\overline{WR_2}$信号将输入寄存器的数据锁存到 DAC 寄存器，即分两次锁存输入数据。首先，分别将数据输入多个 DAC0832 的输入寄存器，然后，同步将各芯片输入寄存器的内容存入 DAC 寄存器，启动数模转换过程，完成多个模拟量同步输出，如图 11.16(a)所示。此方式适用于多个数模转换同步输出的应用，其工作时序如图 11.16(b)所示。

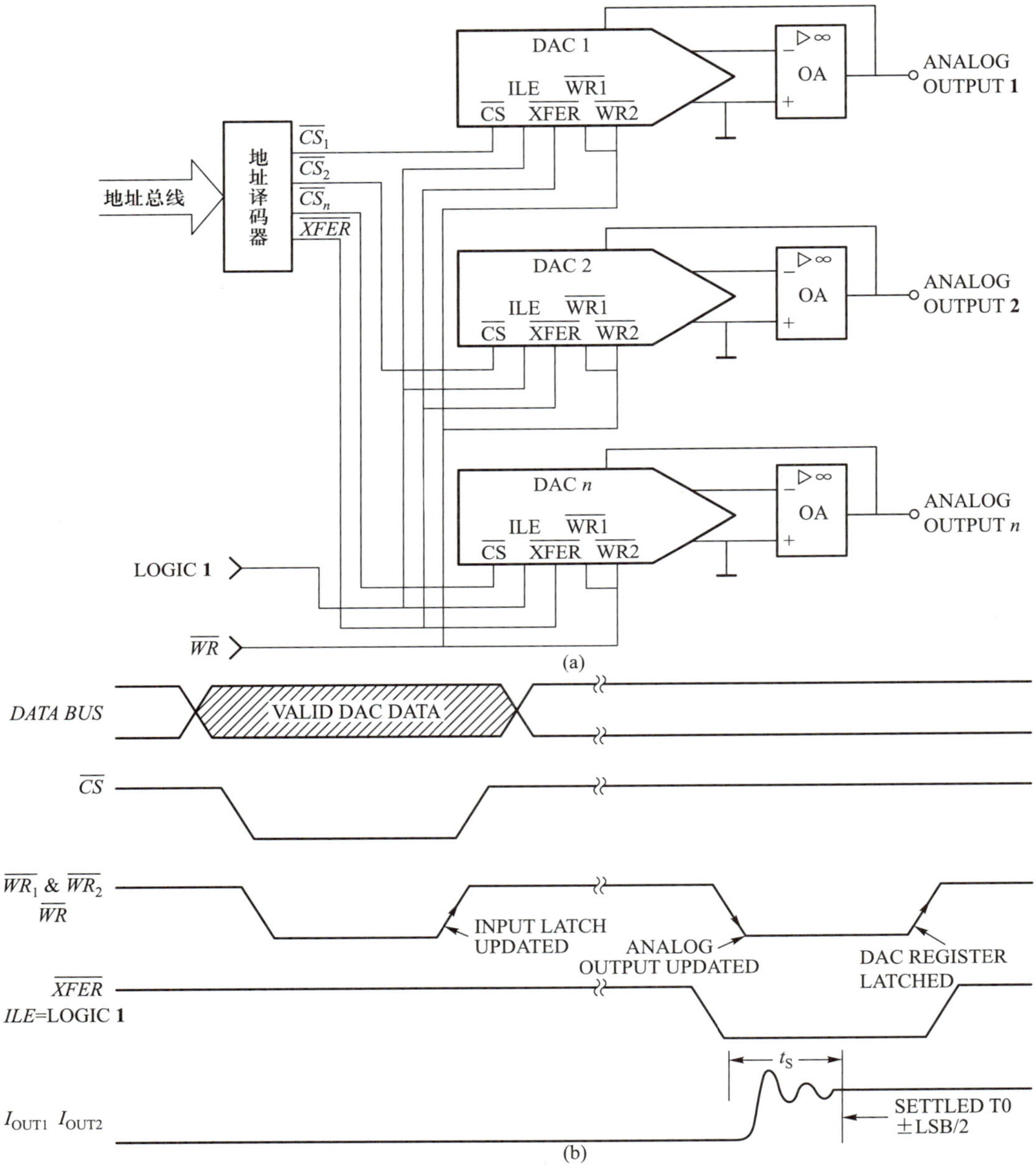

图 11.16　DAC0832 双缓冲方式应用电路

11.4.3 双极性数模转换方案

实际应用中,许多物理量都是双极性的,有正也有负,这就需要数模转换的数字量除了单极性数值外,还有双极性数值。电压输出范围也是双极性的,因此需要能够实现双极性输出的 DAC。

在单极性的 DAC 中,数字量输入均为正数,或者无符号数,对于 n 位二进制数值 N_D: $0 \sim 2^n-1$,相应的模拟量输出则为单向电压

$$v_O: 0 \sim \frac{2^n-1}{2^n}V_{REF} \quad 或者 \quad v_O: 0 \sim -\frac{2^n-1}{2^n}V_{REF} \quad (反相输出) \qquad (11-27)$$

在双极性数字输入时,输入的二进制码可以是原码或补码,n 位双极性数字量可表示 $-2^{n-1} \sim 2^{n-1}-1$,这时可以将输入的双极性数字加上 2^{n-1} 的偏移量,转换为单极性的无符号数 N_D: $0 \sim 2^n-1$,这种无符号的二进制码称之为偏移二进制码(简称偏移码),如表 11.2 所示。偏移码是相当于将原码或反码所表示的双极性数值,加上了偏移量之后得到的单极性二进制数,偏移码可以通过单极性 DAC 实现数模转换,如表 11.2 所示,其中 $S=V_{REF}/2^n$。

表 11.2 8 位偏移码编码表

十进制数 N	原码 $B_7 \sim B_0$	2 的补码 $C_7 \sim C_0$	偏移码 $D_7 \sim D_0$	单极性 DAC 输出 v_O	双极性 DAC 输出 $v_{OUT}=v_O-\frac{V_{REF}}{2}$
127	**0 1 1 1 1 1 1 1**	**0 1 1 1 1 1 1 1**	**1 1 1 1 1 1 1 1**	255S	127S
126	**0 1 1 1 1 1 1 0**	**0 1 1 1 1 1 1 0**	**1 1 1 1 1 1 1 0**	254S	126S
⋮	⋮	⋮	⋮	⋮	⋮
1	**0 0 0 0 0 0 0 1**	**0 0 0 0 0 0 0 1**	**1 0 0 0 0 0 0 1**	129S	1S
0	**0 0 0 0 0 0 0 0**	**0 0 0 0 0 0 0 0**	**1 0 0 0 0 0 0 0**	128S	0S
-1	**1 0 0 0 0 0 0 1**	**1 1 1 1 1 1 1 1**	**0 1 1 1 1 1 1 1**	127S	-1S
⋮	⋮	⋮	⋮	⋮	⋮
-127	**1 1 1 1 1 1 1 1**	**1 0 0 0 0 0 0 1**	**0 0 0 0 0 0 0 1**	1S	-127S
-128	—	**1 0 0 0 0 0 0 0**	**0 0 0 0 0 0 0 0**	0S	-128S

根据偏移码的原理,若将偏移码输入到单极性 DAC,输出电压将是单极性的,相对于双极性目标电压,会偏移 2^{n-1} 所对应的偏移电压值。若设计电路从单极性 DAC 输出中扣除偏移电压(或偏移电流),便可实现双极性数模电压的输出,因此,如将单极性输出电压减去参考电压 V_{REF} 的一半(反相输出则是加上参考电压 V_{REF} 的一半),那么相应的模拟量输出变成双极性电压

$$v_{OUT}: -\frac{2^{n-1}}{2^n}V_{REF} \sim \frac{2^{n-1}-1}{2^n}V_{REF} \quad 或者 \quad v_{OUT}: \frac{2^{n-1}}{2^n}V_{REF} \sim -\frac{2^{n-1}-1}{2^n}V_{REF} \quad (反相输出)$$

(11 - 28)

在双极性数模转换中，首先，将原码或补码转换成偏移码，由表 11.2 可以看出，原码和补码均是有符号二进制码，首位为符号位，偏移码与补码相比，只是最高位相反，由补码求偏移码只需要符号位取反。

例如，单极性的 8 位数模转换器 DAC0832 构成的双极性 DAC，其电路结构如图 11.17 所示。其中，输出放大器 OA1 将权电流之和转化为单极性输出电压 v_O，有如下公式

$$v_O = -(I_{OUT1} \times R_{FB}) = -\frac{V_{REF} \times N_D}{256} \tag{11-29}$$

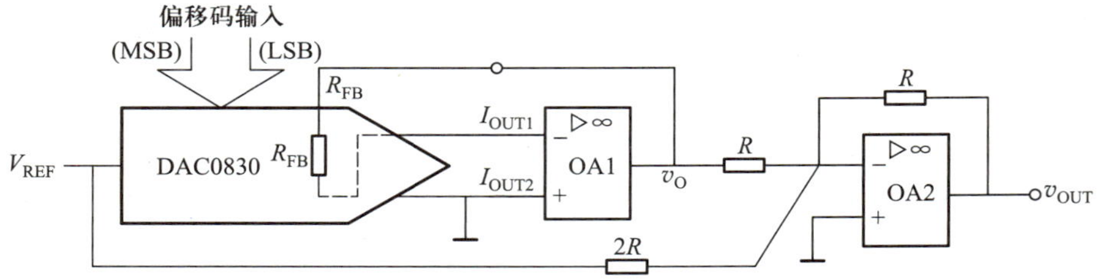

图 11.17　双极性 DAC

在输出放大器之后，再增加一级运算放大器 OA2，将反相单极性输出电压加上参考电压的一半。则，输出电压 v_{OUT} 为

$$v_{OUT} = -R\left(\frac{v_O}{R} + \frac{V_{REF}}{2R}\right) = -\left(v_O + \frac{V_{REF}}{2}\right) = \frac{V_{REF} \times (N_D - 128)}{256} \tag{11-30}$$

则相应的模拟量输出为双极性电压

$$v_{OUT}: -\frac{128}{256}V_{REF} \sim \frac{127}{256}V_{REF}$$

11.5　模数转换的基本原理

11.5.1　采样定理

模拟信号的连续性包含两个方面：值域的连续性或时域的连续性，而数字信号则在时间域和取值上均是离散的，因此，模数转换将输入模拟信号转换为二进制数码，需要同时对输入模拟信号进行时间和数值的离散化。模数转换电路的框图如图 11.18 所示，其中限定符号为∩/#，∩表示连续时间变化的模拟信号，#表示时间离散化和取值量化的数字信号。

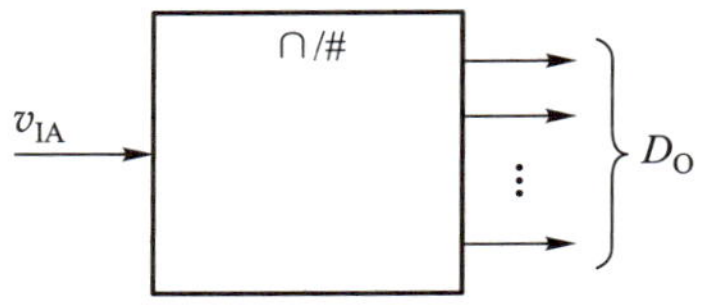

图 11.18　模数转换电路框图

模数转换器的输入是一个模拟电压 v_{IA}，输出是一组量化编码的数据 D_O，其转换编码的要求是输出二进制数的数值正比于输入模拟电压，即

$$(N)_{D_O} \propto v_{IA} \tag{11-31}$$

由于模拟信号在时间上通常是连续的，而数字信号在时间上是离散的，所以在转换时首先必须按数字信号的节拍，对被转换的模拟信号采取样品。采样之后的数字信号完整地保留了原始信号中的信息，例如输入波形的主要参数：幅度、周期相位。因此，采样脉冲的频率 f_s 需要至少大于模拟信号最高频率 f_{max} 的两倍，这就是采样定理，又称奈奎斯特定理。

$$f_s \geqslant 2f_{max} \tag{11-32}$$

采样过程如图 11.19 所示，根据采样定理，如果采样信号的频率 f_s 大于模拟信号 $v(t)$ 的最高频率 f_{max}（其频带的上限频率）的 2 倍，则输入信号 $v(t)$ 的主要特征都被保留下来，通常的模数转换器应用中，采样频率往往远大于信号最高频率，这样可以更好地保留信号频率特性，将来可以通过低通滤波处理，从 $v^*(t)$ 中恢复原始信号 $v(t)$。

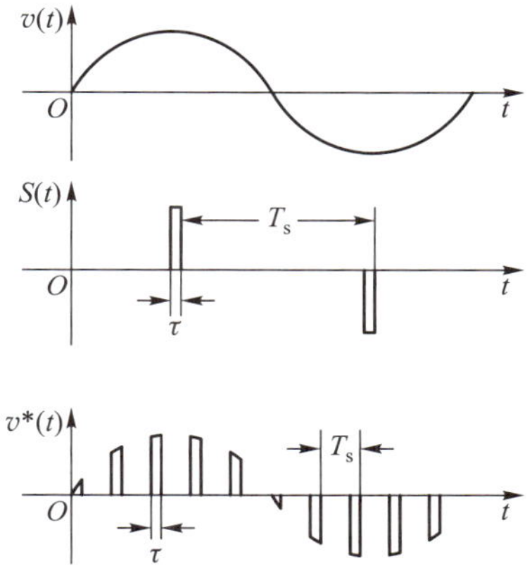

图 11.19　采样过程

11.5.2　模数转换过程

对于连续时间变化的模拟信号，需要首先对输入的模拟信号采样，采样后的信号需要对幅度值等进行处理，处理需要时间，因此需要对取得的样值保持一定的时间，完成模拟信号的时间离散化，以及模拟量幅度上的离散化，也就是量化，最后还需要对量化后的信号编码。模数转换一般可分为采样、保持、量化、编码 4 步。

1. 采样、保持

由于模拟信号在时间上通常是连续的，而数字信号在时间上是离散的，所以在转换时首先必须按数字信号的采样频率，对被转换的模拟信号进行采样，并保持一段时间，以便完成模数转换，直至下一次采样周期。采样保持电路原理如图 11.20 所示。

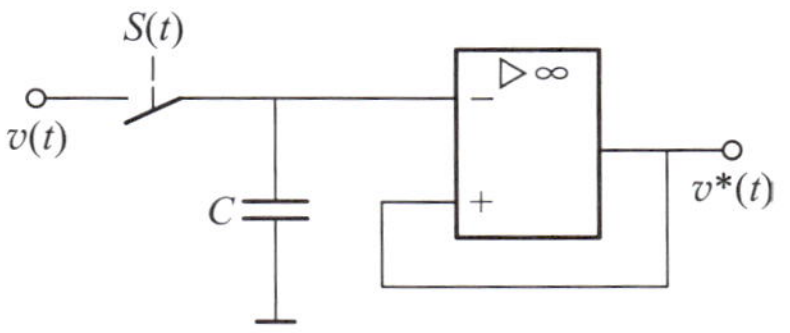

图 11.20　采样保持电路

采样电路中，开关受采样脉冲信号 $S(t)$ 控制，完成信号采样，运算放大器工作在电压跟随器状态，保持高输入阻抗。当 $S(t)=\mathbf{1}$ 时开关接通，对采样电容充电，输出信号与输入信号相同 $v^*(t)=v(t)$，如图 11.21(a)所示，这样便完成了对模拟信号的采样工作。

而当 $S(t)=\mathbf{0}$ 时开关断开，电压跟随器高输入阻抗，可以防止电容形成放电回路，维持输出信号 $v^*(t)$ 不变，直至下一次采样时刻到来，这样就把连续变化的模拟信号 $v(t)$ 变成了阶梯信号 $v^*(t)$，见图 11.21(b)，完成了采样信号的保持工作。采样电容在模数转换期间保持了样值电压的稳定，确保有足够的时间进行模数转换，防止模数转换错误的发生。

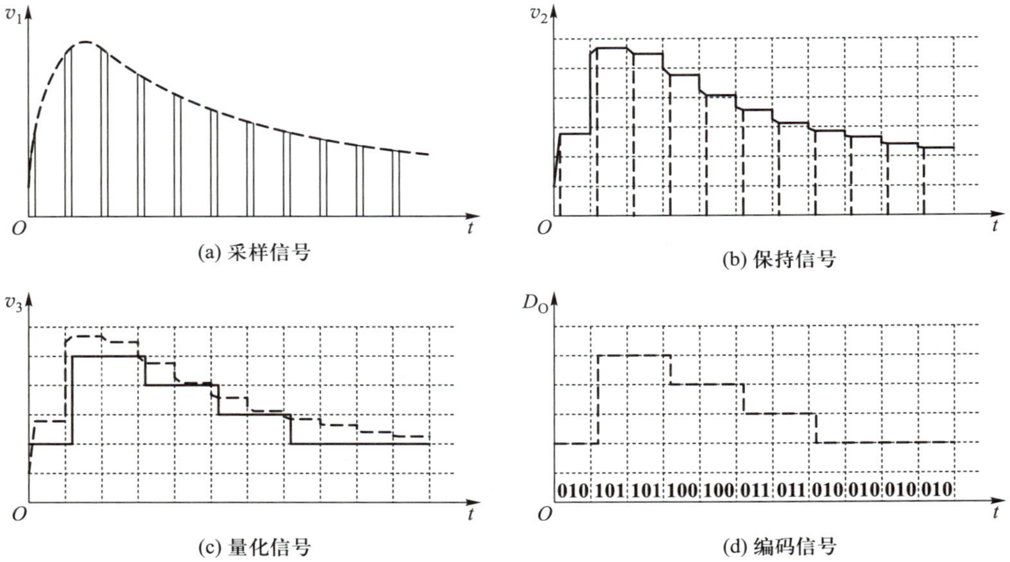

图 11.21　A/D 转换过程

2. 量化、编码

采样保持后的阶梯信号 $v^*(t)$ 虽完成了时间域上的离散化,幅度仍然是连续取值的模拟信号,为了用有限位数的数字量来表示幅度值,还需要将信号取值离散化。若模数转换的位数为 n,则可将电压范围划分成 2^n 级基准电压刻度,然后根据采样阶梯信号 $v^*(t)$ 所处的电压区间,按照舍零取整或四舍五入的原则赋予最近的基准电压刻度值。采样信号量化后,采样信号幅度取值变成了离散化基准电压刻度值,如图 11.21(c)所示,这个过程称为量化。

采样信号量化后,幅度取值就变成了最小量化阶梯的整数倍,量化后的信号还要经过编码电路,转变成二进制的数字信号。例如量化的结果是 2^n 个量化阶梯,编码时就用与它对应的 n 位二进制数表示,如图 11.21(d)所示,这个过程称为编码。

11.5.3　量化误差

图 11.22 给出了模数转换的转换特性。从图上可以看到当输入信号在 0~1 S 之间时,输出为 **0000**,输入在 1~2 S 之间时,输出为 **0001**,以此类推,量化后的模拟信号按照舍零取整或四舍五入的原则赋予最近的基准电压,幅度取值就变成了最小量化阶梯的整数倍。模数转换后得到数字信号与取样保持得到的模拟信号,幅度上是有差异的,因而模数转换中的量化过程带来了误差,这种误差称为量化误差或数字化误差。

量化误差是一种固有误差,无法消除,对于只舍不入的量化方式,如图 11.21 所示,其最大量化误差 ε_{max} 等于量化阶梯 S,即

$$\varepsilon_{max} = S \tag{11-33}$$

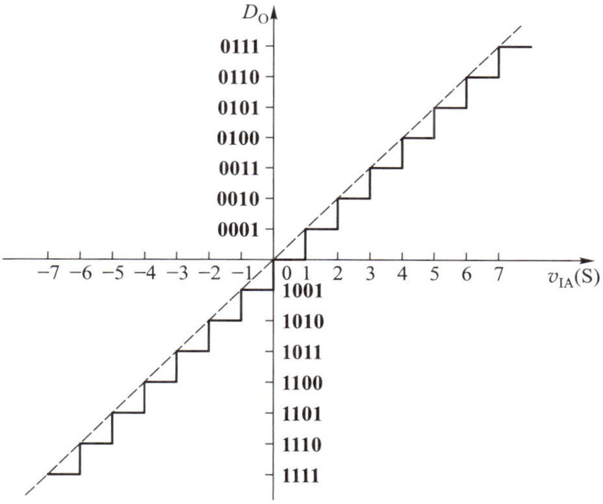

图 11.22　模数转换特性

为了减小量化误差，可以采用四舍五入的量化方式，这种四舍五入量化方式的最大误差有正有负，其绝对值为量化阶梯的一半，即

微视频 11-1
模数转换的基本原理

$$|\varepsilon_{max}| = \frac{S}{2} \tag{11-34}$$

11.6 几种常见的模数转换方案

模数转换电路分成直接法和间接法两大类。

直接法是通过一套基准电压与取样保持电压进行比较，从而直接转换成数字量。其特点是工作速度高，转换精度容易保证，调准也比较方便，在音频、视频采集中应用较多。常用的电路有并行比较型 ADC 和逐次逼近型 ADC。

间接法是将取样后的模拟信号先转换成时间 t 或频率 f，然后再将 t 或 f 转换成数字量。其特点是工作速度较低，但转换精度可以做得较高，且抗干扰性强，一般在测试仪表中用得较多。常用的电路有双积分型 ADC。

11.6.1 并行比较型 ADC

根据模数转换原理，被转换输入模拟信号需经过量化处理，即与若干量化基准电压刻度相比较，然后取其最近标准值，因而，n 位模数转换需要 2^n 个量化刻度，也即需要产生 2^n 个基准电压，与输入模拟电压进行比较判别，这种方案称为并行比较型 ADC。

一个 3 位并行比较型 ADC 如图 11.23 所示，转换电路由 2^n 个电阻为 R 的基准电阻构成的分压网络、电压比较器、数据缓冲寄存器以及编码器组成。v_{IA} 为待转换编码的输入信号，$v_{IA}<V_{REF}$ 保证输入电压在模数转换工作范围内。基准电压源 V_{REF} 和 8 个电阻 R 形成 $2^3=8$ 个量化刻度电压，其量化阶梯 $S=V_{REF}/8$，将第一级电阻 R 更换为 $R/2$，便可以实现四舍五入的量化编码。

并行比较型 ADC 的核心在于电压比较，输入电压与分级基准电压刻度的比较用电压比较器实现，电压比较器有两个信号输入端 v_+ 和 v_-，当 $v_+ \geqslant v_-$ 时，输出端输出高电平，反之则输出低电平。因为 3 位并行比较型 ADC 的输入电压要和 $2^3-1=7$ 个量化刻度并行比较，所以需要用 7 个电压比较器，设 7 个比较器的输出分别为 C_1、C_2、C_3、C_4、C_5、C_6 和 C_7，则它们的逻辑取值与输入模拟电压 v_{IA} 的关系如表 11.3 所示，表中并行比较型模数转换电路实现的是四舍五入的量化编码。$C_1 \sim C_7$ 的编码方式称为温度计码，就是像温度计一样，**1** 的个数越多表示数值越大，这种码只要某个高位为 **1**，该位以下的数字就全部是 **1**。

表 11.3　并行比较型模数转换编码表

v_{IA}	C_1	C_2	C_3	C_4	C_5	C_6	C_7	D_2	D_1	D_0
$[0S, 0.5S)$	**0**	**0**	**0**	**0**	**0**	**0**	**0**	**0**	**0**	**0**
$[0.5S, 1.5S)$	**1**	**0**	**0**	**0**	**0**	**0**	**0**	**0**	**0**	**1**
$[1.5S, 2.5S)$	**1**	**1**	**0**	**0**	**0**	**0**	**0**	**0**	**1**	**0**
$[2.5S, 3.5S)$	**1**	**1**	**1**	**0**	**0**	**0**	**0**	**0**	**1**	**1**
$[3.5S, 4.5S)$	**1**	**1**	**1**	**1**	**0**	**0**	**0**	**1**	**0**	**0**
$[4.5S, 5.5S)$	**1**	**1**	**1**	**1**	**1**	**0**	**0**	**1**	**0**	**1**
$[5.5S, 6.5S)$	**1**	**1**	**1**	**1**	**1**	**1**	**0**	**1**	**1**	**0**
$[6.5S, V_{REF})$	**1**	**1**	**1**	**1**	**1**	**1**	**1**	**1**	**1**	**1**

7 个比较器的输出码还需要通过一个二进制码编码器，将它们转换为二进制码。考虑到各集成比较器的响应时间如果不一致，则编码器的输出将因这些信号的竞争出现瞬时误码，为防止竞争，特意在比较器和编码器之间加了一级缓冲寄存器，转换时待各个比较器输出稳定后，再用一个时钟脉冲将它们全部送入缓冲寄存器。

并行比较型 ADC 转换方式的优点是转换速度快，其输入模拟电压与基准刻度电压同时输入多个电压比较器并行比较，通过编码器可以并行得到多位量化编码，整个转换过程只需一个转换周期即可实现，因而又称为 Flash 型模数转换器，这也是做高速 ADC 集成电路的方案。但是随着分辨率的提高，这种方式所用的元器件数目要按几何级数增加，需要使用 2^n-1 个高速比较器和触发器、2^n 个分压电阻以及复杂的门网络编码器，使得该方案的 ADC 成本昂贵，大多应用在雷达、视频等转换速度要求极高的应用场合。

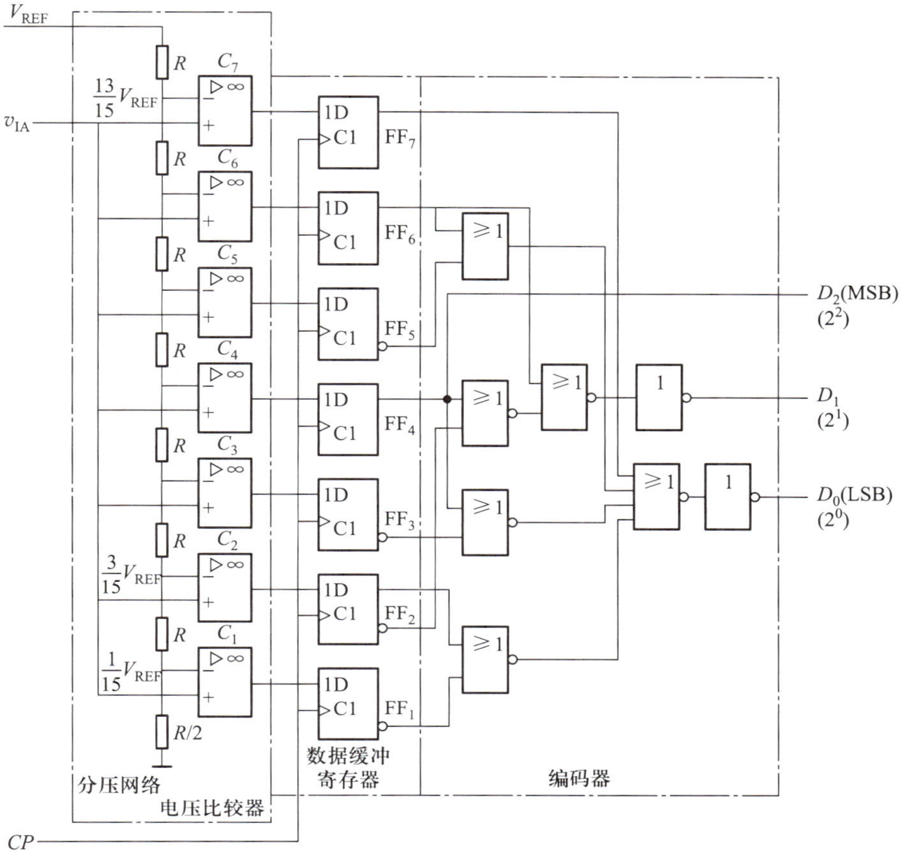

图 11.23　3 位并行比较型 ADC

11.6.2　分级并行比较型 ADC

并行比较型 ADC 随着位数的增加，电路复杂程度呈几何级数增加，为了解决并行比较型 ADC 提高分辨率和增加元件数的矛盾，可以采取分级并行转换的方法。例如 10 位的并行 A/D 转换器就需要 $2^{10}-1=1\ 023$ 个比较器和触发器，以及 1 024 个电阻。如果将 10 位并行比较模数转换分成两级进行，每级完成 5 位并行模数转换，则需要的元器件数量减少很多。

10 位分级并行比较型 ADC 原理如图 11.24 所示。首先，将第一路输入模拟信号 v_{IA} 经第一级 5 位并行比较 ADC，进行第一次的模数转换，得到输入电压的高 5 位数字编码；同时，将高 5 位数字编码送入 5 位 DAC，得到高 5 位编码所对应的量化模拟量 v_O；然后，另一路采样模拟信号 v_{IA} 则送至模拟减法器，与高 5 位数模转换得到的量化模拟电压 v_O 相减，得到第一次转换的量化误差电压 ε，$\varepsilon<\frac{V_{REF}}{2^5}$，如果第二级 ADC 的参考电压 V_{REF} 不变，则需将量化误差

值放大 $2^5=32$ 倍，再送第二级 5 位并行比较 ADC，得到量化误差所对应的低 5 位编码输出，高 5 位和低 5 位数字合起来构成 10 位数码，最终实现了 10 位的模数转换编码。

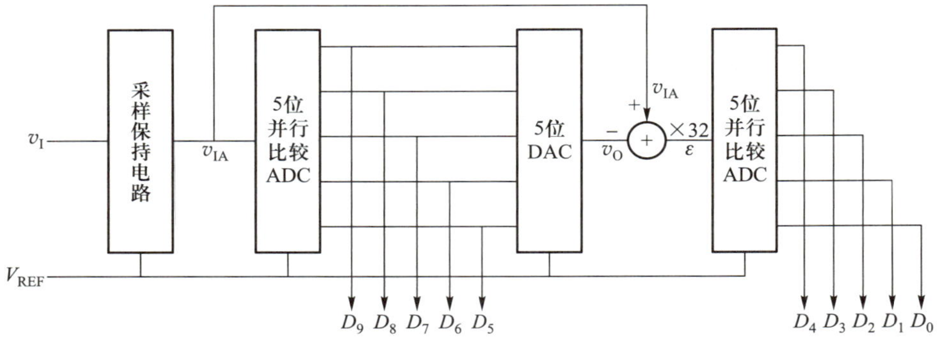

图 11.24　10 位分级并行比较型 ADC

分级比较型 ADC 用两次 5 位并行比较 ADC 实现了 10 位模数转换，虽然在速度上做了牺牲，却使元件数大为减少。10 位分级并行模数转换增加了一个 5 位 DAC，所需要的比较器和触发器个数为 $2(2^5-1)=62\ll 1\,023$ 个，电阻个数为 $2\times 2^5=64\ll 1\,024$ 个，相应编码器的规模也大大减少，虽然增加了一个 5 位 DAC，一个加法器和一个乘法器，所减少的电路规模远超增加的电路。分级并行比较型 ADC，又称为半并行或 half-flash ADC，在需要兼顾成本、分辨率和速度的情况下常被采用。这种方法也表明，在电路设计时，多个指标经常是相互制约的，要提高某个指标，往往就需要降低另外的指标作为代价，电路的设计就是需要折中以达到满足要求的指标。

11.6.3　逐次逼近型 ADC

分级并行比较型 ADC 通过两次并行比较模数变换，分别得到了高 $n/2$ 位和低 $n/2$ 位的编码，最终实现了 n 位模数转换，更进一步思考，如果每次只实现 1 位模数转换，逐次逼近最终的模数转换结果，则可以进一步降低器件的复杂度和制作成本。实现上述转换过程的一个逐次逼近型 ADC 方案框图如图 11.25(a)所示，逐次逼近型 ADC 只需要一个电压比较器和一个 DAC，通过对输入模拟电压与逐步逼近的基准电压的不断比较，以得到需要的数字量。对于 n 位 ADC 通过 n 次比较，从高到低逐次确定 n 位二进制数码。

这种逐次逼近的方法类似于用天平称出物体质量的方法：n 个不同大小的砝码质量则与 n 位二进制位权重 2^n 相对应，通过从大到小增减砝码，逐步逼近物体质量。一个未知的模拟电压 v_{IA}，在未经转换以前，还无法确定它在哪一个区中，对它的搜索范围应是整个变化范围。所谓逐次逼近，就是逐次缩小搜索范围：先确定它在哪一个 $V_{REF}/2$ 范围内（也就是确定输出的最高位数码 B_{n-1} 是 **1** 还是 **0**），然后再确定它在哪一个 $V_{REF}/4$ 范围内（确定输出码的第 2 位 B_{n-2}），以此类推，最后确定它在哪一个 $V_{REF}/2^n$ 范围内（确定最后一位数码 B_0）。

逐次逼近型 ADC 由一个电压比较器、数据寄存器和一个数模转换器组成，其中寄存器

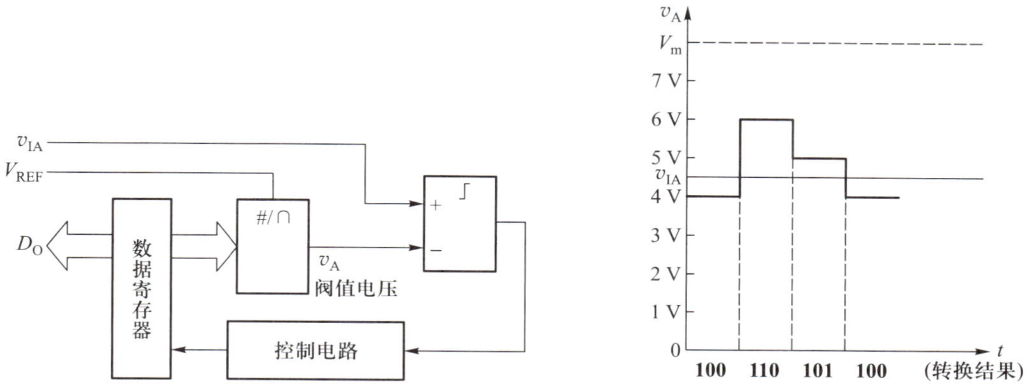

(a) 逐次逼近型ADC框图 (b) 逐次逼近转换过程

图 11.25 逐次逼近型 ADC

用来存放逐次逼近的数码，比较时的基准电压阈值则应由上述寄存器内容通过数模转换得到，其工作原理如下。

以 3 位逐次逼近型模数转换为例，设参考电压 $V_{REF}=8$ V，要转换的模拟电压范围为 0~8 V，要求转换成 3 位二进制码，则 3 位二进制码 $B_2B_1B_0$ 的各位权重分别对应基准电压：$V_{REF}/2=4$ V，$V_{REF}/2^2=2$ V，$V_{REF}/2^3=1$ V，假定被转换的输入电压 v_{IA} 为 4.3 V，见图 11.25(b)，则有如下逐次比较过程。

第一次比较，确定最高位 B_2。设置 $B_2=\mathbf{1}$，此时数据寄存器中的数据为初始比较电压阈值 **100**，通过数模转换输出结果为 $V_{REF}/2=4$ V，它将输入电压范围分为[0,4] V 和[4,8] V 两个1/2区间，如 $v_{IA}\geqslant V_{REF}/2=4$ V，处于上半区，则 $B_2=\mathbf{1}$；若 $v_{IA}<V_{REF}/2=4$ V，处于下半区，则 $B_2=\mathbf{0}$。将 $v_{IA}=4.3$ V 与电压阈值 4 V 比较，有 $v_{IA}=4.3$ V$\geqslant$4 V，比较结果为 **1**，用只舍不入方式确定最高位 B_2 的量化结果为 **1**。

第二次比较，确定次高位 B_1。根据上次比较结果确定 $B_2=\mathbf{1}$，并设置 $B_1=\mathbf{1}$，则数据寄存器中的电压比较阈值更新为 **110**，通过数模转换得到新的比较电压阈值 $V_{REF}/2+V_{REF}/4=6$ V，它将输入电压范围分为[4,6] V 和[6,8] V 两个 1/4 区间，将 $v_{IA}=4.3$ V 与电压阈值 6 V 比较，有 $v_{IA}<6$ V，比较结果为 **0**，确定次高位 B_1 的量化结果为 **0**。

第三次比较，确定最低位 B_0。根据前两次比较结果确定 $B_2=\mathbf{1}$ 和 $B_1=\mathbf{0}$，并设置 $B_0=\mathbf{1}$，则数据寄存器中的电压比较阈值更新为 **101**，通过数模转换得到新的比较电压阈值 $V_{REF}/2+V_{REF}/8=5$ V，它将输入电压范围分为[4,5] V 和[5,6] V 两个 1/8 区间，将 $v_{IA}=4.3$ V 与电压阈值5 V比较，有 $v_{IA}<5$ V，比较结果为 **0**，确定最低位的量化结果 $B_0=\mathbf{0}$。

最后一步，输出模数转换的结果。电压 $v_{IA}=4.3$ V 经过 3 次比较，分别得到 $B_2=\mathbf{1}$，$B_1=\mathbf{0}$ 及 $B_0=\mathbf{0}$，在该周期最终将数据寄存器中的内容更新为 **100**，此时数据寄存器逐次逼近了模数转换的最后结果。

逐次逼近型 ADC 的转换过程是按时钟节拍一步一步进行的，第一次比较的阈值电压为 $V_{REF}/2$，用以确定最高有效位，以后每次的电压阈值均由前一次的比较结果决定，直至确定最低有效位，通过逐次比较分别产生 n 位数值。逐次逼近型数模转换器一次转换需要多个时钟周期方可完成，对 n 位模数转换，至少需要 $(n+1)$ 个时钟周期，所以其转换速度比并行比较方式低，但这种转换方式只用了 1 个电压比较器，因而其成本比并行比较方式小得多，性价比高，应用范围广。

11.6.4　双积分型 ADC

双积分型模数转换器是一种间接型 ADC，其基本思想是将待转换电压和参考电压分别进行两次积分，将电压转换成与其幅度成正比的时间，然后利用脉冲计数器对时间进行测量，将计数器的计数结果作为模数转换的数字量输出。双积分型模数转换电路的基本框图如图 11.26 所示，它由积分器、过零比较器、计数器、输入选择开关 S_1、门控开关 S_2 和控制电路组成。

微视频 11-2
逐次逼近型
ADC

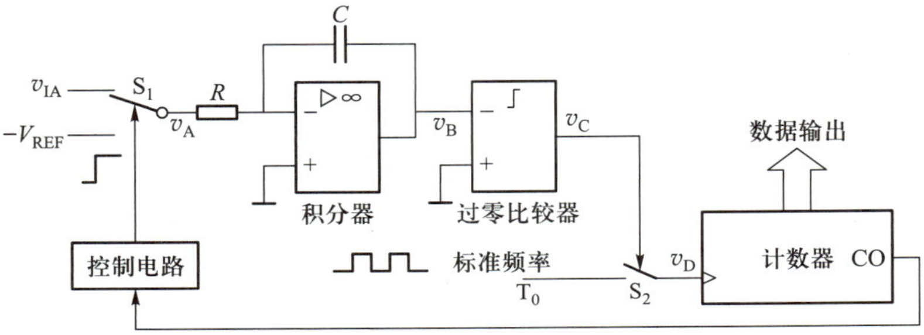

(a) 方框图

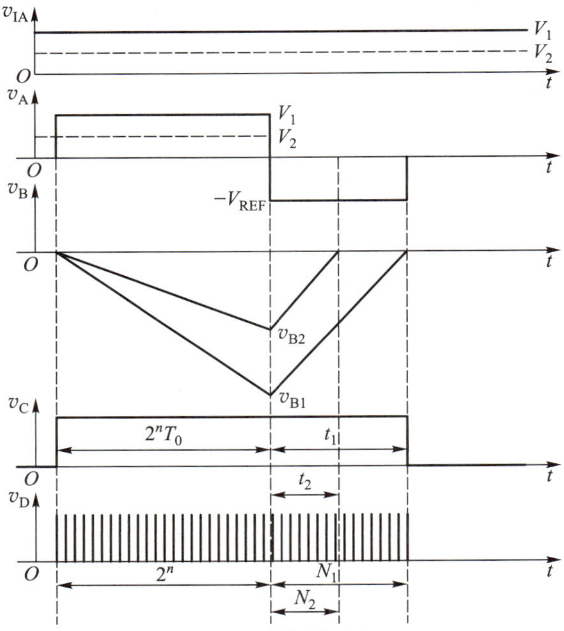

(b) 转换原理图

图 11.26　双积分型 ADC

积分器是双积分型模数转换的核心器件,如图 11.26(a)所示。图中用集成运算放大器和电阻电容构成了积分电路,其输出电压与输入电流的关系为

$$v_B = -\frac{1}{C}\int i\mathrm{d}t = -\frac{1}{C}\int\frac{v_{IA}}{R}\mathrm{d}t \tag{11-35}$$

因为 v_{IA} 为常数,则输出电压与积分时间的线性关系为

$$v_B = -\frac{v_{IA}}{RC}t \tag{11-36}$$

因而可以利用积分电路建立采样保持电压与时间之间的对应关系。

过零比较器是双积分型 ADC 的主要控制部件,用来控制计数器的计数过程,如图 11.26 所示。由于 v_B 加在过零比较器的反相输入端,所以当 $v_B<0$ 时,比较器的输出 v_C 为 **1**,从而将开关 S_2 接通,由振荡器产生的标准频率信号便加到计数器的时钟输入端,使计数器开始计数;当 $v_B>0$ 时,比较器的输出 v_C 为 **0**,将开关 S_2 断开,中断标准频率信号,停止计数器计数。

双积分型 ADC 的信号采样与模数转换均由积分器和计数器共同完成,其工作原理如下。

1. 准备期

在转换前,先将计数器清零,并将积分器电容上的残余电荷释放掉,准备开始输入模拟电压的取样周期。

2. 取样期

在控制电路的作用下将开关 S_1 接至输入信号 v_{IA},于是积分器开始对输入模拟信号进行积分,因为积分斜率为负值,所以开始启动后,积分器输出 v_B 由 0 开始线性下降,由于 $v_B<0$ 加在过零比较器的反相输入端,过零比较器的输出端 v_C 便由 **0** 跃变为 **1**,从而将开关 S_2 接通,由振荡器产生的标准频率信号便加到计数器的时钟输入端,使计数器开始计数。当计数器计至满量程时,计数器出现进位信号,进位信号送到控制电路,使开关 S_1 断开输入电压 v_{IA},取样期结束。

取样期的时间是由计数器决定的,对于 n 位计数器,取样时间等于 2^n 个标准计数周期 T_0,因此对输入模拟信号的积分为定时积分。则当取样期结束时,积分器输出电压 v_B 显然与输入电压 v_{IA} 成正比:

$$v_B = -\frac{v_{IA}}{RC}\times 2^n T_0 \tag{11-37}$$

3. 转换期(定速积分)

当计数器计至满量程时,计数器出现进位信号,此信号送到控制电路,在控制电路作用下,开关 S_1 被接至基准电压 $-V_{REF}$,转入转换期。积分器开始对 $-V_{REF}$ 进行积分,因为 $-V_{REF}$ 与 v_{IA} 极性相反,所以积分器开始反向积分,其输出电压 v_B 反向线性增长,则有

$$v_B = -\frac{v_{IA}}{RC}\times 2^n T_0 + \frac{V_{REF}}{RC}t \tag{11-38}$$

刚开始反向积分时,v_B 仍然小于零,标准频率仍然通过开关 S_2 加在计数器的时钟端上,

因而计数器又从零开始重新计数。当积分器的输出 v_B 上升到 0 电平时，过零比较器翻转，其输出 v_C 由 **1** 跳回 **0**，将开关 S_2 断开，标准频率信号中断，计数器停止计数，转换期结束。

转换期的积分速度由 $-V_{REF}$ 决定，是一固定值，因此称之为定速积分。但积分时间却不相同，它取决于取样期结束时积分器的输出电压大小，此时有

$$v_B = -\frac{v_{IA}}{RC} \times 2^n T_0 + \frac{V_{REF}}{RC} t = 0 \tag{11-39}$$

则转换期的结束时间 t 表达式如下

$$t = \frac{v_{IA}}{V_{REF}} \times 2^n T_0 \tag{11-40}$$

则此时计数器中所计得的数据为

$$N = \frac{t}{T_0} = \frac{v_{IA}}{V_{REF}} \times 2^n \tag{11-41}$$

因为 $V_{REF} \geqslant v_{IA}$，所以计数器中 $N<2^n$，计数结果 N 与 v_{IA} 成正比，可以用它来表征 v_{IA} 的大小，所以数据 N 就是双积分型模数转换的结果。

双积分型 ADC 是通过电压时间转换间接完成的模数转换，因而其转换速度低，一般只用于直流信号或低频慢变化信号的模数转换，但此种方案有其独特的优点：一是抗干扰能力强，根据积分器工作原理，双积分型 ADC 是对积分时间内的电压平均值进行了模数转换，因而具有抗周期性干扰的能力；二是精度高且成本低，只需要提高计数器位数并延长电路积分时间，就能提高器件的分辨率，特别适合于制作数字万用表等低速率数字测量仪器。

11.7　模数转换的技术指标

11.7.1　分辨率

分辨力指输出二进制码最低有效位对应的输入电压，用来衡量模数转换的精细程度。从前述量化过程可知，分辨力就是量化阶梯 S。量化阶梯 S 也就是指输出二进制码最低有效位对应的输入电压，可以用来衡量模数转换的精细程度。模数转换器在使用过程中，可以通过改变参考电压，调整量化阶梯，以适用于不同的应用要求的输入电压动态范围和电压分辨力。

与数模转换一样，通常更关心的不是绝对分辨力，而是相对分辨力，即分辨率。模数转换器件的分辨率表明了对输入模拟信号的分辨能力，一个 n 位的模数转换，设其电压的最大变化范围为 V_{max}，在量化时应将 V_{max} 分成 2^n 层，量化阶梯为 S，则其分辨率为

$$R_{es} = \frac{S}{V_{max}} = \frac{S}{2^n S} = \frac{1}{2^n} \tag{11-42}$$

一般在工程上习惯用位数 n 来表征分辨率,位数越多,分辨率越高。

11.7.2　转换精度

模数转换精度反映了一个实际转换结果与理想量化值之间的差异,转换精度也用转换误差来衡量。与数模转换相同,误差也分零点、增益和非线性 3 类。表现在转换特性上是理想参考线的平移、斜率变化和非线性,其中前两种可以通过调整电路来减小,后一种则是系统误差造成,各元件的精度、装配质量都有影响。除此之外,模数转换还存在量化误差,根据量化方式的不同,量化误差等于 S 或者 $S/2$,因此,模数转换总的误差是量化误差与前述各种误差之和。模数转换器的位数越高,则量化误差就越小,在工程应用中,通过选取合适位数,可以使量化误差小于其他系统误差和噪声,取得最好的性价比。

11.7.3　转换速度

转换速度用转换时间来表示,它定义为从输入模拟电压加到模数转换电路输入端到获得稳定的二进制码输出所需的时间。

模数转换电路转换速度的高低与其转换方案有关,不同转换方案的转换速度相差较大。一般来说,转换速度与成本是一对矛盾,一些常用的模数转换方式的分辨率与转换速度的关系,如图 11.27 所示。

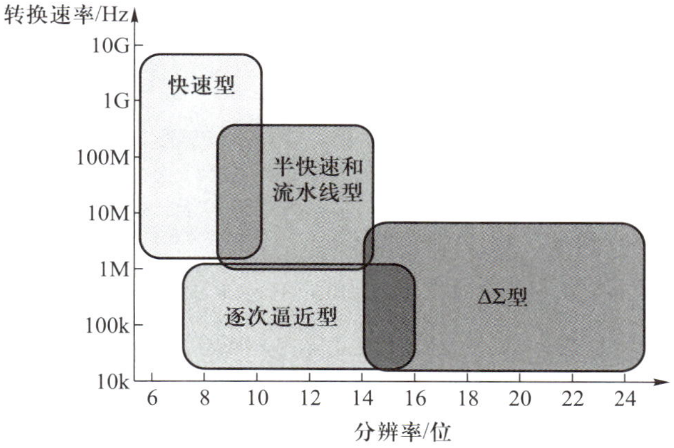

图 11.27　常用模数转换方式的分辨率与转换速度

11.8　集成 ADC 及其应用

集成 ADC 品种繁多,选用时应综合考虑各种因素选取集成芯片。在集成 ADC 的应用中，并行比较型 ADC 工作速度最高，常用于视频信号采样等高速应用场合，逐次逼近型 ADC 具有最好的性价比，能满足于大多数应用场合，是使用范围最广的 ADC 芯片。下面以 ADC0804 为例，介绍集成 ADC 芯片及其应用。

11.8.1　逐次逼近型 8 位 ADC：ADC0804

ADC0804 是一款 8 位逐次逼近型的单片集成 ADC，其结构简单、价格低廉，适用于一些低成本应用场合。主要特点是：8 位分辨率，转换误差为±1LSB；单模拟输入通道，可以满足差分和单端电压输入；模数转换时间大约 100 μs(f_{CK} = 640 kHz 时)；单电源+5 V 工作时，即 V_{CC} = +5 V，模拟输入电压范围是 0～+5 V；具有参考电压输入端；内含时钟发生器；内部有输出数据锁存器，三态输出可以直接与数据总线相连等。

ADC0804 芯片引脚如图 11.28 所示，引脚定义如下。

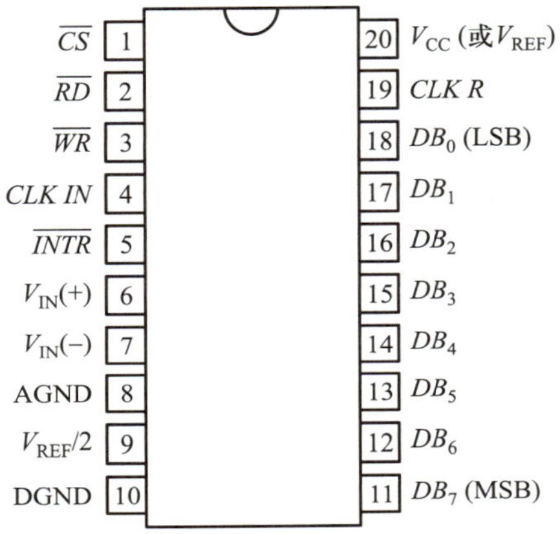

图 11.28　ADC0804 芯片引脚图

$V_{IN}(+)$、$V_{IN}(-)$：两个模拟信号输入端，可以接收单极性、双极性和差模输入信号，输入电压 $V_{IN} = V_{IN}(+) - V_{IN}(-)$，使用单端 $V_{IN}(+)$ 输入时，可将 $V_{IN}(-)$ 接地。

$DB_0 \sim DB_7$：具有三态特性数字信号输出端，输出结果为 8 位二进制数。

$\overline{CS}$：片选信号输入端，低电平有效。

$\overline{RD}$：读信号输入端，低电平输出端有效。当 $\overline{CS}$ 和 $\overline{RD}$ 皆为低电平时，ADC0804 会将转换后的数字信号，经由 $DB_7 \sim DB_0$ 端口输出，取数时延约 135 ns。

$\overline{WR}$：写信号输入端，低电平启动模数转换。当 $\overline{CS}$ 和 $\overline{WR}$ 皆为低电平时，ADC0804 做清除的动作，系统重置，当 $\overline{WR}$ 由 **0** 变为 **1** 时，ADC0804 开始转换信号，此时 $\overline{INTR}$ 为高电平。

$\overline{INTR}$：中断请求，转换期间为高电平，等到模数转换结束后，$\overline{INTR}$ 会变为低电平表示本次转换已完成，$\overline{INTR}$ 信号负责向系统提出中断请求，告知其他的处理单元已转换完成，可读取数字数据。

CLK IN：外部时钟信号输入端。

CLK R：内部时钟发生器的外接电阻端。

一般可选用外部或内部来提供频率，亦可由芯片自身产生时钟脉冲，若在 *CLK R* 及 *CLK IN* 加上电阻及电容，则可产生 ADC 工作所需的时序，其频率计算方式是 $f_{CLK} = 1/(1.1RC)$。

V_{CC}：芯片电源 5 V 输入。若 *PIN*9 空接，则 V_{CC} 即为 V_{REF}。

$V_{REF}/2$：参考电平输入，决定量化单位，不需要调零。V_{REF} 为模拟输入电压 V_{IN} 的上限值。若 $V_{REF}/2$ 引脚空接，则 V_{IN} 的上限值即为 V_{CC}。

AGND：模拟电源地线。

DGND：数字电源地线。

在模数混合电路中，一般芯片都同时提供了数字地 DGND 和模拟地 AGND 引脚，在应用电路中，为防止数字系统脉冲信号对模拟电路的干扰，必须将所有电路和器件的模拟地和数字地分别布线连接，然后将数字地和模拟地仅在一点上连接，使数字电路的地电流不影响模拟信号回路，以防止寄生耦合造成的干扰。

11.8.2 集成 ADC：ADC0804 的应用

在智能化仪器仪表和控制系统中，常常会需要对外部物理量进行测量，这时就会用到数据采集系统。典型的数据采集系统由微处理器、总线接口以及 ADC 组成。用 ADC0804 所构成的简单单通道数据采集系统原理图如图 11.29 所示。

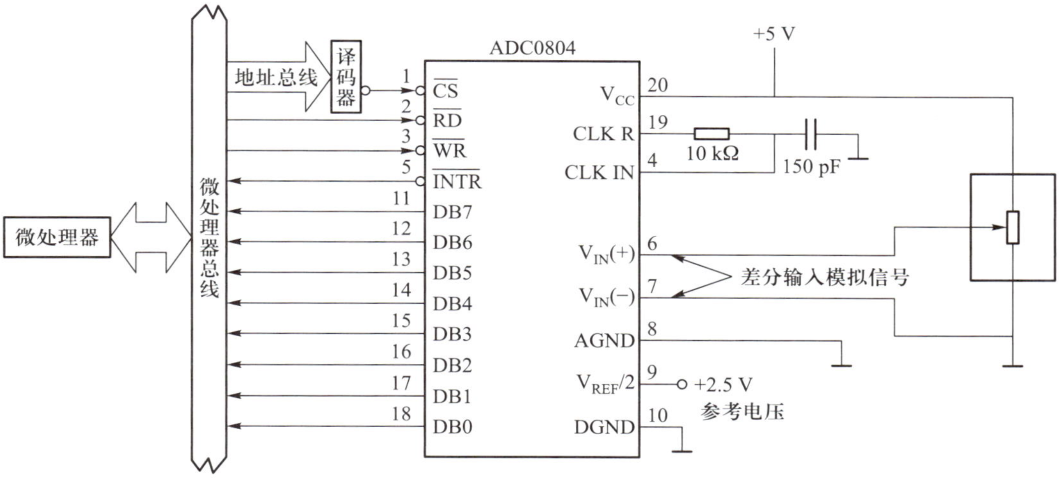

图 11.29　ADC0804 典型应用电路

由图 11.29 可知，模数转换器 ADC0804 作为微处理器总线上的设备，分配有一个相应的设备地址；微处理器可以通过这个地址访问该设备，$\overline{CS}$片选信号由地址译码器给出；由微处理器控制总线的读写信号$\overline{WR}$和$\overline{RD}$控制 ADC 运行；$\overline{INTR}$信号负责向微处理器系统提出中断请求，告知其已转换完成；或可通过查询方式读取$\overline{INTR}$信号，以获知 ADC 的运行状态，然后通过数据总线上传数据。其控制时序如图 11.30 所示。

启动数模转换：微处理器执行一条对该设备地址的写指令，由地址译码器译出低电平的$\overline{CS}$片选信号，随后给出写信号低电平脉冲$\overline{WR}$，在$\overline{WR}$脉冲的上升沿开始内部电路复零准备，随后 ADC 被启动，并且在经过一段时间之后，逐次比较模数转换完成，转换结果存入内部数据锁存器，同时$\overline{INTR}$自动变为低电平，发出中断请求，通知微处理器本次转换已结束。

读取数模转换结果：微处理器执行一条对该设备地址的读指令，由地址译码器译出低

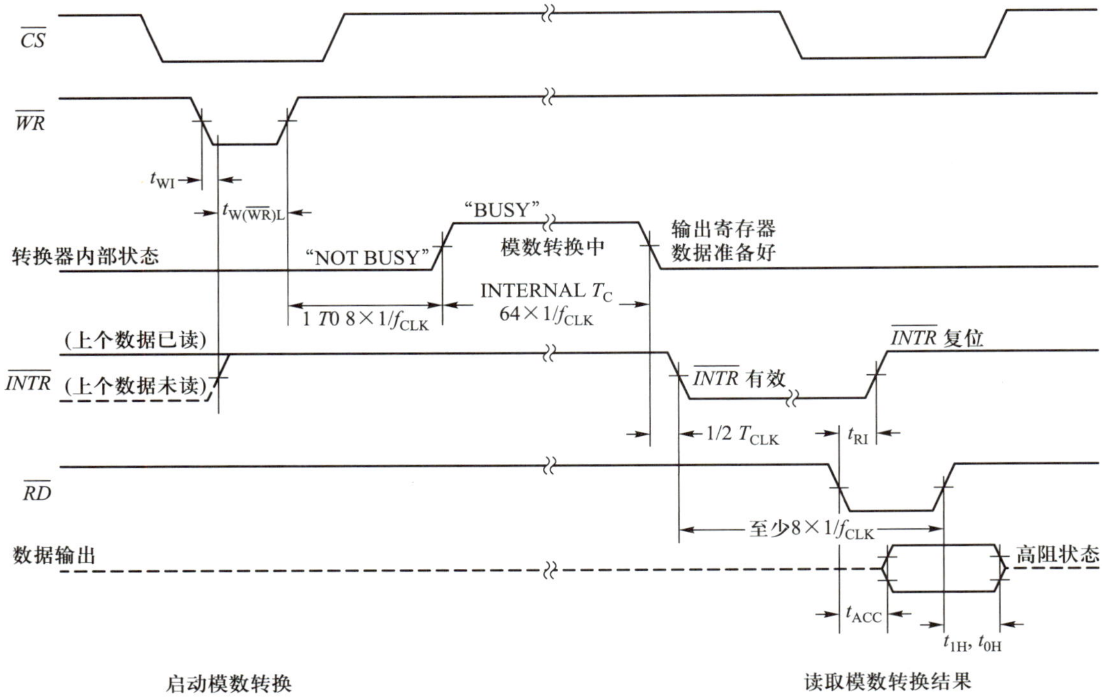

图 11.30　ADC0804 控制时序图

电平的$\overline{CS}$片选信号，随后给出读信号低电平脉冲$\overline{RD}$，在$\overline{RD}$脉冲的下降沿过后，中断信号$\overline{INTR}$恢复高电平，撤除中断请求，随后将数据锁存器转换结果送上数据总线，待数据总线上的数据到达稳定状态，微处理器在读信号$\overline{RD}$脉冲上升沿读取数据，完成读结果操作。

在实际应用中，也可以不采用中断方式，而采取查询方式读取模数转换状态，可以在启动模数转换后，通过查询$\overline{INTR}$引脚的电平，来判断模数转换状态，或者经过一个固定时间延迟（时延需大于实际转换时间）后，直接读取模数转换数据结果，读取结束后再启动下一次模数转换，如此循环下去。

本章小结

典型的数模混合系统由模拟电路和数字电路组成，数模转换电路与模数转换电路是模拟系统与数字系统之间的接口。

数模转换电路是由二进制数码转换为模拟信息的译码器。常见的数模转换方案有：开关树译码型 DAC、权电流译码型 DAC、权电阻网络译码型 DAC、倒 T 形电阻网络译码型 DAC 以及权电容译码型 DAC 等。

模数转换电路是将输入模拟信号转换为二进制数码的编码器。常见的模数转换方案有：并行比较型 ADC、分级比较型 ADC、逐次逼近型 ADC、跟踪比较型 ADC 以及双积分型 ADC 等。

本章只介绍了模数与数模转换技术的基本原理与技术，随着集成电路和计算机技术的发展，以及数字化仪器设备、智能电子产品和各类数字化系统的广泛应用，数模与模数转换技术也得到了迅速的发展，各种新型器件和技术原理不断出现，例如 sigma-delta 高精度 ADC 等，相关的技术进步与理论发展，读者可以参考有关专业文献。

习 题

- **11.1** 常见的 DAC 有哪几种？其各自的特点是什么？
- **11.2** 常见的 ADC 有哪几种？其各自的特点是什么？
- **11.3** DAC 和 ADC 的分辨力和分辨率说明了什么？
- **11.4** 说明模数转换过程中量化误差的产生原因，影响量化误差的主要参数。
- **11.5** 为什么要求 DAC 的最大误差 ε_{max} 必须小于分辨力 S 的一半？
- **11.6** 一个 10 位 DAC，要求 10 位二进制数能代表 0~10 V，试求最低位所代表电压。
- **11.7** 一个 8 位 DAC 的满值输出为-8 V，求输入为 **10001101** 时输出的模拟电压。
- **11.8** 在 4 位逐次逼近型 ADC 中，DAC 的基准电压 10 V，输入的模拟电压 7.2 V，试说明逐次比较的过程，并求出最后的转换结果。
- **11.9** 一个 7 位逐次逼近型 ADC，若其内部 DAC 电路的输出稳定时间需 10 μs，试求该器件完成一次模数转换至少需要多少时间。
- **11.10** 一个 12 位逐次逼近型 ADC，若其工作在 1 MHz 的时钟频率下，试求该器件完成一次模数转换至少需要多少时间。
- **11.11** 试画出 3 位并行比较型 ADC 的工作原理图，并设计出二进制编码器。
- **11.12** 试分析如题 11.12 图所示 R-$2R$ 网络型 DAC 的工作原理，并给出转换公式推导过程。

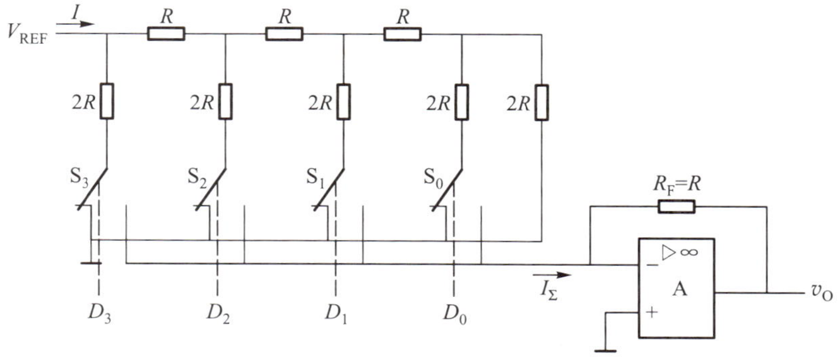

题 11.12 图

● **11.13**　题 11.12 图中，若 $V_{REF}=8\ \text{V}$，$R=1\ \text{k}\Omega$，$R_F=1\ \text{k}\Omega$，求：(1) 数字量分别为 **0101** 和 **1010** 时的 v_O。(2) 分辨率的值。(3) 最大值 v_{Omax}。(4)满刻度输出值。

● **11.14**　结合制造工艺、转换的精度和转换的速度等方面，比较权电阻型、倒 T 网络型、权电流型等 DAC 的特点。

● **11.15**　从精度、工作速度和电路复杂性等方面比较逐次逼近型、分级并行比较型、并行比较型 ADC 的特点。

● **11.16**　在双积分 ADC 中，若计数器为 12 位二进制计数器，时钟频率 1 MHz，试计算 ADC 的最大转换时间 T。

● **11.17**　AD7533 是一种低成本的数模转换芯片，由 CMOS 模拟开关和倒 T 形电阻网络构成，内置反馈电阻，不带内部输入锁存器，无内部参考电压源，不带电压输出电路。AD7533 的引脚如题 11.17 图(a)所示，内部电路如题 11.17 图(b)所示。$BIT_1 \sim BIT_{10}$为 10 位数据输入端，兼容 TTL 和 CMOS 逻辑电平；V_{DD}为主电源(+5 V～+15 V)；V_{REF}是参考电源(−10 V～+10 V)；I_{OUT1}和 I_{OUT2}为电流输出端；R_{FB}为反馈输入端；GND 为数字地。

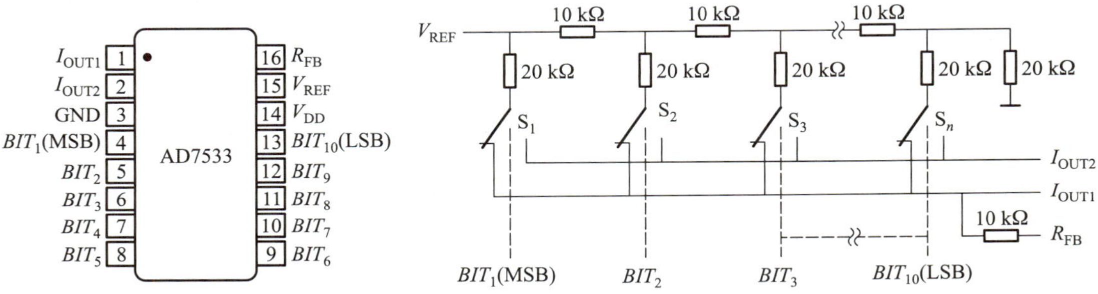

(a) AD7533引脚图　　(b) AD7533内部电路

题 11.17 图

若有模拟电压信号 v_{IN}(−10 V～+10 V)，试用该芯片设计一个数字式可编程衰减器，使得输出电压信号 v_O的增益 A(−1,0]可由 10 位二进制数控制，要求绘出电路图，推导出可编程衰减器增益公式，并分析衰减器的分辨率和精度。

第12章

数字系统设计

前面几章已经介绍了组合逻辑电路和时序逻辑电路的分析和设计方法，这些方法建立在真值表、卡诺图、状态表和状态转换图的基础上，可以完成简单数字逻辑电路的分析和设计。在面对复杂的数字系统时，随着电路规模和功能复杂程度的增大，数字逻辑电路的分析和设计方法已经难以完成系统功能描述和电路设计的任务，需要采用新的方法来描述和设计。现代数字系统的设计一般采用自上而下的设计方法，采用算法状态机(algorithmic state machine, ASM)图作为常用的设计工具。更为方便的是采用 Verilog HDL 进行数字系统设计。本章主要介绍数字系统的概念、原理及主要设计方法，列举简单的实例说明数字系统的设计过程和实现方法。说明用 Verilog HDL 进行数字系统设计的方法，并介绍利用 Quartus Ⅱ 等软件对数字系统的仿真与综合。

12.1 数字系统的基本概念

数字系统的结构框图如图 12.1 所示，主要由数据处理器和系统控制器两个核心部分组成，输入/输出接口用于系统和外界交换信息，或者用来与模拟系统相连，将模拟量转化为数字量，或将数字量转化为模拟量。

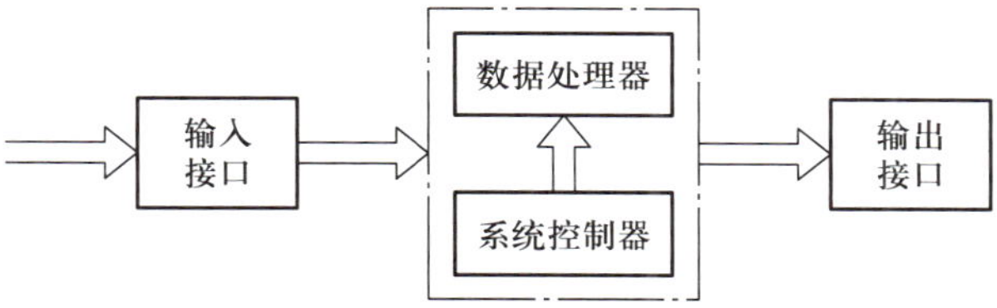

图 12.1 数字系统结构框图

系统控制器是控制数字系统内部协同各模块工作的电路，它根据外部输入信号、系统状态及处理器反馈信号，产生对数字信号处理器的控制信号及系统对外输出信号。处理器则在控制器的控制信号控制下，按一定工作步骤工作，并完成各种数字信号处理或复杂时序操作。有些规模较大的数字系统控制器还设置了存储器，用来存储数据和各种控制信息，以供控制器调用。

在第 9 章我们介绍了序列信号发生器的设计，对于给定的序列信号发生器，其电路设计一般有两种结构形式：计数型序列信号发生器和移存型序列信号发生器。其中，计数型序列信号发生器的结构如图 9.54 所示，具有类似于图 12.1 所示的数字系统的雏形。其特点是，用一个模 M 计数器作为序列信号发生器的控制电路，计数器的模值 M 等于所产生的序列信号的长度，并辅以数据选择器或其他组合逻辑构成序列发生器的处理器，产生一个固定周期的序列信号。计数型序列信号发生器如果需要产生不同的序列，只需要修改处理器电路，因此，这种电路设计方法具有应用灵活性。

前面几章所介绍的组合逻辑电路和时序逻辑电路，例如译码器、多路选择器、加法器、数据寄存器、移位寄存器、计数器等，通常被称为逻辑部件或功能模块，它们是构成数字系统的基本电路。通常以是否有控制器作为区别功能部件和数字系统的标志，凡是包含控制器且能按顺序进行操作的系统，称为数字系统。数字系统的规模可大可小，复杂程度也有很大差别，复杂的如计算机中央处理器、数字通信设备，简单的如交通灯控制系统等。

数字系统的设计方法一般采用自上而下（top-down）的设计方法。所谓“上”指的是系统功能，向下就是按“系统、子系统、模块、触发器/门电路”的顺序逐层进行设计。对于简单的小型数字系统，可以直接对它进行模块划分，其核心是将整个系统从逻辑上划分成控制器和处理器（受控电路）两大模块，采用 ASM 图来描述控制器和处理器的工作过程。如果系统比较复杂，可以将系统划分为多个子系统，逐步确定子系统方案与模块划分，分别设计和实现各子系统，最后由各子系统组成完整的数字系统。数字系统设计过程如图 12.2 所示。

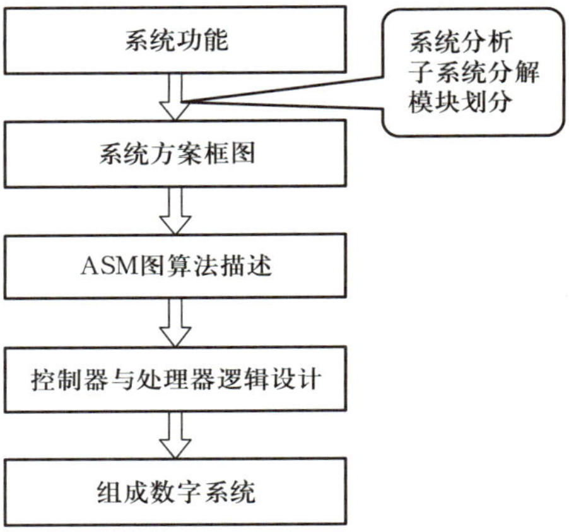

图 12.2　数字系统设计过程

微视频 12-1
数字系统的基本概念

12.2　算法状态机

算法状态机流程图（arithmetic state machine flowchart，ASM）是描述数字系统控制算法的流程图，应用 ASM 图设计数字系统，可以很容易将语言描述的设计问题变成时序流程图的描述，控制器时序逻辑电路的一个状态，称为算法状态，每一个算法状态将发出一些命令去控制各受控部分（处理器）的工作，并依据输入信号和各受控部分的反馈信号来确定状态的转换，描述逻辑设计问题的时序流程图一旦形成，状态函数和输出函数就容易获得，从而得出相应的硬件电路。

ASM 图中有三种基本符号，即状态框、判断框和条件输出框，如图 12.3 所示。

状态框：在 ASM 图中用状态框（矩形框）表示数字系统控制序列中的算法状态，如图 12.4（a）所示。状态所发出的命令分为两类，寄存器操作和无条件输出（即只要进入该状态输出就有效）。框内标出在此状态下实现的寄存器操作和无条件输出，状态的名称置于状态框左上角，分配给状态的二进制代码位于状态框的右上角，图 12.4（b）为状态框实例。实例中状态框的名称是 S_1，其状态编码是 **010**，框内规定的寄存器的操作是 $B \leftarrow A$，输出信号是 Z。

图中的箭头表示系统状态的流向，在时钟脉冲触发沿的触发下，系统进入状态 S_1，在下一个时钟脉冲触发沿的触发下，系统离开状态 S_1，因此一个状态框占用一个时钟脉冲周期。

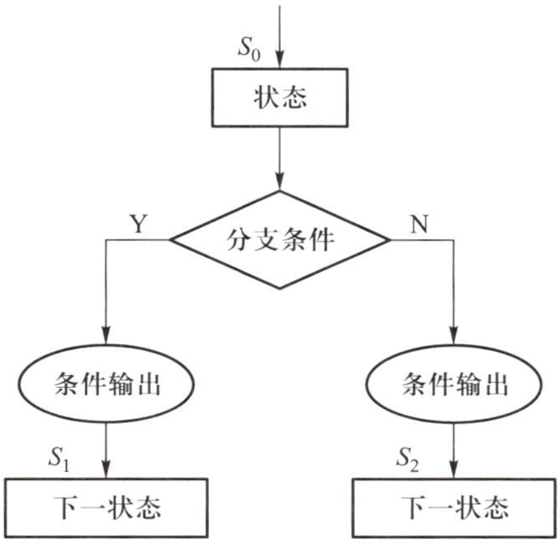

图 12.3 ASM 图

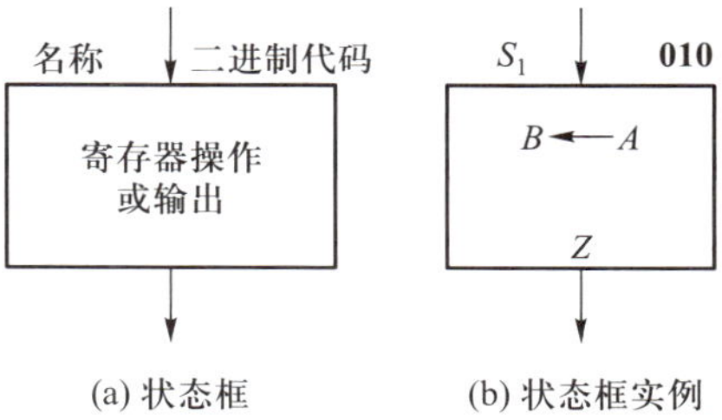

图 12.4 状态框与实例

判别框：在 ASM 图中用判别框（菱形框）来描述状态分支，判别框表示状态变量（分支条件）对控制器工作的影响，如图 12.5 所示。它有一个入口和多个出口，框内填判别条件，如果条件是真，选择一个条件输出或指向下一状态分支，若条件是假，则选择另一个条件输出或指向另一个状态分支。

判断框的入口来自某一个状态框，在该状态占用的一个时钟周期内，根据判断框中的条件，以决定下一个时钟脉冲触发沿来到时，该状态从判断框的哪个出口出去，因此，判断框从属于其入口的状态框，不单独占用时间周期。

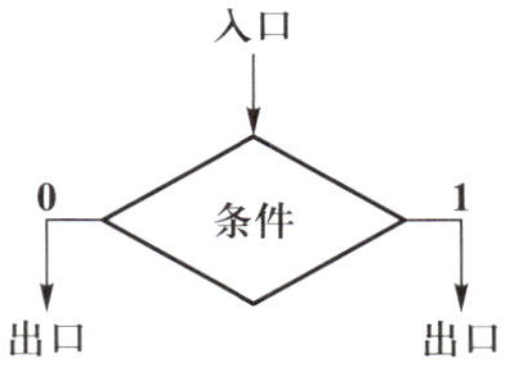

图 12.5 判断框

条件输出框：条件输出框如图 12.6（a）所示，条件输出框的入口必定与判断框的输出相连。列在条件框内的寄存器操作或输出是在给定的状态下，满足判断条件才发生的。在图 12.6（b）的例子中，当系统处于状态 S_1 时，若条件 $X = \mathbf{1}$，则寄存器 R 被清 **0**，否则 R 保持不变；不论 X 为何值，系统的下一个状态都是 S_2。

条件输出框的入口与判断框的输出相连，来自某一个状态框，完成条件输出后转入下一个状态，因此，条件输出框和判断框一起从属于其入口的状态框，不单独占用时间周期。

算法状态机流程图与程序流程图形式上很相似，但实际上有很大差异。程序流程图只表示事件发生先后的时间顺序，并没有时间周期概念，而算法状态机流程图与时序逻辑电路的状态图类似，不仅表示事件的时序关系，还描述了每个算法状态占用的时间周期间隔。在 ASM 图中，每一个状态框表示一个时间周期内的系统状态，状态框和与之相连的判断框、条件输出框所规定的操作，都是在一个共同的时钟周期实现的，同时系统的控制器从现在状态（现态）转移到下一个状态（次态）。图 12.7 给出了 ASM 图的各种操作及状态转换的时间图。假设系统中所有触发器都是上升沿触发，在第一个时钟脉冲上升沿到来时，系统转换到 S_0 状态，随后根据条件由判断框输出 **1**（真）或 **0**（假），以便在下一个时钟脉冲上升沿到达时，系统的状态由 S_0 转换到 S_1、S_2 和 S_3 中的一个。

微视频 12-2
算法状态机

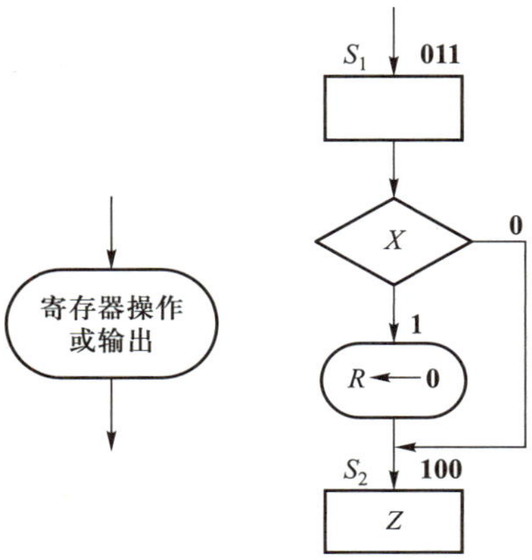

(a) 条件输出框　　(b) 实例

图 12.6　条件输出框与实例

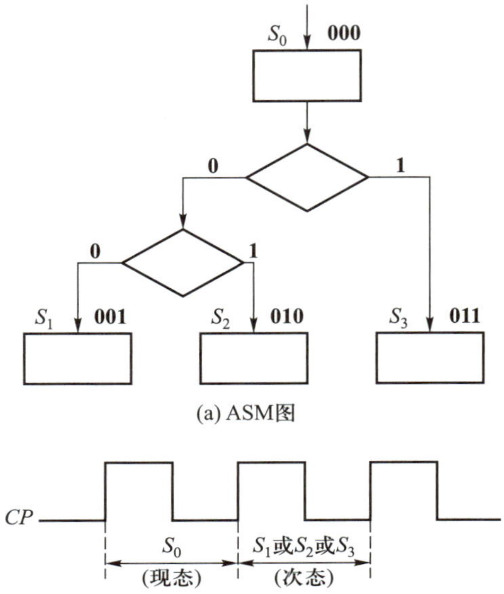

(b) 状态的时间图

图 12.7　ASM 图与状态的时间图

12.3　利用 ASM 图设计数字系统实例

12.3.1　逐次逼近型模数转换器数字系统设计

逐次逼近型 ADC 通过对输入模拟电压与相应的基准电压不断比较逐步逼近，每次比较只需要一个电压比较器，对于 n 位 ADC 通过 n 次比较，从高到低逐次确定 n 位二进制数码。实现上述转换过程的一个逐次逼近型 ADC 方案框图如图 11.25 所示，这种方案由一个电压比较器、数据寄存器和一个 DAC 组成，其中寄存器用来存放逐次逼近的数值结果，并通过数模转换得到比较器的基准电压阈值。逐次逼近型 ADC 每一次转换需要多个时钟周期方可完成，对 n 位模数转换，至少需要 $(n+1)$ 个时钟周期。

1. 系统功能分析

在这里采用数字系统设计思想，设计一个简单的 3 位逐次逼近型 ADC 的数字逻辑系统。图 12.8 给出了一个 3 位逐次逼近型模数转换的系统框图，其中，被转换的输入电压为

v_{IA};3 位数据寄存器分别为 $B_2B_1B_0$;3 位数模转换输出电压为 v_A;电压比较器输出结果为 F,若 $v_{IA}>v_A$ 则 $F=1$。根据第 11 章所述逐次逼近模数转换的基本原理,其工作流程图如图 12.9 所示。

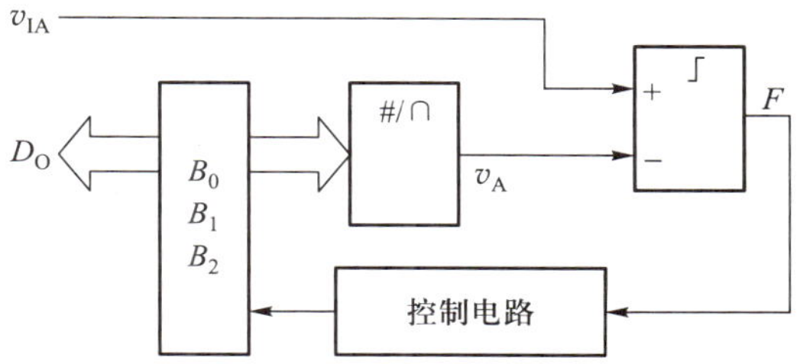

图 12.8 逐次逼近型 ADC 系统框图

根据逐次逼近型 ADC 工作原理,可以将系统划分为控制器和处理器两大部分,如图 12.8 所示。受控部分(处理器)由 3 位 DAC、电压比较器以及数据寄存器组成。控制电路(控制器)将 n 位逐次逼近型模数转换过程分为 $n+1$ 个步骤,对应于 $n+1$ 个工作状态,3 位逐次逼近型 ADC 具有 4 个工作状态,设 S_0、S_1、S_2、S_3 分别对应于四个工作状态,则有图 12.10(a)的 ASM 流程图。逐次逼近模数转换控制器状态转换图如图 12.10(b)所示。

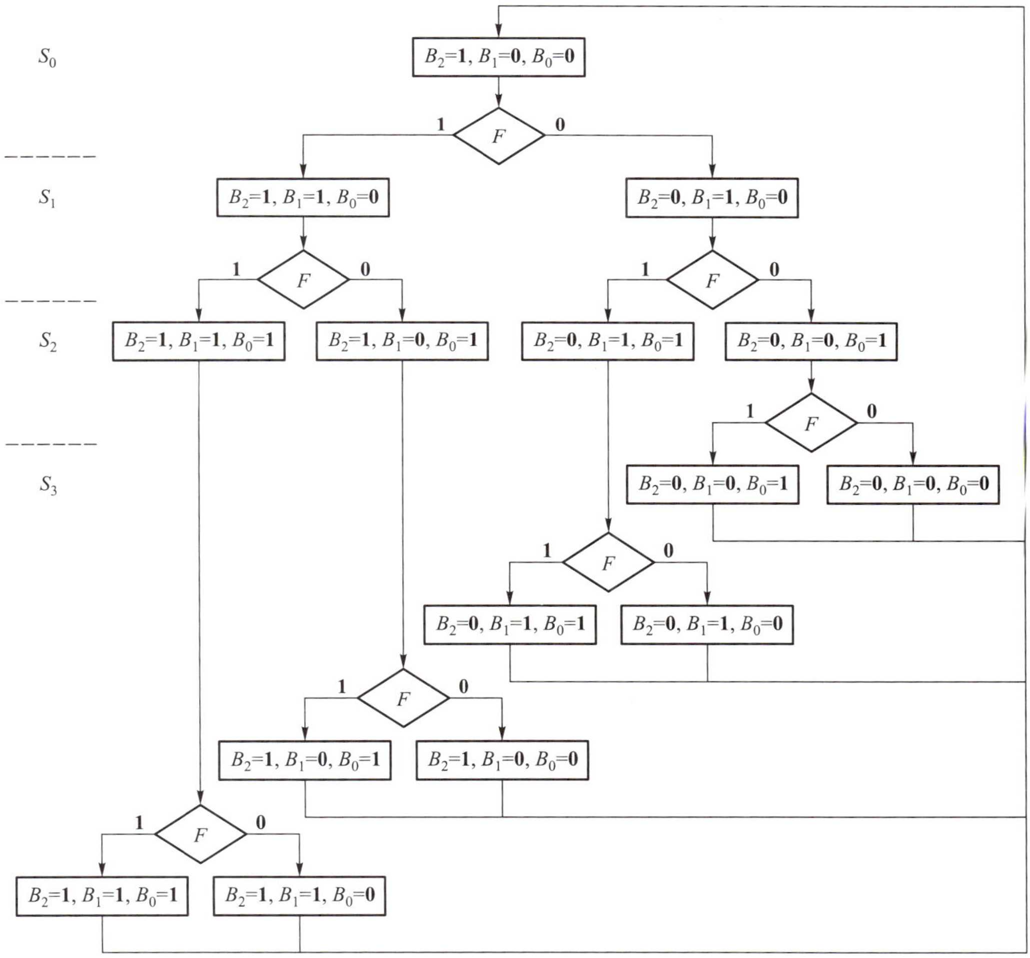

图 12.9 逐次逼近型 ADC 工作流程图

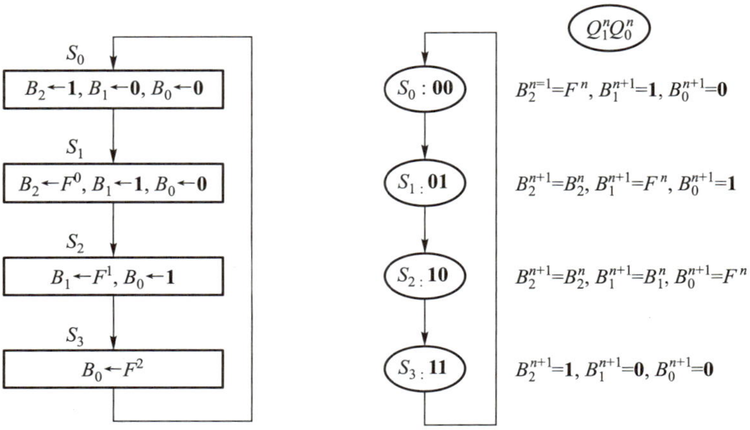

(a) 控制器ASM流程图　　　　(b) 控制器状态转换图

图 12.10　逐次逼近型 ADC ASM 图

S_0 状态：第一次数据寄存器中的初始数据 $B_2^0B_1^0B_0^0$ 为 **100**，DAC 输出参考电平 $v_A=\frac{1}{2}V_{REF}$，若 $v_{IA}>v_A$，比较结果 F 为 **1**，则 $B_2^1=\mathbf{1}$，否则 $B_2^1=\mathbf{0}$，则有下一个状态最高位 $B_2^1=F^0$，次高位 $B_1^1=\mathbf{1}$，$B_0^1=\mathbf{0}$，准备下一次比较。

S_1 状态：第二次数据寄存器中 B_2 已经得到第一次的转换结果，此时寄存器的数据为 F^0**10**，DAC 输出参考电平为 $v_A=3/4V_{REF}$或 $v_A=1/4V_{REF}$，若 $v_{IA}>v_A$，则比较结果 F 为 **1**，$B_1^2=\mathbf{1}$，否则 $B_1^2=\mathbf{0}$。则有最高位保持不变，$B_2^2=B_2^1=F^0$，次高位 $B_1^2=F^1$，最低位 $B_0^2=\mathbf{1}$，准备最后一次比较。

S_2 状态：第三次数据寄存器中 B_2 和 B_1 已经得到转换结果，因此这两位保持数据不变；此时数据为 F^0F^1**1**，依次类推，根据此时电压比较器的输出 F，若比较结果 F 为 **1**，则 $B_0^3=\mathbf{1}$，否则 $B_0^3=\mathbf{0}$，可以得到逐次转换的最后一位数码 B_0；则有 $B_2^3=F^0$，$B_1^3=F^1$，$B_0^3=F^2$。

S_3 状态：第四次数据寄存器中 $B_2B_1B_0$ 均已得到正确的转换结果，完成逐次比较模数转换并可以输出模数转换结果。S_3 状态为模数转换完成状态，并有下一状态 $B_2=\mathbf{1}$，$B_1=\mathbf{0}$，$B_0=\mathbf{0}$，准备开始新一个转换循环。

2. 控制器的设计

数字系统控制器的任务就是按照一定的时序或规律，发出操作命令，控制处理器执行相应的系统功能。根据图 12.10(a)所示的 ASM 流程图，3 位逐次逼近型 ADC 的控制器可以由一个模 4 的循环计数器实现，该计数器可以采用移位型计数器或二进制计数器实现。如果采用二进制状态编码和 D 触发器作为状态寄存器，按同步时序逻辑电路设计方法，可以得到如图 12.10(b)所示之状态转换图。则有如下控制器状态方程

$$Q_0^{n+1}=\overline{Q_0^n}$$

$$Q_1^{n+1}=Q_1^n\overline{Q_0^n}+\overline{Q_1^n}Q_0^n=Q_1^n\oplus Q_0^n$$

其中状态变量有如下逻辑函数实现

$$S_0 = \overline{Q_1^n}\,\overline{Q_0^n}$$

$$S_1 = \overline{Q_1^n}Q_0^n$$

$$S_2 = Q_1^n\overline{Q_0^n}$$

$$S_3 = Q_1^nQ_0^n$$

控制器状态产生电路如图 12.11 所示。

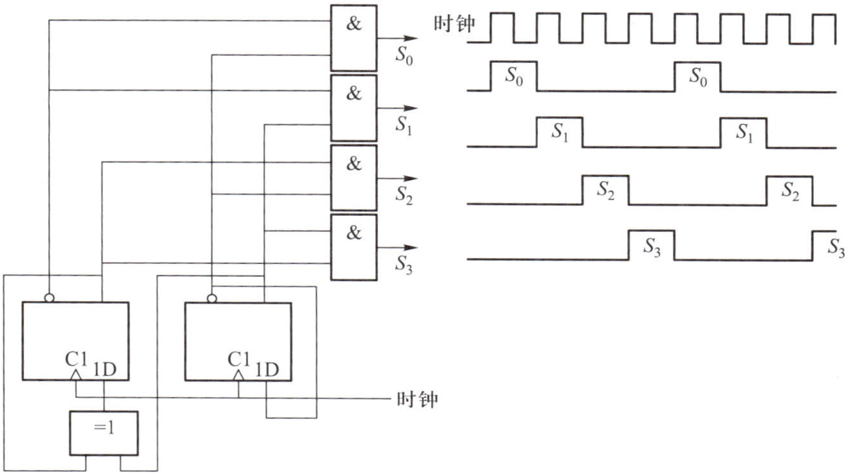

图 12.11 控制器状态产生电路

受控部分(处理器)由 3 位 DAC、电压比较器以及数据寄存器组成。受控电路(处理器)中,3 位 DAC 根据数据寄存器的输出,产生基准电压 v_A;电压比较器完成输入电压 v_{IA} 与基准电压 v_A 的比较,输出结果为 F;数据寄存器 $B_2B_1B_0$ 有如下状态方程:

$$B_2^{n+1} = S_0 \cdot F^n + S_1 \cdot B_2^n + S_2 \cdot B_2^n + S_3 \cdot \mathbf{1}$$

$$B_1^{n+1} = S_0 \cdot \mathbf{1} + S_1 \cdot F^n + S_2 \cdot B_1^n + S_3 \cdot \mathbf{0}$$

$$B_0^{n+1} = S_0 \cdot \mathbf{0} + S_1 \cdot \mathbf{1} + S_2 \cdot F^n + S_3 \cdot \mathbf{0}$$

处理器逻辑电路如图 12.12 所示。

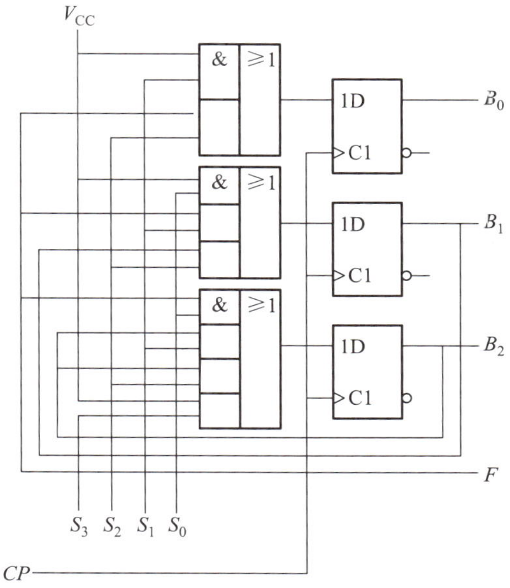

图 12.12 处理器逻辑电路

12.3.2 交通信号灯控制指挥系统设计

任务要求:设计一个交通主干道与辅助道路交叉口的交通信号灯控制器。(1)为保证主干道的畅通，平时交通信号灯总是切向主干道绿灯通行状态；（2）只有当次干道有行人要通行时，交通信号灯才切向主干道红灯的状态；（3）主干道每次绿灯通行的时间不得短于 60 s；（4）次干道的绿灯通行时间为 15 s；（5）主干道和次干道信号灯切换的黄灯缓冲时间均为 4 s。

1. 系统功能分析

要实现上述的交通指挥功能，可分别在主干道和次干道上设红灯、绿灯、黄灯和倒计时显示器各两组，时间指示采用倒计时方式，为了判断次干道是否有行人需要通过主干道，可在主干道/次干道交叉道口安装行人过街请求按钮，当有人需通过时按下按钮，通知控制系统切换交通灯，如图 12.13 所示。

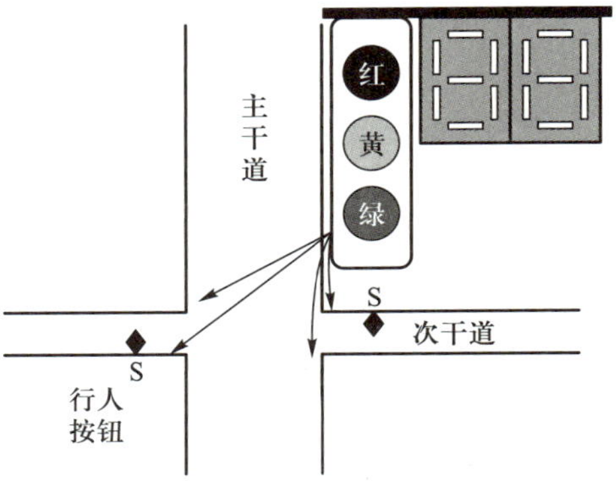

图 12.13　交通指挥灯示意图

根据系统功能分析，该交通灯控制系统需要有：6 种交通信号灯控制输出，分别是主干道绿灯、主干道黄灯、主干道红灯、次干道绿灯、次干道黄灯、次干道红灯，每个信号灯输出同时控制道路前后方向的两盏信号灯；2 组倒计时显示器输出端，同步控制道路前后两个方向的两位七段码时间数码显示；一组行人过街请求按钮传感电路输入，分别安装在主干道路口两侧。交通信号灯控制系统原理框图如图 12.14 所示，其中，MG、MY、MR 分别表示主干道的绿、黄、红三色灯；CG、CY、CR 分别表示次干道的绿、黄、红三色灯；S 为行人过街请求按钮传感器。

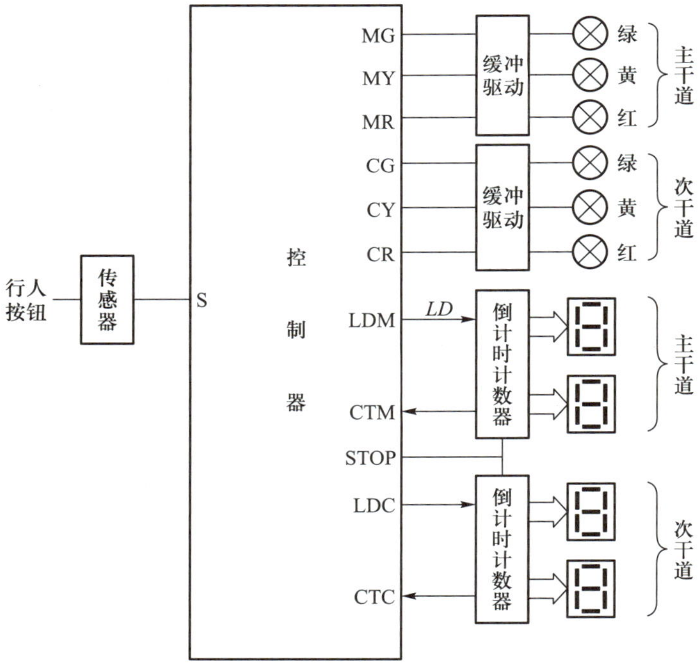

图 12.14　交通信号灯控制系统原理框图

2. 系统逻辑划分

由于交通灯控制系统比较简单，无须再分成更小的子系统，所以可以直接对它进行模块划分，将系统划分为控制器和处理器（受控电路）两大部分，如图 12.14 所示。

处理器： 受控电路由若干模块构成，包括一个行人按钮传感输入 S，有主次干道的 6 个交通信号灯驱动电路，2 组 BCD 码倒计时计时器以及数码显示输出端。

系统中有两组倒计时指示器，分别控制主、次干道的交通灯倒计时，各用一个 2 位 BCD 码递减计数器来计数，这两组计数器应具有置数功能，在进入每个路灯工作状态时设置倒计时初始时间，并向控制器反馈一个计数完成信号 CTM 或 CTC，计数器的时钟信号由使用系统时钟提供。

控制器： 控制器电路输入信号包括一个外部行人按钮传感信号 S，主干道递减计数完成信号 CTM，次干道递减计数完成信号 CTC。输出信号包括：6 个交通信号灯控制信号和 2 组倒计时计数器控制信号。

交通信号灯控制输出有：主干道交通灯 MG、MY、MR 和次干道交通灯 CG、CY、CR。

倒计时计数器控制信号分别为：主干道计数器置数信号 LDM，次干道计数器置数信号 LDC 以及计数器停止计数信号 $STOP$。输出 $STOP$ 用来控制计数器的使能端 EN，当主干道绿灯时间 $T \geq 60$ s 时，若次干道没有行人通过，则停止计数并保持主干道绿灯次干道红灯的状态，等待次干道 S 信号的到达。

3. 控制器的设计

根据以上的系统逻辑划分以及系统工作流程，即可得到交通信号灯控制系统的 ASM 图，如图12.15 所示，其中，A、B、C 和 D 四个状态分别对应于交通信号灯控制系统的控制过程的 4 个工作模式（交通灯的显示组合），其工作流程如下：

$A(MG,CR)$ 状态：点亮主干道绿灯，熄灭主干道红灯，点亮次干道红灯，熄灭次干道黄灯。主干道计数器从 60 s 递减计数，次干道计数器从 64 s 递减计数，当主干道计数完成后，判断框条件 $CTM=\mathbf{1}$ 满足，两个计数器停止计数，输出 $STOP$ 保持为 $\mathbf{1}$，这样一旦有 S 信号到达，就可转换状态。此时若次干道有行人等待通过 $S=\mathbf{1}$，则重新装载主干道计数初值 4 s，

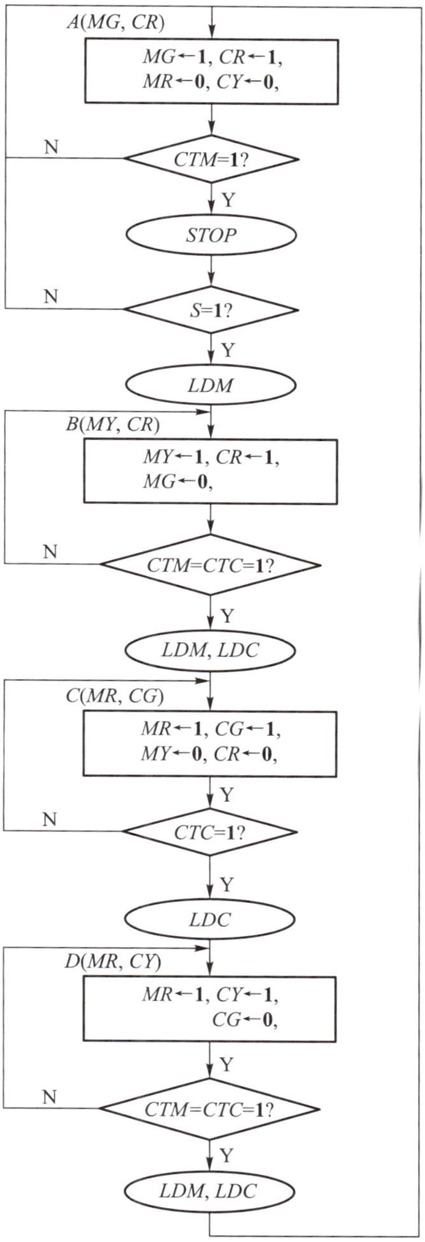

图 12.15　交通信号灯控制系统 ASM 图

从 A 状态转换到 B 状态。

$B(MY,CR)$状态：点亮主干道黄灯，熄灭主干道绿灯，保持次干道红灯亮不变，进入此状态，两个计数器均从 4 s 开始递减计数，当计数完成后，判断框条件 $CTM=CTC=\mathbf{1}$ 满足，则重新装载主干道计数初值 19 s，次干道计数初值 15 s，从 B 状态转移到 C 状态。

$C(MR,CG)$状态：点亮主干道红灯，熄灭主干道黄灯，点亮次干道绿灯，熄灭次干道红灯。主干道计数器从 19 s 递减计数，次干道计数器从 15 s 递减计数，直到次干道计数完成 $CTC=\mathbf{1}$，重新装载次干道计数器初值4 s，从 C 状态转换到 D 状态。

$D(MR,CY)$状态：点亮次干道黄灯，熄灭次干道绿灯，保持主干道红灯亮不变，此时状态持续的时间间隔为 4 s，直到主干道与次干道计数时间到时 $CTM=CTC=\mathbf{1}$，重新装载主干道计数器初值 60 s，次干道计数器初值 64 s，从 D 状态回到 A 状态，完成一次状态循环。

ASM 图和时序逻辑电路状态图是互相对应的，每个算法状态可以作为时序逻辑电路的一个状态，根据 ASM 图，就可以进行状态编码，按时序逻辑电路设计方法设计控制器。常用的状态编码方法有二进制编码方法和每状态一触发器编码方法，这两种编码方法各有利弊，二进制编码方法所需触发器少但需要状态译码，每状态一触发器编码所需触发器较多，但无须状态译码，命令输出逻辑简单。控制器通常需要产生大量的命令输出，在数字系统内部还需要与处理器连接，控制器的设计原则通常需要考虑控制器状态清楚、命令逻辑简单，以及便于修改差错，因此，为了命令输出逻辑的简单，可采用每状态一触发器编码的设计方法。

使用每状态一触发器编码的设计方法，有几个状态就需要几个 D 触发器。例如图 12.15 所示 ASM 图中控制器总共有 4 个状态框，应使用 4 个 D 触发器，设为 Q_A、Q_B、Q_C 和 Q_D，每个触发器的激励方程的确定方法也很方便。

A 状态在 ASM 图上共有三条状态迁移线指向该状态，其中两条是 A 状态的自迁移线，当按键信号 $S=\mathbf{0}$ 无效或者计数未满 $CTM=\mathbf{0}$ 时 A 状态保持不变，另一条是 D 状态向 A 状态的迁移线，是 D 状态计数满 $CTM=CTC=\mathbf{1}$ 时，次态转移至 A 状态，以触发器 Q_A 表示 A 状态，即有触发器 Q_A 激励方程

$$D_A = Q_A(\overline{S} + \overline{CTM}) + Q_D \cdot CTM$$

由于倒计时计数器是同步计数的，其中任意一个计数器计数满信号 CTM 或 CTC 出现，都会发生控制器的状态迁移，则可以定义

$$CNT = CTM + CTC$$

所以可以将上式中的 CTM 改为 CNT，因此有

$$D_A = Q_A(\overline{S} + \overline{CNT}) + Q_D \cdot CNT$$

B 状态在 ASM 图上也有两条状态迁移线指向它，一条来自 A 状态，是 A 状态计数满 $CTM=\mathbf{1}$ 且按键信号 $S=\mathbf{1}$ 有效时，次态转移至 A 状态，一条来自 B 本身，当计数未满 $CTC=\mathbf{0}$ 时，保持状态不变，所以 Q_B 激励方程为

$$D_B = Q_A \cdot S \cdot CNT + Q_B \cdot \overline{CNT}$$

同理可得，另 2 个状态触发器 Q_C 和 Q_D 的激励方程为

$$D_C = Q_B \cdot CNT + Q_C \cdot \overline{CNT}$$

$$D_D = Q_C \cdot CNT + Q_D \cdot \overline{CNT}$$

控制器的输出交通灯控制信号有主干道的 MG、MY、MR 和次干道的 CG、CY、CR，则从 AMS 图上可以直接写出各控制信号的逻辑方程为

$$MG = Q_A$$

$$MY = Q_B$$

$$MR = Q_C + Q_D$$

$$CG = Q_C$$

$$CY = Q_D$$

$$CR = Q_A + Q_B$$

控制器的倒计时计数器控制信号有 LDM、LDC、$STOP$，根据图 12.15 的 ASM 图所示，其中主干道计数器在 D 状态结束时需要绿灯倒计时，A 状态结束时需设置黄灯倒计时，B 状态结束时需设置红灯倒计时，C 状态结束时，红灯倒计时还要继续完成，则主干道计数器 LDM 有如下逻辑方程。

$$LDM = Q_D \cdot CNT + Q_A \cdot S \cdot CNT + Q_B \cdot CNT$$

根据图 12.15，同理可得

$$LDC = Q_D \cdot CNT + Q_B \cdot CNT + Q_C \cdot CNT$$

$$STOP = Q_A \cdot CNT$$

综合上面求得的控制器各激励信号和控制信号的逻辑方程，可以作出交通信号灯控制系统的电路图，如图 12.16 所示。

4. 处理器的设计

处理器的受控电路中，主干道和次干道的计数器，采用具有置数功能的 BCD 码递减计数器，每组两片级联构成 2 位 BCD 码递减计数器，停止计数的要求由计数使能控制端 EN 实现，倒计时初始时间由计数器置数端信号决定。对置数信号设计如下：

主干道的计数器在 D 状态结束前应被 LDM 命令置成 60，在 A 状态下，当递减至 1 时，控制器发出停止计数命令 $STOP$，即令计数器的 EN 为 **0**，当 S 出现时，控制器发出 LDM 命令，主干道计数器被置成 4；在 B 状态结束前，接到 LDM 命令时，计数器被置成 19，主干道红灯的时间等于次干道绿灯时间 15 s 加上次干道黄灯时间 4 s；在 C 状态结束时，无须修改主干道计数器。主干道计数器的置数端 BCD 码的真值表如表 12.1 所示。

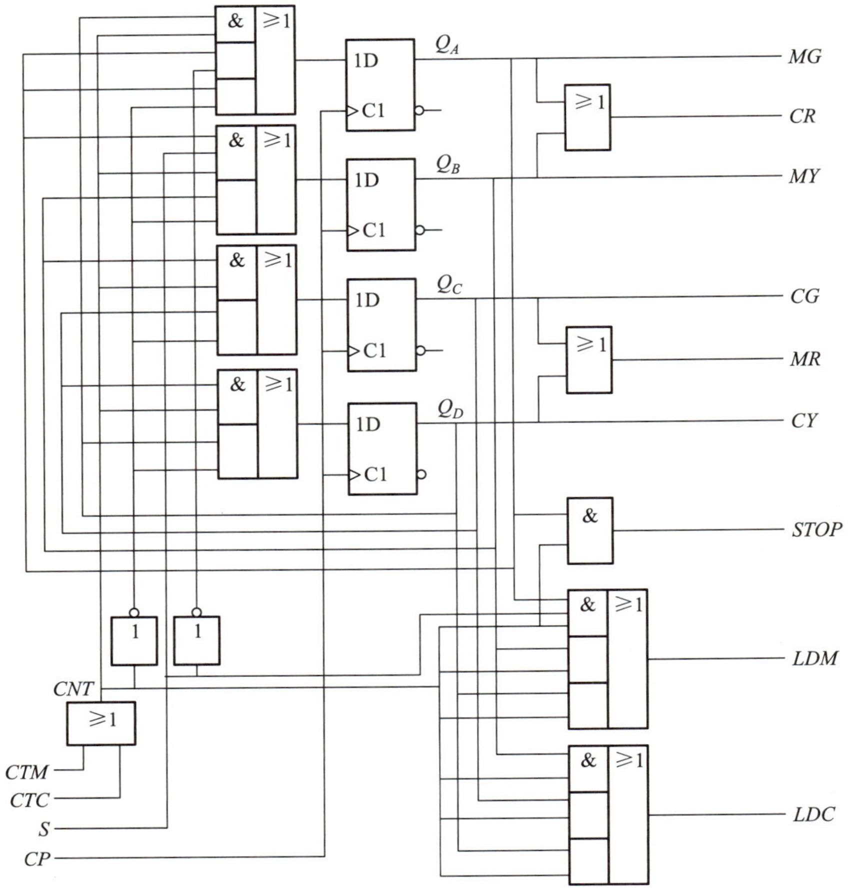

图 12.16 交通信号灯控制系统

表 12.1 主干道计数器的置数端 BCD 码的真值表

LDM	状态	置数数据							
		Q_{80}	Q_{40}	Q_{20}	Q_{10}	Q_8	Q_4	Q_2	Q_1
1	*A*	**0**	**0**	**0**	**0**	**0**	**1**	**0**	**0**
1	*B*	**0**	**0**	**0**	**1**	**1**	**0**	**0**	**1**
0	*C*	×	×	×	×	×	×	×	×
1	*D*	**0**	**1**	**1**	**0**	**0**	**0**	**0**	**0**
	合并逻辑	**0**	*D*	*D*	*B*	*B*	*A*	**0**	*B*

根据表 12.1,可以得到主干道倒计时计数器的 8 个并行数据输入端所加的信号为

$$Q_{80}=\mathbf{0},\quad Q_{40}=D,\quad Q_{20}=D,\quad Q_{10}=B,\quad Q_8=B,\quad Q_4=A,\quad Q_2=\mathbf{0},\quad Q_1=B$$

其中 *A*、*B*、*C*、*D* 是 4 个算法状态的编码。

同理,次干道的计数器在 *D* 状态结束前应被 *LDC* 命令置成 64(因为次干道红灯的时间最长为 60 s+4 s)；*A* 状态次干道红灯时间的显示方式为，自 64 开始递减，当减至 5 时，次干道如无行人通行，则时间显示器一直显示 5，无须修改次干道计数器，直到按钮 $S=\mathbf{1}$ 时方才继续递减；在 *B* 状态结束前，接到 *LDC* 命令时，计数器被置成 15 s；在 *C* 状态结束前，接到 *LDC* 命令，将计数器置成 4 s。列出次干道计数器的置数端 BCD 码真值表如表 12.2 所示。

表 12.2 次干道计数器的置数端 BCD 码真值表

LDC	状态	置数数据							
		Q_{80}	Q_{40}	Q_{20}	Q_{10}	Q_8	Q_4	Q_2	Q_1
0	*A*	×	×	×	×	×	×	×	×
1	*B*	**0**	**0**	**0**	**1**	**0**	**1**	**0**	**1**
1	*C*	**0**	**0**	**0**	**0**	**0**	**1**	**0**	**0**
1	*D*	**0**	**1**	**1**	**0**	**0**	**1**	**0**	**0**
	合并逻辑	**0**	*D*	*D*	*B*	**0**	**1**	**0**	*B*

根据表 12.1，可以求得次干道倒计时计数器的 8 个并行数据输入端所加的信号如下：

$$Q_{80}=\mathbf{0},\quad Q_{40}=D,\quad Q_{20}=D,\quad Q_{10}=B,\quad Q_8=\mathbf{0},$$

$$Q_4=\mathbf{1},\quad Q_2=\mathbf{0},\quad Q_1=B$$

主干道和次干道倒计时计数器的逻辑电路如图 12.17 所示。

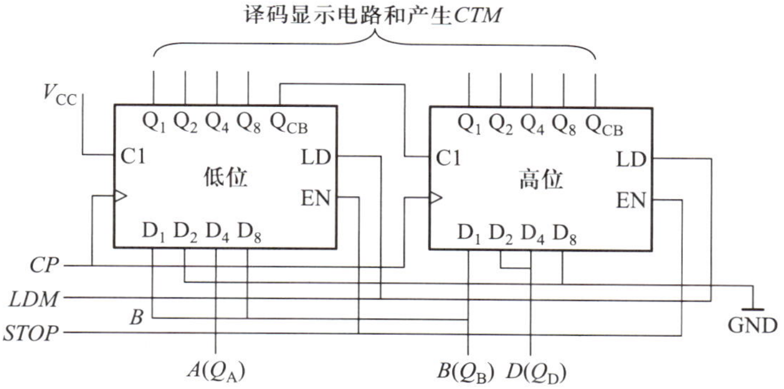

(a) 主干道倒计时计数器

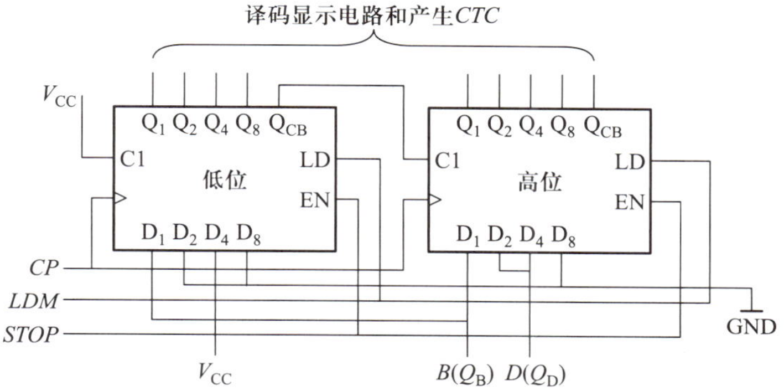

(b) 次干道倒计时计数器

图 12.17 计数器逻辑电路

微视频 12-3 交通信号灯控制指挥系统设计

12.4　基于 HDL 的数字系统设计方法概述

任何错综复杂的数字系统都可以分解成基本的门电路和寄存器电路单元。因此，在采用 Verilog HDL 语言进行数字系统设计过程中，可以将数字系统分解为数字子系统，并可进一步将子系统分解为子模块，各个子模块可以同时设计，分别编译、仿真验证，最后组合成一个系统。这种层次化的设计方法便于共享子模块，子模块也可以采用软件供应商提供的 IP (intellectual property)核进行设计。层次化设计方法能够使错综复杂的数字系统简单化，并且在不同的层次上都能够进行仿真验证，及时发现错误并加以纠正。

对一个数字系统来说，设计层次可以从两个不同的角度来划分，即按照结构描述划分和按照性能描述划分，分别对应第 7 章描述的结构化描述方式和行为描述方式。行为描述方式第 7 章已经详细介绍过，本章将侧重基于结构化的描述方式。

系统的结构描述主要关注实现某一功能系统的具体结构以及各组成模块之间的连接关系，包括各个功能单元的具体端口定义。系统的逻辑功能不能直观地表示，需要根据各组成单元的功能及其相互关系来确定。系统的结构描述是系统功能的具体电路实现。

系统的性能描述主要关注系统的行为，即系统完成什么功能，它通常只表示系统的输入输出关系，以系统的功能为设计目标，以系统的输入信号、内部状态和输出信号的要求为设计中心，至于具体的逻辑电路实现则并不关注。

数字系统一般可以分为六个层次：系统级、芯片级、寄存器级、门级、电路级和版图级。与之相对应，系统的结构描述和性能描述也可以分为六个层次。表 12.3 是不同设计风格和设计层次的对应关系。

表 12.3　数字系统设计的层次描述

系统层次	结构描述	性能描述
系统级	系统结构框图	自然语言描述的系统指标
芯片级	微处理器、存储器、串并行接口、中断控制	算法描述
寄存器级	寄存器、ALU、计数器、多路选择器等	数据流描述
门级	逻辑门、触发器	布尔方程描述
电路级	晶体管、电阻、电容	电路的微分方程描述
版图级	几何图形与工艺规则	电子、空穴运动方程

设计数字系统的关键是采用有效的设计方法。层次化，结构化的设计方法将复杂的系统设计划分成许多模块，并且允许不同设计者同时进行开发，每个设计者承担自己的部分。基于这样一种设计思想，采用 Verilog HDL 语言描述数字系统的一般流程如下：

(1) 设计者首先用自然语言描述要设计的数字系统的性能和结构规范，如传输带宽、运算速度、工作频率等,这与系统级的描述相对应。

(2) 采用 Verilog HDL 语言编写行为级算法代码。这个步骤将要设计的数字系统分解成不同的模块,然后进行 Verilog HDL 描述。

(3) 将行为级算法代码转换成寄存器级设计的 Verilog HDL 代码或者是寄存器级设计的逻辑电路图。这个步骤在开发中一般由计算机来完成,称为行为综合。

(4) 将寄存器级描述转换成门级描述。这个步骤一般也由计算机来完成,称为逻辑综合。

(5) 从逻辑门描述转换到版图表示或者转换到 FPGA 的配置网表文件,称为结构综合。有了版图数据,代工厂就可以将数字系统的芯片加工出来,这也就是通常所说的专用芯片。对于FPGA配置网表文件,由计算机转换成 FPGA 逻辑,然后下载到相应的 FPGA 芯片中,称为 FPGA 验证。

在设计过程中,行为仿真、功能和功能验证以及工艺厂家的设计规则导入等步骤都是不可或缺的。另外,由于数字系统可以划分层次,在不同层次上都可以分解成众多子模块,整个系统就是由不同层次上的各个子模块相互连接组合而构成的。

12.5　Quartus Ⅱ软件的介绍

Quartus Ⅱ软件是可编程逻辑器件供应商 Altera 提供的综合开发工具,它集成了 Altera 的 FPGA/CPLD 开发流程中所涉及的所有工具和第三方软件接口。设计人员可以使用 Quartus Ⅱ软件创建、组织和管理自己的设计。Quartus Ⅱ的前身是 Maxplus Ⅱ,Quartus Ⅱ不仅继承了 Maxplus Ⅱ工具的优点,还添加了丰富的器件类型和图形界面,使设计人员能够方便地完成设计的每一个环节。凭借强大的功能和直观易用的接口,Quartus Ⅱ逐渐成为数字系统设计领域的主流软件之一。

Quartus Ⅱ具有以下特点:

(1) 支持多时钟定时分析,LogicLock 基于块的设计和 SOPC(单芯片可编程系统),内嵌 Signal Tap Ⅱ逻辑分析仪、功率估计器等工具;

(2) 易于引脚分配和时序约束;

(3) HDL 综合能力强;

(4) 易于 Maxplus Ⅱ到 Quartus Ⅱ开发环境转换;

(5) 支持的器件种类多;

(6) 支持 Windows、Solaris 和 Linux 等多种操作系统;

(7) 与综合、仿真等第三方工具连接方便。

此外,Quartus Ⅱ软件允许设计人员在设计的每个阶段使用 Quartus Ⅱ软件图形用户界面、EDA 工具界面或命令行方式。图 12.18 所示为 Quartus Ⅱ软件图形用户界面,它给出了设计流程的每个阶段所提供的功能。但是图 12.18 中右边的功能大多是由计算机自动实现的。

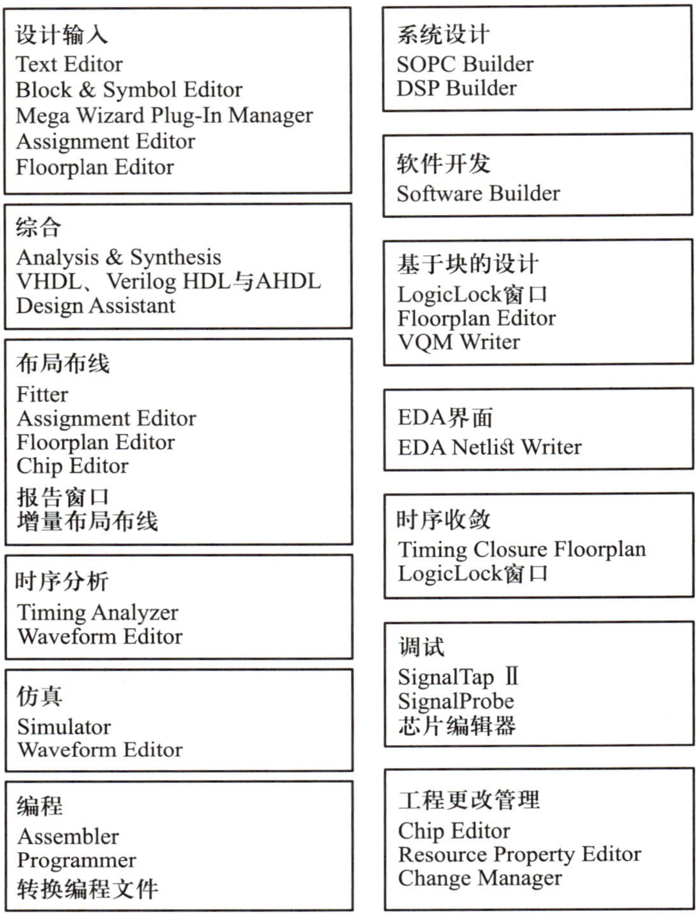

图 12.18　Quartus Ⅱ 软件图形用户界面的功能

12.6　Verilog HDL 的综合与仿真

通过编程语言编写出的 Verilog HDL 逻辑语言描述，以及直接通过逻辑电路原理图搭建起来的电路模型最终要转变成硬件可实现的逻辑，并在 CPLD 或者 FPGA 上实现，或者做成专用芯片。数字系统在物理实现之前，电路的综合和仿真是非常重要的一步。

12.6.1　Verilog HDL 的综合过程

随着 FPGA 越来越复杂、性能要求越来越高，综合在设计流程中逐渐成为一个很重要的环节，综合结果的好坏直接影响了布局布线的结果。集成电路意义上的综合是指将所写的

RTL 代码转换成对应的实际电路。其中 RTL(register-transfer level)代码是用于描述数字电路操作的抽象级代码,有专门的逻辑开发软件工具实现将用户编制的程序或者电路图转换成 RTL 描述级代码。

而“综合”要做的事情有:编译 RTL 代码,从器件库选择门器件,把器件按照“逻辑”搭建成由“门”构成的数字逻辑电路。

例如代码 assign a=b&c,EDA 综合工具就会去元件库里取一个二输入**与**门,输入端分别接上 b 和 c,输出送到 a。

标准的逻辑综合的流程如图 12.19 所示。

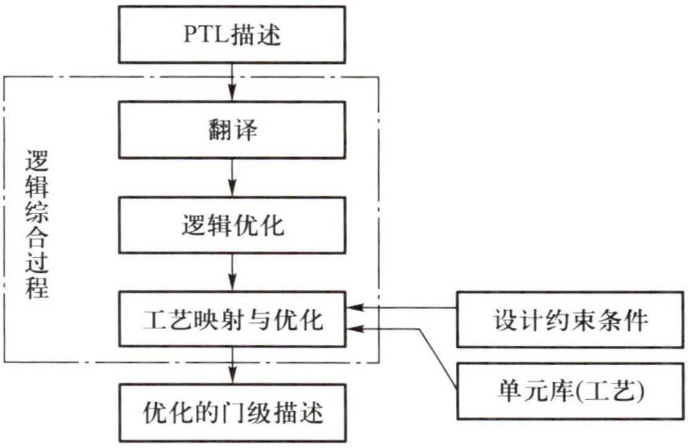

图 12.19 标准的逻辑综合的流程

逻辑综合过程的第一步就是将 RTL 描述的逻辑进行翻译。RTL 描述被逻辑综合工具翻译成未优化的、中间过程的表示形式,这个形式是不可见的。在这一阶段,并不考虑电路设计的面积、时序、功耗等约束条件,仅仅是对一些中间资源进行简单的分配。

逻辑优化用来去除冗余的逻辑,得到优化的结果。而工艺映射与优化则基于不同门级电路设计的条件以及设计需求来映射及优化。实现的门级网表要符合设计的约束条件,如面积、时序及功耗等。

在工艺库中,包含着由芯片代工厂提供的单元库。单元库包括了很多规格的基本模块电路,如逻辑门、加法器、ALU 和触发器等。电路的实现,往往需要兼顾电路的各项性能及指标。例如,对于一个特定的工艺库,为了得到更快的电路,可采用并行处理的方法,但这样整个电路的面积可能就会增加;而反过来,为了减小电路面积,就可能需要牺牲电路的其他性能。

下面列举几个综合的实例。

1. 带同步清零端的 *D* 触发器

```
module dff_sync(data,clock,reset,q);
  input data,clock,reset;
  output q;
  reg q;
  always@(posedge clock)
```

```
    begin
    if(reset==1'b0)
        q<=1'b0;
    else
        q<=data;
    end
endmodule
```

输入代码后，点击编译（编译时 Quartus Ⅱ 软件自动进行综合），就可以观察到综合后的电路如图 12.20 所示（选择 Tools->Netlist Viewers->RTL Viewer）。

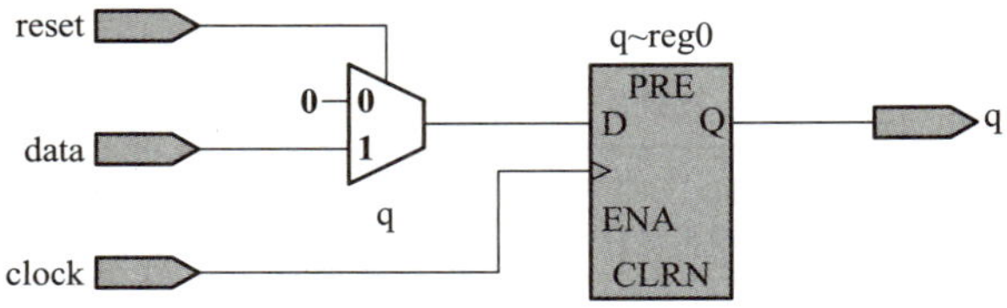

图 12.20　带同步清零端的 *D* 触发器综合结果

2. 带异步清零端的 *D* 触发器

```
module dff_async(data,clock,reset,q);
  input data,clock,reset;
  output q;
    reg q;
 always@ (posedge clock or negedge reset)
 begin
 if(reset==1'b0)
   q<=1'b0;
 else
   q<=data;
end
endmodule
```

综合后的电路如图 12.21 所示。从图 12.21 可以看出，带有异步清零端的 *D* 触发器与带有同步清零端的 *D* 触发器相比，reset 直接作用到 *D* 触发器的 CLRN 端，也就是表示异步清零。

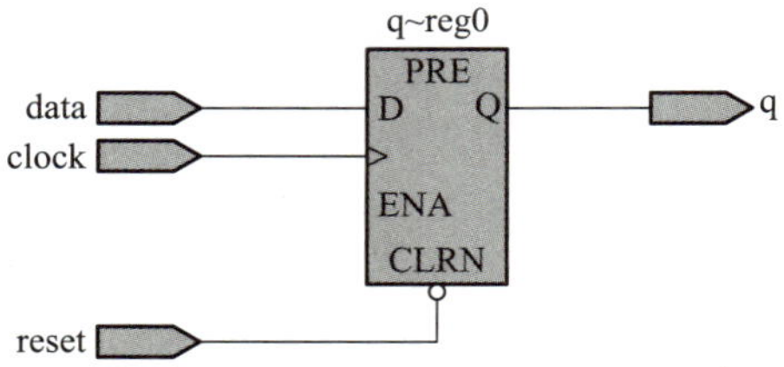

图 12.21　带异步清零端的 *D* 触发器综合结果

3. 乘法器

```
module my_multer(
    input i_clk,
    input i_rst_n,
    input signed [15: 0] A,
    input signed [15: 0] B,
    output signed [31: 0] C
);
    reg signed [31: 0] mult_tmp;
    always@ (posedge i_clk or negedge i_rst_n)
    if( ! i_rst_n)
    mult_tmp <=32'b0;
    else
    mult_tmp <=A * B;
    assign C=mult_tmp[31: 0];
  endmodule
```

综合后的电路如图 12.22 所示。从图中可以看到,A 和 B 相乘之后,得到的结果放置于 D 触发器中,表示输出具有寄存的特性,这样的输出可靠稳定。

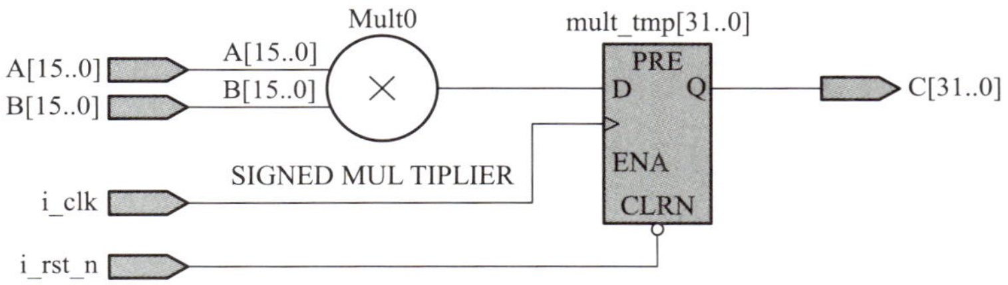

图 12.22 乘法器综合结果

4. 2-4 译码器

```
module decoder_2to4(Y3,Y2,Y1,Y0,A,B,en);
output  Y3,Y2,Y1,Y0;
input  A,B;
input  en;
assign {Y3,Y2,Y1,Y0} =
({en,A,B} ==3'b100) ? 4'b1110 :
({en,A,B} ==3'b101) ? 4'b1101 :
({en,A,B} ==3'b110) ? 4'b1011 :
({en,A,B} ==3'b111) ? 4'b0111 :
                      4'b1111;
```

endmodule

综合后的电路如图 12.23 所示。电路的综合,基于不同的元件库,就会产生不同的电路结构。但不管综合成什么具体电路形式,其输入输出均能满足当初的逻辑设计功能。

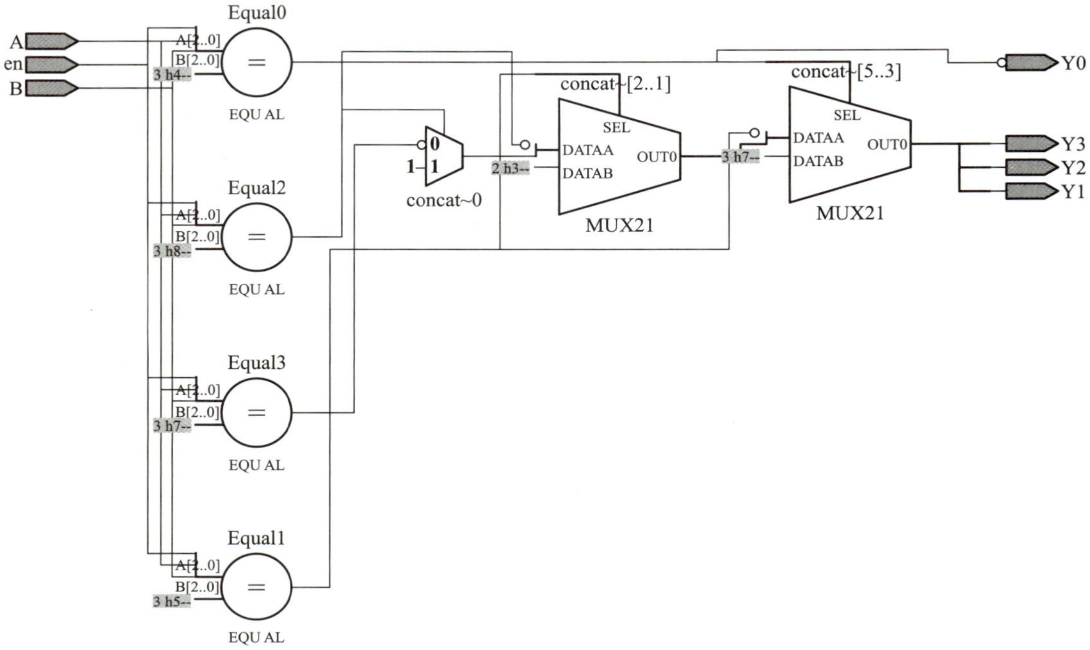

图 12.23　2-4 译码器综合结果

12.6.2　Verilog HDL 的仿真

将 Verilog HDL 语言描述的代码综合得到电路优化门级描述之后,就可以采用 EDA 软件,对设计的电路进行功能和时序仿真。首先需要验证电路的功能是否符合要求,在此基础上,需要模拟电路的延迟特性,仿真所设计电路的性能,以发现并消除设计漏洞和设计缺陷。

电路的仿真采用 EDA 厂商的开发工具软件。EDA 软件种类繁多,常见的有 SPICE,synopsis,Quartus Ⅱ的仿真工具,ISE 中的仿真工具,ModelSim,Active-H,cadence 等等。对 Altera 器件的仿真除了可以使用 Quartus Ⅱ软件集成仿真外,还可以使用第三方仿真工具。

其中 ModelSim 是 Mentor Graphics 公司出品的 HDL 硬件描述语言的仿真工具,支持 Verilog HDL 和 VHDL 设计的仿真,能将波形中的任何一个变化和引起这个变化的 RTL 代码联系起来,使得代码排错的效率大幅度提高,适合大型、复杂电路设计的仿真和调试。

简化的仿真验证系统框图如图 12.24 所示,待测的系统(DUT)和测试模板(Testbench)从同一个测试向量(TestVector)获得激励,通过仿真系统(可以是软件或者硬件环境)运行,然后将待测的系统和测试模板的输出结果进行比较,输出并存储判断结果。

在完成一个功能模块的 Verilog HDL 编程之后，需要验证所编写的模块是否正确，是否满足要求，这就需要编写 Testbench。Testbench 就是向待测试模块输入已知的序列信号，然后观测待测模块的输出信号。输入信号的产生可以通过 Verilog HDL 编程实现。

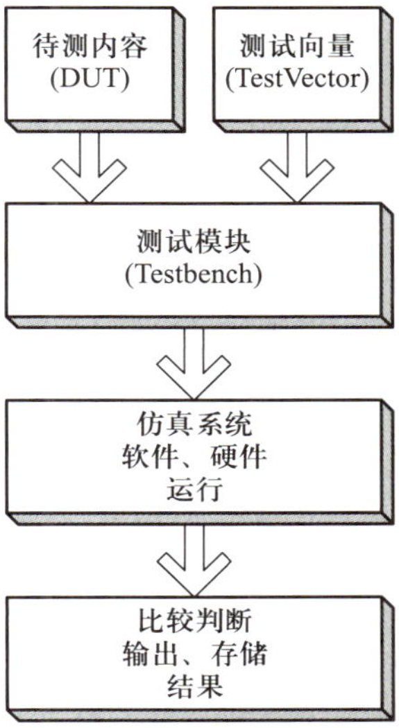

图 12.24 简化的仿真验证系统框图

基本的 Testbench 结构如下所示：

```
' timescale 1 ns / 1 ps
                        //定义时间单位与时间精度,不可
                        //缺少该语句
module Test_bench;
                        //通常 Testbench 没有输入与输出
                        //端口
reg clk = 0;            //信号或变量定义声明
always#1 clk = ~clk;    //使用 initial 或 always 语句来产生
                        //激励波形
pcounter 5 dut(clk,reset,count,parity);  //例化设计模块
assign clk_div = cnt;   //监控和比较输出响应
endmodule
```

前面介绍过，电路仿真分为功能仿真(前仿真)和后仿真，下面详细说明。

1. 功能仿真(前仿真)

功能仿真是指验证所设计的系统或者电路功能是否正确。在布局布线以前的仿真都称作功能仿真，它包括综合前仿真(pre-synthesis simulation)和综合后仿真(post-synthesis simulation)。综合前仿真是对原理框图的仿真，综合后仿真是对电路原理图仿真。综合前和综合后的电路效果是不一样的。如下面例子：

```
module or_nand_2(enable,x1,x2,x3,x4,y);
input enable,x1,x2,x3,x4;
output y;
assign y = ! (enable & (x1 | x2) & (x3 | x4));
endmodule
```

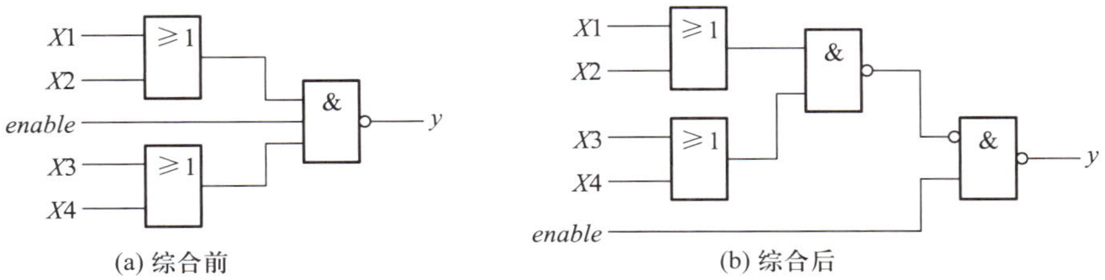

图 12.25 综合前和综合后的电路原理图

上述的例子如图 12.25 所示。可以看出，综合前的原理图如左边的电路图结构一样，体

现的是经典原理的结构，而在综合后，可能就会得到图中右边的电路图结构，以更好地适应电路的实际布局。

2. 后仿真

后仿真是在电路布局布线后，对得到的器件模块和连线进行仿真。这需要对布局布线后的电路网表进行参数提取，得到接近于实际物理器件和连线的参数，然后对电路的行为，包括延时信息进行仿真。后仿真使用的仿真器和功能仿真使用的仿真器是相同的，仿真的流程和激励也是相同的。差别在于后仿真是考虑了实际元器件布局布线的延时，将模拟的延时信息用于信号的传送，仿真的结果包含了延时。

下面基于二分频和四分频电路的 Verilog HDL 描述，使用 ModelSim 对其进行功能仿真。

二四分频器的 Verilog HDL 描述如下：

```
module FrequencyDevider (i_clk,rst,o_clk1,o_clk2);
   input i_clk;
   input rst;
   output o_clk1;
   output o_clk2;
   reg [1: 0] count;
   always@ (posedge i_clk or negedge rst)
   begin
      if(! rst)
         count <= 1'b0;
      else
         count <= count+1'b1;
    end
   assign o_clk1 = count[0];
    assign o_clk2 = count[1];
endmodule
```

针对这个 Verilog HDL 设计的测试模块代码如下：

```
' timescale 1ns / 10ps
module Test_bench( );
    reg i_clk;
      reg rst;
      wire o_clk1;
      wire o_clk2;
      initial
      begin
         rst = 0;
         i_clk = 1'b0;
```

```
    #100 rst = 1'b1;
  end
  always  #10 i_clk = ~ i_clk;
  FrequencyDevider  DUT(
      .i_clk(i_clk),
      .rst(rst),
      .o_clk1(o_clk1),
      .o_clk2(o_clk2));
endmodule
```

接下来采用 ModelSim 对上述描述进行功能仿真。如果是第一次使用 Altera-Modelsim 进行联合仿真,需要在 General 下找到 EDA Tool Options,设置 EDA Tool Options,如图 12.26 所示。

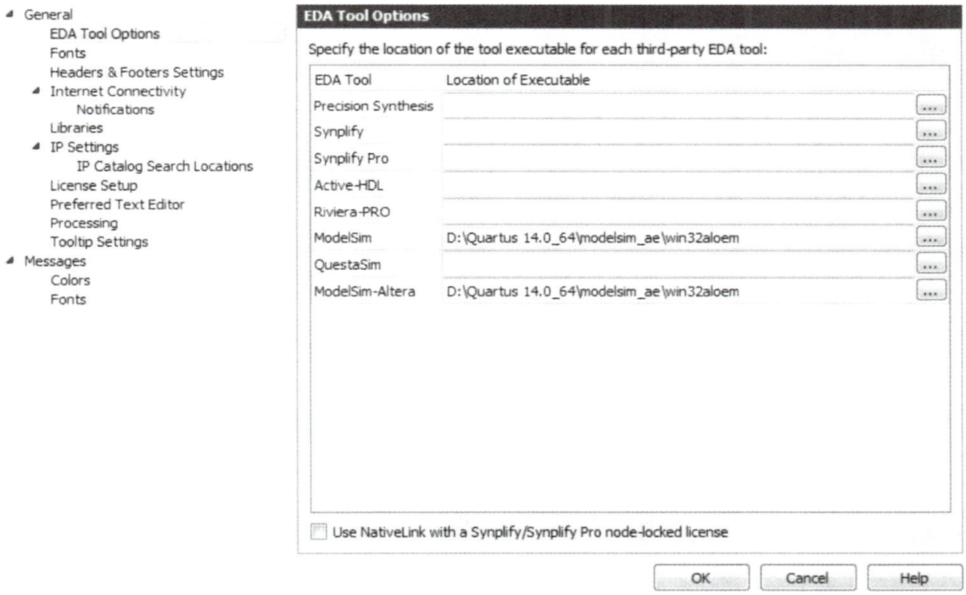

图 12.26　ModelSim 仿真步骤图 1

然后,在 ModelSim-Altera 添加 ModelSim 绝对路径。

(1) 点击 Assignment->setting->Simulation 进行配置并添加测试文件。

① 点击 Test Benches...按钮,如图 12.27 所示。

② 点击 New 按钮,如图 12.28 所示。

③ 点击 Add 添加自己编写的测试文件,如图 12.29 所示。

④ 点击 OK。

(2) 点击 RTL Simulation 观察到仿真结果如图 12.30 所示。可以看出,ST0 和 ST1 在波形图上,分别是原来时钟的二分频和四分频,电路功能正确。

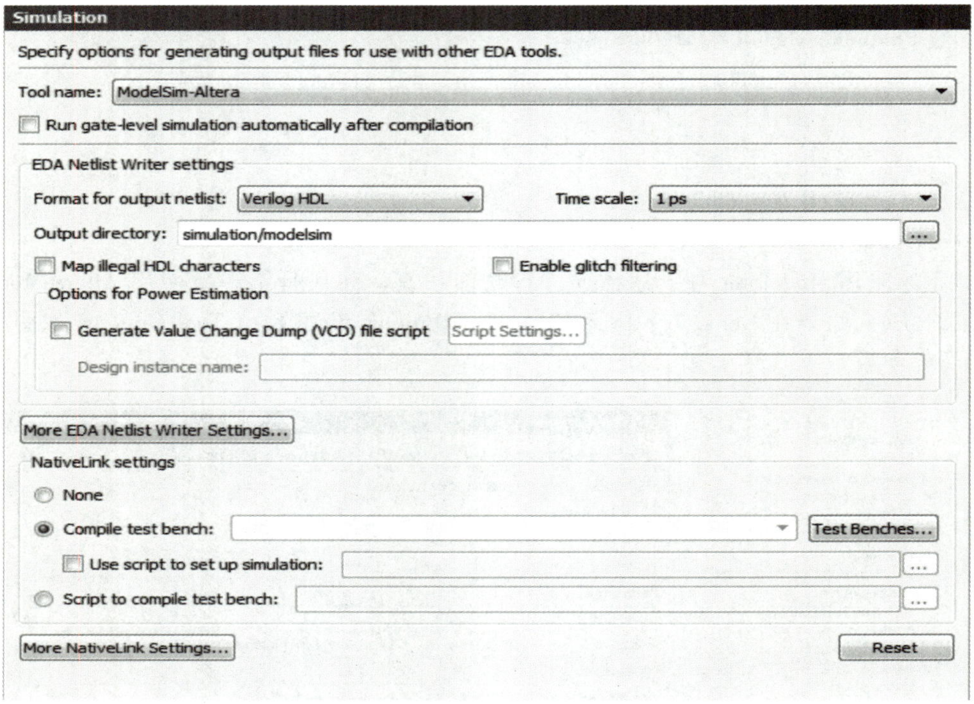

图 12.27　ModelSim 仿真步骤图 2

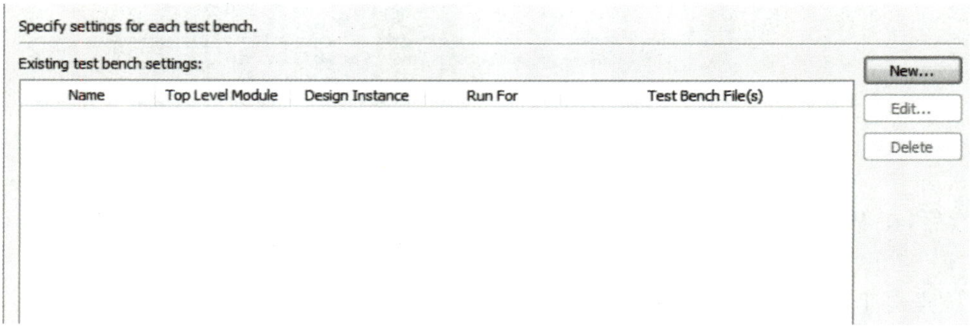

图 12.28　ModelSim 仿真步骤图 3

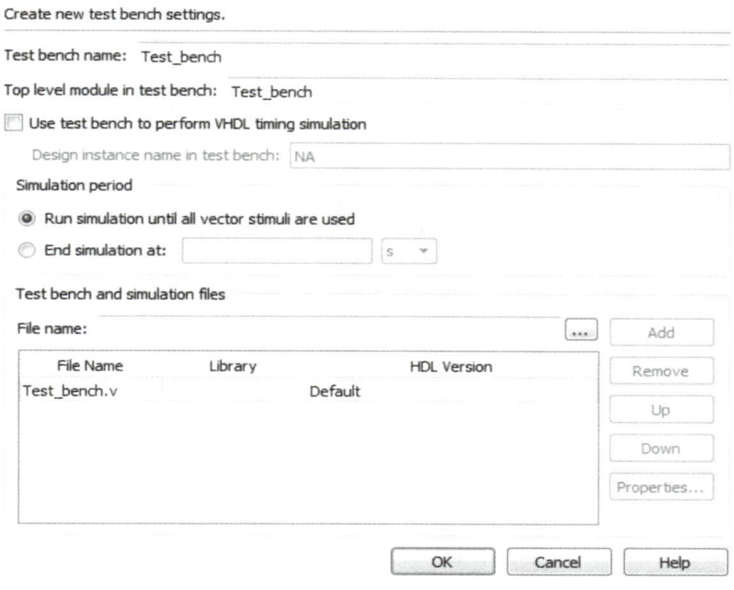

图 12.29 ModelSim 仿真步骤图 4

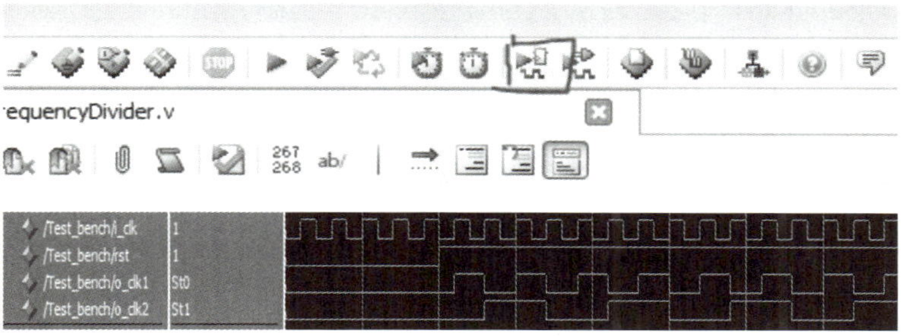

图 12.30 分频器仿真结果

12.7 设计实例

12.7.1 正弦波发生器的设计

在数字系统中,用户不仅可以使用原理图和 HDL 语言进行设计输入,也可以使用宏模块和 LMP 函数。随着数字系统的设计愈加复杂,通常使用混合编辑的方法设计复杂的数字系统。之前介绍了 Verilog HDL 的基本概念、基本语法和模块综合及仿真,为了使读者更加注重工程运用,熟练掌握软件的使用,本节通过基于宏模块的正弦波发生器的设计,介绍

Quartus Ⅱ的基本开发流程，以及交通灯控制器的设计实现。

正弦波信号发生器的设计方法有很多种，但最常用的方法是查表法。查表法就是对正弦波进行等间隔采样，将正弦波一个周期的采样值依次记录下来，并将这些值存放在存储器中。在外部时钟的驱动下，把这些值依次从存储器中取出来送到输出端，周而复始地循环执行，输出数据通过 10 位数模转换成模拟信号，就得到了正弦波信号。

设计一个正弦波信号发生器，采用 ROM 宏模块存储正弦波数据，每个数据采用 10 位二进制数表示。ROM 驱动模块提供 ROM 的地址输入，保证周而复始地依次输出正弦波数据，ROM 里面存放的是无符号 10 位二进制数，FPGA 默认的数据类型都是无符号的数据，在设计中所有的算术运算符都是按照无符号数进行的。因此 ROM 宏模块后需要再接一个减法器模块，将 ROM 宏模块输出的 10 位无符号二进制数转换成 10 位有符号数，形成带有正负半波的正弦波。下面对设计流程进行介绍。

（1）首先采用 Verilog HDL 语言设计 ROM 驱动模块和减法器模块，在 Quartus Ⅱ软件里运行程序，生成原理图符号。ROM 驱动模块具体代码如下：

```
module sin_count(clk,rst,o_addr);
  input clk;
  input rst;
  output [11:0] o_addr;
  reg [11:0] count;
always@(posedge clk)
  begin
    if (rst==1'b0)
        count <=12'b0;
    else
        if (count <=12'b1001_1100_0100)
            count <=count+12'b1 ;
        else
            count <=12'b0;
  end
assign  o_addr=count;
endmodule
```

点击 File->Creat/Update->Creat Symbol Files for Current File 得到 ROM 驱动模块 sin_count 的原理图符号如图 12.31 所示。

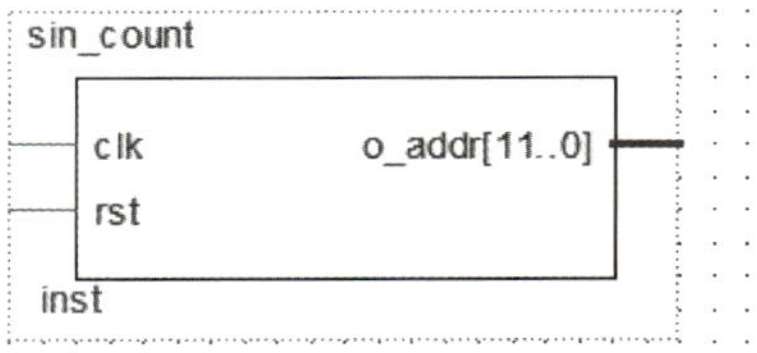

图 12.31　sin_count 模块原理图符号

sin.mif 文件用 Matlab 来生成。在用 Matlab 产生 sin.mif 文件的时候，采样后的正弦波数据为有符号二进制数，在存储的时候加了 512 变成了无符号二进制

数,因而 ROM 输出的数据减去 512 即可变成有符号二进制数。减法器模块具体代码如下:

```
module romsub  (data_in,data_out);
    input [9:0] data_in;
    output [9:0] data_out;
assign data_out=data_in - 10'd512 ;
endmodule
```

同样道理,点击 File->Creat/Update->Creat Symbol Files for Current File 生成 rom sub 减法器的原理图符号如图 12.32 所示。

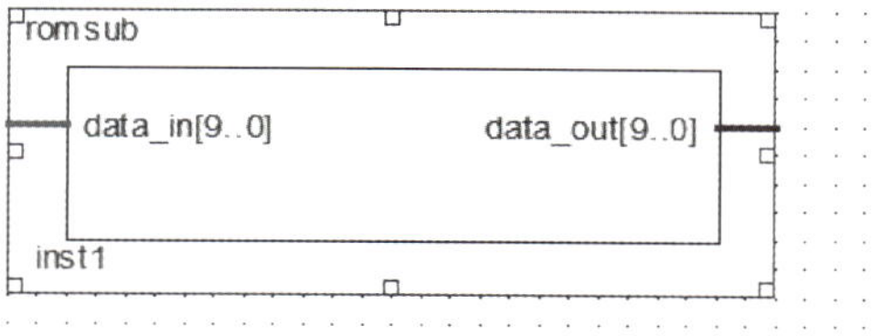

图 12.32 rom sub 模块图

(2)接下来将正弦波数据存储到 ROM 宏模块中,其中.mif 文件由 Matlab 代码实现,而得到的部分数据如图 12.33 所示。MATLAB 程序如下:

```
depth=4096; %存储器的单元数
widths=10;%数据宽度为 10 位
Fs=5000000; % 信号采样率 5 MHz
Fc=455000; % 载频 455 kHz
dt=1/Fs;%采样时间
N=0:1:4095;
y=sin(2*pi*Fc*N/Fs);

fidc=fopen('E:\mif\sin.mif','wt');
fprintf(fidc ,'depth=%d;\n',depth);
fprintf(fidc,'width=%d;\n',widths);
fprintf(fidc,'address_radix=UNS;\n');
fprintf(fidc,'data_radix=UNS;\n');
fprintf(fidc,'content begin\n');
for i=1:2500
fprintf(fidc,'%d:%d;\n',i-1,round(511*cos(2*pi*Fc*(i-1)/Fs))+512);
end
fprintf(fidc,'end;');
fclose(fidc);
```

运行该程序即可生成 sin.mif 文件。

Addr	+0	+1	+2	+3	+4	+5	+6	+7	ASCII
0	1023	942	724	438	176	21	22	179	....
8	442	727	943	1023	940	721	435	174	....
16	20	23	181	445	730	945	1023	938	....
24	718	432	172	20	24	184	448	732	....
32	947	1023	936	715	429	169	19	25	....

图 12.33　部分正弦波数据

(3) 创建顶层原理图文件,将生成的各原理图符号通过连线连接起来,加入输入输出端口,就得到完整的正弦波生成器设计的完整框图,如图 12.34 所示。从图中可以看出,先由 ROM 驱动模块 sin_count 产生地址,然后从 my_rom 宏单元中查表得出相应的正弦波数据,最后再通过一个减法器,得到有符号的正弦波信号输出。

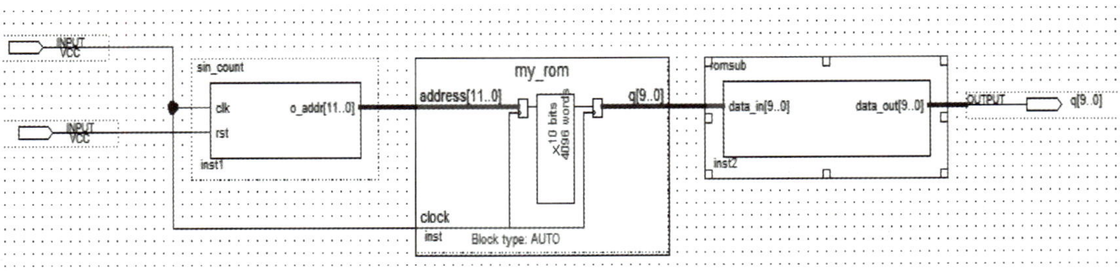

图 12.34　正弦波生成器设计完整框图

(4) 使用原理图文件(.bdf 文件)生成相应的 Verilog HDL 语言文件(.v 文件),并编写测试代码进行仿真验证。点击 File->Creat/Update->Creat HDL Design from Current File 选择 Verilog HDL 生成.v 文件。测试代码如下:

```
' timescale 1 ns/1 ps
module sin_tb( );
   reg clk;
   reg rst;
   wire [9: 0] q;
initial
   begin
    clk = 0;
    rst = 0;
    #100 rst = 1;
   end
always #100 clk = ~clk;
```

```
sin sin_t(
    .rst(rst),
    .clk(clk),
    .q(q));
endmodule
```

对上述正弦波生成器的 ModelSim 仿真结果如图 12.35 所示，可以看出，通过仿真得到了完整的有符号的正弦波。

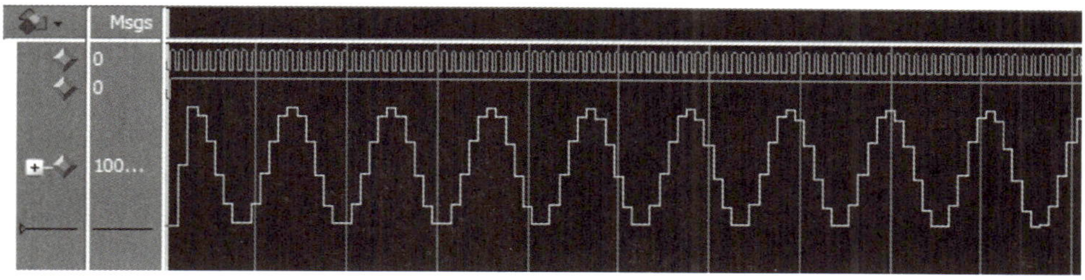

图 12.35　正弦波发生器 ModelSim 仿真结果

12.7.2　交通灯数字控制器的 Verilog HDL 实现

前面，已经采用 ASM 图的方法描述了交通灯控制器的设计，在这里进一步采用 Verilog HDL 的方法描述该控制器。根据十字路口交通管理控制器的设计要求，采用文本编辑法，即利用 Verilog HDL 语言描述交通控制器，通过状态机计数法，实现设计所要求的交通灯控制及时间显示。设计中用两组红黄绿 LED 模拟两个方向上的交通灯，用 2 组 7 段数码管分别显示两个方向上的交通灯剩余时间。得到的源程序如下。

```
/*
输入：S 为外部传感信号；clk 为时钟信号，频率为 40 MHz。
输出：LightM、LightC 分别为主、次干道的交通灯，低位到高位依次对应绿灯、黄灯、红灯，高电平表示点亮对应交通灯，低电平表示熄灭对应交通灯；Mout1、Mout2、Cout1 和 Cout2 对应四个 7 段数码管，分为 2 组倒计时计数器，其中 Mout1，Mout2 分别显示主干道时间的个位数和十位数，Cout1，Cout2 分别显示次干道时间的个位数和十位数。
CelM 为主干道递减计数完成信号，CelC 为次干道递减计数完成信号，LDM 为主干道计数器置数信号，LDC 为次干道计数器置数信号，STOP 为计数器停止计数信号。
设置四个循环状态，其中，s0 对应(MG,CR)、s1 对应(MY,CR)、s2 对应(MR,CG)、s3 对应(MR,CY)，MG 表示主干道为绿灯，CR 表示次干道为红灯。
*/
module traffic(S,clk,LightM,LightC,Mout1,Mout2,Cout1,Cout2)
input S,clk;
output [2:0] LightM,LightC;
```

```
output [6:0] Mout1,Mout2,Cout1,Cout2;
reg S;
reg [2:0] LightM,LightC;
reg [6:0] Mout1,Mout2,Cout1,Cout2;
reg CelM,CelC;               //CelM,CelC 分别为主、次干道递减计数完成信号
reg LDM,LDC                  // LDM,LDC 分别为主、次干道计数器置数信号
reg STOP;                    // STOP 为计数器停止计数信号
reg [7:0] NumM,NumC;         // NumM 为主干道倒计时时长,NumC 为次干道倒计时时长
reg [1:0] state1,state2;        //状态机
reg [25:0] count;             //分频
reg div;
parameter s0=2'b00,s1=2'b01,s2=2'b10,s3=2'b11;   //交通灯的四个循环状态

always@(posedge clk)    //分频功能,40 MHz→1 Hz
begin
    if(count==19999999)
    begin
      count <=0;
      div<= ~div;
    end
    else count<=count+1'b1;
end

always @(LDM)              //主干道计数器置数,切换交通灯
begin
    LDM<=0;
    case(state1)
        s0: begin NumM<=8'b01100000;LightM<=3'b001;end          //倒计时 60 s
        s1: begin NumM<=8'b00000100;LightM<=3'b010;end          //倒计时 4 s
        s2: begin NumM<=8'b00011001;LightM<=3'b100;end          //倒计时 19 s
        s3: begin NumM<=8'b00000100;LightM<=3'b100;end          //倒计时 4 s
        default: begin NumM<=8'b01100000;LightM<=3'b001;end
    endcase
end

always @ (LDC)    //次干道计数器置数,切换交通灯
begin
```

```
        LDC<=0;
        case(state2)
            s0: begin NumC<=8'b01100100;LightC<=3'b100; end          //倒计时 64 s
            s1: begin NumC<=8'b00000100;LightC<=3'b100; end          //倒计时 4 s
            s2: begin NumC<=8'b00010101;LightC<=3'b001; end          //倒计时 15 s
            s3: begin NumC<=8'b00000100;LightC<=3'b010; end          //倒计时 4 s
            default: begin NumC<=8'b01100100;LightC<=3'b100; end
        endcase
    end

    always @ (posedge div)              //主干道
    begin
        if(STOP==0&& LDM==0)
        begin                           //倒数计时
            if(state1==s2&&S==0) begin CelM<=1; LDM<=1;state1<=s3; end
            // s2 状态若无车,则无须等待计数器减为 0
            else
            begin
              if(NumM>0)
              begin
                  if(NumM[3:0]==0)
                  begin
                      NumM[3:0]<=4'b1001;
                        NumM[7:4]<=NumM[7:4]-1;   //十位减 1
                  end
                  else NumM[3:0]<=NumM[3:0]-1;   //个位减 1
              end
              if(NumM==1)  //倒计时减为 1
              begin
                  if(state1==s0)
                  begin
                      if(! S) begin STOP<=1;CelM<=1; end   //计数完成,停止计数
                      else begin STOP<=0;CelM<=1; LDM<=1;state1<=s1;end
                      //计数完成,继续计数,切换状态 s1
                  end
                  else if(state1==s1)begin CelM<=1;LDM<=1;state1<=s2;
                  //计数完成切换状态
```

```
                    else if(state1==s3) begin CelM<=1; LDM<=1;state1<=s0;
                  end
                  else if(NumC==1&&state1==s2)   //s2 状态下,取决于次干道的倒计时
                  begin
                        CelM<=1;
                        LDM<=1;
                        state1<=s3;
                    end
                end
            end
            else                //若 STOP=0 则停止计数,等待 S 信号
            begin
                if(S&&CelM) STOP<=0; LDM<=1; state1<=s1;
            end
        end

        always @ (posedge div )                     //次干道
        begin
            if(STOP==0&&LDC==0)
            begin                                   //倒数计时
                if(state2==s2&&S==0) begin CelC<=1; LDC<=1;state2<=s3; end
                else
                begin
                    if(NumC>0)
                    if(NumC[3:0]==0)
                    begin
                        NumC[3:0]<=4'b1001;
                        NumC[7:4]<=NumC[7:4]-1;      //十位减 1
                    end
                    else NumC[3:0]<=NumC[3:0]-1;     //个位减 1
                    if(NumC==1)                      //倒计时减为 1
                    begin
                        if(state2==s1) begin CelC<=1; LDC<=1;state2<=s2;
                                                     //计数完成切换状态
                        else if(state2==s2) begin CelC<=1; LDC<=1;state2<=s3;
                        else if(state2==s3) begin CelC<=1; LDC<=1;state2<=s0;
                    end
```

```
                else if(NumM == 1&&state2 == s0)  //s0 状态下,取决于主干道的倒计时
                begin
                    if(! S) begin STOP<=1;CelC<=1; end   //计数完成,停止计数
                    else begin STOP<=0;CelC<=1; LDC<=1;state2<=s1;end
                    //计数完成,继续计数,切换状态 s1
                end
            end
        end
        begin                  //若 STOP=0 则停止计数,等待 S 信号
            if(S&&CelM) STOP<=0; LDC<=1; state2<=s1;
        end
end

always @ ( NumM[3:0])              //数码管译码显示主干道个位数
begin
    case(NumM[3:0])
        4'b0000: Mout1<=~7'b0111111;    //0 ,3F
        4'b0001: Mout1<=~7'b0000110;   //1 ,06
        4'b0010: Mout1<=~7'b1011011;   //2 ,5B
        4'b0011: Mout1<=~7'b1001111;    //3 ,4F
        4'b0100: Mout1<=~7'b1100110;    //4 ,66
        4'b0101: Mout1<=~7'b1101101;    //5 ,6D
        4'b0110: Mout1<=~7'b1111101;    //6 ,7D
        4'b0111: Mout1<=~7'b0000111;    //7 ,07
        4'b1000: Mout1<=~7'b1111111;    //8,7F
        4'b1001: Mout1<=~7'b1101111;    //9,6F
        default: Mout1<=~7'b0111111;    //0 ,3F
    endcase
end

always @ ( NumM[7:4])              //数码管译码显示主干道十位数
begin
    case(NumM[7:4])
        4'b0000: Mout2<=~7'b0111111;
        4'b0001: Mout2<=~7'b0000110;
        4'b0010: Mout2<=~7'b1011011;
        4'b0011: Mout2<=~7'b1001111;
```

```
            4'b0100: Mout2<= ~7'b1100110;
            4'b0101: Mout2<= ~7'b1101101;
            4'b0110: Mout2<= ~7'b1111101;
            4'b0111: Mout2<= ~7'b0000111;
            4'b1000: Mout2<= ~7'b1111111;
            4'b1001: Mout2<= ~7'b1101111;
            default: Mout2<= ~7'b0111111;
        endcase
    end

    always @ ( NumC[3:0])          //数码管译码显示次干道个位数
    begin
        case(NumC[3:0])
            4'b0000: Cout1<= ~7'b0111111;
            4'b0001: Cout1<= ~7'b0000110;
            4'b0010: Cout1<= ~7'b1011011;
            4'b0011: Cout1<= ~7'b1001111;
            4'b0100: Cout1<= ~7'b1100110;
            4'b0101: Cout1<= ~7'b1101101;
            4'b0110: Cout1<= ~7'b1111101;
            4'b0111: Cout1<= ~7'b0000111;
            4'b1000: Cout1<= ~7'b1111111;
            4'b1001: Cout1<= ~7'b1101111;
            default: Cout1<= ~7'b0111111;
        endcase
    end

    always @ ( NumC[7:4])          //数码管译码显示次干道十位数
    begin
        case(NumC[7:4])
            4'b0000: Cout2<= ~7'b0111111; //0 ,3F
            4'b0001: Cout2<= ~7'b0000110; //1 ,06
            4'b0010: Cout2<= ~7'b1011011; //2 ,5B
            4'b0011: Cout2<= ~7'b1001111; //3 ,4F
            4'b0100: Cout2<= ~7'b1100110; //4 ,66
            4'b0101: Cout2<= ~7'b1101101; //5 ,6D
            4'b0110: Cout2<= ~7'b1111101; //6 ,7D
```

```
            4'b0111: Cout2<=~7'b0000111; //7 ,07
            4'b1000: Cout2<=~7'b1111111; //8,7F
            4'b1001: Cout2<=~7'b1101111; //9,6F
            default: Cout2<=~7'b0111111; //0 ,3F
        endcase
    end

        endmodule
```

本章小结

本章介绍了数字系统的原理及主要设计方法,说明了数字系统设计自上而下的设计思想,以及系统划分方法,学习了 ASM 图在数字系统设计的应用,并列举逐次逼近型模数转换控制器以及交通信号灯系统控制器等两个简单实例,说明了数字系统的设计过程和实现方法。

本章所介绍的数字系统设计思想,虽然仅仅实现了控制器和处理器的简单系统划分,但在实际工程应用中,面对复杂的数字系统或数模混合系统的设计任务,自上而下的设计思想以及合理的系统划分策略,能够极大地降低设计复杂度。

ASM 图可以用来设计小型数字系统,随着大规模可编程器件以及硬件描述语言 VHDL 和 Verilog 的广泛应用,以及计算机辅助设计系统的普及,数字系统设计过程可以被大大简化。

本章还阐述了基于 Verilog HDL 进行设计、综合及仿真的全过程,并举出例子说明了各步骤的具体操作。用正弦波生成器和交通灯数字控制器的例子阐述了基于 Verilog HDL 的数字系统设计过程,为读者进行 Verilog HDL 系统设计提供有效的支撑。

习　题

- **12.1**　试总结 ASM 图与传统状态图的对应关系。
- **12.2**　在 ASM 图中条件输出和无条件输出有什么区别?这两类输出对应的状态图分别是如何表示的?
- **12.3**　使用边沿触发 D 触发器和异步 R-S 触发器设计数字系统有什么区别?应如何处理触发器与系统时钟的关系?
- **12.4**　将图 12.15 所示的交通信号灯控制系统 ASM 图转换为状态转换图。

• **12.5**　使用一状态一触发器形式(即移位寄存器结构),设计图 12.8 所示的逐次逼近型 ADC 控制器,可以使用中规模器件。

• **12.6**　使用 D 触发器设计图 12.14 所示的交通灯控制系统控制器电路,可以使用中规模器件。

• **12.7**　有一 8 位数据串并转换系统,系统有一条数据串行输入/输出线、8 条数据并行输出/输入线、一条控制线、一个数据完成标志位,串入数据流为 1 位起始位 **0**,7 位二进制码,1 位奇校验,2 位中止位 **1**,无信号时数据线为高电平 **1**,数据格式如题 12.7 图所示。控制线为 **0** 时,为串入并出功能,当接收到起始位时,在下一个时钟周期标志位清零,表示开始输入数据,8 个时钟周期后完成数据串入,标志位置数 **1**,表示数据准备好,可以并行输出。控制线为 **1** 时,为并入串出功能,当并行数据准备好时,装入数据并输出起始位 **0**,标志位置数 **0**,表示开始输出数据,在下一个时钟周期,开始串行输出 8 个数据,完成后标志位置数 **1**,表示数据输出完成,输出两个中止位 **1** 并保持高电平输出。设计串并转换控制电路,要求:

(1) 完成系统功能分析,画出系统框图;

(2) 画出系统的 ASM 图;

(3) 完成系统控制器和处理器的设计,可以使用中规模逻辑器件;

(4) 画出系统控制器和处理器的逻辑图。

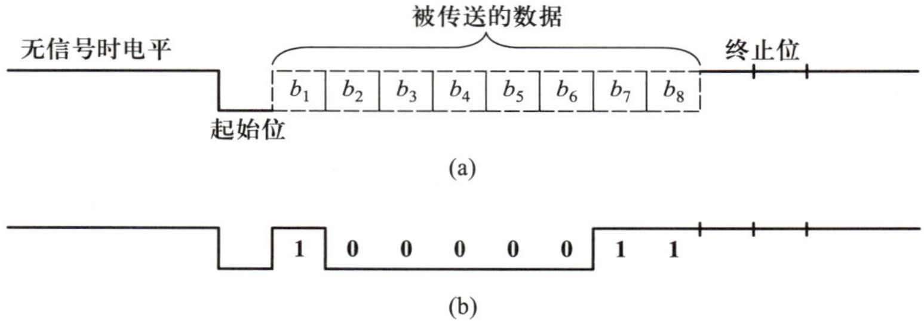

题 12.7 图　串并转换信号格式

• **12.8**　对于一些慢变化的信号可以采用基于计数比较法的跟踪比较型模数转换方案,这种方式的优点是电路简单、速度快,适用于输入信号相对平稳、较少突变的情况。其基本工作原理如题 12.8 图所示,其中,加/减计数器中的数据经过 DAC 转换为模拟电压,与被转换电压 v_{IA} 相比较,如 v_{IA} 小于 DAC 的输出,则比较器输出 **0**,该输出通过控制电路控制加/减计数器的计数方式,使计数器递增计数;反之,如 v_{IA} 大于 DAC 的输出,则比较器输出 **1**,该输出通过控制电路使计数器递减计数。从题 12.8 图(b)所示的被转换信号 v_{IA} 与 DAC 输出信号 v_{DAC} 的波形图,可以看出 DAC 的输出始终跟踪着 v_{IA} 的变化而变化,虽然模数转换的输出每次只能变化 1,但只要取样的速率足够高,就能够跟踪上输入信号的变化,在电路达到稳定状态(也就是计数器的输出跟踪上被转换信号的变化)以后,这种方式的精度是能得到保证的。请设计跟踪比较型 ADC 的控制电路,要求:

(1) 完成系统功能分析,画出系统框图;

(2) 画出系统的 ASM 图;

（3）完成系统控制器和处理器的设计，可以使用中规模逻辑器件；

（4）画出系统控制器和处理器的逻辑图。

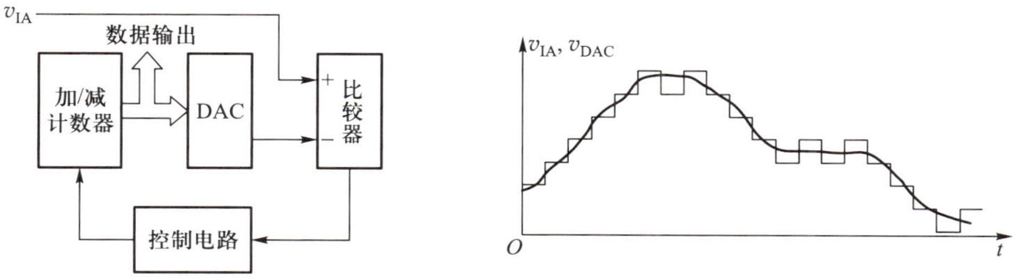

(a) 电路　　　　(b) 波形图

题 12.8 图　跟踪比较型模数转换

- **12.9**　结合 FPGA 设计流程，熟悉使用 Quartus Ⅱ的开发流程。
- **12.10**　仿真和综合在 FPGA 设计中的作用和目的是什么？
- **12.11**　功能仿真和时序仿真有什么区别？
- **12.12**　在 Quartus Ⅱ的流程中，最快运行完什么流程后就可以看 RTL 的结构了？
- **12.13**　ModelSim 仿真的基本步骤有哪些？
- **12.14**　如何利用 ModelSim 仿真工具进行波形比较？
- **12.15**　什么叫 IP？ IP 在设计中的作用是什么？
- **12.16**　如何进行混合 HDL 语言设计？
- **12.17**　完成 8 位的有符号减法器的设计并生成一个符号元件。
- **12.18**　用 FPGA 设计一个 5 bit 编码器。
- **12.19**　基于以下两步来写出一个测试脚本来测试 D 触发器的功能：

（1）首先在 clk 时钟端输入 1 MHz 的时钟；

（2）在 D 输入端输入 200 kHz 的数据，测试 Q 的输出。

- **12.20**　基于 Verilog HDL 语言设计以下功能：

（1）一个异或门；

（2）一个半加器电路。

参考文献

[1] 康华光.电子技术基础　数字部分[M].7 版. 北京：高等教育出版社,2021.
[2] 阎石.数字电子技术基础[M].6 版. 北京：高等教育出版社,2016.
[3] 侯建军.数字电子技术基础[M]. 北京：高等教育出版社,2015.
[4] 黄正瑾.数字电路与系统设计基础[M]. 北京：高等教育出版社,2014.
[5] Katz R H,Borriello G. Contemporary Logic Design[M]. Pearson Education Inc.,2005.
[6] Marcovitz A B. Introduction To Logic Design[M]. The McGraw-Hill Inc.,2002.
[7] 王毓银. 数字电路逻辑设计[M]. 3 版.北京：高等教育出版社,2020.
[8] 余孟尝,丁文霞,齐明.数字电子技术基础简明教程[M]. 4 版.北京：高等教育出版社,2018.
[9] Bhasker J. A Verilog HDL Primer[M].2nd ed.New Jersey：Lucent Technologies,1998.
[10] Nelson V P,H. Troy Nagle H T, Carroll B D. Digital Logic Circuit Analysis and Design [M].New Jersey：Prentice Hall International Inc.,1995.
[11] 刘宝琴,王德胜,罗嵘. 逻辑设计与数字系统[M]. 北京：清华大学出版社,2005.
[12] 田良等. 综合电子设计与实践[M]. 南京：东南大学出版社,2010.
[13] 李士雄,丁康源.数字集成电子技术教程[M]. 北京：高等教育出版社,1993.
[14] 沈嗣昌. 数字系统设计基础[M]. 北京：航空工业出版社,1987.
[15] 陈耀奎. 现代数字设计[M]. 武汉：华中科技大学出版社,1990.
[16] Bartee T C. Computer Architecture and Logic Design[M]. New York：McGraw-Hill Inc.,1990.
[17] Floyd T L. Digital Fundamentals[M].New York：Pearson Education Inc.,2006.
[18] 毛永毅. 数字系统设计基础[M].西安：西安电子科技大学出版社,2010.
[19] 猪饲国夫. 数字系统设计[M].北京：科学出版社,2005.
[20] Palnitkar S.Verilog HDL 数字设计与综合[M].夏宇闻,胡燕祥,刁岚松,译. 北京：电子工业出版社,2009.
[21] Wakerly J F. Digital Design Principles and Practices[M].New York：Pearson Education Inc.,2007.
[22] Zwolinski M. Digital System Design with VHDL[M].New York：Pearson Education Inc.,2004.

[23] 河合一.活学活用 A/D 转换器[M].北京：科学出版社,2015.
[24] 赵保经,罗振侯,范敏,等.A/D 和 D/A 转换器应用手册[M].上海：上海科学普及出版社,1995.